ES32 微控制器应用入门

上海东软载波微电子有限公司　编著

北京航空航天大学出版社

内 容 简 介

本书重点介绍上海东软载波微电子有限公司 ES32 系列 32 位微控制器的结构原理及应用实例，内容包括：ES32 系列 32 位微控制器开发基础、内核与系统管理、基础外设、通信外设、存储扩展以及其他外设等。

本书行文简洁明了，通俗易懂，例程丰富，实用性强，既可作为高等院校电子工程院系学生、教师以及广大单片机爱好者学习 ES32 系列 32 位微控制器的入门教材，也可作为使用 ES32 系列 32 位微控制器进行产品设计的工程人员的参考书。

图书在版编目(CIP)数据

ES32 微控制器应用入门 / 上海东软载波微电子有限公司编著. -- 北京 ：北京航空航天大学出版社，2022.3

ISBN 978 - 7 - 5124 - 3704 - 3

Ⅰ. ①E… Ⅱ. ①上… Ⅲ. ①微控制器 Ⅳ. ①TP332.3

中国版本图书馆 CIP 数据核字(2022)第 009775 号

ES32 微控制器应用入门

上海东软载波微电子有限公司　编著

责任编辑　胡　敏

*

北京航空航天大学出版社出版发行

北京市海淀区学院路 37 号(邮编 100191)　http://www.buaapress.com.cn

发行部电话：(010)82317024　传真：(010)82328026

读者信箱：emsbook@buaacm.com.cn　邮购电话：(010)82316936

北京宏伟双华印刷有限公司印装　各地书店经销

*

开本：787×960　1/16　印张：34.25　字数：809 千字

2022 年 5 月第 1 版　2022 年 5 月第 1 次印刷　印数：3 000 册

ISBN 978 - 7 - 5124 - 3704 - 3　定价：99.00 元

前　言

自1946年世界上第一台计算机诞生至今，已有70多年，从电子管、晶体管、集成电路、大规模集成电路，到现在的超大规模集成电路、人工智能和神经网络，微电子技术的发展日新月异。单片微型计算机（又称微控制器、单片机）伴随着集成电路产业的发展得到了极为快速的发展和应用。

微控制器（Microcontroller Unit，即MCU）是将微型计算机的主要部分集成在一个芯片上的单芯片微型计算机。20世纪70年代以来，微电子技术发展日新月异，随着新材料、新工艺的快速发展，成本越来越低、性能越来越强大的单芯片微控制器层出不穷。这使得微控制器应用几乎无处不在，例如：家用电器、消费电子、汽车电子、楼宇安全、门禁监控、电机控制、智能照明、通信设备、电子玩具、工业控制等。

微控制器可从不同方面进行分类：根据数据总线宽度，可分为8位、16位和32位微控制器；根据存储器结构，可分为哈佛（Harvard）结构和冯·诺伊曼（von Neumann）结构微控制器；根据内嵌程序存储器的类别，可分为OTP、掩膜、EPROM/EEPROM和闪存Flash微控制器；根据指令结构，又可分为CISC（Complex Instruction Set Computer）和RISC（Reduced Instruction Set Computer）微控制器。

进入21世纪后，在国家重点发展集成电路产业的大背景下，中国本土的芯片公司如雨后春笋般成长起来，各类国产微控制器正在逐步取代国外产品，广泛应用于各个领域。在这过程中，上海东软载波微电子有限公司也逐渐成长为具备本土特色的微控制器芯片专业设计公司。

上海东软载波微电子有限公司的前身是由海尔集团在2000年投资成立的上海海尔集成电路有限公司（以下简称：海尔微电子），是中国大陆较早成立的集成电路芯片设计公司之一。海尔微电子于2015年8月被青岛东软载波股份有限公司（创业板股票代码：300183）全资收购，公司名称变更为上海东软载波微电子有限公司（以下简称：东软载波微电子）。东软载波微电子专注于微控制器芯片设计20年，掌握了RISC架构8位微控制器内核核心自主知识产权，先后发布了HR6P、HR7P和ES7P三个系列的8位微控制器芯片，并引入ARM Cortex-M内核和RISC-V内核，形成了HR8P/ES8P、ES32系列32位微控制器。东软载波微电子公司已经成为产品系列完整、工具链配套齐全的优秀微控制器设计公司,并先后出版了《东软载波单片机应用——C程序设计》[16]、《东软载波单片机应用系统》[15]等微控制器专著。

东软载波微电子的微控制器发展过程大致分为以下4个阶段:

第一代微控制器(2000—2009年):2000年11月上海海尔集成电路有限公司成立,一群满怀理想的工程师聚集在一起,开始了8位通用微控制器的研发,经过不懈努力,于2004年突破8位微控制器设计瓶颈,完整掌握了8位微控制器正向设计的全套流程。其所设计微控制器的抗干扰性能达到国际标准,具有自主知识产权的HR6P系列RISC架构8位微控制器,在洗衣机、空调、抽油烟机、电动自行车、仪器仪表等各类产品中得到大批量使用。

第二代微控制器(2009—2014年):在HR6P系列8位微控制器的基础上,将微控制器的指令周期从4T改进为2T,全面提升了微控制器的运行效率,扩展了8位微控制器的内部模块功能和指令集,形成了HR7P系列8位微控制器。同时,在HR7P系列微控制器的基础上,为行业用户定制了一系列内嵌HR7P微控制器内核的专用SoC芯片。

第三代微控制器(2014—2018年):引入ARM Cortex-M0 32位微控制器内核,推出了高性价比的HR8P系列、ES8P系列32位微控制器产品,32位微控制器凭借高性能,拓展了8位微控制器力所不及的市场,在智能仪表、工业控制、高端家电等领域大显身手。

第四代微控制器(2018年至今):以ARM Cortex-M内核和RISC-V内核为基础,东软载波微电子的ES32及ES32V系列超高性能32位微控制器全面进入市场,可供电机控制、汽车电子、消防安防、智能互联、边缘计算等领域应用。

东软载波微电子具有20余年研发MCU的经验,从早期的8位微控制器HR6P72、HR6P73、HR6P76芯片,到HR7P90、HR7P92、HR7P169、HR7P194芯片,再到32位的HR8P296、HR8P506、ES8P5088芯片,每一款产品都见证了东软载波微电子及其前身海尔微电子的成长之路。2005年海尔微电子的8位OTP微控制器正式量产;2007年8位Flash微控制器量产,当年实现全年销量100万颗;2009年微控制器销量首超1000万颗;2011年微控制器销量快速上升到1亿颗;目前东软载波微电子的微控制器年销量已经稳定站上3亿颗以上的台阶,成为中国微控制器市场的领导品牌之一。

ES32及ES32V系列产品是基于ARM Cortex-M内核和RISC-V内核的32位微控制器,其最大特点是低功耗、低成本、高性能,同时具有强大的RISC指令集;FLASH程序空间从32 KB到512 KB,RAM空间从4 KB到96 KB;最高工作频率达96 MHz;接口资源丰富,多达90个I/O口,有UART、I2C、SPI、I2S、CAN、USB总线等通信模块,还有多达10路通用/高级定时器、12位ADC、多路模拟比较器、内嵌温度传感器和RTC实时时钟等多功能模块;系统外设齐全,支持SWD串口调试协议,支持多路复用DMA,支持外设互联PIS;内置CRC、AES128加密单元、真随机数发生器和运算加速器。可以说ES32是功能完善、性能优异的32位微控制器。

目前,ES32系列产品有9个子产品系列共计52款型号的微控制器已经量产。根据芯片的主要产品应用特点,这52款型号大体可以分为以下几大应用方向:

1. 面向CAN通信应用:ES32F365x、ES32F366x、ES32F369x;

2. 面向 USB 驱动应用：ES32F028x、ES32F366x、ES32F369x；

3. 面向电机控制应用：ES32F028x、ES32F365x；

4. 面向 LCD 驱动应用：ES32H040x、ES32F336x；

5. 面向电动工具应用：ES32F010x、ES32M015x。

更多应用领域的 ES32 系列产品正在持续发布中，请关注东软载波微电子官网及微信公众号。本书涉及的例程请登录东软载波微电子官网搜索 ES32_SDK 并下载。

由于编者水平有限，编写时间仓促，书中难免会存在一些错误或不准确的地方，恳请读者到东软载波微电子官网（www.essemi.com）论坛发帖指正。读者在学习过程中遇到任何问题，也可以发帖交流。期待能够得到你们的真诚反馈，让我们在技术的道路上互勉共进。

上海东软载波微电子有限公司

2021 年 8 月 27 日于中国・上海

目　录

第一篇　初识 ES32

第二篇 内核与系统管理

第三篇　基础外设

第五篇 存储扩展

第一篇

初识 ES32

第 1 章

ES32 如何开发

ES32 系列产品是东软载波微电子基于 ARM Cortex-M 内核和 RISC-V 内核开发的微控制器。它融合高性能、强实时、低功耗、低电压、高数据安全于一体，同时具备高集成度和开发简易的特点，为 MCU 用户开辟了一个全新的开发空间。

1.1 ES32 选型

ES32 有很多系列，可以满足市场上各种需求。ES32 从内核上分有 Cortex-M0、M3、M4 和 RISC-V 这几种。从外设上看，每种内核都有不同外设规模的产品供用户选择：通用外设产品，如 Timer、UART、I2C、SPI、ACMP、ADC、DAC；带有高级通信接口的产品，如 CAN 总线、USB、以太网；带有 TFT 控制器和 Audio 控制器的多媒体产品；带有加解密运算单元的安全产品，如 CRYPT、HASH、ECC、TRNG；其他还有具备 QSPI 接口、EBI 接口、运算放大器等外设的产品，供用户在不同的应用场景下选择。

本书中 LCD、USART、基本型 I2C、基本型 SPI、LCD 以 ES32H040 产品为例介绍，其他部分均以 ES32F36xx 为例介绍。

以 ES32F3696LT 为例，ES32 系列产品的命名方法如图 1－1 所示。

1.2 ES32 开发环境

基于微控制器进行嵌入式软件开发，需要集成开发环境、嵌入式软件开发包、在线调试工具、开发评估板等软硬件工具搭建开发环境，如图 1－2 所示。下面分别介绍这些部分。

1.2.1 集成开发环境

使用 C/C＋＋高级语言编写的代码要最终成功运行在目标芯片上，需要使用编译器、汇编器、链接器、下载和调试器等一系列工具。传统单片机开发中使用的 IDE 集成开发环境是在单个应用程序中集成源代码编辑器、图形项目配置和编译工具链，开发者可以专注于应用开发而无须为工具本身操心。ARM Cortex-M 和 RISC-V 非常接地气，均继承了传统单片机上使用集成开发环境的习惯，使单片机开发者可以从传统开发平台平滑地过渡到 ARM 和 RISC-V 的平台。

开发上层应用的工程师甚至完全感觉不到在新集成开发环境下的开发与单片机上固件开发的差异。当前比较流行的Cortex-M集成开发环境是ARM公司的Keil MDK、IAR公司的EWARM。RISC-V平台的集成开发环境有平头哥公司的CDK、IAR公司的Embedded Workbench for RISC-V。RT-Thread studio也支持RISC-V内核MCU的开发。除此以外，各家微控制器芯片设计公司还会提供专用IDE。本书以ARM平台的集成开发环境为例进行介绍。

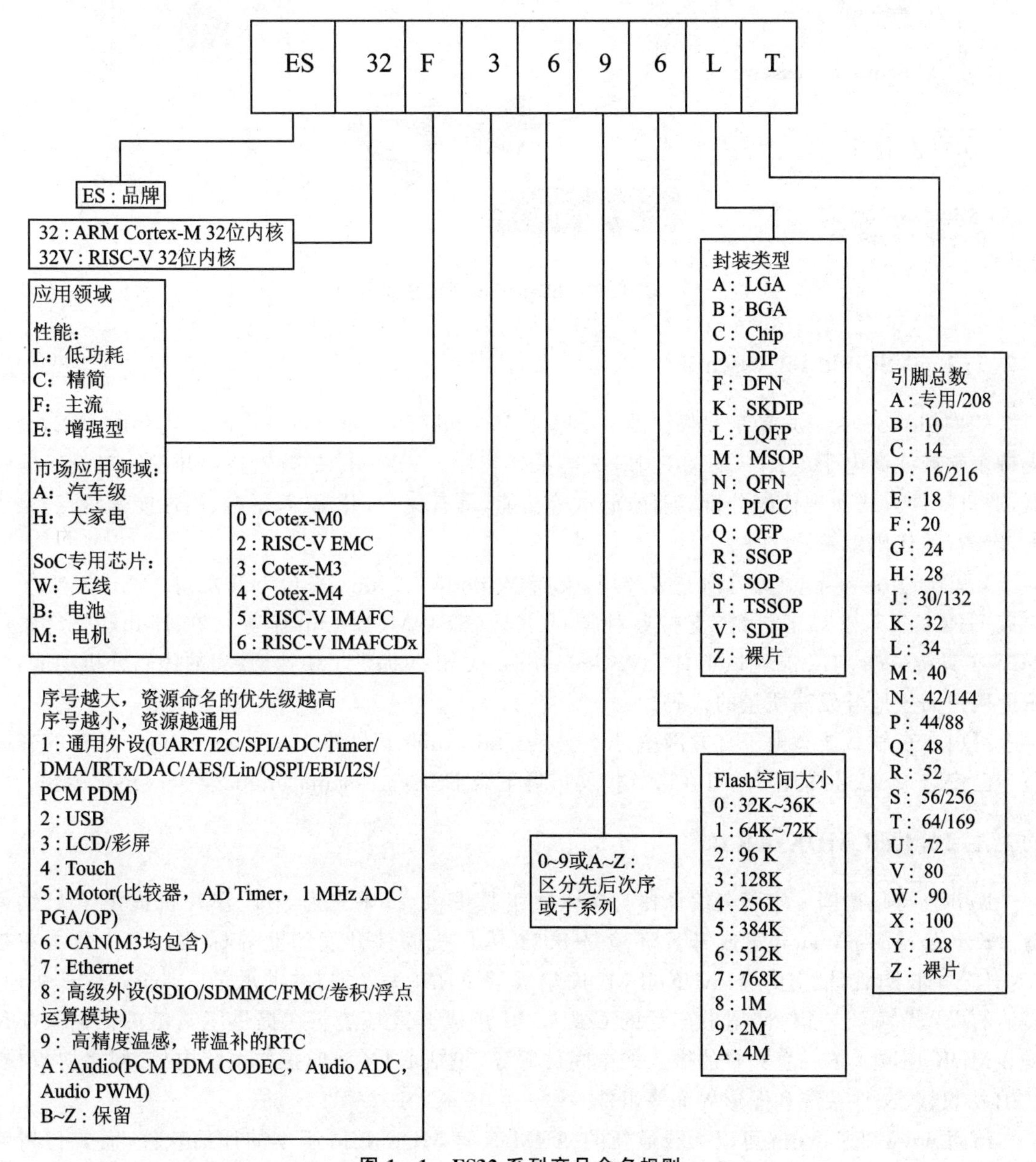

图1-1　ES32系列产品命名规则

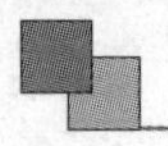

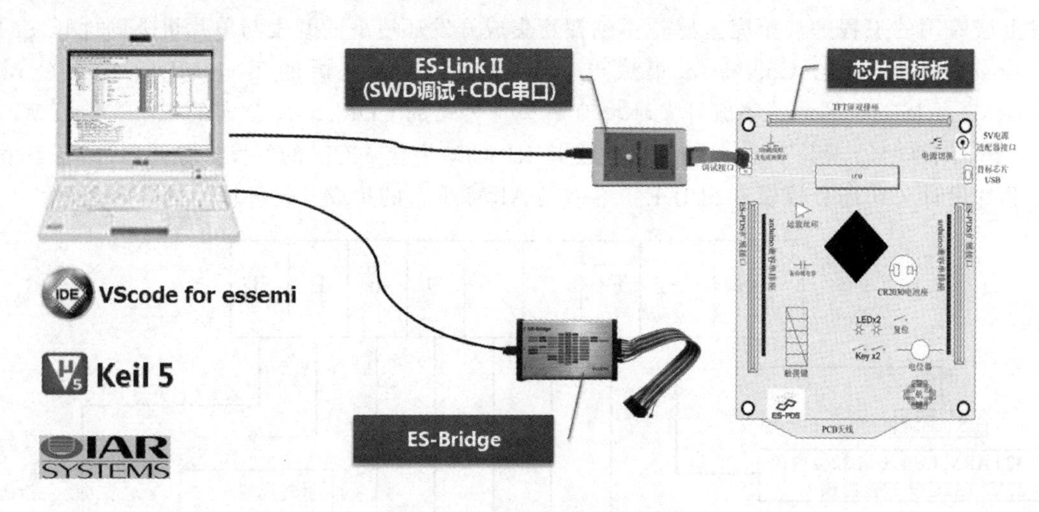

图 1-2　ES32 开发环境搭建

1.2.1.1　VSCode for essemi

VSCode for essemi 是东软载波微电子基于 VSCode 开发的全新一代嵌入式专用 IDE，全面支持东软载波微电子 HR7P、HR8P、ES32 等系列芯片。VSCode 是微软公司开发的轻量级编辑器，通过插件方式实现代码分析、编译、调试等功能，具有免费、开源、跨平台、高性能等特点，是当前最流行的代码编辑器之一。

VSCode for essemi 无需预安装环境，支持 Windows、Linux 平台下开发：在 Windows 平台集成 HRCC、ES32CC 工具链，支持各种调试工具（ES10M、ESLinkII 等）；在 Linux 平台集成 GCC 工具链，支持 JLink 调试工具。VSCode for essemi 还提供了快速、强大的代码分析功能，以帮助用户高效地开发高质量的代码。

可以在东软载波微电子官方网站（www.essemi.com）下载 VSCode for essemi 完整的安装包。已安装 VSCode 的用户，可在微软扩展市场下载 ESExt、essemi-language-server 扩展包。

1.2.1.2　Keil MDK-ARM

Keil 公司是德国一家著名编译器与嵌入式工具提供商，率先为 8051 单片机提供了 C 编译器。Keil 公司的 μVision 集成开发环境是 8051 单片机固件开发的业界标准。Keil 公司在被 ARM 公司收购后，推出的 ARM Keil MDK 集成了 ARM 编译器，并继承了 μVision IDE 快速、简洁的操作界面，是目前使用最广泛的 Cortex-M 集成开发环境。在提供工具链的同时，ARM Keil MDK 还嵌入了一套完整的嵌入式中间件服务，包括 RTX 实时操作系统内核、网络协议栈、USB 协议栈、文件系统和图形界面等组件。

访问 www.keil.com 可以下载最新的 ARM Keil MDK-Lite 版本的评估软件，需要付费购买版权才能无限制地使用。安装 ARM Keil MDK 后，还需要安装 Keil5 芯片支持包才能对

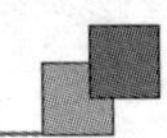

ES32微控制器进行开发。访问www.essemi.com可以下载最新的Keil5芯片支持包。

注：建议将Keil5芯片支持包安装在MDK-ARM 5.20或以上版本上。

1.2.1.3 IAR EW-ARM

IAR Embedded Workbench for ARM是IAR EW-ARM的全称，它是由瑞典的嵌入式编译器提供商IAR公司开发的。IAR EW-ARM的特点是使用简单且编译效率极高，代码编译的效率能比GCC提高20%，并且IAR公司一直保持与各个微控制器芯片和工具厂家的紧密合作，能做到对最新器件和工具的即时支持。除了ARM架构，IAR EW-ARM同时还支持8051、RISC-V、AVR、MSP430等其他微控制器内核的版本，也都是嵌入式开发的常用工具。

访问www.iar.com可以下载最新的IAR EW-ARM评估版软件，需要付费购买版权才能无限制地使用。安装IAR EW-ARM后，还需要安装IAR芯片支持包才能对ES32微控制器进行开发。访问www.essemi.com可以下载最新的IAR芯片支持包。

注：建议将IAR芯片支持包安装在IAR EW-ARM 8.11.1或以上版本上。

IAR芯片支持包需要安装在IAR EW-ARM具体的某个版本安装路径下，如图1-3所示。

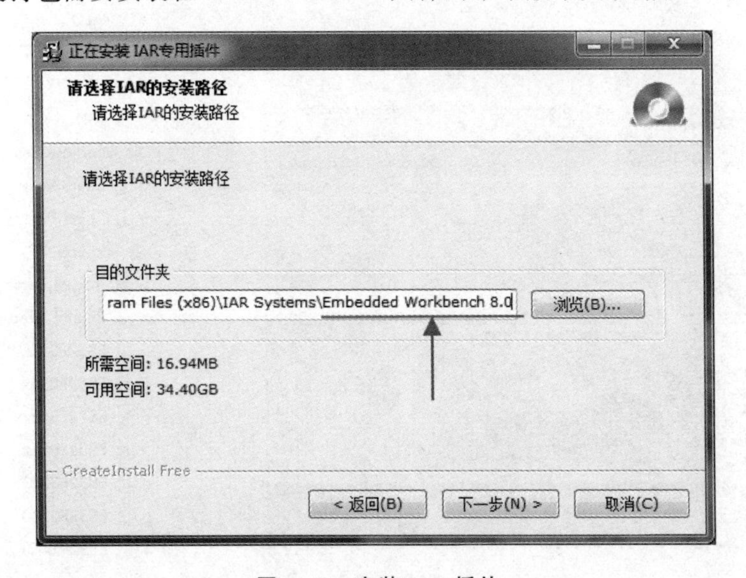

图1-3 安装IAR插件

1.2.2 嵌入式软件开发包

嵌入式软件开发包ES32 SDK是东软载波微电子开发的，面向ES32系列微控制器内核以及外设的一套高集成、易使用、面向过程与对象相结合的驱动库，包括MD、ALD、BSP、中间件。ES32 SDK兼容CMSIS标准，可以高效地移植不同的操作系统、文件系统等第三方软件。ES32 SDK集成了多方中间层软件，中间层软件对整个ES32系列微控制器保持兼容，能够做到不同平

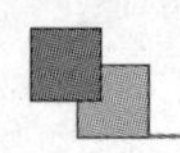

台之间的简单移植。MD 库函数(Micro Driver,微驱动) 面向过程开发,接近微控制器底层驱动操作,提供微控制器寄存器操作接口,操作方便;同时 MD 库函数提供内联以及非内联调用函数的方式,可最大化用户代码执行效率。ALD(Abstraction Layer Driver,抽象层驱动)库函数对微控制器外设做抽象化操作,是一套抽象化的面向对象的驱动,用户无需更多关注底层设备的原理,只需调用相关外设的接口函数即可对外设进行操作。ALD 库函数同时能够为上层应用以及操作系统、文件系统等应用和系统层软件提供接口,提高代码移植的兼容性。BSP 驱动提供了基于 ES32 微控制器板级驱动,方便用户进行板级开发。使用 ES32 SDK 开发应用程序可以大大缩短开发时间,降低开发难度,降低项目开发的成本。图 1-4 所示为 ES32 SDK 结构框图。

本书后续各章节将介绍底层驱动 MD(Micro Driver,微驱动)库函数和 ALD(Abstraction Layer Driver,抽象层驱动)库函数的使用方法,更多中间件的使用方法请关注东软载波微电子后续出版的《ES32 微控制器应用进阶》。

ES32_SDK 的目录结构如图 1-5 所示。

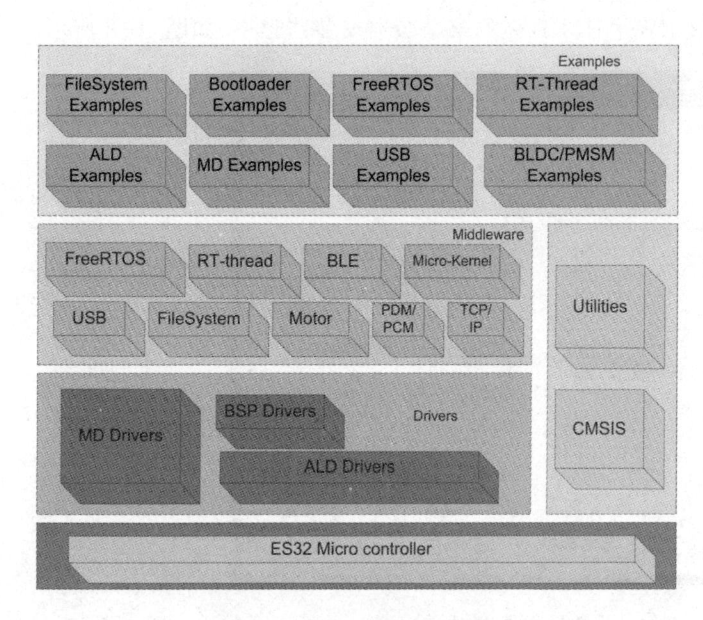

图 1-4　ES32 SDK 结构框图

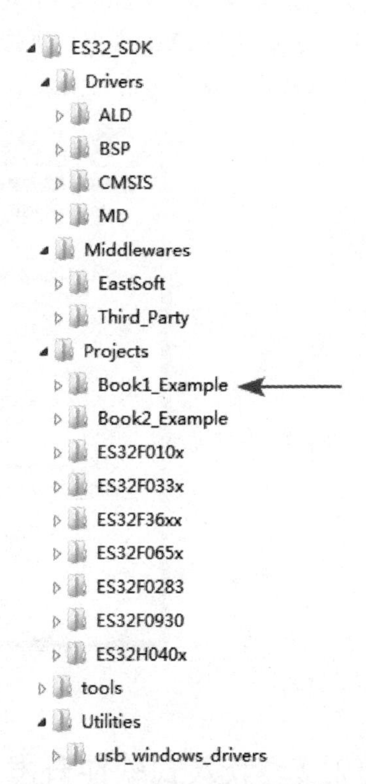

图 1-5　ES32_SDK 目录结构

ES32_SDK 目录下有 Drivers、Middlewares、Projects、tools、Utilities 五个文件目录:Drivers 目录下存放的是 ALD、BSP、CMSIS、MD 驱动代码文件以及说明文档;Middlewares 目录下存放的是中间层代码文件以及说明文档,例如 USB 驱动库文件;Projects 目录下存放的是各微控制器芯片的例程;Utilities 目录下存放的是包括 USB 例程配套的 USB PC 端驱动等其他软件工

具;tools文件目录下存放的是自动构建工具使用的文件,用户无需关心。

本书涉及的例程均存放在ES32_SDK\Projects\Book1_Example文件夹下,用户可以配合书中的描述进行实验和学习。请登录东软载波微电子官网搜索ES32_SDK并下载例程。

1.2.3 在线调试工具ES-Link II

在微控制器上固件调试与PC应用程序调试不同。在微控制器的程序空间执行代码时,开发者需要在集成开发环境中对微控制器的执行状态进行调试控制:暂停执行、单步调试、内存观察和执行跟踪。调试过程须由IDE、硬件调试适配器和微控制器内部调试组件协同完成。其中硬件调试适配器是一个单独的硬件模块,通过USB或以太网接口与PC连接,将PC产生的调试信息转换成为微控制器的SWD/JIAG协议,用以访问微控制器内部的调试组件。在开发基于Cortex-M微控制器的应用时,常用的硬件调试器有Segger公司的J-Link、ARM公司ULINK和开源的CMSIS-DAP。

ES-Link II是东软载波微电子开发的一款集在线调试、CDC虚拟串口、量产烧录为一体的低成本调试烧录工具。它有3个版本可供选择:ES-Link II、ES-Link II-mini、ES-Link-OB。若需要进行量产烧录则选择ES-Link II全功能版本;若调试开发及少量样机烧录则选择ES-Link II-mini;ES-Link II-OB(ES-Link II On Board)是集成在开发评估板上的极简版本,它适合对开发评估板上的目标芯片进行调试和配置字烧录。表1-1为ES-Link II选型表,图1-6为ES-Link II和ES-Link II-mini外观图。

表1-1 ES-Link II选型表

序 号	支持功能	ES-Link II	ES-Link II-mini	ES-Link II-OB
1	HR7P系列8位Flash MCU调试	√	√	×
2	HR8P系列Cortex MCU调试	√	√	×
3	ES32系列Cortex MCU调试	√	√	√
4	ES32系列RISC-V MCU调试	√	√	√
5	CDC虚拟串口	√	√	√
6	量产烧录	√	×	×

1. ES-Link II和烧录软件ES-Burner搭配使用

在使用集成开发环境对ES32进行程序开发和调试前,要对芯片烧录正确地配置字,操作步骤如下:

(1) 连接ES-Link II,选择烧录接口类型(ISP/SWD/UART-BOOT),选择与目标芯片一致的芯片型号,如图1-7所示。

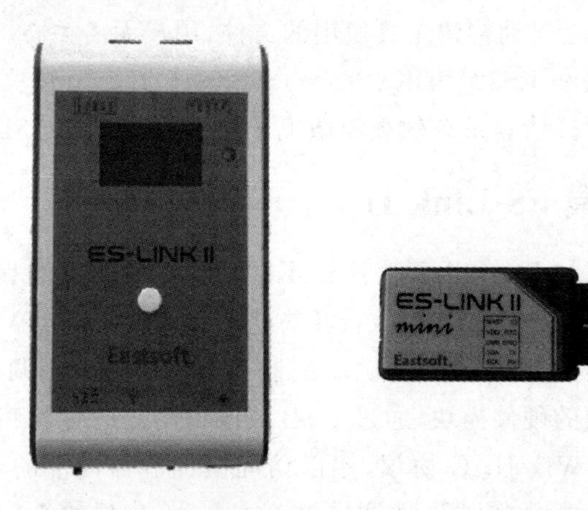

图 1-6　ES-Link II 和 ES-Link II-mini 外观图

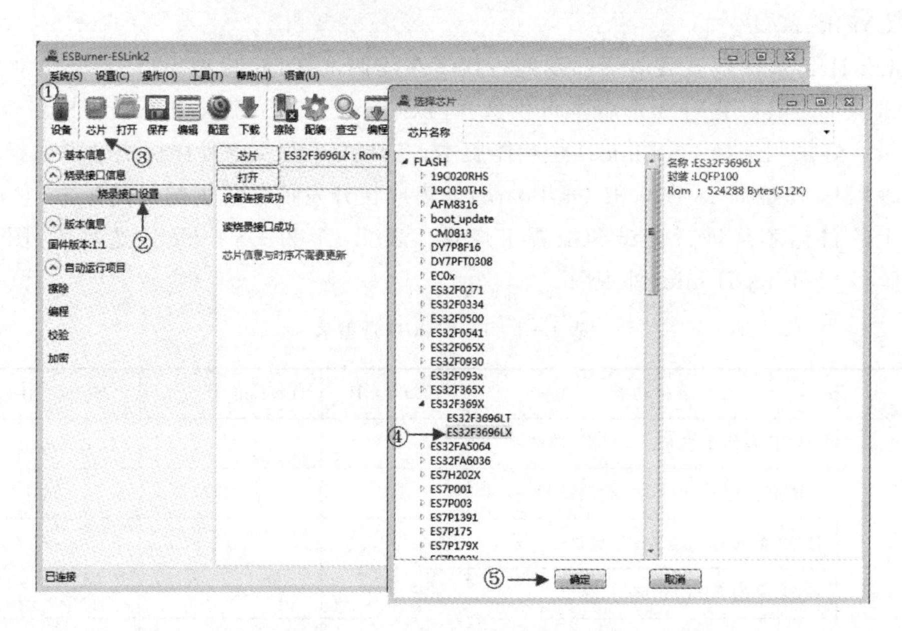

图 1-7　ES-Burner 选择芯片型号

(2) 选择合适的配置字以便于调试程序,如图 1-8 所示。详细的配置字说明请查看具体芯片参考手册中的“芯片信息区”章节。

(3) 对目标芯片进行擦除和配编,如图 1-9 所示。

2. ES-Link II 支持多种集成开发环境

(1) 在 Keil MDK-ARM 下选择 ES-Link II 进行调试,如图 1-10 所示。

(2) 在 IAR EW-ARM 下选择 ES-Link II 进行调试,如图 1-11 所示。

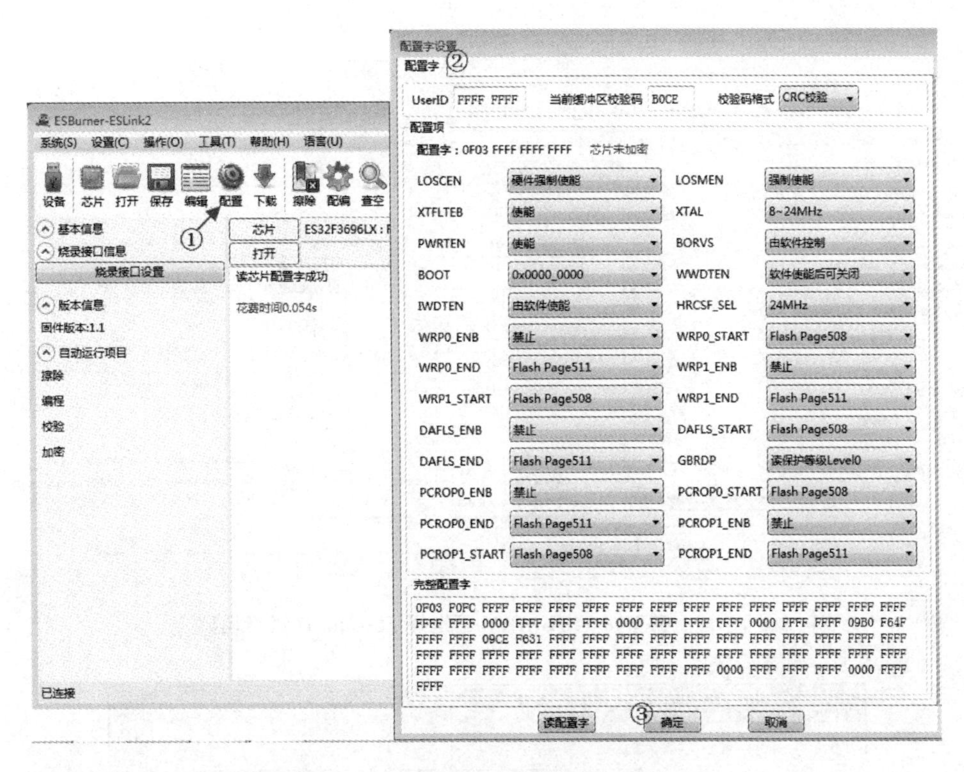

图 1-8　ES-Burner 设置芯片配置字

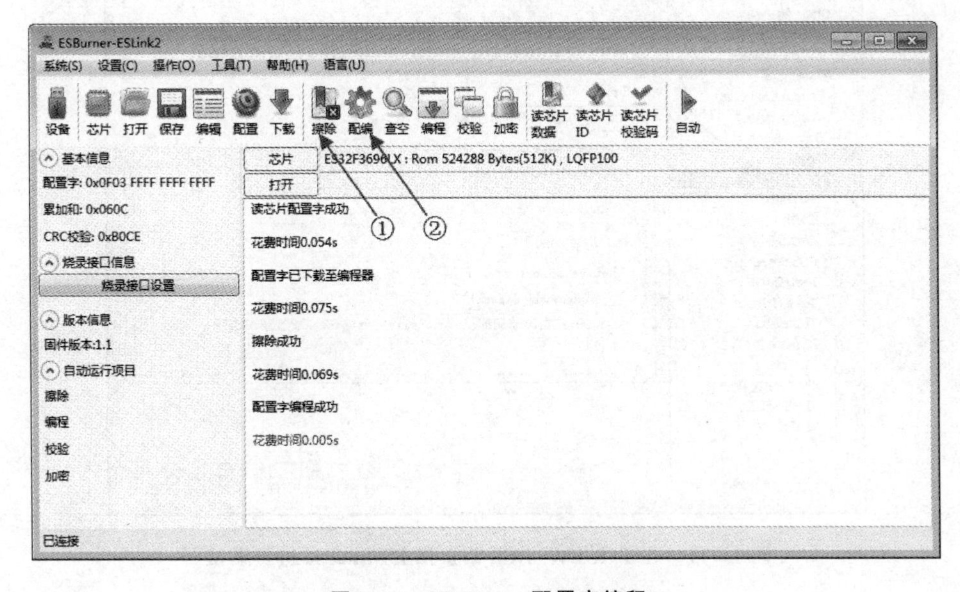

图 1-9　ES-Burner 配置字编程

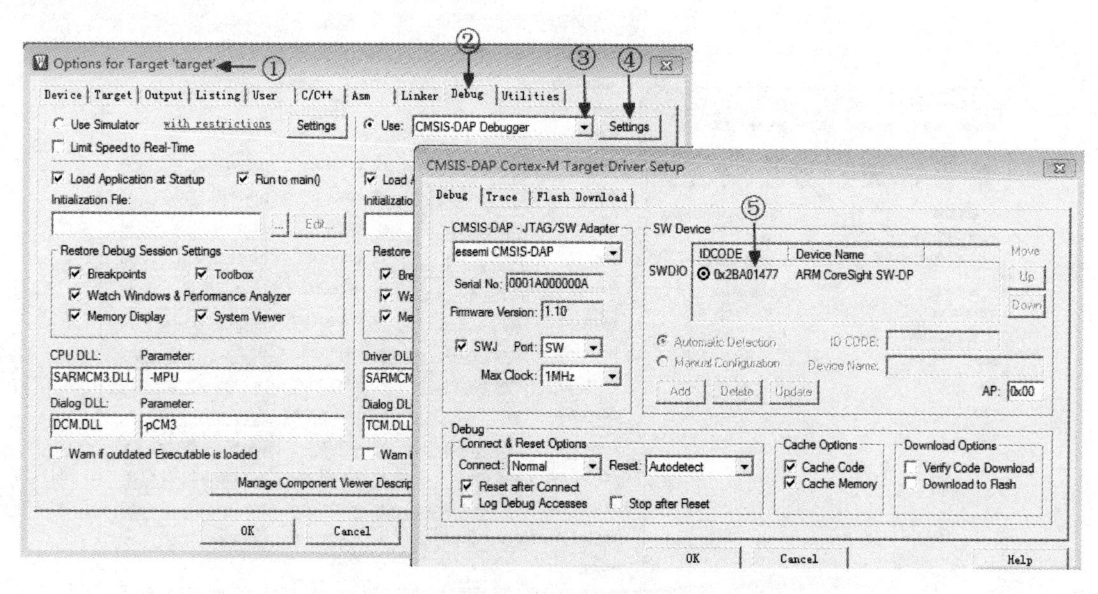

图 1-10　在 Keil MDK-ARM 下选择 ES-Link II 进行调试

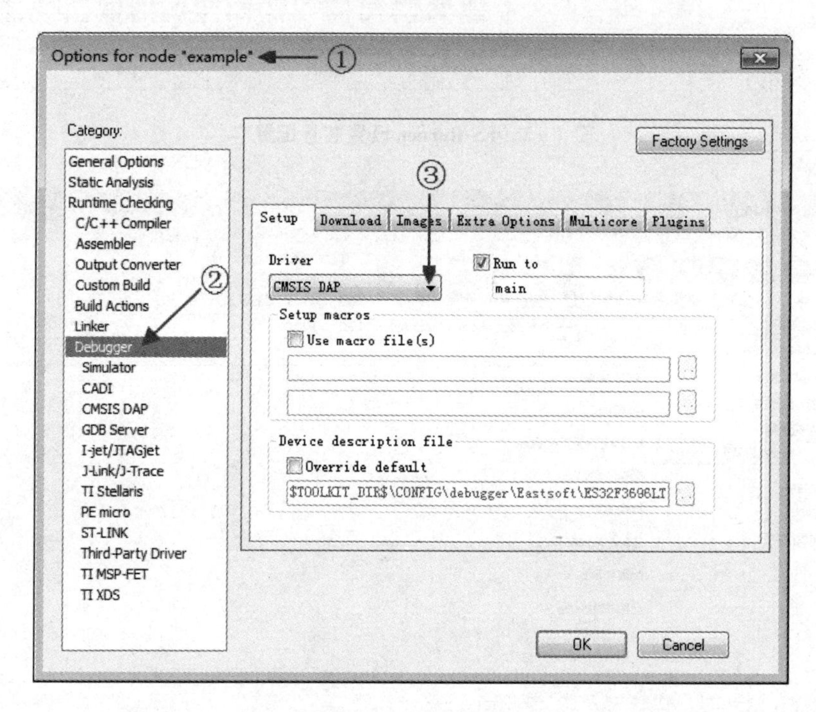

图 1-11　在 IAR EW-ARM 下选择 ES-Link II 进行调试

1.2.4　开发评估板

1.2.4.1　ES-PDS(原型开发系统)

ES-PDS是针对ES32系列产品设计的低成本学习板。它集成了ES-Link II调试器、MCU最小系统、多种扩展接口。

(1) ES-PDS正面如图1-12所示。

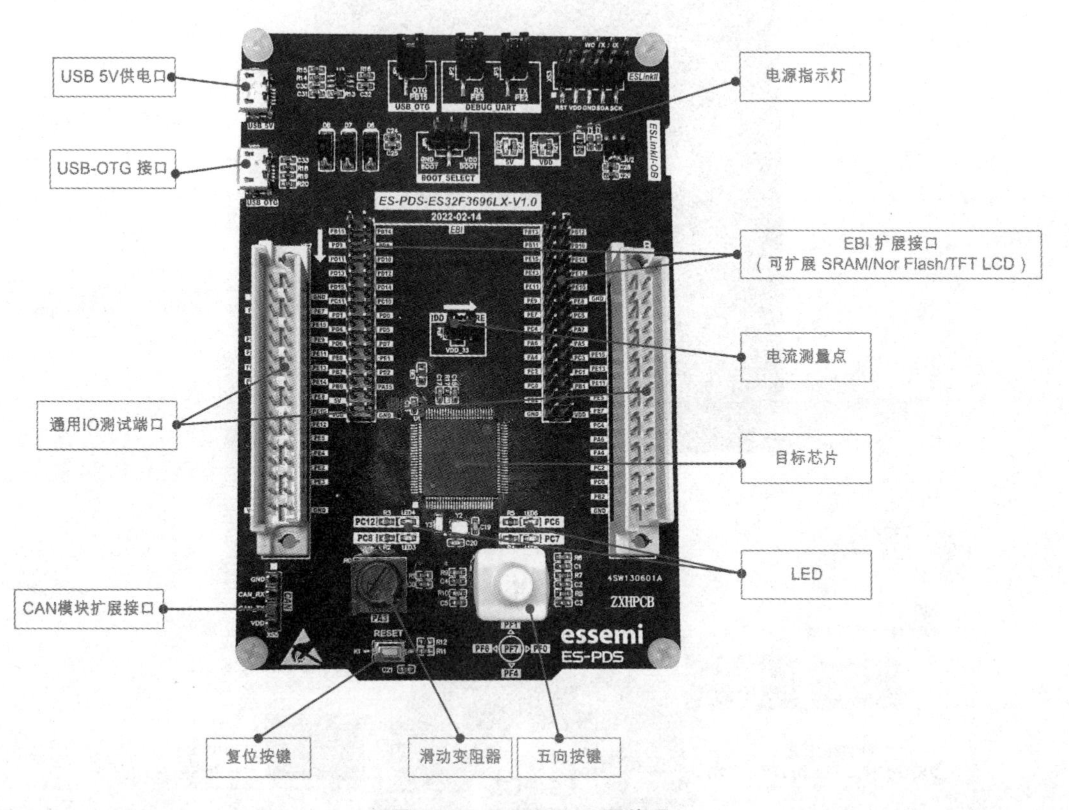

图1-12　ES-PDS正面外观

(2) ES-PDS背面如图1-13所示。

(3) ES-PDS扩展能力如图1-14所示。

1.2.4.2　ES-Discovery(全功能探索开发套件)

ES-Discovery是资源丰富、接口多、功能强大的全功能探索开发套件。它具有丰富的板上资源和程序例程,可以帮助用户快速地进行各种应用功能的软件开发和评估。图1-15为ES-Discovery外观图。

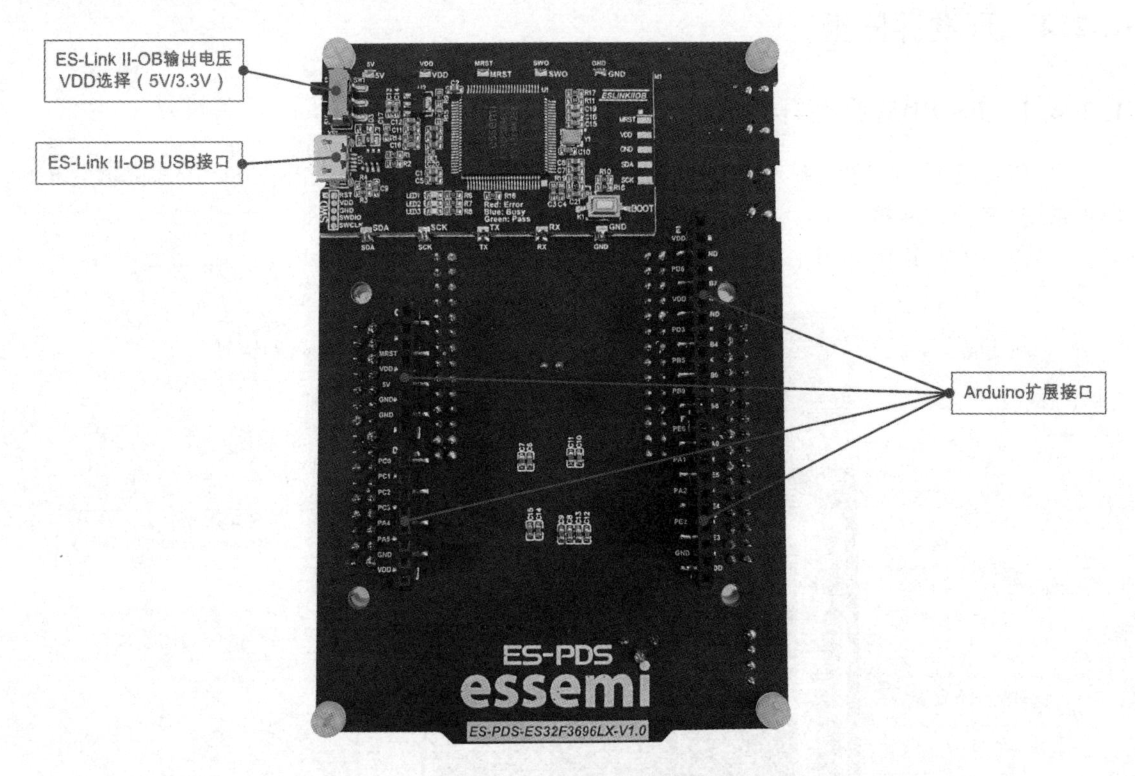

图 1-13　ES-PDS 背面外观

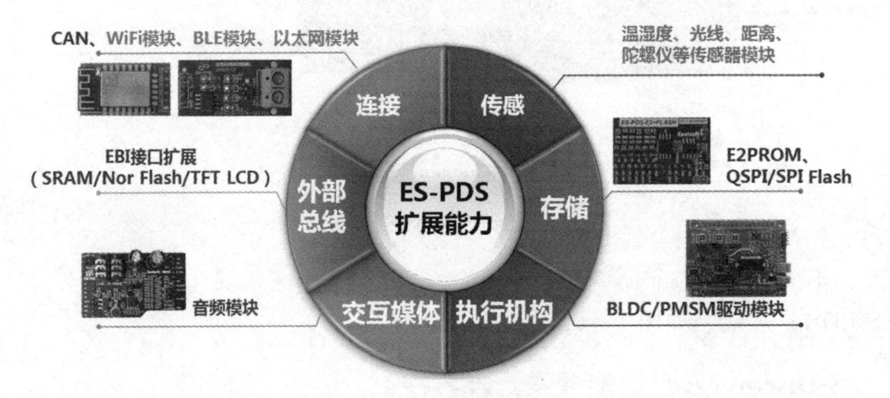

图 1-14　ES-PDS 扩展能力

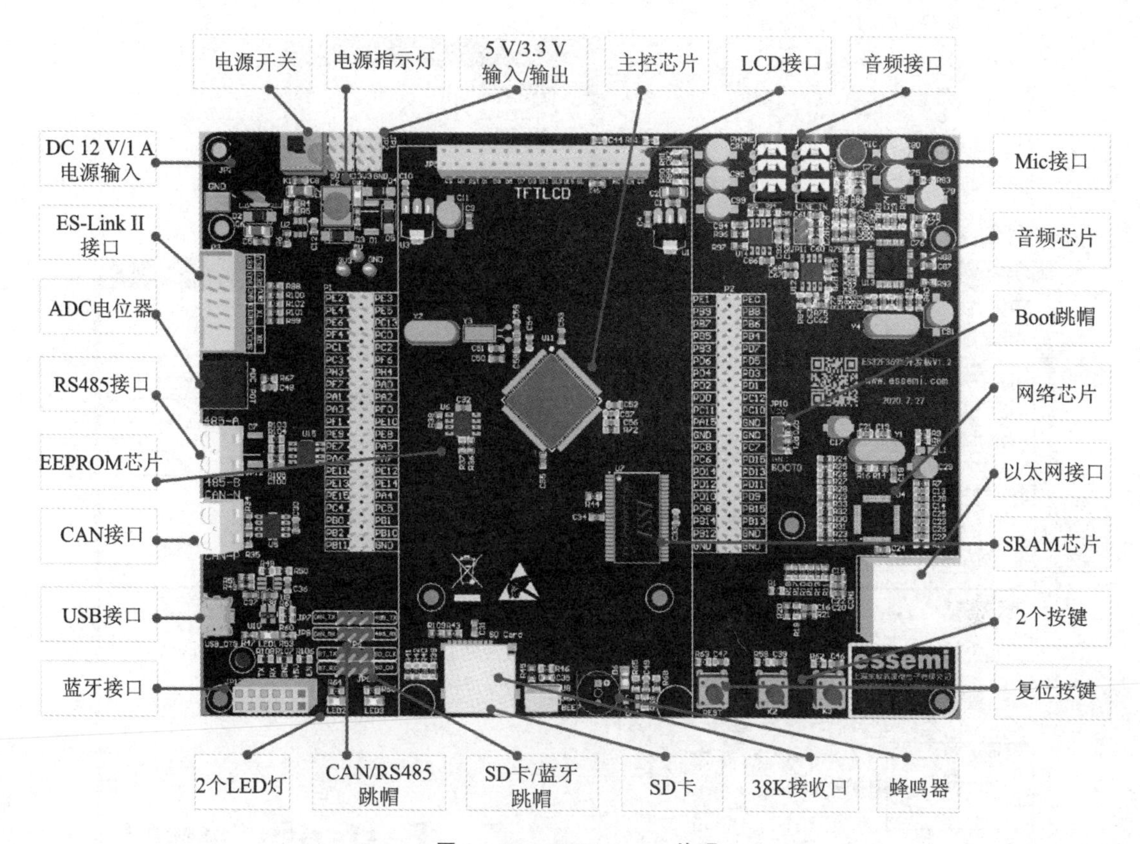

图 1-15　ES-Discovery 外观

1.2.5　其他辅助开发工具

用户对 ES32 进行嵌入式软件开发与调试时，上述集成开发环境、硬件环境是必备的。除此之外，东软载波微电子还提供了更多的辅助开发工具，以帮助用户更加便捷地进行开发与调试。更多的辅助开发工具请访问 www.essemi.com 下载。

1.2.5.1　串口程序更新软件 ES-UART-BOOT

(1) 基于 BootROM

PC 端软件 ES-UART-BOOT 可以基于芯片的 BootROM 和串口为芯片更新程序和配置字，如图 1-16 所示，步骤如下：

① 选择目标芯片型号；

② 串口设置完毕，打开串口；

③ 自动烧录设置：设置全擦除、全校验、更新 Info 区，打开 Hex，选择配置字；

④ 将目标芯片 Boot Pin 引脚接高电平后手动系统复位（上电复位或 MRST 复位），单击"自

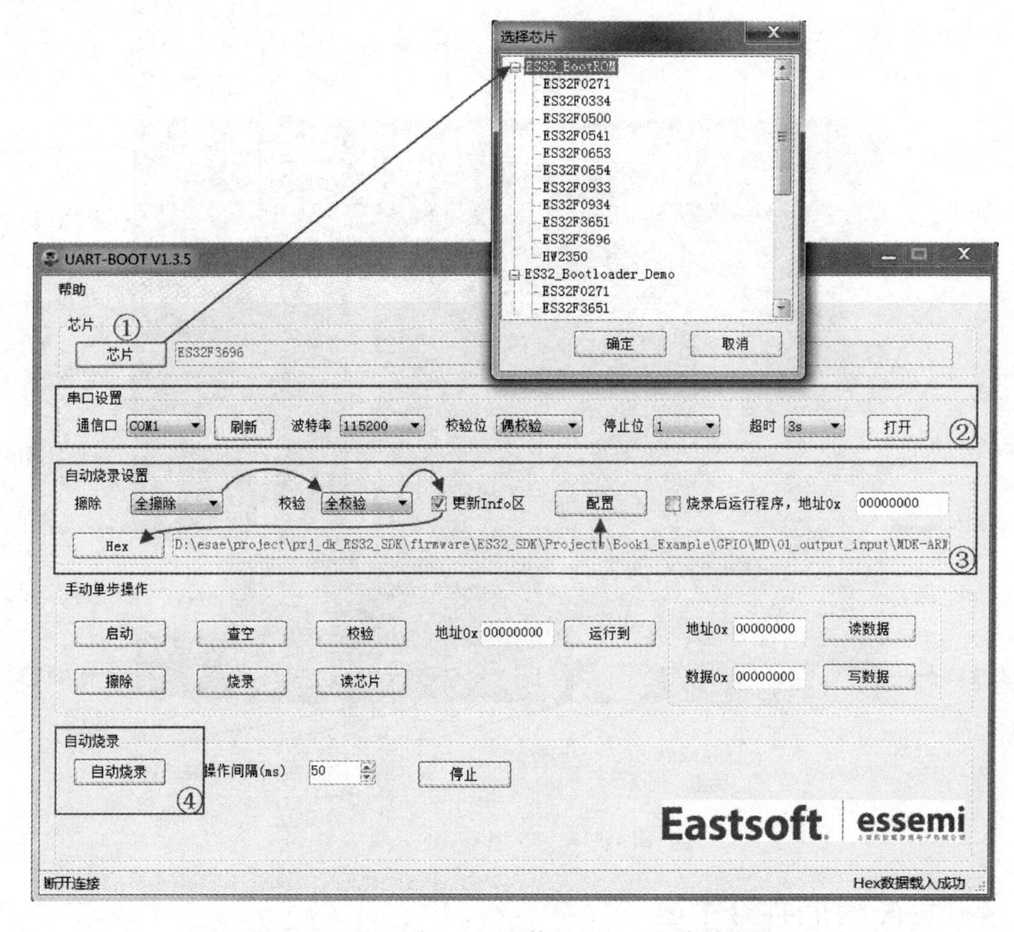

图 1-16　ES-UART-BOOT 基于 BootROM 自动烧录

动烧录”按钮。如果系统不具备接高 Boot Pin 引脚的条件，可以先单击“自动烧录”按钮，然后进行手动系统复位(上电复位或 MRST 复位)，也可以完成烧录。

注：芯片支持 Boot ROM 的 UART 引脚和 Boot Pin 引脚，请查看帮助栏的《用户手册》。

对于支持私有代码保护区的目标芯片，还支持“二次开发擦除”，自动烧录设置为：设置二次开发擦除、页校验、更新 Info 区，打开 Hex，选择配置字，如图 1-17 所示。

图 1-17　ES-UART-BOOT 基于 BootROM 二次开发烧录

(2) 基于 Bootloader Demo

PC 端软件 ES-UART-BOOT 可以基于芯片 BootFlash 的 Bootloader Demo 和串口演示更新 AppFlash。如图 1-18 所示，步骤如下：

① 选择目标芯片型号；

② 串口设置完毕，打开串口；

③ 自动烧录设置：设置页擦除、页校验，打开 Hex；

④ 将目标芯片 Boot Pin 引脚设置接高电平后手动进行系统复位(上电复位或 MRST 复位)，单击“自动烧录”按钮。如果系统不具备接高 Boot Pin 引脚的条件，可以先单击“自动烧录”按钮，然后进行手动系统复位(上电复位或 MRST 复位)，也可以完成烧录。

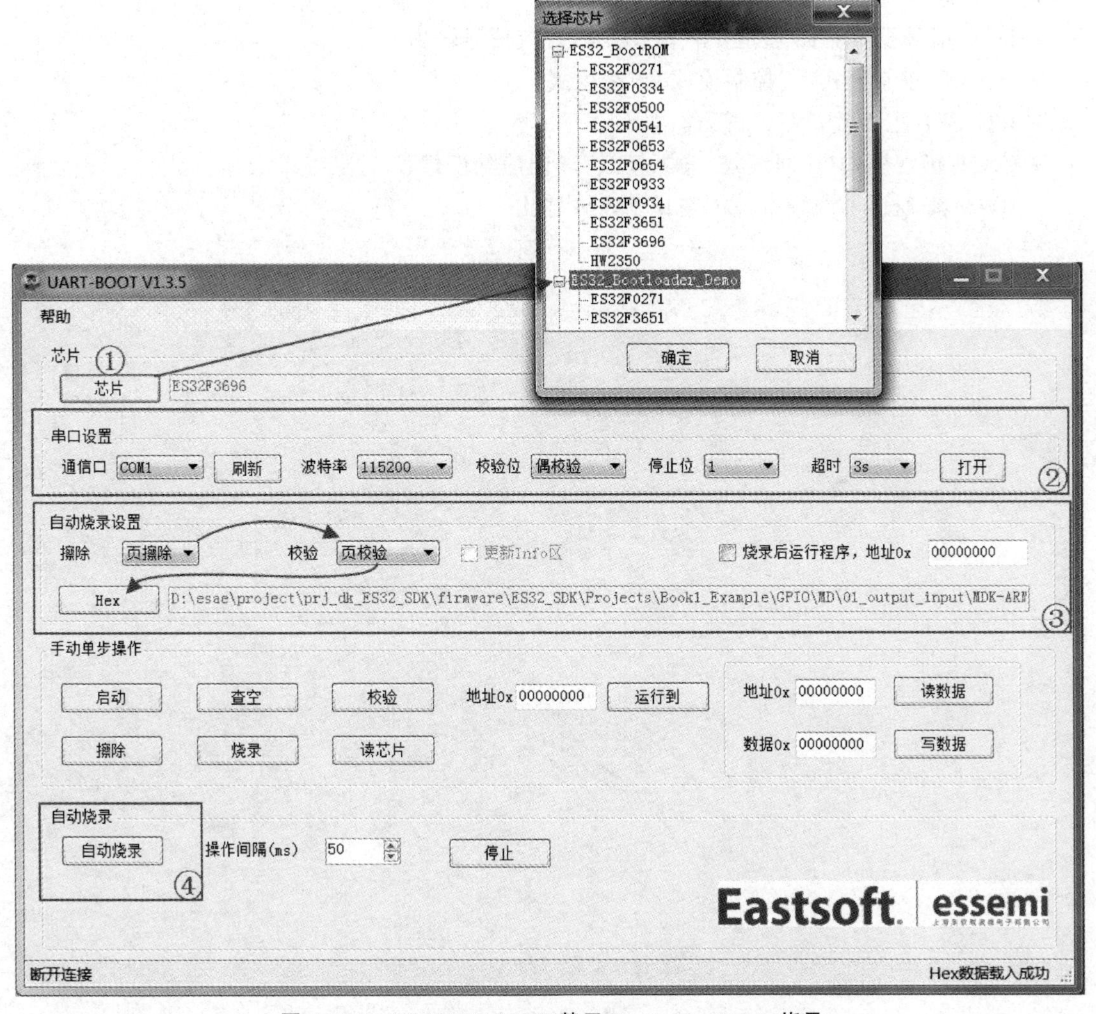

图 1-18　ES-UART-BOOT 基于 Bootloader Demo 烧录

注:芯片支持 Bootloader Demo 的 UART 引脚和 Boot Pin 引脚,请查看帮助栏《用户手册》。

1.2.5.2 多功能接口转换工具 ES-Bridge

ES-Bridge 是东软载波微电子推出的一款多功能接口转换工具,搭配专用上位机软件,操作简单,使用方便。它可辅助测试 UART、I2C、SPI、CAN 总线功能,以及简易的示波器、逻辑笔、信号发生器等功能,以及目标芯片电流测量波形显示功能,以满足用户测试低功耗系统的需求。其功能特点如下:

- 功耗监视:输出电压可调(2～5 V),输出电流实时监测波形显示(1 μA～48 mA);
- ADC 波形显示:4 通道模拟信号采样波形显示;
- 逻辑笔:8 通道数字信号采样波形显示;
- DAC 信号发生器:2 通道正弦波/方波/直流信号输出;
- UART:正常模式/流控制模式/单线模式;
- I2C/SPI:主机模式/从机模式;
- CAN:正常模式/环回模式/静默模式/环回静默模式;
- PWM:3 通道可调频率与占空比 PWM 输出。

第 2 章

ES32 开发快速开始

通过前面的介绍,读者可以初步了解进行 ES32 嵌入式软件开发需要的软硬件环境。本章将带领读者从零开始进行 ES32 嵌入式软件开发。在进行正式开发前,读者需要准备如下资源:

- 集成开发环境及芯片支持包:本章使用 Keil MDK5 为例进行演示,读者可从 Keil 公司官网下载 MDK5 并安装;从东软载波微电子官网下载 Keil MDK5 的芯片支持包并安装。
- 在线调试工具:本章使用 ES-Link II 作为在线调试工具,读者可以从东软载波天猫旗舰店购买该工具,并从东软载波微电子官网下载配套的烧录软件 ES-Burner 并安装。
- ES32 SDK:读者可从东软载波微电子官网下载 ES32 SDK,该 SDK 包含本章实验需要的芯片头文件、启动文件、MD 库和 ALD 库。

2.1 使用 MD 库函数点亮 LED 灯

我们先从一个简单直观的 LED 灯点亮实验入手,开启 ES32 开发征程。LED 灯点亮实验对于嵌入式开发,好比编程语言学习中的"Hello, world!",是初学者最经典的学习案例之一。掌握该实验,便掌握了嵌入式开发的基本流程。本实验基于 ES-PDS-ES32F369x 学习板。

2.1.1 功能需求

点亮 ES-PDS-ES32F369x 学习板上的 LED7,以 1 Hz 频率闪烁。

2.1.2 硬件电路

VDD、发光二极管(LED 灯)、电阻器和导线,便可组成 LED 硬件电路。以 ES-PDS-ES32F369x 学习板为例,LED 灯的阳极固定接 VDD,阴极串入电阻器后接 MCU 的 GPIO 端口。如此,只需控制 GPIO 输出电平的高低,便可控制对应 LED 灯的亮灭。GPIO 的选择并不是固定的,可以根据需要改变引脚连接,控制原理不变。当然,也可以选择将 LED 灯的阴极固定接 GND,阳极接 MCU 的 GPIO,称之为共阴;而本案例的连接方式称为共阳,如图 2-1 所示。

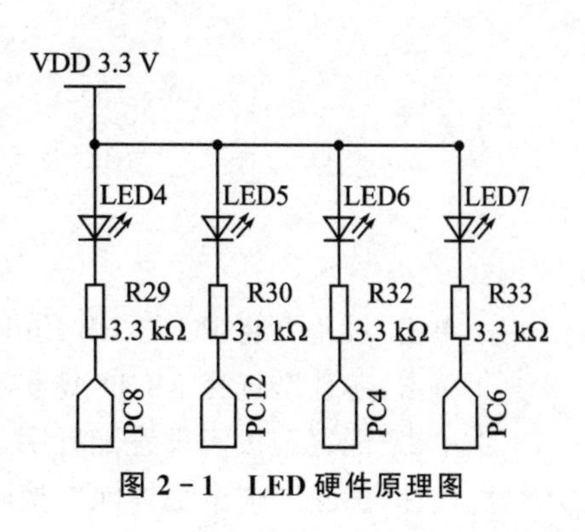

图 2-1 LED 硬件原理图

2.1.3 软件设计

硬件电路确定后，我们开始软件部分的开发。实验基于 MD 库函数，开发环境以 Keil MDK-ARM 为例。

2.1.3.1 配置字编程

开发程序之前，先通过 ES-Burner 软件对芯片进行擦除、配置字编程等操作，确保芯片配置字适合调试程序，且程序 Flash 中没有之前遗留的程序，如图 2-2 所示。

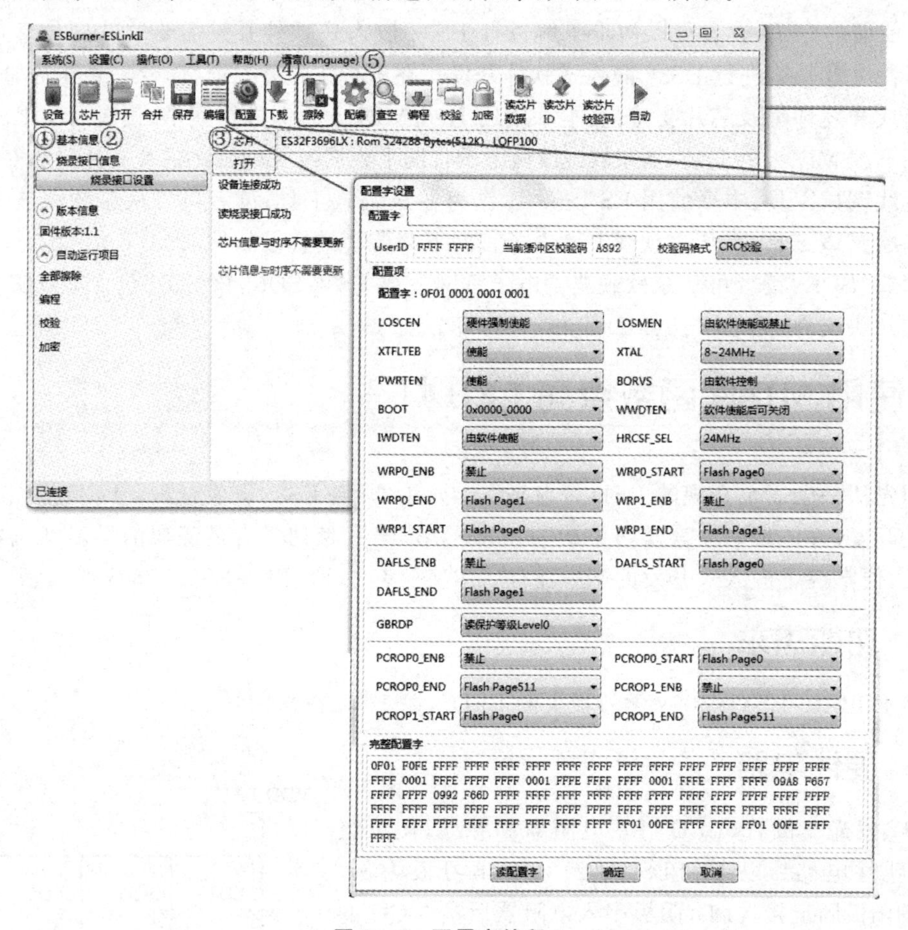

图 2-2　配置字编程 1

① 单击“设备”，将 PC 与 ES-Link II 连接；

② 单击“芯片”，选择 MCU 型号，本实验选择 ES32F3696LX；

③ 单击“配置”，按需设置配置字；

④ 选择“擦除”→“全部擦除”，擦除 Flash 主区域(程序空间)和 Flash 信息区(配置字空间)；

⑤ 单击“配编”，进行配置编程。

当 ES-Burner 出现图 2-3 所示的状态时，则配置字编程完成。

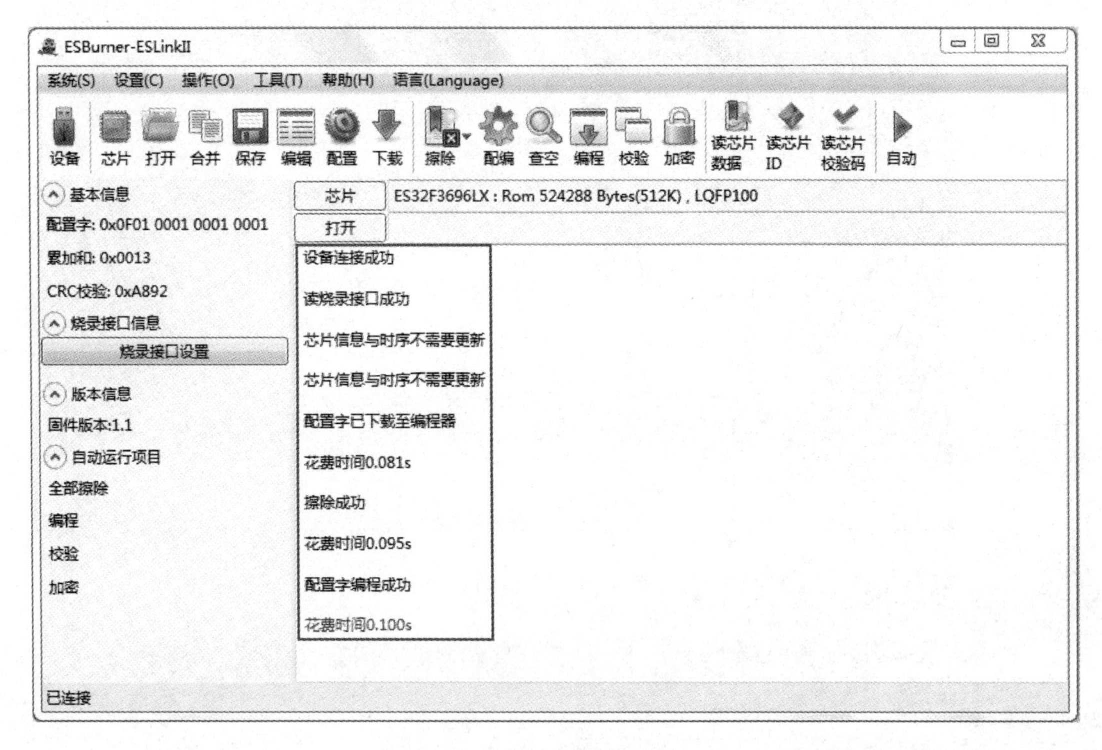

图 2-3　配置字编程 2

2.1.3.2　新建工程

新建 LED 文件夹。为方便路径管理，我们统一按如下路径规则建立工程文件夹：ES32_SDK\Projects\芯片名称\库名称\外设名称\工程名称，例如本实验为 ES32_SDK\Projects\ES32F36xx\Examples_MD\GPIO\LED。在 LED 文件夹下新建 Inc、Src、MDK-ARM 文件夹，分别用于存放.h 文件、.c 文件以及 Keil 工程文件(包括开发过程中生成的配置文件和调试文件等)。路径名称由全英文、数字、下划线等组成，不建议使用中文或空格。

创建新的 Keil 工程，保存路径为建好的 MDK-ARM 文件夹，如图 2-4 所示。

如果已经按照上文所述安装好 ES32 芯片支持包，则可以选择需要的芯片。这里我们选择 Eastsoft→ES32F3 Series→ES32F369x→ES32F3696LX，如图 2-5 所示。

在 Project\target 目录下新建 startup、md、app 组，分别用于添加芯片启动文件、MD 库文件和用户代码文件。启动文件 startup_es32f36xx.s 和 md_xxx.c 已经存在于 ES32 软件开发包中，目录为 ES32_SDK\Drivers\CMSIS\Device\EastSoft\ES32F36xx\Startup\keil 和 ES32_SDK\Drivers\MD\ES32F36xx\Source，将文件添加至相应的组内即可。在 app 组中新建主程序

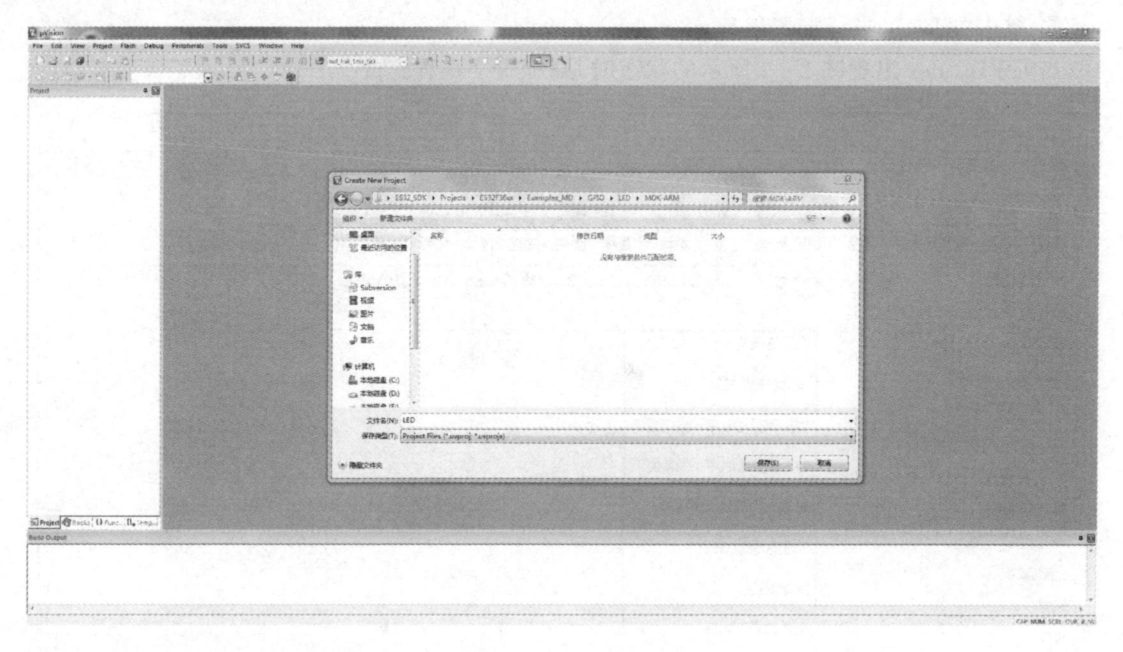

图 2－4　新建工程

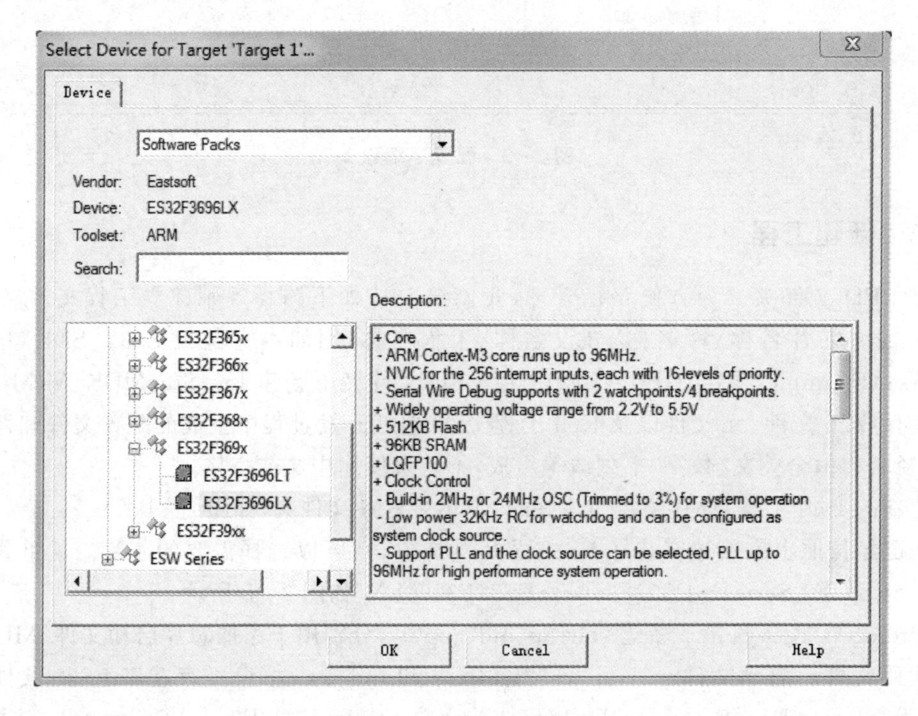

图 2－5　选择芯片型号

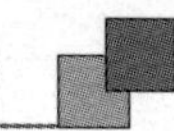

和中断服务程序文件 main. c、irq. c，并保存在 Src 文件夹下。另外，还需要新建 main. h 和 md_conf. h 文件，保存在 Inc 文件夹下。

main. h 用于存放用户代码（包括 main. c 和 irq. c）的接口，例如宏定义、变量或函数声明等。

md_conf. h 用于包含当前工程所需接口文件。ES32 所有模块或外设都有各自的接口文件 md_xxx. h。将所有"#include "md_xxx. h""罗列，并用预编译"#define MD_XXX"选择需要的接口。如此，既方便移植，又能尽量为工程减轻负担。譬如本例，LED 的亮灭由 GPIO 控制，系统时钟由 CMU 控制，而 CMU 的配置涉及系统配置控制器 SYSCFG。所以，工程需包含 md_gpio. h、md_cmu. h 和 md_syscfg. h。md_conf . h 中的代码，除"#define MD_GPIO"、"#define MD_CMU"和"#define MD_SYSCFG"之外，其他"#define MD_XXX"均应被注释。

详见例程 ES32_SDK\Projects\Book1_Example\Quick_start\MD\01_LED 中的 md_conf. h 文件。

根据 md_conf. h 的配置，添加库函数文件 md_gpio. c、md_cmu. c。md_syscfg. h 主要服务于 md_cmu. c，无独立的 md_syscfg. c。另外，添加 md_utils. c，包含中断配置、SysTick 延时等必要函数。完整的工程目录如图 2-6 所示。

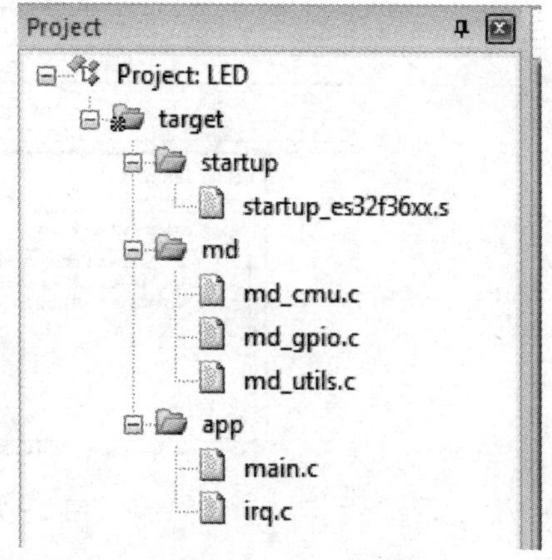

图 2-6　工程目录

. c 文件关联. h 文件，除了代码里写"#include "xxx. h""，还需要工程包含. h 文件所在的路径。右击 target，单击"Options for Target 'target'..."，按照图 2-7 的方法添加路径。同时，芯片以及内核相关的 . h 文件也必须被关联进工程。

各个. h 文件路径如下：

- 内核相关. h 文件：ES32_SDK\Drivers\CMSIS\Include；
- 芯片. h 文件：ES32_SDK\Drivers\CMSIS\Device\EastSoft\ES32F36xx\Include；
- 库函数接口. h 文件：ES32_SDK\Drivers\MD\ES32F36xx\Include；
- main. h 和 mdconf. h 文件：ES32SDK\Projects\ES32F36xx\Examples_MD\GPIO\LED\Inc。

注意：包含路径为相对路径，SDK 整体迁移不会影响工程对文件的依赖。如果遇到默认绝对路径的编译器（例如 IAR），建议切换为相对路径。

另外，Define 文本框需填入 USE_ASSERT 和 ES32F36xx，以满足库文件的预编译需求。

为方便维护或移植，功能相近的 MCU 可能会共享某些库文件，而对于差异点，则通过预编译各取所需。例如，下列代码截取于 md_utils. h，包含哪一款 MCU 的. h 文件，取决于define 哪个型号。本实验基于 ES32F36xx 开发，所以 Define 文本框中填入 ES32F36xx。

```
#ifdef ES32F36xx              /* 如果 define ES32F36xx，则包含 es32f36xx.h。下同 */
#include "es32f36xx.h"
```

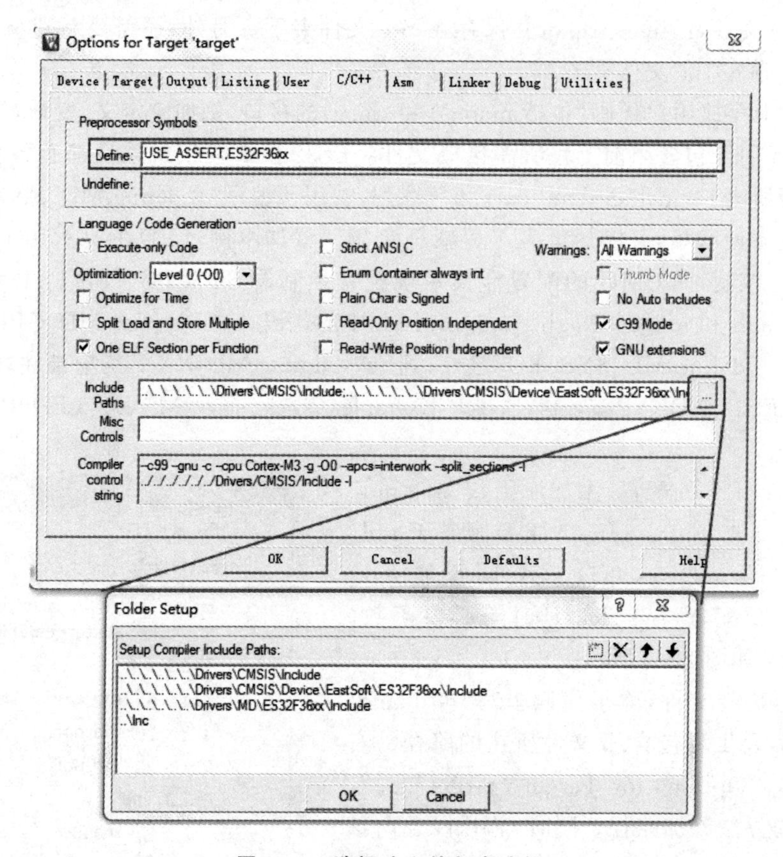

图 2-7 选择头文件包含路径

```
#elif ES32F39xx
#include "es32f39xx.h"
#elif ES32F336x
#include "es32f336x.h"
#endif
```

Define 文本框中填入 USE_ASSERT，则说明工程使用断言机制。assert_param(x) 是一个宏，用于检查传入参数是否符合要求。若参数符合要求，则继续输入相应的配置函数；若参数不符合要求，则程序关中断，并进入死循环。这一机制可方便调试程序时排查问题。

```
#ifdef USE_ASSERT                    /* 如果 define USE_ASSERT，则定义断言函数 assert_param */
#define assert_param(x)          \
    do {                         \
        if (!(x)) {              \  /* 如果传入参数不正确，则关中断，进入死循环 */
            __disable_irq();     \
            while (1)            \
                ;                \
        }                        \
```

```
    } while (0)
#else
#define assert_param(x)            /* 如果未 define USE_ASSERT,则断言函数无实际功能 */
#endif
```

2.1.3.3　编写程序

编程要点如下：

- 配置系统时钟，使能 GPIO 时钟；
- 配置 GPIO 为推挽输出模式；
- 控制 LED7 对应的 GPIO 引脚输出高电平或低电平。

代码分析如下：

(1) main.c

GPIO 配置函数和主函数写在 main.c 中。首先配置系统时钟和 SysTick 中断，并使能外设时钟；再将 LED7 对应的 GPIO 配置为推挽输出低电平状态；最后，延时 500 ms 后翻转该 GPIO 的输出电平，并循环运行。因为使用 MD 库，时钟、SysTick、GPIO 等模块的配置已经封装好，我们只需关心如何配置这些函数的参数，无需关心底层寄存器的配置。ES32 的各个模块会在后面章节具体介绍。

```
#include"main.h"   /* 包含 main.h */

/* GPIO 配置函数 */
void init_gpio(void)
{
    md_gpio_init_t gpio_init;

    /* LED7 GPIO 配置 */
    md_gpio_init_struct(&gpio_init);                    /* 初始化结构体 gpio_init */
    gpio_init.mode   = MD_GPIO_MODE_OUTPUT;             /* 输出模式 */
    gpio_init.odos   = MD_GPIO_PUSH_PULL;               /* 推挽模式 */
    gpio_init.pupd   = MD_GPIO_FLOATING;                /* 电平浮空 */
    gpio_init.podrv  = MD_GPIO_OUT_DRIVE_6;             /* PMOS 输出驱动 6 mA */
    gpio_init.nodrv  = MD_GPIO_OUT_DRIVE_6;             /* NMOS 输出驱动 6 mA */
    gpio_init.func   = MD_GPIO_FUNC_1;                  /* GPIO 复用 1 */
    md_gpio_init(LED_PORT, LED_PIN, &gpio_init);        /* 将参数传入配置函数 */

    md_gpio_set_pin_low(LED_PORT, LED_PIN);             /* 上电后,LED_PIN 输出低电平 */

    return;
}

/* 主函数 */
int main()
{
```

```
    /* 系统时钟:内部 HRC 分频后再将 PLL 倍频至 72 MHz */
    md_cmu_pll1_config(MD_CMU_PLL1_INPUT_HRC_6, MD_CMU_PLL1_OUTPUT_72M);
    md_cmu_clock_config(MD_CMU_CLOCK_PLL1, 72000000);

    /* SysTick 中断配置,可服务于延时函数 */
    md_init_1ms_tick();

    /* 使能外设时钟 */
    SYSCFG_UNLOCK();
    md_cmu_enable_perh_all();
    SYSCFG_LOCK();

    /* 调用 GPIO 配置函数 */
    init_gpio();

    while (1)
    {
        /* 延时 500 ms */
        md_delay_1ms(500);

        /* LED_PIN 输出电平翻转 */
        md_gpio_toggle_pin_output(LED_PORT, LED_PIN);
    }
}
```

(2) irq.c

本实验只需用到 HardFault 中断服务程序和 SysTick 中断服务程序,分别用于检测内存溢出以及为延时函数计数。

```
#include "main.h"

/* HardFault 中断服务程序 */
void HardFault_Handler(void)
{
    while (1);
}

/* SysTick 中断服务程序 */
void SysTick_Handler(void)
{
    md_inc_tick();
    return;
}
```

(3) main.h

main.h 为 main.c 和 irq.c 提供接口。为方便程序的阅读和移植,LED7 对应的 GPIO 被封装成为直观的名称。库文件所需的接口通过包含 md_conf.h 获得。

```
#include "md_conf.h"   /* 包含 md_conf.h,提供库文件接口 */

#define LED_PORT GPIOC              /* LED_PORT 宏定义为 GPIOC */
#define LED_PIN   MD_GPIO_PIN_6     /* MD_GPIO_PIN_6 宏定义为 LED_PIN */
```

2.1.3.4　编译调试

单击 Keil 界面编译按钮,编译当前工程或文件,Build Output 列表框显示"0 Error(s), 0 Warning(s)."则说明编译通过,否则需要修改错误或警告直至编译通过,如图 2-8 所示。

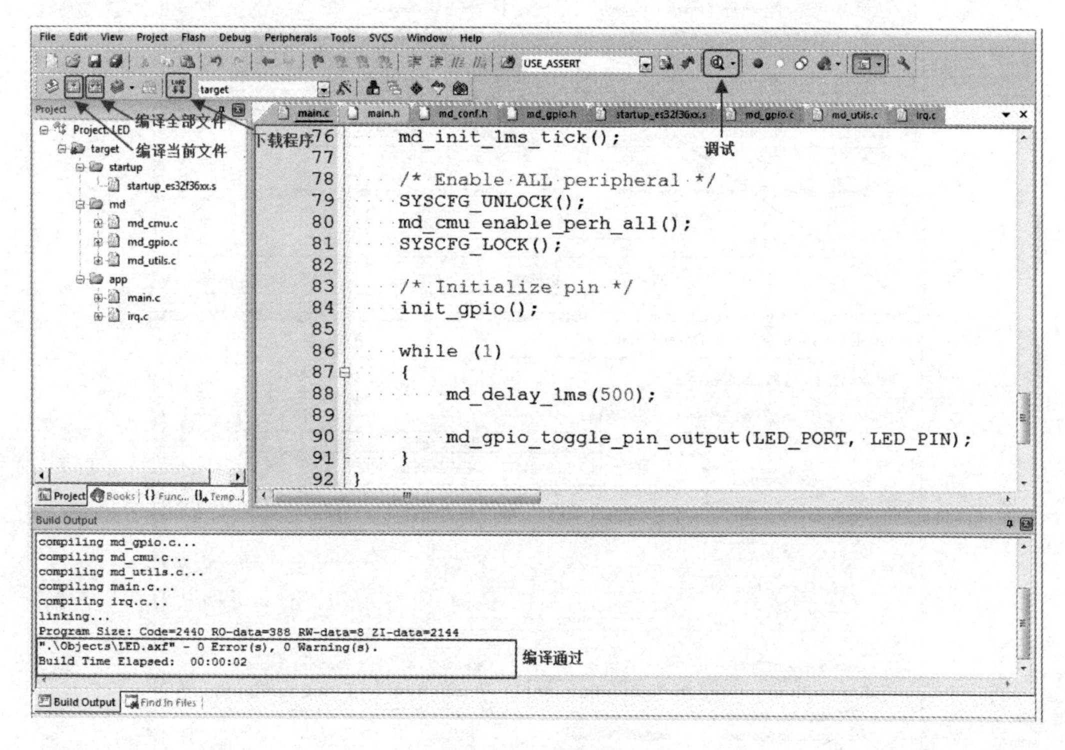

图 2-8　编译调试

为了完善功能,往往会对程序进行在线调试。ES32 系列 MCU 通过 ES-Link II 可实现在线调试。ES-Burner 上位机芯片选择 ES32F36xx 后,在 Keil 中按照图 2-9 配置 Debug 选项。由于 ES-Link II 调试 Cortex-M 系列 MCU 时,遵循的是 ARM 公司的 CMSIS-DAP 标准,所以选择 CMSIS-DAP Debugger。PC、ES-Link II、MCU 正确连接后,SWDIO 对话框会出现IDCODE 码和 Device Name,如图 2-9 所示。

单击 Keil 的下载按钮,下载程序至 MCU;再单击调试按钮,进入在线调试状态。可选择全速、单步、运行至断点处等运行方式,也可实时监视寄存器、变量、内存等状态变化,如图 2-10 所示。

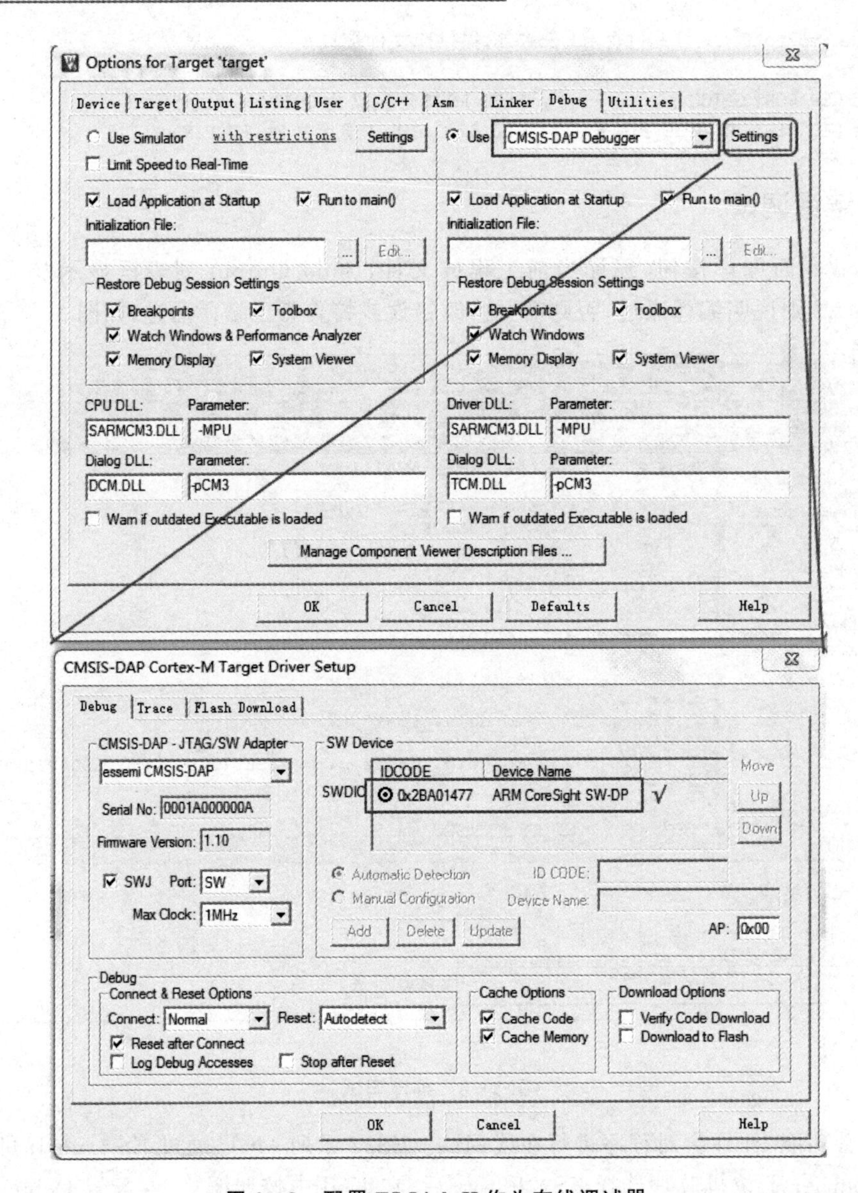

图 2-9　配置 ES-Link II 作为在线调试器

2.1.3.5　下载运行

程序调试完成后，将程序的 HEX 文件通过 ES-Burner 软件烧录至 MCU 中，复位便可运行。如何烧录 HEX，上文中已有详细介绍，不再赘述。值得注意的是，按照图 2-11 勾选 Creat HEX File，再编译工程，方可生成 HEX 文件，具体位置为 ES32_SDK\Projects\ES32F36xx\Examples_MD\GPIO\LED\MDK-ARM\Objects\LED.hex。

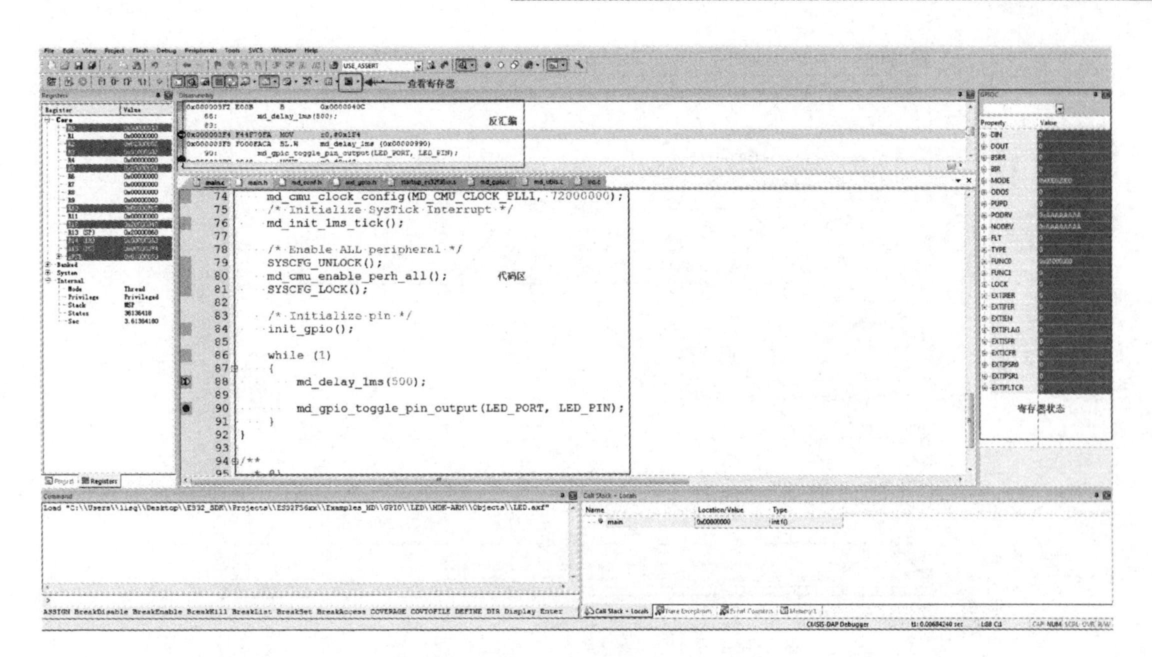

图 2-10　在线仿真调试程序

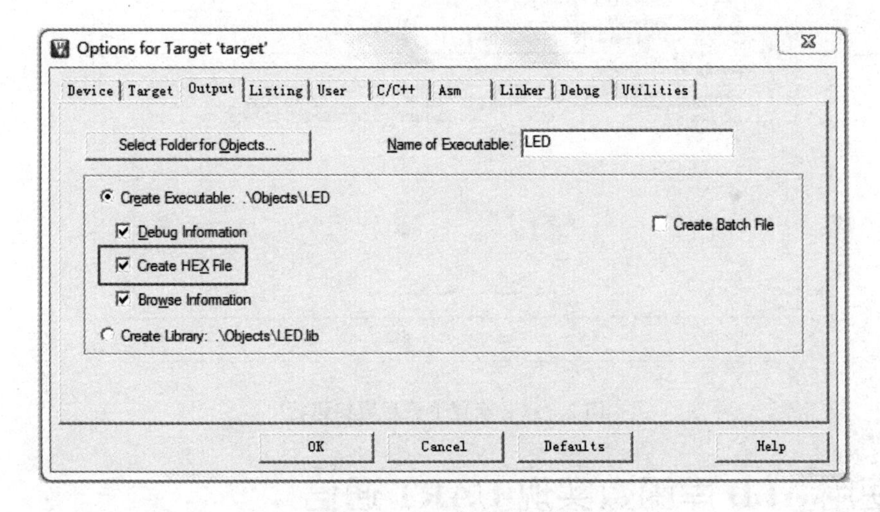

图 2-11　生成 HEX 文件

Keil 也支持直接下载程序运行,单击下载按钮即可。通过图 2-12 是否勾选 Reset and Run,选择程序是否需要手动复位后运行。

2.1.3.6　实验现象

程序运行后,可观察到学习板上的 LED7 以 1 Hz 频率闪烁。

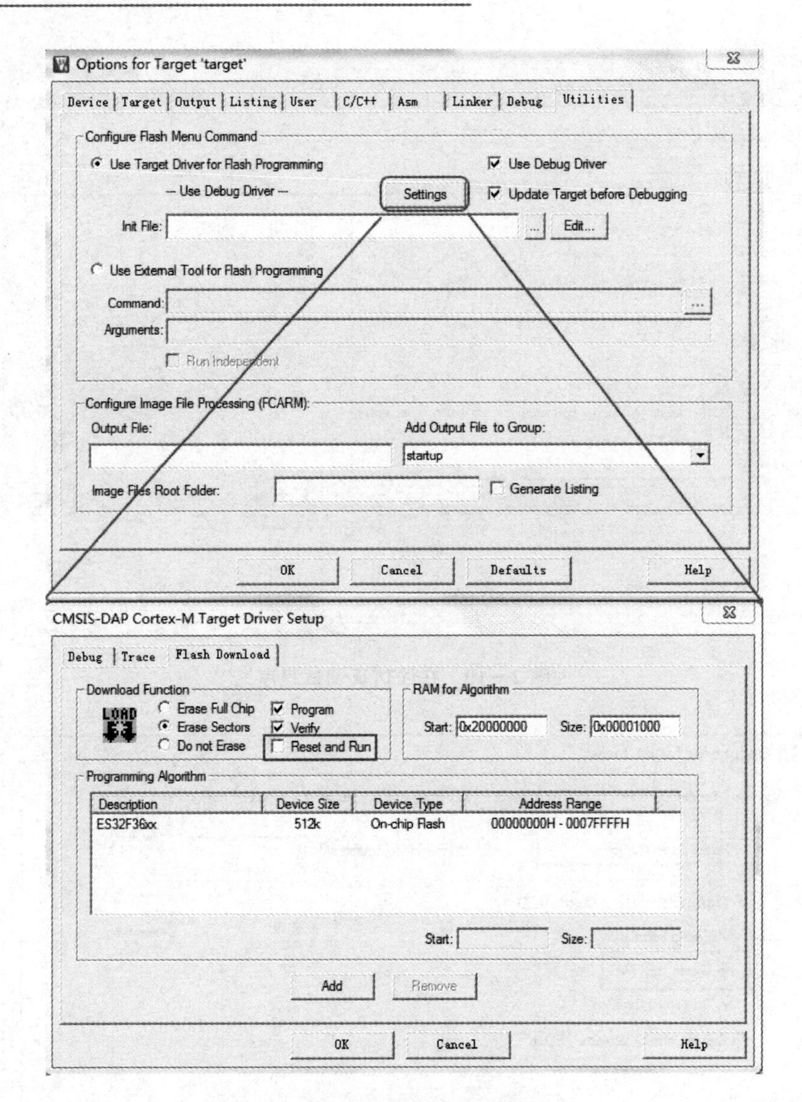

图 2-12　配置下载后直接运行

2.2　使用 ALD 库函数实现 UART 通信

本实验依然基于 ES-PDS-ES32F369x 学习板，不同的是，软件设计将采用 ALD 库。相比 MD 库，ALD 库的封装程度更高，我们甚至不用关心其外设的工作原理，只需清楚其功能需求即可。ALD 库十分适合应用层面的开发。当然，较多的功能函数封装不可避免地带来运行效率较低的缺点。

2.2.1　功能需求

ES32F369x UART 与 ES-Bridge UART 通信，收发数据。ES-Bridge 上位机发送字符串，MCU UART 接收到信号后进行自动波特率检测，成功后返回字符串“UART auto baud succeeds.”。

2.2.2　硬件电路

UART 是集成在 MCU 里的一种通用异步收发器，通过发送（TX）/接收（RX）两个端口（复用到 GPIO 引脚）与其他设备通信，后续章节会详细介绍。在这个实验中，只需将 TX/RX 对应的 GPIO 引脚连接到 ES-Bridge 的 RX/TX，便可进行通信。ES-Bridge 由 PC 端上位机控制，两者以 USB 连接。

注意：MCU 的 TX 接 ES-Bridge 的 RX，MCU 的 RX 接 ES-Bridge 的 TX，MCU 和 ES-Bridge 共用 GND。

图 2－13 为 UART 硬件原理图。

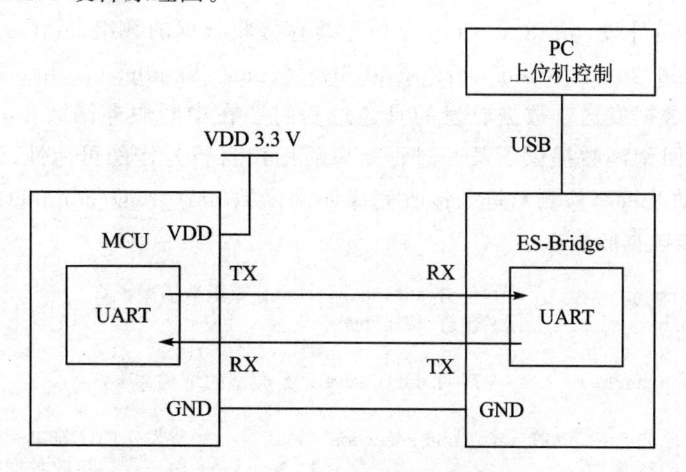

图 2－13　UART 硬件原理图

2.2.3　软件设计

有了点亮 LED 灯的实验基础，这里不再赘述 ES32 开发的详细操作，直接分析程序。注意库函数从 MD 库切换为 ALD 库。

编程要点如下：

➢ 配置系统时钟，使能外设时钟；

➢ 使能 UART 中断，并配置中断优先级；

➢ 配置 UART TX/RX 对应的 GPIO：TX 为输出，RX 为输入；

➢ 配置 UART 属性：8 位数据长度，1 位停止位，无奇偶校验等；

➢ 选择自动波特率模式并使能；
➢ 读取 RX 端首字节，自动波特率检测成功后，向 TX 端写入待发送的字符串，并读取 RX 端剩余字符串。

代码分析如下。

1. main.c

本程序采用中断方式收发数据，系统时钟配置好后，使能 UART 中断。UART TX/RX 对应的 GPIO 引脚配置为推挽输出/输入模式，根据 MCU 的数据手册，选择正确的 GPIO 复用功能。这里用的是 UART1，TX/RX 引脚为 PC0/PC1，对应复用 3。对于 UART 属性配置，由于使用自动波特率功能，所以波特率选择 1～0x44AA20 之一即可(受限于 ALD 库函数中用于检验参数的断言)。其他参数配置为 8 位数据长度，1 位停止位，无奇偶校验，调用接收完成回调函数。自动波特率选择模式 0，意味着被检测的数据 bit[1:0] 必须是 01。

得益于 ALD 库函数的高度封装，上述静态配置完成后，只需调用函数 ald_status_t ald_uart_recv_by_it(uart_handle_t *hperh, uint8_t *buf, uint16_t size)便可实现数据接收，其中 uart_handle_t *hperh 是外设，uint8_t *buf 是用于缓存接收数据的数组，uint16_t size 是数据字节数。类似地，函数 ald_status_t ald_uart_send_by_it(uart_handle_t *hperh, uint8_t *buf, uint16_t size)实现数据发送。数据收发的具体过程封装在中断服务函数 ald_uart_irq_handler(&g_h_uart)中。回调函数提供了某一过程结束后用户自行操作的可能性，例如本程序在接收首字符后(用于自动波特率检测)，进入接收完成回调函数 uart_recv_complete(uart_handle_t *arg)，再进行下一步数据收发。

```
#include<string.h>          /* 包含 string.h,memset 等函数需要 */
#include "main.h"           /* 包含 main.h */

uart_handle_t g_h_uart;     /* 声明 uart_handle_t 类型的结构体 */

uint8_t g_tx_buf[32] = "UART auto baud succeeds.\r\n";  /* 待发送的字符串 */
uint8_t g_rx_buf[32];                                   /* 用于存储接收数据的数组 */

/* UART GPIO 配置函数 */
void uart_pin_init(void)
{
    gpio_init_t x;                                  /* 声明 gpio_init_t 类型的结构体 */
    memset(&x, 0x00, sizeof(gpio_init_t));          /* 初始化结构体 x */

    x.mode = GPIO_MODE_OUTPUT;                      /* 输出模式 */
    x.odos = GPIO_PUSH_PULL;                        /* 推挽模式 */
    x.pupd = GPIO_PUSH_UP;                          /* 默认上拉 */
    x.podrv = GPIO_OUT_DRIVE_1;                     /* PMOS 输出驱动 1 mA */
    x.nodrv = GPIO_OUT_DRIVE_0_1;                   /* NMOS 输出驱动 0.1 mA */
    x.flt = GPIO_FILTER_DISABLE;                    /* 无滤波 */
    x.type = GPIO_TYPE_TTL;                         /* TTL 模式 */
```

```
    x.func = GPIO_FUNC_3;                            /*复用 3*/
    ald_gpio_init(UART_TX_PORT, UART_TX_PIN, &x);    /*将参数传入配置函数*/

    x.mode = GPIO_MODE_INPUT;                        /*输入模式*/
    x.odos = GPIO_PUSH_PULL;                         /*推挽模式*/
    x.pupd = GPIO_PUSH_UP;                           /*默认上拉*/
    x.podrv = GPIO_OUT_DRIVE_1;                      /*PMOS 输出驱动 1 mA*/
    x.nodrv = GPIO_OUT_DRIVE_0_1;                    /*NMOS 输出驱动 0.1 mA*/
    x.flt  = GPIO_FILTER_DISABLE;                    /*无滤波*/
    x.type = GPIO_TYPE_TTL;                          /*TTL 模式*/
    x.func = GPIO_FUNC_3;                            /*复用 3*/
    ald_gpio_init(UART_RX_PORT, UART_RX_PIN, &x);    /*将参数传入配置函数*/

    return;
}

/*接收完成回调函数*/
void uart_recv_complete(uart_handle_t *arg)
{
    uint8_t tx_len = strlen((char *) g_tx_buf);      /*获取 g_tx_buf 内待发送字符串长度*/
    uint8_t rx_len = sizeof(g_rx_buf);               /*获取数组 g_rx_buf 长度*/

    ald_uart_send_by_it(&g_h_uart, g_tx_buf, tx_len); /*向 TX 写入待发送字符串*/
    ald_uart_recv_by_it(&g_h_uart, g_rx_buf + 1, rx_len - 1);  /*读取 RX 端剩余字符串*/

    return;
}

/*主函数*/
int main()
{
    /*配置系统时钟,使能外设时钟,使能 UART 中断*/
    ald_cmu_init();
    ald_cmu_pll1_config(CMU_PLL1_INPUT_HOSC_3, CMU_PLL1_OUTPUT_72M);
    ald_cmu_clock_config(CMU_CLOCK_PLL1, 72000000);
    ald_cmu_perh_clock_config(CMU_PERH_ALL, ENABLE);
    ald_mcu_irq_config(UART1_IRQn, 3, 3, ENABLE);

    /*调用 UART GPIO 配置函数*/
    uart_pin_init();

    memset(&g_h_uart, 0x00, sizeof(uart_handle_t));  /*初始化结构体 g_h_uart*/
    g_h_uart.perh = UART1;                           /*选择 UART1*/
    g_h_uart.init.baud = 1;                          /*自动波特率,此设置不重要*/
    g_h_uart.init.word_length = UART_WORD_LENGTH_8B; /*8 位数据长度*/
    g_h_uart.init.stop_bits = UART_STOP_BITS_1;      /*1 位停止位*/
    g_h_uart.init.parity = UART_PARITY_NONE;         /*无奇偶校验*/
    g_h_uart.init.mode = UART_MODE_UART;             /*UART 正常模式*/
    g_h_uart.init.fctl = UART_HW_FLOW_CTL_DISABLE;   /*无流控*/
    g_h_uart.rx_cplt_cbk = uart_recv_complete;       /*调用接收完成回调函数*/
```

```
    ald_uart_init(&g_h_uart);                               /* 将参数传入配置函数 */

    ald_uart_rx_fifo_config(&g_h_uart, UART_RXFIFO_1BYTE);       /* RX FIFO 触发阈值:1 */
    ald_uart_tx_fifo_config(&g_h_uart, UART_TXFIFO_EMPTY);       /* TX FIFO 触发阈值:0 */

    ald_uart_auto_baud_config(&g_h_uart, UART_ABRMOD_1_TO_0);   /* 自动波特率选择模式 0 */
    UART_AUTOBR_ENABLE(&g_h_uart);                              /* 使能自动波特率 */

    ald_uart_recv_by_it(&g_h_uart, g_rx_buf, 1);/* 中断方式读取 RX 端首字节,存于 g_rx_buf */

    while (1);
}
```

如上文所述,UART 数据收发过程封装在函数 ald_uart_irq_handler(&g_h_uart)中,大大提高了开发效率。如果采用 MD 库函数开发此程序,则需按照 UART 时序正确操作,方可正常收发数据。下面是分别使用 ALD 库和 MD 库设计的两种 UART 收发中断服务程序的代码对比。

2. 使用 ALD 库设计 irq.c

```
#include "main.h"

void HardFault_Handler(void)
{
    while (1);
}

void UART1_Handler(void)
{
    ald_uart_irq_handler(&g_h_uart);   /* UART 数据收发操作封装在该函数中 */

    return;
}
```

3. 使用 MD 库设计 irq.c

```
#include "main.h"

char g_tx_buf[32] = "UART auto baud succeeds.\r\n";   /* 待发送字符串 */
char g_rx_buf[32];                                     /* 用于存储接收数据的数组 */
uint8_t g_tx_len;                                      /* 待发送字符串长度变量 */
uint8_t g_tx_i = 0U;                                   /* 发送数组下标 */
uint8_t g_rx_len = sizeof(g_rx_buf);                   /* 接收数组长度 */
uint8_t g_rx_i = 0U;                                   /* 接收数组下标 */

void HardFault_Handler(void)
{
    while (1);
```

```
}

void UART1_Handler(void)
{
    g_tx_len = strlen(g_tx_buf);  /*获取待发送字符串长度*/

    /*判断接收 FIFO 是否触发阈值*/
    if (md_uart_mask_it_rfth(UART1))
    {
        /*清除接收 FIFO 阈值中断标志*/
        md_uart_clear_flag_rfth(UART1);

        /*读数据直到接收 FIFO 空为止*/
        while (!md_uart_is_active_flag_rfempty(UART1))
        {
            g_rx_buf[g_rx_i] = md_uart_recv_data8(UART1);
            g_rx_i++;
        }

        /*使能发送 FIFO 空中断,开始发送*/
        md_uart_enable_it_tfempty(UART1);

        if (g_rx_i >= g_rx_len)
            g_rx_i = 0;
    }

    /*判断发送 FIFO 是否为空*/
    if (md_uart_mask_it_tfempty(UART1))
    {
        /*清除发送 FIFO 空中断标志*/
        md_uart_clear_it_tfempty(UART1);

        /*等到发送 FIFO 非满则发送数据*/
        while (md_uart_is_active_flag_tffull(UART1));

        md_uart_set_send_data8(UART1, g_tx_buf[g_tx_i]);
        g_tx_i++;

        if (g_tx_i >= strlen(g_tx_buf))
        {
            g_tx_i = 0;
            /*待发送字符串全部发送后关闭发送 FIFO 空中断,停止发送*/
            md_uart_disable_it_tfempty(UART1);
        }
    }

    return;
}
```

main.h 为 main.c 和 irq.c 提供接口,包括库文件、宏、变量、函数声明等。

```
#include "ald_conf.h"                    /* 包含 ald_conf.h,提供库文件接口 */

#define UART_TX_PORT GPIOC               /* UART_TX_PORT 宏定义为 GPIOC */
#define UART_TX_PIN   GPIO_PIN_0         /* UART_TX_PIN 宏定义为 GPIO_PIN_0 */

#define UART_RX_PORT GPIOC               /* UART_RX_PORT 宏定义为 GPIOC */
#define UART_RX_PIN   GPIO_PIN_1         /* UART_RX_PIN 宏定义为 GPIO_PIN_1 */

extern uart_handle_t g_h_uart;           /* 外部声明 g_h_uart,为 irq.c 提供接口 */
```

ald_conf.h 与 MD 工程的 md_conf.h 类似,ALD 工程的 ald_conf.h 包含库的接口文件,不需要的外设模块则通过注释忽略,以提高移植的便捷性和工程效率。与本实验相关的模块有 GPIO、UART 和 CMU,所以只需宏定义 ALD_GPIO、ALD_UART 和 ALD_CMU 即可。

详见例程 ES32_SDK\Projects\Book1_Example\Quick_start\ALD\01_send_recv_auto_baud 中的 ald_conf.h 文件。

4. 实验效果

程序编写完毕,通过调试完善功能,最后将程序烧录到 ES-PDS-ES32F369x 学习板的 MCU。正确连接硬件后,复位芯片。打开 ES-Bridge 上位机,选择 UART 标签页,将波特率设置为 9 600,其他属性与程序同步配置。单击"打开串口",在"发送"文本框输入"UART auto baud detects...",单击"发送",可以观察到"接收"窗口显示字符串"UART auto baud succeeds."。注意,由于上述程序中自动波特率检测选择的是模式 0,上位机发送首字节的 bit[1:0] 必须是 01。比如这里的 U,对应的二进制码为 01010101。图 2-14 为 UART 实验效果。

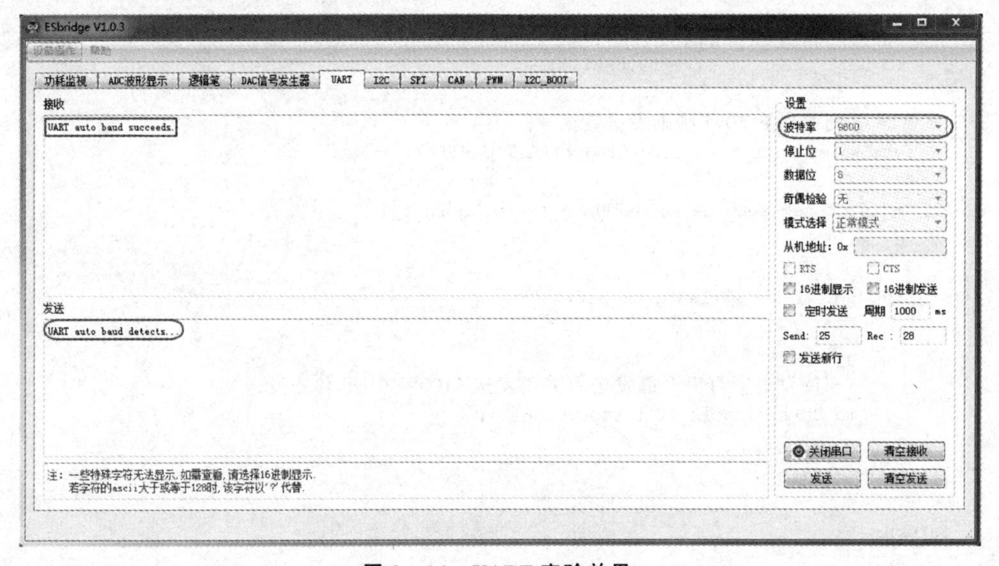

图 2-14 UART 实验效果

第二篇

内核与系统管理

第3章

微控制器内核

ES32 系列微控制器使用 ARM Cortex-M 内核以及 RISC-V 内核。内核对微控制器来说是基础，在嵌入式 C 语言(以下简称 C 或 C 语言)环境下开发应用程序，需要了解内核的基本工作原理，这会促使嵌入式软件开发过程得心应手。本章介绍 ARM Cortex-M0/3/4 内核的启动过程、中断控制以及 SysTick 定时器。关于内核更详细的介绍，请参考《ARM Cortex-M3 与 ARM Cortex-M4 权威指南》[1]。

3.1 启　动

启动是指微控制器从复位到执行 main 函数的过程，不同的内核有不同的启动方式，相同内核的微控制器的启动方式是一致的。Cortex-M0/3/4 的启动过程如下：

(1) 从 0x0 地址加载 SP 值。

(2) 从 0x4 地址加载 PC 值。

(3) 调用 C 库函数__main 来初始化 RAM，最终调用 main 函数至 C 主程序。

3.1.1 启动文件

启动文件是微控制器程序组成必不可少的文件。启动文件描述堆栈大小、向量表以及复位过程。启动文件可设置堆栈大小，以及获取异常和中断向量函数名。启动文件用汇编语言编写，其关键的汇编指令或伪指令如表 3－1 所列。

表 3－1　关键汇编指令或伪指令 1

汇编指令/伪指令名称	作　用
EQU	数字常量的符号名，相当于 C 语言的 define
AREA	汇编一个新的代码段或者数据段
SPACE	分配内存空间
PRESERVE8	当前文件堆栈需要按照 8 字节对齐
EXPORT	声明一个标号具有全局属性，可被外部文件使用

续表 3-1

汇编指令/伪指令名称	作　用
DCD	以4字节对齐方式分配内存,并初始化这些内存
PROC	定义子程序,与ENDP成对使用,ENDP表示子程序结束
WEAK	弱定义。如果外部文件声明了一个标号,则优先使用外部文件定义的标号;如果外部文件没有定义标号也不出错
IMPORT	声明标号来自外部文件,与C语言中的extern关键字类似
B	跳转到一个标号
ALIGN	编译器对指令或者数据的存放地址进行对齐,一般需要跟一个立即数,缺省表示4字节对齐。注意:ALIGN不是ARM指令,而是告知编译器的标识
END	文件的末尾标识,文件结束
IF,ELSE,ENDIF	汇编条件分支语句,与C语言的if,else类似

3.1.1.1 Stack 栈

```
;Stack Configuration------------------------------------------------------------
Stack_Size      EQU     0x00000400
                AREA    STACK, NOINIT, READWRITE, ALIGN = 3
Stack_Mem       SPACE   Stack_Size
__initial_sp
;-------------------------------------------------------------------------------
```

上述程序表示:开辟栈容量为0x400(1 KB),STACK是段名,NOINIT是无初始化操作,READWRITE是可读/可写,ALIGN=3是8(即2^3)字节对齐。

栈是局部变量、函数调用、函数形参等的内存区域,栈的大小不能超过内部SRAM的大小。如果编写的程序占用内存比较大,定义的局部变量比较多,那么就需要修改栈的大小。

- EQU:宏定义的伪指令,相当于“等于”,类似于C语言中的define。
- AREA:告诉汇编器汇编一个新的代码段或者数据段。
- STACK :表示段名,可以任意命名。
- NOINIT:表示无初始化操作。
- READWRITE:表示可读/可写。
- ALIGN=3:表示按照2^3对齐,即8字节对齐。
- SPACE:用于分配一定容量的内存空间,单位为字节。栈指定容量大小等于Stack_Size。标号__initial_sp紧挨着SPACE语句放置,表示栈的结束地址,即栈顶地址。栈是由高地址向低地址生长的。

3.1.1.2 Heap 堆

```
;Heap Configuration-----------------------------------------------------
Heap_Size       EQU     0x00000000
                AREA    HEAP, NOINIT, READWRITE, ALIGN = 3
__heap_base
Heap_Mem        SPACE   Heap_Size
__heap_limit
;-----------------------------------------------------------------------
```

heap_base 表示堆的起始地址,heap_limit 表示堆的结束地址。堆是由低向高生长的,与栈的生长方向相反。

堆主要用于动态内存的分配,如 malloc 函数申请的内存就放在堆里,一般轻量级嵌入式程序很少使用堆,可以把堆设为 0。如果需要动态内存分配,修改堆的大小即可。

3.1.1.3 向量表

```
; Vector Table Mapped to Address 0 at Reset-------------------------------------
            AREA    RESET, DATA, READONLY
            EXPORT  __Vectors

__Vectors   DCD     __initial_sp                ;0, load top of stack
            DCD     RESET_Handler               ;1, reset handler
            DCD     NMI_Handler                 ;2, nmi handler
            DCD     HardFault_Handler           ;3, hard fault handler
            DCD     MemManage_Handler           ;4, MPU fault handler
            DCD     BusFault_Handler            ;5, bus fault handler
            DCD     UsageFault_Handler          ;6, usage fault handler
            DCD     0                           ;7, reserved
            DCD     0                           ;8, reserved
            DCD     0                           ;9, reserved
            DCD     0                           ;10, reserved
            DCD     SVC_Handler                 ;11, svcall handler
            DCD     DebugMon_Handler            ;12, debug monitor handle
            DCD     0                           ;13, reserved
            DCD     PendSV_Handler              ;14, pendsv handler
            DCD     SysTick_Handler             ;15, systick handler
            DCD     WWDG_Handler                ;16, irq0    WWDG handler
            DCD     IWDG_Handler                ;17, irq1    IWDG handler
            DCD     LVD_Handler                 ;18, irq2    LVD handler
            DCD     RTC_Handler                 ;19, irq3    RTC handler
            DCD     0                           ;20, irq4    reserved
            DCD     0                           ;21, irq5    reserved
            DCD     CMU_Handler                 ;22, irq6    CMU handler
            DCD     ADC0_Handler                ;23, irq7    ADC0 handler
```

```
DCD     CAN0_TX_Handler                      ;24, irq8    CAN0_TX handler
DCD     CAN0_RX0_Handler                     ;25, irq9    CAN0_RX0 handler
DCD     CAN0_RX1_Handler                     ;26, irq10   CAN0_RX1 handler
DCD     CAN0_EXCEPTION_Handler               ;27, irq11   CAN0_EXCEPTION handler
……                                           ;之后的省略
```

向量表从 FLASH 的 0x00000000 地址开始放置,以 4 字节为一个单位,地址 0x00000000 存放的是栈顶地址,0x00000004 存放的是复位程序的入口地址,依此类推。从代码上看,向量表存放的都是中断服务函数的函数名,函数名即为中断函数的入口地址。

➢ DCD:分配一个或者多个以字为单位的内存,以 4 字节对齐,并要求初始化该区域内存。在向量表中,DCD 分配内存,并且以异常服务例程(ESR)的入口地址初始化它们。

当内核响应一个发生的异常后,对应的异常服务例程(ESR)就会执行。为了确定 ESR 的入口地址,内核使用向量表查表机制。向量表在地址空间中的位置是可以设置的,即通过 NVIC 中一个重定位寄存器设置向量表的地址。在内核复位后,该寄存器的值为 0x00000000。因此,在地址 0x00000000 处(即 FLASH 地址 0)必须包含一张向量表,用于初始时的异常分配。

注意: 0 号类型并不是入口地址,而是内核复位后 MSP 的初始值。

3.1.1.4 复位程序

```
;Reset Handler----------------------------------------------------
RESET_Handler   PROC
    EXPORT  RESET_Handler           [WEAK]
    IMPORT  __main
    LDR     R0, =__main
    BX      R0
    NOP
    ALIGN
    ENDP
```

复位子程序是系统复位后执行的第一个子程序,即调用 C 库函数__main,最终调用 main 函数至 C 主程序。

➢ WEAK:弱定义。如果外部文件声明一个标号,则优先使用外部文件定义的标号;如果外部文件没有定义标号,也不出错。复位子程序的 WEAK 定义,可以由用户在其他程序文件中重新实现。

➢ IMPORT:表示该标号来自外部文件,与 C 语言的 extern 关键字类似。IMPORT __main 表示 main 函数来自外部的程序文件。

__main 是一个标准的 C 库函数,主要作用是初始化具有初始值的变量,初始化堆等。最终调用 main 函数至 C 主程序,这是嵌入式 C 语言程序都有一个 main 函数的原因。如果不调用__main 函数,那么程序最终就不会调用 C 程序文件里面的 main 函数;如果用户修改主函数的名称,那么修改 IMPORT 的标号,程序就会跳转到对应标号的函数。

```
;Reset Handler---------------------------------------------------------
RESET_Handler   PROC
    EXPORT  RESET_Handler          [WEAK]
    IMPORT  user_main
    LDR     R0, = user_main
    BX      R0
    NOP
    ALIGN
    ENDP
```

上面这段代码是 IMPORT 标号的修改例程，其复位子程序调用的主函数名称不是 main，而是 user_main 了。

LDR、BLX、BX 是 Cortex-M3/4 内核的指令，可在《ARM Cortex-M3 与 ARM Cortex-M4 权威指南》[1]里面查询到，具体作用如表 3-2 所列。

表 3-2 关键汇编指令或伪指令 2

指令名称	作 用
LDR	从存储器中加载字到一个寄存器中
BL	跳转到由寄存器/标号指定的地址，并把跳转前的下一条指令地址保存到 LR
BLX	跳转到由寄存器指定的地址，并根据寄存器的 LSE 确定处理器的状态，还要把跳转前的下一条指令地址保存到 LR
BX	跳转到由寄存器/标号指定的地址，不用返回

3.1.1.5 中断服务程序

在启动文件中预先写好所有中断服务函数，且函数都是空函数，须配合外部的 C 程序文件重新实现，此处程序只是提前占据向量(程序地址)。

注意： *若使用某一外设并开启其中断，但又未编写配套的中断服务程序或者写错函数名，那么，当中断来临时，程序就会跳转到启动文件预先写好的中断服务函数(空函数)，并且在该空函数中无限循环，程序表现为死机现象。*

```
;system int----------------------------------------------------------
NMI_Handler  PROC                       ;int 2
    EXPORT  NMI_Handler                         [WEAK]
    B       .
    ENDP

HardFault_Handler \
    PROC                                ;int3
    EXPORT  HardFault_Handler                   [WEAK]
    B       .
    ENDP
```

```
    ……  ;省略部分

;peripheral module int -------------------------------------------------
WWDG_Handler \
    PROC                            ;int16
    EXPORT  WWDG_Handler                     [WEAK]
    B       .
    ENDP

IWDG_Handler \
    PROC                            ;int17
    EXPORT  IWDG_Handler                     [WEAK]
    B       .
    ENDP

    ……  ;省略部分
```

➢ B:跳转到一个标号。这里跳转到一个“.”。“.”表示当前地址,即表示无限循环。

3.1.1.6　用户堆栈初始化

```
; User Initial Stack & Heap ----------------------------------------------
    ALIGN
    IF      :DEF:__MICROLIB

    EXPORT __initial_sp
    EXPORT __heap_base
    EXPORT __heap_limit

    ELSE

    IMPORT __use_two_region_memory
    EXPORT __user_initial_stackheap
__user_initial_stackheap
    LDR     R0, = Heap_Mem
    LDR     R1, = (Stack_Mem + Stack_Size)
    LDR     R2, = (Heap_Mem + Heap_Size)
    LDR     R3, = Stack_Mem
    BX      LR

    ALIGN

    ENDIF
```

➢ ALIGN:对指令或者数据存放的地址进行对齐,操作数为一个立即数。缺省表示 4 字节对齐。

➢ IF,ELSE,ENDIF:汇编的条件分支语句,与 C 语言的#if 和#else 类似。

➢ END:文件结束。

上面这段程序判断是否定义了_MICROLIB,如果定义了则赋予标号_initial_sp(栈顶地址)、_heap_base(堆起始地址)、_heap_limit(堆结束地址)全局属性,可供外部文件调用;如果没有定义_MICROLIB,则使用默认的 C 库函数,通过 C 库函数__main 来完成初始化用户堆栈大小,当初始化堆栈之后,就调用 main 函数至 C 主程序。

3.1.2 系统启动流程

图 3-1 为微控制器内核复位序列。内核退出复位状态后,Cortex-M0/3/4 内核读取两个 32 位整数值,即:

(1) 从地址 0x00000000 处取出 MSP 的初始值。

(2) 从地址 0x00000004 处取出复位向量的内容,LSB 必须是 1。该复位向量的内容是程序开始执行的地址。

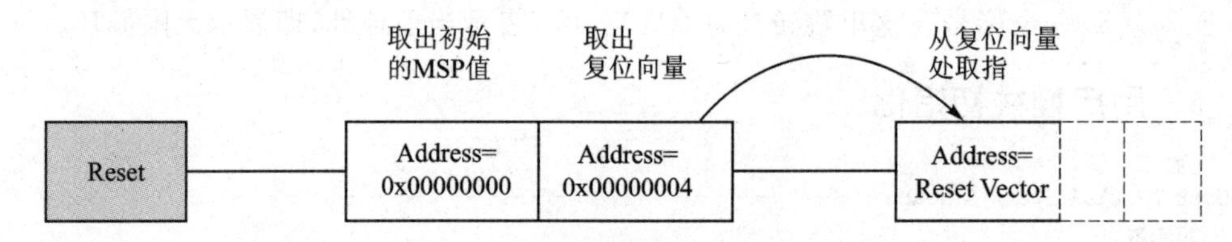

图 3-1　微控制器内核复位序列

注意:Cortex-M0/3/4 与其他 CPU 架构不一样之处,其 0x00000000 不是一条跳转指令,而是 MSP 的初始值;下一条(0x00000004 地址)是复位向量内容,存储 32 位地址,而不是跳转指令。复位向量内容是指向复位结束后,应执行第一条指令,即上文描述的 Reset_Handler 函数。图 3-2 为 MSP 及 PC 初始化的一个范例。

Cortex-M0/3/4 的栈是向下生长方式,因此 MSP 的初始值必须是堆栈内存的末地址加 1。举例来说,堆栈区域在 0x20007C00～0x20007FFF 之间,那么 MSP 的初始值就是 0x20008000。

向量表(包括复位向量)是在 MSP 的初始值之后,即从第 2 个地址(0x00000004)开始。注意:Cortex-M0/3/4 在 Thumb 状态下执行,因此向量表中每个地址的数据,其 LSB 是 1。因此,图 3-2 中使用 0x00000101 来表示地址 0x00000100。完成 0x00000100 处的指令执行后,就启动主程序的执行。因此,必须初始化 MSP,以避免第 1 条指令还未执行,就发生 NMI 或是其他 hard fault。而如果 MSP 已经初始化,就可以为异常服务例程入口做好堆栈指向的准备。

综上所述,系统执行的第一个程序并不是 Cortex-M0/3/4 main,而是初始化 MSP 和读取复位向量并跳转。

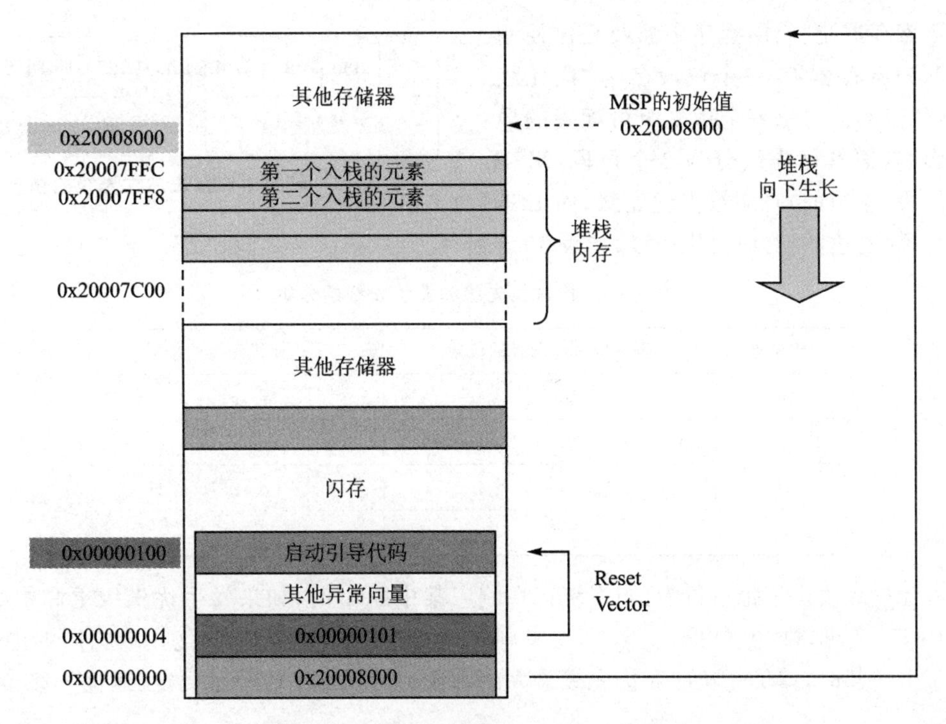

图3-2 MSP及PC初始化的一个范例

3.2 中 断

3.2.1 中断响应过程

当发生中断时，内核将执行3个步骤：

(1) 入栈：把8个寄存器的值压入栈。

(2) 取向量：从向量表中找出对应的服务程序入口地址。

(3) 选择堆栈指针MSP/PSP，更新堆栈指针SP，更新链接寄存器LR，更新程序计数器PC。

3.2.2 中断优先级设置

在Cortex-M0/3/4中，中断优先级处理是关键，中断优先级决定新产生的中断是否能被响应，以及何时被响应。中断优先级的数值越小，表示其优先级越高。

Cortex-M0/3/4支持中断嵌套，使得高优先级中断会抢占低优先级中断。每个外部中断都有一个对应的优先级寄存器，每个寄存器占用8位，但是最少要使用最高3位。比如ES32F36xx系列使用了4位，如图3-3所示。

根据优先级组设置，优先级可以分为高低2个位段，分别是抢占优先级和亚优先级。NVIC

中有一个寄存器是“应用程序中断及复位控制寄存器”，该寄存器有 一个位段名为“优先级组”。该位段的值对每一个优先级可配置的异常都有影响，把其优先级分为 2 个位段：MSB 所在的位段（左边的）对应抢占优先级，而 LSB 所在的位段（右边的）对应亚优先级，如表 3－3 所列。

Bit7	Bit6	Bit5	Bit4	Bit3	Bit2	Bit1	Bit0
用于表达优先级				没有实现，读取值为0			

图 3－3　使用 4 位来表达优先级的情况

表 3－3　抢占优先级和亚优先级的分组

分组位置	表达抢占优先级的位置	表达亚优先级的位置
0	[7:5]	[4:4]
1	[7:6]	[5:4]
2	[7:7]	[6:4]
3	无	[7:4]

抢占优先级决定了抢占行为：当系统正在响应某中断 L 时，如果发生优先级更高中断 H 的请求，则中断 H 可以抢占中断 L。亚优先级则处理“内务”：当发生抢占优先级相同的中断请求且不止一个挂起时，就优先响应亚优先级最高的中断。这种优先级分组规定：亚优先级至少是 1 个位段。

通过操作内核寄存器来设置中断的优先级，而内核程序文件提供了所有操作寄存器的接口，调用接口函数就可以实现中断优先级的设置。下面通过程序分析来演示如何使用内核 C 库函数实现中断优先级的设置。

文件名：core_cm3.h。

需要使用到的函数：

➢ NVIC_EncodePriority：编码优先级，通过优先级分组，抢占优先级以及亚优先级，计算出优先级寄存器该写入的设置值。

➢__NVIC_SetPriority：设置优先级，写入内核寄存器中。

➢__NVIC_SetPriorityGrouping：设置优先级分组，通常只需要设置一次。

➢__NVIC_GetPriorityGrouping：获取优先级分组值。

```
/*设置优先级函数*/
void My_NVIC_SetPriority(IRQn_Type IRQn, uint32_t PreemptPriority, uint32_t SubPriority)
{
    uint32_t PriorityGrouping;
    uint32_t Priority;
    /*获取优先级组*/
    PriorityGrouping = __NVIC_GetPriorityGrouping();
    /*编码优先级*/
    Priority = NVIC_EncodePriority(PriorityGrouping, PreemptPriority, SubPriority);
    /*设置优先级*/
```

```
    __NVIC_SetPriority(IRQn, Priority);
}
```

应用案例分析：

设置优先级组为2(2位抢占优先级和2位亚优先级)，配置WWDT中断抢占优先级为2，亚优先级为2。

(1) 使用MD库实现：

```
__NVIC_SetPriorityGrouping(5);                       /* 设置2位抢占优先级，2位子优先级 */
md_mcu_irq_config(WWDG_Handler, 2, 2, ENABLE);       /* 抢占优先级为2，亚优先级为2，并使能中断 */
```

(2) 使用ALD库实现：

```
NVIC_SetPriorityGrouping(NVIC_PRIORITY_GROUP_2);  /* 设置2位抢占优先级，2位子优先级 */
ald_mcu_irq_config(WWDG_Handler, 2, 2, ENABLE);    /* 抢占优先级为2，亚优先级为2，并使能中断 */
```

3.2.3　中断使能与中断屏蔽

3.2.3.1　中断使能

在使能中断时，不仅要配置外设的中断使能，还要配置内核的中断使能，即对应IRQ的中断使能。使能IRQ可以调用内核库函数__NVIC_EnableIRQ(IRQn)，禁止IRQ可以调用内核库函数__NVIC_DisableIRQ(IRQn)。

3.2.3.2　中断屏蔽

PRIMASK用于禁止在NMI和hard fault之外的所有异常。用内核函数实现如下：

```
__set_PRIMASK(1);     /* 屏蔽所有中断 */
__set_PRIMASK(0);     /* 打开所有中断 */
```

此外还可以使用指令方式实现，比如采用编译器函数：

```
__disable_irq();      /* 关闭所有中断 */
__enable_irq();       /* 打开所有中断 */
```

FAULTMASK把当前优先级改为－1，可屏蔽hard fault中断。内核库函数如下：

```
__set_FAULTMASK(1);     /* 屏蔽除NMI之外的异常和中断 */
__set_FAULTMASK(0);     /* 使能除NMI之外的异常和中断 */
```

如果需要对中断屏蔽进行更进一步的控制，比如只屏蔽优先级低于某一阈值的中断，仅设置优先级在数值上大于等于某值即可。例如，屏蔽所有优先级不高于0x60的中断，内核库函数实现如下：

```
__set_BASEPRI_MAX(0x60);     /* 屏蔽优先级大于0x60的中断 */
```

```
__set_BASEPRI_MAX(0x0);        /* 取消 BASEPRI 对中断的屏蔽 */
```

3.2.4 中断向量重映射

由 3.1 节可知，地址 0x00000000 之后存储向量表，内核启动从 0x00000000 地址读取栈顶值，从 0x00000004 地址读取复位向量。当发生异常或中断时，从向量表中读取异常或中断入口地址，向量表对程序来说是必不可少的。Cortex-M3/4 支持向量重映射，Cortex-M0 不支持向量重映射，但 ES32 系列微控制器通过寄存器设置，实现向量重映射。

➢ 微控制器中可以运行两个完全独立的工程代码(boot，app)，切换工程代码通过向量重映射实现。

➢ 可以将向量表重映射到 SRAM 中，实现中断入口地址可修改。

内核寄存器 VTOR 控制向量表偏移。当修改 VTOR 时，内核读取的向量表的地址将被修改。注意：修改向量表偏移需要临界保护。

下面分别演示 ES32 产品 Cortex-M3 和 Cortex-M0 内核如何将向量表重映射至 0x20000000 地址。

(1) Cortex-M3

```
__disable_irq();
SCB->VTOR = 0x20000000;
__enable_irq();
```

调用内核函数__NVIC_SetVector 实现动态修改中断入口地址。

(2) Cortex-M0

使用 MD 库：

```
__disable_irq();
md_vtor_config(0x20000000, ENABLE);
__enable_irq();
```

使用 ALD 库：

```
__disable_irq();
ald_vtor_config(0x20000000, ENABLE);
__enable_irq();
```

注意：实现上述中断向量重映射时，BFRMPEN@SYSCFG_MEMRMP 位须保持禁止。

3.3 SysTick 定时器

3.3.1 SysTick 的寄存器

系统滴答定时器 SysTick 是一个内核的倒计时定时器，用于每隔一定的时间产生一个中断，

并且中断优先级可配置。系统滴答定时器的应用，使得OS在各Cortex-M0/3/4微控制器之间移植时，不必修改系统定时器的代码，简化了移植工作。

(1) SysTick控制及状态寄存器SysTick_CTRL如表3-4所列。

表3-4 寄存器SysTick_CTRL

位段	名称	类型	复位值	描述
16	COUNTFLAG	R	0	如果在上次读取本寄存器后，SysTick已经计数到0，则该位为1。如果读取该位，该位将自动清0
2	CLKSOUREC	R/W	0	0:外部时钟源(STCLK) 1:内部时钟(FCLK)
1	TICKINT	R/W	0	1:SysTick倒计数到0时产生SysTick异常请求 0:计数到0时无动作
0	ENABLE	R/W	0	SysTick定时器的使能位

(2) SysTick重装载数值寄存器SysTick_LOAD如表3-5所列。

表3-5 寄存器SysTick_LOAD

位段	名称	类型	复位值	描述
23:0	RELOAD	R/W	0	当倒计数至0时，该寄存器的值将被重装载SysTick_VAL寄存器

(3) SysTick当前数值寄存器SysTick_VAL如表3-6所列。

表3-6 寄存器SysTick_VAL

位段	名称	类型	复位值	描述
23:0	CURRENT	R/Wc	0	读取该寄存器时返回当前计数的值；写该寄存器则使之清0，同时还会清除在SysTick控制及状态寄存器SysTick_CTRL中的COUNTFLAG标志

(4) SysTick校准数值寄存器SysTick_CALIB如表3-7所列。

表3-7 寄存器SysTick_CALIB

位段	名称	类型	复位值	描述
31	NOREF	R	—	1:没有外部参考时钟(STCLK不可用) 0:外部参考时钟可用
30	SKEW	R	—	1:校准值不是准确的10 ms 0:校准值是准确的10 ms
23:0	TENMS	R/W	0	10 ms的时间内倒计数的格数。芯片设计者应该通过Cortex-M0/3的输入信号提供该数值。若该数值读回零，则表示无法使用校准功能

3.3.2 SysTick 的应用

SysTick 是一个 24 位定时器,向下计数到零就会产生一个中断;然后自动重新装载计数器的值,重复向下计数。SysTick 定时器的时钟一般来自系统时钟。为了连续产生特定时间间隔的中断,SysTick_RELOAD 寄存器必须用正确的值进行初始化,以保证获得所需的时间间隔。SysTick_CALIB 一般不用,本书不做详细说明,感兴趣的读者可以参考《ARM Cortex-M3 与 ARM Cortex-M4 权威指南》[1]。

可使用内核函数 SysTick_Config 为定时器配置重装载值:

```
__STATIC_INLINEuint32_t SysTick_Config(uint32_t ticks);
```

SysTick 计数频率为系统时钟频率,ticks 为配置到 SysTick 重装载数值寄存器 SysTick_LOAD 的值,所以 SysTick 中断频率为:系统时钟频率÷ticks。例如,当前系统频率为72 MHz,定时周期为 1 ms(中断频率为 1 000 Hz),配置如下:

```
Systick_Config(72000000/1000);
```

第4章

存储器组织与复位管理

本章描述存储器组织与复位管理，涵盖 ES32 存储器系统控制（MSC）、系统配置（SYSCFG）、复位管理（RMU）。该三个模块与 CPU 内核、时钟管理单元（CMU）协同构建 ES32 微控制器系统运行的基础。本章介绍的存储器系统控制（MSC）、系统配置（SYSCFG）、复位管理（RMU）及其程序设计示例基于 ES32F369x 平台。

为避免程序的异常运行导致对系统级模块的误操作，通过设置 SYSCFG_PROT 寄存器来实现。该寄存器的保护范围涉及 SYSCFG、PMU、CMU、RMU 模块的所有寄存器。

SYSCFG_PROT 寄存器为虚拟寄存器，要对系统级模块其他寄存器进行写操作时，需先对 SYSCFG_PROT 寄存器写 0x55AA6996（即解除写保护状态）；对 SYSCFG_PROT 寄存器写入其他值（非 0x55AA6996），系统级模块重新进入写保护状态。在使能写保护状态下，对系统级模块寄存器写操作将被忽略。

通过读取 SYSCFG_PROT 寄存器的值，来确认系统级模块是否处于写保护状态：读取值为 0x00000000，表示系统级模块处于解除写保护状态，对系统级模块寄存器进行写操作；读取值为 0x00000001，表示系统级模块处于使能写保护状态，对系统级模块寄存器进行写操作无效。

解除系统级模块寄存器写保护：

```
SYSCFG_UNLOCK();
```

使能系统级模块寄存器写保护：

```
SYSCFG_LOCK();
```

4.1 存储器组织

图 4－1 是 ES32F369x 的存储器组织示意图，包括 FLASH 主区域、FLASH 信息区、Boot ROM、IAP ROM、片上外设和外部扩展存储空间等。

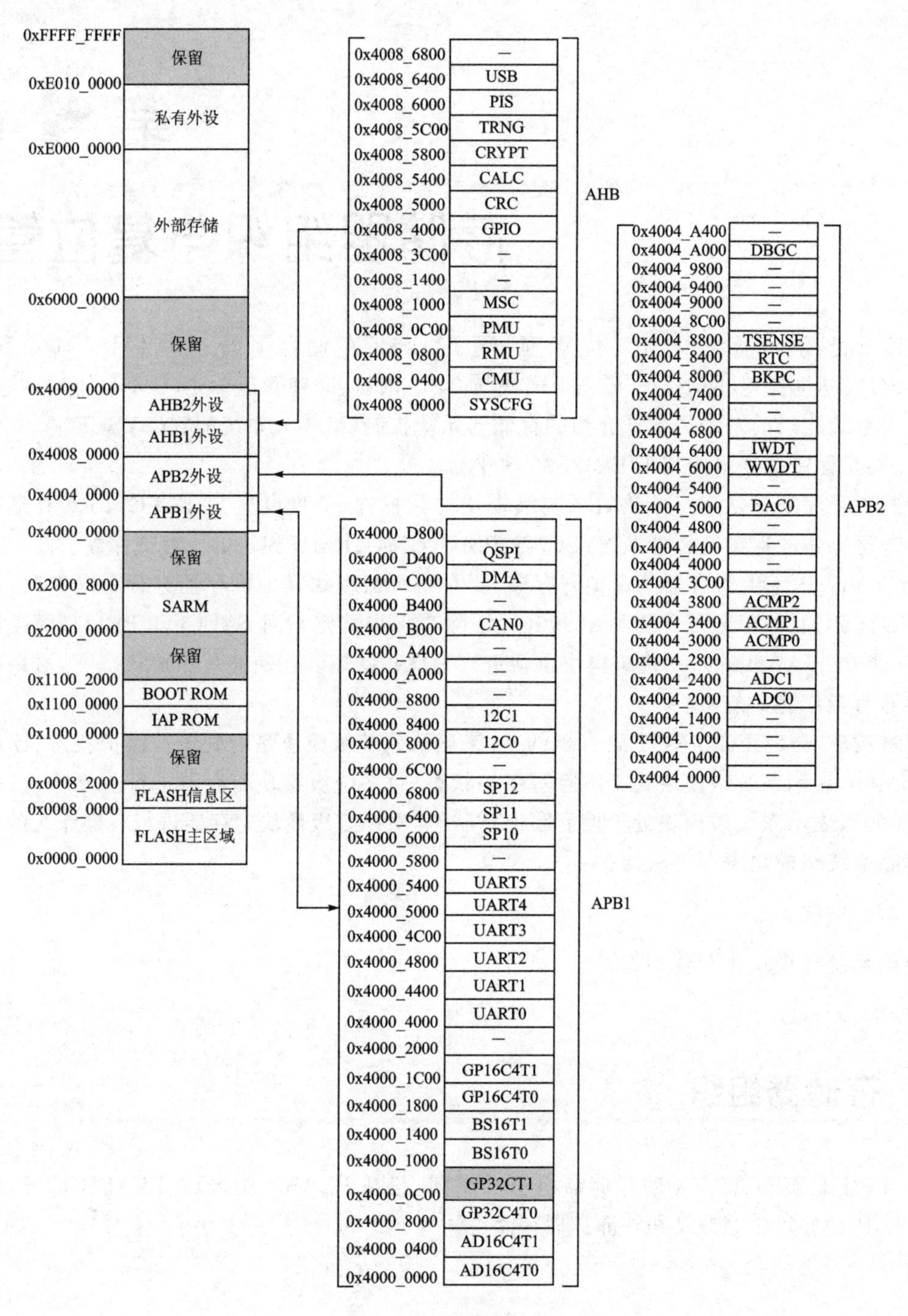

0xFFFF_FFFF
保留
0xE010_0000
私有外设
0xE000_0000
外部存储
0x6000_0000
保留
0x4009_0000
AHB2外设
AHB1外设
0x4008_0000
APB2外设
0x4004_0000
APB1外设
0x4000_0000
保留
0x2000_8000
SARM
0x2000_0000
保留
0x1100_2000
BOOT ROM
0x1100_0000
IAP ROM
0x1000_0000
保留
0x0008_2000
FLASH信息区
0x0008_0000
FLASH主区域
0x0000_0000
0x4008_6800 —
0x4008_6400 USB
0x4008_6000 PIS
0x4008_5C00 TRNG
0x4008_5800 CRYPT
0x4008_5400 CALC
0x4008_5000 CRC
0x4008_4000 GPIO
0x4008_3C00 —
0x4008_1400 —
0x4008_1000 MSC
0x4008_0C00 PMU
0x4008_0800 RMU
0x4008_0400 CMU
0x4008_0000 SYSCFG
AHB
0x4004_A400 —
0x4004_A000 DBGC
0x4004_9800 —
0x4004_9400 —
0x4004_9000 —
0x4004_8C00 —
0x4004_8800 TSENSE
0x4004_8400 RTC
0x4004_8000 BKPC
0x4004_7400 —
0x4004_7000 —
0x4004_6800 —
0x4004_6400 IWDT
0x4004_6000 WWDT
0x4004_5400 —
0x4004_5000 DAC0
0x4004_4800 —
0x4004_4400 —
0x4004_4000 —
0x4004_3C00 —
0x4004_3800 ACMP2
0x4004_3400 ACMP1
0x4004_3000 ACMP0
0x4004_2800 —
0x4004_2400 ADC1
0x4004_2000 ADC0
0x4004_1400 —
0x4004_1000 —
0x4004_0400 —
0x4004_0000 —
APB2
0x4000_D800 —
0x4000_D400 QSPI
0x4000_C000 DMA
0x4000_B400 —
0x4000_B000 CAN0
0x4000_A400 —
0x4000_A000 —
0x4000_8800 —
0x4000_8400 12C1
0x4000_8000 12C0
0x4000_6C00 —
0x4000_6800 SP12
0x4000_6400 SP11
0x4000_6000 SP10
0x4000_5800 —
0x4000_5400 UART5
0x4000_5000 UART4
0x4000_4C00 UART3
0x4000_4800 UART2
0x4000_4400 UART1
0x4000_4000 UART0
0x4000_2000 —
0x4000_1C00 GP16C4T1
0x4000_1800 GP16C4T0
0x4000_1400 BS16T1
0x4000_1000 BS16T0
0x4000_0C00 GP32CT1
0x4000_8000 GP32C4T0
0x4000_0400 AD16C4T1
0x4000_0000 AD16C4T0
APB1

图 4-1 存储器组织

4.1.1　FLASH 主区域

FLASH 主区域接口支持指令预取和缓存机制，以提高代码执行效率。需要根据 CPU 的运行频率配置合适的 FLASH 访问等待周期，通过 FLASHW@MSCMEMWAIT 配置。以 ES32F36xx 为例，当运行频率为 0～34 MHz 时 FLASH 访问无需等待；为 34～65 MHz 时需等待至少 1 个 SYSCLK；为 65～96 MHz 时需等待至少 2 个 SYSCLK。当有低功耗需求时，也可设置较大的等待时间以降低运行功耗。

1. 启动地址

ES32 的 FLASH 主区域有 2 个启动地址：App FLASH 和 Boot FLASH，以便于用户独立地运行和调试 App 程序和 Bootloader 程序。App FLASH 的起始地址通常为 0x00000000，Boot FLASH 的起始地址通常在 FLASH 主区域尾部的 8 KB 空间，例如在 ES32F3696 中 Boot FLASH 的起始地址为 0x0007E000。

App FLASH 和 Boot FLASH 只是两个不同的启动地址，使用上没有差异。用户需要确定中断向量表分配在启动地址，否则程序将不能正常运行，其他程序空间的分配不受影响。例如：当 Boot FLASH 的 8 KB 空间不够使用时，用户可以从 App FLASH 空间划分合适的空间给 Bootloader 程序使用，但是 Bootloader 程序的中断向量表必须分配在 Boot FLASH 的起始位置。

如图 4－2 所示为在 Boot FLASH 空间开发程序时，对 FLASH 空间的分配。

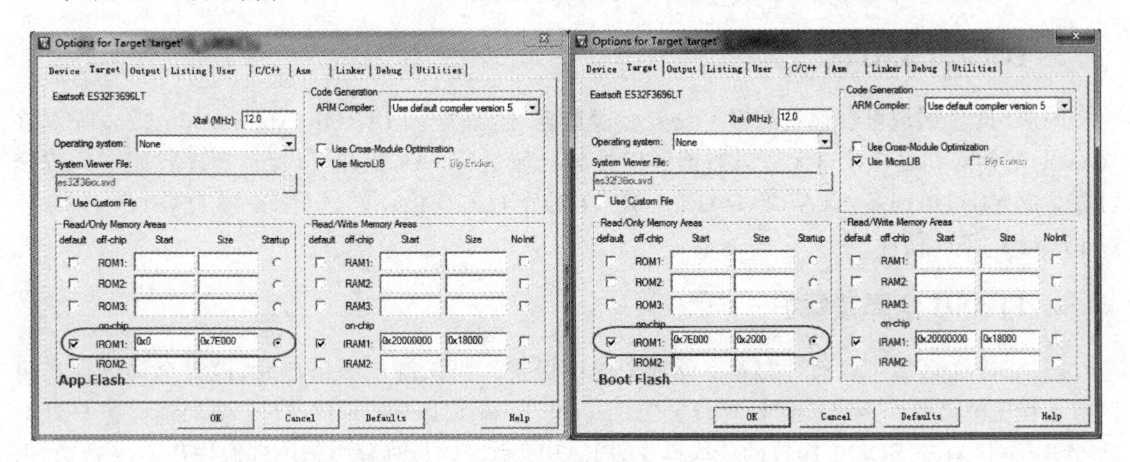

图 4－2　Keil 下的 Boot FLASH 空间分配 1

如图 4－3 所示，当 Boot FLASH 空间不够时，把 App FLASH 空间的最后 4 KB 空间分配给 Bootloader 程序使用。

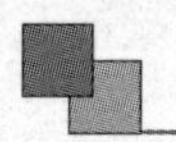

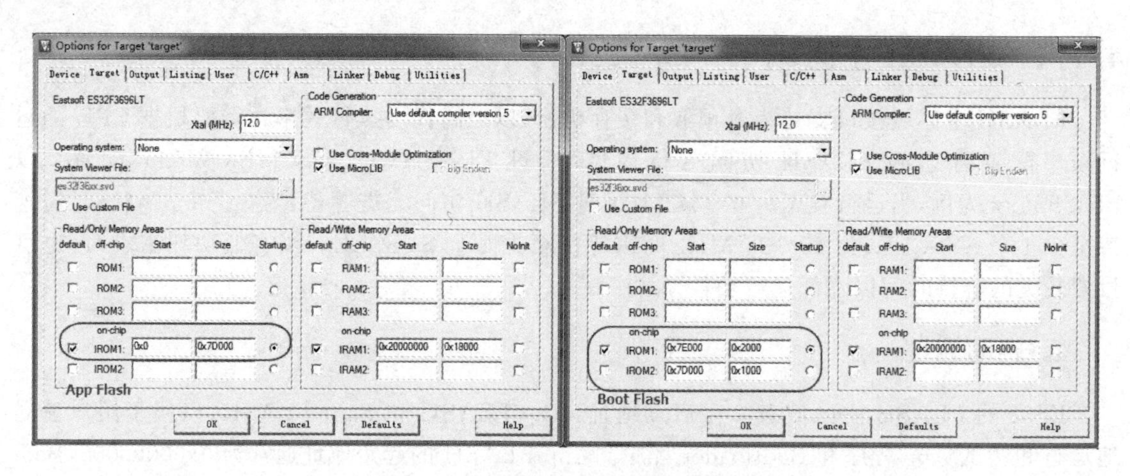

图 4-3　Keil 下的 Boot FLASH 空间分配 2

2. FLASH 写保护区

FLASH 主区域可以通过配置字设置写保护区。FLASH 页擦除和 FLASH 字编程无法对写保护区进行擦除和写入操作。而对 FLASH 全擦操作可以将写保护区数据清除。通过该机制,可以保证无需升级代码区域的安全可靠,如 Bootloader 程序。配置字 WRP0_START、WRP0_END 和 WRP1_START、WRP1_END 设置两段写保护区域;配置字 WRP0_ENB 和 WRP1_ENB 设置两段写保护区域使能。

3. Data FLASH 区

FLASH 主区域可以通过配置字设置一段数据区,数据区 IAP(In Application Program,在线编程)的擦除和编程接口无法对数据区以外的区域进行 IAP 操作,以保证程序代码空间安全可靠。配置字 DAFLS_START、DAFLS_END 划分 Data FLASH 区,配置字 DAFLS_ENB 设置 Data FLASH 使能。

4. FLASH 全局读保护

FLASH 主区域可以通过配置字设置全局读保护。当系统产品出厂时,设置全局读保护可以防止程序被窃取。全局读保护等级分为 Level0、Level1、Level2。FLASH 全局读保护只针对 ISP/SWD/UART-BOOT 接口的读取操作,FLASH 程序运行过程中指令读取操作不受影响,但是运行在 SRAM 上的程序不能有读取 FLASH 操作。

- Level0:ISP/SWD/UART-BOOT 接口可读取 FLASH 主区域中非私有代码读保护区。
- Level1:ISP/SWD/UART-BOOT 接口均不可读取 FLASH 主区域,可以通过 ISP/SWD/UART-BOOT 接口的全擦除或二次开发擦除命令回到 Level0 状态。
- Level2:ISP/SWD/UART-BOOT 接口均不可读取 FLASH 主区域,仅可以通过 ISP 接口

的全擦除或二次开发擦除命令回到 Level0 状态。

FLASH 全局读保护等级转换关系如图 4-4 所示。

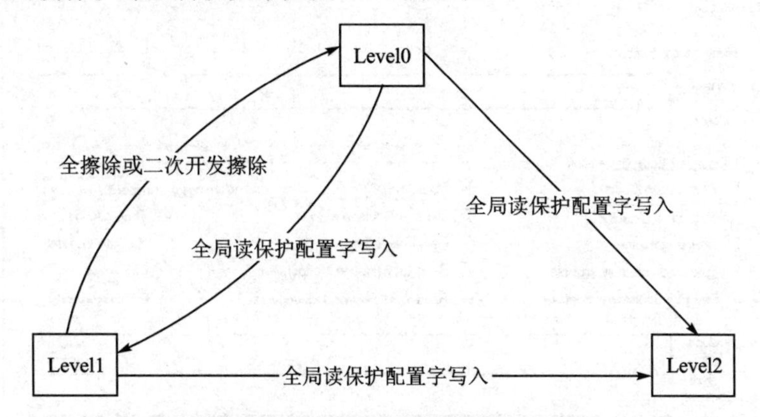

图 4-4　FLASH 全局读保护等级转换关系

5. FLASH 私有代码读保护

在某些系统产品的开发过程中，存在方案开发商提供核心算法代码，而终端产品开发商进行具体应用产品开发的生态模式。方案开发商为了保护其核心算法代码不被泄露，可以将核心算法代码烧录在私有代码读保护区。私有代码读保护区的代码只能被调用执行，无论是 ISP/SWD/UART-BOOT 接口还是在运行过程中的程序都无法被读取。具体的配置与使用过程如下。

(1) 私有代码开发及编译配置

这里以 crc32.c 作为 IP 代码为例，代码空间为 0x7800～0x7FFF。

首先右击 crc32.c，选择 Options for File 'crc32.c'，在打开的对话框中勾选标签页 C/C++里的 Execute-only Code 选项，如图 4-5 所示。

接着分配 IP 代码地址，IROM2 为 0x7800～0x7FFF，如图 4-6 所示。

然后右击 crc32.c 文件，选择 Options for File'crc32.c'，在打开的对话框中选择 Code/Const 为 IROM2 [0x7800-0x7FFF]，如图 4-7 所示。注意：该步骤是以有效分配 IROM2 为前提的。

最后，还需要修改 KEIL scatter file(.sct 文件)，设置 IP 代码为只可执行代码。

```
LR_IROM2 0x00007800 0x00000800  {
  ER_IROM2 0x00007800 0x00000800  {  ;load address = execution address
    crc32.o ( + XO)
   .ANY ( + XO)
```

(2) 私有代码烧录

通过配置字 PCROP0_START、PCROP0_END 和 PCROP1_START、PCROP1_END 配置两段私有读保护区；通过配置字 PCROP0_ENB 和 PCROP1_ENB 配置使能。

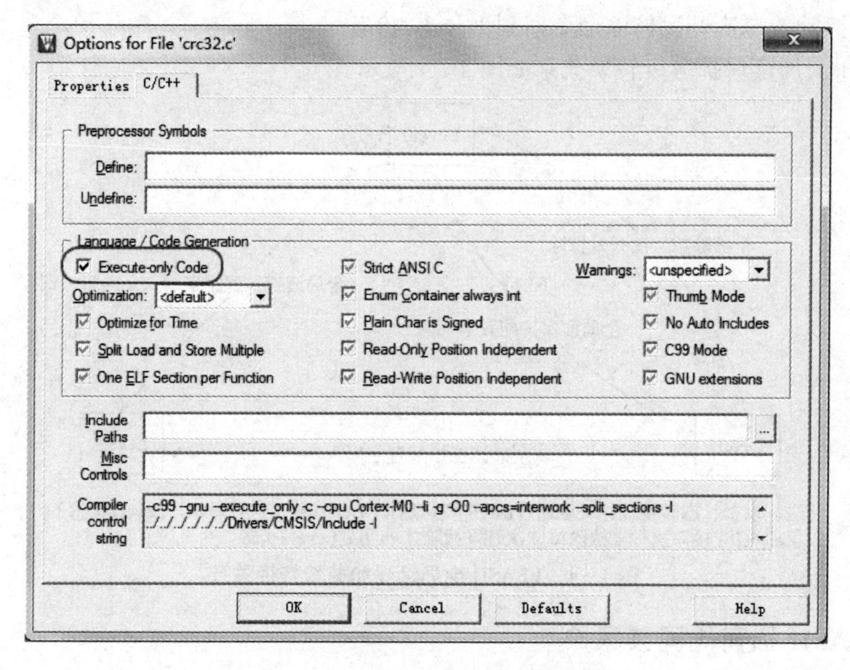

图 4-5　Keil 下私有代码保护配置 1

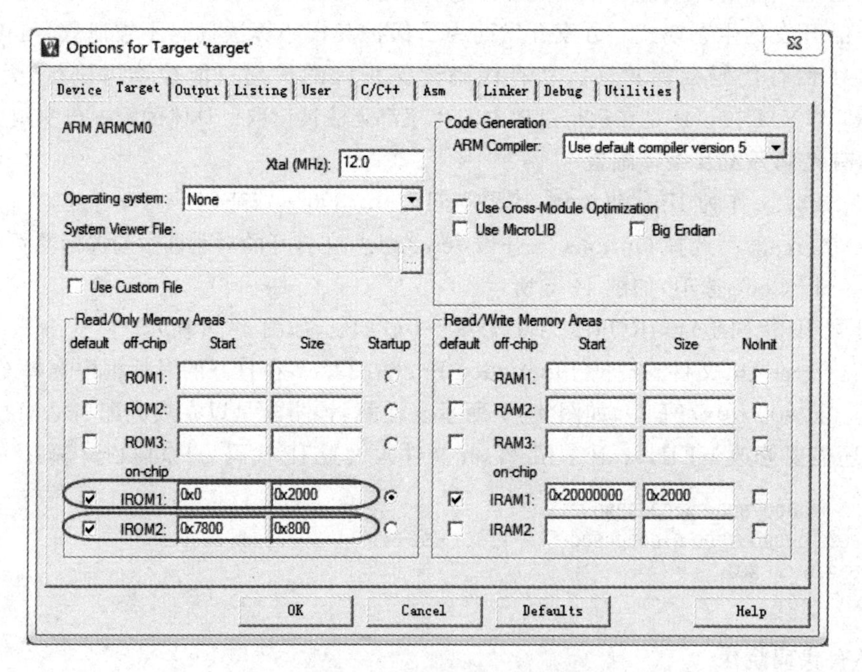

图 4-6　Keil 下私有代码保护配置 2

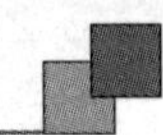

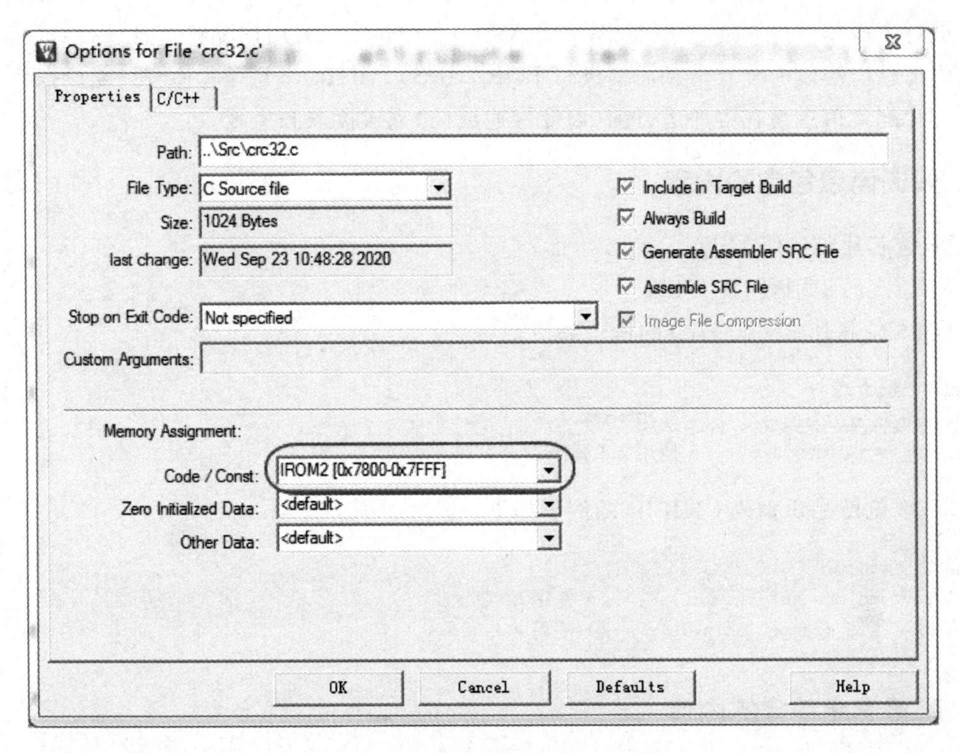

图 4－7　Keil 下私有代码保护配置 3

(3) 私有代码调用执行

按照如下代码封装函数,CRC32_GET 即调用私有代码。用户需要通过调试查看 Memory 函数的地址,例如这里的 0x00007805。

```
typedef uint32_t ( * crc32_t)(uint32_t * data_ptr, uint32_t len); /* 定义函数指针类型 */
#define CRC32_GET ((crc32_t)(0x00007805))   /* 宏定义函数指针 */

/* 将函数封装在以 0x00007800 为起始地址的空间内 */
volatile const crc32_t crc32_func_ptr __attribute__((at(0x00007800))) = get_crc32;

/* 函数原型 */
uint32_t   get_crc32(uint32_t * data_ptr, uint32_t len)
{
    ...
}
```

注:使用 ES-UART-BOOT 或 ES-Burner 的"二次开发擦除功能"可以擦除受到"私有代码保护"以外的区域。

4.1.2　FLASH 信息区

FLASH 信息区用于存储芯片的只读信息和用户配置信息。用户程序仅能对只读信息和配置信息进行读操作。可以通过 ISP/SWD/UART-BOOT 接口对用户配置信息进行修改,但无法改变只读信息。修改的配置信息需要进行 POR/MRST/CHIPRST 等芯片全局复位操作后才可生效。芯片配置信息是在程序运行前(即复位完成前)完成读取和生效。

1. 只读信息包含的内容

- 96 位芯片唯一码 UID;
- 32 位产品识别码 CHIPID。

读取 96 位芯片唯一码 UID 的例子如下:

```
uint8_t uid[12];
md_mcu_get_uid(uid);     /* 使用 MD 库 */
ald_mcu_get_uid(uid);    /* 使用 ALD 库 */
```

读取 32 位产品识别码 CHIPID 的例子如下:

```
uint32_t chipid
chipid = md_mcu_get_chipid();     /* 使用 MD 库 */
chipid = ald_mcu_get_chipid();    /* 使用 ALD 库 */
```

2. 配置信息包含的内容

- 芯片通用配置字:LOSC 硬件使能、LOSC 安全管理使能、外部高速振荡器滤波禁止、外部高速振荡器模式选择、HRC 启动频率选择、上电延时使能、BOR 电压点选择、FLASH 主区域启动地址选择、WWDT 使能、IWDT 使能。
- 写保护区域配置字;
- 数据区配置字;
- 全局读保护配置字;
- 私有代码读保护区域配置字。

图 4-8 为配置字设置。

4.1.3 Boot ROM

Boot ROM 区域为芯片内出厂固化的 Bootloader 程序,当芯片发生上电复位(POR)、欠压复位(BOR)、外部端口复位(MRSTN)、看门狗复位(WDT)、全芯片软复位(CHIPRST)等时,程序从 Boot ROM 启动。如果 Boot Pin 为高电平,则程序始终保持在 Boot ROM 中等待 UART BOOT 操作命令。如果 Boot Pin 为低电平,并且在复位后 20 ms 内收到有效的 UART BOOT 启动命令,并持续收到有效的 UART BOOT 命令,那么程序将在 Boot ROM 中运行,否则程序被引导至 FLASH 主区域运行。用户可以使用 ES-UART-BOOT 上位机软件更新 FLASH 主区域和 FLASH 信息区的内容。

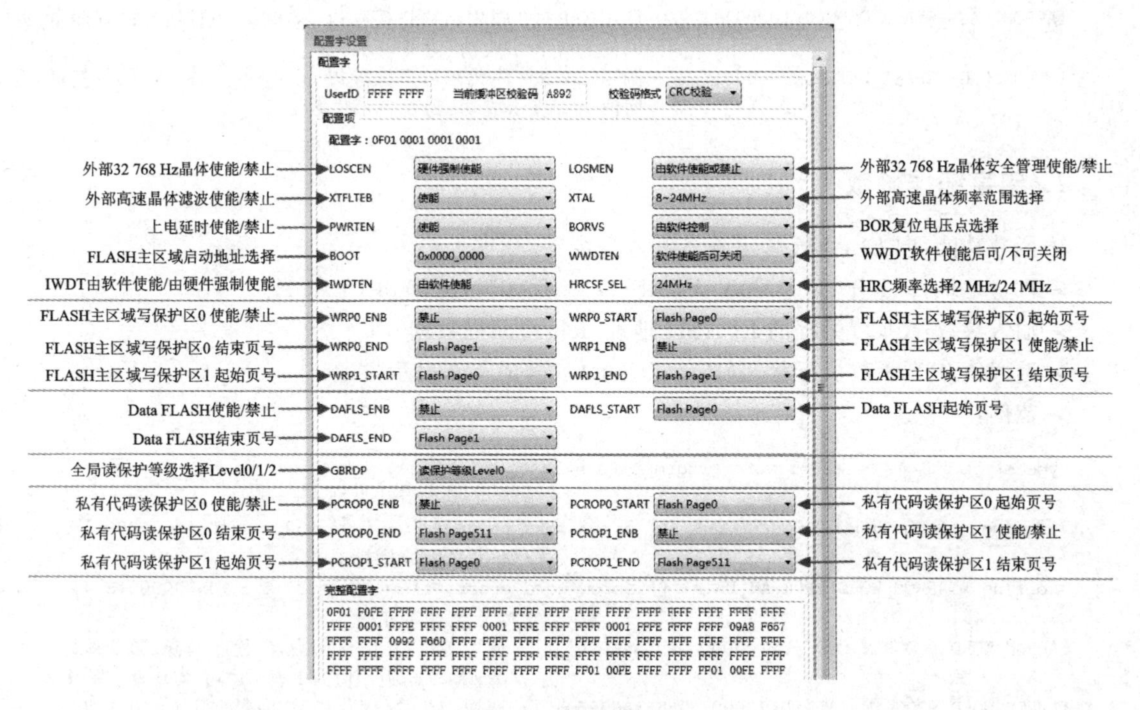

图 4－8　配置字设置

4.1.4　IAP ROM

芯片内置 IAP 自编程固化模块，由硬件电路实现。在 IAP 自编程操作程序中可以调用 IAP 自编程固化模块中的函数，以减少 SRAM 中的 IAP 操作代码量。

IAP 自编程硬件固化模块支持页擦除、单字编程、双字编程和多字编程。通过对 Data FLASH 和 Code FLASH 的函数操作的接口分离，实现 FLASH 擦除和编程操作的安全可靠。

1. 页擦函数

➢ 函数功能：擦除指定的页。
➢ 入口地址：0x10000004（Code FLASH）、0x10000014（Data FLASH）。
➢ 输入参数：R0，待擦除页的首地址。
➢ 返回值：R0，函数执行状态（R0＝1 表示成功，R0＝0 表示失败）。
➢ 范例：

```
typedef uint32_t ( * iaprom_page_erase_t)(uint32_t); / * 定义函数指针类型 * /
#define  IAPROM_PAGE_ERASE_CODE  ((iaprom_page_erase_t)( * ((uint32_t * )0x10000004)))
                                                  / * 宏定义函数指针 * /
#define  IAPROM_PAGE_ERASE_DATA  ((iaprom_page_erase_t)( * ((uint32_t * )0x10000014)))
                                                  / * 宏定义函数指针 * /
```

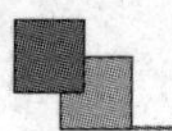


```
IAPROM_PAGE_ERASE_CODE(0x10000);    /* 调用 IAP ROM 固化函数页擦除以 0x10000 为首地址的程序页,返
                                       回值为 1 表示成功、为 0 表示失败 */
IAPROM_PAGE_ERASE_DATA(0x20000);    /* 调用 IAP ROM 固化函数页擦除以 0x20000 为首地址的数据页,返
                                       回值为 1 表示成功、为 0 表示失败 */
```

2. 单字编程函数

➢ 函数功能:向 FLASH 指定地址写入一个字(32 位)。

➢ 入口地址:0x10000008(Code FLASH)、0x10000018(Data FLASH)。

➢ 输入参数:R0,待编程的 FLASH 地址;R1,待编程数据。

➢ 返回值:R0,函数执行状态(R0=1 表示成功,R0=0 表示失败)。

➢ 范例:

```
typedef uint32_t ( * iaprom_word_progrm_t)(uint32_t, uint32_t);
                                                    /* 定义函数指针类型 */
#define  IAPROM_WORD_PROGRAM_CODE  ((iaprom_word_progrm_t)( * ((uint32_t * )0x10000008)))
                                                    /* 宏定义函数指针 */
#define  IAPROM_WORD_PROGRAM_DATA  ((iaprom_word_progrm_t)( * ((uint32_t * )0x10000018)))
                                                    /* 宏定义函数指针 */
IAPROM_WORD_PROGRAM_CODE(0x10000, 0x55AA6996); /* 调用 IAP ROM 固化函数,向程序区 0x10000 地址写入
                                                  0x55AA6996,返回值为 1 表示成功、为 0 表示失败 */
IAPROM_WORD_PROGRAM_DATA(0x20000, 0x55AA6996); /* 调用 IAP ROM 固化函数,向数据区 0x20000 地址写入
                                                  0x55AA6996,返回值为 1 表示成功、为 0 表示失败 */
```

3. 双字编程函数

➢ 函数功能:向 FLASH 指定地址写入两个字(64 位)。

➢ 入口地址:0x1000000C(Code FLASH)、0x1000001C(Data FLASH)。

➢ 输入参数:R0,待编程的 FLASH 地址;R1,待编程数据低 32 位;R2,待编程数据高 32 位。

➢ 返回值:R0,函数执行状态(R0=1 表示成功,R0=0 表示失败)。

➢ 范例:

```
typedef uint32_t ( * iaprom_words_progrm_t)(uint32_t, uint32_t, uint32_t);
                                                    /* 定义函数指针类型 */
#define  IAPROM_WORDS_PROGRAM_CODE  ((iaprom_words_progrm_t)( * ((uint32_t * )0x1000000C)))
                                                    /* 宏定义函数指针 */
#define  IAPROM_WORDS_PROGRAM_DATA  ((iaprom_words_progrm_t)( * ((uint32_t * )0x1000001C)))
                                                    /* 宏定义函数指针 */
IAPROM_WORDS_PROGRAM_CODE(0x10000, 0x55AA6996, 0x87654321)  /* 调用 IAP ROM 固化函数,向程序区
    0x10000 地址写入 0x55AA6996,向 0x10004 地址写入 0x87654321,返回值为 1 表示成功、为 0 表示失败 */
IAPROM_WORDS_PROGRAM_DATA(0x20000, 0x55AA6996, 0x87654321)  /* 调用 IAP ROM 固化函数,向数据区
    0x20000 地址写入 0x55AA6996,向 0x10004 地址写入 0x87654321,返回值为 1 表示成功、为 0 表示失败 */
```

4. 多字编程

➢ 函数功能：向 FLASH 指定地址写入多个字。

➢ 入口地址：0x10000000(Code FLASH)、0x10000010(Data FLASH)。

➢ 输入参数：R0，待编程的 FLASH 首地址；R1，存放 SRAM 空间的待编程数据的首地址；R2，待编程数据长度；R3，用于确定当编程到页首时是否先进行页擦除(R3 非零表示擦除，R3=0 表示不擦除)。

➢ 返回值：R0，函数执行状态(R0=1 表示成功，R0=0 表示失败)。

➢ 范例：

```
typedef enum
{
    AUTO_ERASE_FALSE = 0x0U,
    AUTO_ERASE_TRUE  = 0x1U,
} type_auto_erase_t;    /* 自动擦除类型 */
typedef uint32_t ( * iaprom_multi_progrm_t)(uint32_t, uint32_t, uint32_t, type_auto_erase_t);
                                                        /* 定义函数指针类型 */
#define  IAPROM_MULTI_PROGRAM_CODE  ((iaprom_multi_progrm_t)( * ((uint32_t * )0x10000000)))
                                                        /* 宏定义函数指针 */
#define  IAPROM_MULTI_PROGRAM_DATA  ((iaprom_multi_progrm_t)( * ((uint32_t * )0x10000010)))
                                                        /* 宏定义函数指针 */
IAPROM_MULTI_PROGRAM_CODE(0x10000, 0x20001000, 32 * 4, AUTO_ERASE_TRUE);
  /* 调用 IAP ROM 固化函数,向程序区 0x10000 为起始地址的 FLASH 空间写入 32 word 数据,写入数据为
     0x20001000 RAM 起始地址的数据,并且支持写入前自动进行页擦除,返回值为 1 表示成功、为 0 表示
     失败 */
IAPROM_MULTI_PROGRAM_DATA(0x20000, 0x20001000, 32 * 4, AUTO_ERASE_TRUE);
  /* 调用 IAP ROM 固化函数,向数据区 0x20000 为起始地址的 FLASH 空间写入 32 word 数据,写入数据为
     0x20001000 RAM 起始地址的数据,并且支持写入前自动进行页擦除,返回值为 1 表示成功、为 0 表示
     失败 */
```

注意：芯片运行在 IAP 期间，如果响应中断，并且中断向量表和中断服务程序在 FLASH 中，则会引起 FLASH 总线冲突，芯片将产生运行异常。因此，芯片运行在 IAP 期间须临时关中断，或者在 SRAM 中再建立一套中断向量表和中断服务程序，用于 IAP 期间的中断服务。

在 SRAM 中再建立一套中断向量表和中断服务程序的方法如下：

```
/* c 文件 ram_vectors.c 在 RAM 中单独建立了一套中断向量表和中断服务程序 */

/* 默认中断服务程序 */
__weak void NMI_Handler_RAM(void)
{
    while (1);  /* 替换用户中断服务程序 */
}
__weak void HardFault_Handler_RAM(void)
{
    while (1);  /* 替换用户中断服务程序 */
```

```
}
__weak void MemManage_Handler_RAM(void)
{
    while (1);  /*替换用户中断服务程序*/
}
__weak void BusFault_Handler_RAM(void)
{
    while (1);  /*替换用户中断服务程序*/
}
__weak void UsageFault_Handler_RAM(void)
{
    while (1);  /*替换用户中断服务程序*/
}
__weak void SVC_Handler_RAM(void)
{
    while (1);  /*替换用户中断服务程序*/
}
__weak void DebugMon_Handler_RAM(void)
{
    while (1);  /*替换用户中断服务程序*/
}
__weak void PendSV_Handler_RAM(void)
{
    while (1);  /*替换用户中断服务程序*/
}
__weak void SysTick_Handler_RAM(void)
{
    while (1);  /*替换用户中断服务程序*/
}
__weak void WWDG_Handler_RAM(void)
{
    while (1);  /*替换用户中断服务程序*/
}
/*更多的默认中断服务程序此处省略*/

/*RAM里的中断向量表*/
volatile const vect_t g_vectors_list_ram[] __attribute__((aligned(256))) =
{
    (vect_t)0,                          /*0,  load top of stack*/
    (vect_t)0,                          /*1,  reset handler*/
    (vect_t)NMI_Handler_RAM,            /*2,  nmi handler*/
    (vect_t)HardFault_Handler_RAM,      /*3,  hard fault handler*/
    (vect_t)MemManage_Handler_RAM,      /*4,  MPU fault handler*/
    (vect_t)BusFault_Handler_RAM,       /*5,  bus fault handler*/
    (vect_t)UsageFault_Handler_RAM,     /*6,  usage fault handler*/
    (vect_t)0,                          /*7,  reserved*/
    (vect_t)0,                          /*8,  reserved*/
    (vect_t)0,                          /*9,  reserved*/
    (vect_t)0,                          /*10, reserved*/
```

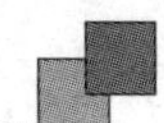

```
    (vect_t)SVC_Handler_RAM,                /*11, svcall handler*/
    (vect_t)DebugMon_Handler_RAM,           /*12, debug monitor handler*/
    (vect_t)0,                              /*13, reserved*/
    (vect_t)PendSV_Handler_RAM,             /*14, pendsv handler*/
    (vect_t)SysTick_Handler_RAM,            /*15, systick handler*/
    (vect_t)WWDG_Handler_RAM,               /*16, irq0 WWDG handler*/
    (vect_t)IWDG_Handler_RAM,               /*17, irq1 IWDG handler*/
    (vect_t)LVD_Handler_RAM,                /*18, irq2 LVD handler*/
    /*更多中断向量此处省略*/
}
```

除程序设计之外，还要在 IDE 中进行配置，将 ram_vectors.c 产生的二进制文件分配到 RAM 中，以 Keil 为例，如图 4-9 和图 4-10 所示。

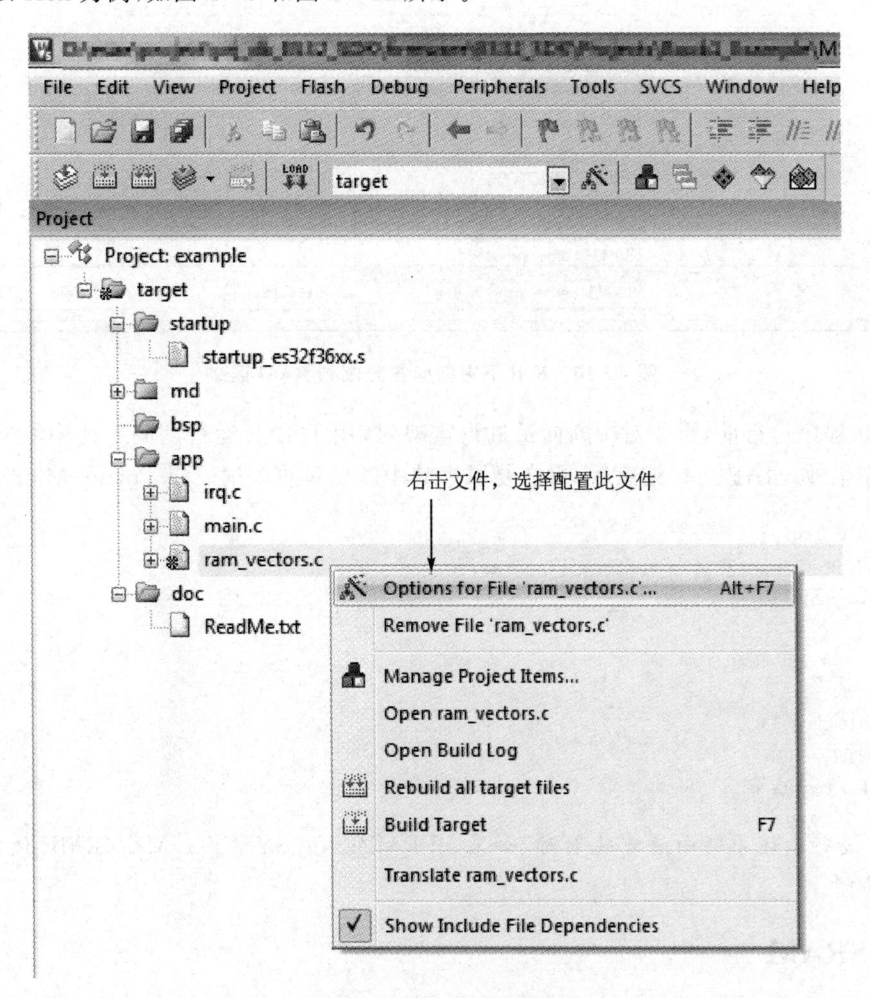

图 4-9　Keil 下中断向量分配到 RAM 区 1

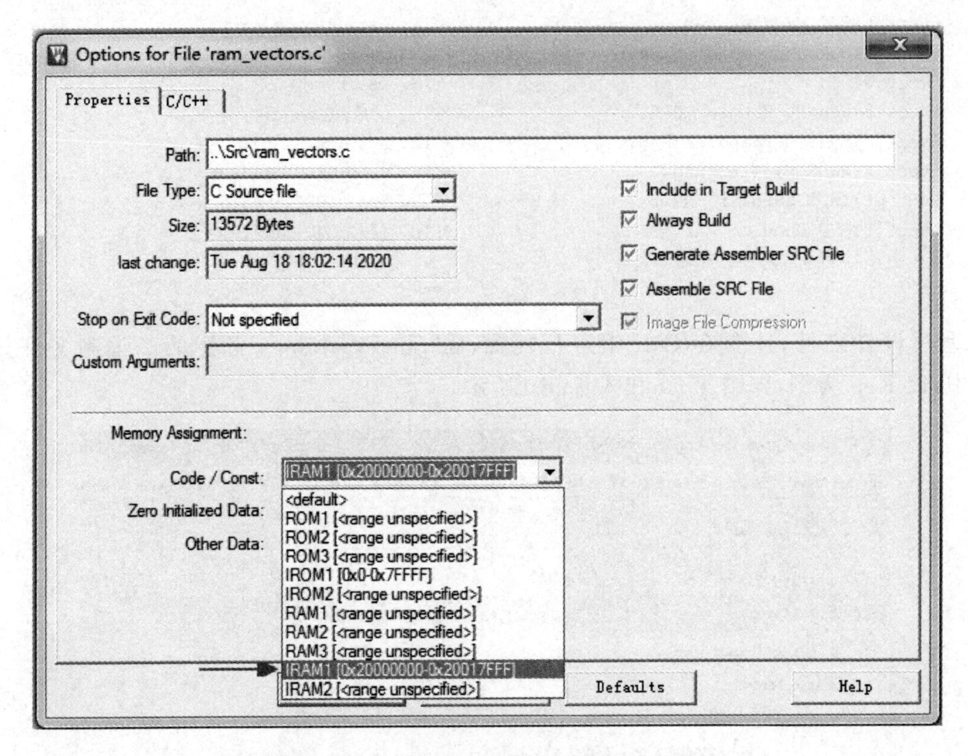

图 4-10　Keil 下中断向量分配到 RAM 区 2

在 IAP 程序运行前，需要对中断向量进行重映射，用于 IAP 运行期间上述中断向量表和中断服务程序生效。IAP 运行结束后，再恢复原来的中断向量重映射。以 Cortex-M3 产品为例：

```
__disable_irq();
SCB->VTOR = (uint32_t)g_vectors_list_ram;
__enable_irq();

......  /* IAP 程序 */

__disable_irq();
SCB->VTOR = 0U;
__enable_irq();
```

注意：进行上述中断向量重映射时，如果 BFRMPEN@SYSCFG_MEMRMP 使能，那么须将其临时关闭。

4.1.5　SRAM

ES32F369x 内部 SRAM 区的大小是 96 KB，该区域通过系统总线来访问。在单周期访问期间，此区域也可以执行指令。

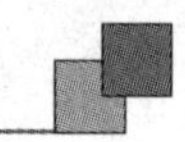

在该区域后，有一个位带别名区。位带别名区把 SRAM 每个 bit 膨胀成一个 32 位的字。当通过位带别名区访问这些字时，就可以达到访问原始 bit 的目的。通过位带别名区进行 bit 写入操作，实际执行的是“带锁定”的“读—修改—写”操作，即不会被打断的“读—修改—写”操作。该操作实际是一个原子操作，但依然是“读—修改—写”操作。图 4－11 为位带示意图。

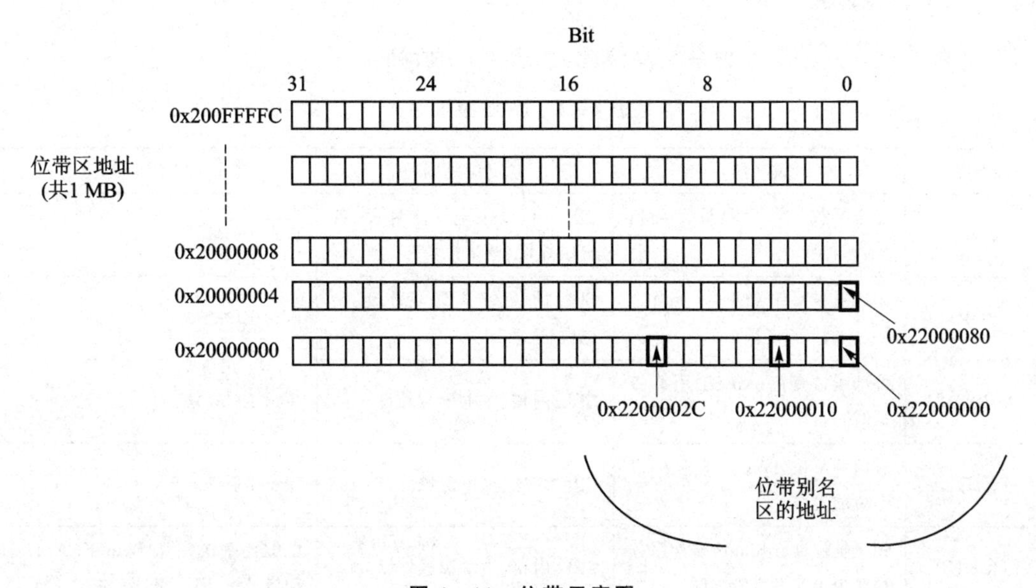

图 4－11　位带示意图

可通过内联函数进行位带操作：

```
__STATIC_INLINE__ void BITBAND_SRAM(uint32_t * addr, uint32_t bit, uint32_t val);
```

在 IAP 运行期间，FLASH 总线被 IAP 占用，此时无法在 FLASH 中运行程序。如果用户期望在 IAP 运行期间响应中断，那么中断向量表以及中断服务程序需要在 SRAM 中运行（见 4.1.4 小节的例程）。

4.1.6　片上外设

APB1、APB2、AHB1、AHB2 外设的寄存器访问空间与 SRAM 一样支持位带操作。

可通过下面的内联函数进行位带操作：

```
__STATIC_INLINE__ void BITBAND_PER(volatile uint32_t * addr, uint32_t bit, uint32_t val);
```

4.1.7　外部存储

可通过 QSPI 或 EBI 扩展外部存储器的访问空间。详细内容将在第 20 章和第 21 章介绍。

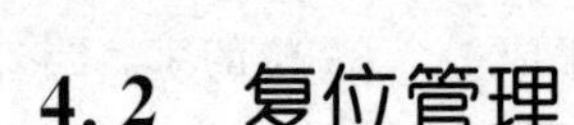

4.2 复位管理

4.2.1 系统复位

ES32 微控制器一共有 8 种系统复位源，如表 4-1 所列。

表 4-1 ES32 复位源

复位源	说 明	复位范围	启动地址
POR	上电复位（当 VDD 低于阈值 V_{POR} 时）	CPU 内核、主电源域外设、备份域外设、调试模块	Boot ROM
BOR	欠压复位（当 VDD 降至所选 V_{BOR} 阈值以下时）	CPU 内核、主电源域外设、调试模块	Boot ROM
MRSTN	外部端口复位（MRST 引脚拉低时）	CPU 内核、主电源域外设	Boot ROM
WDT	看门狗复位（IWDT 和 WWDT 产生的复位）	CPU 内核、主电源域外设	Boot ROM
LOCKUP	锁定复位（hard fault 异常服务程序中再次发生错误时）	CPU 内核、主电源域外设	由配置字决定从 Boot FLASH 启动或 App FLASH 启动
CHIPRST	全芯片软复位（软件触发）	CPU 内核、主电源域外设、调试模块	Boot ROM
SYSRSTREQ	内核复位请求（软件触发）	CPU 内核、主电源域外设	由配置字决定从 Boot FLASH 启动或 App FLASH 启动
CPURST	内核软复位（软件触发）	仅 CPU 内核	由复位前 BFRMPEN@ SYSCFG_MEMRMP 状态决定： 1：从 Boot FLASH 启动 0：从 App FLASH 启动

当芯片发生上电复位（POR）、欠压复位（BOR）、外部端口复位（MRSTN）、看门狗复位（WDT）、全芯片软复位（CHIPRST）时，程序从 Boot ROM 启动。

➢ 如果 Boot Pin 为高电平，则程序始终运行在 Boot ROM 中，等待 UART BOOT 操作命令。

➢ 如果 Boot Pin 为低电平，并且连续 20 ms 内没有收到有效的 UART BOOT 启动命令，则程序从 Boot ROM 引导至 FLASH 主区域运行。如果启动命令成功被接收但连续 100 ms 内没有执行有效的 UART BOOT 命令，那么程序也将被直接引导至 FLASH 主区域运行。FLASH 主区域有两个启动地址：App FLASH 和 Boot FLASH。如果 FLASH 主

区域启动地址配置为 0x00000000，则引导至 App FLASH 运行；如果 FLASH 主区域启动地址配置为 0x0007E000，则引导至 Boot FLASH 运行。App FLASH 和 Boot FLASH 相互之间通过软件的方式，实现互相程序引导，如图 4-12所示。

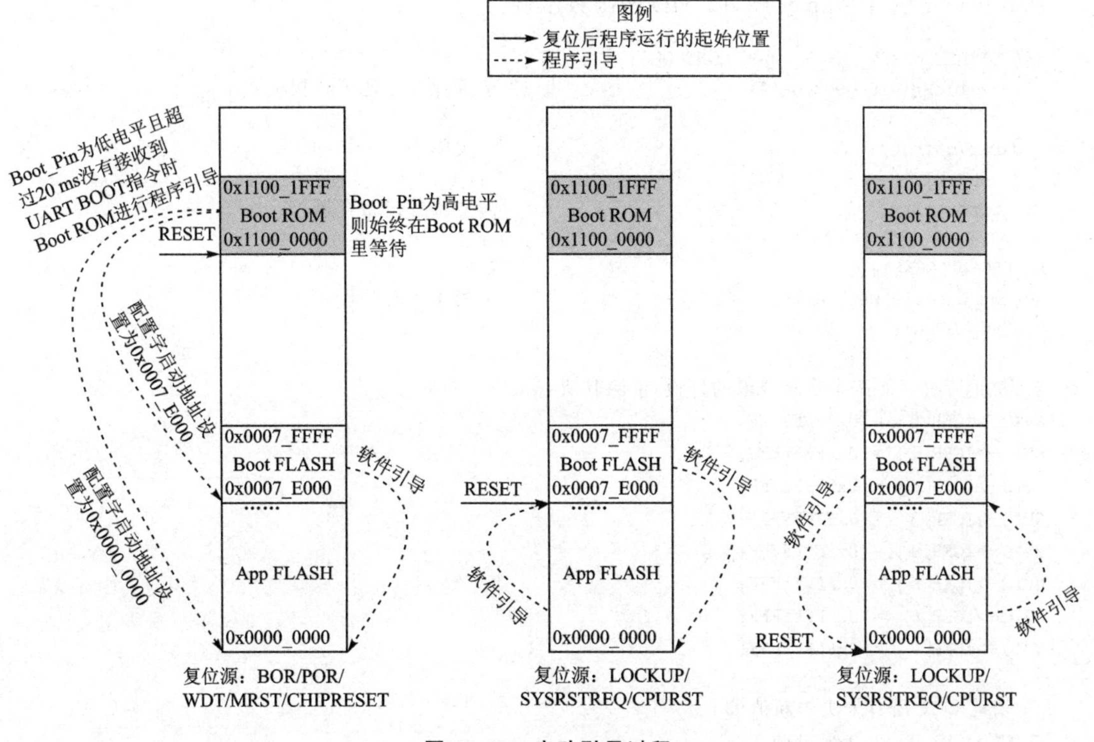

图 4-12 启动引导过程

当用户开发 Bootloader 程序和 App 程序时，需要实现 Bootloader 程序和 App 程序的相互程序引导，方法如下：

确保 MCU 处于特权模式，按照如下步骤引导 App 程序运行：

(1) 禁止 NVIC 中所有启用的中断；

(2) 复位在 Bootloader 里使用过的外设，并禁止所有外设；

(3) 清除外设所有未决中断标志，并清除 NVIC 所有未决中断请求；

(4) 禁止 SysTick 并清除其异常挂起位；

(5) 禁止引导加载程序使用过的单个故障处理程序；

(6) 若内核当前与 PSP 一起运行，则激活 MSP；

(7) 程序选择从 App FLASH 启动，开始使用 App 程序的中断向量表；

(8) 通过对 Cortex-M3 内核寄存器 SCB 中的 VTOR 赋值，将中断向量重映射至 App 程序起始地址；

(9) 使能中断；

(10) 设置 MSP，将栈顶配置为 App 程序起始地址对应的第一个字；

(11) 跳转至 App 的复位向量指向的地址（App 程序起始地址对应的第二个字），App 程序开始运行。

Bootloader 引导 App 程序，以 MD 库函数示例：

```
if(CONTROL_nPRIV_Msk & __get_CONTROL())
    EnablePrivilegedMode();                         /* 确保 MCU 处于特权模式 */

__disable_irq();                                    /* 关闭中断 */

sfr_reset();                                        /* 复位外设寄存器 */

SYSCFG_UNLOCK();
md_cmu_disable_perh_all();                          /* 禁止所有外设 */
SYSCFG_LOCK();

/* 禁止所有可能产生中断请求的外设，清除其所有未决中断标志 */
NVIC->ICER[0] = 0xFFFFFFFF;
NVIC->ICER[1] = 0xFFFFFFFF;
NVIC->ICER[2] = 0xFFFFFFFF;
NVIC->ICER[3] = 0xFFFFFFFF;
NVIC->ICER[4] = 0xFFFFFFFF;
NVIC->ICER[5] = 0xFFFFFFFF;
NVIC->ICER[6] = 0xFFFFFFFF;
NVIC->ICER[7] = 0xFFFFFFFF;

/* 清除 NVIC 所有未决中断请求 */
NVIC->ICPR[0] = 0xFFFFFFFF;
NVIC->ICPR[1] = 0xFFFFFFFF;
NVIC->ICPR[2] = 0xFFFFFFFF;
NVIC->ICPR[3] = 0xFFFFFFFF;
NVIC->ICPR[4] = 0xFFFFFFFF;
NVIC->ICPR[5] = 0xFFFFFFFF;
NVIC->ICPR[6] = 0xFFFFFFFF;
NVIC->ICPR[7] = 0xFFFFFFFF;

/* 禁止 SysTick 并清除其异常挂起位 */
SysTick->CTRL = 0;
SCB->ICSR |= SCB_ICSR_PENDSTCLR_Msk;

md_syscfg_enable_remap_from_appflash();                  /* 选择从 App FLASH 启动 */

SCB->VTOR = addr;                                        /* 中断向量重映射至 App */

__enable_irq();                                          /* 使能中断 */
```

```
m_JumpAddress = *(volatile uint32_t *)((addr & 0xFFFFFF00) + 4);
JumpToApplication = (FunVoidType) m_JumpAddress;           /*设置 App 复位向量*/

__set_MSP(*(volatile uint32_t *)(addr & 0xFFFFFF00));     /*设置 MSP*/

JumpToApplication();                                       /*跳转至 App 程序*/
```

4.2.2 外设软件复位

RMU 对应每个外设分别分配了一个软件复位,如表 4-2 所列。

表 4-2 ES32 外设复位寄存器

外设时钟总线	外设复位寄存器	外 设
AHB1	RMU_AHB1RSTR	GPIO、CRC、CALC、CRYPT、TRNG、PIS、USB、DMA
AHB2	RMU_AHB2RSTR	EBI、CPU
APB1	RMU_APB1RSTR	AD16C4T0、AD16C4T1、GP32C4T0、GP32C4T1、GP16C4T0、GP16C4T1、BS16T0、BS16T1、UART0、UART1、UART2、UART3、UART4、UART5、SPI0、SPI1、SPI2、I2C0、I2C1、CAN0、QSPI
APB2	RMU_APB2RSTR	ADC0、ADC1、ACMP0、ACMP1、DAC、WWDT、IWDT、RTC、TSENSE、BKPC、DBGC

通过对上述寄存器的对应位写 1 操作,可以实现所对应外设的单独复位。

➢ 通过 MD 库函数对外设进行软件复位,下面为对 SPI0 进行软件复位的方法:

```
md_rmu_enable_spi0_reset();
```

➢ 通过 ALD 库函数对外设进行软件复位,下面为对 SPI0 进行软件复位的方法:

```
ald_rmu_reset_periperal(RMU_PERH_SPI0);
```

第5章

CMU 时钟管理单元

ES32 的时钟管理单元(CMU)为微控制器芯片提供时钟和时钟管理。ES32 支持多种时钟源:内部高速时钟(HRC)、内部低速时钟(LRC)、外部高速晶体振荡器时钟(HOSC)、外部低速晶体振荡器时钟(LOSC)、PLL 时钟(PLLCLK)。选择其中一种时钟源分频时钟作为系统系统(SYSCLK)。系统时钟(SYSCLK)为内核和 DMA 提供时钟,并分别配置分频产生 AHB1 总线外设时钟(HCLK1)、AHB2 总线外设时钟(HCLK2)、APB1 总线外设时钟(PCLK1)、APB2 总线外设时钟(PCLK2),为不同类型的外设提供时钟。

5.1 功能特点

ES32F369x 时钟管理单元的功能特点如下:

➢ 支持多种时钟源:
  - 24 MHz 或 2 MHz 可配置内部高速 RC 振荡器(HRC);
  - 32.768 kHz 内部低速 RC 振荡器(LRC);
  - 32.768 kHz 外部低速晶体振荡器(LOSC);
  - 1~24 MHz 外部高速晶体振荡器(HOSC);
  - 内部锁相环倍频时钟(PLL);
  - 10 kHz 内部超低速 RC 振荡器(ULRC 为内部滤波电路提供时钟,本章不做介绍)。

➢ 支持低功耗配置(在第 6 章介绍)。

➢ AHB 外设、APB 外设和 CPU 可独立预分频。

➢ 支持低功耗外设时钟分频。

➢ 内核和外设均支持独立的时钟门控。

➢ 支持系统时钟的端口输出。

5.2 功能逻辑视图

以 ES32F369x 为例对 ES32 的时钟管理单元进行功能解析,其时钟管理单元的结构图如图 5-1 所示。

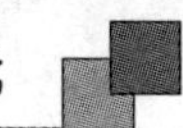

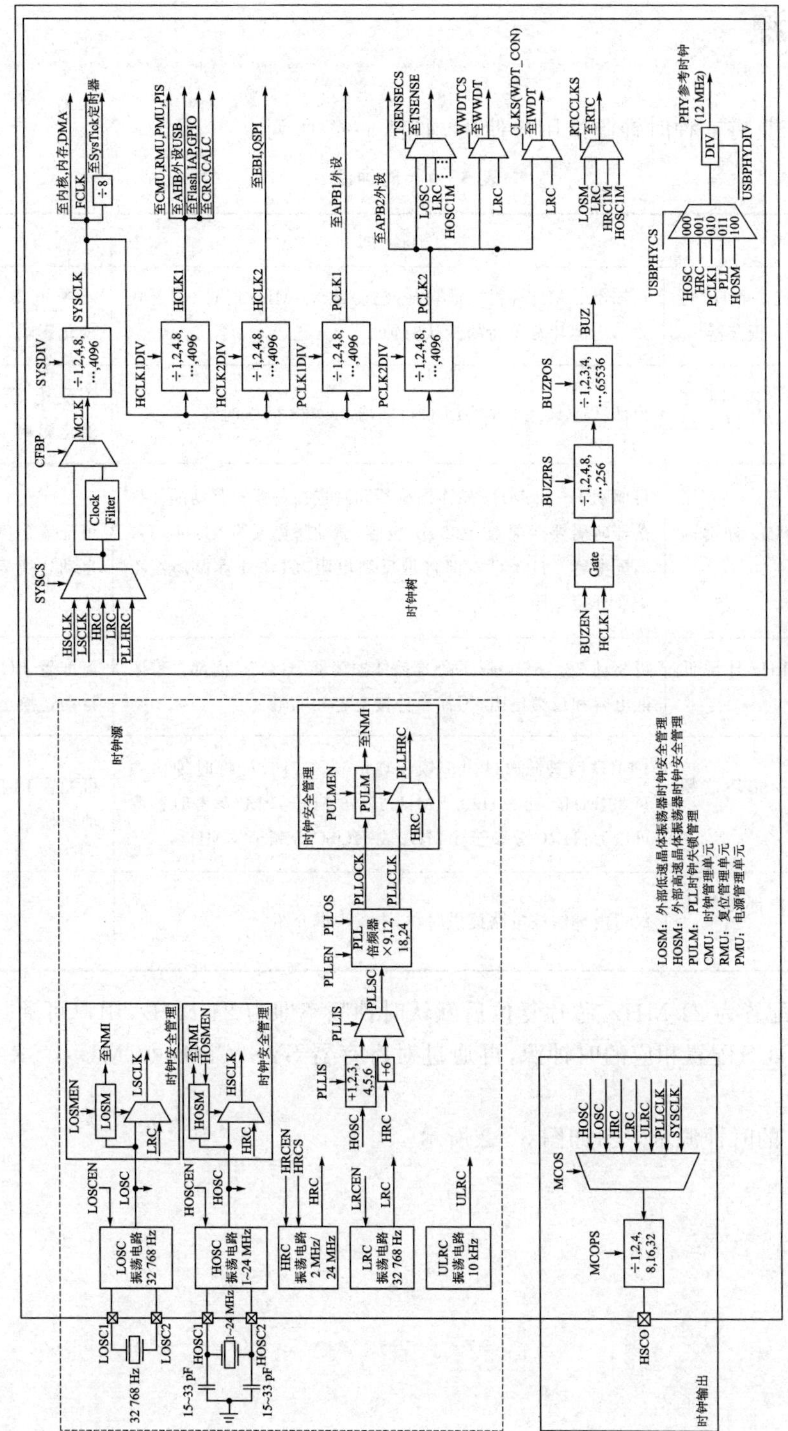

图5-1　时钟管理单元结构图

5.3 时钟源

ES32F369x 具有 6 种时钟源供用户使用，如表 5－1 所列。

表 5－1　时钟源

时钟源	说　明	备　注
HRC(24 MHz 或 2 MHz 可配置内部高速 RC 振荡器)	可输出 2 MHz 时钟(低功耗模式)或 24 MHz 时钟(高速模式)，为芯片复位后的默认时钟	不受电源电压 VDD 变化影响
LRC(32.768 kHz 内部低速 RC 振荡器)	内部低速 RC 振荡器 LRC 可输出 32.768 kHz 时钟	不受电源电压 VDD 变化影响
HOSC(1～24 MHz 外部高速晶体振荡器)	可驱动 1～24 MHz 晶体振荡器和陶瓷振荡器。驱动晶体振荡器时需要匹配 15～33 pF 电容，驱动陶瓷振荡器时不需要匹配电容。HOSC 内部自带反馈电阻，驱动外置振荡器不需要外接电阻	可配置 HOSC 停振时自动切换至 HRC
LOSC(32.768 kHz 外部低速晶体振荡器)	可驱动 32.768 kHz 的外部晶体振荡器。LOSC 内部自带匹配电容和反馈电阻，不需要外接电容和电阻	可配置 LOSC 停振时自动切换至 LRC
PLLCLK(内部锁相环倍频时钟)	4 MHz 时钟源通过内部锁相环倍频器 PLL 可将时钟倍频至 36 MHz、48 MHz、72 MHz 或 96 MHz，PLL 参考时钟源可以为：HRC 分频至 4 MHz 或 HOSC 分频至 4 MHz	可配置 PLL 失锁时自动切换至 HRC
ULRC(10 kHz 内部超低速 RC 振荡器)	仅为内部滤波电路提供时钟，本章不做介绍	

若将 HRC 配置为 24 MHz，芯片复位后默认时钟频率即为 24 MHz，用户可通过图 5－2 中的 xxxEN 和 xxxCS 配置相应的时钟源，再通过对寄存器 SYS_CMD@CMU_CSR 进行配置来选择和切换时钟。

ES32F369x 的时钟源示意图如图 5－2 所示。

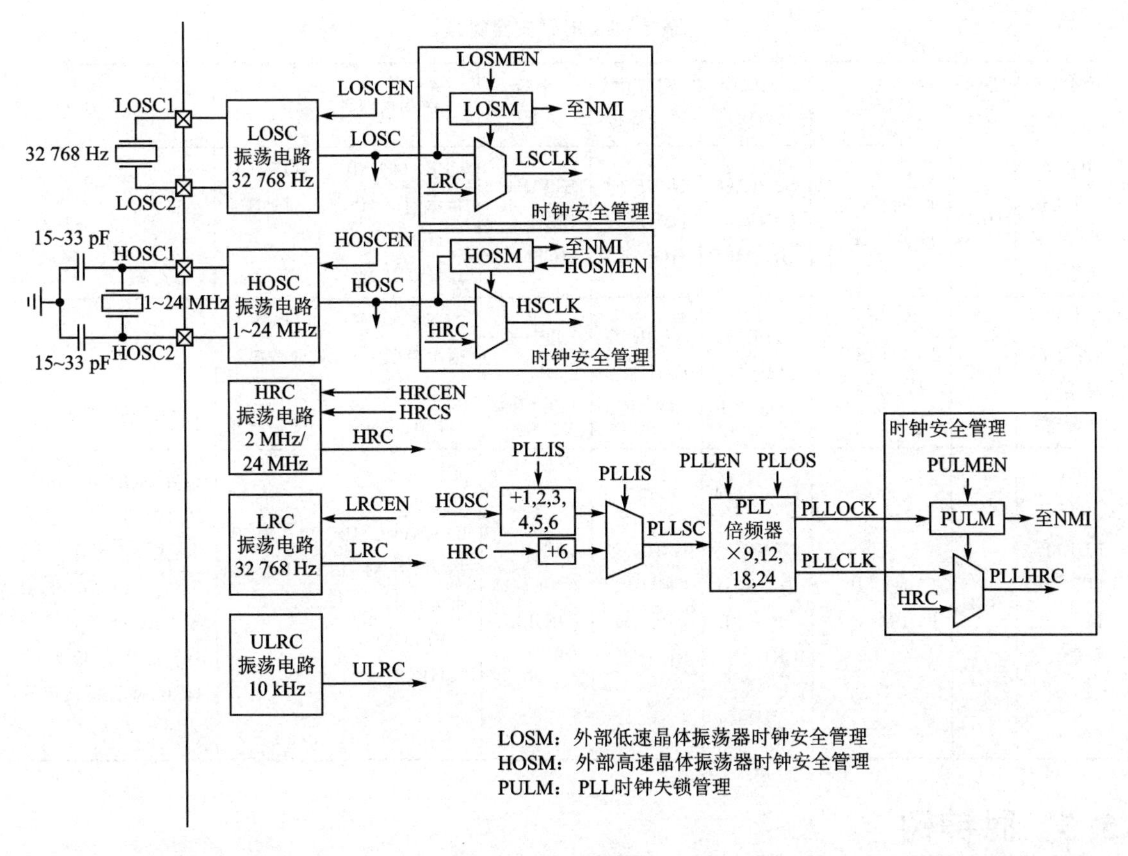

图 5-2 时钟源

5.4 时钟安全管理

时钟是微控制器工作的最基础条件之一。为了增强时钟的可靠性，保证系统安全可靠地运行，ES32 支持对时钟进行安全管理。时钟安全管理即对 LOSC、HOSC、PLLCLK 的时钟进行监测，当时钟失效时，硬件自动切换到相应的备份时钟，以防止因时钟失效而造成系统运行出错甚至死机的严重后果。

通过使能 CSSBKE@SYSCFG_TBKCFG，时钟故障事件可送到高级定时器的刹车输入端。如果 CMU 中断使能，则产生时钟安全中断，软件可完成“营救”操作。若 NMI 中断使能位使能，则时钟失效事件将产生 NMI 中断。表 5-2 列出了每种时钟安全管理的备份时钟，以及相应的控制和状态寄存器。

表 5-2 时钟安全管理

时钟安全管理种类	备份时钟	启动使能位	CMU 中断使能位	NMI 中断使能位	中断标志位	当前时钟状态位	备 注
HOSM（高速振荡器安全管理）	HRC	EN@CMU_HOSMCR	STPIE@CMU_HOSMCR	NMIE @CMU_HOSMCR	STPIF@CMU_HOSMCR	CLKS@CMU_HOSMCR 指示当前 HSCLK 时钟源： 0:HOSC 1:HRC	
LOSM（低速振荡器安全管理）	LRC	EN@CMU_LOSMCR	STPIE@CMU_LOSMCR	NMIE @CMU_LOSMCR	STPIF@CMU_LOSMCR	CLKS@CMU_LOSMCR 指示当前 LSCLK 时钟源： 0:LOSC 1:LRC	
PULM（PLL 失锁安全管理）	HRC	EN@CMU_PULMCR	ULKIE @ CMU_PULMCR	NMIE @CMU_PULMCR	ULKIF @ CMU_PULMCR	CLKS@CMU_PULMCR 指示当前 PLLHRC 时钟源： 0:PLLCLK 1:HRC	设置 MODE@CMU_PULMCR： 00:失锁后无操作 01:失锁后切换至 HRC 1x:失锁后切换至 HRC,待重新锁定后切回

5.5 时钟树

如图 5-3 所示，HSCLK(经过 HRC 备份的 HOSC 时钟)、LSCLK(经过 LRC 备份的 LOSC 时钟)、PLLHRC(经过 HRC 备份的 PLL 时钟)这 5 类时钟源通过分频产生时钟SYSCLK。SYSCLK 最高时钟频率不可超过 96 MHz,可以为 CPU 内核、DMA、SysTick 定时器提供时钟。SYSCLK 通过分频器分别产生 HCLK1、HCLK2、PCLK1、PCLK2。表 5-3 列出了时钟总线支持的最大频率。

表 5-3 时钟总线支持的最大频率

时钟频率	说 明	最大值/MHz
f_{HCLK1}	内部 AHB1 总线时钟频率	96
f_{HCLK2}	内部 AHB2 总线时钟频率	72
f_{PCLK1}	内部 APB1 总线时钟频率	72
f_{PCLK2}	内部 APB2 总线时钟频率	24

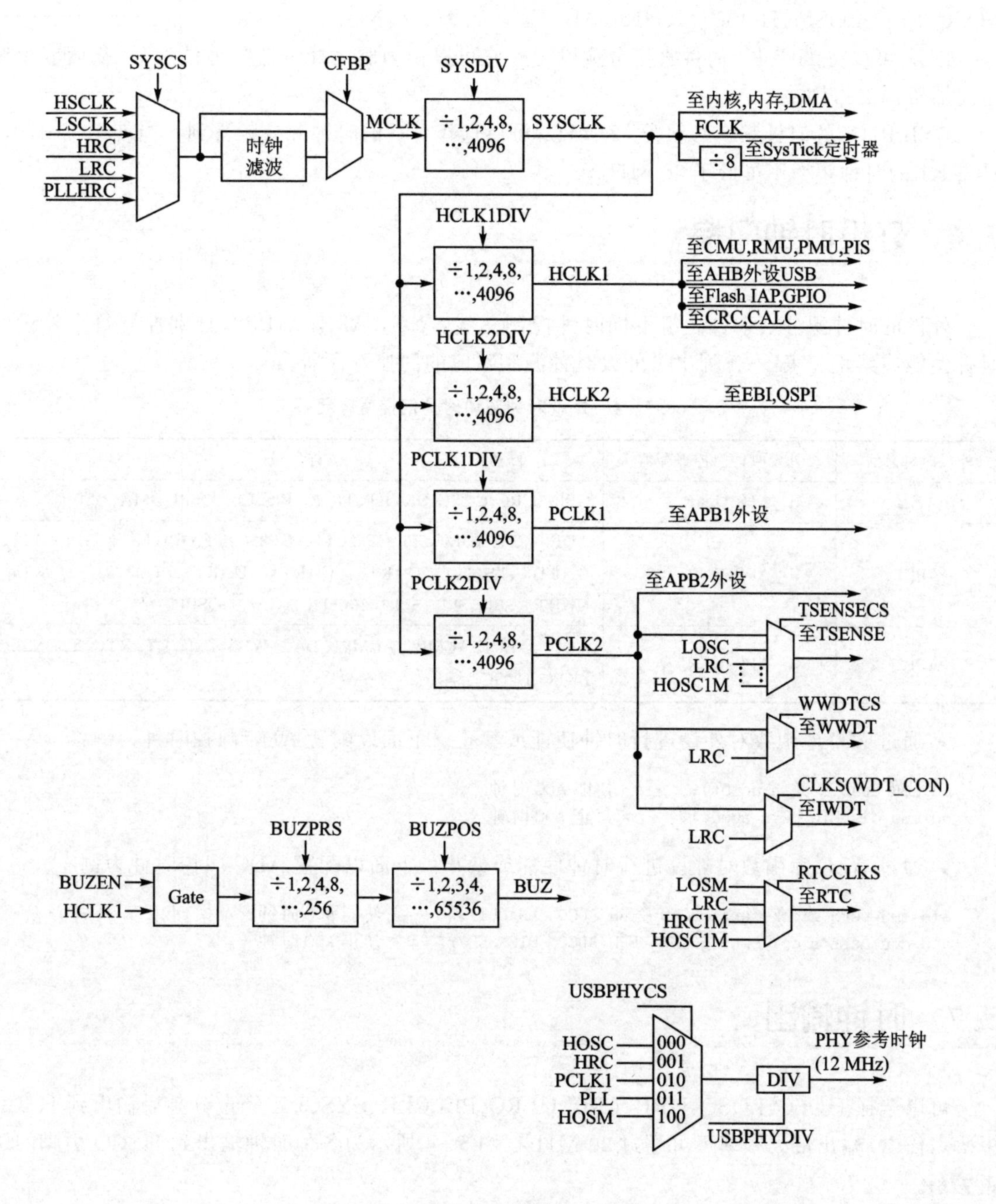

SYSCS
HSCLK
LSCLK
HRC
LRC
PLLHRC
时钟
滤波
CFBP
MCLK
SYSDIV
÷1,2,4,8,
…,4096
SYSCLK
至内核,内存,DMA
FCLK
÷8
至SysTick定时器
HCLK1DIV
÷1,2,4,8,
…,4096
HCLK1
至CMU,RMU,PMU,PIS
至AHB外设USB
至Flash IAP,GPIO
至CRC,CALC
HCLK2DIV
÷1,2,4,8,
…,4096
HCLK2
至EBI,QSPI
PCLK1DIV
÷1,2,4,8,
…,4096
PCLK1
至APB1外设
PCLK2DIV
÷1,2,4,8,
…,4096
PCLK2
至APB2外设
TSENSECS
至TSENSE
LOSC
LRC
HOSC1M
WWDTCS
至WWDT
LRC
CLKS(WDT_CON)
至IWDT
LRC
BUZPRS
BUZPOS
BUZEN
HCLK1
Gate
÷1,2,4,8,
…,256
÷1,2,3,4,
…,65536
BUZ
RTCCLKS
至RTC
LOSM
LRC
HRC1M
HOSC1M
USBPHYCS
HOSC
HRC
PCLK1
PLL
HOSM
000
001
010
011
100
DIV
PHY参考时钟
(12 MHz)
USBPHYDIV

图5-3　时钟树

PCLK2 为低功耗外设时钟源，除了可以选择 PCLK2，还可以根据不同外设的使用场景选择 LOSC、LRC、LOSM、HOSC1M、HRC1M。

BUZ 可以将 HCLK1 时钟直接分频输出。它可以作为驱动蜂鸣器的方波信号，从而减少对定时器资源的占用。

USB PHY 的时钟频率必须为 12 MHz，可以选择合适的时钟源分频得到。当使用 USB 时，HCLK1 的时钟频率不可低于 36 MHz。

5.6 外设时钟门控

外设的时钟源分别来自 3 组不同时钟控制总线：AHB、APB1、APB2，分别控制每个外设的时钟使能或禁止。表 5-4 列出了外设时钟源和对应的门控寄存器。

表 5-4 外设时钟源和时钟门控寄存器

外设时钟总线	外设时钟门控寄存器	外 设
AHB	CMU_AHB1ENR	GPIO、CRC、CALC、CRYPT、TRNG、PIS、EBI、QSPI、DMA、USB
APB1	CMU_APB1ENR	AD16C4T0、AD16C4T1、GP32C4T0、GP32C4T1、GP16C4T0、GP16C4T1、BS16T0、BS16T1、UART0、UART1、UART2、UART3、UART4、UART5、SPI0、SPI1、SPI2、I2C0、I2C1、CAN0、QSPI
APB2	CMU_APB2ENR	ADC0、ADC1、ACMP0、ACMP1、DAC、WWDT、IWDT、RTC、TSENSE、BKPC、DBGC

➢ 通过 MD 库函数对外设进行时钟使能或禁止。下面以配置 ADC 门控时钟为例：

```
md_cmu_enable_perh_adc0();     /* 使能 ADC 时钟 */
md_cmu_disable_perh_adc0();    /* 禁止 ADC 时钟 */
```

➢ 通过 ALD 库函数对外设进行时钟使能或禁止。下面以配置 ADC 门控时钟为例：

```
ald_cmu_perh_clock_config(CMU_PERH_ADC0, ENABLE);     /* 使能 ADC 时钟 */
ald_cmu_perh_clock_config(CMU_PERH_ADC0, DISABLE);    /* 禁止 ADC 时钟 */
```

5.7 时钟输出

可以选择 HOSC、LOSC、HRC、LRC、ULRC、PLLCLK、SYSCLK 经过分频后输出到 HSCO 引脚，HSCO 输出最大频率不可超过 20 MHz。图 5-4 所示为各种时钟输出到 HSCO 引脚的逻辑关系。

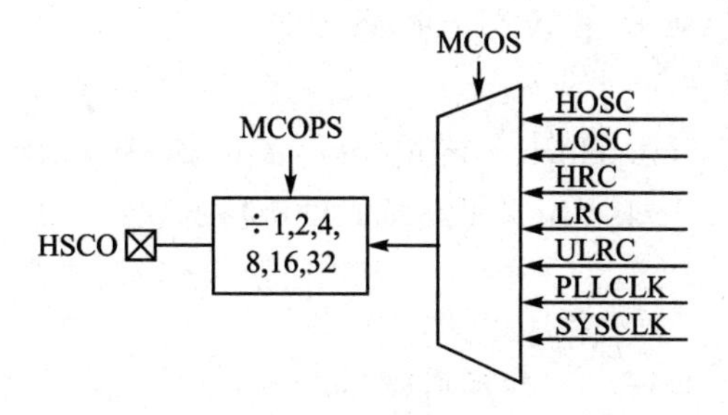

图 5-4 时钟输出

5.8 程序设计示例

以 ES32F369x 为例，将 HOSC 作为 PLL 的时钟源，PLL 将 HOSC 分频后的 4 MHz 时钟倍频到 96 MHz 作为 SYSCLK。SYSCLK 又分别经过分频产生 HCLK1、HCLK2、PCLK1、PCLK2 来为各种外设提供时钟。可以选择时钟树上的各种时钟输出到 HSCO 引脚，用于测量；同时，还可使能 HOSM(高速振荡器安全管理)和 PULM(PLL 失锁安全管理)，为系统时钟安全提供保障。

1. 使用 MD 库设计程序

(1) 配置系统时钟源

函数"void md_cmu_pll1_config(md_cmu_pll1_input_t input, md_cmu_pll1_output_t output);"对 PLL 时钟进行配置，枚举类型 md_cmu_pll1_input_t 定义了 PLL 的时钟源选择：

```
typedef enum
{
    MD_CMU_PLL1_INPUT_HRC_6  = 0x0,    /* HRC6 分频时钟 */
    MD_CMU_PLL1_INPUT_PLL2   = 0x1,    /* PLL2 时钟(PLL2 为 LOSC 倍频) */
    MD_CMU_PLL1_INPUT_HOSC   = 0x2,    /* HOSC 时钟 */
    MD_CMU_PLL1_INPUT_HOSC_2 = 0x3,    /* HOSC 时钟 2 分频时钟 */
    MD_CMU_PLL1_INPUT_HOSC_3 = 0x4,    /* HOSC 时钟 3 分频时钟 */
    MD_CMU_PLL1_INPUT_HOSC_4 = 0x5,    /* HOSC 时钟 4 分频时钟 */
    MD_CMU_PLL1_INPUT_HOSC_5 = 0x6,    /* HOSC 时钟 5 分频时钟 */
    MD_CMU_PLL1_INPUT_HOSC_6 = 0x7,    /* HOSC 时钟 6 分频时钟 */
} md_cmu_pll1_input_t;
```

枚举类型 md_cmu_pll1_output_t 定义了 PLL 倍频输出可选项：

```
typedef enum
{
    MD_CMU_PLL1_OUTPUT_36M = 0x0,    /* 36 MHz */
    MD_CMU_PLL1_OUTPUT_48M = 0x1,    /* 48 MHz */
    MD_CMU_PLL1_OUTPUT_72M = 0x2,    /* 72 MHz */
```

```
    MD_CMU_PLL1_OUTPUT_96M = 0x3,    /* 96 MHz */
} md_cmu_pll1_output_t;
```

函数“md_status_t md_cmu_clock_config(md_cmu_clock_t clk, uint32_t clock);”选择系统时钟，枚举类型 md_cmu_clock_t 定义了系统时钟源可选项：

```
typedef enum
{
    MD_CMU_CLOCK_HRC  = 0x1,    /* HRC 时钟 */
    MD_CMU_CLOCK_LRC  = 0x2,    /* LRC 时钟 */
    MD_CMU_CLOCK_LOSC = 0x3,    /* LOSC 时钟 */
    MD_CMU_CLOCK_PLL1 = 0x4,    /* PLL1 时钟 */
    MD_CMU_CLOCK_HOSC = 0x5,    /* HOSC 时钟 */
} md_cmu_clock_t;
```

clock 为当前选择的具体系统时钟频率的大小。

(2) 对各时钟进行分频

完成上面的配置后，SYSCLK、HCLK1、HCLK2、PCLK1、PCLK2 为当前系统时钟源下可支持的最高频率。用户可以通过如下函数对各时钟进行分频：

```
__STATIC_INLINE void md_cmu_set_sysclk_div(uint32_t div);  /* SYSCLK 分频选择 */
__STATIC_INLINE void md_cmu_set_hclk1_div(uint32_t div);   /* HCLK1 分频选择 */
__STATIC_INLINE void md_cmu_set_hclk2_div(uint32_t div);   /* HCLK2 分频选择 */
__STATIC_INLINE void md_cmu_set_pclk1_div(uint32_t div);   /* PCLK1 分频选择 */
__STATIC_INLINE void md_cmu_set_pclk2_div(uint32_t div);   /* PCLK2 分频选择 */
```

div 支持如下配置：

0：不分频　　1：2 分频　　2：4 分频

3：8 分频　　4：16 分频　　5：32 分频

6：64 分频　　7：128 分频　　8：256 分频

9：512 分频　　10：1024 分频　　11：2048 分频

12：4096 分频

(3) 计算各时钟频率

可以通过下面的函数分别读取当前 SYSCLK、HCLK1、HCLK2、PCLK1、PCLK2 的时钟频率，这些函数根据系统时钟源频率和各时钟的分频比计算出各时钟频率：

```
uint32_t md_cmu_get_sys_clock(void);    /* 读取 SYSCLK 时钟频率 */
uint32_t md_cmu_get_hclk1_clock(void);  /* 读取 HCLK1 时钟频率 */
uint32_t md_cmu_get_hclk2_clock(void);  /* 读取 HCLK2 时钟频率 */
uint32_t md_cmu_get_pclk1_clock(void);  /* 读取 PCLK1 时钟频率 */
uint32_t md_cmu_get_pclk2_clock(void);  /* 读取 PCLK2 时钟频率 */
```

(4) 配置 HSCO 引脚时钟输出

使用函数“ __STATIC_INLINE void md_cmu_set_hsco_type(uint32_t sel);”选择输出的

时钟类型,sel有如下参数可选:

0:HOSC	1:LOSC	2:HRC
3:LRC	4:HOSM	5:PLL1
7:SYSCLK		

使用函数“__STATIC_INLINE void md_cmu_set_hsco_div(uint32_t div);”选择输出时钟的分频比,div有如下参数可选:

0:1分频	1:2分频	2:4分频
3:8分频	4:16分频	5:32分频
6:64分频	7:128分频	

使用函数“__STATIC_INLINE void md_cmu_enable_hsco(void);”使能HSCO输出时钟。

(5) 配置时钟安全管理

使用如下函数使能时钟安全管理:

```
__STATIC_INLINE void md_cmu_enable_losc_safe(void);  /*使能LOSC 的时钟安全管理*/
__STATIC_INLINE void md_cmu_enable_hosc_safe(void);  /*使能HOSC 的时钟安全管理*/
__STATIC_INLINE void md_cmu_enable_pll_safe(void);   /*使能PLL的时钟安全管理*/
```

注意: 使用HOSC时钟安全管理前需要使用“__STATIC_INLINE void md_cmu_set_hosc_region(uint32_t clk);”函数配置当前HOSC的时钟范围。

使用如下函数使能时钟安全管理的CMU中断:

```
__STATIC_INLINE void md_cmu_enable_losc_stp_interrupt(void);  /*使能LOSC的停振中断*/
__STATIC_INLINE void md_cmu_enable_hosc_stp_interrupt(void);  /*使能HOSC的停振中断*/
__STATIC_INLINE void md_cmu_enable_pll_ulk_interrupt(void);   /*使能PLL的失锁中断*/
```

使用如下函数使能时钟安全管理的NMI中断。使能相应的NMI中断后,原本在CMU中断服务程序中的操作将需要在NMI中断服务程序中进行:

```
__STATIC_INLINE void md_cmu_enable_losc_nmi_interrupt(void);/*使能LOSC时钟安全管理不可屏蔽中断*/
__STATIC_INLINE void md_cmu_enable_hosc_nmi_interrupt(void);/*使能HOSC时钟安全管理不可屏蔽中断*/
__STATIC_INLINE void md_cmu_enable_pll_nmi(void);          /*使能PLL时钟安全管理不可屏蔽中断*/
```

具体配置时钟源与时钟频率、时钟安全管理、时钟输出的方法请查看例程:ES32_SDK\Projects\Book1_Example\CMU\MD\01_clock_output。

2. 使用ALD库设计程序

与MD库使用方法类似,详细的ALD库使用方法请查看例程:ES32_SDK\Projects\Book1_Example\CMU\ALD\01_clock_output。

3. 实验效果

配置系统时钟后默认将SYSCLK、HCLK1、HCLK2、PCLK1、PCLK2时钟频率配置为最高频率，读取时钟频率实验效果如图 5－5 所示。

分别修改 SYSCLK、HCLK1、HCLK2、PCLK1、PCLK2 时钟分频比后，读取时钟频率实验效果如图 5－6 所示。

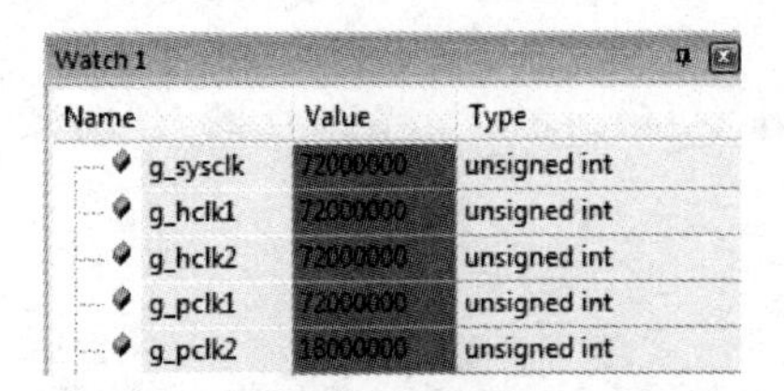

Watch 1

Name	Value	Type
g_sysclk	72000000	unsigned int
g_hclk1	72000000	unsigned int
g_hclk2	72000000	unsigned int
g_pclk1	72000000	unsigned int
g_pclk2	18000000	unsigned int

图 5－5　读取时钟频率实验效果 1

Watch 1

Name	Value	Type
g_sysclk	1125000	unsigned int
g_hclk1	562500	unsigned int
g_hclk2	562500	unsigned int
g_pclk1	562500	unsigned int
g_pclk2	562500	unsigned int

图 5－6　读取时钟频率实验效果 2

当 PLL 发生失锁时，程序进入 PLL 失锁中断服务程序，如图 5－7 所示。

```
117 /**
118   * @brief  Interrupt callback function.
119   * @retval None
120   */
121 void ald_cmu_irq_cbk(cmu_security_t se)
122 {
123     if (se == CMU_HOSC_STOP)
124     {
125         /* system rescue code in hosc fault  */
126
127     }
128     if (se == CMU_LOSC_STOP)
129     {
130         /* system rescue code in losc fault  */
131     }
132     if (se == CMU_PLL1_UNLOCK)
133     {
134         g_hrc_clk_config = 1;
135         /* system rescue code in pll fault  */
136     }
137
138 }
```

图 5－7　PLL 发生失锁实验效果

经过上面的配置，HSCO 输出 SYSCLK 经过 128 分频后的时钟，如图 5－8 所示。

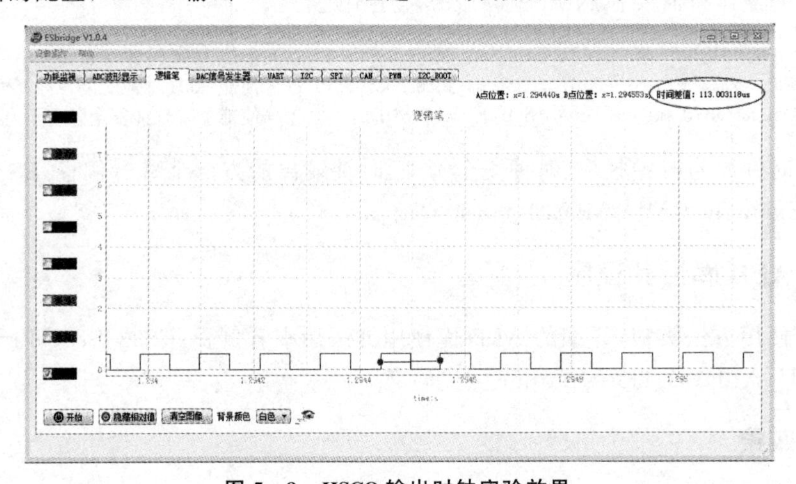

图 5－8　HSCO 输出时钟实验效果

第 6 章

PMU 电源管理单元

电源是保证电子设备系统稳定运行的基础，且有低功耗的要求。在很多应用场景，电子设备对功耗要求非常苛刻。如传感器信息采集设备仅靠小型的纽扣电池提供电源，要求其工作长达数年之久，且期间不需要任何维护；又如可穿戴电子设备的小型化要求使得电池体积不能太大，这就导致电池容量较小。因此，很有必要从控制功耗入手，提高电子设备的续行时间。ES32 具备专用的电源管理单元以监控并管理设备的运行模式，确保系统正常运行，并最大程度地降低 MCU 的运行或待机功耗。

6.1 功能逻辑视图

本节以 ES32F369x 为例，对 ES32 的电源管理单元进行功能和使用解析。如图 6-1 所示是电源管理单元结构图。

6.2 芯片电源域与供电方案

ES32F369x 的电源域主要由以下几部分构成。

1. VDD 主系统电源域

芯片工作电压 VDD 要求介于 2.0～5.5 V 之间。

- VDD 为 GPIO 供电。
- VDD 经过片上稳压器(LDO)提供内部 1.2 V 数字电源，为 CPU、片上存储器、数字外设供电。
- VDD 经过片上稳压器(LDO)提供内部 1.8 V 数字电源，为 FLASH 编程和擦除电路供电。

2. 独立的模拟模块电源和参考电压

- ADC、DAC 等模拟外设电源由 VDD 提供。

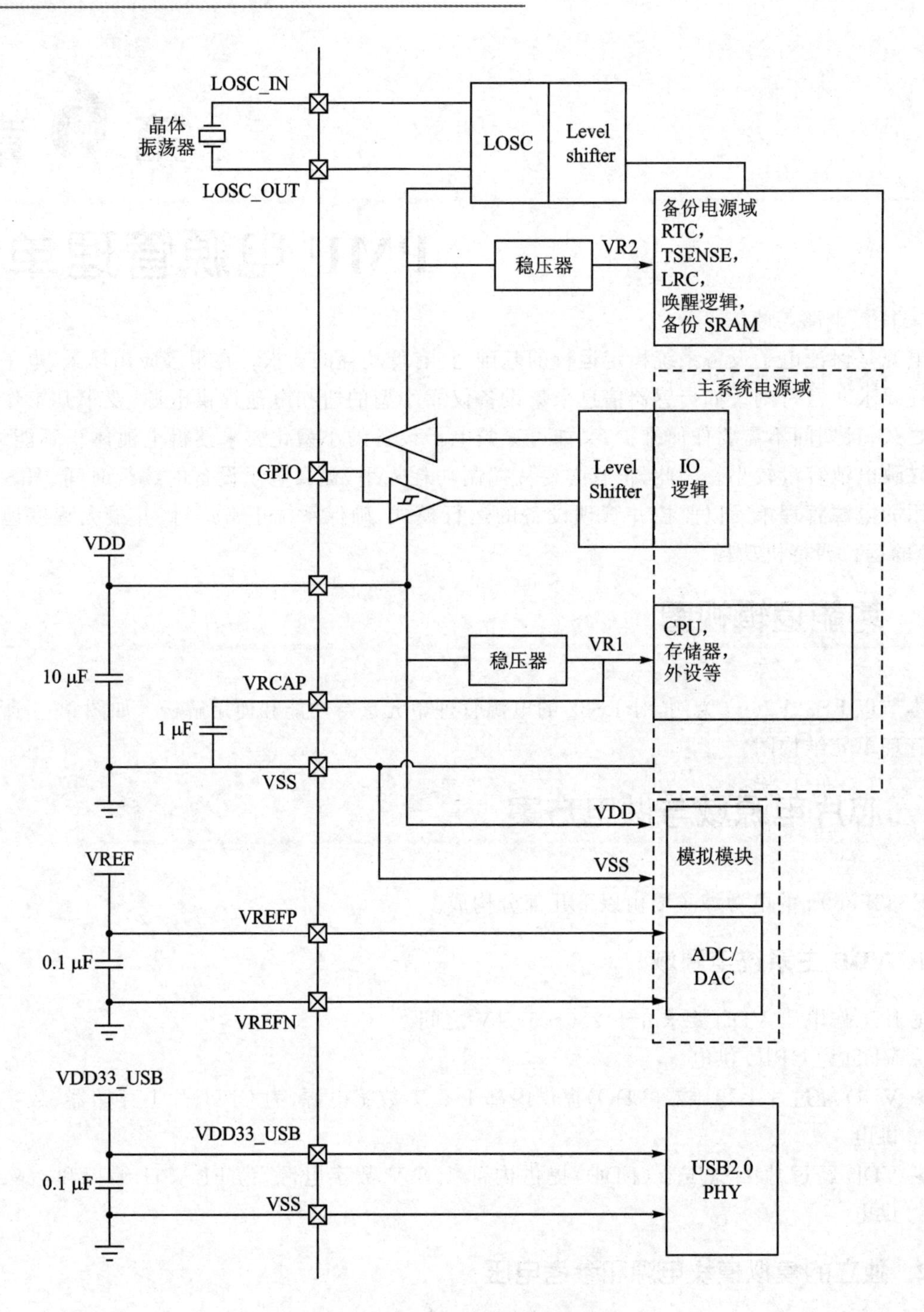

图 6－1　电源管理单元结构图

➢ ADC、DAC 参考电压可选 VDD 和 VREF(由内部参考电压产生或者由 VREFP 端口输入)。为了确保测量低电压时具有更高的精度,用户可以在 VREFP 端口连接独立的 ADC 外部参考电压输入。VREFP 电压应介于 2.0 V 到 VDD 之间。

3. 备份电源域

备份电源域模块包括:

➢ RTC、LOSC、LRC、温度传感器(TSENSE)、备份 SRAM、备份域电源及时钟管理。

➢ 待机电路与唤醒逻辑。

4. USB 模块电源

USB 模块电源需要连接 3.3 V 电源。

注: BKPC(备份电源域控制)模块控制备份电源域(如 LRC、LOSC、LOSM、RTC、TSENSE 等)的工作状态,以及 STANDBY 模式下唤醒源的选择等。通过对寄存器进行配置,尤其是对备份电源域的工作状态进行灵活控制与选择,实现功耗和可靠性的平衡。

6.3　系统监测和复位

6.3.1　上电复位(POR)

当 VDD 低于指定阈值 V_{POR} 时,MCU 无需外部复位电路即可保持复位状态。

上电过程的复位阈值 V_{POR} 约为 1.85 V,掉电过程的复位阈值 V_{POR} 约为 1.75 V,二者之间有 70～100 mV 的滞回电压,如图 6－2 所示。

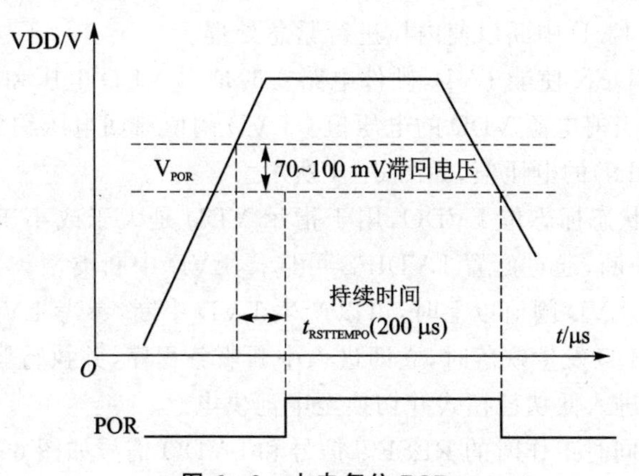

图 6－2　上电复位 POR

6.3.2 欠压复位(BOR)

在上电过程中,欠压复位(BOR)将使 MCU 保持复位状态,直到电源电压(VDD)达到1.8 V 以上。芯片默认 BOR 为开启状态,复位完成后,可通过软件配置 BOR 禁止,或可通过软件选择 BOR 复位电压阈值 V_{BOR},V_{BOR} 支持 16 个阈值选择。

当电源电压(VDD)降至所选 V_{BOR} 阈值以下时,MCU 复位。通过设置芯片配置字也可以禁止 BOR。当上电过程中电源电压达到 1.8 V 后,BOR 自动禁止。

BOR 阈值滞回电压约为 30 mV(电源电压的上升沿与下降沿之间),如图 6-3 所示。

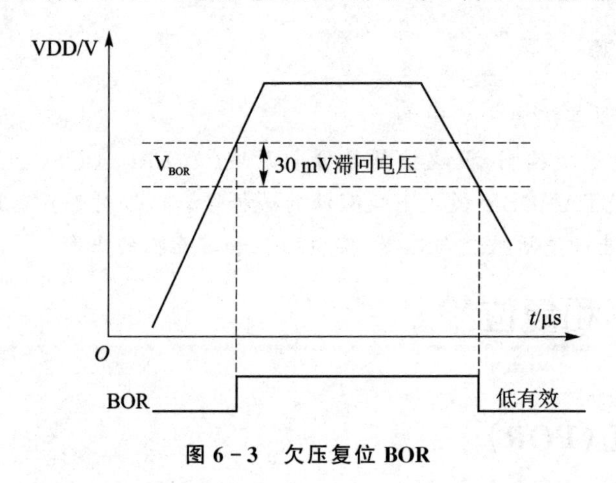

图 6-3 欠压复位 BOR

6.3.3 低电压检测(LVD)

ES32 提供了可编程低电压检测器,实时检测 VDD 的电压。当检测到电压低于 V_{LVD} 阈值时,会向内核发出一个 LVD 中断以使内核进行紧急处理。

通过软件设置 LVDEN 使能 LVD,硬件电路实时地对 VDD 电压和 LVDS 所选择的电压值进行比较,可粗略判断当前电源 VDD 的电压值。LVD 阈值滞回电压约为 30 mV。LVD 也可检测外部引脚输入(LVDIN)的电压值,如图 6-4 所示。

LVD 提供了一个状态标志位 LVDO,用于指示 VDD 是大于或小于 LVD 阈值。通过置位 LVDIE 可使能 LVD 中断,通过配置 LVDIFS 可选择 LVD 中断类型。当 VDD 降至 LVD 阈值以下或者当 VDD 升至 LVD 阈值以上时,可以产生 LVD 中断,参考 LVDIFS 的中断类型配置。该 LVD 功能可以在 VDD 发生跌落时,立即进入中断服务程序,并执行紧急关闭系统的任务;若外部有电池供电,则可进入低功耗模式并切换至电池供电。

POR、BOR、LVD 同时工作时的 RESET 信号和 LVDO 信号如图 6-5 所示。

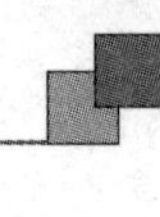

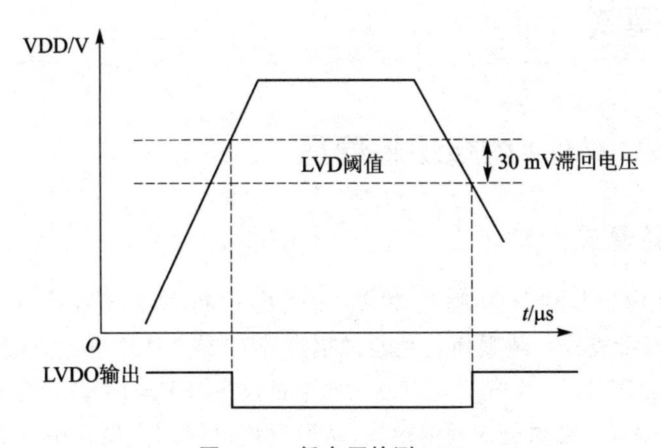

图 6－4　低电压检测 LVD

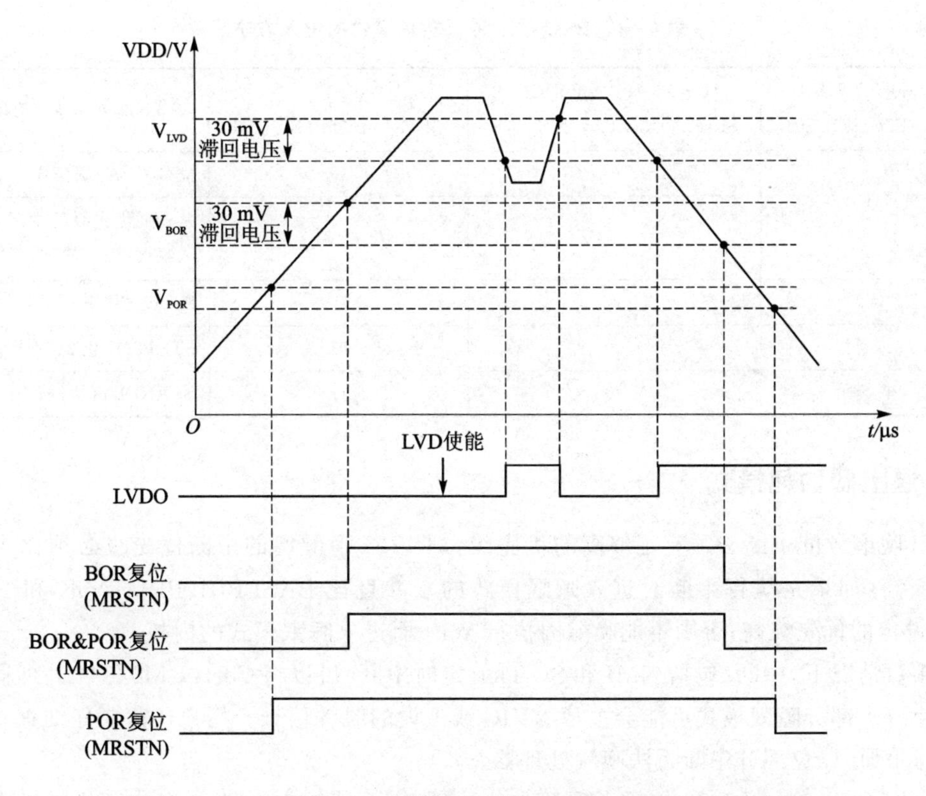

图 6－5　POR、BOR、LVD 同时工作时的 RESET 信号和 LVDO 信号

6.4 低功耗模式

6.4.1 Cortex-M0/3/4 内核功耗管理

1. 进入低功耗模式

Cortex-M0/3/4 内核提供 2 种睡眠模式：睡眠模式和深度睡眠模式，由 SLEEPDEEP@NVIC_SCR 区分这两种模式。睡眠模式是通过执行 WFI 或 WFE 指令而进入的。ES32 只支持通过 WFI 指令进入睡眠模式，执行__WFI()。如果置位 SLEEPONEXIT@SCB_SCR，则在执行完唤醒 MCU 的中断后，再自动进入睡眠模式，从而避免返回到主循环中。表 6-1 列出了 ES32 的 5 种低功耗模式的进入方法。

表 6-1 ES32 的 5 种低功耗模式的进入方法

Cortex-M0/3/4 NVIC SLEEPDEEP@SCB_SCR	Cortex-M0/3/4 NVIC SLEEPONEXIT@SCB_SCR	ES32 LPM[0:1]@PMU_CR0	ES32 的 5 种低功耗模式
0	0	—	立刻进入睡眠模式
0	1	—	从最低优先级的中断退出后进入睡眠模式
1	—	00	STOP1(停止 1)
1	—	01	STOP2(停止 2)
1	—	1x	STANDBY(待机)

2. 退出低功耗模式

WFI 唤醒源的中断必须有足够高的优先级，即 WFI 唤醒源的中断优先级必须比当前的中断优先级高(如果是执行中断时进入睡眠模式的)，并且比 BASEPRI、PRIMASK 和 FAULTMASK 设定的优先级高；否则不能唤醒因执行 WFI 而进入睡眠模式的内核。

在多数情况下，中断(包括 NMI 和 SysTick 定时中断)可以将 Cortex-M0/3/4 处理器从睡眠模式中唤醒。部分睡眠模式可能会关掉 NVIC 或外设的时钟信号。用户还需要仔细查看微处理器的参考手册，以免部分中断无法唤醒处理器。

若利用 WFI 进入睡眠模式，且将处理器唤醒，则需要使能中断请求，且中断优先级要大于当前中断的优先级。例如，处理器在执行某个异常处理时进入睡眠模式，或者在进入睡眠模式前设置 BASEPRI 寄存器，则新产生中断的优先级要高于当前中断的优先级才能唤醒处理器，退出睡眠模式的唤醒条件如表 6-2 所列。

表 6-2　退出睡眠模式的唤醒条件

退出睡眠模式	PRIMASK	唤　醒	IRQ 执行
唤醒源中断(IRQ)优先级大于当前中断优先级： (IRQ 优先级＞当前中断优先级)且(IRQ 优先级＞BASEPRI)	0	Y	Y
唤醒源中断(IRQ)优先级不大于当前中断优先级： (IRQ 优先级≤当前中断优先级)或(IRQ 优先级≤BASEPRI)	0	N	N
唤醒源中断(IRQ)优先级大于当前中断优先级： (IRQ 优先级＞当前中断优先级)且(IRQ 优先级＞BASEPRI)	1	Y	N
唤醒源中断(IRQ)优先级不大于当前中断优先级： (IRQ 优先级≤当前中断优先级)或(IRQ 优先级≤BASEPRI)	1	N	N

6.4.2　ES32 功耗管理

按功耗由高到低排序，ES32 具有 RUN(运行)、SLEEP(睡眠)、STOP1(停止 1)、STOP2(停止 2)和 STANDBY(待机)5 种工作模式。上电复位后，ES32 处于运行状态，当内核不需要继续运行时，可选择进入 4 种低功耗模式(SLEEP、STOP1、STOP2、STANDBY)以实现降低系统功耗。4 种低功耗模式的功耗等级不同、唤醒时间不同、唤醒源不同，用户需要根据应用场景，选择最佳的低功耗模式。

在运行模式下，CPU 通过 HCLK 提供时钟，并执行程序代码。可通过下列方法之一降低运行模式的功耗：

➢ 降低系统时钟频率：通过配置系统时钟的预分频寄存器，来降低系统时钟(SYSCLK、HCLK、PCLK1 和 PCLK2)工作频率。进入睡眠模式之前，配置 PCLK1 和 PCLK2 的预分频寄存器，降低外设工作频率；也可配置系统时钟切换至低速时钟源并关闭高速时钟源，以降低睡眠模式的系统功耗。

➢ 关闭外设时钟：对于不使用的 APB 或 AHB 外设，可通过配置外设时钟门控，将对应的外设时钟关闭，以降低外设的系统功耗。

系统提供了多种低功耗模式，可在 CPU 不需要运行时(例如等待外部事件时)降低功耗。由用户根据应用系统需求选择具体的低功耗模式，以在低功耗、启动时间和可用唤醒源之间寻求最佳平衡。ES32 支持以下几种低功耗模式：

➢ SLEEP 模式(CPU 内核停止，外设保持运行)：
- 所有高速时钟源可使能；
- CPU 时钟关闭；
- 所有外设可使能。

➢ STOP1 模式(DMA 可工作，可配合低功耗外设和 PIS 等最小系统工作)：

- 高速时钟源默认禁止；
- CPU 时钟关闭；
- DMA、PIS 可工作；
- APB2 外设可工作；
- SRAM 和各寄存器数据保持。

➢ STOP2 模式(DMA、PIS 关闭，仅部分低功耗外设可工作)：
- 高速时钟源默认禁止；
- CPU 时钟关闭；
- ACMP、LVD、IWDT、WWDT、RTC、TSENSE 等可工作；
- SRAM 和各寄存器数据保持。

➢ STANDBY 模式(1.2 V 主系统电源域断电)：
- 主系统电源域掉电；
- RTC、TSENSE 等可工作；
- 备份域 SRAM 数据保持。

进入和退出低功耗模式的转换关系如图 6-6 所示。

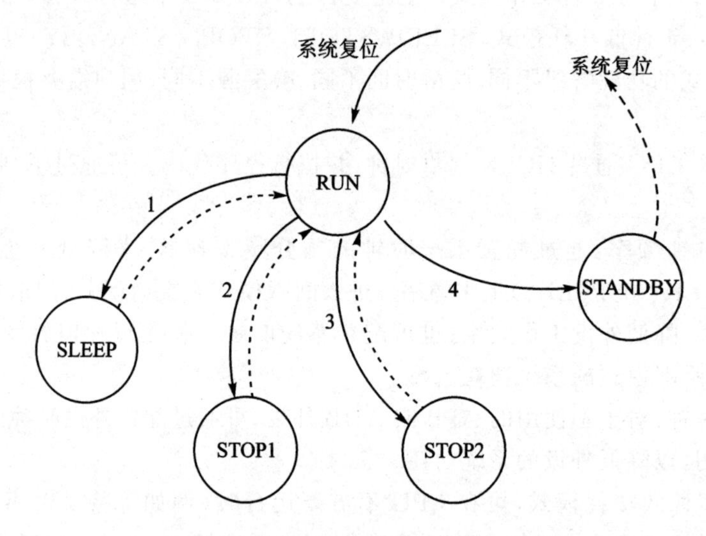

图 6-6　进入和退出低功耗模式转换关系

各种低功耗模式的进入和退出方式如表 6-3 所列。

表6-3　低功耗模式的进入和退出方式

序　号	模　式	进　入	唤　醒
1	SLEEP	• SLEEPDEEP@SCB_SCR＝0 • WFI	有足够优先级的外设中断
2	STOP1	• LPM[0:1]@PMUCR0＝00 • SLEEPDEEP@SCBSCR＝1 • WFI	STOP1模式下可工作的外设,NVIC中断挂起标志产生
3	STOP2	• LPM[0:1]@PMU_CR0＝01 • SLEEPDEEP@SCB_SCR＝1 • WFI	STOP2模式下可工作的外设,NVIC中断挂起标志产生
4	STANDBY	• LPM[0:1]@PMU_CR0＝1x • SLEEPDEEP@SCB_SCR＝1 • WFI	• RTC中断源 • WAKEUP端口中断(PA0～PA7中断) • MRSTN复位 • POR上电复位

各种低功耗模式可工作的片上模块如表6-4所列。

表6-4　低功耗模式可工作的片上模块

片上模块	SLEEP	STOP1	STOP1	STANDBY
NVIC	工作	停止	停止	掉电
调试	工作	工作	工作	掉电
FLASH	可配置为空闲模式或待机模式	待机模式	可配置为待机模式或掉电	掉电
SRAM	可配置是否掉电	可配置是否掉电	可配置是否掉电	掉电
EBI	可配置为工作或停止	停止	停止	掉电
QSPI	可配置为工作或停止	停止	停止	掉电
主域1.2 V稳压器	普通模式	普通模式	可配置为普通模式或维持模式	掉电
主域1.8 V稳压器	低功耗模式可配置	低功耗模式可配置	低功耗模式可配置	掉电
备份域稳压器	工作	工作	工作	工作
掉电检测	工作	工作	工作	工作
欠压检测	可配置为工作或停止	可配置为工作或停止	可配置为工作或停止	掉电
低电压检测	可配置为工作或停止	可配置为工作或停止	可配置为工作或停止	掉电
DMA控制器	可配置为工作或停止	可配置为工作或停止	停止	掉电

续表 6－4

片上模块	SLEEP	STOP1	STOP1	STANDBY
外设互联	可配置为工作或停止	可配置为工作或停止	可配置为工作或停止	掉电
独立看门狗定时器	可配置为工作或停止	可配置为工作或停止	可配置为工作或停止	掉电
窗口看门狗定时器	可配置为工作或停止	可配置为工作或停止	可配置为工作或停止	掉电
LOSC	可配置为工作或停止	可配置为工作或停止	可配置为工作或停止	可配置为工作或停止
HOSC	可配置为工作或停止	可配置为工作或停止	可配置为工作或停止	掉电
LRC	可配置为工作或停止	可配置为工作或停止	可配置为工作或停止	可配置为工作或停止
HRC	可配置为工作或停止	可配置为工作或停止	可配置为工作或停止	掉电
ULRC	工作	工作	工作	工作
内核时钟	停止	停止	停止	掉电
系统时钟	工作	工作	停止	掉电
GPIO	可配置为工作或停止	可配置为工作或停止	可配置为工作或停止	作为唤醒引脚的 PA0～PA7 可唤醒
CRC	可配置为工作或停止	停止	停止	掉电
加密处理	可配置为工作或停止	停止	停止	掉电
真随机发生器	可配置为工作或停止	停止	停止	掉电
高级定时器	可配置为工作或停止	停止	停止	掉电
通用定时器	可配置为工作或停止	停止	停止	掉电
基本定时器	可配置为工作或停止	停止	停止	掉电
RTC	可配置为工作或停止	可配置为工作或停止	可配置为工作或停止	可配置为工作或停止
I2C 接口	可配置为工作或停止	停止	停止	掉电
串行外设接口(SPI)	可配置为工作或停止	停止	停止	掉电
通用异步收发器(UART)	可配置为工作或停止	停止	停止	掉电
控制区域网络(CAN)	可配置为工作或停止	停止	停止	掉电
通用串行总线(USB)	可配置为工作或停止	可配置为工作或停止	进入 STOP2 前关闭 USB 电源	进入 STANDBY 前关闭 USB 电源
ADC	可配置为工作或停止	可配置为工作或停止	停止	掉电
ACMP	可配置为工作或停止	可配置为工作或停止	可配置为工作或停止	掉电
DAC	可配置为工作或停止	可配置为工作或停止	停止	掉电

使用 MD 库进入低功耗模式的例程：

```
md_pmu_sleep();           /* 进入 SLEEP 模式 */
md_pmu_stop1_enter();     /* 进入 STOP1 模式 */
md_pmu_stop2_enter();     /* 进入 STOP2 模式 */
md_pmu_standby_enter(MD_PMU_STANDBY_PORT_SEL_PA1, MD_PMU_STANDBY_LEVEL_HIGH);
                          /* 进入 STANDBY 模式,并选择唤醒引脚和唤醒电平 */
```

使用 ALD 库进入低功耗模式的例程：

```
ald_pmu_sleep();          /* 进入 SLEEP 模式 */
ald_pmu_stop1_enter();    /* 进入 STOP1 模式 */
ald_pmu_stop2_enter();    /* 进入 STOP2 模式 */
ald_pmu_standby_enter(PMU_STANDBY_PORT_SEL_PA1, PMU_STANDBY_LEVEL_HIGH);
                          /* 进入 STANDBY 模式,并选择唤醒引脚和唤醒电平 */
```

6.5　应用系统实例

6.5.1　单电池供电系统低功耗设计

仅由电池供电的系统通常为睡眠状态，并具备若干中断作为唤醒源，当中断产生时由对应中断服务程序执行任务；中断服务程序执行完毕，系统继续进入睡眠状态。应用场景举例：

(1) 进入 STOP2 后使用 PF7 外部中断唤醒，唤醒后执行中断服务程序并继续执行主循环。

(2) 进入 STANDBY 后使用 PA6 高电平唤醒(STANDBY 只能使用 PA0～7 电平唤醒)，唤醒后芯片立即复位。

详细的 MD 库和 ALD 库代码实现方法请查看例程：ES32_SDK\Projects\Book1_Example\PMU\MD\01_low_power_mode 和 ES32_SDK\Projects\Book1_Example\PMU\ALD\01_low_power_mode。

6.5.2　电池和市电同时供电系统低功耗设计

还有一类系统为电池和市电同时供电的系统，市电供电时系统全速运行。LVD 监测到市电掉电后立即切换到电池供电，MCU 进入 STOP2 睡眠状态，并设计若干中断作为唤醒源。LVD 监测到市电恢复后，系统立即进入全速运行状态。

电池和市电供电切换电路如图 6－7 所示。

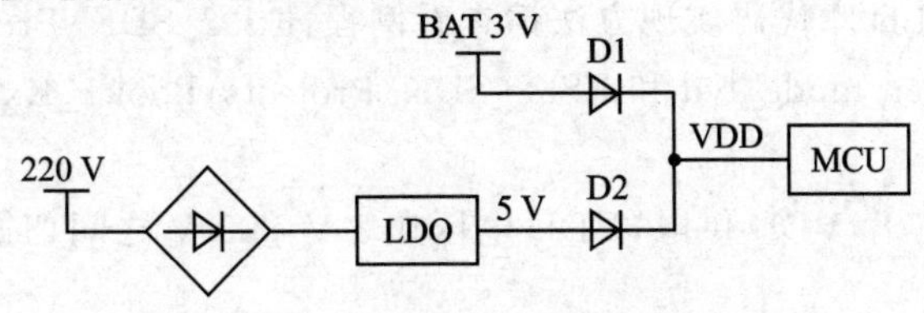

图 6－7　电池和市电供电切换电路原理图

需要注意的是，为使市电全速运行处理和电池睡眠处理尽量减小相互影响：

（1）分别为市电全速运行处理和电池睡眠处理各自独立设计初始化和循环体，并且用系统复位来切换这两种工作状态。

（2）睡眠状态下的中断服务采用查询方式。

程序流程图如图 6－8 所示。

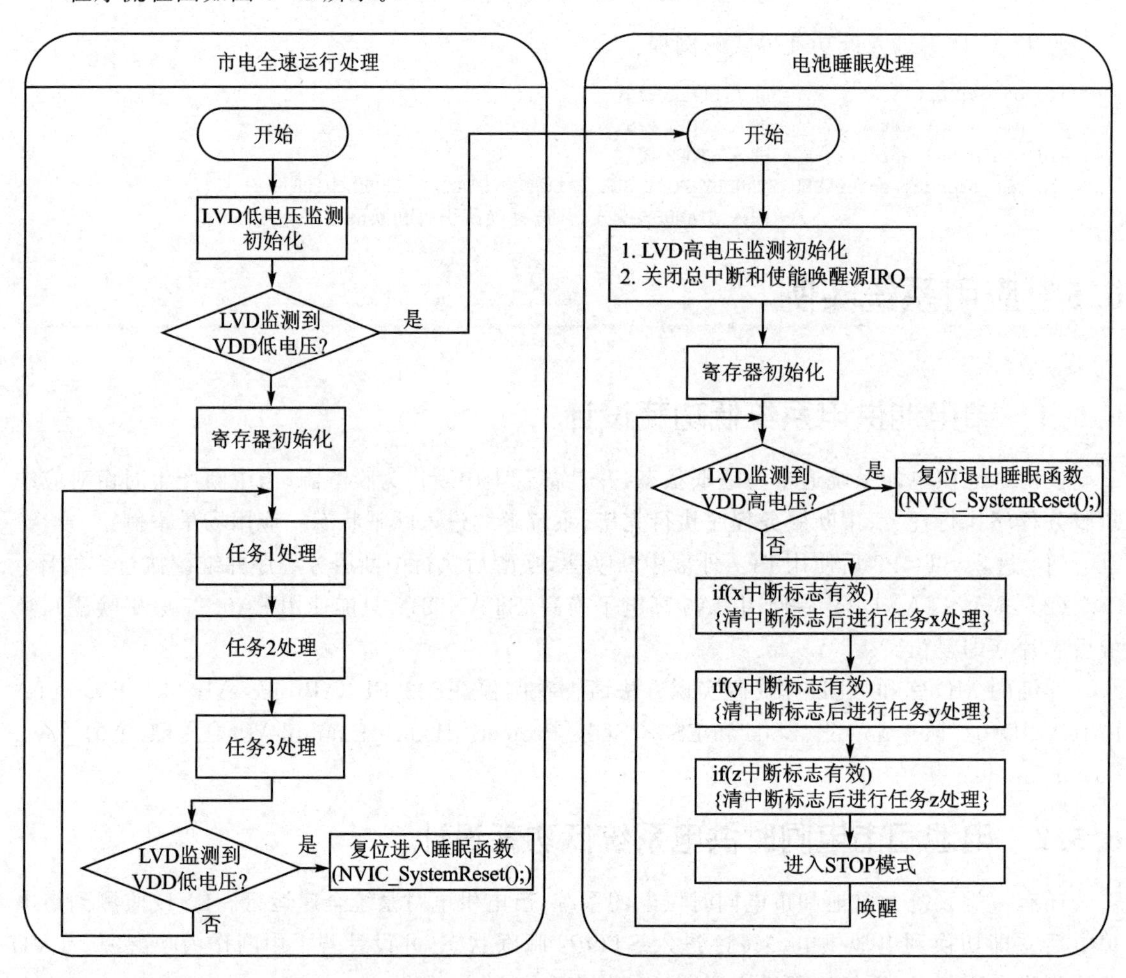

图 6－8　电池和市电同时供电系统低功耗程序流程图

详细的 MD 库和 ALD 库代码实现方法请查看例程：ES32_SDK\Projects\Book1_Example\PMU\MD\02_low_power_mode_lvd 和 ES32_SDK\Projects\Book1_Example\PMU\ALD\02_low_power_mode_lvd。

使用 ES-Bridge 对芯片 VDD 供电，VDD 电压在 3 V 和 5 V 之间切换，可以同时观测电流变化，如图 6－9 所示。

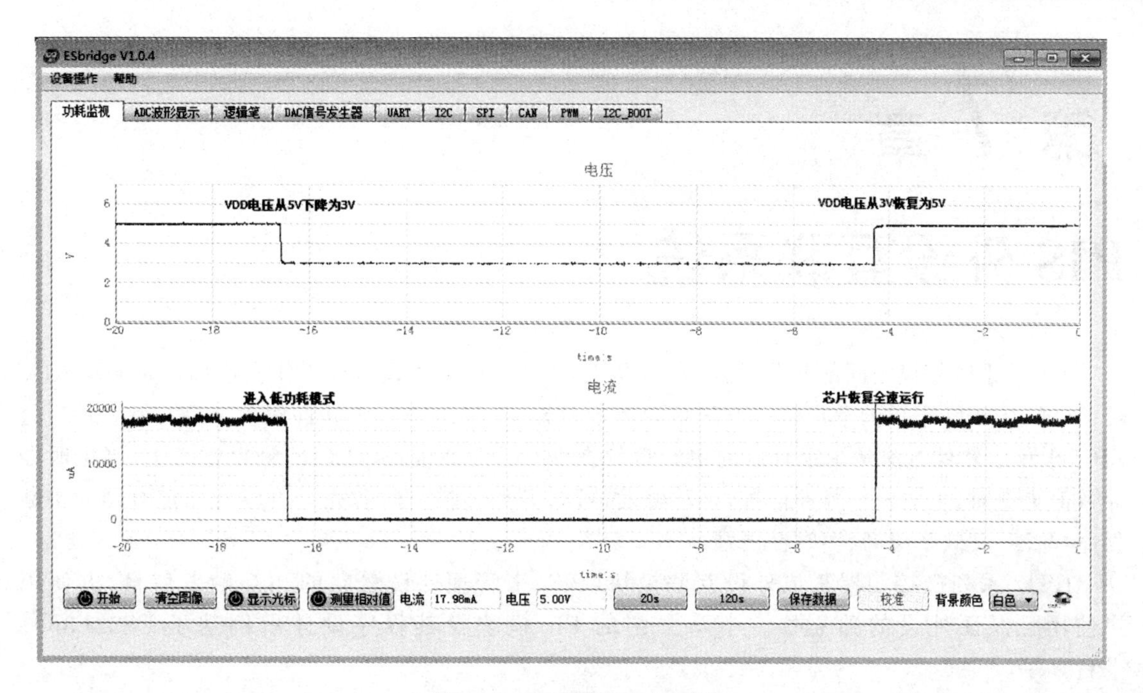

图 6-9　低功耗实验效果图

第 7 章

PIS 外设互联系统

MCU 系统外设之间的相互触发，是独立于 CPU 之外的外设协同工作。比如定时触发 ADC 转换，通过 CPU 干预的常规软件方法是配置定时器，在定时中断中软件触发 ADC；另一种通过 CPU 干预的软件方法是用定时器的更新事件在 MCU 内部接到 ADC 的触发输入上，当定时器计数值更新时，生成一个脉冲信号，自动触发 ADC 开始转换。后者完全可以省掉定时器的中断程序，显然，其效率更高、实时性更强。

ES32 系列微控制器集成外设互联模块（PIS）来管理外设之间的相互触发信号，方便用户使用且保证外设的独立性。本章介绍的 PIS 模块及其程序设计示例基于 ES32F369x 平台。

7.1 功能特点

ES32F369x PIS 模块具有以下特性：

- 最多支持 16 个 PIS 通道选择；
- 支持同步和异步通道选择；
- 支持信号的边沿选择；
- 支持通道输出到引脚；
- UART 的调制输出。

7.2 结构框图

如图 7-1 所示为 ES32F369x PIS 的结构框图。

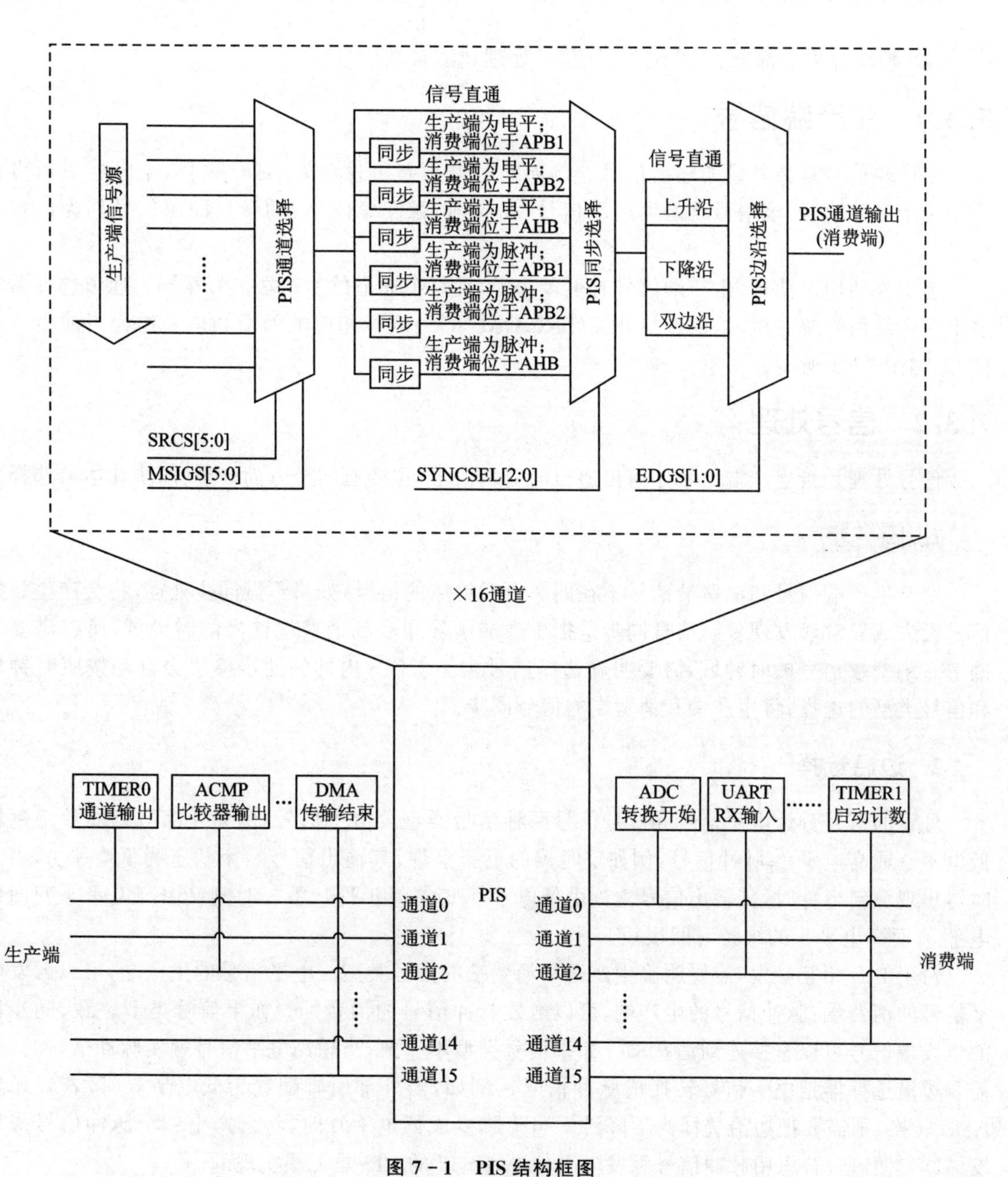

生产端信号源
......
PIS通道选择
信号直通
生产端为电平；消费端位于APB1
同步
生产端为电平；消费端位于APB2
同步
生产端为电平；消费端位于AHB
同步
生产端为脉冲；消费端位于APB1
同步
生产端为脉冲；消费端位于APB2
同步
生产端为脉冲；消费端位于AHB
PIS同步选择
信号直通
上升沿
下降沿
双边沿
PIS边沿选择
PIS通道输出
(消费端)
SRCS[5:0]
MSIGS[5:0]
SYNCSEL[2:0]
EDGS[1:0]
×16通道
TIMER0
通道输出
ACMP
比较器输出
...
DMA
传输结束
ADC
转换开始
UART
RX输入
......
TIMER1
启动计数
PIS
生产端
通道0
通道1
通道2
通道14
通道15
通道0
通道1
通道2
通道14
通道15
消费端

图 7－1　PIS 结构框图

7.3 工作原理

PIS 模块分为 3 部分:生产端信号、信号处理和消费端信号。

7.3.1 生产端信号

生产端信号是指外设的输出信号。例如定时器更新事件触发 ADC 采样,定时器更新事件产生一个脉冲信号,该信号就是生产端信号;相应地,触发 ADC 启动转换的源信号称为消费端信号。

为了方便用户使用,生产端信号有很多选择,且每个通道的生产端信号相同。通道选择器将多个生产端信号统一接入,由选择开关(SRCS,MSIGS)选择相应的外设和信号作为当前生产端信号,如图 7-1 所示。

7.3.2 信号处理

信号处理是指生产端信号如何传递至消费端信号,主要有两个方面处理:同步和边沿选择。

1. 同 步

对于生产端信号和消费端信号不在同一个时钟域的情况,如果不做同步处理,将会产生触发信号丢失或异常触发现象。信号同步是把生产端信号同步到消费端信号的时钟域,所以需要明确 PIS 消费端信号的时钟域,需要明确选择信号类型。PIS 内部的同步模块会自动按照时钟域和信号类型的选择,将生产端和消费端的信号同步。

2. 边沿选择

外设的信号分为电平信号和脉冲信号两种信号类型。电平信号:例如外部引脚的数字逻辑低电平 0 或高电平 1;脉冲信号:例如定时器的更新事件,其输出信号空闲状态为低电平 0,当定时器出现更新事件时,其输出信号立刻由低电平 0 变成高电平 1,下一时刻又由高电平 1 变回低电平 0,而高电平 1 的维持时间很短。

对于 PIS 相互触发,需要明确生产端和消费端的信号类型。电平信号的生产端,可以触发电平信号的消费端;脉冲信号的生产端,可以触发脉冲信号的消费端。如果信号类型一致,同步后的生产端信号可以直接连到消费端。如果信号类型不一致,当想用电平信号触发脉冲信号时,则需要边沿选择器把电平信号转换成脉冲信号。例如,当外部引脚配置为低电平 0 时,若要触发 ADC 转换,则需要把边沿选择为下降沿。当引脚变成低电平 0 时,将会产生一个脉冲信号来触发 ADC。但是,若想用脉冲信号触发电平信号,ES32 的 PIS 是无法实现的。

7.3.3 消费端信号

ES32系列处理器的PIS模块有独立的16个通道，每个通道的消费端信号不同。在选择外设相互触发时，需要查看手册，明确输入和输出。例如若要用定时器触发ADC，则通过数据手册查看ADC作为消费端信号处的PIS通道，并配置该通道的生产端信号。

每个通道的消费端信号不只有一个，消费端信号都是接在一起的。需要注意的是，对接到外部引脚的消费端信号，需要特殊处理。例如对于定时器的捕获，既可以用它捕获外部引脚上的信号，也可以用它捕获内部某个信号；因此，PIS模块内部还有一个选择开关(PIS_TAR_CON0和PIS_TAR_CON1)，消费端信号可以选择连接在外部引脚或连接在PIS模块消费端。

注:ES32系列PIS整合了UART调制，详细请参考第13章和第14章。

7.4 配置流程

虽然PIS使用简单，但是需要注意信号类型以及不同时钟域下的同步问题。基于ES32F369x微控制器，下面通过两个例子来说明PIS的配置流程。

7.4.1 同一时钟域互联

以LP16T0和ADC为例，在LP16T0使用PCLK2作为计数时钟的情况下，产生与PCLK2同步的更新事件来触发ADC转换动作。可参照如下配置：

(1) 通过查看用户手册中的"PIS消费端信号"表格，可知ADC标准转换组转换的启动信号为PIS通道6。

(2) 设定寄存器SRCS@PIS_CH6_CON为010111，选择LP16T0为生产端模块。

(3) 设定寄存器MSIGS@PIS_CH6_CON为0000，选择LP16T0的同步更新事件(PCLK2同步)作为生产端信号。

(4) 设定寄存器SYNCSEL@PIS_CH6_CON为000(信号直通)，并将EDGS@PIS_CH6_CON设为00(不输出边沿)，此时TSCKS可任意设定。

(5) 配置ADC选择外部触发方式进行标准转换组转换。

(6) 配置LP16T0进行计数，产生更新事件后触发ADC启动转换。

7.4.2 不同时钟域互联

以AD16C4T0(位于APB1)和ADC(位于APB2)为例，AD16C4T0使用PCLK1作为计数时钟，产生与PCLK1同步的更新事件来触发ADC转换动作。可参照如下配置：

(1) 通过查看用户手册中的"PIS消费端信号"表格，可知ADC标准转换组转换的启动信号为PIS通道6。

(2) 设定寄存器SRCS@PIS_CH6_CON为010010，选择AD16C4T0为生产端模块。

(3) 设定寄存器 MSIGS@PIS_CH6_CON 为 0000,选择 AD16C4T0 的同步更新事件(PCLK1 同步)作为生产端信号。

(4) 设定寄存器 SYNCSEL@PIS_CH6_CON 为 101(生产端为脉冲信号,消费端位于 APB2 时钟域),并将 EDGS@PIS_CH6_CON 设为 00(不输出边沿),此时 TSCKS 可任意设定。

(5) 配置 ADC 选择外部触发方式进行标准转换组转换。

(6) 配置 AD16C4T0 进行计数,产生更新事件后触发 ADC 启动转换。

对采用异步时钟(非 PCLK1,PCLK2 等)工作的两个模块之间的相互触发,也可参照以上流程进行配置。

7.5 程序设计示例

使用定时器实现定时触发 ADC 转换。

1. 使用 MD 库设计程序

通过函数 md_pis_init 初始化 PIS 功能。

p_init. p_src 选择生产端信号源。

p_init. p_clk 选择生产端信号时钟域。

p_init. p_edge 选择生产端信号边沿。

p_init. p_output 选择生产端输出信号类型。

p_init. c_trig 选择消费端信号。

p_init. c_clk 选择消费端时钟域。

详细的代码实现方法请查看:ES32_SDK\Projects\Book1_Example\PIS\MD\01_timer_trig_adc。

2. 使用 ALD 库设计程序

通过函数 ald_pis_create 初始化 PIS 功能,首先配置 h_pis. perh = PIS。

h_pis. init. producer_src 选择生产端信号源。

h_pis. init. producer_clk 选择生产端信号时钟域。

h_pis. init. producer_edge 选择生产端信号边沿。

h_pis. init. producer_signal 选择生产端信号类型。

h_pis. init. consumer_trig 选择消费端信号。

h_pis. init. consumer_clk 选择消费端信号时钟域。

详细的代码实现方法请查看:ES32_SDK\Projects\Book1_Example\PIS\ALD\01_timer_trig_adc。

第8章

DMA直接存储器存取

微控制器系统通过CPU进行数据转存，数据转存分为内存与内存之间的数据转存、内存与外设之间的数据转存，以及外设与外设之间的数据转存。以码头的货船和仓库做类比分析：

- ➤ 内存与内存之间的数据转存，类比货物从一个仓库装载至另一个仓库。
- ➤ 内存与外设之间的数据转存，类比货物从货船装载至仓库，或者从仓库装载至货船。
- ➤ 外设与外设之间的数据转存，类比货物从一个货船装载至另一个货船。

上述类比表明，微控制器系统的CPU兼任搬运工的角色。当货物需要转存时，搬运工将马不停蹄地穿梭于货船、仓库之间；当货船停靠码头时，搬运工要立马跑去卸货再装货。该转存模式引发的问题：搬运工有很多其他事情要处理，忙于搬运，无法顾及其他事情；码头吞吐量太大，搬运工无法及时装卸货物，导致货船拥堵。解决办法是，将转存任务交给机器人来做，提前设置搬运的源地址和目标地址，机器人可以重复完成搬运任务。

微控制器的搬运机器人就是DMA(Direct Memory Access，直接存储器存取)，其主要有两个用途：

- ➤ 规避CPU干预数据转存，释放CPU处理带宽。
- ➤ 实现更快速的数据转存。

本章介绍的DMA模块及其程序设计示例基于ES32F369x平台。

8.1 功能特点

ES32F369x DMA模块具有以下特性：

- ➤ 支持12个独立的DMA通道。
- ➤ 支持仲裁到达的请求。
- ➤ 指示有效的通道标志。
- ➤ 指示通道的完成标志。
- ➤ 指示AHB-Lite接口是否发生错误。
- ➤ 使能低速外设，用来拖延DMA周期。
- ➤ 完成一个DMA周期前，等待清零请求。
- ➤ 进行多个或单个DMA传输。

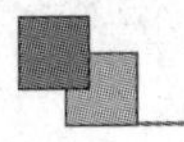

➢ 具备 3 种不同类型的 DMA 传输：

- 存储器到存储器；
- 存储器到外设；
- 外设到存储器。

8.2 功能概述

为了便于理解，首先介绍 ES32F369x 微控制器的 DMA 概况。

(1) DMA 的部分控制寄存器放在 SRAM 中，那么 DMA 控制器怎么读取这部分寄存器呢？在 SRAM 中划出一段空间充当 DMA 的寄存器，并把这段空间的首地址写在 DMA 真正的寄存器中，通道控制数据基址寄存器中(以下称之为"主要控制数据基址寄存器")。除此之外，DMA 还有一个数据基址寄存器，名叫交替控制数据基址寄存器，它可以作为辅助，使 DMA 实现更多的功能。要注意的是，交替控制数据基址寄存器是不可写的，它的值取决于主要控制数据基址寄存器的值。在主要基址定义后，交替基址也就确定了。

(2) DMA 数据转存支持两种类型，内存与内存之间的数据转存和内存与外设之间的数据转存。两者最大的区别是，内存与外设之间的数据转存需要触发信号。由于外设数据的"产生"或者"消耗"相对 DMA 数据转存来说比较慢，DMA 需要等待外设"产生"或者"消耗"数据的触发信号之后，再执行数据转存任务；因此，内存与外设之间的数据转存，需要配置 DMA 触发信号源，且使能外设的 DMA 功能。

(3) DMA 具备单次传输和突发传输两种传输类型。单次传输是指 DMA 转存一个数据，突发传输是指不间断地传输 N 个数据，N 称为突发量。突发传输可以解决数据的一致性和完整性问题，其传输过程不能间断。

8.3 通道控制数据结构

通道控制数据结构也称为通道描述符，是描述 DMA 通道任务的一组数据。通道控制数据结构包括源数据指针、目标数据指针以及控制数据配置。通道控制数据结构存放在 SRAM 中，而非 DMA 寄存器中。因此，SRAM 中的通道控制数据结构与外设不同，这使得在使用 DMA 前，需要在 SRAM 中定义存储空间并将该存储空间的地址赋值至 DMA 控制器，DMA 控制器就会按照 SRAM 中的配置执行数据转存。

DMA 控制器对 SRAM 存储空间的要求如下：

➢ 地址空间是连续的。

➢ 起始地址 512 字节对齐。

图 8-1 为 DMA 16 个通道主要数据结构和交替数据结构的存储映射。每个通道占用 4 个字，通道依次排列；交替数据结构整体地址排列在主要数据结构地址之后；设置主要基址后，交替

基址自动设置为主要基址偏移 0x100。

交替数据结构		主要数据结构	
Alternate_Ch_15	0x1F0	Primary_Ch_15	0x0F0
Alternate_Ch_14	0x1E0	Primary_Ch_14	0x0E0
Alternate_Ch_13	0x1D0	Primary_Ch_13	0x0D0
Alternate_Ch_12	0x1C0	Primary_Ch_12	0x0C0
Alternate_Ch_11	0x1B0	Primary_Ch_11	0x0B0
Alternate_Ch_10	0x1A0	Primary_Ch_10	0x0A0
Alternate_Ch_9	0x190	Primary_Ch_9	0x090
Alternate_Ch_8	0x180	Primary_Ch_8	0x080
Alternate_Ch_7	0x170	Primary_Ch_7	0x070
Alternate_Ch_6	0x160	Primary_Ch_6	0x060
Alternate_Ch_5	0x150	Primary_Ch_5	0x050
Alternate_Ch_4	0x140	Primary_Ch_4	0x040
Alternate_Ch_3	0x130	Primary_Ch_3	0x030
Alternate_Ch_2	0x120	Primary_Ch_2	0x020
Alternate_Ch_1	0x110	Primary_Ch_1	0x010
Alternate_Ch_0	0x100	Primary_Ch_0	0x000

Primary_Ch_0	
未使用	0x00C
控制	0x008
目标数据结束指针	0x004
源数据结束指针	0x000

图 8-1　DMA 通道主要数据结构和交替数据结构

1. 源数据结束指针

源数据结束指针存放源数据地址，但存放的是结束地址。虽然源数据结束指针存放源数据地址，但是数据转存还是按顺序传输。

例如，0x20000000 地址存放 8 字节数据，那么源数据结束指针需要配置为 0x20000007。

2. 目标数据结束指针

目标数据结束指针与源数据结束指针一样，存放目标数据的结束地址。

3. 控制数据配置

控制数据配置信息如下：

- dst_inc：目标数据地址增量。DMA 每传输一次数据，目标数据地址增量可以按字节、半字或者字增加，也可以不增加。
- dst_size：目标数据大小。目标数据的位宽，可以是字节、半字或者字。目标数据大小必须与源数据大小一致，是 DMA 一次转存数据的位宽。
- src_inc：源数据地址增量。DMA 每传输一次数据，源数据地址增量可以按字节半字或者字增加，也可以不增加。
- src_size：源数据大小。源数据大小与目标数据大小必须保持一致。

➢ R_power：仲裁率。其介绍见 8.4 节。
➢ nminus1：传输数据的次数－1。每传输一次数据，该值自动减 1。
➢ next_useburst：下一次 burst 传输控制。在 DMA 寄存器中，当通道控制结构 next_useburst 使能后，DMA 控制器使用该控制数据结构，自动使能寄存器的 burst 传输位。
➢ circle：循环类型。其介绍见 8.5 节。

8.4 DMA 仲裁率和优先级

1. DMA 仲裁率

DMA 仲裁是指 DMA 控制器判断当前是否存在更高优先级 DMA 通道，并切换到高优先级 DMA 通道。仲裁率是指判断的频率。例如，仲裁率设置为 4，则当前通道必须传完 4 次才进行仲裁；在仲裁前，即使存在更高优先级通道的请求，也不会切换。仲裁率设置为 1，可以实现一次完整的传输；如果仲裁率很大，会导致高优先级通道无法及时响应。

在通道控制数据结构中配置仲裁率，每个通道可独立配置仲裁率，因此，仲裁产生是相对正在传输的通道而言的。

2. 优先级

在相同通道优先级配置下，通道优先级与通道号有关，即通道号越小，其优先级越高。通道优先级可配置为高优先级和默认优先级。DMA 控制器在仲裁产生时，判断通道优先级配置是高优先级还是默认优先级，高优先级通道比默认优先级通道的优先级要高；若通道优先级配置相同，则判断通道号，通道号较小者的优先级更高。

8.5 DMA 循环类型

DMA 循环类型是指 DMA 的工作模式。DMA 的模式很多，可适用于多种复杂的场合。DMA 循环类型可在通道控制数据结构体中配置。表 8－1 列出了 DMA 循环类型。

表 8－1 DMA 循环类型

cycle_ctrl	功能描述	cycle_ctrl	功能描述
b000	无效模式	b100	内存分散-聚集模式(主要数据结构)
b001	基础模式	b101	内存分散-聚集模式(交替数据结构)
b010	自动请求模式	b110	外设分散-聚集模式(主要数据结构)
b011	乒乓模式	b111	外设分散-聚集模式(交替数据结构)

8.5.1 无效模式

当DMA通道配置为无效模式时,DMA将不进行任何操作。当完成一次DMA任务后,DMA控制器将自动把通道改为无效模式,这样可以避免DMA再次传输。

8.5.2 基础模式

1. 工作原理

基础模式一般用于与外设相关的数据转存,其特点是每次传输都需要触发。基本流程是外设产生一个触发信号,DMA完成 N 次DMA传输,其中 N 等于仲裁率。例如对于UART接收的DMA传输,其仲裁率为4时,每触发一次DMA将转存4次数据;UART收到数据后,产生信号触发DMA转存。

2. 配置要点

- 基础模式的特点是需要触发信号,一般需要外设参与,即选择触发源MSEL@SELCON和触发信号MSIGSEL@SELCON。
- 在基础模式下,如果触发一次只转存一次数据,则需要将Rpower@channelcfg设为0;否则,触发一次将传输2R_power次数据。
- 如果源地址或目标地址不变,则需要将地址递增大小设为0。

3. 程序设计示例

UART使用DMA发送字符串。

(1) 使用MD库设计程序

通过函数md_dma_enable使能DMA模块。
通过函数md_dma_set_ctrlbase写入数据结构基址。
通过函数md_dma_config_struct初始化DMA中间配置结构体。
通过函数md_dma_config_base初始化DMA通道:
dma_config.channel选择DMA通道;
dma_config.data_width选择数据宽度;
dma_config.primary选择主要通道结构体或者交替通道结构体;
dma_config.R_power设置仲裁率;
dma_config.dst设置目标地址;
dma_config.src设置源地址;
dma_config.dst_inc设置目标地址递增大小;
dma_config.src_inc设置源地址递增大小;

dma_config. size 设置 DMA 传输数据大小；

dma_config. msel 选择通道触发源外设；

dma_config. msigsel 选择触发信号源；

dma_config. burst 设置是否使能 burst 传输；

dma_config. interrupt 设置是否使能 DMA 通道中断。

```
/* 定义通道数据结构,512 字节对齐。
   只是用了通道 0 的主要数据结构,结构体数据可以只有一个元素 */
md_dma_descriptor_t dma0_ctrl_base[1] __attribute__ ((aligned(512)));
char src[] = "hello world!\r\n";
```

详细的代码实现方法请查看：ES32_SDK\Projects\Book1_Example\DMA\MD\02_mem_to_per_basic。

(2) 使用 ALD 库设计程序

ALD 库不需要定义通道数据结构，通道数据结构数据由库函数完成定义。

通过函数 ald_dma_config_basic 配置 DMA 基础模式，与 MD 库配置类似，但增加回调函数：

hperh. config. channel 选择 DMA 通道；

hperh. config. primary 选择主要通道结构体或者交替通道结构体；

hperh. config. data_width 选择数据宽度；

hperh. config. R_power 设置仲裁率；

hperh. config. dst 设置目标地址；

hperh. config. dst_inc 设置目标地址递增大小；

hperh. config. src 设置源地址；

hperh. config. src_inc 设置源地址递增大小；

hperh. config. size 设置 DMA 传输数据大小；

hperh. config. msel 选择通道触发源外设；

hperh. config. msigsel 选择触发信号源；

hperh. config. burst 设置是否使能 burst 传输；

hperh. config. interrupt 设置是否使能 DMA 通道中断；

hperh. cplt_cbk 设置 DMA 传输完成回调函数；

hperh. cplt_arg 设置 DMA 传输完成回调函数的输入参数；

hperh. err_cbk 设置 DMA 传输错误回调函数；

hperh. err_arg 设置 DMA 传输错误回调函数的输入参数。

```
char src_buf[] = "hello world!\r\n";
dma_handle_t hperh;
```

详细的代码实现方法请查看：ES32_SDK\Projects\Book1_Example\DMA\ALD\02_mem_

to_per_basic。

(3) 实验效果

DMA 基础模式实验效果如图 8-2 所示。

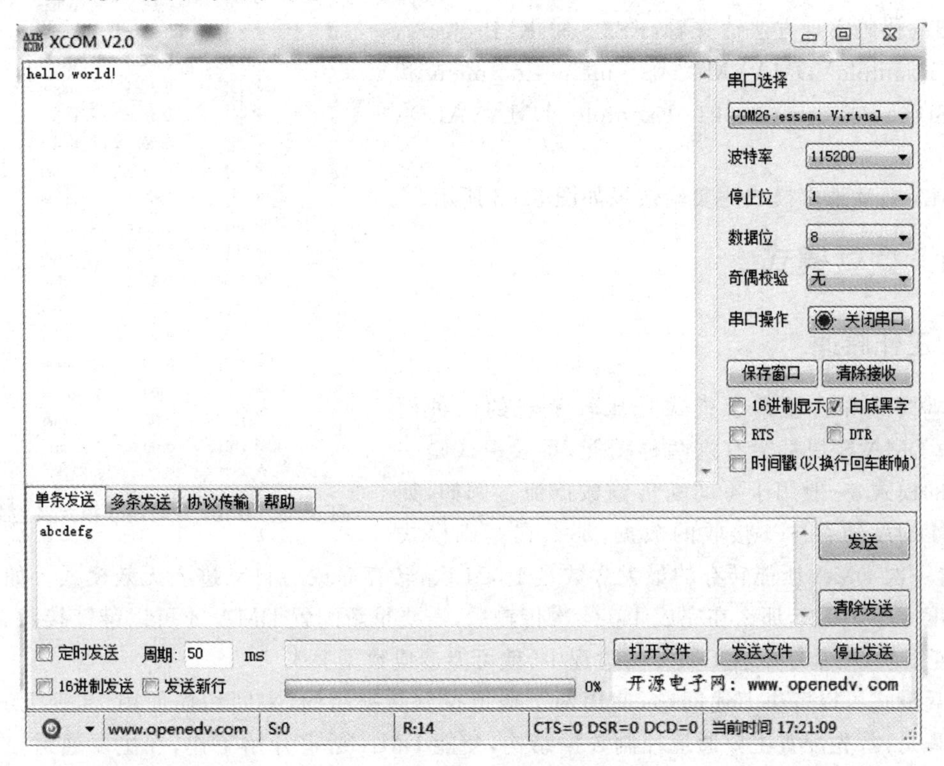

图 8-2　DMA 基础模式实验效果

8.5.3　自动请求模式

1. 工作原理

自动请求模式一般用于数据复制。基本流程是软件触发一次 DMA 操作后,DMA 模块就自动开始转存数据,直到全部数据转存结束。自动请求模式的特点是不需要每次都触发 DMA 传输,DMA 转存完本次数据后,立马开始转存下一次的数据,直到全部数据转存完毕。如果仲裁有更高优先级的通道需要转存数据,则进行高优先级通道数据转存。此模式适合内存间数据复制,比如将 FLASH 数据块复制到 SRAM,软件触发一次 DMA 即可。

2. 配置要点

自动请求模式不需要配置触发源和触发信号;但在转存之前,需要软件触发 CHSWREQ。

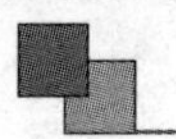

3. 程序设计示例

使用 MD 库函数和 ALD 库函数实现内存数据复制，详细的代码实现方法请查看：ES32_SDK\Projects\Book1_Example\DMA\MD\01_mem_to_mem 和 ES32_SDK\Projects\Book1_Example\DMA\ALD\01_mem_to_mem。

DMA 自动请求模式的实验效果如图 8－3 所示。

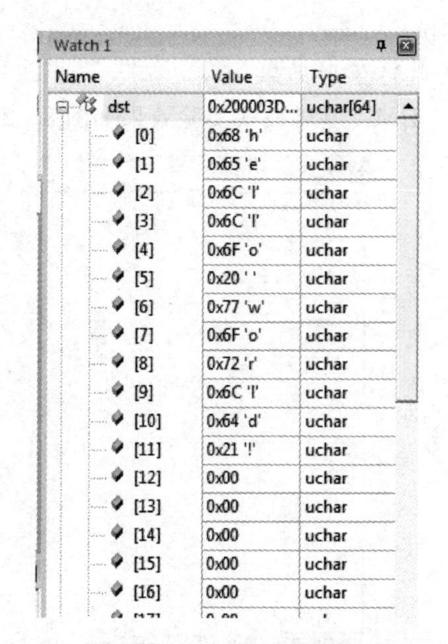

图 8－3　DMA 自动请求模式实验效果

8.5.4　乒乓模式

1. 工作原理

基础模式和自动请求模式是比较常规的两种模式，一般 DMA 模块都会有这两种功能；乒乓模式是一种进阶的模式，一般用于不间断传输数据流。例如，如果使用 DMA 转存 SPI 接收的数据，那么在基础模式下，配置一次 DMA 所能转存的最大次数是 1 024 次，转存完成后自动进入无效模式。如果接收数据长度大于 1 024，那么在完成 1 024 次传输后，需要重新配置 DMA 才可以继续接收。但是，SPI 速度很快，在重新配置 DMA 的过程中，就可能造成数据丢失。

乒乓模式可以解决上述问题，使用两个通道控制数据结构，来回切换使用，实现无缝对接。工作流程是，首先配置主要通道控制数据结构，使能 DMA 通道开始工作，在主要通道控制数据结构任务完成之前，需要把交替通道控制数据结构任务准备好（注：以下将“通道控制数据结构任务”简称为“任务”）。当主要任务完成后，主要任务变成无效状态，DMA 控制器随即自动切换到交替任务，DMA 继续工作。在交替任务完成之前，如果再把主要任务准备好，那么 DMA 在完成交替任务后又会切换到主要任务，否则 DMA 一旦遇到无效任务，就会终止传输。如果想要结束乒乓模式传输，则不再继续准备任务即可。

图 8－4 所示为在乒乓模式下的 DMA 传输。

2. 配置要点

- 乒乓模式下需要同时用到主要数据结构和交替数据结构。对于配置结构体中 md_dma_config_t 的成员 primary，使能它，则配置主要数据结构；禁止它，则配置交替数据结构。
- 当乒乓模式发生完成中断时，需要判断当前是哪个数据结构完成了，然后选择是否继续将其配置成有效数据结构。

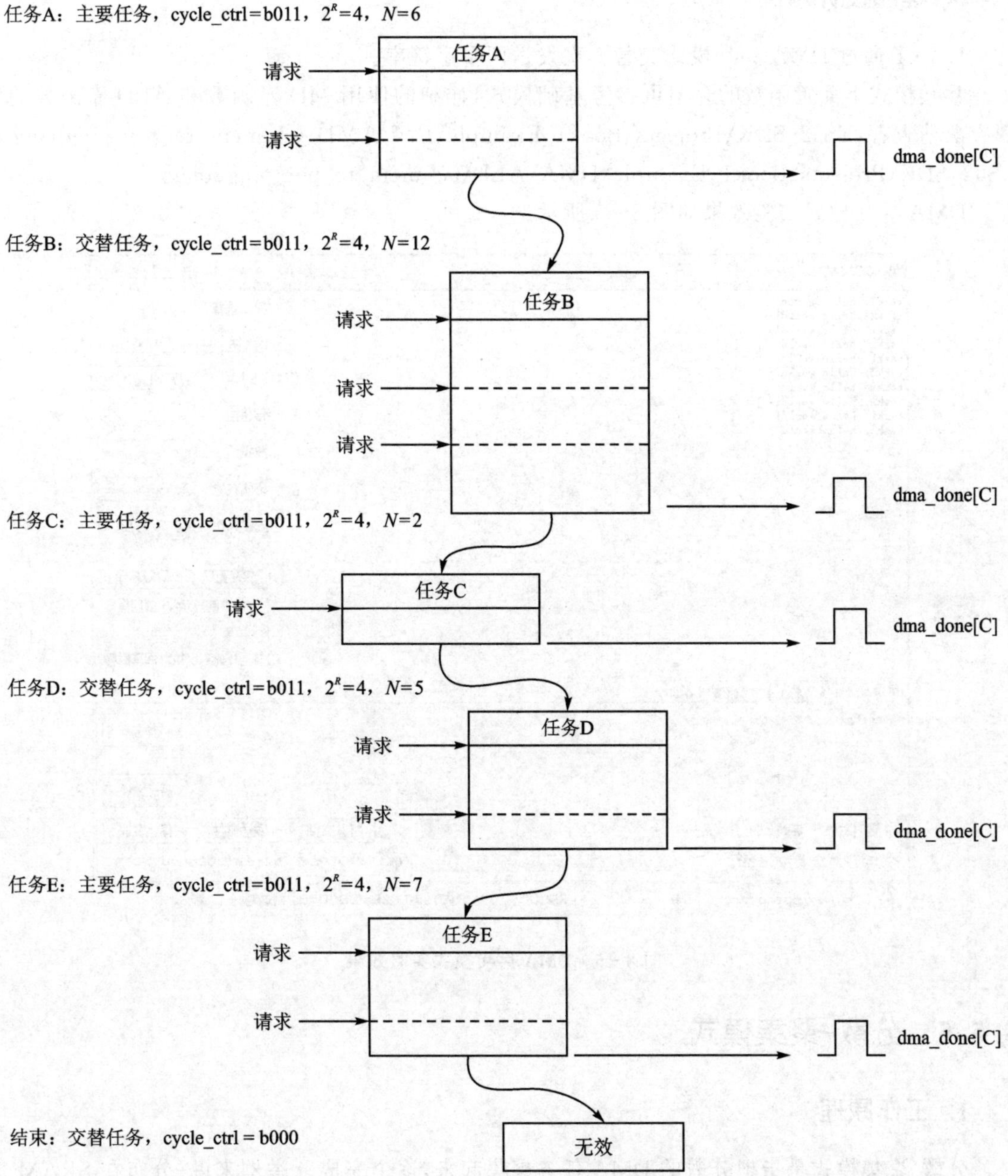

任务A：主要任务，cycle_ctrl=b011，$2^R=4$，$N=6$

任务A
请求
请求
dma_done[C]

任务B：交替任务，cycle_ctrl=b011，$2^R=4$，$N=12$

任务B
请求
请求
请求
dma_done[C]

任务C：主要任务，cycle_ctrl=b011，$2^R=4$，$N=2$

任务C
请求
dma_done[C]

任务D：交替任务，cycle_ctrl=b011，$2^R=4$，$N=5$

任务D
请求
请求
dma_done[C]

任务E：主要任务，cycle_ctrl=b011，$2^R=4$，$N=7$

任务E
请求
请求
dma_done[C]

结束：交替任务，cycle_ctrl = b000

无效

图 8-4　在乒乓模式下的 DMA 传输示例

3. 程序设计示例

UART 通过 DMA 乒乓模式交替 5 次发送两个字符串。

乒乓模式下配置函数的介绍可参考基础模式，详细的使用 MD 库函数和 ALD 库函数的实现方法请查看：ES32_SDK\Projects\Book1_Example\DMA\MD\03_mem_to_per_pingpong 和 ES32_SDK\Projects\Book1_Example\DMA\ALD\03_mem_to_per_pingpong。

DMA 乒乓模式实验效果如图 8-5 所示。

图 8-5　DMA 乒乓模式实验效果

8.5.5　分散-聚集模式

1. 工作原理

分散-聚集模式是指把分散的 DMA 任务聚集起来，逐个完成。举例来说，分布在 SRAM 三处的数据需要用 DMA 转存到 UART 来发送出去。常规方法是选用 DMA 基础模式，每完成一处数据传输后，再重新配置进行下一处数据传输，直到传输完成。而分散-聚集模式则可以将所有任务一次配置好，启动 DMA 传输后，DMA 控制器逐个完成任务。

分散-聚集模式分为两种，一种是内存分散-聚集，另一种是外设分散-聚集，如图8-6和图8-7所示。内存分散-聚集和外设分散-聚集的区别在于是否需要触发，类似于自动请求模式和基础模式。分散-聚集模式的工作流程是，使用两个通道控制数据结构：主要通道控制数据结构负责将配置好的任务转存到交替通道控制数据结构，交替通道控制数据结构负责完成任务。完成一个任务后，再转存下一个任务，直到所有任务均完成。

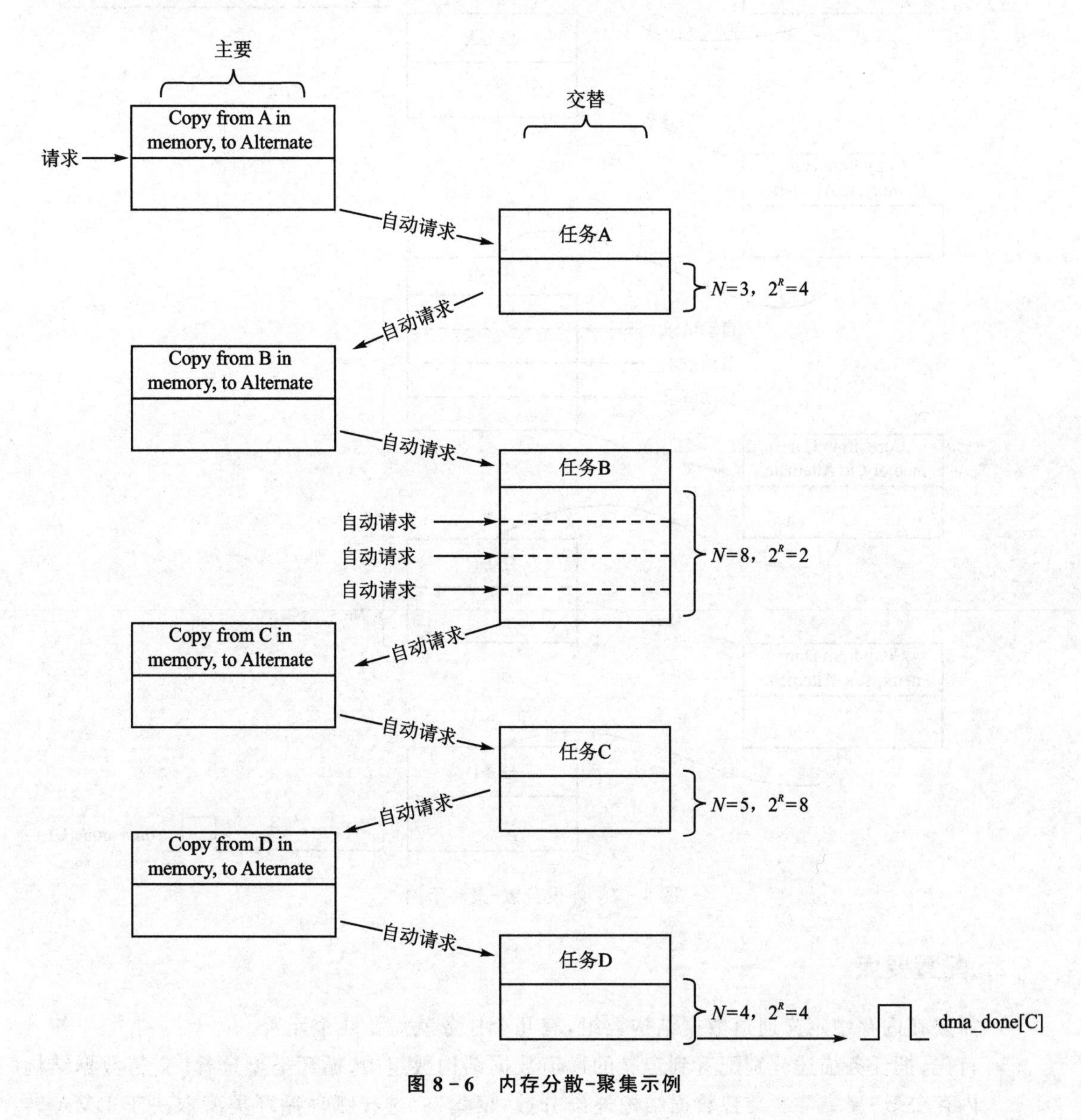

图8-6 内存分散-聚集示例

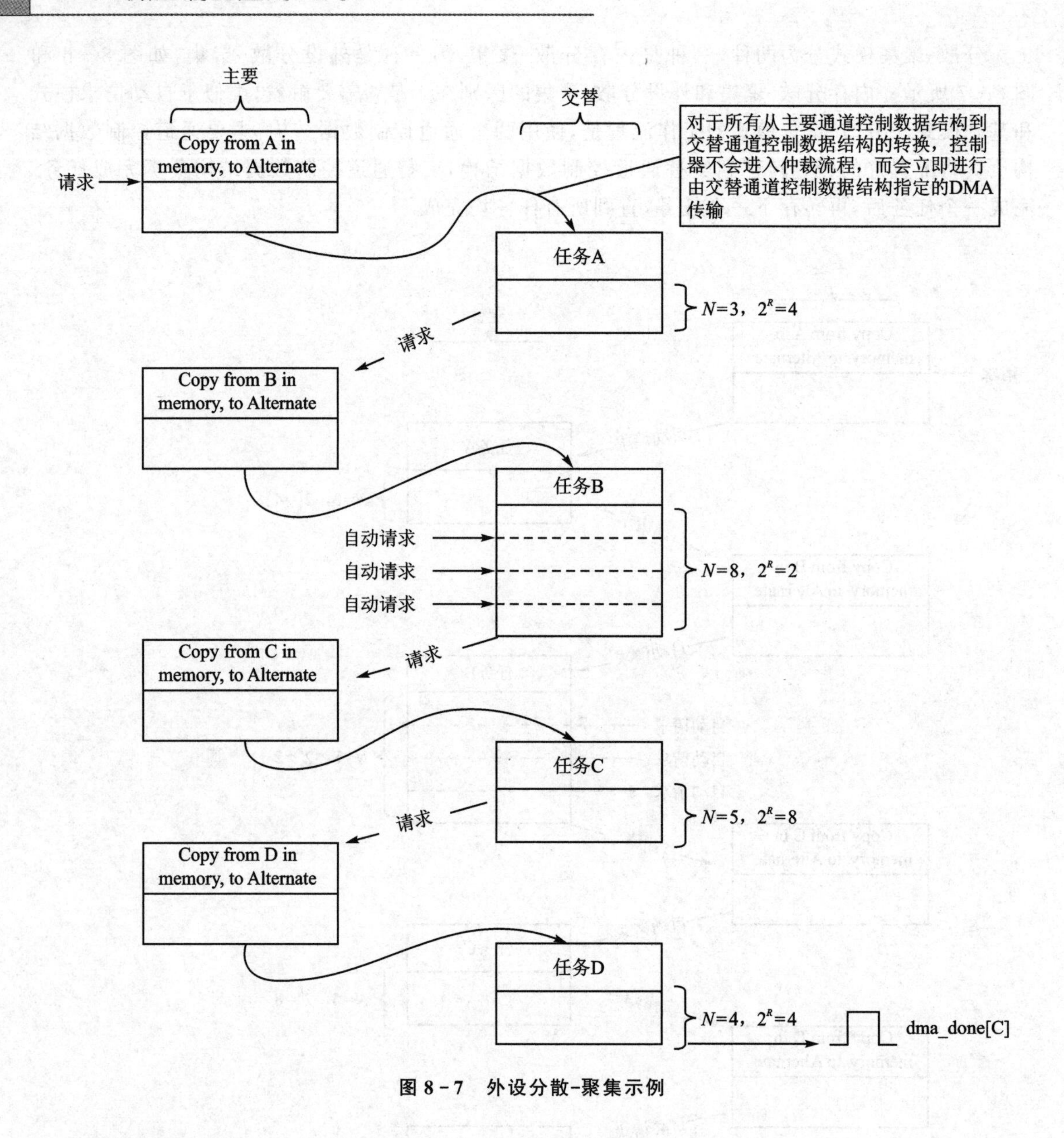

图 8-7　外设分散-聚集示例

2. 配置要点

➢ 需要在内存中定义通道数据结构数组，有几个任务就需要几个元素。

➢ 首先，把任务描述分别配置到定义的通道数据结构数组中，循环类型选择“交替数据结构内存分散-聚集”或“交替数据结构外设分散-聚集”。选择哪种循环类型取决于 DMA 转存是否需要外部触发信号。

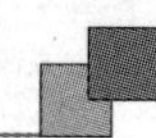

➢ 其次，将定义的通道数据结构数组末地址作为主要通道源数据结束指针；将交替通道数据结构末地址作为主要通道目标数据结束指针。主要通道循环类型选择“主要数据结构内存分散-聚集”或“主要数据结构外设分散-聚集”。

3. 程序设计示例

UART 使用 DMA 分散-聚集模式发送 5 个字符串。

与基础模式相同的配置函数介绍可参考基础模式。

对于分散-聚集模式，需要单纯配置聚集数据结构，函数 md_dma_config_base 就不再适用了。函数 md_dma_config_base 只能配置到通道数据结构中，并且会修改相应的寄存器。

函数 md_dma_config_sg_alt_desc 可以将配置结构内容写到聚集数据结构中。此函数第 3 个参数是选择外设分散-聚集还是内存分散-聚集，ENABLE 表示选择内存分散-聚集，DISABLE 表示选择外设分散-聚集。

需要注意的是，主要通道控制数据结构的目标地址不能直接写入交替通道控制数据结构的地址中。DMA 通道数据结构中的源或目标地址是结束地址，MD 库将用户配置的起始地址加上数据长度乘以数据宽度，计算出结束地址，写入到通道数据结构中的数据结束地址中。但分散-聚集模式特殊，其目标地址是“重复利用的”。主要通道向交替通道数据结构传送完成 4 个字的任务，下次又自动向该地址转存，导致再使用 MD 库的结束地址计算就会出错。解决办法是，可在向 dma_config.dst 写目标地址时做处理，规避 MD 库计算带来的错误。

向目标数据结束指针中，写入交替通道 0 数据结构结束地址，即

(void *)&dma0_ctrl_base[16] + 4 * 4 - 1

例程中有 5 个任务，长度为 dma_config.size=5 * 4，数据宽度为 32 位，结束指针为

dma_config.dst =(void *)&dma0_ctrl_base[16] + 4 * 4 - 1 -5 * 4 * 4 + 1

即

dma_config.dst =(void *)&dma0_ctrl_base[16] - 4 * 4 = (void *)&dma0_ctrl_base[12]

```
md_dma_descriptor_t dma0_ctrl_base[32] __attribute__ ((aligned(512)));
```

详细的代码实现方法请查看：ES32_SDK\Projects\Book1_Example\DMA\MD\03_mem_to_per_pingpong 和 ES32_SDK\Projects\Book1_Example\DMA\ALD\03_mem_to_per_pingpong。

DMA 分散-聚集模式实验效果如图 8-8 所示。

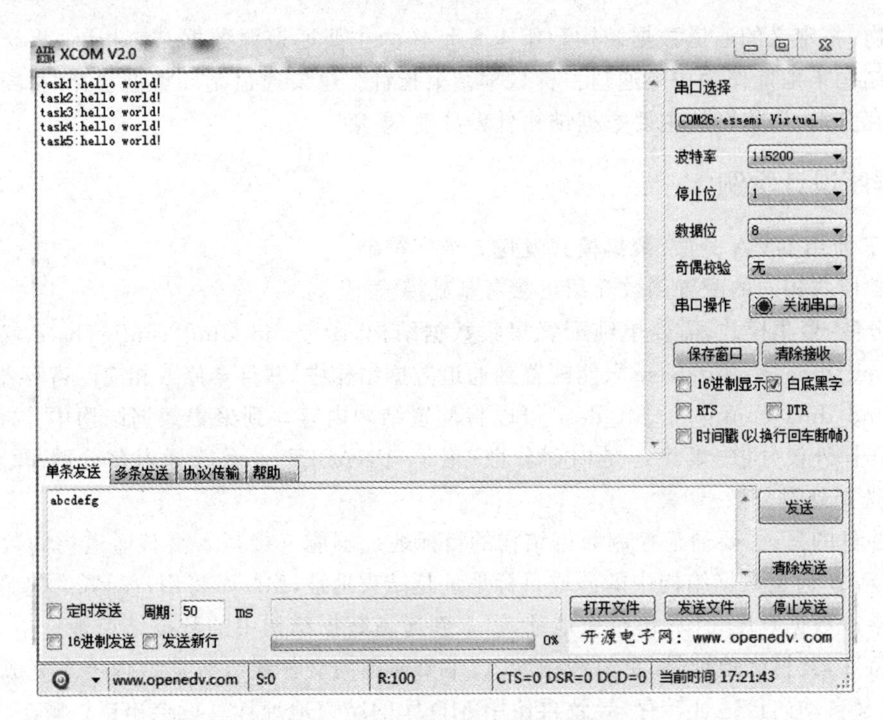

图 8－8　DMA 分散-聚集模式实验效果

第三篇

基础外设

第9章

GPIO通用端口

MCU与外部数字信号和模拟信号的交互需要通过GPIO来实现，正确地配置GPIO才能将MCU外部信号和MCU内部电路建立连接和传输，才能实现信号的正确输入/输出。本章介绍的GPIO模块及其程序设计示例基于ES32F369x平台。

9.1 功能特点

ES32F369x GPIO模块具有以下特性：

➢ 通用数字输入/输出端口：
  - 支持端口输出数据的复位、置位或取反，可按位操作；
  - 输出模式可配，即推挽/开漏、上拉/下拉；
  - 输出驱动能力可配；
  - 输入可选TTL或SMIT(施密特)两种电平模式；
  - 输入可选滤波；
  - 支持16个外部输入中断。

➢ 复用数字外设端口：
  - 输出模式可配，即推挽/开漏、上拉/下拉；
  - 输出驱动能力可配；
  - 输入可选TTL或SMIT(施密特)两种电平模式；
  - 输入可选滤波。

➢ 复用模拟外设端口：模拟外设端口指信号直接输入至ADC、模拟比较器、运放等外设。

9.2 功能逻辑视图

如图9-1所示是GPIO的结构框图。

芯片包含若干组GPIO，如PA、PB、PC……每组通用端口包含16个独立的引脚，如PA0、PA1、PA2…… PA15。每个引脚都可以通过寄存器独立配置复用功能和相关属性。

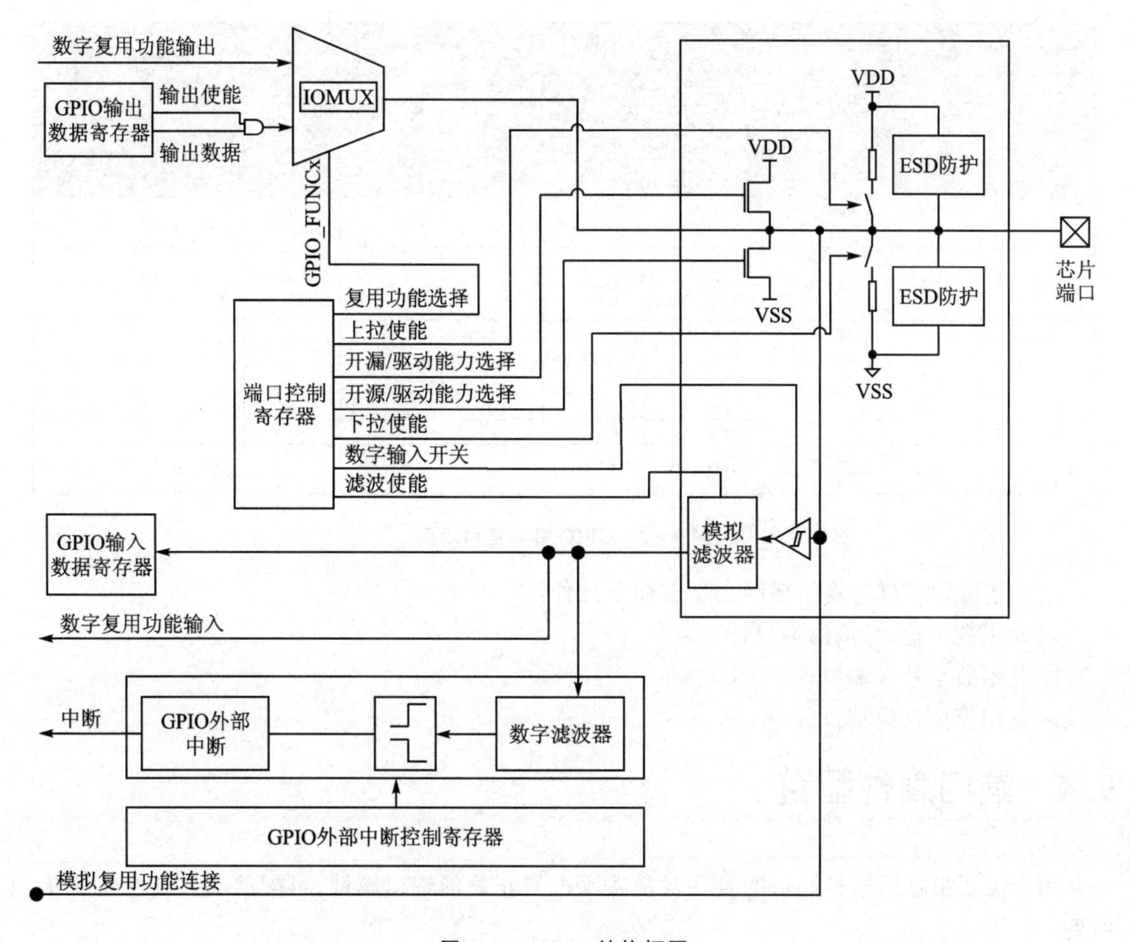

图 9 - 1　GPIO 结构框图

9.3　复用功能类型

用户使用某个引脚时，首先要确定其引脚复用功能，通过寄存器 GPIOx_FUNC0 和 GPIOx_FUNC1 来配置复用功能号。查询具体产品的数据手册，可以得知每个引脚的复用功能号对应的功能。通常复用功能号的分配如下：

➢ FUNC0：复位后默认的端口功能，通常为复用模拟外设端口以及调试烧录相关功能端口。

➢ FUNC1：通用数字输入/输出端口。

➢ FUNC2～7：复用数字外设端口。

如图 9 - 2 所示为 ES32F369x 数据手册中的引脚功能定义表格，用户需要查询此表格为使用的每个端口配置复用功能号。

Pin Number			Pin Name	FUNC0（复位后功能）	FUNC1	FUNC2	FUNC3	FUNC4	FUNC5	FUNC6	FUNC7
LQFP48	LQFP64	LQFP100									
				ACMP0_IN5					2		
12	16	25	PA2	ADC_IN6 ACMP0_IN6	PA2	GP32C4T0_CH3	—	—	GP16C4T1_CH3	—	LCD_RST3
13	17	26	PA3	ADC_IN7 ACMP0_IN7	PA3	GP32C4T0_CH4	—	—	GP16C4T1_CH4	—	—
/	18	27	PF0	—	PF0	—	—	—	—	—	—
	19	28	PF1	—	PF1	—	—	—	—	—	—
14	20	29	PA4	ADC_IN8 DAC_OUT0	PA4	—	—	—	—	SPI0_NSS	EBI_A4

图 9-2　GPIO 引脚复用示例

由上述可知端口的复用功能类型有如下几种：

➢ 通用数字输入/输出端口；

➢ 复用数字外设端口；

➢ 复用模拟外设端口。

9.4　端口属性配置

用户需要根据所选择端口的复用功能类型配置正确的端口属性，可配的端口属性如表 9-1 所列。

表 9-1　GPIO 端口属性

端口属性配置	配置寄存器	属性可选项	通用数字输入/输出端口	复用数字外设端口	复用模拟外设端口
输入/输出配置	GPIO_MODE	• 输入 • 输出	√	—	—
上拉/下拉配置	GPIO_PUPD	• 无上拉和下拉 • 上拉 • 下拉 • 同时上拉和下拉	√	√	—
输出模式选择	GPIO_ODOS	• 推挽输出 • PMOS 开漏输出 • NMOS 开漏输出	√（输出时可选）	√（输出时可选）	—

续表 9-1

端口属性配置	配置寄存器	属性可选项	通用数字输入/输出端口	复用数字外设端口	复用模拟外设端口
拉电流(PMOS 输出驱动能力)配置	GPIO_PODRV	• 驱动 0 • 驱动 1 • 驱动 2 • 驱动 3	√(输出时可选)	√(输出时可选)	—
灌电流(NMOS 输出驱动能力)配置	GPIO_NODRV	• 驱动 0 • 驱动 1 • 驱动 2 • 驱动 3	√(输出时可选)	√(输出时可选)	—
输入滤波配置	GPIO_FLT	• 输入滤波禁止 • 输入滤波使能	√(输入时可选)	√(输入时可选)	—
输入类型配置	GPIO_TYPE	• SMIT • TTL	√(输入时可选)	√(输入时可选)	—

注：当端口配置为复用模拟外设端口时，不支持任何端口属性配置。

1. 输入/输出配置

通用数字输入/输出端口需要进行输入/输出配置。

当通用数字输入/输出端口(FUNC 1)配置为输入时，软件可通过读取 GPIO_DIN 来获知端口的电平状态。若相应端口输入滤波使能，则读到的电平是端口滤波之后的状态。

当通用数字输入/输出端口(FUNC 1)配置为输出时，输入功能同时有效(依然可以通过读取 GPIO_DIN 来获知端口的电平状态)。通过配置 GPIO_DOUT，可选择端口输出电平值，该值所对应的电平会在引脚上立即生效。通过配置 GPIO_BSRR，可按位改写端口输出电平值。对置位寄存器某些位写入 1 可置位相应端口，写入 0 的位不会影响相应端口的输出电平。对复位寄存器某些位写入 1 可复位相应端口，写入 0 的位不会影响相应端口的输出电平。若同时将某位置位和复位，则置位的优先级更高。通过配置 GPIO_BIR，可按位翻转端口输出电平值。对翻转寄存器某些位写入 1 可将相应端口电平值翻转，写入 0 的位不会影响相应端口的输出电平。

复用数字外设端口无需进行输入/输出配置，芯片硬件会根据外设端口特性自动配置输入/输出属性。

2. 上拉/下拉配置

通用数字输入/输出端口和复用数字外设端口支持上拉/下拉配置，上拉和下拉电阻典型值约为 36 kΩ。

可配置无上拉和下拉、单独上拉、单独下拉、同时上拉和下拉。

3. 输出模式选择

通用数字输出端口和复用数字外设输出端口支持开漏输出选择。

开漏输出选择有 3 种配置可选：推挽输出、PMOS 开漏输出、NMOS 开漏输出。

端口输出功能由一个 PMOS 管和一个 NMOS 管实现。所谓推挽输出，即在输出高电平时 PMOS 管导通，在输出低电平时 NMOS 管导通。两个管子轮流导通，PMOS 管负责拉电流，NMOS 管负责灌电流。

PMOS 开漏输出（NMOS 管完全不工作），即 PMOS 关闭，端口没有输出低电平功能。若控制输出为 0，则既不输出高电平也不输出低电平，为高阻态。通常端口需要接下拉电阻，它具有"线与"特性，即多个 PMOS 开漏输出端口连接在一起时，只有当所有端口输出高阻态时，才由下拉电阻提供低电平，低电平的电压为外部下拉电阻所接地的电压。若其中一个端口为高电平，那么整个线路即为高电平。

NMOS 开漏输出（PMOS 管完全不工作），即 NMOS 关闭，端口没有输出高电平功能。若控制输出为 1，则既不输出高电平也不输出低电平，为高阻态。通常端口需要接上拉电阻，它具有"线与"特性，即多个 NMOS 开漏输出端口连接在一起时，只有当所有端口输出高阻态时，才由上拉电阻提供高电平，高电平的电压为外部上拉电阻所接电源的电压。若其中一个端口为低电平，那么整个线路即为低电平。

4. 拉电流和灌电流驱动能力配置

通用数字输出端口和复用数字外设输出端口支持拉电流和灌电流驱动能力配置。

拉电流驱动能力配置即配置 PMOS 输出高电平的能力，可配置 4 个等级：level 1(0.5 mA)、level 2(10 mA)、level 3(30 mA)、level 4(30 mA)。

灌电流驱动能力配置即配置 NMOS 输出低电平的能力，可配置 4 个等级：level 1(0.5 mA)、level 2(10 mA)、level 3(50 mA)、level 4(120 mA)。

5. 输入滤波配置

通用数字输入端口和复用数字外设输入端口支持滤波配置。

可使能相应端口的输入滤波功能，可滤除外部引线上高频信号干扰或毛刺，滤波时间为 10 ns。若输入需要较高的实时性，建议关闭输入滤波功能。

6. 输入类型配置

通用数字输入端口和复用数字外设输入端口支持输入类型配置。

可选择相应端口的输入类型，可选择 TTL 或 CMOS 两种模式：

TTL：输入电压小于 1.0 V 为 0，输入电压大于 2.0 V 为 1；

CMOS：输入电压小于 0.3×VDD 为 0，输入电压大于 0.7×VDD 为 1。

9.5　外部中断

当 GPIO 配置为通用数字输入端口时可支持外部中断，用于检测外部引脚边沿信号并产生中断。ES32 支持 16 个外部中断 EXTI0～15，每根输入线都可单独进行配置，以选择相应的触发事件（上升沿触发或下降沿触发）。外部中断还支持可配置的去抖滤波功能。

➢ 16 个外部中断通过如图 9－3 所示方式连接到芯片所有的 GPIO，用户需要通过 EXTISx@EXTIPSRx 选择对应中断的外部引脚。

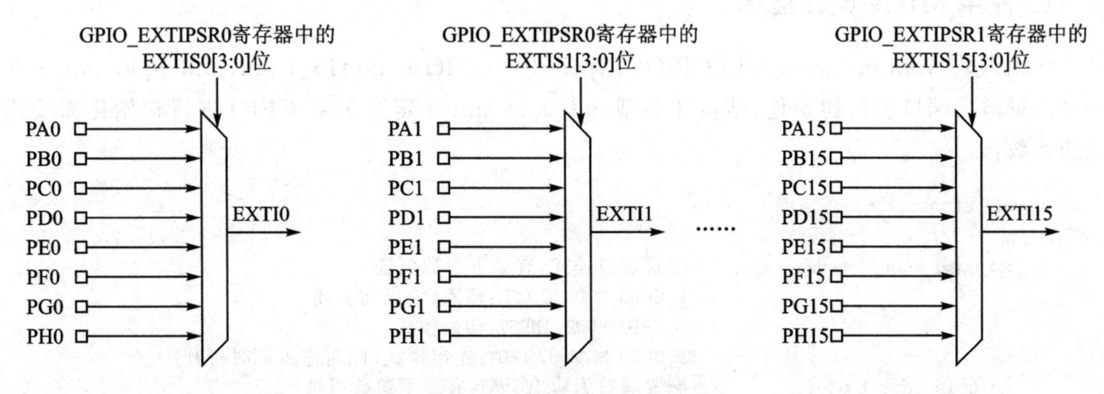

图 9－3　GPIO 配置外部中断

➢ 通过 EXTIRERx 使能对应中断的上升沿触发。

➢ 通过 EXTIFERx 使能对应中断的下降沿触发。

➢ FLTCKS@EXTIFLTCR 选择去抖滤波时钟，可选择 ULRC（约 10 kHz）或 LRC（约 32 kHz）。

➢ FLTSEL@EXTIFLTCR 配置滤波时间为（FLTSEL[7:0]＋1）×2 个时钟周期。

➢ FLTENx@EXTIFLTCR 选择 EXITx 是否使能滤波。

➢ EXTIENx、EXTIFLAGx、EXTICFRx 分别为外部中断使能、中断标志、中断清零寄存器。

9.6　GPIO 锁定

芯片 GPIO 锁定机制的处理是将端口配置冻结。当一个端口执行锁定程序后，对应 GPIO 控制寄存器数值将被锁定，在下一次复位之前，不能再被更改。

使用 MD 库对 PA0 端口锁定：

```
md_gpio_lock_pin(GPIOA, MD_GPIO_PIN_0);
```

使用 ALD 库对 PA0 端口锁定：

```
ald_gpio_lock_pin(GPIOA, GPIO_PIN_0);
```

9.7 程序设计示例

9.7.1 GPIO 输入/输出

当读取按键端口的高低电平时，如果读取的是高电平则输出到 LED 端口高电平，如果读取的是低电平则输出到 LED 端口低电平。

1. 使用 MD 库设计程序

使用函数"void md_gpio_init(GPIO_TypeDef * GPIOx, uint16_t pin, md_gpio_init_t * init);"对输出端口进行初始化，结构体类型 md_gpio_init_t 定义了对 GPIO 进行初始化需要用到的参数：

```
typedef struct
{
    md_gpio_mode_t mode;          /* 配置端口模式，有如下参数可选：
                                     MD_GPIO_MODE_CLOSE：输入/输出均关闭
                                     MD_GPIO_MODE_INPUT：输入模式
                                     MD_GPIO_MODE_OUTPUT：输出模式（此时输入同时打开）*/
    md_gpio_odos_t odos;          /* 配置端口为输出类型，有如下参数可选：
                                     MD_GPIO_PUSH_PULL：推挽
                                     MD_GPIO_OPEN_DRAIN：开漏（无法输出高电平）
                                     MD_GPIO_OPEN_SOURCE：开源（无法输出低电平）*/
    md_gpio_push_t pupd;          /* 上拉和下拉配置，有如下参数可选：
                                     MD_GPIO_FLOATING：浮空（既无上拉也无下拉）
                                     MD_GPIO_PUSH_UP：上拉
                                     MD_GPIO_PUSH_DOWN：下拉
                                     MD_GPIO_PUSH_UP_DOWN：上拉和下拉 */
    gpio_out_drive_t podrv;       /* PMOS 驱动功能配置（输出电流），有如下参数可选：
                                     MD_GPIO_OUT_DRIVE_0：level 1(0.5 mA)
                                     MD_GPIO_OUT_DRIVE_1：level 2(10 mA)
                                     MD_GPIO_OUT_DRIVE_6：level 3(30 mA)
                                     MD_GPIO_OUT_DRIVE_20：level 4(30 mA) */
    gpio_out_drive_t nodrv;       /* PMOS 驱动功能配置（输入电流），有如下参数可选：
                                     MD_GPIO_OUT_DRIVE_0：level 1(0.5 mA)
                                     MD_GPIO_OUT_DRIVE_1：level 2(10 mA)
                                     MD_GPIO_OUT_DRIVE_6：level 3(50 mA)
                                     MD_GPIO_OUT_DRIVE_20：level 4(120 mA) */
    md_gpio_filter_t flt;         /* 滤波器使能或禁止，有如下参数可选：
                                     MD_GPIO_FILTER_DISABLE：禁止
                                     MD_GPIO_FILTER_ENABLE：使能 */
    md_gpio_type_t type;          /* 配置端口输入电平类型，有如下参数可选：
                                     MD_GPIO_TYPE_CMOS：CMOS 电平
                                     MD_GPIO_TYPE_TTL：TTL 电平 */
```

```
    md_gpio_func_t func;        /* 配置端口复用功能,有如下参数可选:
                                   MD_GPIO_FUNC_0
                                   MD_GPIO_FUNC_1
                                   MD_GPIO_FUNC_2
                                   MD_GPIO_FUNC_3
                                   MD_GPIO_FUNC_4
                                   MD_GPIO_FUNC_5
                                   MD_GPIO_FUNC_6
                                   MD_GPIO_FUNC_7 */
} md_gpio_init_t;
```

具体通用数字输入/输出端口的配置过程如下:

```
/**
  * @brief  初始化端口
  * @retval 无
  */
void init_gpio(void)
{
    md_gpio_init_t gpio_init;

    /* 初始化 LED 端口 */
    md_gpio_init_struct(&gpio_init);          /* 初始化结构体 gpio_init 为默认值 */
    gpio_init.mode  = MD_GPIO_MODE_OUTPUT;  /* 配置端口为输出模式 */
    gpio_init.odos  = MD_GPIO_PUSH_PULL;    /* 配置端口为推挽输出 */
    gpio_init.pupd  = MD_GPIO_FLOATING;     /* 配置端口为无上拉和下拉 */
    gpio_init.podrv = MD_GPIO_OUT_DRIVE_6;  /* 配置端口拉电流驱动 2:6 mA */
    gpio_init.nodrv = MD_GPIO_OUT_DRIVE_6;  /* 配置端口灌电流驱动 2:6 mA */
    gpio_init.func  = MD_GPIO_FUNC_1;         /* 配置端口复用类型为 FUNC1:通用数字输入/输出端口 */
    md_gpio_init(LED_PORT, LED_PIN, &gpio_init);

    /* 初始化按键端口 */
    md_gpio_init_struct(&gpio_init);          /* 初始化结构体 gpio_init 为默认值 */
    gpio_init.mode  = MD_GPIO_MODE_INPUT;   /* 配置端口为输入模式 */
    gpio_init.pupd  = MD_GPIO_FLOATING;     /* 配置端口为无上拉和下拉 */
    gpio_init.flt   = MD_GPIO_FILTER_DISABLE;  /* 配置端口输入滤波禁止 */
    gpio_init.type  = MD_GPIO_TYPE_TTL;     /* 配置端口输入电平类型为 TTL 电平 */
    gpio_init.func  = MD_GPIO_FUNC_1;         /* 配置端口复用类型为 FUNC1:通用数字输入/输出端口 */
    md_gpio_init(KEY_PORT, KEY_PIN, &gpio_init);

    return;
}
```

使用 md_gpio_get_input_data(KEY_PORT, KEY_PIN)读取按键端口高低电平;
使用 md_gpio_set_pin_high(LED_PORT, LED_PIN)设置 LED 端口输出高电平;
使用 md_gpio_set_pin_low(LED_PORT, LED_PIN)设置 LED 端口输出低电平。

```
/**
  * @brief  Test main function
```

```
  * @retval Status
  */
int main()
{
    /*配置系统时钟*/
    md_cmu_pll1_config(MD_CMU_PLL1_INPUT_HRC_6, MD_CMU_PLL1_OUTPUT_72M);
    md_cmu_clock_config(MD_CMU_CLOCK_PLL1, 72000000);
    /*配置 SysTick*/
    md_init_1ms_tick();

    /*使能所有外设时钟*/
    SYSCFG_UNLOCK();
    md_cmu_enable_perh_all();
    SYSCFG_LOCK();

    /*初始化按键和 LED 端口*/
    init_gpio();

    while (1)
    {
        if(md_gpio_get_input_data(KEY_PORT, KEY_PIN) == 1) /*如果读取按键端口为高电平*/
        {
            md_gpio_set_pin_high(LED_PORT, LED_PIN);          /*LED 端口输出高电平*/
        }
        else                                                    /*否则按键端口为低电平*/
        {
            md_gpio_set_pin_low(LED_PORT, LED_PIN);           /*LED 端口输出低电平*/
        }
        md_delay_1ms(10);
    }
}
```

2. 使用 ALD 库设计程序

使用函数"void gpio_init(GPIO_TypeDef * GPIOx, uint16_t pin, md_gpio_init_t * init);"对输出端口进行初始化，结构体类型 gpio_init_t 定义了对 GPIO 进行初始化需要用到的参数：

```
typedef struct
{
    gpio_mode_t mode;          /*配置端口模式，有如下参数可选：
                                 GPIO_MODE_CLOSE：输入/输出均关闭
                                 GPIO_MODE_INPUT：输入模式
                                 GPIO_MODE_OUTPUT：输出模式（此时输入同时打开）*/
    gpio_odos_t odos;          /*配置端口为输出类型，有如下参数可选：
                                 MD_GPIO_PUSH_PULL：推挽
                                 MD_GPIO_OPEN_DRAIN：开漏（无法输出高电平）
```

```
                                MD_GPIO_OPEN_SOURCE:开源(无法输出低电平)*/
    gpio_push_t pupd;          /*上拉和下拉配置,有如下参数可选:
                                GPIO_FLOATING:浮空(既无上拉也无下拉)
                                GPIO_PUSH_UP:上拉
                                GPIO_PUSH_DOWN:下拉
                                GPIO_PUSH_UP_DOWN:上拉和下拉*/
    gpio_out_drive_t podrv;    /*PMOS驱动功能配置(输出电流),有如下参数可选:
                                GPIO_OUT_DRIVE_0:level 1(0.5 mA)
                                GPIO_OUT_DRIVE_1:level 2(10 mA)
                                GPIO_OUT_DRIVE_6:level 3(30 mA)
                                GPIO_OUT_DRIVE_20:level 4(30 mA)*/
    gpio_out_drive_t nodrv;    /*PMOS驱动功能配置(输入电流),有如下参数可选:
                                GPIO_OUT_DRIVE_0:level 1(0.5 mA)
                                GPIO_OUT_DRIVE_1:level 2(10 mA)
                                GPIO_OUT_DRIVE_6:level 3(50 mA)
                                GPIO_OUT_DRIVE_20:level 4(120 mA)*/
    gpio_filter_t flt;         /*滤波器使能或禁止,有如下参数可选:
                                GPIO_FILTER_DISABLE:禁止
                                GPIO_FILTER_ENABLE:使能*/
    gpio_type_t type;          /*配置端口输入电平类型,有如下参数可选:
                                GPIO_TYPE_CMOS:CMOS电平
                                GPIO_TYPE_TTL:TTL电平*/
    gpio_func_t func;          /*配置端口复用功能,有如下参数可选:
                                GPIO_FUNC_0
                                GPIO_FUNC_1
                                GPIO_FUNC_2
                                GPIO_FUNC_3
                                GPIO_FUNC_4
                                GPIO_FUNC_5
                                GPIO_FUNC_6
                                GPIO_FUNC_7*/
} md_gpio_init_t;
```

具体通用数字输入/输出端口的配置过程如下:

```
/**
  * @brief  端口初始化
  * @retval 无
  */
void init_gpio(void)
{
    gpio_init_t gpio_init;

    /*初始化LED端口*/
    memset(&gpio_init, 0x0, sizeof(gpio_init));  /*初始化结构体gpio_init为默认值*/
    gpio_init.mode = GPIO_MODE_OUTPUT;            /*配置端口为输出模式*/
    gpio_init.odos = GPIO_PUSH_PULL;              /*配置端口为推挽输出*/
    gpio_init.pupd = GPIO_FLOATING;               /*配置端口为无上拉和下拉*/
    gpio_init.podrv = GPIO_OUT_DRIVE_6;           /*配置端口拉电流驱动2:6 mA*/
```

```
    gpio_init.nodrv = GPIO_OUT_DRIVE_6;               /* 配置端口灌电流驱动 2:6 mA */
    gpio_init.func = GPIO_FUNC_1;                     /* 配置端口复用类型为 FUNC1:通用数字输入/输出
                                                         端口 */
    ald_gpio_init(LED_PORT, LED_PIN, &gpio_init);

    /* 初始化按键端口 */
    memset(&gpio_init, 0x0, sizeof(gpio_init));       /* 初始化结构体 gpio_init 为默认值 */
    gpio_init.mode = GPIO_MODE_INPUT;                 /* 配置端口为输入模式 */
    gpio_init.pupd = GPIO_FLOATING;                   /* 配置端口为无上拉和下拉 */
    gpio_init.flt   = GPIO_FILTER_DISABLE;            /* 配置端口输入滤波禁止 */
    gpio_init.type = GPIO_TYPE_TTL;                   /* 配置端口输入电平类型为 TTL 电平 */
    gpio_init.func = GPIO_FUNC_1;                     /* 配置端口复用类型为 FUNC1:通用数字输入/输出
                                                         端口 */
    ald_gpio_init(KEY_PORT, KEY_PIN, &gpio_init);

    return;
}
```

使用 gpio_get_input_data(KEY_PORT, KEY_PIN)读取按键端口高低电平;
使用 gpio_set_pin_high(LED_PORT, LED_PIN)设置 LED 端口输出高电平;
使用 gpio_set_pin_low(LED_PORT, LED_PIN)设置 LED 端口输出低电平。

```
/**
  * @brief  Test main function
  * @retval Status
  */
int main()
{
    /* ALD 库函数运行基础环境配置 */
    ald_cmu_init();
    /* 配置系统时钟 */
    ald_cmu_pll1_config(CMU_PLL1_INPUT_HOSC_3, CMU_PLL1_OUTPUT_72M);
    ald_cmu_clock_config(CMU_CLOCK_PLL1, 72000000);
    ald_cmu_perh_clock_config(CMU_PERH_ALL, ENABLE);

    /* 初始化按键和 LED 端口 */
    init_gpio();

    while (1)
    {
        if(ald_gpio_read_pin(KEY_PORT, KEY_PIN) == 1) /* 如果读取按键端口为高电平 */
        {
            ald_gpio_write_pin(LED_PORT, LED_PIN, 1);  /* LED 端口输出高电平 */
        }
        else                                           /* 否则按键端口为低电平 */
        {
            ald_gpio_write_pin(LED_PORT, LED_PIN, 0);  /* LED 端口输出低电平 */
        }
```

```
        ald_delay_ms(10);
    }
}
```

9.7.2 外部中断

按键按下时端口产生上升沿，触发外部中断，在中断服务程序中翻转LED端口电平。

1. 使用MD库设计程序

通过函数md_gpio_set_interrupt_port(KEY_PORT, KEY_PIN)设置检测外部中断的端口；

通过函数md_gpio_enable_riging_edge_trigger(MD_GPIO_PIN_10)设置上升沿产生中断；

通过函数md_gpio_enable_external_interrupt(MD_GPIO_PIN_10)使能外部中断。

```
/**
  * @brief  外部中断初始化
  * @retval 无
  */
void init_exti(void)
{
    md_gpio_set_interrupt_port(KEY_PORT, KEY_PIN);        /* 设置检测外部中断的端口 */
    md_gpio_enable_riging_edge_trigger(MD_GPIO_PIN_10);   /* 设置上升沿产生中断 */
    md_gpio_enable_external_interrupt(MD_GPIO_PIN_10);    /* 使能外部中断 */
    md_mcu_irq_config(EXTI10_IRQn, 0, 0, ENABLE);         /* 使能 NVIC EXTI10_IRQn */

    return;
}
```

在中断服务程序中翻转LED电平：

```
/**
  * @brief  外部中断10服务程序
  * @retval 无
  */
void EXTI10_Handler(void)
{
    /* 如果外部中断10使能并且中断标志产生 */
    if(md_gpio_is_enabled_external_interrupt(MD_GPIO_PIN_10)
       && md_gpio_get_flag(MD_GPIO_PIN_10))
    {
        md_gpio_clear_flag(MD_GPIO_PIN_10);               /* 清除外部中断10中断标志 */
        md_gpio_toggle_pin_output(LED_PORT, LED_PIN);     /* 翻转LED端口电平 */
    }
    return;
}
```

2. 使用 ALD 库设计程序

通过函数“void ald_gpio_exti_init(GPIO_TypeDef * GPIOx, uint16_t pin, exti_init_t * init);”初始化外部中断,结构体类型 exti_init_t 定义了初始化外部中断需要用到参数:

```
typedef struct
{
    type_func_t filter;            /* 配置外部中断滤波器是否使能,有如下参数可配:
                                      DISABLE:禁止
                                      ENABLE:使能 */
    exti_filter_clock_t cks;       /* 配置外部中断滤波器时钟,有如下参数可配:
                                      EXTI_FILTER_CLOCK_10K:ULRC 10 kHz 时钟
                                      EXTI_FILTER_CLOCK_32K:LRC 32 kHz 时钟 */
    uint8_t filter_time;           /* 配置外部中断滤波时间,0~255 可配:
                                      滤波时间为:(FLTSEL[7:0] + 1)×2 */
} exti_init_t;
```

通过函数 ald_gpio_exti_interrupt_config 设置外部中断上升沿触发并使能,具体的外部中断配置过程如下:

```
/**
  * @brief  外部中断初始化
  * @retval 无
  */
void init_exti(void)
{
    exti_init_t exti;
    /* 初始化外部中断 */
    exti.filter      = ENABLE;                 /* 使能外部中断滤波 */
    exti.cks         = EXTI_FILTER_CLOCK_10K;  /* 去抖滤波时钟为 ULRC(约 10 kHz) */
    exti.filter_time = 10;                     /* 去抖滤波时间为 10 个时钟周期 */
    ald_gpio_exti_init(KEY_PORT, KEY_PIN, &exti);

    /* 配置外部中断 10 外上升沿触发 */
    ald_gpio_exti_interrupt_config(GPIO_PIN_10, EXTI_TRIGGER_RISING_EDGE, ENABLE);
    /* 清除外部中断 10 标志 */
    ald_gpio_exti_clear_flag_status(GPIO_PIN_10);
    /* 使能 NVIC EXTI10_IRQn */
    ald_mcu_irq_config(EXTI10_IRQn, 0, 0, ENABLE);

    return;
}
```

在中断服务程序中翻转 LED 电平:

```
/**
  * @brief  外部中断 10 回调函数
```

```
  * @retval 无
  */
void exti10_irq_handler(void)
{
    /*如果外部中断10中断标志产生*/
    if(ald_gpio_exti_get_flag_status(GPIO_PIN_10))
    {
        ald_gpio_exti_clear_flag_status(GPIO_PIN_10);  /*清除外部中断10中断标志*/
        ald_gpio_toggle_pin(LED_PORT, LED_PIN);        /*翻转LED端口电平*/
    }
    return;
}
```

第 10 章

Timer 定时器

ES32 有 5 种定时器，不同产品包含定时器的类型和数量不同，这 5 种定时器的区别如表 10-1 所列。

表 10-1　5 种定时器功能比较

简　称	全　称	位　宽	计数方式	捕捉比较通道数	互补通道数	刹车	从模式	逻辑引脚
AD16C4T	高级 16 位 4 通道定时器	16	递增、递减、中心对齐	4	3	支持	支持	ET CH1O/CH1_IN CH2O/CH2_IN CH3O/CH4_IN CH4O/CH4_IN CH1ON CH2ON CH3ON BKR
GP16C4T	通用 16 位 4 通道定时器	16	递增、递减、中心对齐	4	0	不支持	支持	ET CH1O/CH1_IN CH2O/CH2_IN CH3O/CH4_IN CH4O/CH4_IN
GP32C4T	通用 32 位 4 通道定时器	32	递增、递减、中心对齐	4	0	不支持	支持	ET CH1O/CH1IN CH2O/CH2IN CH3O/CH4IN CH4O/CH4IN

续表 10-1

简 称	全 称	位 宽	计数方式	捕捉比较通道数	互补通道数	刹车	从模式	逻辑引脚
GP16C2T	通用16位2通道定时器	16	递增	2	0	支持	支持	ET CH1O/CH1IN CH2O/CH2IN CH1ON BKR
BS16T	基本定时器	16	递增	0	0	不支持	不支持	无

本章将以ES32F369x平台的AD16C4T为例，对定时器的功能和使用进行解析，介绍上述5种定时器类型。所有定时器共用一套MD和ALD库函数。

10.1 功能特点

ES32F369x AD16C4T模块具有以下特性：

➢ 16位递增，递减，递增/递减自动加载计数器。
➢ 16位可编程预分频器，可对计数器工作时钟进行1～65 536的任意分频。
➢ 多达4个独立信道：
  - 输入捕获；
  - 输出比较；
  - PWM产生(边沿与中央对齐模式)；
  - 单脉冲输出。
➢ 以下事件中产生中断/DMA请求：
  - 更新事件：计数器上溢/下溢，计数器初始化(通过软件或内/外部触发)；
  - 触发事件(计数器起始、停止、初始化或内/外触发计数)；
  - 输入捕获；
  - 输出比较；
  - 刹车输入。
➢ 支持增量(正交)编码及霍尔电路进行定位。
➢ 通过外设互联(PIS)可支持与片上其他定时器互联。

10.2 功能逻辑视图

如图10-1所示是AD16C4T的结构框图，通过拆解模块功能的方式进行描述。

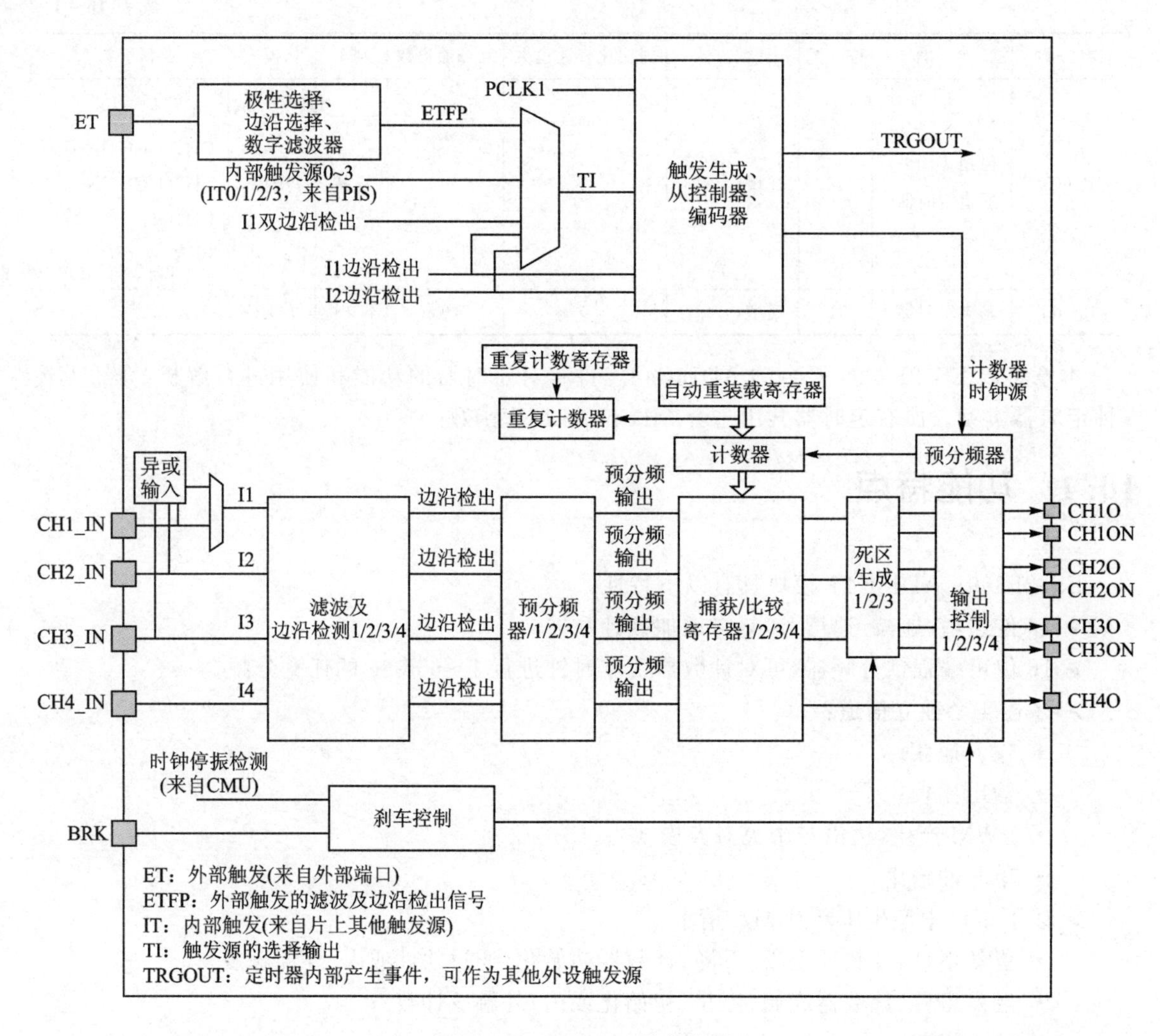

图 10-1　AD16C4T 结构框图

10.3　基本计数单元

如图 10-2 所示，基本计数单元由 3 个模块组成。

3 个模块分别是：

➢ 16 位/32 位计数器 COUNT：

- 除了 GP32C4T 是 32 位计数器，其他定时器都是 16 位计数器；
- 计数模式为递增、递减、中心对齐（递增递减）。

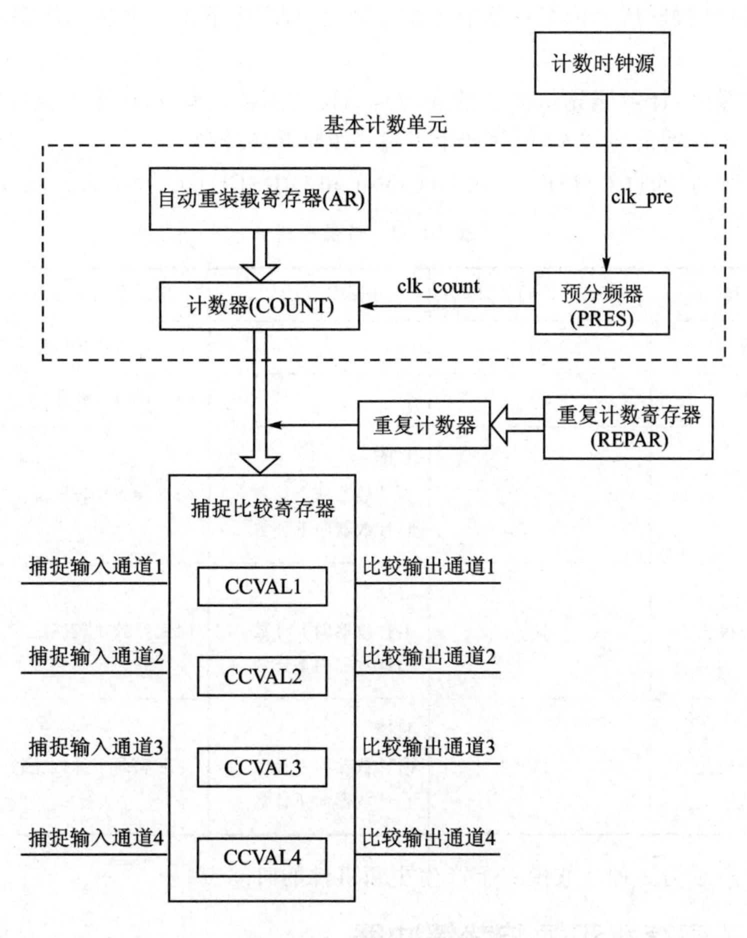

图 10－2　基本计数单元

➢ 16 位预分频器 PRES：
- 计数器使能后(CNTEN@CON1)，在 clk_count 时钟驱动下计数；
- clkcount ＝clkpre / (PRES[15:0] ＋1)；
- 可以动态修改该寄存器，刷新值在下一个更新事件时生效。

➢ 16 位/32 位自动重装载寄存器 AR：
- 可以动态修改该寄存器；
- 刷新值在下一个更新事件生效或立刻生效(取决于 ARPEN@CON1 是否使能)。

10.3.1　计数模式

基本计数单元支持 3 种计数模式，分别是递增模式、递减模式、中心对齐模式(递增递减)：

➢ 递增模式：计数器从 0 开始递增至 AR 寄存器值，产生上溢 ，再从 0 重新开始递增。

➢ 递减模式:计数器从 AR 寄存器值开始递减至 0,产生下溢 ,再从 AR 寄存器值重新开始递减。

➢ 中心对齐模式:计数器先从 0 开始递增至 AR 寄存器值减 1,产生上溢 ,再自动地将计数器从 AR 寄存器值递减至 1,并产生下溢 ,如此循环计数。

如表 10-2 所列,通过 CMSEL[1:0]@CON1 和 DIRSEL@CON1 来控制计数模式。

表 10-2 计数模式

计数模式	CMSEL[1:0]@CON1	DIRSEL@CON1	比较中断标志位产生时间
递增计数	00	0	向上计数比较匹配
递减计数	00	1	向下计数比较匹配
中心对齐模式 1	01	只读 0:计数器向上计数 1:计数器向下计数	向下计数比较匹配
中心对齐模式 2	10	只读 0:计数器向上计数 1:计数器向下计数	向上计数比较匹配
中心对齐模式 3	11	只读 0:计数器向上计数 1:计数器向下计数	向上和向下计数比较匹配

如图 10-3 所示为 3 种计数模式下产生更新事件的时间点。

10.3.2 影子寄存器和预装载缓冲器

预分频寄存器(PRES)、自动重装载寄存器(AR)、捕捉比较寄存器(CCVAL1/2/3/4)具备影子寄存器和预装载缓冲器(见图 10-4、图 10-6 和图 10-7)。

用户在读/写操作时,访问的都是预装载缓冲器,更新的值都只是更新预装载缓冲器,但是起作用的是影子寄存器中的值。在发生更新事件时,只有将预装载缓冲器中的值复制到影子寄存器中,用户上一次修改的值才生效。

自动重装载寄存器(AR)和捕捉比较寄存器(CCVAL1/2/3/4)可通过 ARPEN@CON1 寄存器控制预装载是否有效,当预装载无效时,写入值立刻生效(见图 10-6 和图 10-7)。

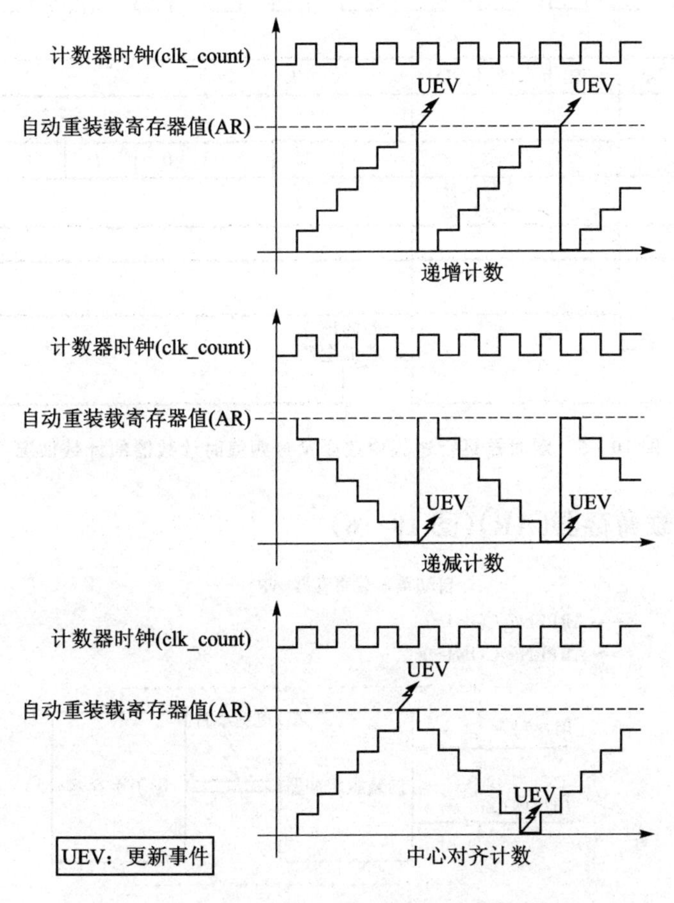

图10-3　3种计数模式下产生更新事件的时间点

1. 预分频寄存器(PRES)(图10-4)

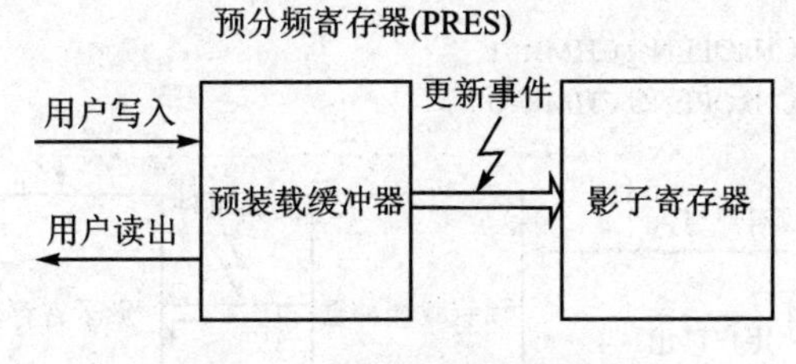

图10-4　预分频寄存器装载

图10-5给出了定时器运行过程中改变预分频值时计数器的计数情况。

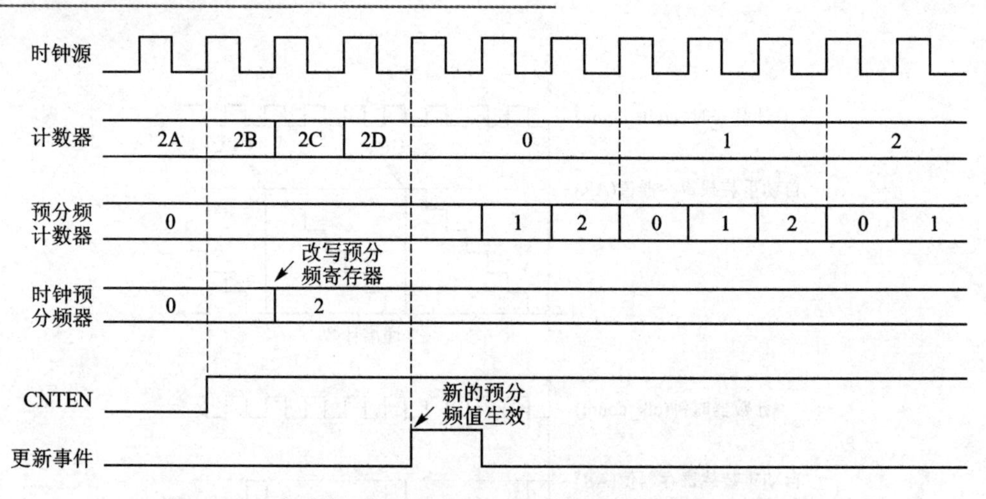

图 10－5　定时器运行过程中改变预分频值时计数器的计数情况

2. 自动重装载寄存器(AR)(图 10－6)

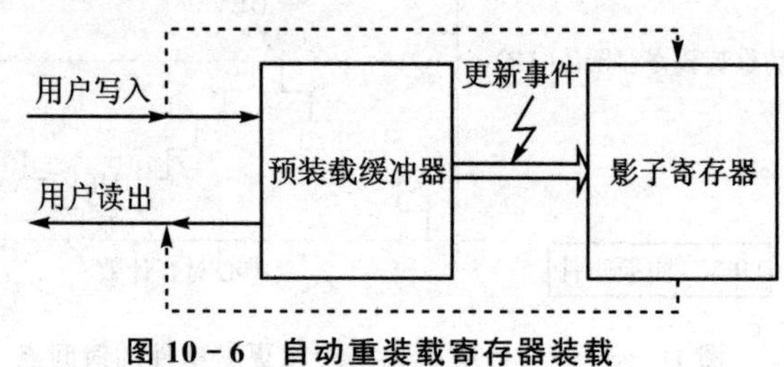

图 10－6　自动重装载寄存器装载

3. 捕捉比较寄存器(CCVAL1/2/3/4)(图 10－7)

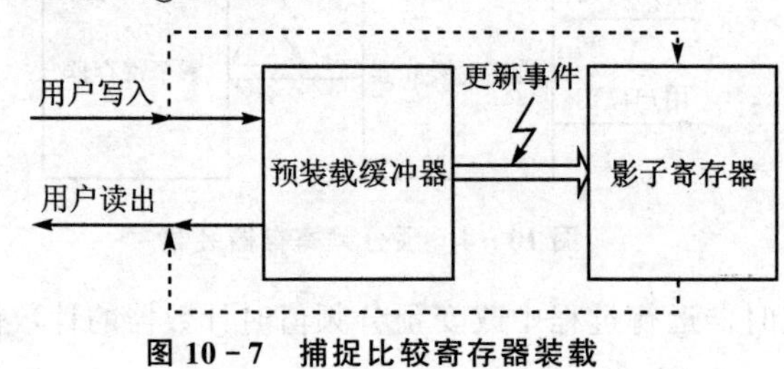

图 10－7　捕捉比较寄存器装载

10.3.3 更新事件

什么是更新事件？请参看本章图10-3。

在发生更新事件时，预装载缓冲器中的值复制到影子寄存器中。当更新事件没有被禁止时(DISUE@CON1=0)，以下情况产生更新事件，并产生更新中断或DMA请求。

(1) 计数器溢出：计数器发生上溢或下溢并且重复计数寄存器为0时，产生更新事件。

(2) 软件触发更新事件：对SGU@SGE写1软件触发更新事件。

(3) 从模式控制器产生更新事件：见10.9.2小节。

UERSEL@CON1选择更新事件的信号源，其对中断或DMA请求的影响如下：

➢ 当UERSEL@CON1为0时，如果更新中断或DMA请求使能，则下面任一情况发生都可产生更新中断或DMA请求：
  - 计数器上溢/下溢；
  - 软件触发更新事件；
  - 从模式控制器产生更新事件。

➢ 当UERSEL@CON1为1时，如果更新中断或DMA请求使能，仅下面一种情况发生可产生更新中断或DMA请求：
  - 计数器上溢/下溢。

对3种更新事件总结如表10-3所列。

表10-3 对3种更新事件总结

更新事件	UERSEL@CON1	中断标志 UEVTIF@IFM	备 注
计数器上溢/下溢	—	1	重复计数寄存器为0
SGU@SGE(软件触发更新事件)	0 1	1 0	—
从模式控制器产生更新事件	0 1	1 0	—

10.3.4 重复计数寄存器

重复计数器用于控制发生多次上溢或下溢之后，又产生更新事件，即发生REPAR+1次溢出之后，又产生更新事件。REPAR寄存器是一个具有预装载缓冲器的寄存器。同理，每当发生REPAR+1次上溢或下溢时，上一次写入REPAR的数据就从预装载缓冲器转移到影子寄存器，这时影子寄存器的值才会真正生效。

10.3.5 程序设计示例

定时器的一个典型应用就是定时功能。使用AD16C4T产生1 ms、1 s、10 s的周期更新事件中断,并在中断服务程序中翻转 GPIO 的电平。程序示例是 PCLK1 为 72 MHz 时,配置 10 ms 周期定时。

1. 使用 MD 库设计程序

函数 md_timer_base_set_config 对 AD16C4T 进行基本初始化:

ad16c4t_init. prescaler 初始化的是预分频寄存器,位宽为 16 bit;

ad16c4t_init. period 初始化的是自动重装载寄存器,位宽为 16 bit;

ad16c4t_init. re_cnt 初始化的是重复计数寄存器,位宽为 8 bit。

所以在 AD16C4T 时钟频率为 72 MHz 下,产生 1 ms、1 s、10 s 的周期需要合理地配置 ad16c4t_init. prescaler、ad16c4t_init. period、ad16c4t_init. re_cnt 的分频比。例如:

- 当产生 1 ms 周期时:ad16c4t_init. prescaler 配置为 10,ad16c4t_init. period 配置为 7 200-1,ad16c4t_init. re_cnt 配置为 0;
- 当产生 1 s 周期时:ad16c4t_init. prescaler 配置为 7 200-1,ad16c4t_init. period 配置为 10 000-1,ad16c4t_init. re_cnt 配置为 0;
- 当产生 10 s 周期时:ad16c4t_init. prescaler 配置为 7 200-1,ad16c4t_init. period 配置为 10 000-1,ad16c4t_init. re_cnt 配置为 10-1。

详细的代码实现方法请查看:ES32_SDK\Projects\Book1_Example\TIMER\MD\01_overflow_Interrput。

2. 使用 ALD 库设计程序

函数 ald_tim_base_init 对 Timer 进行基本配置,首先确定配置对象 h_tim. perh = AD16C4T:

- 当产生 1 ms 周期时:h_tim. init. prescaler 配置为 10,h_tim. init. period 配置为 7 200-1,h_tim. init. re_cnt 配置为 0;
- 当产生 1 s 周期时:h_tim. init. prescaler 配置为 7 200-1,h_tim. init. period 配置为 10 000-1,h_tim. init. re_cnt 配置为 0;
- 当产生 10 s 周期时:h_tim. init. prescaler 配置为 7 200-1,h_tim. init. period 配置为 10 000-1,h_tim. init. re_cnt 配置为 10-1。

函数 ald_timer_config_clock_source 配置 Timer 时钟源;

函数 ald_timer_base_start_by_it 配置 Timer 以中断方式开展运行,这时 Timer 的更新中断使能。

详细的代码实现方法请查看:ES32_SDK\Projects\Book1_Example\TIMER\ALD\01_overflow_Interrput。

3. 实验效果

定时功能实验效果如图 10-8 所示。

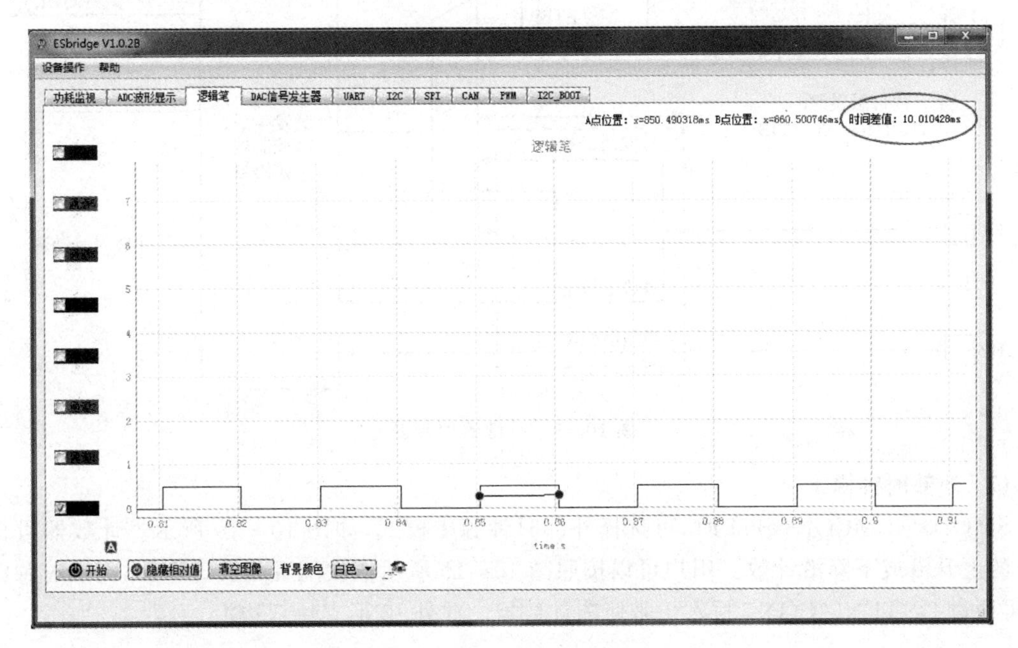

图 10-8　定时功能实验效果

10.4　计数器的时钟源

1. 工作原理

计数器一共有 9 个时钟源，如图 10-9 所示，可分为 4 类：

① 内部时钟(INT_CLK)，来自 PCLK1；

② 外部时钟源 1(I1 的双边沿检出信号、I1 的边沿检出信号、I2 的边沿检出信号)；

③ 外部时钟源 2(ET 引脚经过极性选择和数字滤波器的信号)；

④ 内部触发输入，来自 PIS 消费端信号(IT0、IT1、IT2、IT3)。

(1) 内部时钟

如果禁止从模式控制器(SMODS@SMCON＝000)，则 CNTEN@CON1 位、DIR@CON1 位和 SGU@SGE 位为实际控制位，并且只能通过软件更改(SGU 仍保持自动清零)。当对 CNTEN@CON1 位写入 1 时，预分频器的时钟就由内部时钟 PCLK1 提供。

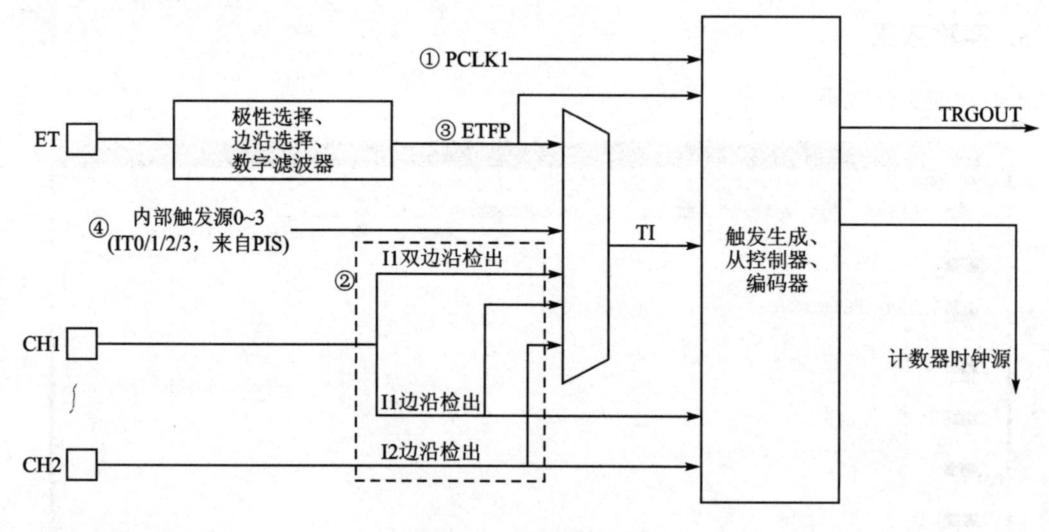

图 10-9 计数器时钟源

(2) 外部时钟源 1

SMODS@SMCON＝111 时，可选择外部时钟源 1 模式，如图 10-10 所示。计数器可根据选定的上升沿或下降沿计数。用户可以按照图 10-10 所示依次配置相关寄存器，完成时钟源选择，再通过 CNTEN@CON1 写入 1 来使能计数器。此外 I2 不支持双边沿。

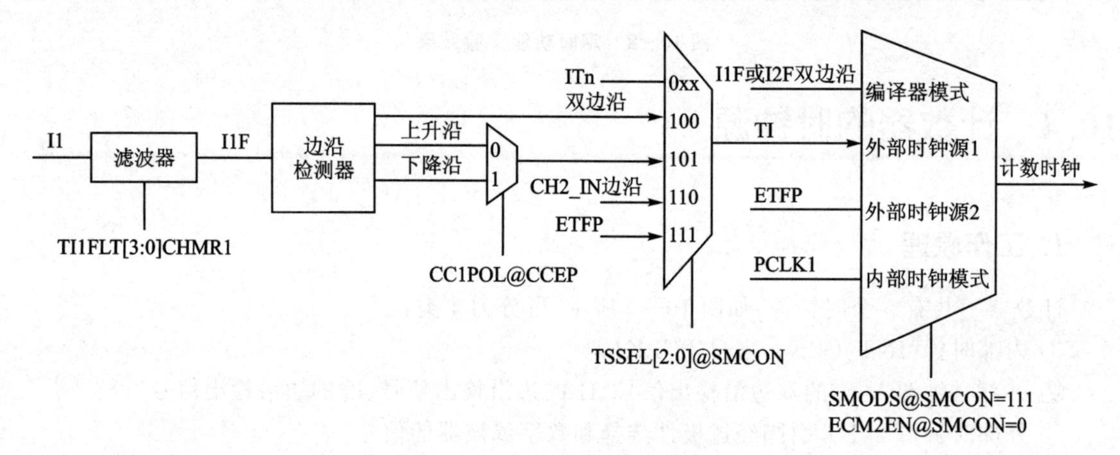

图 10-10 计数器外部时钟源 1

(3) 外部时钟源 2

通过 ECM2EN@SMCON＝1 可选择外部时钟源 2 模式，如图 10-11 所示。计数器可在外部触发输入 ET 出现上升沿或下降沿时计数。用户可以按照图 10-11 所示依次配置相关寄存器，完成时钟源选择，再通过 CNTEN＝1 来使能计数器。

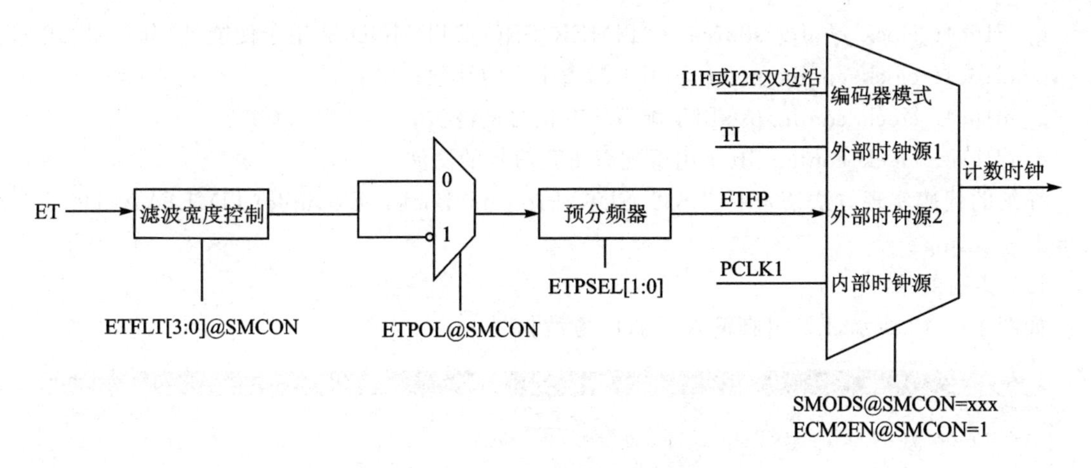

图 10－11 计数器外部时钟源 2

(4) 内部触发输入

当 SMODS@SMCON＝111 且 TSSEL@TSSEL＝0xx 时，可选定内部触发输入模式。内部触发信号来源于 PIS 消费端，计数器根据选定的 PIS 消费端的上升沿或下降沿计数，如图 10－12 所示。

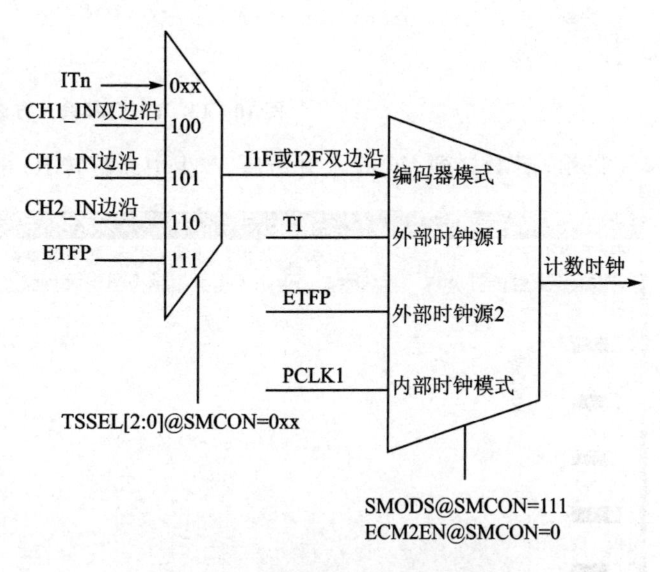

图 10－12 计数器时钟源内部触发输入

2. 程序设计示例

计数器的一个典型应用就是对外部脉冲信号进行计数，下面的程序示例是对 ET 引脚上升沿进行计数。

(1) 使用 MD 库设计程序

函数 md_timer_enable_external_clk2mode_ecm2en 用于使能外部时钟模式 2；

函数 md_timer_set_external_trigger_prescaler_etpsels 用于配置 ET 信号预分配比；

函数 md_timer_set_external_trigger_polarity_etpol 用于配置 ET 的计数边沿；

函数 md_timer_set_external_trigger_filter_etflt 用于配置 ET 信号的滤波。

详细的代码实现方法请查看：ES32_SDK\Projects\Book1_Example\TIMER\MD\02_external_counting。

(2) 使用 ALD 库设计程序

函数 ald_timer_config_clock_source 用于配置 Timer 时钟源：

g_ad16c4t_clock_config.source = TIMER_SRC_ETRMODE2 用于使能外部时钟模式 2；

g_ad16c4t_clock_config.polarity 用于配置 ET 的计数边沿；

g_ad16c4t_clock_config.psc 用于配置 ET 信号的滤波；

g_ad16c4t_clock_config.filter 用于配置 ET 信号的滤波。

详细的代码实现方法请查看：ES32_SDK\Projects\Book1_Example\TIMER\ALD\02_external_counting。

(3) 实验效果

如图 10-13 所示，ET 引脚输入 1 kHz 方波信号。

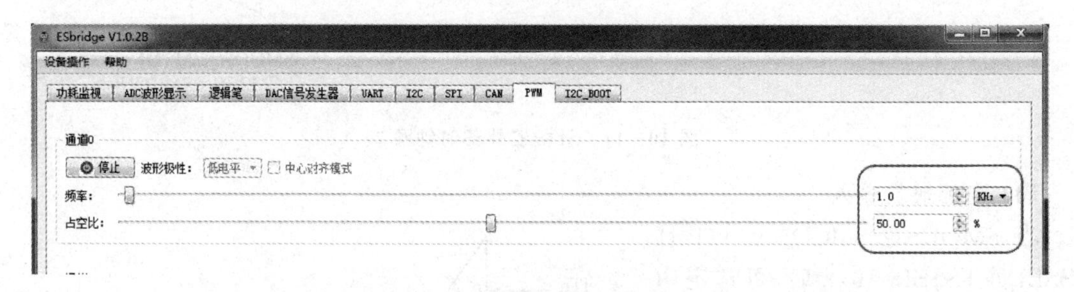

图 10-13 ET 引脚输入方波信号

Timer 计数达到 100 个上升沿后，产生中断翻转 IO 电平，如图 10-14 所示。

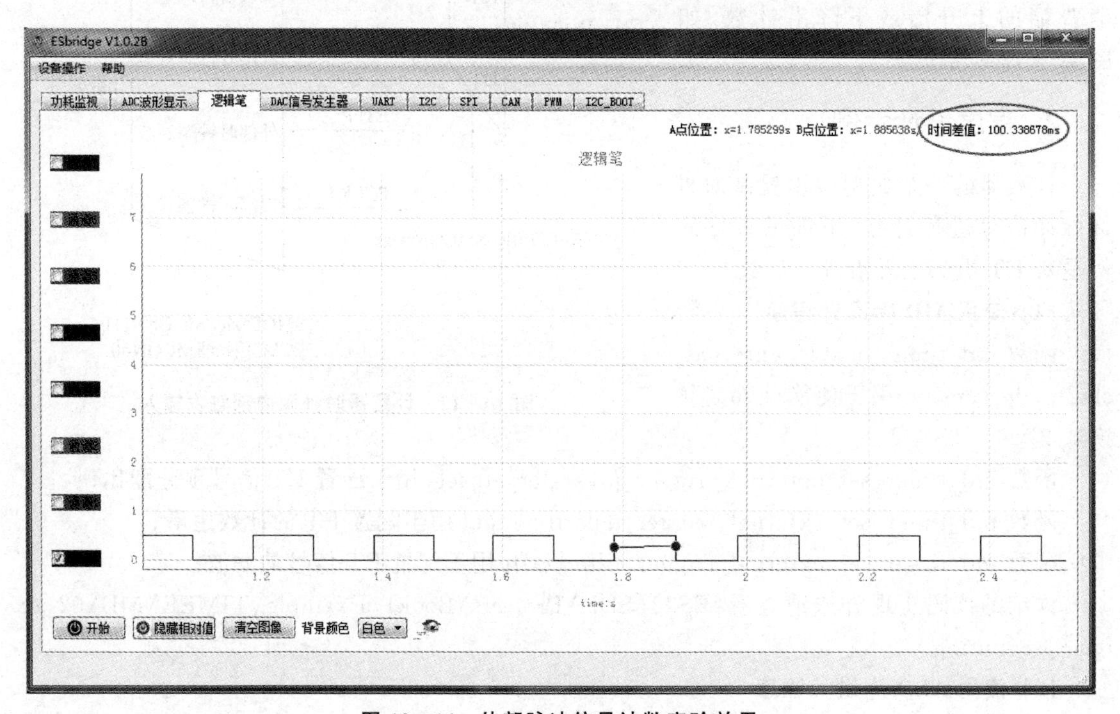

图 10-14 外部脉冲信号计数实验效果

10.5 捕捉输入通道

1. 工作原理

若检测到有效捕捉信号，则把计数器的当前值锁存在 CCVALx 寄存器中，并且置位标志 CHxIF@RIF。如果使能了中断或 DMA，可产生中断或 DMA 请求。如果已经置位 CHxIF@RIF 且发生了捕捉事件，则置位 CHxOVIF@RIF。

有效捕捉信号的产生过程如下（读者可结合图 10－15 理解）：

- 对 Ix 信号通过 f_{DTS} 进行采样滤波，得到 IxF。通过 IxFLT@CCMR 配置采样频率 $f_{SMAPLING}$，$f_{SMAPLING}=f_{CK\_INT}$ 或 f_{DTS} 的 N 分频，N 可配。（f_{DTS} 为死区发生器和数字滤波器的工作时钟频率，由 DFCKSEL@CON1 控制。）
- 由边沿检测器检测出 IxF 的上升沿和下降沿，可通过[CCxNPOL，CCxPOL]选择需要的 Ix 边沿信号。Ix 边沿信号可连接到从模式控制器或有效捕捉信号的预分频器。
- 有效的捕捉信号通过配置 CCxSSEL@CHMR，连接到预分频器的输入端。该捕捉信号通过 ICxPRES@CHMR 分频后得到最终的捕捉信号。
- Ix 的边沿信号输出到从模式控制器。当从模式控制器处于复位模式时，可以选择 Ix 信号边沿复位计数器。从模式控制器详细内容详见 10.9.2 小节。

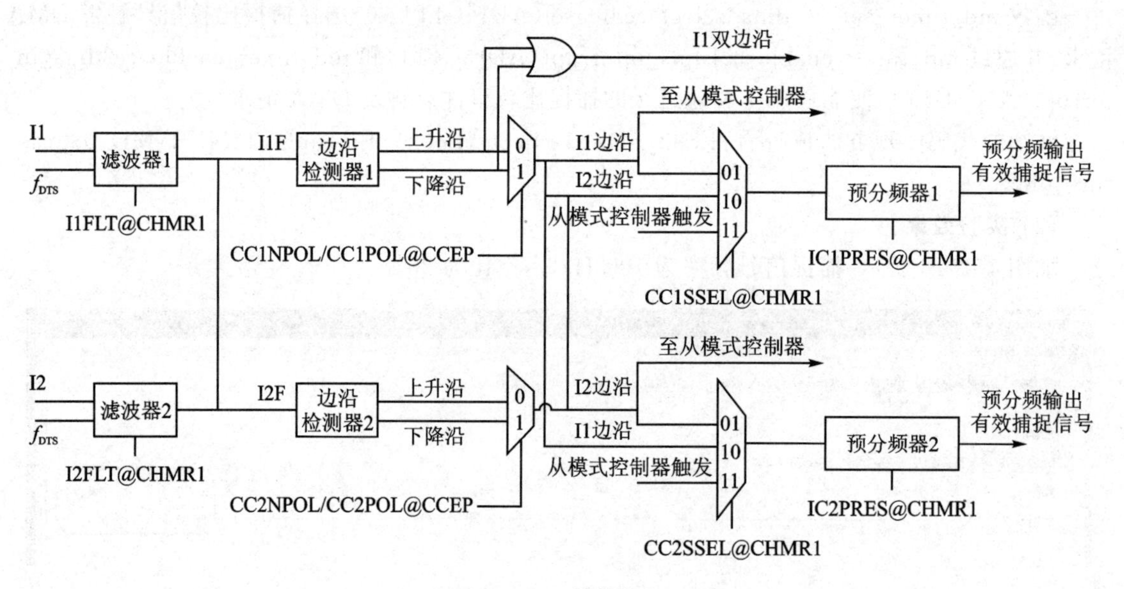

图 10－15 捕捉输入

2. 程序设计示例

使用 AD16C4T 的捕捉功能测量一个方波的周期和占空比。使用通道 1 捕捉信号的上升沿,并产生通道 1 捕捉事件。使用通道 2 捕捉信号的下降沿,并产生通道 2 捕捉事件。同时在上升沿将计数器复位,并产生更新事件(详见 10.9 节)。

每次产生的通道 1 捕捉事件都会触发 DMA 搬运 CC1VAL 寄存器的值;每次产生的通道 2 捕捉事件都会触发 DMA 搬运 CC2VAL 寄存器的值。

(1) 使用 MD 库设计程序

将 Timer 配置为输入捕捉。

函数 md_timer_ic_init 将通道 1 和通道 2 设置为输入捕捉通道:

ic_init.filter 用来配置输入通道数字滤波器;

ic_init.polarity 用来配置捕捉信号的极性;

ic_init.psc 用来配置输入捕捉信号的预分频比;

ic_init.sel 用来选择捕捉源:捕捉源如果是本通道,即为 MD_TIMER_IC_SEL_DIRECT;捕捉源如果是相邻通道,即为 MD_TIMER_IC_SEL_INDIRECT。

函数 md_timer_set_slave_mode_smods(AD16C4T1, 4)将 Timer 配置为复位模式。

函数 md_timer_set_slave_trigger_tssel(AD16C4T1, 5)将复位信号配置为在通道 1 的滤波信号上升沿复位计数器。

函数 md_timer_set_cc_dma_select_ccdmasel(AD16C4T1, 0)选择捕捉比较信号触发 DMA 请求,并通过 md_timer_enable_cc1dma_interrupt(AD16C4T1)和 md_timer_enable_cc2dma_interrupt(AD16C4T1)使能通道 1 和通道 2 的捕捉比较事件以触发 DMA 请求。

详细的代码实现方法请查看:ES32_SDK\Projects\Book1_Example\TIMER\MD\03_capture_dma。

(2) 实验效果

如图 10-16 所示,捕捉信号频率为 100 Hz,占空比为 20%。

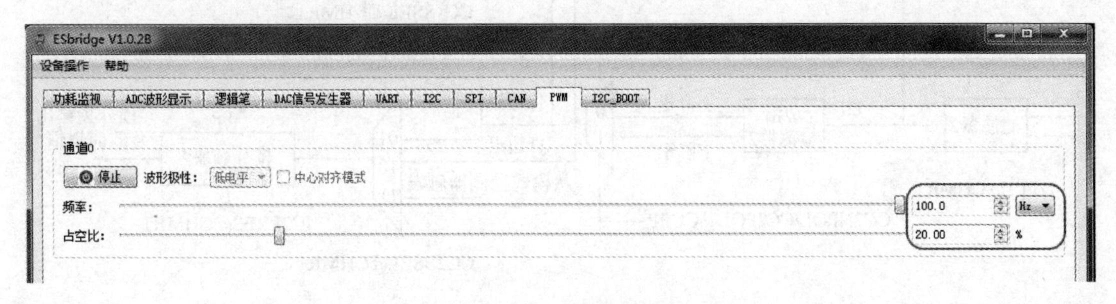

图 10-16 捕捉信号输入

通道 1 捕捉周期占空比数据和通道 2 捕捉占空比数据如图 10-17 所示。

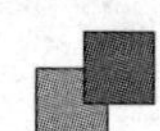

Watch 1

Name	Value
cycle_buffer	0x20000438 cycle_buffer
[0]	8599
[1]	10000
[2]	10000
[3]	10000
[4]	10000
[5]	10000
[6]	10000
[7]	10000
[8]	10000
[9]	10000
[10]	10000
[11]	10000
[12]	10000
[13]	10000
[14]	10000
[15]	10000
[16]	10000
[17]	10000
[18]	10000
[19]	10000
[20]	10000
[21]	10000
[22]	10000
[23]	10000
[24]	10000

Watch 1

Name	Value
cycle_buffer	0x20000438 cycle_buffer
duty_buffer	0x20000238 duty_buffer
[0]	599
[1]	1999
[2]	1999
[3]	1999
[4]	1999
[5]	1999
[6]	1999
[7]	1999
[8]	1999
[9]	1999
[10]	1999
[11]	1999
[12]	1999
[13]	1999
[14]	1999
[15]	1999
[16]	1999
[17]	1999
[18]	1999
[19]	1999
[20]	1999
[21]	1999
[22]	1999
[23]	1999

图 10-17 捕捉方波周期和占空比实验效果

10.6 比较输出通道

当计数器与用户设定的比较值匹配时，比较输出通道产生电平输出。通过 CHxOMOD@CHMR 设置输出模式。一共有 8 个输出模式，可分为 4 类。比较输出通道根据不同的输出模式输出有效电平或无效电平。CCxPOL@CCEP 决定 CHx 通道的有效电平，CCxPOL@CCEP＝0 时高电平有效，CCxPOL@CCEP＝1 时低电平有效；CCxNPOL@CCEP 决定 CHxN 通道的有效电平，CCxNPOL@CCEP＝0 时高电平有效，CCxNPOL@CCEP＝1 时低电平有效。若 Timer 本身具备刹车功能，则需要置位 GOEN 位才能输出电平。

以下仅说明原通道的有效电平和无效电平的状态，互补通道与原通道的电平状态则相反。

1. 冻结模式

➢ 当 CHxOMOD@CHMR＝000 时，总是输出无效电平。

2. 输出比较模式

➢ 比较匹配输出有效电平：当 CHxOMOD@CHMR＝001 时，若计数器 COUNT 与捕获/比较寄存器 CCVALx 发生匹配，则通道 x 比较输出信号强制为有效电平。
➢ 比较匹配输出无效电平：当 CHxOMOD@CHMR＝010 时，若计数器 COUNT 与捕获/比较寄存器 CCVALx 发生匹配，则通道 x 比较输出信号强制为无效电平。
➢ 比较匹配输出翻转电平：当 CHxOMOD@CHMR＝011 时，若 COUNT＝CCVALx，则通道 x 比较输出发生翻转。

3. PWM 输出模式

➢ PWM 模式 1：当 CHxOMOD@CHMR＝110 时，在递增模式下，若 COUNT＜CCVALx，则输出有效电平，否则输出无效电平；在递减模式下，若 COUNT＞CCVALx，则输出无效电平，否则输出有效电平。
➢ PWM 模式 2：当 CHxOMOD@CHMR＝111 时，在递增模式下，若 COUNT＜CCVALx，则输出无效电平，否则输出无效电平；在递减模式下，若 COUNT＞CCVALx，则输出有效电平，否则输出无效电平。

4. 强制输出模式

➢ 强制无效电平：当 CHxOMOD@CHMR＝100 时，输出强制为无效电平。
➢ 强制有效电平：当 CHxOMOD@CHMR＝101 时，输出强制为有效电平。

10.7 互补输出

1. 工作原理

每个输出都可独立选择输出极性(主输出 CHxO 或互补输出 CHxON)，该操作可通过写 CCEP 寄存器的 CHnNPOL 和 CCnNP 位完成。

2. 程序设计示例

通过 AD16C4T 的 PWM 输出模式 2 和互补输出功能，实现一组 6 路互补中心对齐 PWM 输出。

(1) 使用 MD 库设计程序

通过函数 md_timer_oc_init 配置比较输出功能：

oc_init.ocstate 和 oc_init.ocn_polarity 分别配置 CHxO 和 CHxON 输出使能；

oc_init.oc_mode 配置比较输出模式；

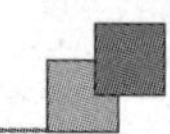

oc_init.oc_polarity 和 oc_init.ocn_polarity 分别配置 CHxO 和 CHxON 的输出极性，即有效电平状态，如 MD_TIMER_OC_POLARITY_HIGH 和 MD_TIMER_OCN_POLARITY_HIGH 分别为 CHxO 和 CHxON 高电平有效；

oc_init.oc_idle 和 oc_init.ocn_idle 分别配置 CHxO 和 CHxON 的空闲电平(关于空闲电平的解释请查看 10.8.2 小节)，MD_TIMER_OC_IDLE_RESET 和 MD_TIMER_OCN_IDLE_RESET 分别配置 CHxO 和 CHxON 的空闲电平为低电平。

使用 MD 库函数详细的实现方法请查看：ES32_SDK\Projects\Book1_Example\TIMER\MD\04_6pwm。

(2) 使用 ALD 库设计程序

ALD 库函数的使用和 MD 库函数类似，详细的代码实现方法请查看：ES32_SDK\Projects\Book1_Example\TIMER\ALD\04_6pwm。

(3) 实验效果

六路互补 PWM 输出实验效果如图 10-18 所示。

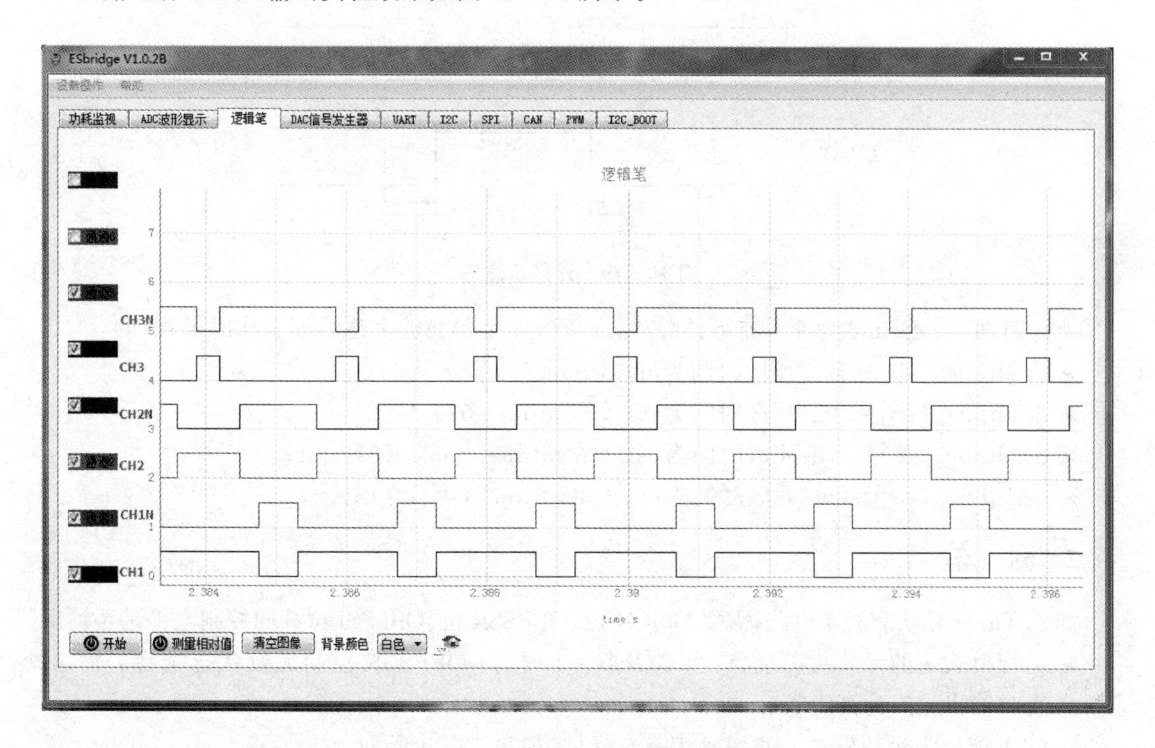

图 10-18　六路互补 PWM 输出实验效果

10.8 死区控制与刹车

1. 死区控制

只有 AD16C4T 支持刹车与死区控制。通过 CON2[31:8]和 BDCFG 来实现刹车功能。DT[7:0]@BDCFG 可以控制通道的死区时间的产生。

➢ 当通道的有效电平为高电平时:CHxO 或 CHxON 信号产生上升沿延迟。

➢ 当通道的有效电平为低电平时:CHxO 或 CHxON 信号产生下降沿延迟。

图 10-19 为 CHxO 和 CHxON 均是有效电平为高电平时的死区示意图。

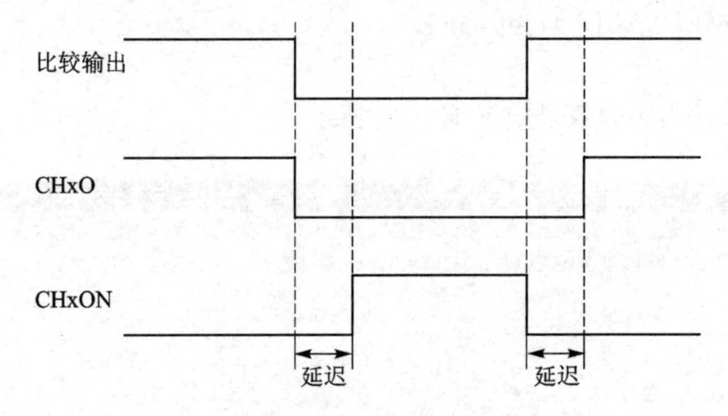

图 10-19 死区示意图

死区时间 dead_time 为 8 位有效位(t_{DTS} 为死区发生器和数字滤波器工作时钟周期):

➢ deadtime[7:5]=0xx:死区时间为 deadtime[7:0]×t_{DTS};

➢ deadtime[7:5]=10x:死区时间为(64+deadtime[5:0])×2×t_{DTS};

➢ deadtime[7:5]=110:死区时间为(32+deadtime[4:0])×8×t_{DTS};

➢ deadtime[7:5]=111:死区时间为(32+deadtime[4:0])×16×t_{DTS}。

2. 刹 车

如果 Timer 模块有刹车电路,需要 GOEN 位、OFFSSR 位、OFFSSI 位共同控制电平是否输出。

➢ 运行模式下的无效状态选择:当 GOEN=1 时,由 OFFSSR 控制无效状态选择。输出禁止时输出端口为高阻状态。

➢ OFFSSR 为运行模式下的无效状态选择位,如表 10-4 所列。

➢ 空闲模式下的无效状态选择:当 GOEN=0 时,死区时间区间结束后为空闲状态。空闲状态下,OFFSSI 为 0 时,输出禁止(高阻);OFFSSI 为 1 时,输出空闲电平,空闲电平由 OISSx/OISSxN@CON2 决定。

➢ OFFSSI 为空闲模式下的空闲状态选择位。

表 10-4 OFFSSR 运行模式下的无效状态选择位

OFFSSR	CCnEN	CCnNEN	OC 输出	OCN 输出
0	0	0	禁止	禁止
0	1	0	使能	禁止
0	0	1	禁止	使能
0	1	1	使能	使能
1	0	0	禁止	禁止
1	0	0	使能	使能
1	1	1	使能	使能
1	1	1	使能	使能

刹车源可以是刹车输入 BKR 引脚、时钟失败事件以及软件控制 SGBRK@SGE 位。时钟失败事件由时钟管理单元(CMU)中的时钟安全系统(CSS)产生。时钟安全系统(CSS)详细信息可参考第 5 章。

系统复位后,刹车电路禁止且 GOEN 位复位。置位 BRKEN@BDCFG 位可使能刹车功能,BRKP@BDCFG 位可选择刹车输入信号的极性。

- 如果自动输出禁止(AOEN@BDCFG=0),则 GOEN@BDCFG 需要手动置 1,输出波形才能正常。一旦刹车输入有效,该位会由硬件异步清 0。
- 如果自动输出使能(AOEN@BDCFG=1),则 GOEN@BDCFG 会在刹车信号无效且下一更新事件(UEV)产生时自动置 1。一旦刹车输入有效,该位会由硬件异步清 0。

3. 程序设计示例

使用 AD16C4T 输出 3 组中心对齐互补 PWM(6 路),支持死区时间可调。

(1) 使用 MD 库设计程序

在上述 AD16C4T 输出中心对齐 PWM 例程基础上,增加死区控制与刹车功能:

通过函数 timer_bdtr_init 配置死区控制和刹车功能:

brake_setting. off_run 配置运行模式下无效状态时,输出是否使能;

brake_setting. off_idle 配置空闲模式下空闲状态时,输出是否使能;

brake_setting. lock_level 配置死区与刹车寄存器写保护;

brake_setting. dead_time 配置死区时间;

brake_setting. break_state 配置刹车使能;

brake_setting. polarity 配置刹车信号极性;

brake_setting. auto_out 配置自动输出。

使用 MD 库函数详细的实现方法请查看:ES32_SDK\Projects\Book1_Example\TIMER\MD\05_6pwm_deadtime_break。

(2) 使用 ALD 库设计程序

ALD 库函数的使用和 MD 库函数类似，详细的代码实现方法请查看：ES32_SDK\Projects\Book1_Example\TIMER\ALD\05_6pwm_deadtime_break。

(3) 实验效果

死区实验效果如图 10－20 所示。

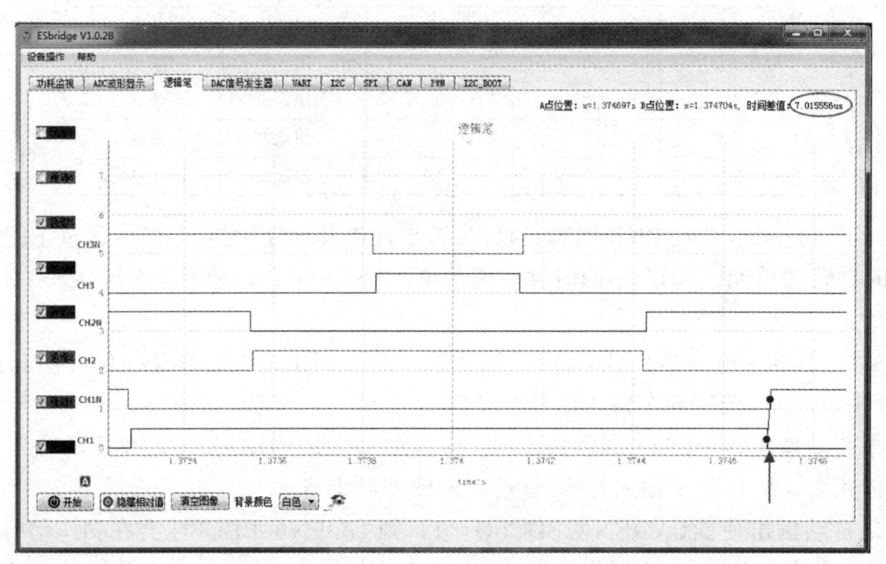

图 10－20　六路互补 PWM 和死区实验效果

刹车实验效果如图 10－21 所示。

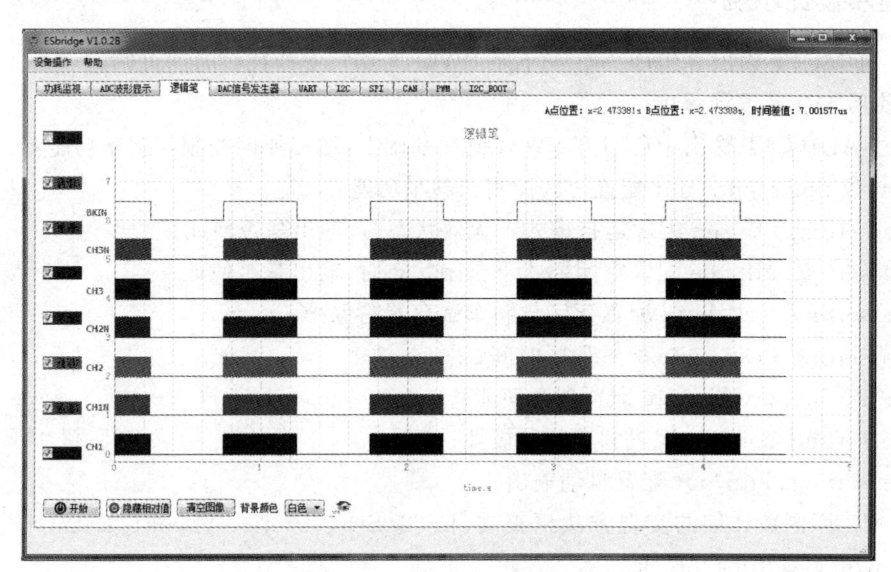

图 10－21　刹车实验效果

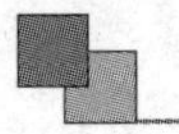

10.9 主模式与从模式

主模式是指TRGOUT(见图10-22)输出触发信号到PIS生产端。从模式是指外部信号的有效边沿连到TI(见图10-22),作为定时器的复位、门控、触发信号。主模式和从模式可以同时使用。

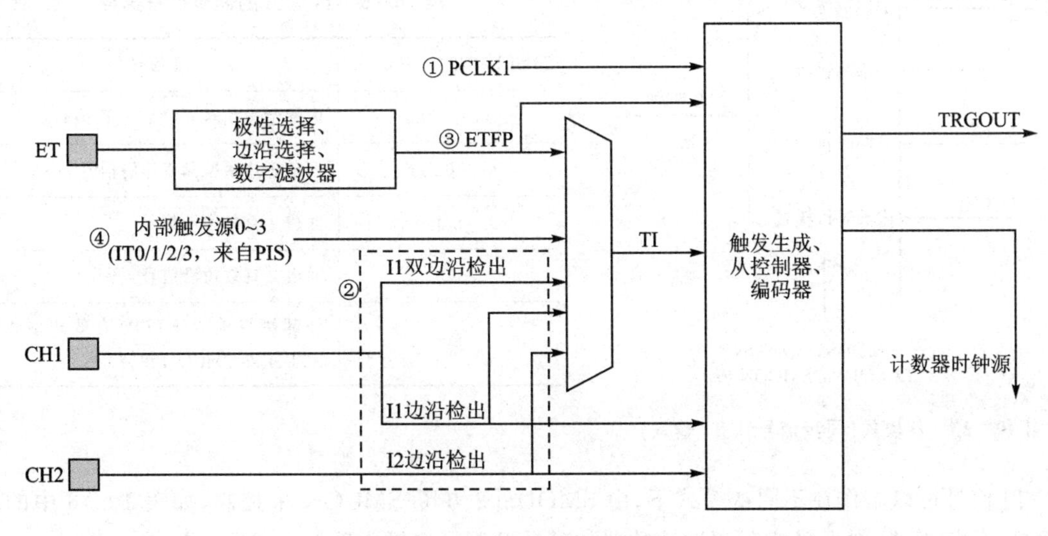

图10-22 主模式与从模式

10.9.1 主模式

主模式是指TRGOUT输出触发信号到PIS生产端,TRGOUT输出的信号由TRGOSEL[2:0]@CON2决定。

000:复位。SGUG@ERG被用作触发输出(TRGOUT)。

001:使能。CNTEN@CON1被用作触发输出(TRGOUT)。

010:更新。更新事件被用作触发输出(TRGOUT)。

011:比较脉冲。一旦捕获或者比较匹配发生,当CH1IF标志位置1(即便已为高电平)时,触发输出会发送一个正脉冲。

100:比较通道1。通道1比较输出信号用作触发输出TRGOUT。

101:比较通道2。通道2比较输出信号用作触发输出TRGOUT。

110:比较通道3。通道3比较输出信号用作触发输出TRGOUT。

111:比较通道4。通道4比较输出信号用作触发输出TRGOUT。

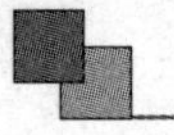

10.9.2 从模式

外部信号的有效边沿连到 TI,如图 10－23 所示,作为定时器的同步信号。如表 10－5 所列,可通过 TSSEL[2:0]@SMCON 选择具体的 TI 信号。

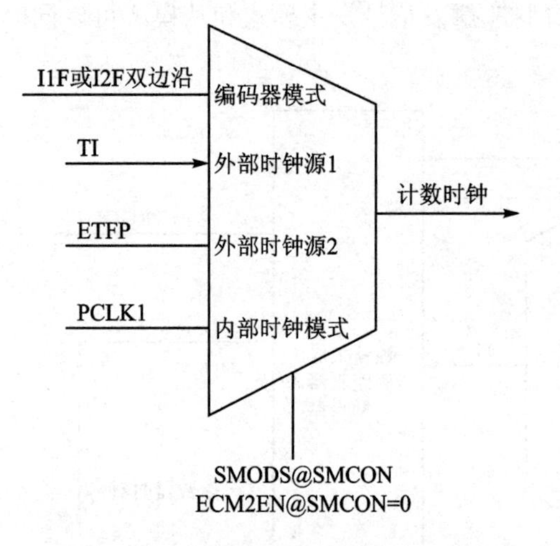

图 10－23 从模式(同步信号从 TI 输入)

表 10－5 TI 输入的同步信号选择

TSSEL[2:0]@SMCON	TI 信号
000～011	内部触发信号 0/1/2/3:IT0/1/2/3
100	通道 1 边沿检测双边沿信号
101	通道 1 有效边沿信号
110	通道 2 有效边沿信号
111	外部触发输入 ETFP(有效边沿由 ETPOL@SMCON 设置)

TI 信号可以工作在不同从模式下,由 SMODS[2:0]@SMCON 来控制,如表 10－6 中的复位模式、门控模式、触发模式。测试计数器的时钟源不可选择内部触发输入(见 10.4 节)

表 10－6 从模式

SMODS[2:0]@SMCON	从模式功能说明
000	从模式关闭:只要计数器使能(CNTEN＝1),内部时钟的分频信号就给计数器提供时钟
001～001	编码模式 1/2/3
100	复位模式:TI 上升沿复位计数器,并产生 UEV(DISUE@CON1＝0),如图 10－24 所示
101	门控模式:TI 高电平计数器时钟运行;TI 低电平计数器时钟停止,但不复位,如图 10－25 所示
110	触发模式:TI 上升沿启动计数器运行(不复位),仅寄存器的启动受控制 ,如图 10－26 所示
111	外部时钟模式 1:TI 上升沿作为计数器的时钟

1. 复位模式(见图10-24)

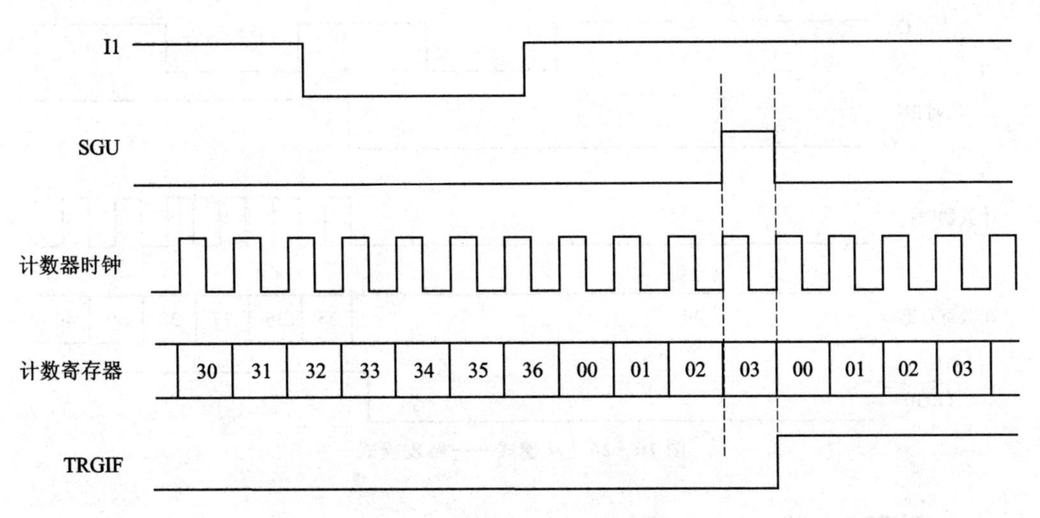

图10-24　从模式——复位模式

2. 门控模式(见图10-25)

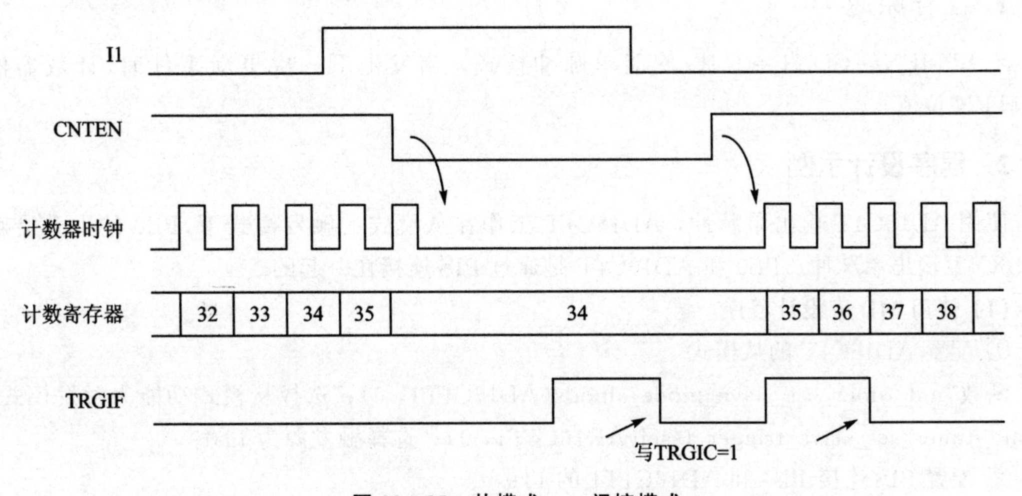

图10-25　从模式——门控模式

3. 触发模式(见图 10-26)

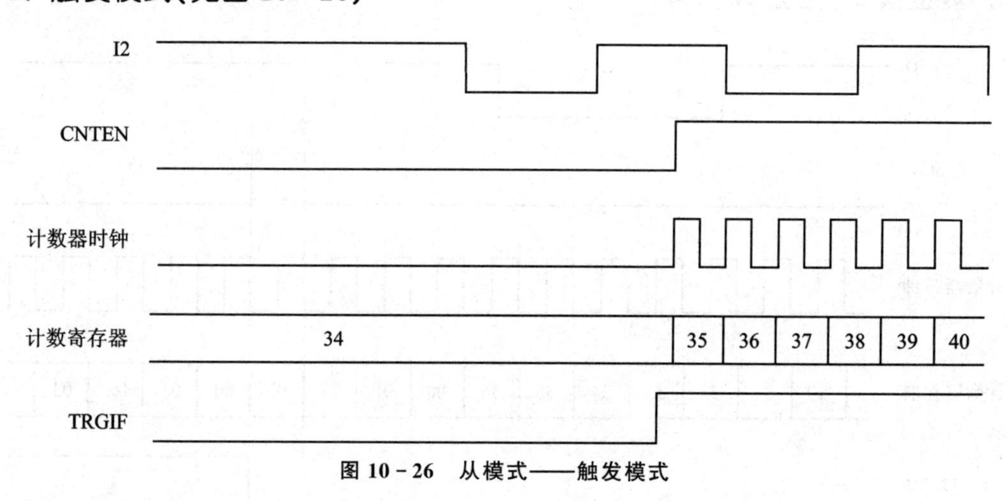

图 10-26 从模式——触发模式

10.10 单脉冲输出

1. 工作原理

当 SPMEN@CON1=1 时,使能单脉冲模式。当发生下一次更新事件时,计数器停止(CNTEN 位清 0)。

2. 程序设计示例

使用 AD16C4T 输出单脉冲,AD16C4T 工作在从模式的触发模式下,PB0 的上升沿触发 AD16C4T 输出单脉冲。PB0 和 AD16C4T 是通过 PIS 连接在一起的。

(1) 使用 MD 库设计程序

① 配置 AD16C4T 的从模式

函数"md_timer_set_slave_mode_smods(AD16C4T1, 6);"选择从模式功能为触发模式;函数"md_timer_set_slave_trigger_tssel(AD16C4T1, 0);"选择触发源为 IT0。

② 配置 PIS 连接 PB0 和 AD16C4T1 的 IT0

通过函数 md_pis_init 初始化 PIS 功能:

p_init. p_src 选择生产端信号源;

p_init. p_clk 选择生产端时钟域;

p_init. p_edge 选择生产端信号边沿;

p_init. p_output 选择生产端输出信号类型;

p_init. c_trig 选择消费端信号;

p_init. c_clk 选择消费端时钟域。

详细的代码实现方法请查看：ES32_SDK\Projects\Book1_Example\TIMER\MD\06_io_triger_single_pluse。

(2) 使用 ALD 库设计程序

① 配置 AD16C4T 的从模式

函数 ald_timer_slave_config_sync 配置从模式：

“g_slave_config. mode = TIMER_MODE_TRIG;”选择从模式为触发模式；

“g_slave_config. input = TIMER_TS_ITR0;”选择内部触发源 0(IT0)。

② 配置 PIS 连接 PB0 和 AD16C4T1 的 IT0

通过函数 md_pis_init 初始化 PIS 功能：

“pis_init. init. producer_src = PIS_GPIO_PIN0;”选择生产端信号源；

“pis_init. init. producer_clk = PIS_CLK_SYS;”选择生产端信号时钟域；

“pis_init. init. producer_edge = PIS_EDGE_UP;”选择生产端信号边沿；

“pis_init. init. producer_signal = PIS_OUT_LEVEL;”选择生产端信号类型为电平信号；

“pis_init. init. consumer_trig = PIS_CH12_TIMER1_ITR0;”选择消费端信号；

“pis_init. init. consumer_clk = PIS_CLK_PCLK1;”选择消费端时钟域。

详细的代码实现方法请查看：ES32_SDK\Projects\Book1_Example\TIMER\ALD\06_io_triger_single_pluse。

(3) 实验效果

图 10－27 所示为外部信号上升沿触发 AD16C4T 输出单脉冲的实验效果。

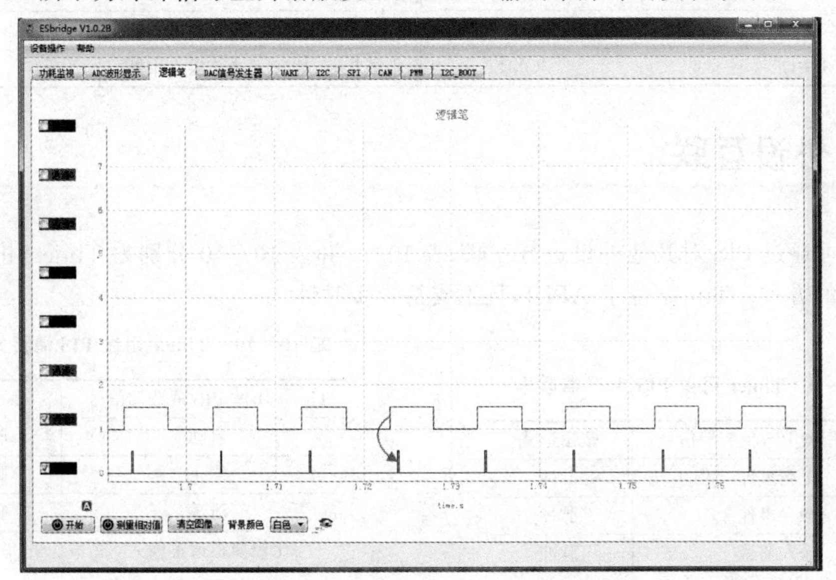

图 10－27　外部信号上升沿触发 AD16C4T 输出单脉冲实验效果

10.11 中 断

与 AD16C4T 中断相关的寄存器有 AD16C4T_IER、AD16C4T_IDR 等 6 个，其具体功能描述如表 10－7 所列。

表 10－7 AD16C4T 中断相关的寄存器

寄存器名称	寄存器含义	寄存器说明
AD16C4T_IER	中断使能	开启中断功能，只写（仅能写入 1）
AD16C4T_IDR	中断禁止	关闭中断功能，只写（仅能写入 1）
AD16C4T_IVS	中断使能状态	反映 IER 与 IDR 寄存器所设定的结果
AD16C4T_RIF	原始中断标志	反映所有发生中断事件的原始状态，与 IVS 无关
AD16C4T_IFM	中断标志屏蔽	记录中断使能位所发生中断事件，IVS 和 RIF 与运算的结果
AD16C4T_ICR	中断清除	清除中断标志 RIF 与 IFM，只写（仅能写入 1）

AD16C4T 中断事件及其标志位如表 10－8 所列。

表 10－8 AD16C4T 中断事件及其标志位

中断事件	中断标志	中断事件	中断标志
更新事件中断	UIT	触发中断	TRGIT
通道 1 捕获/比较中断	CC1IT	刹车中断	BRKIT
通道 2 捕获/比较中断	CC2IT	使能捕获/比较 1 捕获溢出中断	CC1OIT
通道 3 捕获/比较中断	CC3IT	使能捕获/比较 2 捕获溢出中断	CC2OIT
通道 4 捕获/比较中断	CC4IT	使能捕获/比较 3 捕获溢出中断	CC3OIT
COM 中断	COMIT	使能捕获/比较 4 捕获溢出中断	CC4OIT

10.12 外设互联

Timer 可通过 PIS 对其他外设进行互联，表 10－9 和表 10－10 分别为 Timer 用做生产端和消费端信号的方式。Timer 位于 APB1，且不支持异步时钟。

表 10－9 Timer 用做 PIS 生产端信号

Timer 用做 PIS 生产端信号	输出形式
更新事件	脉冲
触发事件	脉冲
输入捕获	脉冲
输出比较	脉冲

表 10－10 Timer 用做 PIS 消费端信号

Timer 用做 PIS 消费端信号	输入形式
启动	脉冲
停止	脉冲
清零	脉冲
比较捕捉通道输入	电平或脉冲
断路输入	电平

10.13 DMA

选择某一 Timer 与某一 DMA 通道连接，配置如表 10－11 所列。

通过 Timer 寄存器 DMAEN 使能某一 DMA 请求信号，并通过如表 10－12 所列配置选择 DMA 通道请求信号。

表 10－11　DMA 外设选择

MSEL@ DMACHx-SELCON (6 bits)	对应 Timer 选择
010010	AD16C4T0
010011	AD16C4T1
010100	GP32C4T0
010101	GP32C4T0
011011	BS16T0
011100	BS16T1
011101	GP16C4T0
011110	GP16C4T0

表 10－12　DMA 信号选择

MSIGSEL@DMACHx-SELCON (4 bits)	DMA 申请信号
0000	捕捉比较通道 1 申请
0001	捕捉比较通道 2 申请
0010	捕捉比较通道 3 申请
0011	捕捉比较通道 4 申请
0100	Timer 触发申请
0101	Timer 比较匹配申请
0110	Timer 更新事件申请

当 DMA 通道复用为 BS16T 时，仅支持 Timer 更新事件请求。

注：CCDMASEL@CON2 选择：

0：当发生捕获比较事件时，发出捕捉比较 DMA 请求。

1：当发生更新事件时，发出捕捉比较 DMA 请求。

第11章

ADC 模/数转换器

本章介绍的 ADC(Analog to Digital Converter,模/数转换器)模块及其程序设计示例基于 ES32F369x 平台。该 ADC 是最高分辨率 12 位逐次逼近型的模/数转换器,最多可测量 16 个外部信号(可以是标准转换或插入转换)、3 个内部信号(2 个内部参考电压和 1 个 1/2 VDD 电压)。ADC 在采样率为 1 Msps 模式下,转换有效位可达 10 位。ADC 可选择单次转换、连续转换、单通道转换、多通道扫描、断续采样等多种模式,采样结果存储在一个左对齐或右对齐的 16 位数据寄存器中,并可通过 DMA 传输数据至内存。另外,ADC 模块还具有模拟看门狗功能,通过检测输入的模拟信号是否超过用户定义的阈值上限或下限,触发看门狗中断。

11.1 ADC 功能特点

ES32F369x ADC 模块具有以下特性:

- 可配置的转换分辨率:8/10/12 位,降低分辨率可提高转换速度。
- 可配置负参考电压:
  - VSS 引脚;
  - VREFN 引脚。
- 可配置正参考电压:
  - VDD 引脚;
  - 内部参考电压 2.0 V;
  - VREFP 引脚(可选择是否经过内部 Buffer)。
- 可配置转换时钟分频。
- 可独立设置各通道采样时间。
- 可配置数据对齐方式:
  - 数据左对齐;
  - 数据右对齐。
- 可配置转换模式:
  - 单次转换;
  - 连续转换;

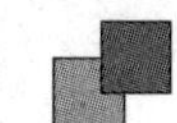

- 单通道转换；
- 多通道扫描；
- 断续采样。

➢ 可配置外部触发器选项，可为标准转换和插入转换配置极性。

➢ 在标准转换/插入转换结束后，且发生模拟看门狗事件或发生溢出事件时产生中断。

➢ 标准转换期间可产生 DMA 请求。

11.2　ADC 功能逻辑视图

ADC 模块结构如图 11-1 所示。

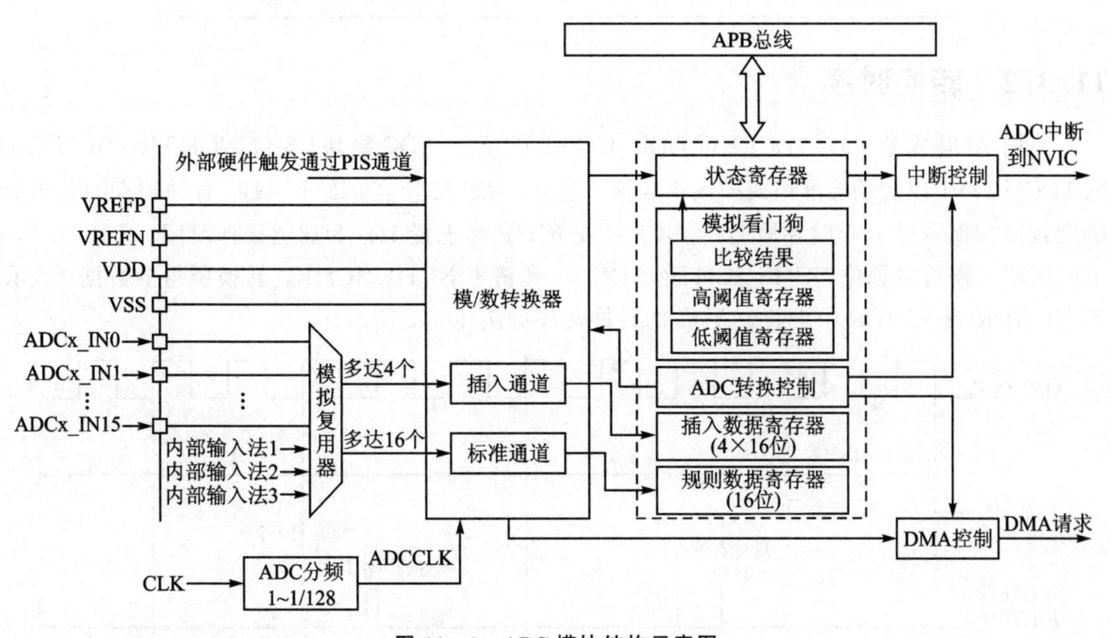

图 11-1　ADC 模块结构示意图

11.3　ADC 属性

11.3.1　引脚及时钟

表 11-1 是 ADC 引脚对照表，请结合图 11-1 阅读。参考电压支持多种参考源，配置 VRPSEL@ADC_CCR/VRNSEL@ADC_CCR 选择参考源。

ADC 内部采用两组时钟方案，分别为模拟电路和数字接口提供时钟信号：

➢ 用于模拟电路的时钟(ADCCLK)：该时钟来自于经可编程预分频器分频的 APB 时钟，可编程预分频器可将 APB 时钟产生 1～128 分频时钟信号，CKDIV@ADC_CCR 位用于配置分频比；

➢ 用于数字接口的时钟：该时钟为 APB 时钟，用于寄存器读/写访问。

表 11－1 ADC 引脚对照表

引脚名称	信号类型	备 注
VREFP	输入，参考正电压	内部参考，电源电压参考，外部参考
VREFN	输入，参考负电压	内部参考，外部参考
VDD	输入，电源	工作电源
VSS	输入，电源地	工作电源地
ADCx_INx	输入，模拟信号	外部输入，最多支持 16 个通道

11.3.2 转换时序

使用 ADC 需要置位 ADCEN@ADC_CON1 以使能 ADC 模块，置位 NCHTRG/ICHTRG @ADC_CON1 以启动标准组或插入组转换。稳定一段时间 t_{STAB}(2 个 ADC 时钟周期)后，开始触发转换。再经过 x 个时钟周期后，NCHE 或 ICHE 标志置 1(x 为通道采样时间，见 13.3.3 小节的说明)，需通过置位 NCHS/ICHS@ADC_CLR 清零 NCHE/ICHE。转换所得的数据于寄存器 NCHDR 或 ICHDR 中更新。ADC 的转换时序如图 11－2 所示。

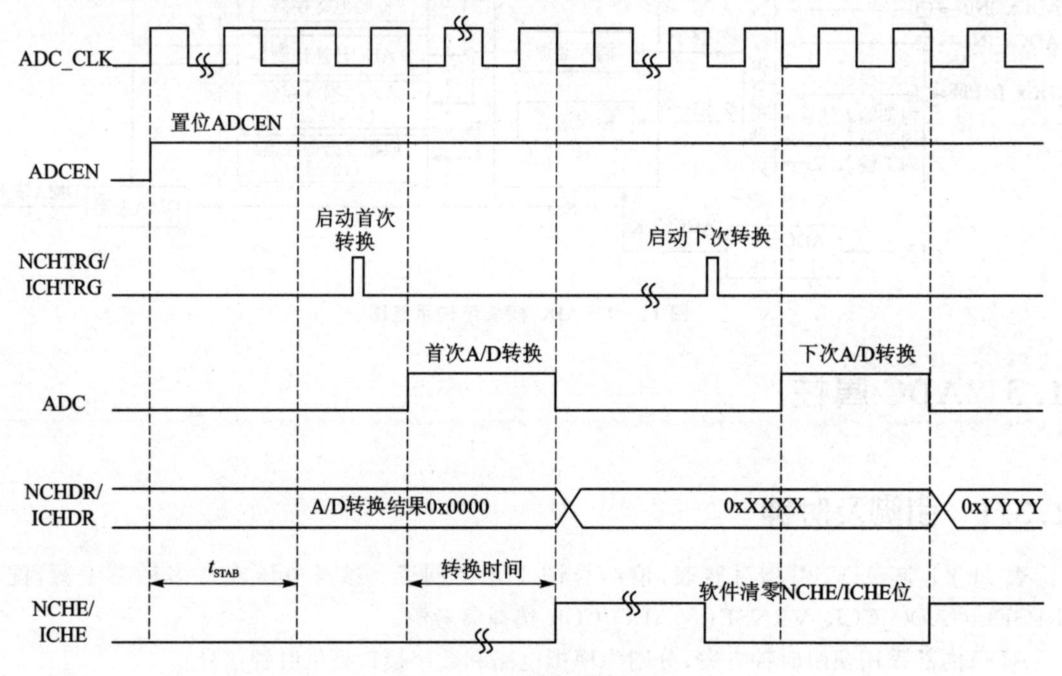

图 11－2 ADC 的转换时序

11.3.3　采样时间

ADC各通道均可设置采样时间，通过寄存器ADC_SMPTx设置每个通道的采样时间周期数。

总转换时间与ADC分辨率相关，当分辨率选择12位时，总转换时间的计算公式如下：

$T_{conv}=(n+12)/f$，其中，n为采样时间周期数，f为ADC时钟频率。

举例：已知$f=24\ \text{MHz}$，采样时间周期数设置为15，则

$$T_{conv}=(15+12)/(24\ \text{MHz})\approx1.125\ \mu s$$

可通过降低ADC分辨率来提高转换速率。通过RSEL@ADC_CON0选择ADC转换分辨率。当分辨率选择8位时，$T_{conv}=(15+8)/(24\ \text{MHz})\approx0.958\ \mu s$。

11.3.4　数据对齐

转换完毕，12位ADC结果存入16位数据寄存器ADC_NCHDR（标准转换组）或ADC_ICHDRx（插入转换组）中，必须选择数据对齐方式。通过配置ALIGN@ADC_CON1，选择12位数据在16位数据寄存器中的对齐方式。

ALIGN@ADC_CON1=0，转换后存储的数据右对齐，如图11-3所示。

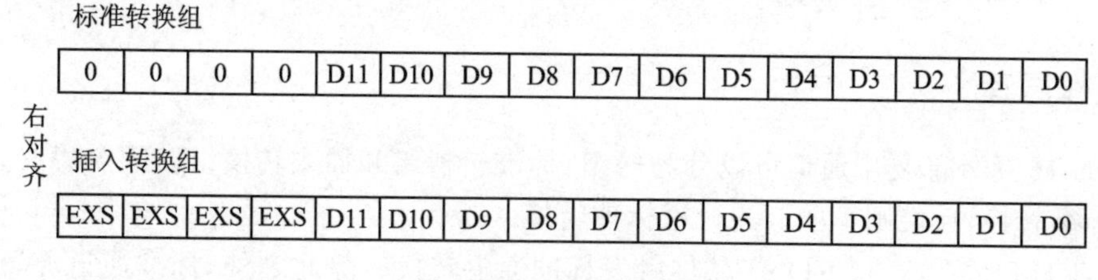

图11-3　数据右对齐

ALIGN@ADC_CON1=1，转换后存储的数据左对齐，如图11-4所示。

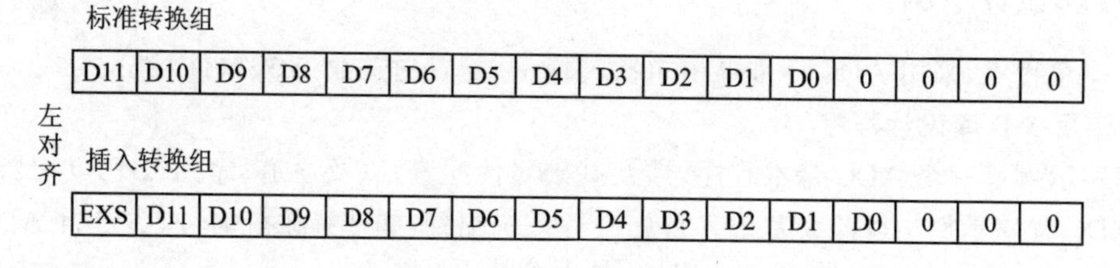

图11-4　数据左对齐

插入通道的转换数据将加上ADC_ICHOFFx寄存器的配置值，该寄存器为用户自定义的插入通道数据偏移量，可用于简单的转换结果补偿，可一定程度减轻软件补偿的压力。另外，由于数据偏移量的存在，插入转换结果可以是一个负值，图中EXS位表示扩展的符号值。而对于标准转换组中的通道，不存在数据偏移量，因此只有12位数据有效。

11.3.5 通道选择

(1) 16 条外部复用通道：ADC_IN0～ADC_IN15，外部信号输入：

- 标准转换组：多达 16 个转换，ADC_NCHSx 寄存器用于选择转换序列的通道和顺序，转换总数必须写入 NSL@ADC_CHSL。
- 插入转换组：最多 4 个转换，ADC_ICHS 寄存器用于选择转换序列的通道和顺序，转换总数必须写入 ISL@ADC_CHSL。
- 转换组里的序列可以来自任何通道，对顺序亦无要求，例如：ADC_IN2→ADC_IN7→ADC_IN3→ADC_IN6→ADC_IN0→ADC_IN5→ADC_IN4→ADC_IN1。

(2) 3 条内部通道：ADC_IN16～ADC_IN18，与片内固定模拟信号连接。

ES32F336x 的 ADC_IN16～ADC_IN18 分别对应 OP0_ALTOUT0、OP1_ALTOUT1、OP2_MAINOUT，ES32F36xx 和 ES32F39xx 的 ADC_IN16～ADC_IN18 保留不使用。

11.4 ADC 转换类型

11.4.1 标准转换

1. 工作原理

ADC 的 16 条外部复用通道可以分为两组：标准转换组和插入转换组。顾名思义，插入转换可以打断标准转换，反之则不能。先讨论标准转换。

通过 NCHTRG@ADC_CON1 软件触发标准通道转换。除此之外，标准通道亦可通过外设互联模块(PIS)进行硬件触发转换，详细请参考 11.8 节。

2. 程序设计示例

设计一个程序，采用 ADC 标准通道单次转换，并配置通道数为 1、软件触发。

(1) 使用 MD 库设计程序

该程序示例是一个 ADC 基本程序，涉及基础属性配置，以及通道、序列、GPIO 引脚选择，其他进阶 ADC 程序示例均以此为基础。首先进行系统配置，如选择系统时钟；再进行 ADC 配置。

函数 md_adc_init 配置 ADC 基础属性，其中参数：

adc_init.align 选择对齐方式；

adc_init.data_bit 选择转换分辨率；

adc_init.div 选择时钟分频比；

adc_init.n_ref/adc_init.p_ref 选择负/正向参考电压。

函数 md_adc_set_eoc_selection_nchesel 配置标准转换结束标志选择，以确定是每个转换结

束时标志置 1，或是每个转换序列结束时标志置 1。

函数 md_adc_scan_mode_enable_scanen 使能扫描模式。

函数 md_adc_set_normal_channel_length_nsl 配置标准序列长度。

函数 md_adc_continuous_conversion_disable_cm 选择单次转换模式。

函数 md_adc_set_normal_1st_conv_ns1 配置转换序列对应通道。

函数 md_adc_set_smpt1_cht 配置采样时间。

函数 md_adc_conv_end_interrupt_enable_ncheie 使能标准转换完成中断。

函数 md_gpio_init 配置 GPIO 属性，参考数据手册，选择通道对应的 GPIO，必须将引脚属性设置为模拟口，并复用 ADC 功能。

函数 md_adc_converter_enable_adcen 使能 ADC。

函数 md_adc_set_normal_channel_conv_start_nchtrg 软件触发标准组转换启动。

转换结果在中断服务程序 ADC0_Handler 中获取，并换算为以 mV 为单位的值存入变量 adc_result 中。由于本实验采用的正参考电压 VDD 实际值为 3.32 V，转换分辨率为 12 位，所以 adc_result＝md_adc_get_normal_channel_val(ADC0) * 3320/4096。

详细的代码实现方法请查看：ES32_SDK\Projects\Book1_Example\ADC\MD\00_ADC_SingleConversion。

在配置好的标准通道输入 1 V 电压，调试程序，将变量 adc_result 加入 Watch1 中，采用十进制显示，全速运行程序，运行结果如图 11－5 所示，单位为 mV。可见，实际转换结果与理论计算值很接近。

图 11－5　标准通道单次转换实验效果(MD 库)

(2) 使用 ALD 库设计程序

使用 ALD 库完成这个程序，思路与 MD 库相似，仅仅是 ALD 库已经将具体的寄存器操作封装成更抽象的功能函数，只需关注函数中参数的配置。程序示例先进行系统配置，选择系统时钟，使能 ADC 中断；再通过函数 ald_adc_init 配置 ADC 基础属性：

h_adc.perh 配置外设选择；

h_adc.init.align 配置 ADC 数据对齐方式；

h_adc.init.scan 配置通道扫描模式是否使能；

h_adc.init.cont 配置连续转换模式是否使能；

h_adc.init.disc 配置断续采样模式是否使能；

h_adc.init.disc_nr 配置断续采样子序列长度；

h_adc.init.data_bit 配置转换分辨率；

h_adc.init.div 配置时钟分频；

h_adc.init.nche_sel 配置标准转换结束标志置 1 方式；

h_adc.init.nch_nr 配置标准转换总序列长度；

h_adc.init.n_ref 配置负参考电压；

h_adc.init.p_ref 配置正参考电压。

类似地，函数 ald_adc_normal_channel_config 配置标准转换通道属性：

nch_config.ch 配置转换通道选择；

nch_config.idx 配置转换序列选择；

nch_config.samp 配置采样时间。

函数 gpio_pin_config 配置通道对应的引脚，最后通过函数 ald_adc_normal_start_by_it 启动标准转换，并使能转换结束中断。转换结果仍然在中断服务程序 ADC0_Handler 中获取。需要注意的是，函数 ald_adc_irq_handler 已将中断标志转化为抽象状态并清除，所以无需再清除中断标志。最终 ADC 转换结果的值存入变量 adc_result 中。

详细的代码实现方法请查看：ES32_SDK\Projects\Book1_Example\ADC\ALD\00_ADC_SingleConversion。

当标准通道输入电压为 1 V 时，程序运行结果如图 11-6 所示，单位为 mV。

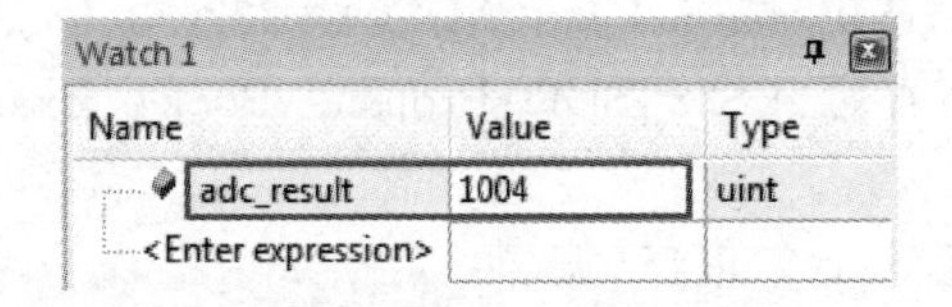

图 11-6　标准通道单次转换实验效果(ALD 库)

11.4.2　插入转换

1. 工作原理

(1) 软件触发插入转换

要使用触发插入，首先将 IAUTO@ADC_CON0 清 0，且必须确保触发事件之间的时间间隔大于插入序列所需时间。

在标准转换期间触发插入转换：

- 通过外部触发或将 NCHTRG@ADC_CON1 置 1 来启动标准转换组转换；
- 如果在标准转换组转换期间出现外部插入触发或者 ICHTRG@ADC_CON1 置 1，则当前的转换会被打断，并且插入通道序列会切换为单次转换模式；
- 标准转换组的转换会从上次中断的标准转换处恢复。

注：在插入转换期间，若出现标准转换事件，则插入转换不会被中断，标准转换在插入转换结束时执行。

(2) 自动插入转换

将 IAUTO@ADC_CON0 置 1，启动插入转换组自动转换，则插入转换组的通道会在标准转

换组的通道之后自动转换。这种方式可用于转换最多由 20 个转换构成的序列,转换通道通过 ADC_NCHSx 和 ADC_ICHS 寄存器选择。

注意:

➢ 在此模式下,必须禁止插入通道上的外部触发;

➢ 如果 CM@ADC_CON1 和 IAUTO@ADC_CON0 均已置 1,则在转换标准通道之后会继续转换插入通道。

(3) 硬件触发插入转换

通过 PIS,其他外设可与 ADC 互联来触发转换。详细请参考 11.8 节。

2. 程序设计示例

设计一个程序,采用软件触发标准转换,标准转换结束后自动启动插入转换,并循环上述序列,标准转换值通过 DMA 存入数组,插入转换值直接存入数组。

(1) 使用 MD 库设计程序

该程序在标准通道单次转换基础上加上插入转换组自动转换使能,通过函数 md_adc_auto_inserted_conversion_enable_iauto 操作,其他基础配置不再赘述。既然加入了插入转换,则需配置相应的插入通道和引脚,类似于标准转换,md_adc_set_insert_channel_length_isl 配置插入序列长度,md_adc_set_insert_1st_conv_is1 配置插入通道,并增加一组 md_gpio_init 配置 ADC_CHANNEL1_PIN。当然,插入转换也需使能转换完成中断,通过函数 md_adc_inserted_channel_interrupt_enable_icheie 操作。函数 md_adc_set_overflow_detection_state_ovrdis 使能 ADC 访问 DMA,具体 DMA 配置见下面的例程。标准转换值通过 DMA 传输至内存,插入转换值则通过 ADC 中断存入数组,最终 ADC 结果存入数组 adc_result_normal 和 adc_result_insert 中。

详细的代码实现方法请查看:ES32_SDK\Projects\Book1_Example\ADC\MD\01_ADC_AutoInjected。

当标准通道和插入通道输入电压分别为 1 V 和 2 V 时,程序运行结果如图 11-7 所示,单位为 mV。

(2) 使用 ALD 库设计程序

在函数 ald_adc_insert_channel_config 中配置插入通道属性,包括是否自动启动插入转换 ich_config.auto_m。函数 ald_adc_start_by_dma 启动标准转换的同时,使能 ADC 访问 DMA,标准转换结果处理在标准转换完成回调函数 normal_convert_complete 中进行。另外需要使能插入转换完成中断,通过函数 ald_adc_interrupt_config 操作。插入转换结果处理在 ADC 中断中进行。

详细的代码实现方法请查看:ES32_SDK\Projects\Book1_Example\ADC\ALD\01_ADC_AutoInjected。

当标准通道和插入通道的输入电压分别为 1 V 和 2 V 时,程序运行结果如图 11-8 所示。

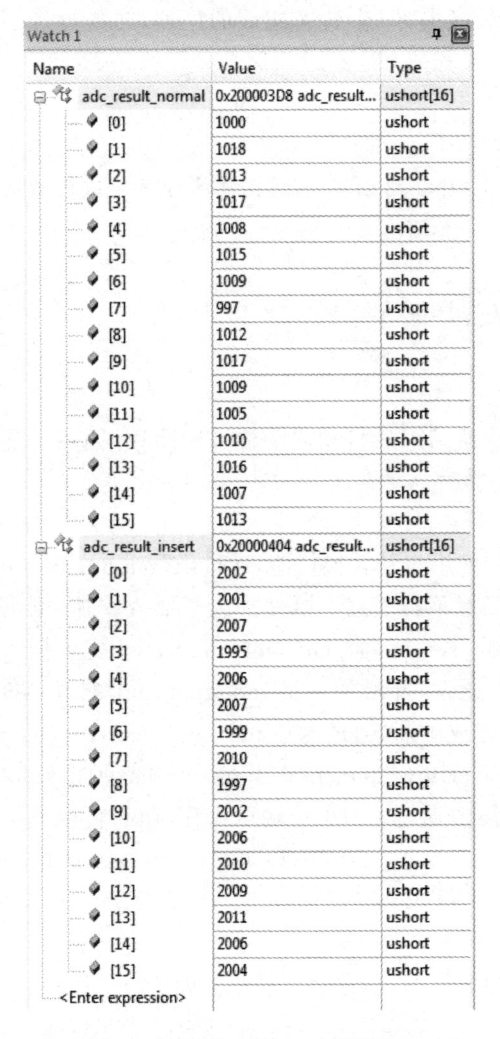

Watch 1

Name	Value	Type
adc_result_normal	0x200003D8 adc_result...	ushort[16]
[0]	1000	ushort
[1]	1018	ushort
[2]	1013	ushort
[3]	1017	ushort
[4]	1008	ushort
[5]	1015	ushort
[6]	1009	ushort
[7]	997	ushort
[8]	1012	ushort
[9]	1017	ushort
[10]	1009	ushort
[11]	1005	ushort
[12]	1010	ushort
[13]	1016	ushort
[14]	1007	ushort
[15]	1013	ushort
adc_result_insert	0x20000404 adc_result...	ushort[16]
[0]	2002	ushort
[1]	2001	ushort
[2]	2007	ushort
[3]	1995	ushort
[4]	2006	ushort
[5]	2007	ushort
[6]	1999	ushort
[7]	2010	ushort
[8]	1997	ushort
[9]	2002	ushort
[10]	2006	ushort
[11]	2010	ushort
[12]	2009	ushort
[13]	2011	ushort
[14]	2006	ushort
[15]	2004	ushort
<Enter expression>		

图 11-7　自动插入转换实验效果(MD 库)

Watch 1

Name	Value	Type
adc_result_nor...	0x20000480 adc_result...	ushort[16]
[0]	1000	ushort
[1]	1009	ushort
[2]	1018	ushort
[3]	1007	ushort
[4]	996	ushort
[5]	1009	ushort
[6]	1009	ushort
[7]	1014	ushort
[8]	1015	ushort
[9]	1013	ushort
[10]	1004	ushort
[11]	1014	ushort
[12]	1013	ushort
[13]	1006	ushort
[14]	1002	ushort
[15]	1010	ushort
adc_result_insert	0x200004A0 adc_result...	ushort[16]
[0]	2009	ushort
[1]	2009	ushort
[2]	2011	ushort
[3]	2011	ushort
[4]	2006	ushort
[5]	2006	ushort
[6]	2002	ushort
[7]	2002	ushort
[8]	2002	ushort
[9]	2002	ushort
[10]	2002	ushort
[11]	2002	ushort
[12]	1999	ushort
[13]	1999	ushort
[14]	2010	ushort
[15]	2010	ushort
<Enter expression>		

图 11-8　自动插入转换实验效果(ALD 库)

11.5　转换模式

1. 工作原理

从整体角度出发,有单次转换和连续转换两种模式;从通道角度出发,有单通道转换、多通道扫描以及断续采样模式可选。配置相应的寄存器,以选择所需转换模式。

(1) 单次转换。单次转换模式是指 ADC 执行一次转换后结束任务,配置 CM@ADC_CON1=0。

(2) 连续转换。连续转换模式是指 ADC 执行一次转换任务后，循环执行下一次转换任务，配置 CM@ADC_CON1=1。注意，连续转换仅适用于标准转换。

(3) 单通道转换。单通道转换模式是指一轮转换仅包含一个通道，配置 SCANEN@ADC_CON0=0。一个通道转换完毕，转换结束标志位 NCHE/ICHE 置 1。

(4) 多通道扫描。多通道扫描模式是指一轮转换包含多个通道，配置 SCANEN@ADC_CON0=1。通过配置 NCHESEL@ADC_CON1 位，选择每一个通道转换完毕，或者序列转换完毕，NCHE 置 1。

(5) 断续采样。断续采样模式，以标准通道为例说明，多通道序列将被分为若干子序列依次扫描，且每次转换需要重新触发，通过 NCHDCEN@ADC_CON0 置 1 使能标准通道断续采样。该模式每次转换 $n(n<9)$ 个子序列，通过配置 NSL@ADC_CHSL 和 ETRGN@ADC_CON0 设置总序列和子序列长度。例如，总序列长度设置为 10，子序列长度设置为 3，总序列为 0，1，2，3，4，5，6，7，8，9，则

第 1 次触发：转换序列 0，1，2；

第 2 次转换：转换序列 3，4，5；

第 3 次转换：转换序列 6，7，8；

第 4 次转换：转换序列 9，并置位 NCHE；

第 5 次转换：转换序列 0，1，2；

……

根据上述例子不难发现，在断续采样模式下转换标准组时，若最后一次触发剩余的通道不足 ETRGN@ADC_CON0 指定的通道数，则不会接着从头转换，而是转换到序列最后一个通道就会停止，并生成 NCHE 事件。所有序列通道转换完毕，下一个触发信号将启动序列的第一个通道。

上述 5 种转换模式可组合使用，譬如可组合连续单通道转换、单次多通道扫描、多通道断续采样等。图 11-9 和图 11-10 分别是标准转换组和插入转换组不同模式的转换流程图以及对应寄存器配置。从图中不难看出，插入转换相比标准转换主要有两点区别：① 插入转换不具备连续转换模式；② 插入转换不能配置转换完成标志置 1 选项，所有通道转换结束后 ICHE 才会置 1。

对图 11-9 说明如下：

- 在连续模式下唯一的例外情况是，在使能 IAUTO@ADC_CON0 时，插入转换组在标准转换组之后自动转换；
- 不能同时使用自动插入和断续采样模式；
- 不得同时为标准转换组和插入转换组设置断续采样模式，只能选择其一进行断续采样；
- 对于标准转换组多通道断续采样模式，NCHESEL 选择位仍有效。为方便展示，图 11-9 中该模式仅以 NCHESEL@ADC_CON1=0 为例，若 NCHESEL@ADC_CON1=1，则每个通道转换完毕均会置位 NCHE；

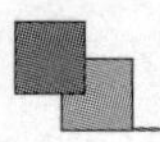

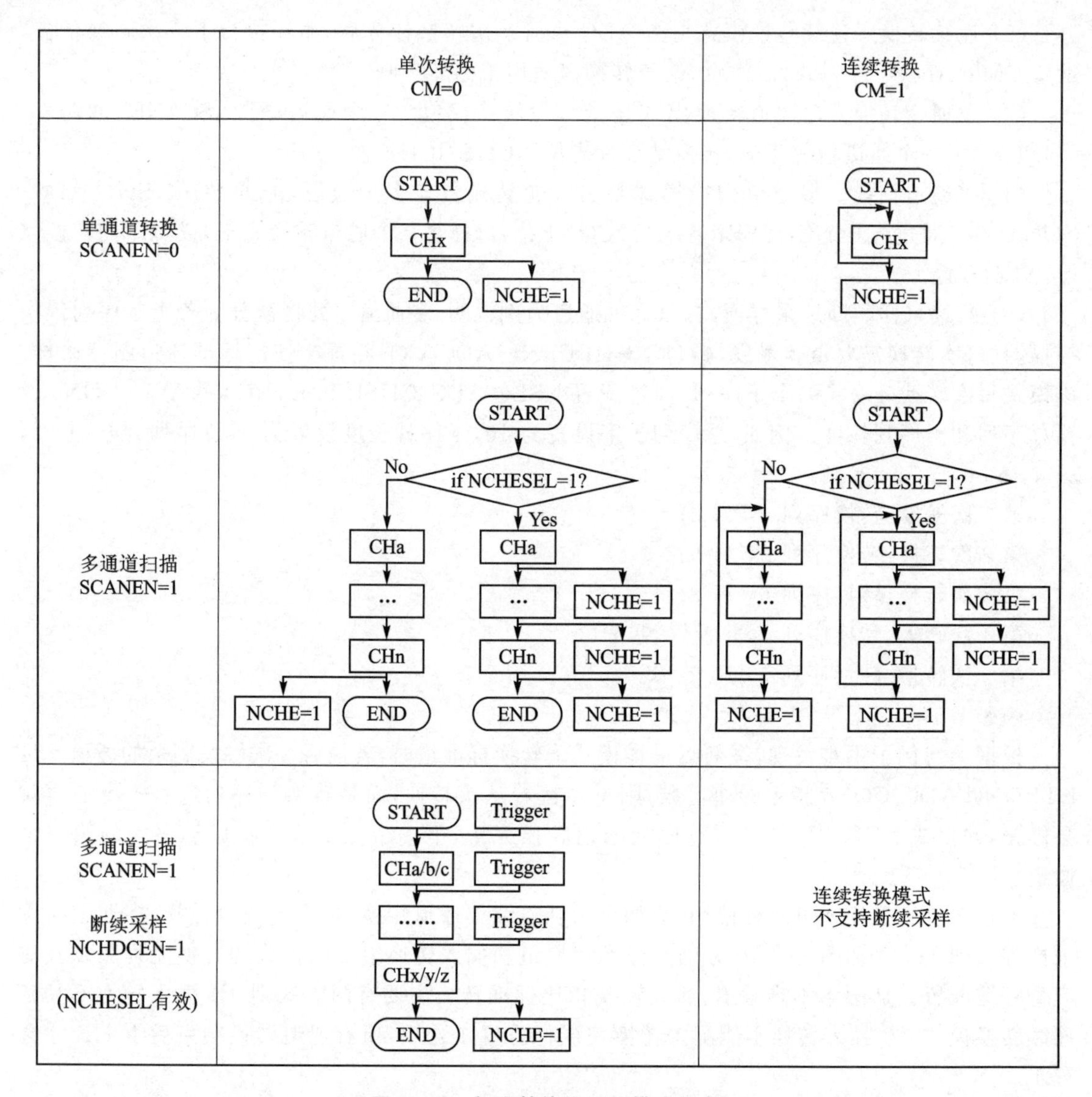

图 11-9 标准转换组不同模式组合

➢ 断续采样必须以单次转换为前提，当连续转换模式使能时，转换会循环进行，断续采样失效。

2. 程序设计示例

单次、连续、单通道和多通道转换为 ADC 常规模式，其他示例程序包含上述几种常规模式。本示例着重介绍多通道断续采样模式：标准转换，通道序列总长度为 4，每次触发仅转换 2 个通道。

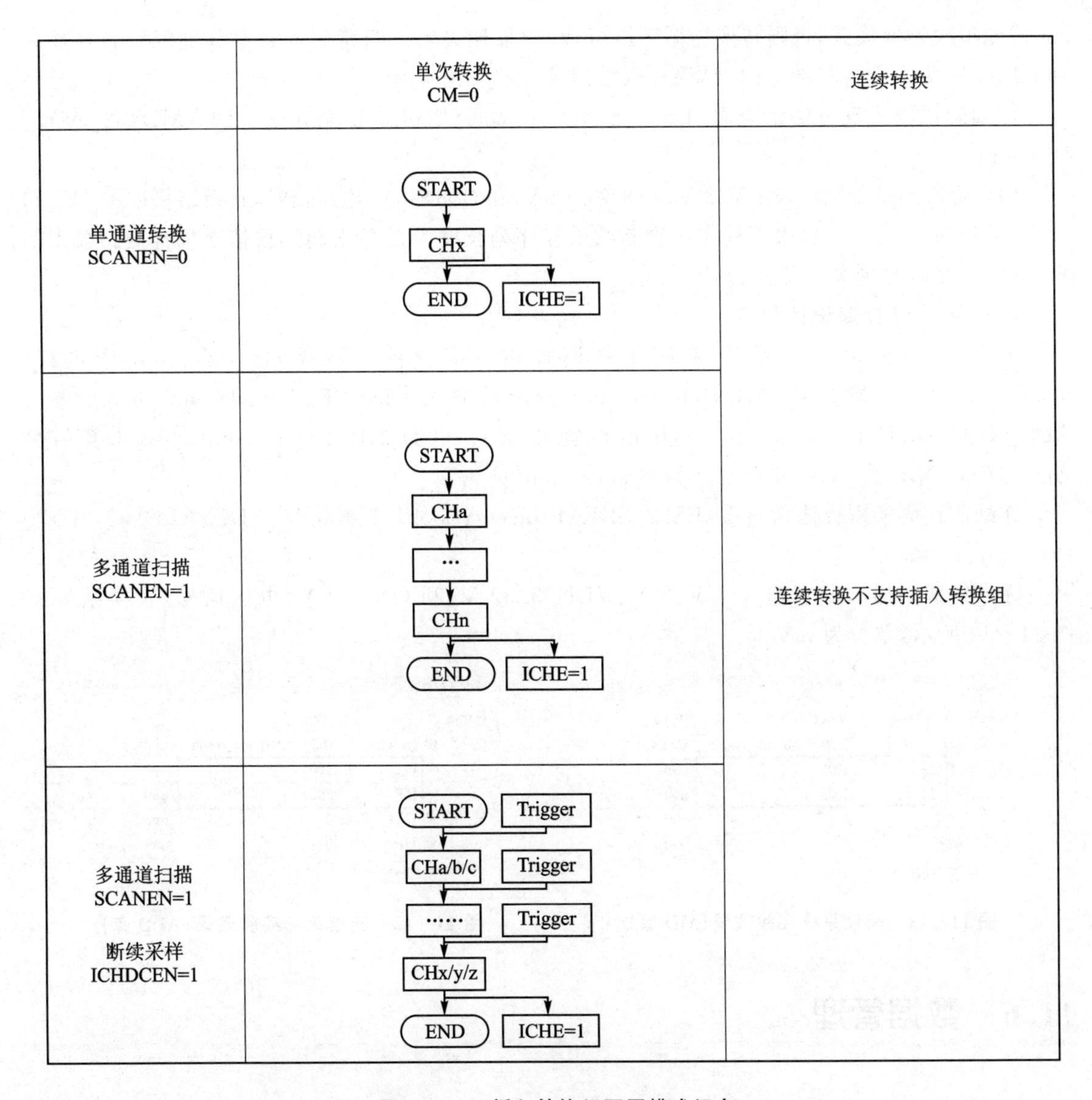

图 11-10 插入转换组不同模式组合

(1) 使用 MD 库设计程序

断续采样必然为多通道转换，所以需要通过函数 md_adc_scan_mode_enable_scanen 使能通道扫描模式，通过函数 md_adc_normal_channel_discon_mode_enable_nchdcen 使能断续采样模式。本例标准序列总长度为 4，断续采样子序列长度为 2，md_adc_set_normal_channel_length_nsl 参数配置为 MD_ADC_NM_NR_4，md_adc_set_ex_trigger_discon_etrgn 参数配置为 MD_ADC_DISC_NR_2。需要注意的是，断续采样必须通过 md_adc_continuous_conversion_disable_ cm 使能单次转换模式，否则转换会循环进行，断续采样失效。四路通道需要分别配置转换序列和 GPIO 属性。最终四路 ADC 结果存入数组 adc_result[4]中。

详细的代码实现方法请查看：ES32_SDK\Projects\Book1_Example\ADC\MD\02_ADC_Discount。

四路标准通道分别输入 1 V、2 V、VDD(3.32 V)和 GND(0 V)电压信号，转换结果如图 11－11 所示，单位为 mV。可见，由于程序设置断续采样序列长度为 2，单次转换仅依次采样两路模拟信号，继续转换需要再次触发。

(2) 使用 ALD 库设计程序

采用 ALD 库设计本程序，断续采样模式相关配置皆在函数 ald_adc_init 中进行，h_adc.init.scan 配置为 ENABLE，h_adc.init.cont 配置为 DISABLE，h_adc.init.disc 配置为 ADC_NCH_DISC_EN，h_adc.init.nch_nr 配置为 ADC_NCH_NR_4，h_adc.init.disc_nr 配置为 ADC_DISC_NR_2。ADC 结果存入数组 adc_result[4]中。

详细的代码实现方法请查看：ES32_SDK\Projects\Book1_Example\ADC\ALD\02_ADC_Discount。

标准组四路通道分别输入 1 V、2 V、VDD(3.32 V)和 GND(0 V)电压信号，转换结果如图 11－12 所示，单位为 mV。

Watch 1

Name	Value	Type
adc_result	0x20000010 adc_result	uint[4]
[0]	1005	uint
[1]	2003	uint
[2]	0	uint
[3]	0	uint
<Enter expression>		

图 11－11　断续采样实验效果(MD 库)

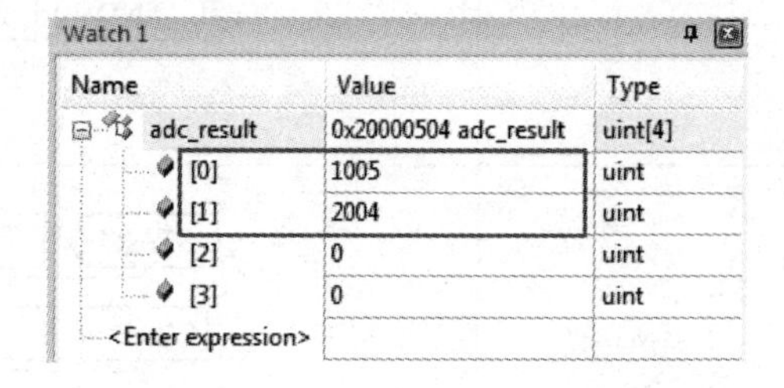

Watch 1

Name	Value	Type
adc_result	0x20000504 adc_result	uint[4]
[0]	1005	uint
[1]	2004	uint
[2]	0	uint
[3]	0	uint
<Enter expression>		

图 11－12　断续采样实验效果(ALD 库)

11.6　数据管理

1. DMA 转存

标准转换组只有一个数据寄存器(ADC_NCHDR)用于存储 A/D 转换数据，为了避免在上一次转换结果的值还未读取时，新的 ADC 结果值又写入 ADC_NCHDR 寄存器，则使用 DMA 快速存储数据至内存。每次标准转换组中的一个通道转换完毕，都会生成一个 DMA 请求。这样便可将转换的数据从 ADC_NCHDR 寄存器传输到软件指定的目标内存位置。

➢ 使用 DMA 传输 ADC 数据需要置位 DMA@ADC_CON1，使能 DMA 访问；

➢ DMA 传输源配置为 ADC；

➢ 根据数据长度配置DMA传输字长，ADC数据为12位，则DMA传输字长配置为半字（16位）。

另外，ADC与DMA配置互联，还需要在DMA通道选择对应的复用功能，具体配置如下：

➢ MSEL@DMA_CHx_SELCON＝000110，DMA输入源选择ADC0，此时MSIGSEL@DMA_CHx_SELCON仅对应ADC0申请DMA信号；

➢ MSEL@DMA_CHx_SELCON＝011111，DMA输入源选择ADC1，此时MSIGSEL@DMA_CHx_SELCON仅对应ADC1申请DMA信号。

2. 多通道慢速转换

如果转换过程足够慢，则可使用软件来处理转换序列。在这种情况下，必须将ADC_CON1寄存器中的NCHESEL位置1，才能使NCHE状态位在每次转换结束时置1，而不仅是在序列结束时置1。当NCHESEL＝1时，溢出检测会自动使能。因此，每当转换结束时，NCHE都会置1，并且可以读取ADC_NCHDR寄存器。如果数据丢失（溢出），则会将ADC_STAT寄存器中的OVR位置1，并生成一个中断（如果OVRIE@ADC_CON0位已置1）。

若要在NCHESEL位置1时将ADC从OVR状态中恢复，则按以下步骤操作：

(1) 将ADC_STAT寄存器中的OVR位清0；

(2) 触发ADC以开始转换。

3. 单通道转换

当ADC存在转换一个或多个通道且不需要每次读取数据的情况时，例如使用模拟看门狗，可将OVRDIS@ADC_CON1置1，并且仅在序列结束（NCHESEL＝0）时才将NCHE位置1。此时溢出检测被禁止。

4. 程序设计示例

设计一个程序，实现软件触发多通道标准转换，同时用DMA转存ADC结果，并保存进数组。

(1) 使用MD库设计程序

DMA转存ADC值，需要通过函数md_adc_set_overflow_detection_state_ovrdis使能ADC来访问DMA。因为每次转换都会触发DMA申请，所以无需每次标准转换都将转换完成标志置1，所以md_adc_set_eoc_selection_nchesel内参数配置为MD_ADC_NCHESEL_MODE_ALL。对于DMA配置函数dma_init，需要特别注意的是，由于转换精度为12位，DMA传输字长config.data_width配置为半字（16位）的MD_DMA_DATA_SIZE_HALFWORD，DMA源地址config.src配置为ADC转换结果寄存器ADC0->NCHDR，DMA目标地址config.dst配置为接收数据的数组，DMA输入源config.msel配置为MD_DMA_MSEL_ADC0，输入源信号配置为MD_DMA_MSIGSEL_ADC。其他DMA详细配置请参考10.13节。最终ADC结果通过DMA

传输至数组 adc_result[4]来保存，并换算为以 mV 为单位的值。

详细的代码实现方法请查看：ES32_SDK\Projects\Book1_Example\ADC\MD\03_ADC_DMA。

标准组四路通道分别输入 1 V、2 V、VDD(3.32 V)和 GND(0 V)电压信号，转换结果如图 11－13 所示，单位为 mV。

Watch 1

Name	Value	Type
adc_result	0x20000008 adc_result	ushort[4]
[0]	1008	ushort
[1]	1999	ushort
[2]	3319	ushort
[3]	6	ushort
<Enter expression>		

图 11－13　DMA 转存 ADC 数据实验效果(MD 库)

(2) 使用 ALD 库设计程序

函数 ald_adc_start_by_dma 封装 ADC 访问 DMA 的所有操作，包括 ADC 访问 DMA 使能，以及详细的 DMA 属性配置，其中，已经固定 DMA 传输字长为半字，源地址为 ADC 结果寄存器，DMA 输入源为 ADC，输入信号为 ADC 申请 DMA。ald_adc_start_by_dma(&h_adc, dma_value, 4, 0)四个实参依次代表外设、DMA 目标地址、DMA 传输字长，以及 DMA 通道号。可见本程序中外设选择 ADC，DMA 目标地址为 dma_value，传输字长为 4，选择 DMA 通道 0 进行传输。其他 DMA 详细配置请参考 10.13 节。最终数据处理在标准转换完成回调函数 normal_convert_complete 中进行，ADC 结果存入数组 adc_result[4]中。

详细的代码实现方法请查看：ES32_SDK\Projects\Book1_Example\ADC\ALD\03_ADC_DMA。

标准组四路通道分别输入 1 V、2 V、VDD(3.32 V)和 GND(0 V)电压信号，转换结果如图 11－14 所示，单位为 mV。

Watch 1

Name	Value	Type
adc_result	0x20000014 adc_result	ushort[4]
[0]	1004	ushort
[1]	1998	ushort
[2]	3319	ushort
[3]	0	ushort
<Enter expression>		

图 11－14　DMA 转存 ADC 数据实验效果(ALD 库)

11.7　模拟看门狗

1. 工作原理

当被检测模拟量低于低阈值或高于高阈值时，模拟看门狗状态位 AWDF@ADC_STAT 位置 1。使能 AWDIE@ADC_CON0 位可以打开模拟看门狗中断。图 11－15 为模拟看门狗示意

图，通过 LT@ADC_WDTL 和 HT@ADC_WDTH 设置低阈值和高阈值。

可通过配置 ADC_CON0 寄存器的 AWDSGL、NCHWDEN 和 ICHWDEN 位，选择模拟看门狗保护通道，具体配置情况见表 11-2。置位 NCHWDEN@ADC_CON0 或 ICHWDTEN@ADC_CON0 选择使能标准转换组或插入转换组通道。

注意：高低阈值寄存器是低 12 位有效的寄存器，而 ADC 结果寄存器可以左对齐和右对齐，但模拟看门狗在对齐之前就已将 ADC 结果值与高低阈值进行比较。

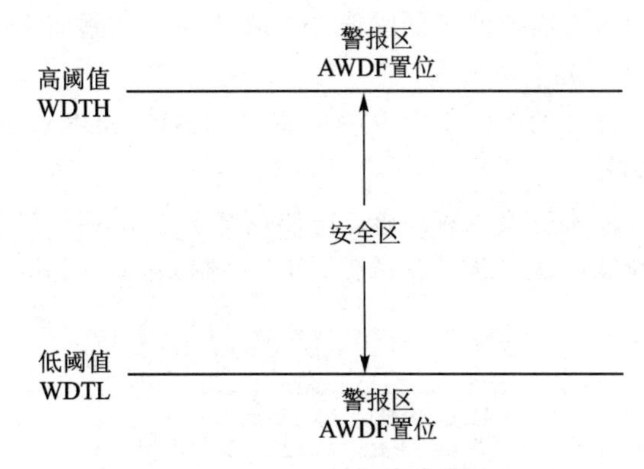

图 11-15 模拟看门狗示意图

表 11-2 模拟看门狗保护通道对应配置

模拟看门狗保护通道	AWDSGL	NCHWDEN	ICHWDEN
无	X	0	0
所有插入通道	0	0	1
所有标准通道	0	1	0
所有标准通道和插入通道	0	1	1
单个插入通道(AWDCH 选择 AWD 通道)	1	0	1
单个标准通道(AWDCH 选择 AWD 通道)	1	1	0
单个标准/插入通道(AWDCH 选择 AWD 通道)	1	1	1

2. 程序设计示例

设计一个程序，使用 ADC 标准通道模拟看门狗(AWD)，实现单通道转换值低于低阈值 0x300 或高于高阈值 0x800 时触发中断。

(1) 使用 MD 库设计程序

按照标准单通道转换配置 ADC 基础属性，再配置模拟看门狗。通过函数 md_adc_wdt_normal_channel_enable_nchwden 使能标准通道模拟看门狗。如果通道扫描模式使能，则可通过 md_adc_wdt_single_channel_scan_mode_enable_awdsgl 使能单一通道模拟看门狗，md_adc_set_channel_awdch 选择模拟看门狗通道，md_adc_set_higher_threshold_ht/md_adc_set_lower_threshold_lt 配置高低阈值。本程序在中断服务程序中处理结果，所以需要 md_adc_analog_wdt_interrupt_enable_awdie 使能模拟看门狗中断。为了方便与高低阈值寄存器设置的十六进制数进行比较，这里的 ADC 转换值 adc_result 直接取结果寄存器的值，无需换算为以 mV 为单位的值。若转换值低于低阈值 0x300 或高于高阈值 0x800，则触发看门狗中断，变量 warning 置 1；否则 warning 清 0。

详细的代码实现方法请查看：ES32_SDK\Projects\Book1_Example\ADC\MD\04_ADC_AWD。

依次设置 AWD 通道电压信号为 0.5 V、1 V 和 2 V，对应 ADC 结果（ADC 结果寄存器值，未换算以 mV 为单位的值，十六进制）和 warning 值如图 11-16、图 11-17 和图 11-18所示。

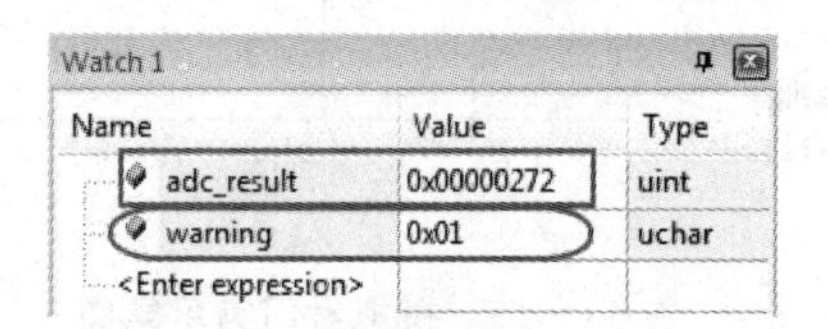

图 11-16　模拟看门狗实验效果，低于阈值（MD 库）

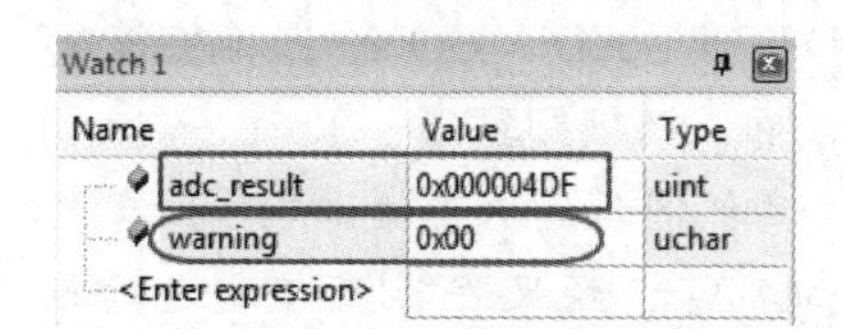

图 11-17　模拟看门狗实验效果，在阈值范围内（MD 库）

（2）使用 ALD 库设计程序

当用 ALD 库设计该程序时，模拟看门狗相关配置在函数 ald_adc_analog_wdg_config 中进行，参数 wdg_config.mode 决定模拟看门狗模式，wdg_config.ch 选择通道，wdg_config.high_thrd/wdg_config.low_thrd 配置高低阈值，wdg_config.interrupt 决定看门狗中断是否使能。ADC 结果在中断服务程序中获取，并存入变量 adc_result，不换算为以 mV 为单位的值。若 adc_result＜0x300 或 adc_result＞0x800，则变量 warning 置 1；否则 warning 清 0。

详细的代码实现方法请查看：ES32_SDK\Projects\Book1_Example\ADC\ALD\04_ADC_AWD。

依次设置 AWD 通道电压信号为 0.5 V、1 V 和 2 V，对应 ADC 结果和 warning 值如图 11-19、图 11-20 和图 11-21 所示。

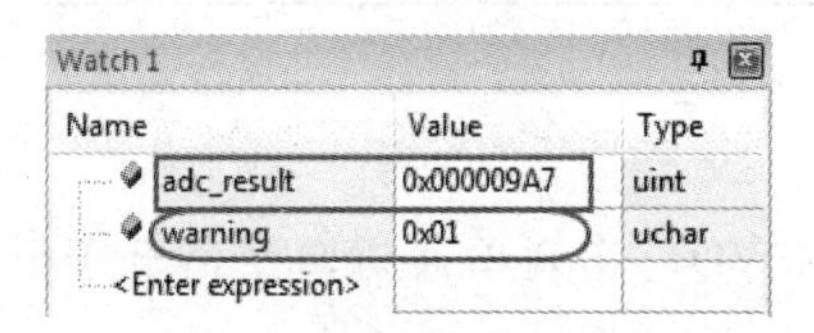

图 11-18　模拟看门狗实验效果，高于阈值（MD 库）

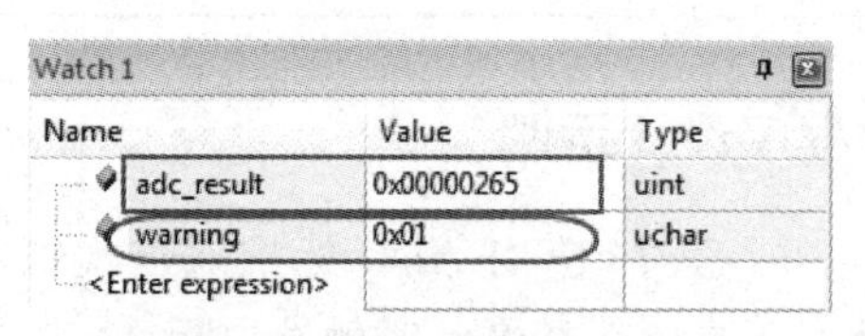

图 11-19　模拟看门狗实验效果，低于阈值（ALD 库）

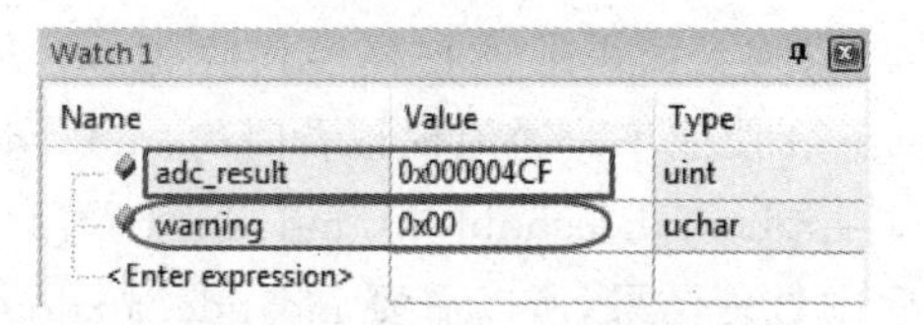

图 11-20　模拟看门狗实验效果，在阈值范围内（ALD 库）

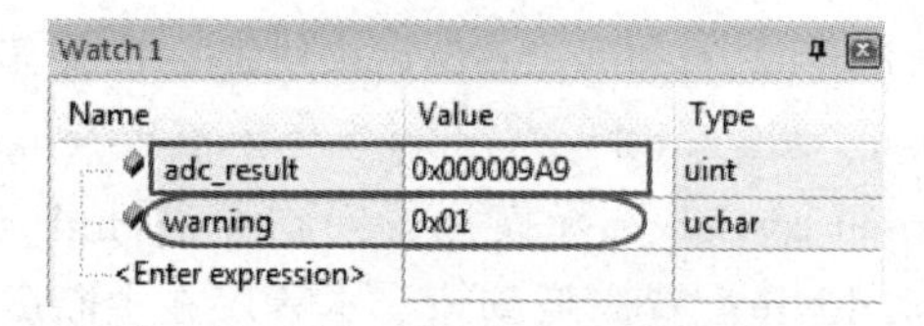

图 11-21　模拟看门狗实验效果，高于阈值（ALD 库）

11.8　外设互联

1. 工作原理

除上文中提到的 NCHTRG/ICHTRG@ADC_CON1 软件触发外，ADC 亦可通过外部硬件触发。对于标准通道转换，可以通过配置 NEXTSEL@ADC_CON1 位选择外部触发事件，通过配置 NEXTS@ADC_CON1 位选择触发极性；对于插入通道转换，可以通过配置 IEXTSEL@ADC_CON1 位选择外部触发事件，通过配置 IEXTS@ADC_CON1 位选择触发极性。当相应的触发事件发生时，就会自动触发 ADC 标准转换或插入转换。

支持 PIS 的 MCU 亦可通过 PIS 将 ADC 与其他外设互联，从而实现外部硬件触发转换。ADC 转换模式对应 PIS 生产端和消费端的功能如表 11－3 所列。

表 11－3　ADC 转换模式与 PIS 生产端、消费端的功能对照表

ADC 转换模式	PIS 生产端	PIS 消费端
标准转换	标准转换结束	启动标准转换(PIS 通道 6)
插入转换	插入转换结束	启动插入转换(PIS 通道 7)

根据表 11－3 可知，触发标准转换组转换仅能选择 PIS 通道 6，而触发插入转换组转换仅能选择 PIS 通道 7，所以需要配置 PIS 通道控制寄存器 PIS_CH6_CON 和 PIS_CH7_CON。PIS_CHx_CON 的 SRCS 位用来选择生产端模块，配置 MSIGS 位则可从生产端模块的多路信号中选择一路作为生产端信号。配置好 PIS_CHx_CON，当生产端相应事件产生时，触发标准转换组或插入转换组，ADC 启动。

注：

➢ 生产端信号与 ADC 信号必须同步才能触发转换，根据二者所处的时钟域配置 SYNCSEL@PIS_CHx_CON，ADC 处于 APB2 时钟域，选择时钟 PCLK2；

➢ 配置 NETS/IETS@ADC_CON1，选择合适的触发极性，复位值 0 对应外部触发禁止。

2. 程序设计示例

设计一个程序，使用 PIS 信号触发 ADC。系统启动后，等待 AD16C4T0 更新事件触发插入转换。

(1) 使用 MD 库设计程序

AD16C4T0 通过 PIS 触发 ADC，GPIO、AD16C4T0 按照常规模式配置即可，需要注意的是 PIS 和 ADC 的配置。函数 md_pis_init 配置 PIS 属性；PIS 信号源 p_init. p_src 选择 Timer 更新事件；边沿形式 p_init. p_edge 选择不输出边沿；输出信号形式 p_init. p_output 选择脉冲；生产端时钟 p_init. p_clk 和消费端时钟 p_init. c_clk 分别选择 PCLK1 和 PCLK2，这是因为 Timer 和

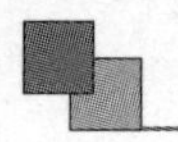

ADC 分别位于 APB1 和 APB2；消费端触发 p_init.c_trig 选择 ADC 插入转换，位于 PIS 通道 7。对于 ADC 配置，需要通过函数 md_adc_set_insert_conv_extern_polarity 选择标准转换触发极性。另外，由于选择硬件触发 ADC，所以一定不能使能软件触发。md_timer_enable_counter_cnten 启动 Timer 计数后，AD16C4T0 产生更新事件便可触发插入转换，ADC 结果存入变量 adc_result 中。

详细的代码实现方法请查看：ES32_SDK\Projects\Book1_Example\ADC\MD\05_ADC_ExternalTrigger。

插入通道输入 1 V 电压信号，待 AD16C4T0 更新事件发生时，转换开始，ADC 结果如图 11-22 所示，单位为 mV。

(2) 使用 ALD 库设计程序

Timer 触发插入转换的所有配置操作封装在函数 ald_adc_timer_trigger_insert 中，只需配置外设 adc_config.p_adc/adc_config.p_timer，以及 ADC 通道 adc_config.adc_ch、参考电压 adc_config.n_ref/adc_config.p_ref、Timer 自动装载值 adc_config.time 等选项，ADC、Timer 和 PIS 的大部分基础属性就会按需配置完毕。因为本程序旨在硬件触发插入转换，勿使能软件触发功能。最终 ADC 结果在中断服务程序中处理，并存入变量 adc_result 中，单位为 mV。

详细的代码实现方法请查看：ES32_SDK\Projects\Book1_Example\ADC\ALD\05_ADC_ExternalTrigger。

插入通道输入 1 V 电压信号，待 AD16C4T0 更新事件发生时，转换开始，ADC 结果如图 11-23 所示，单位为 mV。

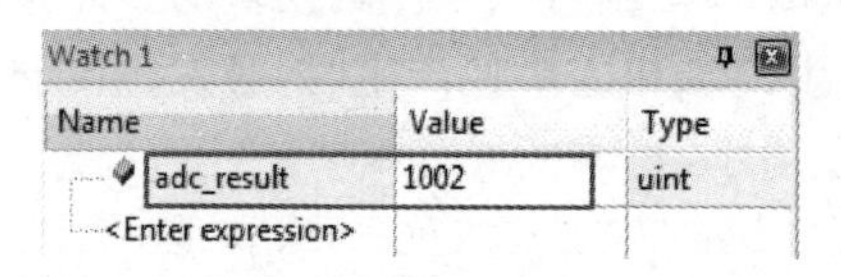

图 11-22　AD16C4T 触发 ADC 实验效果(MD 库)

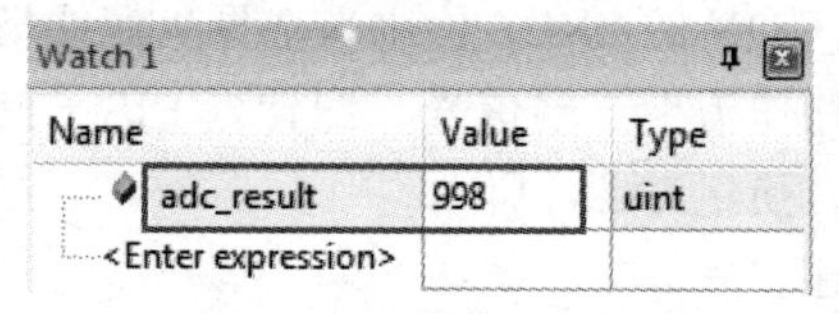

图 11-23　AD16C4T 触发 ADC 实验效果(ALD 库)

11.9　中　断

ADC 中断事件及其标志位、使能位如表 11-4 所列。

表 11-4　ADC 中断事件标志位和使能位

中断事件	标志位	使能位
结束标准转换组的转换	NCHE	NCHEIE
结束插入转换组的转换	ICHE	ICHEIE
发生模拟看门狗事件	AWDF	AWDIE
溢出	OVR	OVRIE

第12章

CRC循环冗余校验

一般情况下，我们要求数据能够正确地传输或存储，但各种因素会导致数据在传输或存储过程中产生差错。例如甲给乙传输数据，数据传输线路可能受到某些干扰而导致数据位发生丢失或者错误，乙接收到数据后，必须判断收到的数据是否正确；又如存储在硬盘上的一段很重要的数据，可能由于某些错误而被篡改。如果使用前不判断这些数据的正确性，后果不堪设想。数据校验一般用于对传输数据或存储数据的正确性和完整性进行验证。数据的校验方法很多，循环冗余校验CRC(Cyclic Redundancy Check)相比其他校验方法，具有高效、准确、成本低等优势，被广泛应用。

ES32集成硬件CRC发生器可加速CRC运算速度。本章介绍的CRC模块及其程序设计示例基于ES32F369x平台。

12.1 CRC模型

如表12-1所列为常用的CRC计算模型，对其中的部分可变项解释如下：

初始值：算法开始时寄存器(CRC)的初始化预置值，用十六进制表示。

结果"异或"值：最终CRC值是由计算结果与此参数"异或"得到的。

输入反转：待测数据的每个字节是否按位反转(True或False)。

输出反转：在计算之后，"异或"输出之前，整个数据是否按位反转(True或False)。

注：表12-1的数据来源于CRC在线计算网站www.ip33.com\crc.html。

表12-1 CRC计算模型

CRC算法名称	多项式	简记式	宽度	初始值	结果"异或"值	输入反转	输出反转
CRC-8	x^8+x^2+x+1	07	8	00	00	False	False
CRC-8/ITU	x^8+x^2+x+1	07	8	00	55	False	False
CRC-8/ROHC	x^8+x^2+x+1	07	8	FF	00	True	True
CRC-16/IBM	$x^{16}+x^{15}+x^2+1$	8005	16	0000	0000	True	True

续表 12-1

CRC 算法名称	多项式	简记式	宽　度	初始值	结果“异或”值	输入反转	输出反转
CRC-16/MAXIM	$x^{16}+x^{15}+x^{2}+1$	8005	16	0000	FFFF	True	True
CRC-16/USB	$x^{16}+x^{15}+x^{2}+1$	8005	16	FFFF	FFFF	True	True
CRC-16MODBUS	$x^{16}+x^{15}+x^{2}+1$	8005	16	FFFF	0000	True	True
CRC-16/CCITT	$x^{16}+x^{12}+x^{5}+1$	1021	16	0000	0000	True	True
CRC-16/CCITT-False	$x^{16}+x^{12}+x^{5}+1$	1021	16	FFFF	0000	False	False
CRC-16/X25	$x^{16}+x^{12}+x^{5}+1$	1021	16	FFFF	FFFF	True	True
CRC-16/XMODEM	$x^{16}+x^{12}+x^{5}+1$	1021	16	0000	0000	False	False
CRC-32	$x^{32}+x^{26}+x^{23}+x^{22}+x^{16}+x^{12}+x^{11}+x^{10}+x^{8}+x^{7}+x^{5}+x^{4}+x^{2}+x+1$	04C11DB7	32	FFFFFFFF	FFFFFFFF	True	True
CRC-32/MPEG-2	$x^{32}+x^{26}+x^{23}+x^{22}+x^{16}+x^{12}+x^{11}+x^{10}+x^{8}+x^{7}+x^{5}+x^{4}+x^{2}+x+1$	04C11DB7	32	FFFFFFFF	00000000	Flase	Flase

12.2 功能特点

ES32F369x CRC 模块具有以下特性：

- 支持 4 种常用多项式：
  - CRC-8：07
  - CRC-CCITT：1021
  - CRC-16：8005
  - CRC-32：04C11DB7
- 初始值可设定。
- 输入/输出数据可反码、反序。
- 数据长度可设定：8 位、16 位、32 位。
- 支持 DMA。

12.3 结构框图

如图 12-1 所示为 ES32F369x 的 CRC 模块结构框图。

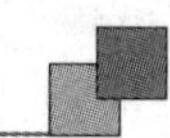

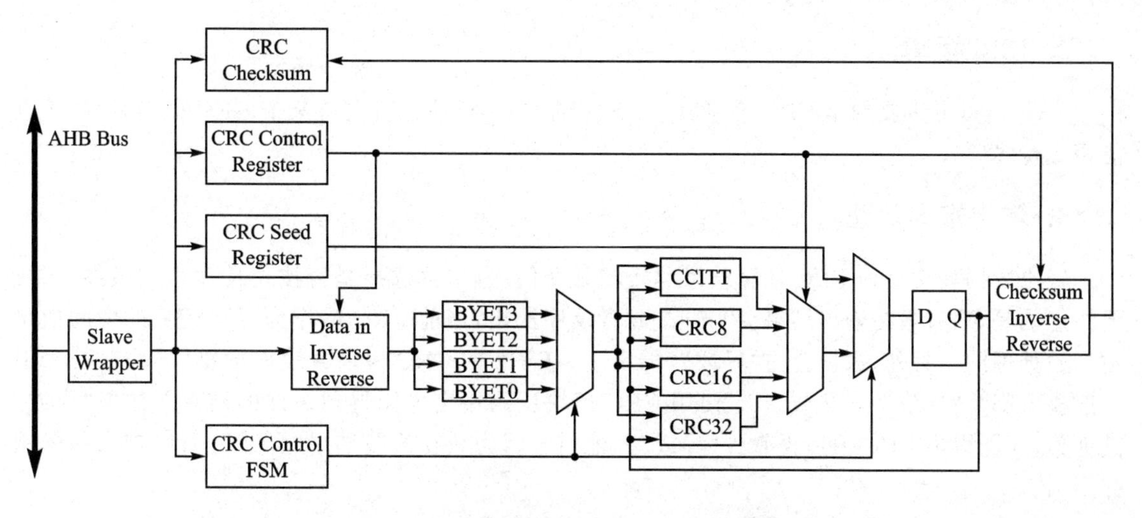

图12-1 ES32F369x的CRC模块结构框图

12.4 工作原理

CRC模块计算可以分为3个部分:输入数据处理、CRC运算和输出数据处理。

1. 输入数据处理

循环冗余校验CRC的计算过程是,当前值首先与上一次结果进行“异或”,那么进行第一次CRC运算的数据与谁“异或”呢?故而有一个CRC初始值,这个值会影响最终的CRC校验值。由常用CRC模型可知,此初始值对于不同的CRC模型是不同的。在ES32的CRC模块中,称该初始值为种子寄存器。

输入数据处理是指将数据逐个输入到CRC中进行计算,可以选择8位、16位或32位数据输入。数据输入长度与CRC校验值长度无关。对于32位CRC校验,可以是8位数据输入;对于8位CRC校验,也可以是32位数据输入。数据输入长度不影响CRC的校验值,只与效率有关。例如,需要校验FLASH中4字节对齐的数据,选择32位数据输入长度,那么一次可以向CRC中写入32位数据进行计算;也可以选择8位数据输入长度,那么32位数据需要分4次输入。这又牵扯到另一个问题,一次32位数据输入改成4次8位数据输入,那么先输入32位数据的高8位还是低8位呢?换个说法,一次输入32位数据,校验先从高8位计算还是低8位计算?把这些搞清楚就会得出结论,数据长度不管选择哪一种,计算出来的结果都是一致的。

输入数据处理还有反码和反序处理。反码是指将输入数据取反,如0x12反码后为0xED;反序是指将数据按位反转,如0x12反序后为0x48。CRC模型中,只有对输入数据反转控制,即我们说的反序。

2. CRC 运算

CRC 运算最重要的是 CRC 多项式。ES32 的 CRC 模块能否支持某个 CRC 模型,取决于其能否支持多项式。

3. 输出数据处理

输出数据处理是把 CRC 计算结果“异或”某个值之后,再选择是否按位反序得到最终结果。要注意的是,只有最终输出结果会“异或”或者反序输出,当前 CRC 值作为下次运算的中间值是不会被处理的。另外,数据会先“异或”,再反序。ES32 的 CRC 模块并没有数据“异或”输出,但一般模型都是“异或”0xFF 或者 0,使用 CRC 模块反码输出也能得到一样的结果。如果“异或”其他值,只能得出 CRC 值后再软件“异或”其他值。因为只在最终结果“异或”,所以带来的开销并不大。

正是因为这么多可变项,才使 CRC 有那么多的标准模型。

12.5 配置流程

(1) 使能 CRC 模块:EN@CRC_CR=1。

(2) CRC 运算初始化:

- 设置 CHSINV@CRC_CR 来配置 CRC 校验值是否反码。
- 设置 CHSREV@CRC_CR 来配置 CRC 校验值是否反序。
- 设置 DATINV@CRC_CR 来配置 CRC 写入数据是否反码。
- 设置 DATREV@CRC_CR 来配置 CRC 写入数据是否反序。
- 设置 MODE@CRC_CR 来配置 CRC 校验模式。
- 设置 DATLEN@CRC_CR 来配置 CRC 写入数据长度。

(3) 复位 CRC:设置 RST@CRC_CR 来执行 CRC 复位。CRC 复位将初始种子值装载到 CRC 运算电路。

(4) 写入数据:向 CRC_DATA 寄存器写入数据来计算 CRC 校验值。可以连续写入,也可以通过 DMA 写入。

(5) 读取校验值:从 CRC_CHECKSUM 寄存器读取数据来获得 CRC 校验结果。

12.6 程序设计示例

使用 CRC 模块分别实现 CRC - 32 模型和 CRC - 32/MPEG - 2 模型,计算数组 crc_buf 的 CRC 值:

```
uint8_t crc_buf[8] = {0x00, 0x01, 0x02, 0x03, 0x04, 0x05, 0x06, 0x07, 0x08};
```

查看CRC模型表格，CRC-32和CRC-32/MPEG-2模型的差别是：结果“异或”值、输出反转和输入反转不一致。

下面直接看实际代码是怎样配置的。

1. 使用MD库实现

使用md_crc_init配置CRC工作模式：

crc_init.mode选择CRC模型。

crc_init.len选择数据长度。

crc_init.order选择字节校验顺序。

crc_init.seed设置初始值。

crc_init.data_inv选择输入数据是否反码。

crc_init.data_rev选择输入数据是否反序。

crc_init.chs_inv选择输出数据是否反码。

crc_init.chs_rev选择输出数据是否反序。

详细的代码实现方法请查看：ES32_SDK\Projects\Book1_Example\CRC\MD\01_crc_calculate。

2. 使用ALD库实现

在上述“使用MD库实现”中比较详细地介绍了配置方法及过程，还有数据输入。使用ALD库将简化CRC-32模型实现，main函数与MD库一致。下面使用ALD库实现crc_init函数和crc_cal函数。

使用ald_crc_init配置CRC工作模式，首先h_crc.perh＝CRC。

h_crc.init.mode选择CRC模型。

h_crc.init.seed设置初始值。

h_crc.init.data_rev选择输入数据是否反序。

h_crc.init.data_inv选择输入数据是否反码。

h_crc.init.chs_rev选择输出数据是否反序。

h_crc.init.chs_inv选择输出数据是否反码。

详细的代码实现方法请查看：ES32_SDK\Projects\Book1_Example\CRC\ALD\01_crc_calculate。

3. 实验效果

(1) 例程计算结果：如图12-2所示。

(2) CRC网站计算结果：如图12-3和图12-4所示，为CRC网站计算CRC-32和CRC-32/MPEG-2的结果。

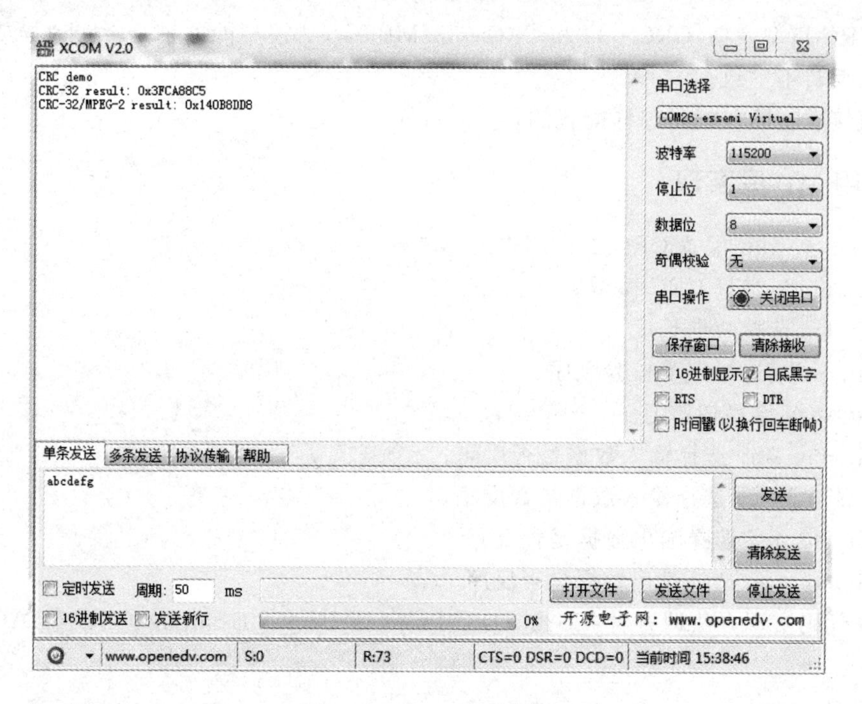

图 12-2 CRC 实验效果

图 12-3 CRC-32 模型网站计算结果

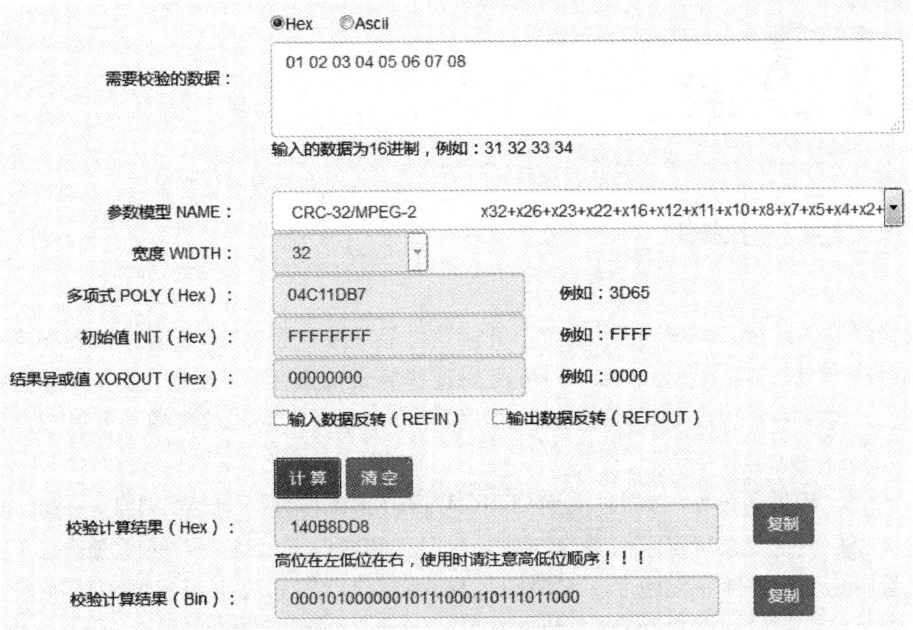

◉Hex　◎Ascii

需要校验的数据：01 02 03 04 05 06 07 08

输入的数据为16进制，例如：31 32 33 34

参数模型 NAME：CRC-32/MPEG-2　x32+x26+x23+x22+x16+x12+x11+x10+x8+x7+x5+x4+x2+

宽度 WIDTH：32

多项式 POLY（Hex）：04C11DB7　例如：3D65

初始值 INIT（Hex）：FFFFFFFF　例如：FFFF

结果异或值 XOROUT（Hex）：00000000　例如：0000

☐输入数据反转（REFIN）　☐输出数据反转（REFOUT）

计算　清空

校验计算结果（Hex）：140B8DD8　复制

高位在左低位在右，使用时请注意高低位顺序！！！

校验计算结果（Bin）：00010100000010111000110111011000　复制

图 12－4　CRC－32/MPEG－2 模型网站计算结果

第13章

WDT看门狗

在微控制器的运行过程中，程序或者硬件问题可能导致程序跑飞，或者导致程序未按照预期运行。看门狗 WDT（Watch Dog Timer）可监测这些异常的发生，一旦发生异常，看门狗将触发处理器复位。这在一定程度上提高了系统的可靠性。本章介绍的看门狗模块及其程序设计示例基于 ES32F369x 平台。

ES32F369x 提供两种看门狗，独立看门狗（IWDT）和窗口看门狗（WWDT）。看门狗是否触发复位取决于程序是否在特定时间喂狗。独立看门狗和窗口看门狗最大的区别就在于喂狗的时间。独立看门狗要求程序不能晚于一定时间喂狗，而窗口看门狗要求程序既不能晚于一定时间喂狗又不能早于一定时间喂狗，否则会触发复位。

窗口看门狗的优势在于其可监测程序更复杂的异常情况；独立看门狗的优势在于其可配置字使能，这样就可以监测出微控制器上电到打开看门狗这段时间内的异常。

13.1 功能特点

ES32F369x 看门狗的功能特点如下：

- 32 位递减计数器，定时时间范围广。
- 独立看门狗可配置字使能，窗口看门狗配置字中可使能"软件打开后无法关闭"功能。
- 支持中断产生，中断可唤醒处于睡眠状态的微控制器。
- 可复位微处理器。
- 可使用系统时钟或者内部低速时钟。
- 支持调试模式，调试时看门狗停止计数。
- 操作寄存器需要解锁，以提高看门狗可靠性。

13.2 独立看门狗

独立看门狗打开后，计数值寄存器从加载值寄存器中获取计数值，开始按照所选时钟频率递减。第一次递减至 0 时，中断标志位置 1。如果使能看门狗中断，可进入看门狗中断程序。然后计数值寄存器又从加载值寄存器中获取计数值，继续递减。当再次减至 0 时，将触发复位。初始

加载值寄存器的值可配置看门狗定时时间。

程序必须在计数值寄存器第二次减到0之前执行喂狗操作，否则看门狗判定程序异常，将复位微控制器。

13.2.1　时序图

如图13－1所示为独立看门狗时序图。

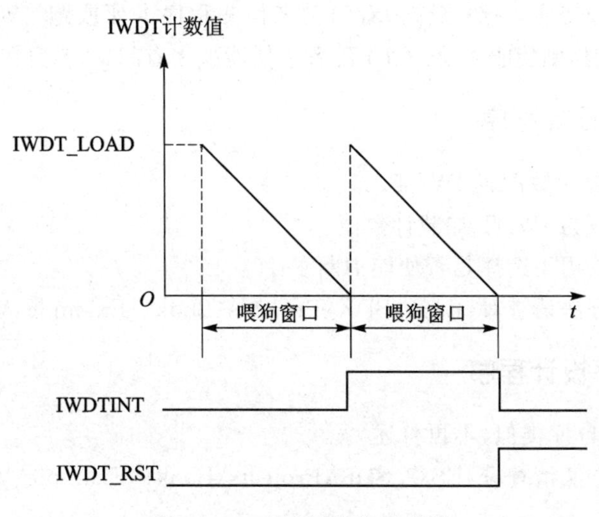

图13－1　独立看门狗时序图

13.2.2　工作流程

(1) 使能看门狗：

- 硬件使能。在配置字中将IWDTEN配置为硬件使能，系统复位运行后IWDT自动开始运行。对于这种情况，内部低速时钟LRC自动使能，IWDT使用LRC时钟，软件无法关闭LRC和IWDT。
- 软件使能。选择时钟源CLKS@IWDT_CON，选择是否使能中断IE@IWDT_CON，选择是否复位RSTEN@IWDT_CON，使能IWDT EN@IWDT_CON=1。在操作之前，需要解除写保护。

(2) 喂狗：对中断清除寄存器IWDT_INTCLR进行任意写操作，即可清除中断标志，重载计数值。在操作之前，需要解除写保护。

(3) 寄存器写保护：往IWDT_LOCK写入0x1ACCE551可解除写保护，写入其他值则使能写保护。

13.2.3 程序设计示例

使能硬件独立看门狗，在程序中将看门狗定时时间设置成 2 s，在主循环中喂狗。

首先在配置字选项中将 IWDTEN 配置为硬件强制使能。

初始化函数 md_iwdt_init 第一个输入参数是独立看门狗计数器加载值，MD 库中默认选择看门狗计数时钟为内部 32 kHz LRC 时钟，加载值为 32 000 时，定时时间为 2 s。第二个参数用于选择看门狗中断是否使能，一般当作为看门狗来检测程序卡死或跑飞时，不使能中断，在主循环中清狗；当用作定时时，则使能中断。由于配置字使能独立看门狗，不需在程序中使能。

1. 使用 MD 库设计程序

使用 md_iwdt_init 函数配置 IWDT。

函数的第一个参数为 IWDT 加载计数值。

函数的第二个参数用于选择是否使能中断。

详细的代码实现方法请查看：ES32_SDK\Projects\Book1_Example\WDT\MD\01_iwdt。

2. 使用 ALD 库设计程序

ALD 库配置与 MD 库类似，不再赘述。

详细的代码实现方法请查看：ES32_SDK\Projects\Book1_Example\WDT\ALD\01_iwdt。

13.3 窗口看门狗

窗口看门狗打开后，计数值寄存器从加载值寄存器中获取计数值，开始按照所选时钟频率递减。相比独立看门狗，窗口看门狗计数值寄存器需要加载 4 次加载值寄存器的值，当计数值寄存器第 4 次减到 0 时，触发复位。可配置禁止喂狗窗口位于计数值寄存器第 0、1、2 或者 3 次减到 0 之前，如果位于第 0 次减到 0 之前，则没有禁止喂狗窗口，可等同独立看门狗使用。

在度过禁止喂狗区之后，窗口看门狗中断将置 1。程序需要在禁止喂狗窗口之后，以及计数值寄存器第 4 次减到 0 之前喂狗，否则会触发复位。

13.3.1 时序图

如图 13－2 所示为窗口看门狗时序图。

13.3.2 工作流程

(1) 使能看门狗：软件使能。窗口看门狗复位后为关闭状态，只能软件使能，配置字中可使能“软件打开后无法关闭”功能。选择时钟源 CLKS@WWDT_CON，选择是否使能中断 IE@WWDT_CON，选择是否复位 RSTEN@WWDT_CON，选择禁止喂狗窗口 WWDTWIN@

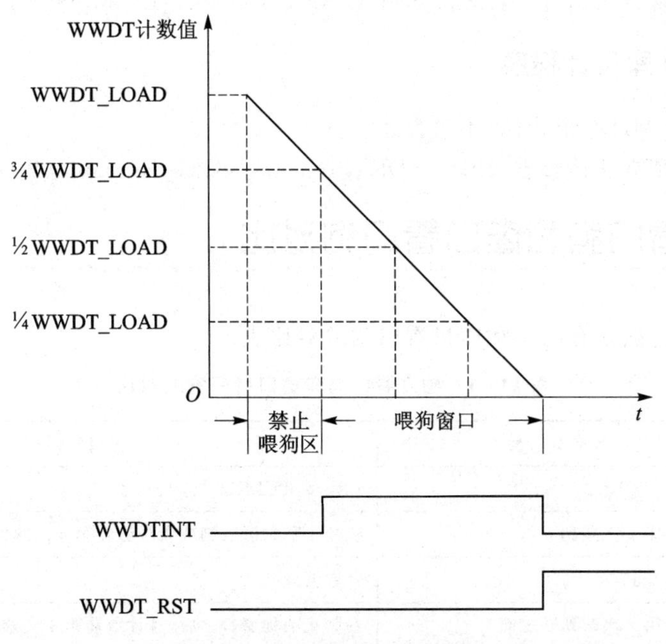

图 13-2　窗口看门狗时序图

WWDT_CON,使能 WWDT EN@WWDT_CON=1。在操作之前,需要解除写保护。

(2) 喂狗:在非禁止喂狗区喂狗,此时中断标志(WWDTIF@WWDT_RIS)置 1,程序中必须判断中断标志置 1 后才可以喂狗。喂狗操作:向中断清除寄存器 IWDT_INTCLR 进行任意写操作,即可清除中断标志,重载计数值。在操作之前,需要解除写保护。

(3) 寄存器写保护:向 IWDT_LOCK 写入 0x1ACCE551 可解除写保护,写入其他值则使能写保护。

13.3.3　程序设计示例

窗口看门狗使用内部 LRC 时钟,配置定时时间为 2 s,禁止看门狗中断,主程序中在非禁止喂狗区喂狗。

与独立看门狗配置相比,窗口看门狗配置中多了一个窗口参数,定时时间计算也不相同。喂狗时,需要判断此时是否是非禁止喂狗区。

1. 使用 MD 库设计程序

使用 md_wwdt_init 函数配置 WWDT。

函数的第一个参数为 IWDT 加载计数值。

函数的第二个参数为窗口设置。

函数的第三个参数用于选择是否使能中断。

详细的代码实现方法请查看:ES32_SDK\Projects\Book1_Example\WDT\MD\02_wwdt。

2. 使用 ALD 库设计程序

ALD 库配置与 MD 库很相似,不再赘述。

详细的代码实现方法请查看:ES32_SDK\Projects\Book1_Example\WDT\ALD\02_wwdt。

13.4 独立看门狗和窗口看门狗对比

表 13-1 所列为独立看门狗和窗口看门狗的对比表。

表 13-1 独立看门狗和窗口看门狗的对比

对比事项	独立看门狗	窗口看门狗
时钟源	LRC & PCLK2	LRC & PCLK2
产生复位条件	计数器第 2 次减到 0	在禁止喂狗区喂狗或者计数器第 4 次减到 0
产生中断	计数器减到 0	计数器减到 0
喂狗时间	计数器第 2 次减到 0 之前	在禁止喂狗窗口之后,且计数器第 4 次减到 0 之前
软件启动	支持	支持
硬件启动	支持	不支持
调试模式	支持	支持
使用注意事项	• 硬件强制使能后,软件无法关闭; • 复位强制使能,软件无法关闭; • 时钟源固定为 LRC,软件无法切换	• 复位后禁止,可通过配置字选择软件使能后软件无法关闭; • 如果使用 LRC 时钟,需要软件使能 LRC

第四篇

通信外设

第14章

USART 通用同步异步收发器

USART——通用同步异步收发器，支持全双工异步通信和半双工单线通信，采用不归零(Non-Return-to-Zero，NRZ)编码标准格式。本章介绍的USART模块及其程序设计示例基于ES32H040x平台。USART提供支持小数的波特率发生器，可灵活配置高精度的波特率。既然是同步异步收发器，除了异步通信外，USART还支持同步单向通信。另外，USRAT还支持多点通信、智能卡(半双工同步通信)、红外通信(IrDA SIR)，以及硬件流控制(CTS/RTS)多种模式。连续通信时，可使用DMA来实现USART数据收发，以降低CPU资源需求。

14.1 功能特点

ES32H040x的USART模块具有以下特性：

- 全双工异步通信。
- 单线半双工通信。
- 不归零NRZ编码标准格式。
- 发送器和接收器可分别使能。
- 波特率发生器支持小数计算。
- 数据字长可编程：
    - 8位字长；
    - 9位字长。
- 停止位长可编程：
    - 1个停止位；
    - 2个停止位。
- 校验功能可选：
    - 奇校验；
    - 偶校验。
- 同步通信模式时钟输出。
- 红外通信(IrDA SIR)。
- 支持3/16波特率周期脉宽。

➢ 智能卡模式(半双工同步通信)：
  • 支持符合 ISO 7816－3 标准中定义的异步协议；
  • 支持 0.5 或 1.5 个停止位。
➢ 多点通信，支持从机静音模式：
  • 检测空闲线路，唤醒静音模式；
  • 检测地址标记，唤醒静音模式。
➢ 支持 DMA 收发 USART 数据。

14.2　功能逻辑视图

ES32H040x 的 USART 功能逻辑视图如图 14－1 所示。

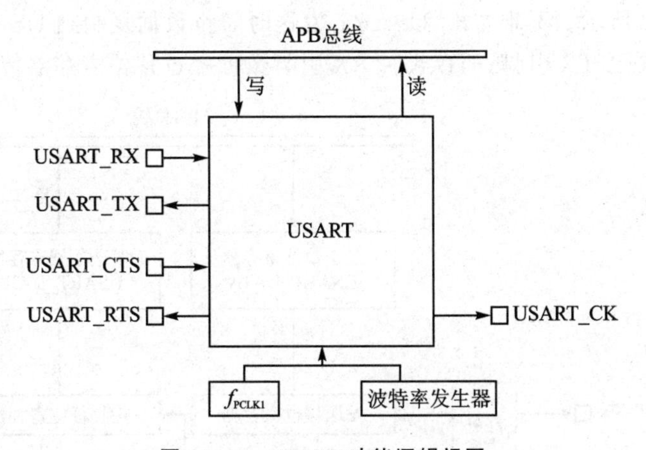

图 14－1　USART 功能逻辑视图

14.3　功能解析

14.3.1　引脚说明

表 14－1 为 ES32H040x USART 通信所用的引脚。具体引脚配置请参考芯片数据手册的引脚分配图和功能复用表。

表 14－1　USART 引脚功能

引　脚	GPIO 类型	说　明
USART_TX	在智能卡模式和半双工模式下为双向数据口，其余情况下为输出口	发送数据输出，在智能卡模式和半双工模式下，同时作为数据输出/输入

续表 14-1

引　脚	GPIO 类型	说　明
USART_RX	输入	串行数据输入
USART_RTS	输出	硬件流控制,用于指示 USART 已准备好接收数据(低电平时)
USART_CTS	输入	硬件流控制,用于在当前传输结束时阻止数据发送(高电平时)
USART_CK	时钟输出	同步模式或智能卡模式下向外部设备提供时钟

14.3.2　数据收发

USART 数据发送/接收共用一个寄存器 USART_DATA,该寄存器通过发送/接收移位寄存器连接到 USART_TX 和 USART_RX 引脚,若有红外收发需要,则启动红外收发单元。数据收发过程如图 14-2 所示。不难看出,USART 发送时需将数据复制到 USART_DATA,再通过移位寄存器输出数据至 TX 引脚;而接收时 RX 引脚数据经过移位寄存器传至USART_DATA。

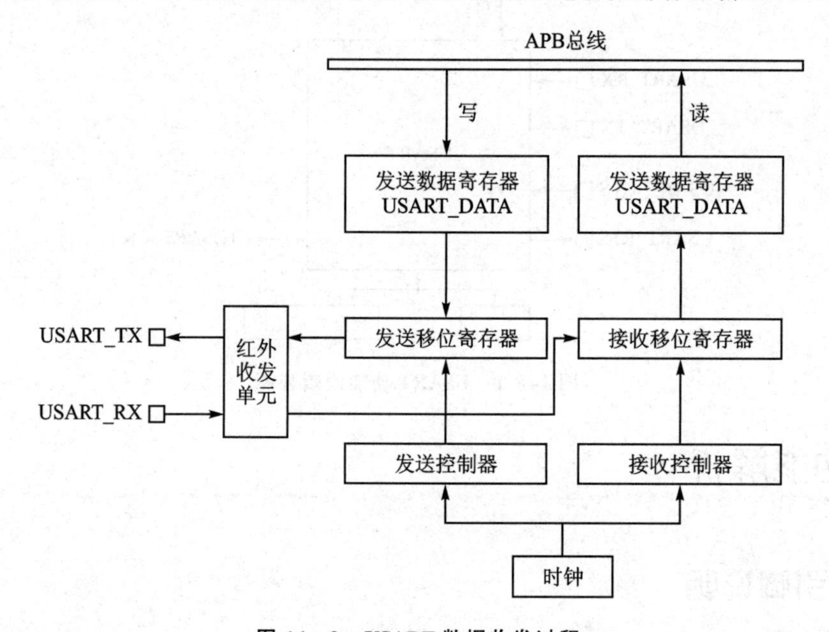

图 14-2　USART 数据收发过程

14.3.2.1　数据帧

串口通信双方的数据帧格式,只有符合约定好的协议才能正常通信。同理,作为串口通信的 USART,数据收发也需满足正确的数据帧格式。数据帧由起始位、数据位、奇偶校验位和停止位组成。数据位按照由低到高的顺序发送,也就是 LSB 在前、MSB 在后。以 1 个停止位为例,图 14-3 展示 8 位字长和 9 位字长的数据帧格式。图中的空闲帧可理解为该帧周期内电平均为

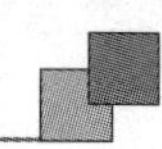

1,包括起始位和停止位。通过寄存器 DLEN@USART_CON0 配置字长,配置值 0 对应 8 位字长,配置值 1 对应 9 位字长;通过 PSEL@USART_CON0 选择奇偶校验,配置值 0 对应偶校验,配置值 1 对应奇校验,注意使用奇偶校验需先通过 PEN@USART_CON0 使能该功能;通过 STPLEN@USART_CON1 配置停止位长度,停止位及其对应功能特征如表 14-2 所列(表中涉及的模式将在后续章节中详细介绍)。

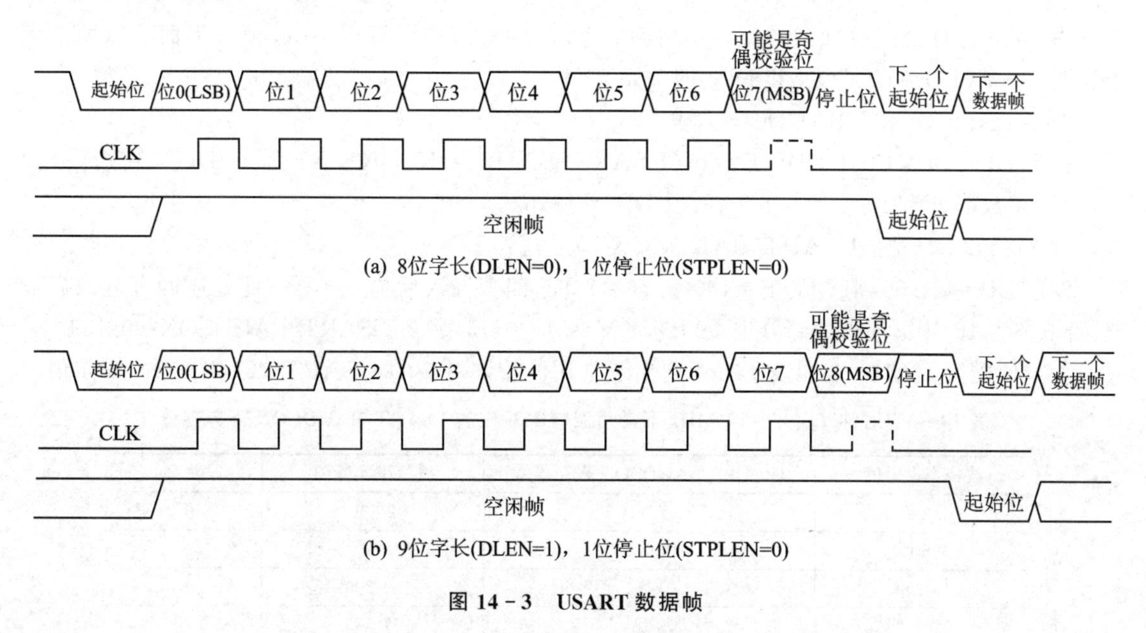

图 14-3 USART 数据帧

表 14-2 通信模式与停止位数关系

STPLEN@USART_CON1(2 位)	停止位数	功能特征
00	1	默认值
01	0.5	智能卡模式接收数据
10	2	正常 USART 模式/单线模式
11	1.5	智能卡模式发送/接收数据

14.3.2.2 波特率发生器

波特率发生器与时钟共同生成通信波特率,ES32H040x USART 支持小数波特率。如图 14-4 所示,通过配置寄存器 USART_BAUDCON,可灵活设置不同的波特率。USART_BAUDCON 有 DIV_M 位(12 位)和 DIV_F 位(4 位),分别用于定义 USART 除数 DIV 的尾数和小数部分,DIV_M 应设置不小于 2 的值。波特率计算公式为 $baud = f_{PCLK1}/(16 \times DIV)$。对 DIV 的尾数值和小数值进行编程时,接收器和发送器(RX 和 TX)的波特率均设置为相同值。

注意: 在通信期间不能改变波特率寄存器的设定值。

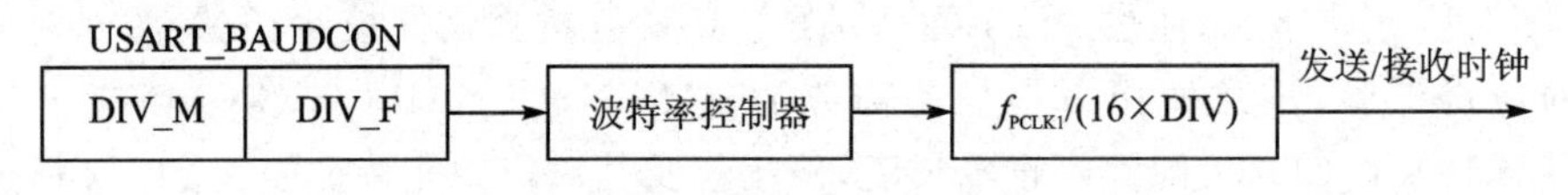

图 14-4 波特率发生器

由 baud 计算公式可知,当 f_{PCLK1} 确定时,得知 DIV 值便可算得 baud 值。下面将以两个例子说明 USART_BAUDCON 和 DIV 的关系。

例 1:已知 USART_BAUDCON,求 DIV。

如果 DIV_M=18 且 DIV_F=10(USART_BAUDCON=0x12A),那么 DIV 整数部分为 18,DIV 小数部分为 10/16=0.625,所以 DIV=18.625。

例 2:已知 DIV,求 USART_BAUDCON。

设定 DIV=21.56,则 DIV_F=16×0.56=8.96,四舍五入后为 9=0x9(此处应四舍五入后取整,若取整为 16,则需向整数部分进位),DIV_M=21=0x15,那么 USART_BAUDCON=0x159。

为方便配置,表 14-3 和表 14-4 列出了常用波特率对应的 USART_BAUDCON 设定值。

表 14-3 时钟 f_{PCLK1}=24 MHz 下常用波特率对应的 USART_BAUDCON 寄存器值

波特率设定值	USART_BAUDCON 寄存器值	波特率实际值	误差/%
2 400	0x2710	2 400	0
9 600	0x9C4	9 600	0
19 200	0x4E2	19 200	0
57 600	0x1A1	57 553	0.08
115 200	0xD0	115 384	0.16
230 400	0x68	230 769	0.16
460 800	0x34	461 538	0.16
921 600	0x1A	923 076	0.16

表 14-4 时钟 f_{PCLK1}=48 MHz 下常用波特率对应的 USART_BAUDCON 寄存器值

波特率设定值	USART_BAUDCON 寄存器值	波特率实际值	误差/%
2 400	0x4E20	2 400	0
9 600	0x1388	9 600	0
19 200	0x9C4	19 200	0
57 600	0x341	57 623	0.04
115 200	0x1A1	115 107	0.08
230 400	0xD0	23 0769	0.16
460 800	0x68	461 538	0.16
921 600	0x34	923 076	0.16

14.3.2.3　发送器

根据上述数据帧格式介绍，USART 数据收发需要确定字长、停止位等属性。以下是数据发送基本属性的配置步骤：

① 配置通信字长(DLEN@USART_CON0)；

② 配置停止位长度(STPLEN@USART_CON1)；

③ 配置通信波特率(USART_BAUDCON)；

④ 使能发送器(TXEN@USART_CON0)；

⑤ 如需使用 DMA 转存数据，则打开发送 DMA 使能(TXDMAEN@USART_CON2)；

⑥ 使能 USART(EN@USART_CON0)。

按需求配置以上 USART 属性后，便可发送数据(向 VAL@USART_DATA 写入待发数据)。该操作将使得发送缓冲区空标志 TXEMPIF@USART_STAT 和发送完成标志 TXCIF@USART_STAT 变化，具体 USART 发送时序如图 14－5 所示。

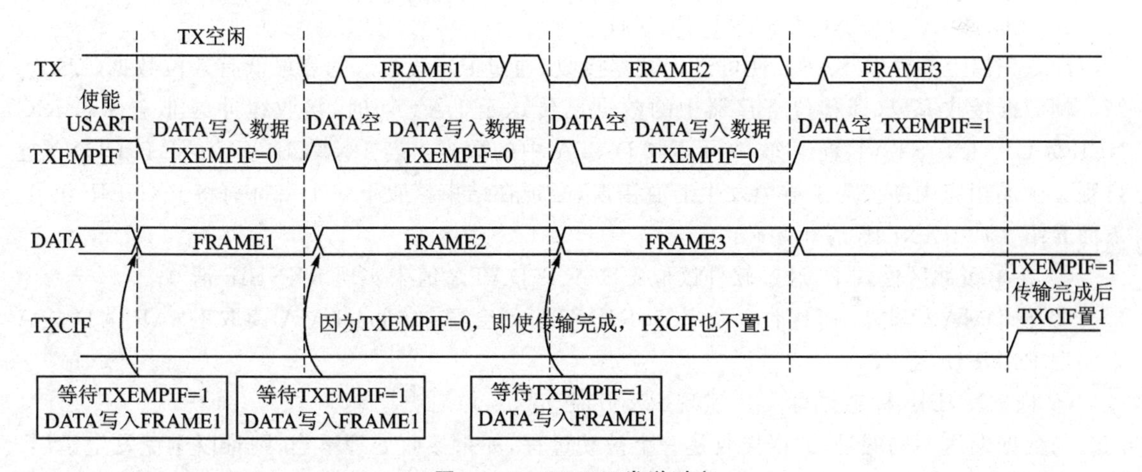

图 14－5　USART 发送时序

总结上述发送时序图：

① 使能 USART 后，TXEMPIF＝1，此时 DATA 为空，可向其写入下一个数据；

② 向 DATA 写入数据，TXEMPIF 清 0，数据从 DATA 移至移位寄存器后(DATA 为空)，TXEMPIF 由硬件置 1；

③ 如果 TXEMPIF＝0，即使数据传输完毕，TXCIF 也不置 1；如果 TXEMPIF＝1，则传输完毕 TXCIF 置 1；

④ 向 DATA 写入最后一个数据后，需等待 TXCIF 置 1，确定最后一帧数据传送完毕；

⑤ TXCIF 可通过几种方式清 0：

➢ 从 TXCIF 读取数据；

➢ 向 DATA 写入数据；

➢ 向 TXCIF 写入“0”将其清 0(建议仅在多缓冲区通信时使用此清 0 方式)。

⑥ 若需使用发送缓冲区空中断和发送完成中断,则将 TXEMPIE@USART_CON0 和 TXCIE@USART_CON0 置 1,以使能相应中断。

14.3.2.4 接收器

1. 工作原理

类似于数据发送,数据接收也需要配置 USART 基本属性,步骤如下:

① 选择通信字长(DLEN@USART_CON0);

② 配置停止位长度(STPLEN@USART_CON1);

③ 配置通信波特率(USART_BAUDCON);

④ 使能接收器,此后接收器开始搜索起始位(RXEN@USART_CON0);

⑤ 若需使用 DMA 转存数据,则打开接收 DMA(RXDMAEN@USART_CON2);

⑥ 使能 USART(EN@USART_CON0)。

配置完以上属性,USART 便可进行数据接收,通过 RX 线输入的是最低有效位数据(LSB)。当一帧数据接收完成(即移位寄存器中的数据已传送至 DATA)时,接收缓冲区非空标志 RXNEIF@USART_STAT 置 1,软件可读取 DATA 中的数据。若 RXNEIE@USART_CON0 置 1,则会生成相应中断。为了避免发生上溢错误,必须在结束接收下一个字符前将 RXNEIF 清 0。下面介绍 3 种 RXNEIF 清 0 方式:

① 在单缓冲区模式下,通过软件读取 USART_DATA 值来实现 RXNEIF 清 0;

② 在 DMA 模式下,每接收一个字节,RXNEIF 就会置 1,通过 DMA 读取 USART_DATA 来实现 RXNEIF 清 0;

③ 向 RXNEIF 标志位写入 0,实现 RXNEIF 清 0。

与数据发送不同的是,数据接收是一个被动过程,如果接收处理不当,则难以避免发生错误。如果系统检测到帧错误、噪声错误或上溢错误,则对应的标志位 FERRIF@USART_STAT、NDETIF@USART_STAT 或 OVRIF@USART_STAT 将置 1。

2. 程序设计示例

设计 USART 中断方式收发数据程序。芯片接收到数据后,将数据原封不动地发出。接收数据以新行为结束标志(检测到相邻的 0x0D、0x0A)。测试用板为 ES-PDS-ES32H040x,辅助工具为多功能接口转换工具 ESBridge,辅助软件为 ESBridge 上位机。

(1) 使用 MD 库设计程序

首先进行系统配置,通过函数 md_mcu_irq_config 使能 USART 总中断,否则 USART 各个中断无效。接着进行 USART 和 TX/RX 的引脚静态配置,操作函数为 usart_init 和 usart_pin_init。函数 md_usart_init 可配置 USART 所有属性:

g_h_usart.baud 配置通信波特率；

g_h_usart.word_length 配置字长；

g_h_usart.stop_bits 配置停止位；

g_h_usart.parity 选择奇偶校验；

g_h_usart.fctl 选择硬件流控制模式；

g_h_usart.mode 选择收/发模式。

在中断服务程序中收发数据，接收数据时，若数据不小于 2 字节且检测到新行，则使能发送中断。

使用 MD 库实现 USART 中断方式收发数据的具体代码请查看例程：ES32_SDK\Projects\Book1_Example\USART\MD\01_send_recv。

(2) 使用 ALD 库设计程序

相比于 MD 库，ALD 库具有更高的函数封装程度，大多时候用户只需要关心操作函数的参数配置。例如数据收发例程，函数 ald_usart_send_by_it 和 ald_usart_recv_by_it 已经将数据收发的配置做封装，只需按如下方式配置参数：

g_h_usart.perh 配置外设选择；

g_h_usart.init.baud 配置通信波特率；

g_h_usart.init.word_length 配置字长；

g_h_usart.init.stop_bits 配置停止位数；

g_h_usart.init.parity 配置奇偶校验位选择；

g_h_usart.init.mode 配置收/发模式；

g_h_usart.init.fctl 配置硬件流控制是否使能；

g_h_usart.rx_cplt_cbk 配置回调函数指向。

由于中断处理函数已经封装，新行检测在接收完成回调函数中进行。

使用 ALD 库实现 USART 中断方式收发数据的具体代码请查看例程：ES32_SDK\Projects\Book1_Example\USART\ALD\01_send_recv。

(3) 实验步骤和效果

实验步骤如下：

① 编译工程，编译通过后将程序下载到目标芯片；

② 将程序配置的 TX/RX 对应的引脚分别连接至 ESBridge 的 RX/TX；

③ ESBridge 通过 USB 线缆连接 PC，打开上位机软件，在“设备操作”选项中选择“打开”；

④ 上位机切换到 UART 标签页，按照程序同步配置波特率等参数，打开串口；

⑤ 复位芯片，或在线调试，运行程序；

⑥ 在上位机 UART 发送框中输入字符串，单击“发送”按钮，接收框打印发送的字符串，则实验成功。

USART 中断收发实验效果如图 14－6 所示。

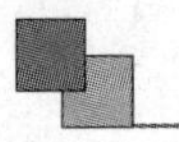

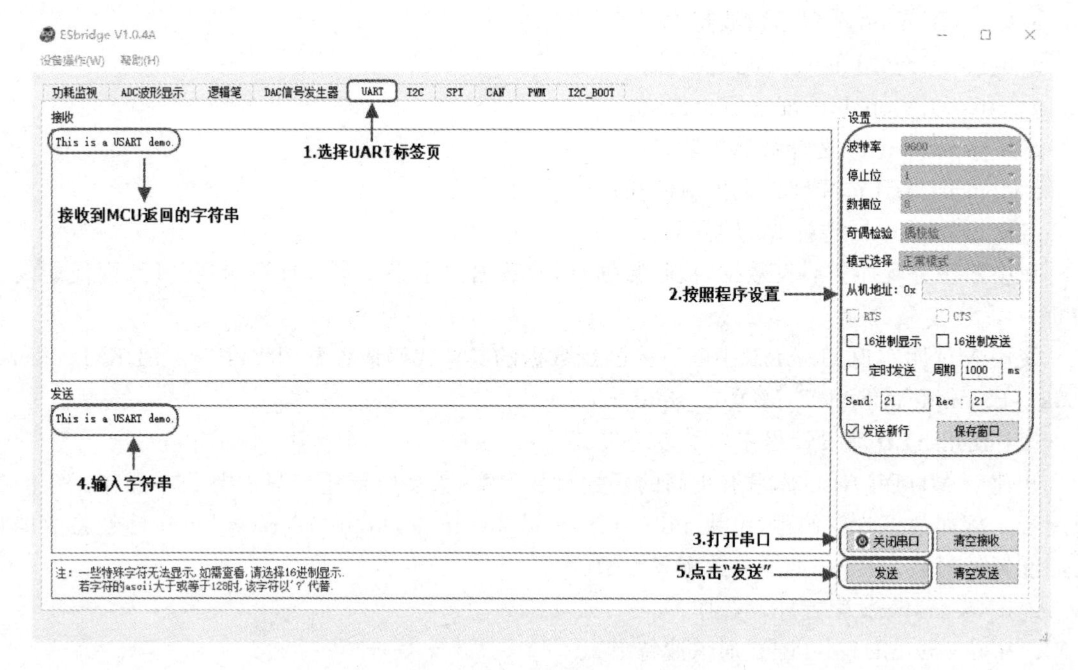

图 14-6　USART 中断收发实验效果

注意：

① 该示例自定义协议，接收数据有效帧尾为新行(0x0D 0x0A)，上位机需勾选“发送新行”；

② 测试板与 ESBridge 需共 GND。

14.3.3　多点通信

1. 工作原理

USART 支持多点通信。多点通信通过一个主机发送数据至多个从机。主机的 TX 引脚与所有从机的 RX 引脚连接，所有从机的 TX 引脚通过逻辑“与”运算和主机的 RX 引脚连接。

注意：当 MCU 上各个 USART 的 TX 引脚配置为开漏输出、弱上拉时，TX 引脚直接相连，无需外加“与”门电路便可实现逻辑“与”。多点通信结构示意图如图 14-7 所示。

各个从机 USART 也可独立设置是否接收主机数据。忽略主线消息的从机被称为处于静音模式。通过 RXWK@USART_CON0 置 1 设置从机静音，在此模式下：

- 任何接收状态位均不会被设置；
- 任何接收中断均被禁止；
- 禁止 DMA 请求。

处于静音模式的从机可重新回到接收主机数据的正常状态，此过程称为唤醒。WKMOD@USART_CON0 的配置决定从机的唤醒方式：

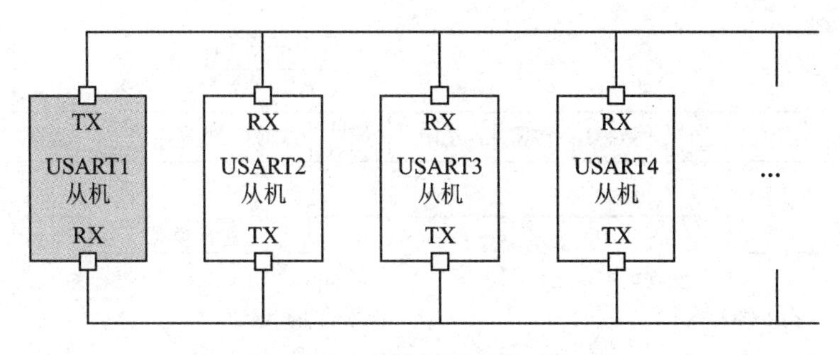

图 14-7　多点通信结构示意图

① WKMOD@USART_CON0＝0，系统检测空闲帧唤醒，唤醒后 RXWK@USART_CON0 由硬件清 0。关于空闲帧的定义，详见 14.3.2.1 小节。图 14-8 是空闲检测唤醒时序图，可见静音模式下，接收缓冲区非空标志 RXNEIF 不能置 1；检测到 RX 线上的空闲帧后从机切换到正常模式，从而 RXNEIF 可以置 1，当 RDATA 移位寄存器的内容已传输到 USART_DATA 寄存器时，该位由硬件置 1。

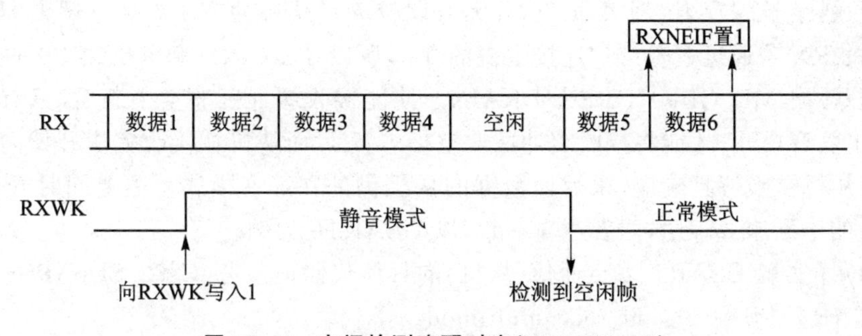

图 14-8　空闲检测唤醒时序(WKMOD＝0)

② WKMOD@USART_CON0＝1，系统检测地址标记唤醒，字节的 MSB(最高位)为 1 时被识别为地址，否则被识别为数据。地址字节中，目标接收器的地址为 4 位 LSB(最低位)。在地址检测唤醒模式下，配置 USART 字长时，需考虑地址/数据判断位所占位置。譬如，传输8 位字长的数据需要配置 9 位字长，且无奇偶校验位，MSB(bit 8)用于判断该帧是否为地址，其他位(bit 7～bit 0)为数据位。

③ ADDR@USART_CON1 用于指定 USART 节点地址，与接收到的地址比较，匹配成功后即可唤醒，唤醒后 RXWK@USART_CON0 由硬件清 0。图 14-9 是地址标记检测唤醒时序图(以 ADDR＝0x1 为例)，地址检测匹配后，从机切换为正常模式，匹配地址内的 RXNEIF 也随之可以置 1；而正常模式下，若检测到 RX 线上的地址不匹配，则从机再次进入静音模式。

2. 程序设计示例

本示例为设计 USART 多点通信从机程序。ESBridge 作为主机，USART0 和USART1 作为从机，主机发送地址和数据，地址匹配成功的从机返回字符，其他从机处于静音模式。

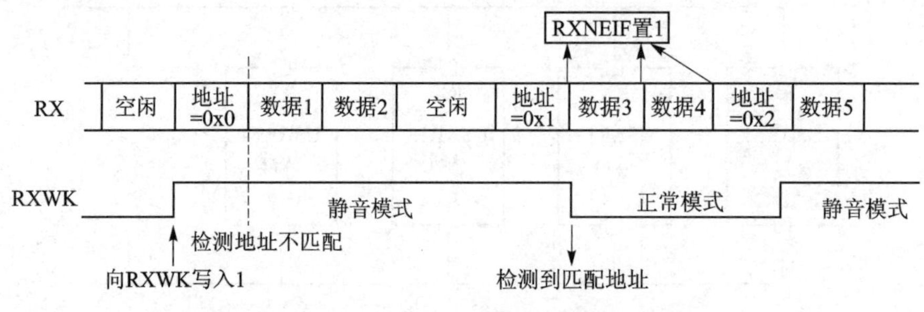

图 14－9　地址标记检测唤醒时序(WKMOD＝1)

(1) 使用 MD 库设计程序

将从机 USART0 和 USART1 的 TX 连在一起,与主机的 RX 相连,从机 RX 连在一起,与主机的 TX 相连,便可构成多点通信系统。通过函数 md_usart_enter_mute_mode 使能静音模式,函数 md_usart_set_wakeup_mode 选择静音唤醒方式,地址标记检测唤醒则选择 MD_USART_WAKEUP_ADDR,函数 md_usart_set_addr 配置唤醒从机的节点地址。以 8 位数据为例,如上文所述,字长配置为 9 个数据位,且无奇偶校验。从机的 TX 需通过逻辑"与"连接主机的 RX,从机的 RX 需通过逻辑"与"连接主机的 TX,所以 TX GPIO 和 RX GPIO 的参数 x.odos 需配置为开漏输出 MD_GPIO_OPEN_DRAIN。使能接收缓冲区非空中断后,只有从机地址匹配成功并退出静音模式,才能将接收缓冲区非空标志置 1,而从机在接收完毕开始向主机发送字符串,表示该从机被唤醒且响应,未返回数据的从机仍处在静音模式。需要同时开启 USART0 和 USART1 的中断服务程序,两者逻辑一致,以 USART0 为例。

使用 MD 库实现 USART 多点通信(从机)的具体代码请参考:ES32_SDK\Projects\Book1_Example\USART\MD\02_send_recv_multimode_slave。

(2) 实验步骤和效果

实验步骤如下:

① 编译工程,编译通过后将程序下载到目标芯片;

② 将多从机的 TX 接在一起、RX 接在一起,并分别连接至 ESBridge 的 RX/TX;

③ ESBridge 通过 USB 线缆连接 PC,打开上位机软件,在"设备操作"选项中选择"打开";

④ 上位机切换到 UART 标签页,按照程序同步配置波特率等参数,打开串口;

⑤ 复位芯片或在线调试,运行程序;

⑥ 在上位机 UART 发送框中输入字符串,单击"发送"按钮 ,地址匹配的从机将返回字符串,并以从机名为开头。

多点通信实验效果如图 14－10 所示。

注意:

① 该示例自定义协议,接收数据有效帧尾为新行(0x0D 0x0A),上位机需勾选"发送新行";

② 测试板与 ESBridge 需共 GND;

③ 上位机 UART 模式选择多处理通信(主机),且需设置有效的从机地址。

ESbridge V1.0.4A

设备操作(W)　帮助(H)

功耗监视　ADC波形显示　逻辑笔　DAC信号发生器　UART　I2C　SPI　CAN　PWM　I2C_BOOT

接收

USART0 : This is a USART multimode demo.

发送

This is a USART multimode demo.

注：一些特殊字符无法显示，如需查看，请选择16进制显示。
若字符的ascii大于或等于128时，该字符以'?'代替。

设置

波特率 9600

停止位 1

数据位 8

奇偶检验 无

模式选择 多处理器通信(主机

从机地址：0x F

RTS　CTS

16进制显示　16进制发送

定时发送　周期 1000 ms

Send: 31　Rec : 40

发送新行　保存窗口

关闭串口　清空接收

发送　清空发送

ESbridge V1.0.4A

设备操作(W)　帮助(H)

功耗监视　ADC波形显示　逻辑笔　DAC信号发生器　UART　I2C　SPI　CAN　PWM　I2C_BOOT

接收

USART1 : This is a USART multimode demo.

发送

This is a USART multimode demo.

注：一些特殊字符无法显示，如需查看，请选择16进制显示。
若字符的ascii大于或等于128时，该字符以'?'代替。

设置

波特率 9600

停止位 1

数据位 8

奇偶检验 无

模式选择 多处理器通信(主机

从机地址：0x 1

RTS　CTS

16进制显示　16进制发送

定时发送　周期 1000 ms

Send: 31　Rec : 40

发送新行　保存窗口

关闭串口　清空接收

发送　清空发送

图 14-10　多点通信实验效果

14.3.4 单线半双工

1. 工作原理

单线半双工模式,顾名思义,USART 的 TX 线和 RX 线合并为一根线(RX 和 TX 内部相连),并不再使用 RX 引脚,数据仅在 TX 引脚传输,如图 14-11 所示。除此之外,单线半双工通信与正常 USART 模式相似。通过以下配置进入 USART 单线半双工模式:

➢ HDPSEL@USART_CON2=1;

➢ SCKEN@USART_CON1=0;

➢ SMARTEN@USART_CON2=0;

➢ IREN@USART_CON2=0。

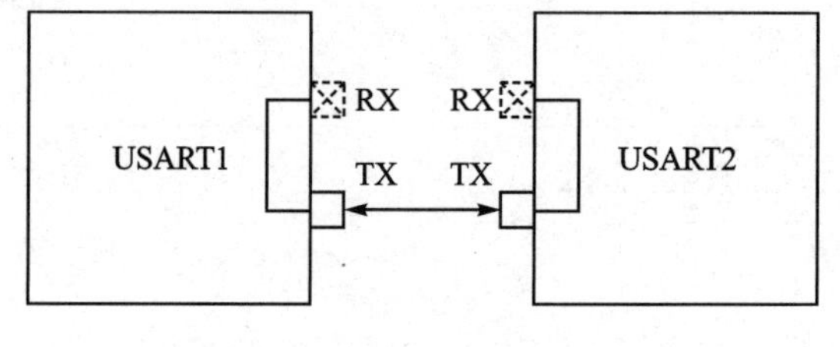

图 14-11 单线半双工模式结构

使用单线半双工模式进行通信时,有 3 点需要注意:

① 无数据传输时,TX 始终处于空闲状态。因此,TX 引脚在空闲状态或接收过程中用作标准 I/O 口,必须将 TX 对应的 GPIO 配置成开漏输出。

② 线路上的冲突必须由软件进行管理。

③ 发送过程永远不会被硬件阻塞,在 TXEN@USART_CON0 置 1 的情况下,写入数据寄存器 USART_DATA,发送就会一直进行。

2. 程序设计示例

本示例为 USART 单线通信,中断方式收发数据。芯片接收到数据后将数据原封不动地发出。

(1) 使用 MD 库设计程序

USART 单线模式是将普通模式的 TX 线与 RX 线内部相连,不再使用 RX 线,所以该程序与上述数据收发程序逻辑相似,只是在一些静态配置上有所变化。因为 TX 线与 RX 线合并,所以 GPIO 配置 usart_pin_init 时只需配置 TX 引脚。需要注意的是,TX 引脚的开漏配置 x.odos 和上下拉选择 x.pupd 必须配置成开漏输出 MD_GPIO_OPEN_DRAIN 和默认上拉 MD_GPIO_PUSH_UP,并且需要通过函数 md_usart_enable_half_duplex 使能单线半双工模式。另外,在 USART 处于单线半双工模式下,由于收发皆通过 TX 线,所以接收时需暂时禁止 TX,以确保接收结束后再使能 TX。其他配置不再赘述。

使用 MD 库实现 USART 单线通信的具体代码请参考例程:ES32_SDK\Projects\Book1_Example\USART\MD\03_send_recv_single_line。

(2) 使用 ALD 库设计程序

与普通 USART 收发程序有所区别的是,程序示例的 USART 基础属性配置函数改为 ald_

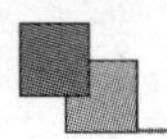

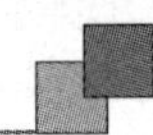

usart_half_duplex_init（因为单线半双工使能操作封装在此函数中）。检测新行以及分步使能TX和RX的操作在回调函数中进行。其他代码类似，不再做详细说明。

使用ALD库实现USART单线通信的具体代码请参考例程：ES32_SDK\Projects\Book1_Example\USART\ALD\03_send_recv_single_line。

(3) 实验步骤和效果

实验步骤如下：

① 编译工程，编译通过后将程序下载到目标芯片；

② 将程序配置的TX对应的引脚连接至ESBridge的TX；

③ ESBridge通过US B线缆连接PC，打开上位机软件，在"设备操作"选项中选择"打开"；

④ 上位机切换到UART标签页，按照程序同步配置波特率等参数，打开串口；

⑤ 复位芯片或在线调试，运行程序；

⑥ 在上位机UART发送框中输入字符串，单击"发送"按钮，接收框打印发送的字符串，则实验成功。

单线半双工实验效果如图14-12所示。

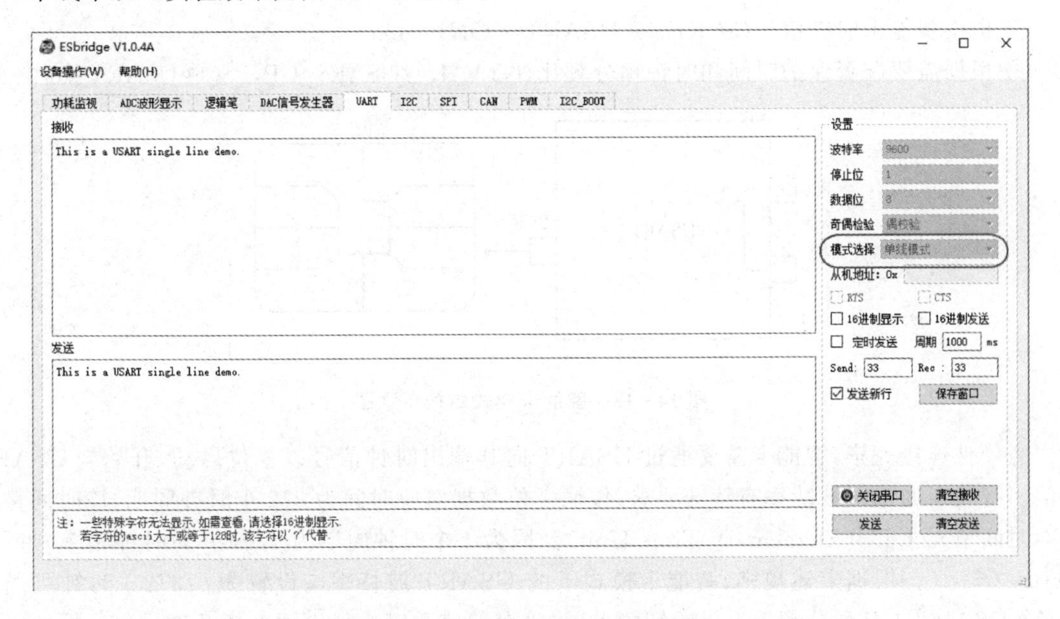

图14-12　单线半双工实验效果

注意：

① 该示例自定义协议，接收数据有效帧尾为新行(0x0D 0x0A)，上位机需勾选"发送新行"；

② 测试板与ESBridge需共GND；

③ 上位机UART模式选择单线模式。

14.3.5 智能卡模式

1. 工作原理

USART 智能卡模式符合 ISO 7816－3 标准异步通信协议，如图 14－13 所示。其本身是一种半双工同步通信，RX 引脚不再使用，TX 双向传输，所以必须将 TX 引脚配置为开漏输出。同时，启用时钟线 SCK，USART 端 SCK 引脚输出，智能卡端 SCK 引脚输入。通过以下配置来启动 USART 智能卡模式：

① 选择智能卡模式(SMARTEN@USART_CON2＝1)；

② HDPESL@USART_CON2 和 IREN@USAR_TCON2 清 0；

③ 配置 9 位数据和奇偶校验(DLEN@USART_CON0＝1，PEN@USART_CON0＝1)；

④ 配置发送/接收使用 1.5 个停止位(STPLEN@USART_CON1＝3)。接收支持 0.5 个停止位(STPLEN@USART_CON1＝1)，但为了避免在两种配置之间切换，建议始终使用 1.5 个停止位；

⑤ 提供智能卡时钟信号(SCKEN@USART_CON1＝1)；

⑥ 根据需要配置保护时间和时钟预分频比(GTVAL@USART_GP，PSC@USART_GP)。

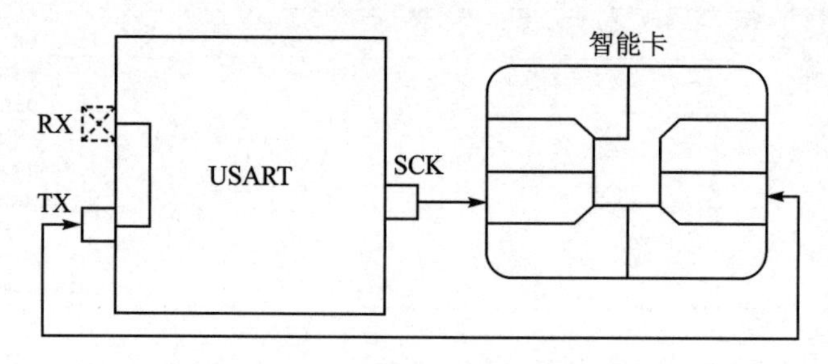

图 14－13 智能卡模式结构示意图

当硬件连接完毕，智能卡需要通过 USART 向其输出时钟信号以复位启动，开始与USART 通信。智能卡通信对波特率有特殊要求，传输 1 位数据对应时间为 372 个时钟周期，该时间称为基本时间单元 ETU(Elementary Time Unit)。因为 1 个时钟周期为 $1/f$(f 为时钟频率)，所以 1 etu＝$372/f$。根据上述规则，智能卡模式下的 USART 波特率应设置为$f/372$。时钟可通过 PSC@USART_GP 预分频后提供给智能卡，将寄存器值乘以 2 得出预分频系数。

智能卡模式通信的字符帧如图 14－14 所示。

在字符传输之前，数据传输端口 I/O 应该处于高电平。一个字符由 10 个连续的时间段组成，每一个时间段的信号状态为高电平(H)或低电平(L)。具体字符帧格式如下：

➢ 第一个时间段 m1 应处于状态 L，这个时间段为起始位。

➢ m2～m9 这 8 个时间段传输 1 字节。

➢ m10 为奇偶校验位。

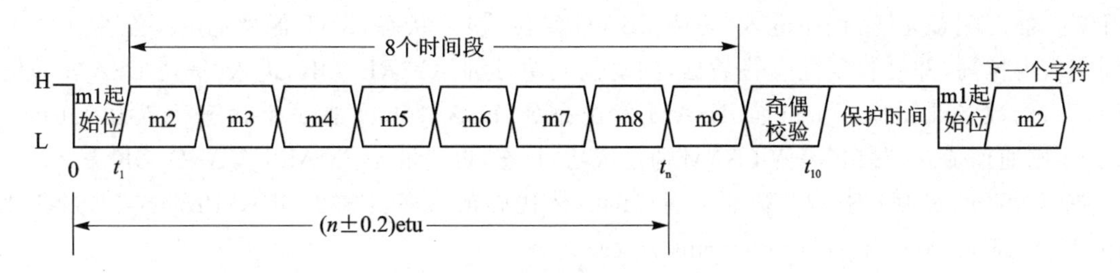

图 14－14　智能卡模式的字符帧

- 每一个时间段持续时间为一个 etu。如果在一个时间段 mn 的结束状态改变，那么这个字符的起始边沿到 mn 的结束边沿之间的延时为 $t_n=(n\pm0.2)$etu。
- 发送方的时间起点是字符的起始边沿。当搜索一个字符时，接收方定期对 I/O 采样，采样时间应少于 0.2 etu。而接收方的时间起点是在 H 状态的最后一个观察点和 L 状态的第一个观察点中间。
- 接收方对 I/O 进行定期采样，采样时间不少于 0.2 etu。接收方必须在 $(n-0.5\pm0.2)$ 个 etu 内确认相应的时间段 mn，例如应在 (1.5 ± 0.2) 个 etu 内收到 m2。
- 字符奇偶校验在字符帧传输结束后进行。
- 两个连续字符的起始边沿之间的延时至少于 12 etu。这包括一个字符的持续时间和保护时间。在保护时间内，智能卡和 USART 都处于接收模式，即 H 状态。
- 在通信期间，由智能卡发出的两个连续字符的起始边沿之间的延时不能超过 9 600 etu，这个最大值称为初始等待时间。

2. 程序设计示例

设计 USART 与 7816 智能卡芯片 ESAM 通信测试程序。ESAM 复位启动成功后，USART 向 ESAM 发送命令 00 A4 00 00 02 3F 00。若 ESAM 接收到命令且返回的 2 个状态字节为 0x61xx 或 0x9000，则通信成功；变量 g_SMART_CARD_OK 值置 1，否则为 0。

(1) 使用 MD 库设计程序

本例程使用 HRC 时钟（24 MHz），预分频比为 4，所以波特率 g_h_usart.baud 设置为 24 000 000/4/372＝16 129，字长 g_h_usart.word_length 和停止位 g_h_usart.stop_bits 需要分别设置为 9 位和 1.5 位。除此之外，智能卡模式还需以下配置：

md_usart_enable_smartcard 使能智能卡模式；

md_usart_enable_clock 使能 USART 时钟；

md_usart_enable_smartcard_nack 使能智能卡 NACK；

md_usart_set_smartcard_psc 配置时钟预分频比，分频比 d 与配置值 n 的关系为 $d=2n$；

md_usart_set_smartcard_gt 配置 USART 保护时间值。

GPIO 配置函数 usart_pin_init 分别配置 RST、I/O 和 CLK 三个引脚，注意 I/O 引脚需配置

为开漏。静态配置完毕，程序进入“等待 ESAM 复位成功”状态，RST 保持低电平至少 400 个时钟周期后再拉高，并接收复位应答数据，则复位成功，返回 CARD_OK，进入“等待 ESAM 通信成功”状态；函数 instruction_test 向 ESAM 发送命令，ESAM 返回的 2 个状态字节为 0x61xx 或 0x9000，则通信成功，跳出"等待 ESAM 通信成功"状态，将变量 g_SMART_CARD_OK 置 1。

使用 MD 库实现 USART 智能卡通信的具体代码请参考：ES32_SDK\Projects\Book1_Example\USART\MD\04_send_recv_smart_card。

(2) 使用 ALD 库设计程序

ALD 库未对 USART 智能卡功能进行封装，需自行编写功能函数，逻辑与 MD 库一样，不再赘述。

使用 ALD 库实现 USART 智能卡通信的具体代码请参考：ES32_SDK\Projects\Book1_Example\USART\ALD\04_send_recv_smart_card。

(3) 实验步骤和效果

实验步骤如下：

① 编译工程，编译通过后将程序下载到目标芯片；

② 将芯片的 RST、I/O、CLK 引脚分别连接到 HRSDK - GMB - 01 测试板的 RST、I/O、CLK；

③ 在线调试，将变量 g_SMART_CARD_OK 加入监视窗，运行程序，g_SMART_CARD_OK 置 1，则通信成功。

智能卡实验效果如图 14 - 15 所示。

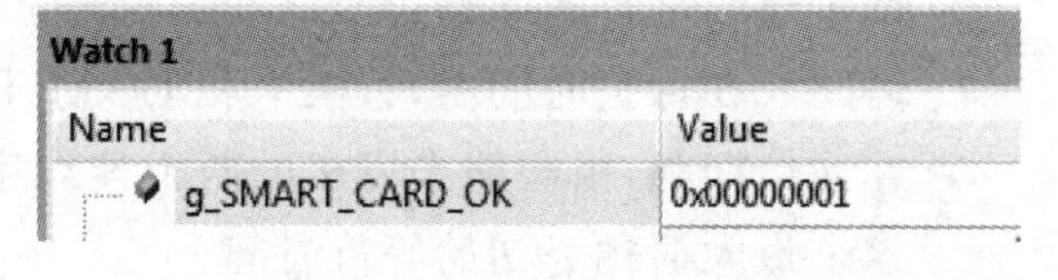

图 14 - 15　智能卡实验效果

注意：

① 本实验需用到测试母板 HRSDK - GMB - 01 - V1.2，且板上需焊接 7816 智能卡芯片，焊接在板子背面 CARD 处；

② 给 HRSDK - GMB - 01 板供电(3.3 V)，并与 ES - PDS - ES32H040x 共 GND；

③ 程序中的波特率是根据当前时钟频率 24 MHz 计算所得。

14.3.6　DMA 传输

当需要连续通信且不占用 CPU 资源时，USART 发送/接收单缓冲机制需要配合 DMA 使用。发送和接收的 DMA 申请是独立的。下面详细介绍如何使用 DMA 发送数据和接收数据。

1. 使用 DMA 发送数据

USART 使用 DMA 进行数据发送的步骤如下：

① 打开 USART 的 DMA 发送使能，TXDMAEN@USART_CON2=1；

② 初始化一个存储器，可以是数组，将其地址配置为 DMA 传输源地址；

③ 将 USART_DATA 寄存器地址配置为 DMA 传输目标地址；

④ 在 DMA 寄存器中配置要传输的总字节数；

⑤ 在 DMA 寄存器中选择通道，并配置通道优先级；

⑥ 根据应用的需求，在完成全部传输后产生 DMA 中断；

⑦ 将 USART 发送完成标志 TXCIF@USART_STAT 清 0；

⑧ 在 DMA 寄存器中激活需要使用的 DMA 通道；

⑨ 若需在 USART 中断服务程序中进行关闭 USART 或进入低功耗模式等操作，可在 DMA 发送同时将 TXCIF 中断使能，TXCIE@USART_CON0＝1。

图 14－16 是使用 DMA 发送数据的时序图。

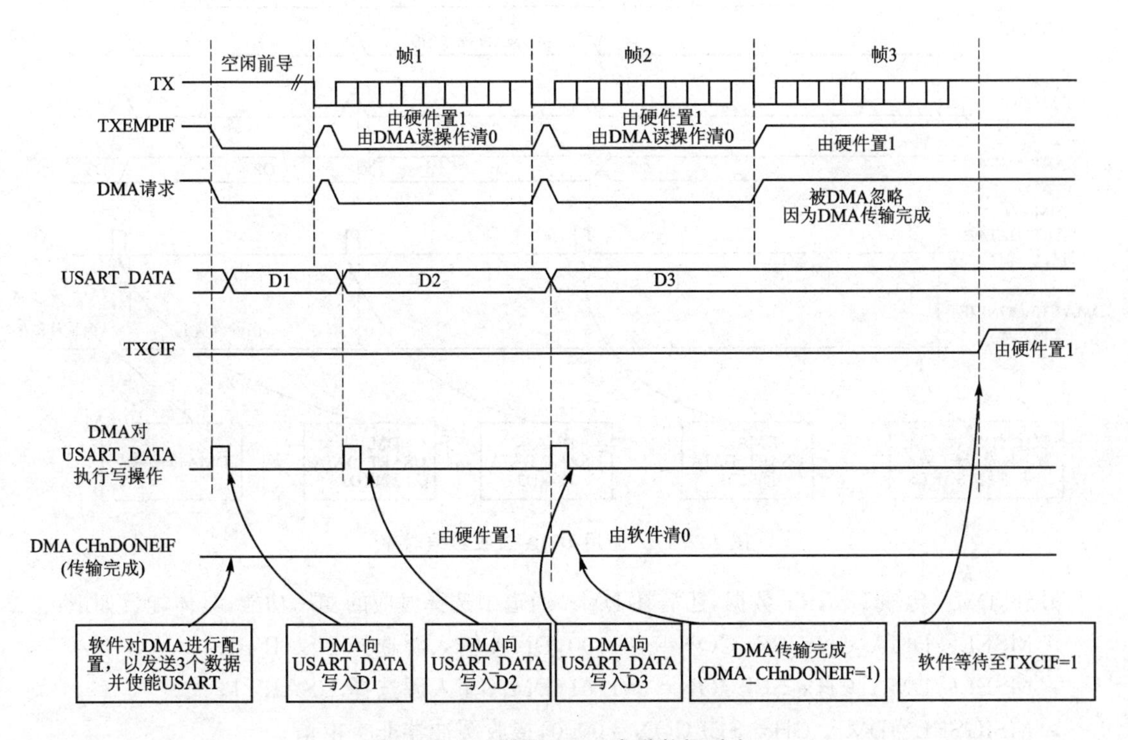

图 14－16　使用 DMA 发送数据时序

2. 使用 DMA 接收数据

按照下列步骤实现 USART 使用 DMA 进行数据接收：

① 打开 USART 的 DMA 接收使能(RXDMAEN@USART_CON2＝1)；

② 将 USART_DATA 寄存器地址配置为 DMA 传输源地址；

③ 初始化一个寄存器，可以是数组，将其地址配置为 DMA 传输目标地址；

④ 在 DMA 寄存器中配置要传输的总字节数；

⑤ 在 DMA 寄存器中选择通道，并配置通道优先级；

⑥ 根据应用的需求，在完成全部传输后产生 DMA 中断；

⑦ 在 DMA 寄存器中激活需要使用的 DMA 通道。

注意：当达到在 DMA 控制器中设置的数据传输量时，DMA 控制器会在 DMA 通道的中断向量上产生一个 DMA 中断。在中断服务程序中，RXDMAEN@USART_CON2 应由软件清 0。使用 DMA 进行接收时，不要使能 RXNEIE@USART_CON0。

图 14－17 是使用 DMA 接收数据的时序图。

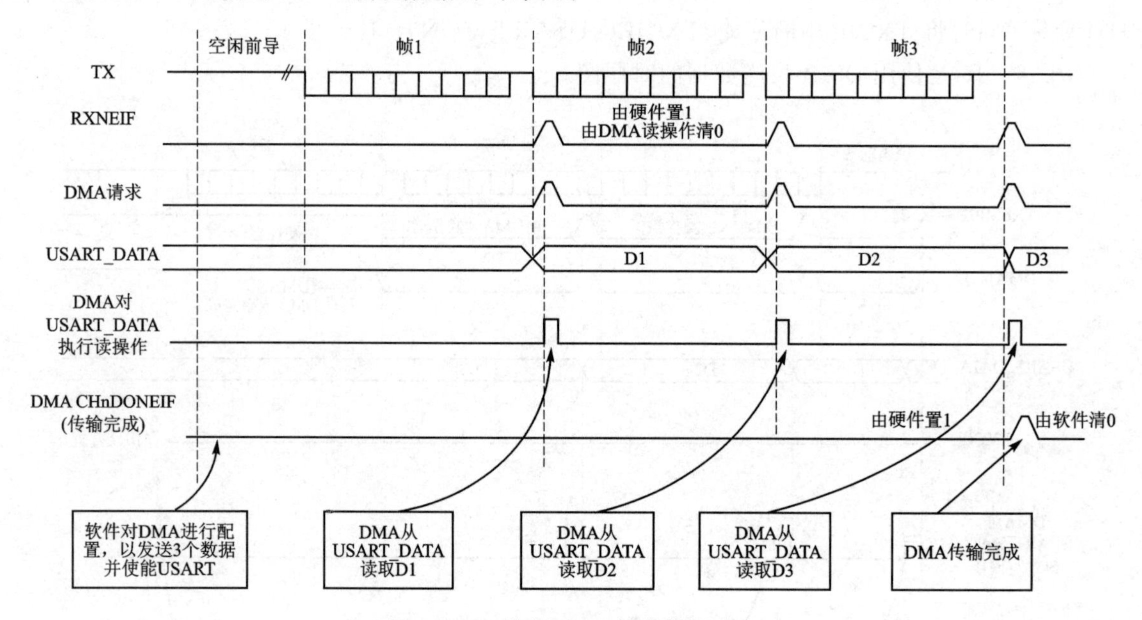

图 14－17 使用 DMA 接收数据时序

另外，DMA 传输 USART 数据，还需在 DMA 通道中选择对应的复用功能，具体配置如下：

➢ MSEL@DMA_CHx_SELCON＝001100，DMA 输入源选择 USART0；

➢ MSEL@DMA_CHx_SELCON＝001101，DMA 输入源选择 USART1；

➢ MSIGSEL@DMA_CHx_SELCON＝0000，接收缓冲器非空申请；

➢ MSIGSEL@DMA_CHx_SELCON＝0001，发送缓冲器空申请。

3. 程序设计示例

USART 收发数据，通过 DMA 转存，接收 32 字节数据后，将数据原封不动地发出。

(1) 使用 MD 库设计程序

TX/RX 的 GPIO 配置 usart_pin_init 和 USART 的基础配置 md_usart_init 与上述数据收发例程相似，这里不再赘述。因为需使用 DMA 传输 RX 端数据，所以在 USART 配置函数 usart_init 中使能接收 DMA 功能 md_usart_enable_dma_req_rx。按照函数 md_dma_config_base 的参数配置 DMA 基本属性。

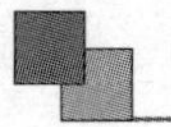

使用 MD 库实现 DMA 转存 USART 数据的具体代码请参考：ES32_SDK\Projects\Book1_Example\USART\MD\05_send_recv_by_dma。

(2) 使用 ALD 库设计程序

ALD 库将 DMA 接收 RX 端数据做高度封装，函数 ald_usart_recv_by_dma 包含该程序所需 DMA 配置以及 USART 请求 DMA 操作。该函数的 4 个参数分别代表外设、DMA 目标地址、DMA 传输数量和 DMA 通道。

使用 ALD 库实现 DMA 转存 USART 数据的具体代码请参考例程：ES32_SDK\Projects\Book1_Example\USART\ALD\05_send_recv_by_dma。

(3) 实验步骤和效果

实验步骤如下：

① 编译工程，编译通过后将程序下载到目标芯片；

② 将程序配置的 TX/RX 对应的引脚分别连接至 ESBridge 的 RX/TX；

③ ESBridge 通过 USB 线缆连接 PC，打开上位机软件，在"设备操作"选项中选择"打开"；

④ 上位机切换到 UART 标签页，按照程序同步配置波特率等参数，打开串口；

⑤ 复位芯片或在线调试，运行程序；

⑥ 在上位机 UART 发送框中输入 32 字节数据，单击"发送"按钮，接收框打印发送的字符串，则实验成功。

DMA 转存 USART 数据实验效果如图 14－18 所示。

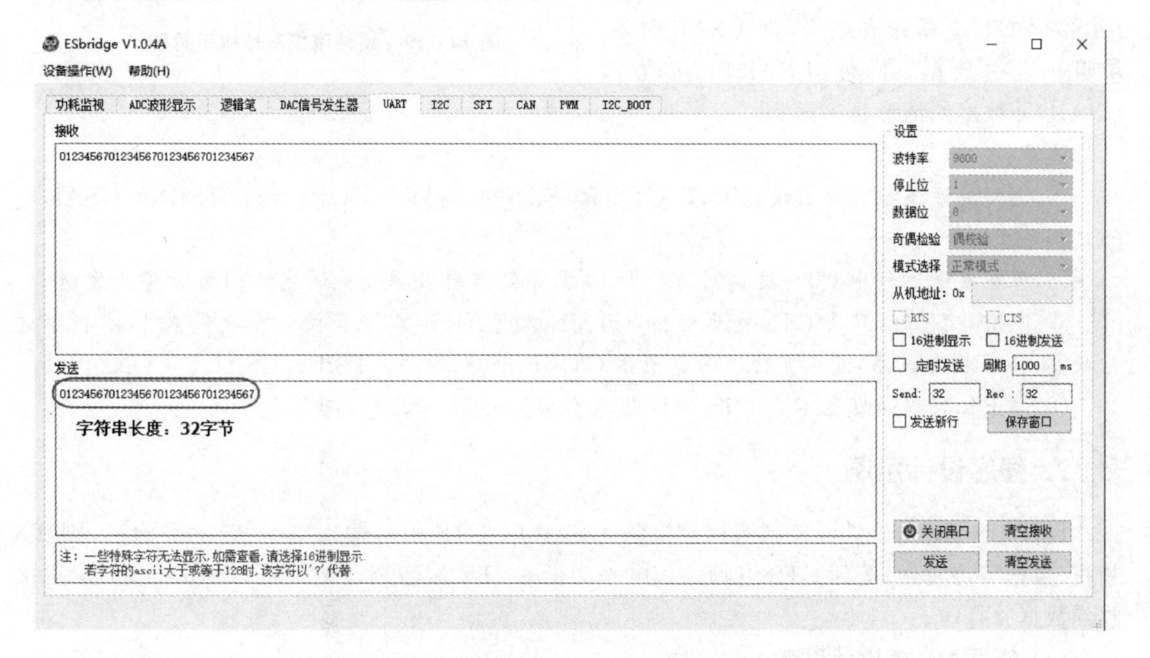

图 14－18　DMA 转存 USART 数据实验效果

注意：

① 该示例通过数据长度判断是否接收完成，上位机发送的有效数据长度必须为 32 字节；

② 测试板与 ESBridge 需共 GND。

14.3.7 硬件流控制

1. 工作原理

硬件流控制可以控制 USART 的数据收发行为，RTS 和 CTS 分别为输出端和输入端。其工作机制是：USART 发送下一帧数据前检测 CTS，若 CTS 接收到低电平，则 USART 发送下一帧数据，否则停止发送；RTS 在 USART 准备好接收数据时输出低电平，接收寄存器为满时输出高电平。

基于上述原理，将两个 USART 的 CTS 和 RTS 互连(如图 14－19 所示)，可以构成具有实时反馈机制的收发系统。以 USART2 接收 USART1 数据为例：当 USART2 待接收 USART1 数据时，RTS2 向 CTS1 输送低电平，则 USART1 发送数据；等到 USART2 接收寄存器为满时，RTS2 向 CTS1 输送高电平，则 USART1 被阻止发送数据。同理，USART1 接收 USART2 数据的情形是一样的。

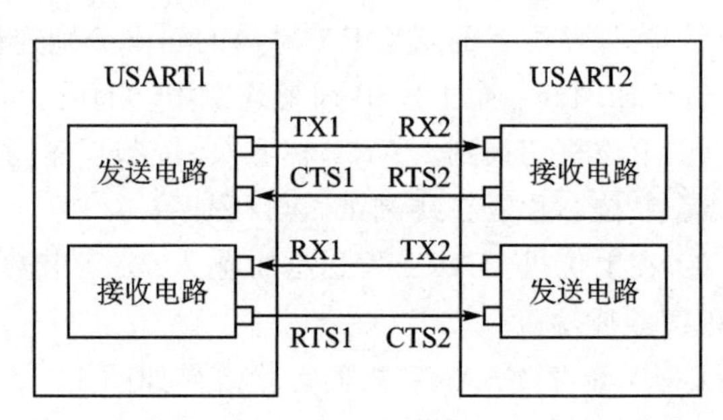

图 14－19 硬件流控制结构示意图

注意：

① 使用硬件流控制前需使能 RTS/CTS(RTSEN@USART_CON2＝1，CTSEN@USART_CON2＝1)。

② 若在发送过程中 CTS 接收到高电平，则需等到当前数据帧发送完毕，TX 才停止发送。

③ 使用 CTS 时，只要 CTS 发生变化，CTSIF@USART_STAT 便会由硬件置 1，以指示通信状态(能否收发数据)发生变化。若需使用 CTSIF 中断，则将 CTSIE@USART_CON2 置 1。

④ 停止位数据的发送不受 CTS 输入状态影响。

2. 程序设计示例

设计 USART1 硬件流控制例程。检测 USART1 CTS 引脚输入电平：若电平为高，则 TX 禁止，数据等待发送；等到 CTS 引脚输入电平为低时，TX 端数据开始发送，ESBridge 上位机接收到数据并打印。

(1) 使用 MD 库设计程序

USART 硬件流控制可以理解为硬件控制 TX 端数据发送，所以只需要在 USART 发送程

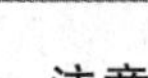

序的基础上增加CTS控制,即是一个简单的流控制程序。按照常规USART发送逻辑编写程序,将USART基础配置函数md_usart_init中的硬件流控制选择h_usart.fctl改为CTS模式MD_USART_HW_FLOW_CTL_CTS,并在GPIO配置函数usart_pin_init中增加CTS的GPIO配置,需将CTS引脚配置为输入、FUNC3。

使用MD库实现USART硬件流控制的具体代码请参考例程:ES32_SDK\Projects\Book1_Example\USART\MD\06_send_flow_ctrl。

注意: 本程序使用USART1,其对应的TX/RX/CTS分别为PA2/PA3/PA0。发送操作在中断服务程序中进行。

(2) 使用ALD库设计程序

USART基础配置函数ald_usart_init的硬件流控制h_usart.init.fctl选择CTS模式USART_HW_FLOW_CTL_CTS;GPIO配置函数usart_pin_init中增加CTS引脚配置。

使用ALD库实现USART硬件流控制的具体代码请参考例程:ES32_SDK\Projects\Book1_Example\USART\ALD\06_send_flow_ctrl。

(3) 实验步骤和效果

实验步骤如下:

① 编译工程,编译通过后将程序下载到目标芯片;

② 将程序配置的TX/RX对应的引脚分别连接至ESBridge的RX/TX,CTS引脚接高电平;

③ ESBridge通过USB线缆连接PC,打开上位机软件,在"设备操作"选项中选择"打开";

④ 上位机切换到UART标签页,按照程序同步配置波特率等参数,打开串口;

⑤ 复位芯片或在线调试,运行程序,USART无数据发出;

⑥ 将CTS引脚切换到低电平,USART发送数据,并在上位机接收框打印。

硬件流控制实验效果如图14-20所示。

注意:

① 上位机UART模式选择"流控制模式";

② CTS为高电平时,TX虽被禁止,但TX端数据等待发送,若CTS切换到低电平,等待的数据立即发出;

③ 本示例中CTS默认为高电平;

④ 测试板与ESBridge需共GND。

14.3.8 外设互联

USART可通过PIS与片上其他外设互联,表14-5和表14-6分别为USART作为生产端和消费端的信号方式(USART位为APB1,表中所列情况皆不支持异步时钟)。

作为消费端,USART有固定的PIS通道,如表14-7所列。

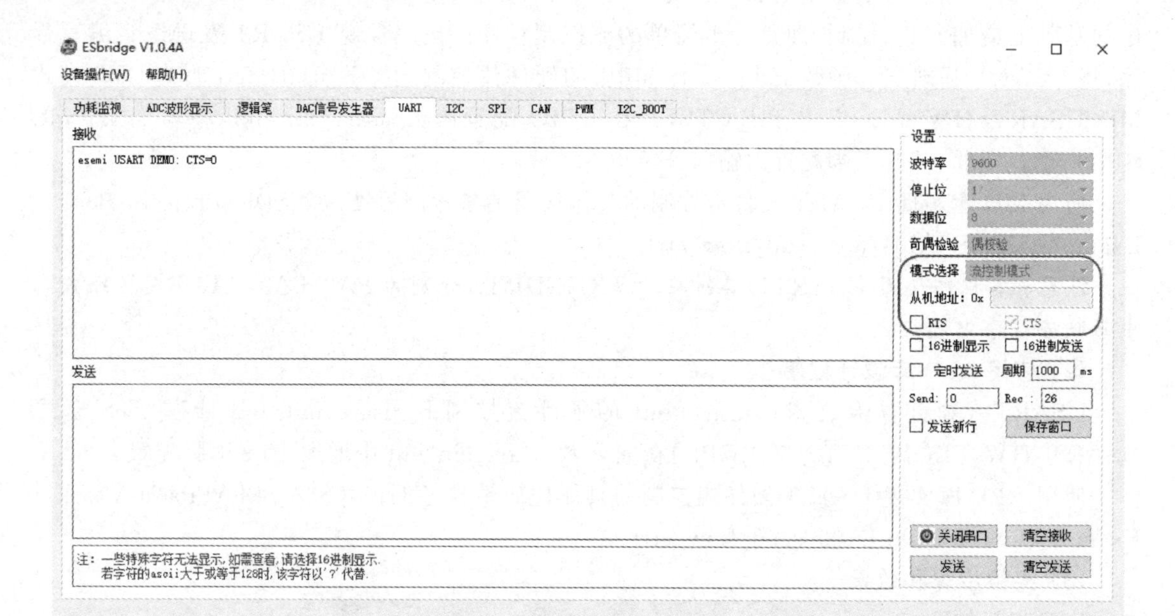

图 14-20 硬件流控制实验效果

表 14-5 USART 作生产端信号方式

USART 作 PIS 生产端信号	输出形式
接收缓冲器非空	脉冲
发送缓冲器空	脉冲
TX 输出	电平

表 14-6 USART 作消费端信号方式

USART 作 PIS 消费端信号	输入形式
RX 输入	电平

表 14-7 USART 对应 PIS 通道

外　设	消费端	源通道	对应寄存器
USART0	RX 输入	PIS 通道 5	USART0RXDSEL@PISTARCON1
USART1	RX 输入	PIS 通道 6	USART1RXDSEL@PISTARCON1

14.3.9 中　断

USART 中断事件及其标志位、使能位如表 14-8 所列。

表 14-8 USART 中断事件及其标志位

中断事件	标志位	使能位
接收缓存中有数据供读取	RXNEIF	RXNEIE

续表 14-8

中断事件	标志位	使能位
发送缓存空	TXEMPIF	TXEMPIE
发送完成	TXCIF	TXCIE
CTS 变化检测	CTSIF	CTSDETIE
接收缓存上溢错误	OVRIF	RXOVIE
空闲符检测	IDLEIF	IDLEIE
校验错误	PERRIF	PERRIE
多缓冲区通信中的噪声错误,上溢错误和帧错误	NDETIF,OVRIF,FERRIF	ERRIE

14.4　应用系统实例

1. USART 读取 Flash 数据

使用 USART,自定义通信协议,进行 Flash 空间数据的读取。读取 Flash 通信协议如图 14-21 所示。

(1) 协议格式

所有指令都以十六进制 HEX 码形式发送。请求指令以 55 和 AA 开始;AA 紧接着 1 字节是指令长度;接下来是需要读取的 Flash 地址,共 4 字节;然后为 1 字节数据长度,最后以 66 和 BB 结尾。而响应指令则建立在请求指令基础上,在数据长度位和帧结尾之间插入读取到的 Flash 数据,数据位数随数据长度变化。

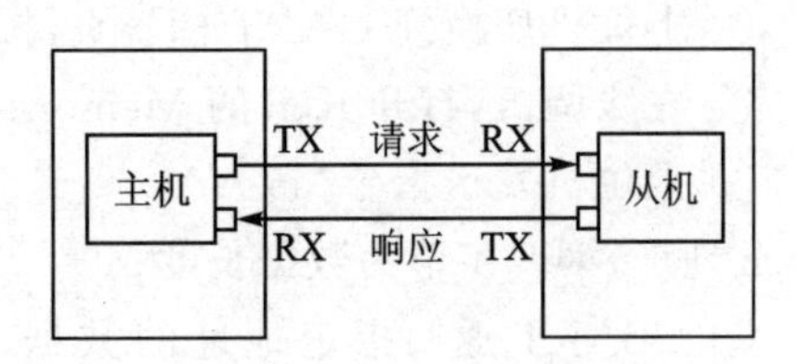

图 14-21　自定义 USART 读取 Flash 通信协议

注意: 为避免程序错乱,指令长度、数据地址、数据长度均不采用 55、AA、66、BB。

(2) 指令数据流举例

请求指令:

55 AA XX(指令长度) YY YY YY YY(数据地址) ZZ(数据长度) 66 BB

响应指令:

55 AA XX(指令长度) YY YY YY YY(数据地址) ZZ(数据长度) DD…DD(数据) 66 BB

2. 程序设计示例

(1) 使用 MD 库设计程序

定义全局变量数组 g_tx_buf 和 g_rx_buf 以存储发送端和接收端数据,g_data_addr 和

g_data_len 定义 Flash 数据起始地址和长度，g_frame_flag 定义接收帧有效标志。本程序采用帧尾检测的方法判断帧间隔，接收中断程序。若检测到当前数据为 BB，且上一数据为 66，则将 g_frame_flag 置 1。USART 通过 RX 端接收到有效的请求指令后，对其进行处理，提取 Flash 起始地址和数据长度；使用函数 memcpy 读取地址和长度对应的 Flash 数据，存入数组 data_buf；按照响应指令格式生成响应指令码，并通过 TX 端将其发回给上位机。

使用 MD 库实现 USART 读取 Flash 数据的具体代码请参考例程：ES32_SDK\Projects\Book1_Example\USART\MD\07_flash_read。

(2) 使用 ALD 库设计程序

ALD 库未对 USART 读取 Flash 数据功能进行封装，需自行编写功能函数，逻辑与 MD 库一样，不再赘述。

使用 ALD 库实现 USART 读取 Flash 数据的具体代码请参考例程：ES32_SDK\Projects\Book1_Example\USART\ALD\07_flash_read。

(3) 实验步骤和效果

实验步骤如下：

① 编译工程，编译通过后将程序下载到目标芯片；

② 将程序配置的 TX/RX 对应的引脚分别连接至 ESBridge 的 RX/TX；

③ ESBridge 通过 USB 线缆连接 PC，打开上位机软件，在“设备操作”选项中选择“打开”；

④ 上位机切换到 UART 标签页，按照程序同步配置波特率等参数，打开串口；

⑤ 在线调试，打开 Keil 的 Memory Window，运行程序；

⑥ 上位机发送指令“55 AA __ __ __ __ __ __ 66 BB”，第 3 字节为指令长度，第 4～7 字节为 Flash 地址，第 8 字节为数据长度；

⑦ USART 返回指定地址的数据，并在上位机接收框打印，数据为第 9 字节到倒数第 3 字节。

USART 读取 Flash 数据实验效果如图 14-22 所示。

注意：

① 该示例自定义协议，上位机发送的指令必须按照规定格式填充；

② 为避免程序错乱，指令长度、数据地址、数据长度均不应采用 55、AA、66、BB；

③ 测试板与 ESBridge 需共 GND。

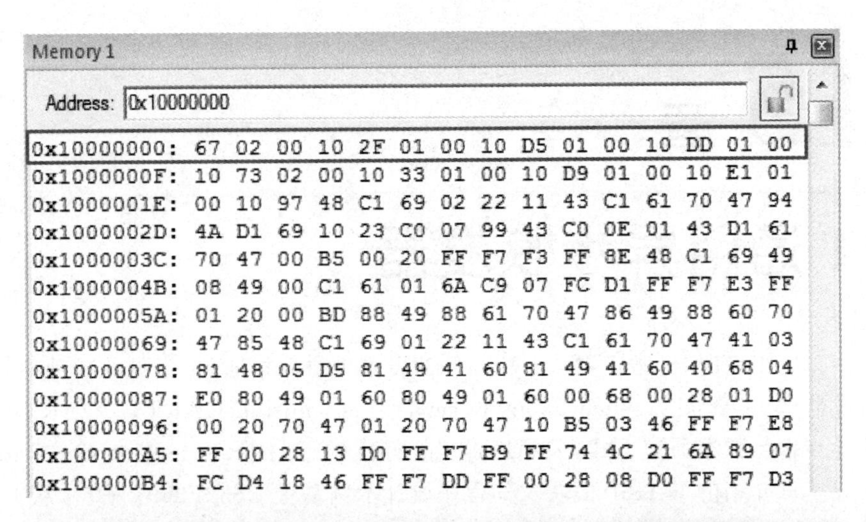

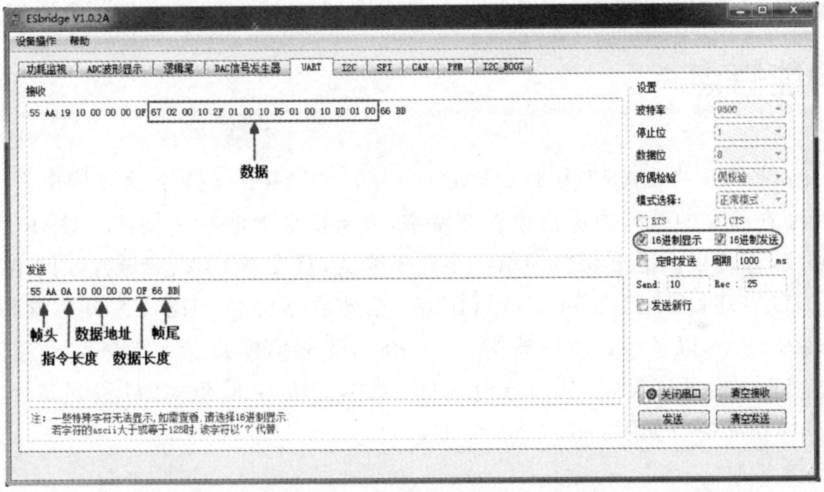

图 14-22　USART 读取 Flash 数据实验效果

第 15 章

UART 通用异步收发器

自动控制系统工作时，经常需要 MCU 与外部设备进行数据通信，常见的一种通信载体便是通用异步收发器(Universal Asynchronous Receiver Transmitter，UART)。UART 提供一种灵活的全双工异步串行数据通信方式，采用通过工业标准的不归零(Non-Return-to-Zero，NRZ)编码标准格式。本章介绍的 UART 模块及其程序设计示例基于 ES32F369x 平台，从 UART 基础属性入手，围绕数据收发规则分析 UART 支持的各种通信方式，最后介绍一种应用案例。

15.1　功能特点

ES32F369x 支持 6 路 UART 接口(UART0～5)。UART 支持小数波特率发生器，可根据设置的时钟频率在超宽的范围内灵活设置波特率，也支持自动波特率侦测。UART 是一种全双工异步通信协议，亦可根据需要切换为单线半双工模式，且支持 LIN(局域互联网络)，智能卡(半双工同步通信，UART4、UART5 可支持)，IrDA(红外数据协会)SIR ENDEC 规范，Modem 流控操作(CTSn/RTSn)，以及多处理器通信(RS－485)等通信模式。大批量数据通信时，还可使用 DMA 高效实现多缓冲区设置，从而分担 MCU 数据流压力、降低 CPU 资源需求。

UART 具体功能特点如下：

- 全双工异步通信方式。
- 支持单线半双工通信。
- 16 位接收和发送 FIFO，可软件控制接收 FIFO 触发点。
- 通信波特率可设置，支持小数波特率发生器和自动波特率：
  - 在时钟频率为 48 MHz 下，可编程波特率最高可达 3 Mbps，最低可至 732.4 bps；
  - 在时钟频率为 4 MHz 下，可编程波特率最高可达 250 kbps，最低可至 61 bps。
- 多达 17 个中断源。
- 可与 DMA 配合使用，将收发数据缓冲到用户自定义的 SRAM 空间。
- 支持硬件自动流控制(CTSn/RTSn)，支持 CTSn 唤醒功能，RTSn 触发点可程序设置：
  - Modem 硬件自动控制；
  - RS485 发送使能控制。
- 支持 IrDA SIR 模式：支持 3/16 位周期调制。

- 支持 RS485:支持 9 位模式和多处理器通信。
- 完全可程序设计的串行接口特性:
  - 可程序设置数据位的个数,即 5～9 位,9 位用于 RS485 模式;
  - 校验位(奇、偶、无校验);
  - 可程序设置停止位长度(1 或 2 位),在智能卡模式下支持 0.5 或 1.5 位;
  - 可设置高位在前或低位在前。
- 交换 TX/RX 引脚配置。
- LIN 主机的断开信号发送能力和从机的断开信号检测能力:将 UART 设置为 LIN 模式时,有 13 位的断开信号发生器与断开信号检测功能。
- 智能卡模式(半双工同步通信):
  - 支持 ISO/IEC7816—3 标准定义的 T=0 和 T=1 智能卡异步协议;
  - 智能卡模式使用 0.5 或 1.5 个停止位长度。

15.2 功能逻辑视图

ES32F369x 的 UART 功能逻辑简图如图 15-1 所示。

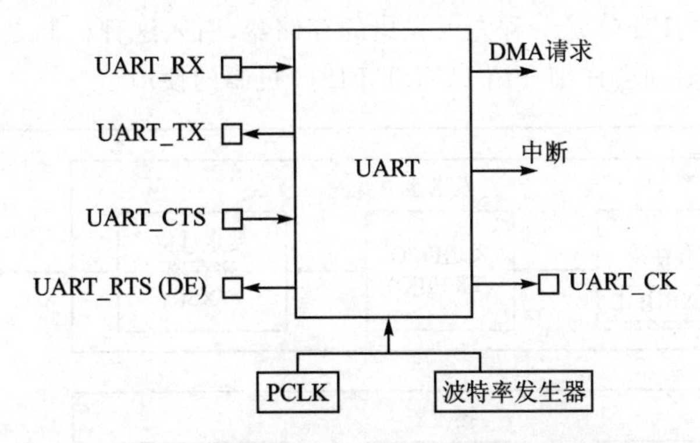

图 15-1 ES32F369x 的 UART 功能逻辑简图

15.3 功能解析

15.3.1 引脚说明

表 15-1 展示了 ES32F369x UART 的外部引脚,具体引脚配置请参考芯片数据手册的引脚分配图和功能复用表。

表 15-1 UART 引脚功能

引 脚	GPIO 类型	说 明
UART_TX	在智能卡和单线半双工模式下为双向数据口,其余情况下为输出口	发送数据输出,在智能卡和单线半双工模式下,同时作为数据输出/输入
UART_RX	输入	串行数据输入
UART_RTSn	输出	硬件流控制,用于指示 UART 已准备好接收数据(低电平时)
UART_CTSn	输入	硬件流控制,低电平发送,高电平作为发送阻塞信号
UART_CK	时钟输出	智能卡模式下向智能卡提供时钟
DE	输出	驱动使能将外部收发器的发送模式激活,与 RTSn 共享同一个外部引脚

15.3.2 数据收发

UART 数据的发送和接收过程如图 15-2 所示。发送数据写入发送缓冲寄存器 UART_TXBUF,经过发送 FIFO(First Input First Output)移至发送移位寄存器,最终到达 TX 引脚;接收到的数据从 RX 引脚输入,依次经过接收移位寄存器和接收 FIFO,传输至接收缓冲寄存器 UART_RXBUF。其中,FIFO 是一种先入先出的存储器,引入这种机制是为了方便将批量数据集中起来传输和存储,后面会详细介绍 UART FIFO 机制的使用。

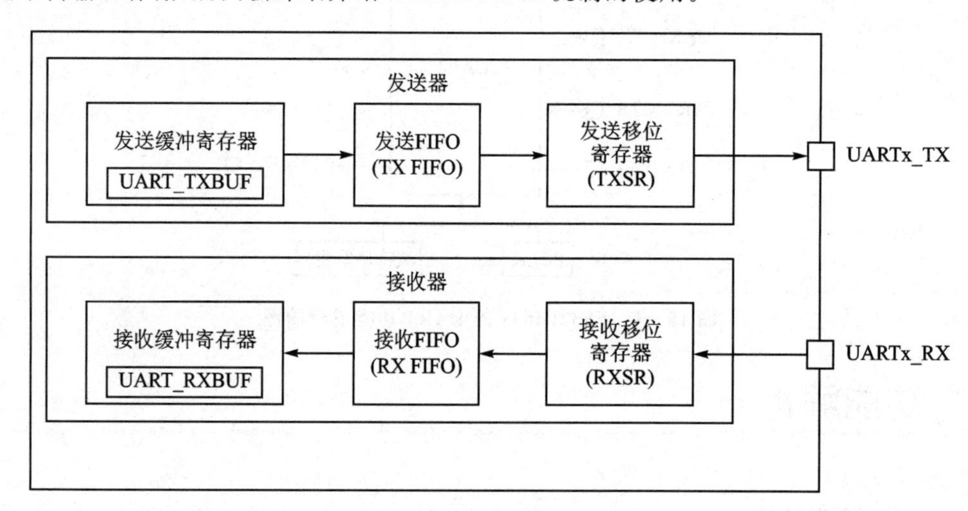

图 15-2 UART 数据收发过程

15.3.2.1 数据帧

只有数据格式符合特定的协议,UART 才能正常通信,满足协议要求的一帧数据称为数据

帧。UART 有效的数据帧由起始位、数据位、奇偶校验位和停止位组成。数据位按照由低到高的顺序发送，也就是 LSB 在前、MSB 在后。默认设置中，发送和接收的起始位都是低电平，而停止位都是高电平。这个逻辑可以在 UART_LCON 寄存器的 TXINV 与 RXINV 位设置为反向。数据位长度可由软件配置，DLS@UARTLCON 选择 5～8 位字长。奇偶校验位可通过 PE@UART_LCON 选择是否使能，PS@UART_LCON 选择奇校验或者偶校验。配置 STOP@UART_LCON 可选择停止位。图 15-3 以 8 位字长、奇偶校验位使能、1 位停止位为例，展示了完整的数据帧。图中的空闲帧可理解为该帧周期内电平均为 1，包括起始位和停止位。

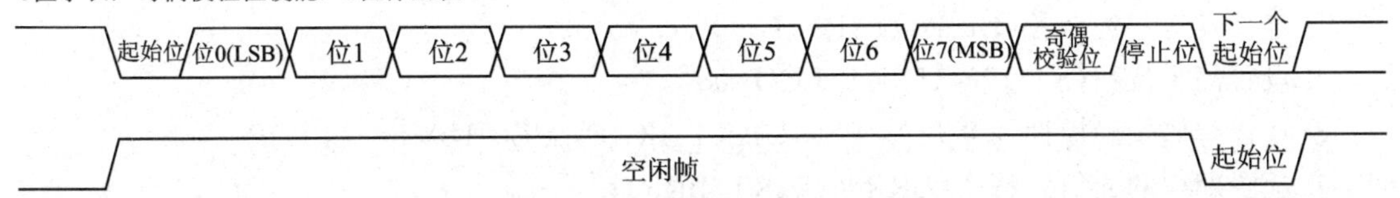

图 15-3 UART 数据帧示例

UART 模式不同，对数据帧的要求也不同，表 15-2 显示了通信模式与停止位数的关系，后续将分别详细阐述。

表 15-2 通信模式与停止位数关系

STOP@UART_LCON(1 bit)	停止位数	功能特征
0(普通模式)	1	默认值
1(普通模式)	2(5 字长模式为 1.5 个停止位)	常规 UART 模式，调制解调器模式
0(智能卡模式)	0.5	智能卡模式发送/接收数据
1(智能卡模式)	1.5	智能卡模式发送/接收数据

15.3.2.2 波特率发生器

UART 的通信波特率为 TX 和 RX 共有，可通过寄存器 BRR@UART_BRR 设置。该寄存器共 16 位，BRR[3:0]是小数部分，而 BRR[15:4]是整数部分。波特率计算十分方便：Baud=PCLK/BRR。其中，Baud 为波特率值，PCLK 为时钟频率，BRR 为上述波特率寄存器值。根据该公式，可得：BRR=PCLK/Baud。即：已知时钟频率和需求波特率，便可求得波特率寄存器值。例如，时钟频率为 48 MHz 时，为了得到 115 200 波特率，则：

$$\text{BRR}=48\ 000\ 000/115\ 200=416.66\approx 417=\text{0x1A1}$$

除了直观的波特率计算方式外，UART 还支持自动波特率侦测，下面将详细介绍该特性。

注意：

① 一旦 UART 发送(TXEN)或接收(RXEN)使能，BRR 就不能写入数值；

② BRR=0 时，波特率发生器无法运行。

15.3.2.3 UART 发送器

UART 发送器由发送缓冲寄存器 UART_TXBUF、发送 FIFO 和发送移位寄存器组成。当数据从内部总线写入 UART_TXBUF 后,经过发送 FIFO 移至发送移位寄存器,最终从 TX 引脚输出。在 UART 发送期间,TX 引脚首先移出数据的最低有效位。在此模式下,TXBUF 寄存器充当了内部总线和发送移位寄存器之间的缓冲器。值得注意的是,在数据写入 TXBUF 寄存器前必须令 UART_STAT 寄存器中的 TFFULL 位为 0,即满足发送 FIFO 未满条件。

UART 数据发送配置步骤如下:

① 定义发送数据字长(DLS@UART_LCON);

② 设置停止位数(STOP@UART_LCON);

③ 选择奇偶校验极性及其开关(PS@UART_LCON/PE@UART_LCON);

④ 配置期望的通信波特率(BRR@UART_BRR);

⑤ 若需采用 DMA 转存数据,则配置发送器 DMA 使能(TXDMAEN@UART_MCON=1);

⑥ 使能发送器(TXEN@UART_LCON=1);

⑦ 把要发送的数据写入 UART_TXBUF 寄存器,此动作将清除 TFEMPTY@UART_STAT 位。

注意:

① 在 UART_TXBUF 寄存器中写入数据时,要等待 TFFULL@UART_STAT 为 0,它表示发送 FIFO 未满。关闭 UART 前,需要确认发送移位寄存器忙碌标志位 TSBUSY@UART_STAT 是否为 0(发送 FIFO 内无数据等待传送),以避免破坏最后一次传输。

② 使能发送器必须在其他静态配置(字长、波特率等)之后进行,因为一旦 TXEN@UART_LCON=1,寄存器 UART_LCON 和 UART_BRR 就无法被改写。

UART 发送 FIFO 深度为 16。配置 TXTH@UART_FCON,可设定发送 FIFO 触发阈值(0, 2, 4, 8 可选)。当发送 FIFO 内的数据个数小于设定阈值时,TFTH@UART_STAT 寄存器位置 1,告知用户需要再填入数据,以避免数据传送中断。如果开启发送 FIFO 触发阈值中断使能(TFTH@UART_IER=1),那么当发送 FIFO 内的数据个数小于设定阈值时,会产生相应中断(TFTH@UART_IFM = 1),在产生中断期间清除中断标志位 TFTH@UART_ICR(此时,若使用者未向发送 FIFO 写入新的数据,即使发送 FIFO 内的数据量小于设定的触发阈值,则不会产生中断,需要重新开启发送 FIFO 触发阈值中断使能)。

15.3.2.4 UART 接收器

UART 接收器由接收移位寄存器、接收 FIFO 和接收缓冲寄存器 UART_RXBUF 组成。外部数据由 RX 引脚进入接收移位寄存器,经过接收 FIFO 后写入 UART_RXBUF。

UART 数据接收配置步骤如下:

① 定义接收数据字长(DLS@UART_LCON);

② 设置停止位数(STOP@UART_LCON);

③ 选择奇偶校验极性及其开关(PS@UART_LCON/PE@UART_LCON);

④ 配置期望的通信波特率(BRR@UART_BRR);

⑤ 若需采用 DMA 传输接收到的数据,则配置接收器 DMA 使能(RXDMAEN@UART_MCON=1);

⑥ 使能接收器,开始寻找起始位(RXEN@UART_LCON=1)。

当接收到一个字符时,RFEMPTY@UART_STAT 位清 0,这表明移位寄存器的内容被转移到接收 FIFO 中。换句话说,数据已经被接收并且可以被读取(包括与之有关的错误标志)。如果这时接收器 FIFO 触发阈值中断使能打开(RFTH@UART_IER = 1),且接收 FIFO 阈值置 1,则会引起相应中断请求。在接收期间,如果检测到帧错误(噪声或溢出错误),则错误标志置 1(RXBERR 标志也会随 RFTH 一起置 1)。使用 DMA 进行数据传输时,RFEMPTY 在每个字节接收后清 0,并随着 DMA 对 UART_RXBUF 的读操作完成而置 1。

注意: RFFULL 位必须在下一字符接收结束前清 0,以避免溢出错误。

(1) 接收 FIFO

UART 接收 FIFO 深度为 16。配置 RXTH@UART_FCON,可设定接收 FIFO 的阈值为 1、4、8 或 14。当接收 FIFO 内的数据量大于设定阈值时,RFTH@UART_STAT 置 1,告知用户需要及时读取数据,以免数据丢失。若开启接收 FIFO 触发阈值中断使能(RFTH@UART_IER=1),则当接收 FIFO 内的数据量大于阈值时,产生相应中断(RFTH@UART_IFM),在产生中断期间清除中断标志位 RFTH@UART_ICR(此时,若用户未读取数据,即使接收 FIFO 内的数据量大于设定的阈值,也不会产生中断,需要重新开启接收 FIFO 触发阈值中断使能)。

(2) 接收防抖

UART 数据接收启动时,为了在一定程度上过滤外部数据的噪声,UART_RX 引脚上配置了一个防抖电路,通过 DBCEN@UART_LCON 位置 1 来开启此功能。RX 防抖电路使能时,输入信号必须在 RX 引脚维持至少 8 个高电平或低电平,才能使信号进一步传输,否则该数据被忽略。

(3) 起始位侦测

在 UART 中,如果辨认出一个特殊的采样序列(1 1 1 0 X 0 X 0 X 0 0 0 0 X X X X X X X),那么就认为检测到一个起始位。UART 起始位侦测如图 15-4 所示。

(4) 程序设计示例

UART 采用中断方式收发数据,芯片接收到数据后,将数据原封不动地发出,接收数据时以新行为结束标志(检测到相邻的 0x0D、0x0A)。测试用板为 ES-PDS-ES32F369x-V2.1,辅助工具为多功能接口转换工具 ESBridge,辅助软件为 ESBridge 上位机。

① 使用 MD 库设计程序

首先进行系统配置,选择时钟,设置频率,使能所有外设时钟,并在系统中使能 UART 中断,否则 UART 各个中断无效。接着通过函数 md_uart_init 配置 UART 属性,具体参数含义如下:

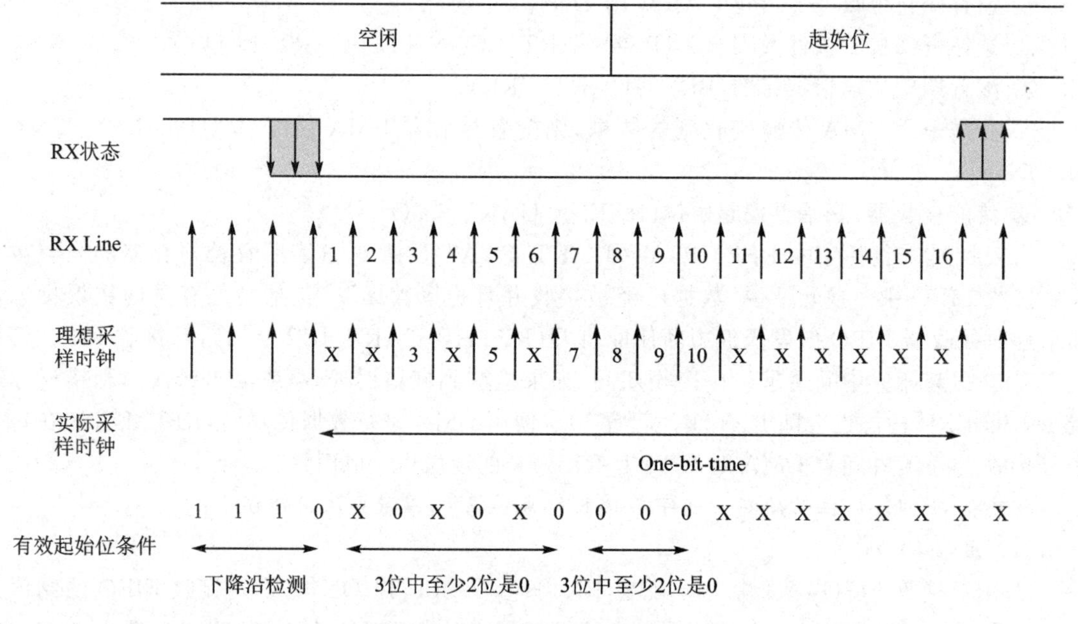

图 15-4 UART 起始位侦测

h_uart.baud 配置通信波特率;

h_uart.word_length 配置字长;

h_uart.stop_bits 配置停止位个数;

h_uart.parity 选择奇偶校验;

h_uart.fctl 选择自动流控制模式;

h_uart.mode 选择通信模式。

UART 属性配置完毕,通过函数 md_uart_enable_it_rfth/md_uart_enable_it_tfempty 使能接收器 FIFO 触发阈值中断和发送器 FIFO 空中断。对 TX/RX 对应的引脚进行 GPIO 配置,具体参考第 9 章。

使用 MD 库实现 UART 中断方式收发数据的具体代码请参考例程:ES32_SDK\Projects\Book1_Example\UART\MD\01_send_recv。

注意: TX 引脚需配置为推挽输出,RX 引脚需配置为上拉推挽输出,功能复用选择 FUNC3。静态配置完毕,数据收发和新行检测均在中断服务程序中进行。

② 使用 ALD 库设计程序

ALD 库中的函数 ald_uart_send_by_it 和 ald_uart_recv_by_it 已封装收发数据前的必要操作,如收发中断的使能;函数 ald_uart_irq_handler 已封装收发中断的数据处理操作。利用回调函数可实现特定时间节点需要进行的操作,本例中在接收完成回调函数中检测新行。相比 MD 库,合理利用这些库函数可大幅提高开发效率。

使用ALD库实现UART中断方式收发数据的具体代码请参考例程：ES32_SDK\Projects\Book1_Example\UART\ALD\01_send_recv。

③ 实验步骤和效果

实验步骤如下：

(a) 编译工程，编译通过后将程序下载到目标芯片；

(b) 将程序配置的TX/RX对应的引脚分别连接至ESBridge的RX/TX；

(c) ESBridge通过USB线缆连接PC，打开上位机软件，在“设备操作”选项中选择“打开”；

(d) 上位机切换到UART标签页，按照程序同步配置波特率等参数，打开串口；

(e) 复位芯片或在线调试，运行程序；

(f) 在上位机UART发送框中输入字符串，单击“发送”按钮，接收框打印发送的字符串，则实验成功。

UART中断收发实验效果如图15-5所示。

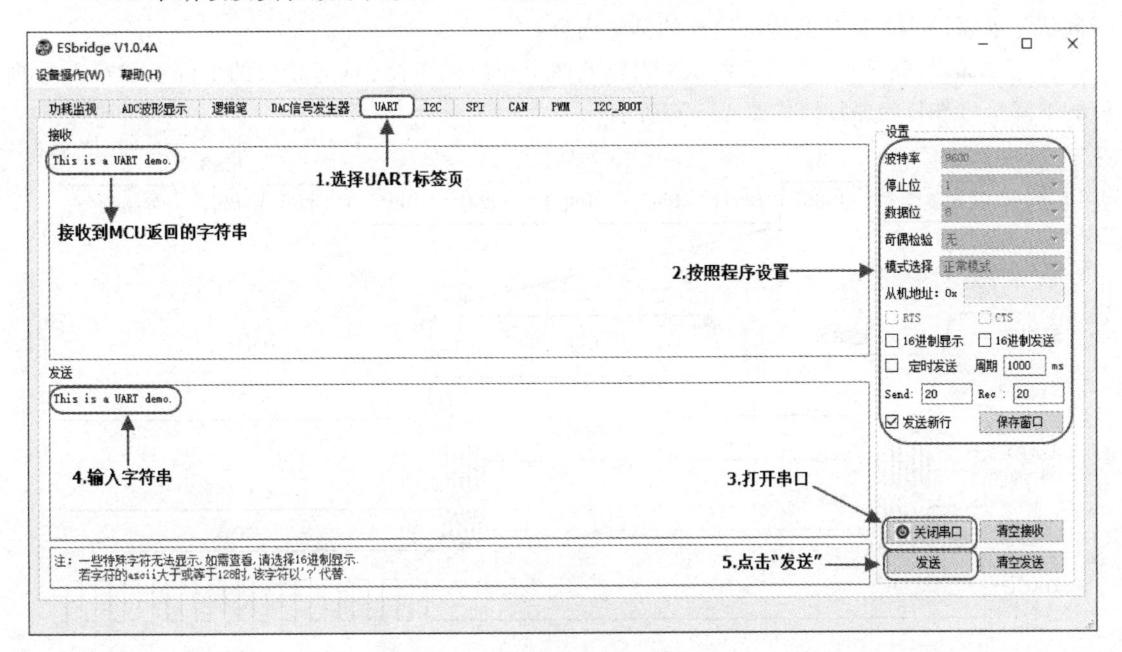

图15-5　UART中断收发实验效果

注意：

① 该示例自定义协议，接收数据有效帧尾为新行(0x0D 0x0A)，上位机需勾选“发送新行”；

② 测试板与ESBridge需共GND。

15.3.3 自动波特率

1. 自动波特率检测模式

除了上述的软件改写寄存器 UART_BRR 值来设定通信波特率以外，UART 还支持自动波特率检测。其原理是：UART 根据接收到的一个字符来检测传输速率，并自动设置 UART_BRR 的值。自动波特率在以下两种情况下可用：

➢ 通信速率未知；

➢ 使用低精度时钟源，需要在不测量时钟偏差的条件下纠正波特率。

使用自动波特率检测前，需要通过对 ABREN@UART_MCON 置 1 来使能此功能。另外，需要配置 ABRMOD@UART_MCON 来选择自动波特率检测模式。UART 共有 3 种自动波特率模式，不同模式适用的检测字符不同，在打开自动波特率检测之前，对接收到的首字符必须进行确认。下面是 3 种自动波特率模式的具体内容：

① 模式 0：波特率在 UART 的 RX 引脚的两个连续的下降沿（起始位的下降沿和最低数据位的下降沿(LSB)）上测量，如图 15-6 所示。

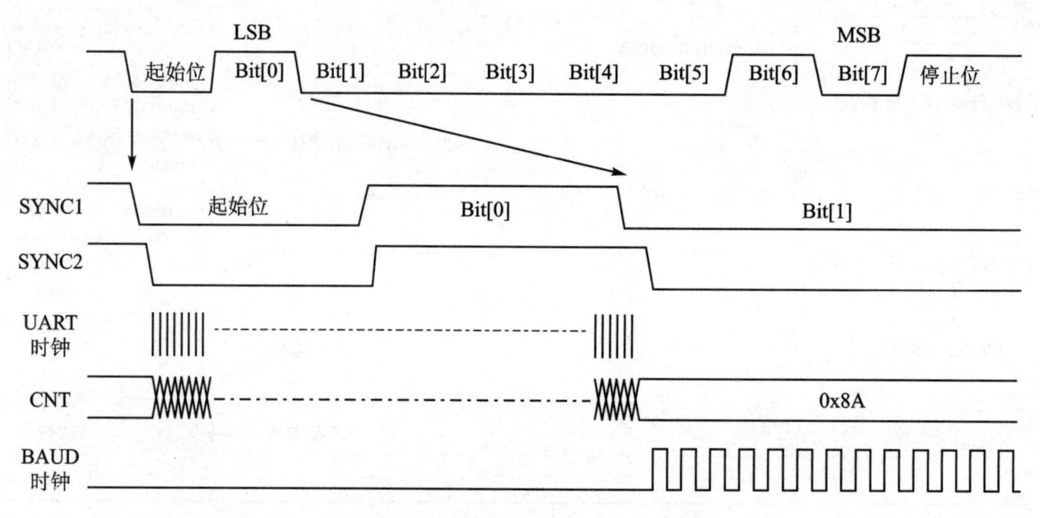

图 15-6 自动波特率检测模式 0(ABRMOD@UART_MCON=0)

② 模式 1：波特率在 UART 的 RX 引脚下降沿和后续上升沿之间（起始位的长度）测量，如图 15-7 所示。

③ 模式 2：波特率在 UART 的 RX 引脚下降沿和后续上升沿之间（起始位的长度加上 Bit[0]的长度）测量，如图 15-8 所示。

选择自动波特率模式并使能后，RX 等待首字符以进行自动波特率检测。自动波特率检测完毕，ABEND@UART_RIF 置 1。若自动波特率检测结束中断使能（ABEDN@UART_IER），

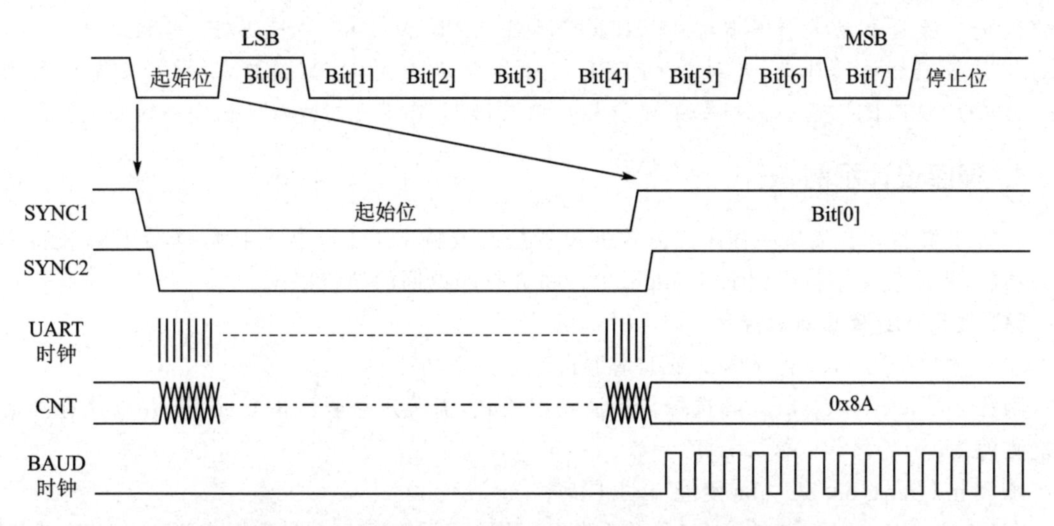

图 15－7　自动波特率检测模式 1(ABRMOD@UART_MCON＝1)

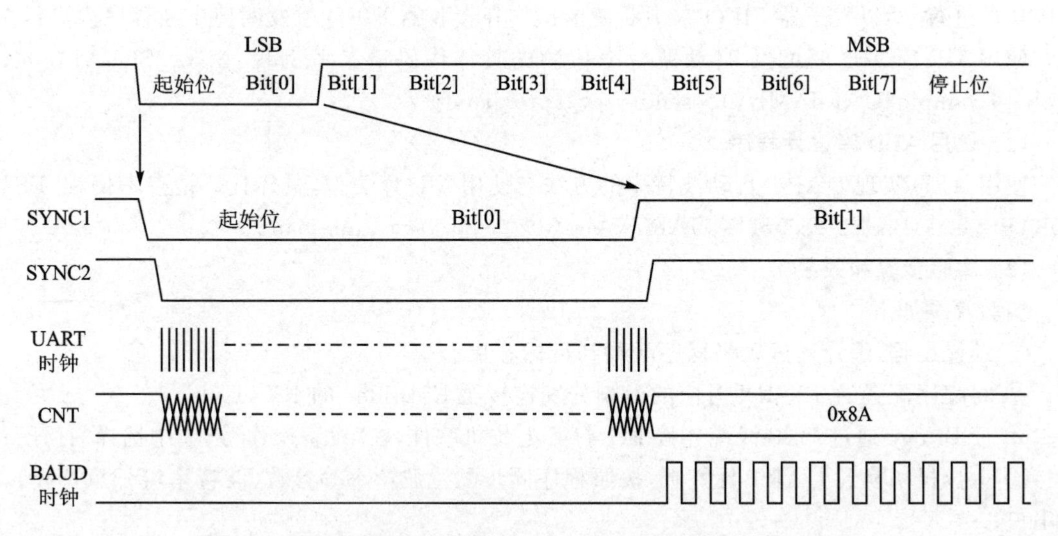

图 15－8　自动波特率检测模式 2(ABRMOD@UART_MCON＝2)

则会产生相应中断。

注意：

① 时钟源的频率必须与预期的波特率保持相对的稳定(过采样率为 16，并且波特率处于 PCLK/65 536 和 PCLK/16 之间)。

② 如果线路噪声严重，则不能保证得到的波特率是准确的。这时自动写入的 BRR 值可能是错误的，或者 ABEND 标志会置 1。在通信速度超出自动波特率检测范围(位长度不在 0x10～0xFFFFF 个时钟周期之间)时也会发生这种情况。

③ 自动波特率模式拥有两个中断源，分别用于检测超时(ABTO)与检测结束(ABEND)。

在软件并未清除自动波特率使能位 ABREN@UART_MCON 的情况下，若检测未完成，则 UART 计数器会持续计数，直到 0xFFFFF 后硬件自动将 ABREN 清除，并将检测超时标志位 ABTO@UART_RIF 置 1(此时如果使能相应中断，则会产生自动波特率检测超时中断)。

2. 程序设计示例

UART 波特率自动检测程序无需软件设置静态波特率。上位机发送数据给 RX，波特率检测成功后，程序发送字符串到 ESBridge，上位机并打印返回的字符串。

(1) 使用 MD 库设计程序

在上述 UART 收发程序的基础上增加自动波特率功能：

函数 md_uart_set_abrmod 选择自动波特率模式，需确定接收到的首字符，并以此选择适用的检测模式；

函数 md_uart_enable_abr 使能自动波特率。

TX/RX GPIO 配置参考上述 UART 收发程序，不再赘述。由于数据发送在自动波特率侦测成功后进行，所以发送器 FIFO 空中断使能操作在接收器 FIFO 触发阈值中断程序内进行。

使用 MD 库实现 UART 自动波特率检测的具体代码请参考例程：ES32_SDK\Projects\Book1_Example\UART\MD\02_send_recv_auto_baud。

(2) 使用 ALD 库设计程序

使用 ALD 实现 UART 自动波特率的方法与使用 MD 库类似，具体代码请参考例程：ES32_SDK\Projects\Book1_Example\UART\ALD\02_send_recv_auto_baud。

(3) 实验步骤和效果

实验步骤如下：

① 编译工程，编译通过后将程序下载到目标芯片；

② 将程序配置的 TX/RX 对应的引脚分别连接至 ESBridge 的 RX/TX；

③ ESBridge 通过 USB 线缆连接 PC，打开上位机软件，在“设备操作”选项中选择“打开”；

④ 上位机切换到 UART 标签页，按照程序同步配置波特率等参数(波特率可任意选择)，打开串口；

⑤ 复位芯片或在线调试，运行程序；

⑥ 在上位机 UART 发送框中输入字符串“UART auto baud detects...”，单击“发送”按钮，接收框打印“UART auto baud succeeds.”；

⑦ 切换上位机波特率，重复步骤⑤和步骤⑥。

自动波特率检测实验效果如图 15-9 所示。

注意：

① 本程序自动波特率选择模式 0，被检测的数据 Bit[0]必须为 1，比如 U，对应 HEX 码 0x55；

② 测试板与 ESBridge 需共 GND。

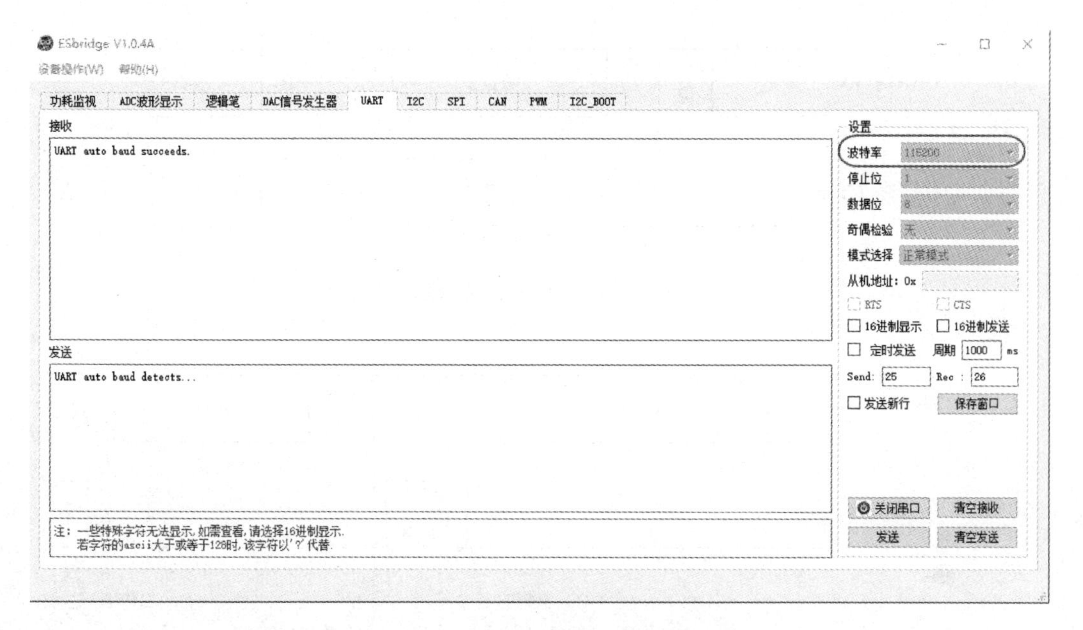

图 15-9　自动波特率检测实验效果

15.3.4　自动流控制

1. 工作原理

UART 支持 RTS 和 CTS，用于数据收发时的流控制。其结构示意图如图 15-10 所示，流控制信号从 RTS 引脚输出，从 CTS 引脚输入，从而控制数据收发动作。

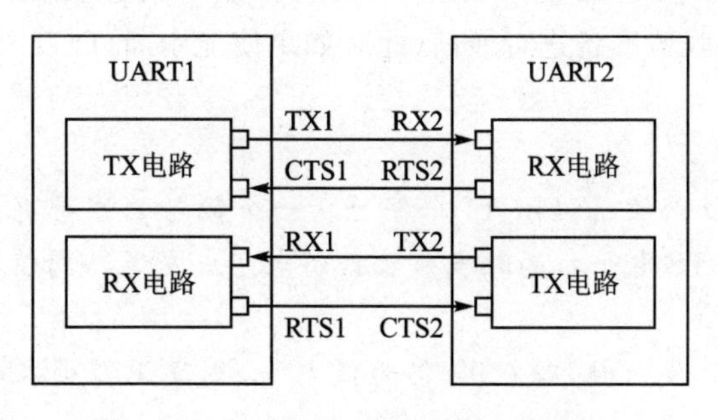

图 15-10　自动流控制结构示意图

使能自动流控制功能（AFCEN@UART_MCON=1）后，UART 数据帧与 CTS 和 RTS 的关系如图 15-11 和图 15-12 所示。

CTS 引脚监测输入信号，若输入为高电平，则发送器被禁止，否则 TX 正常发送数据；而 RTS 的输出电平会在接收 FIFO 达到设置的阈值时由低拉高。基于上述机制，UART2 的 RTS

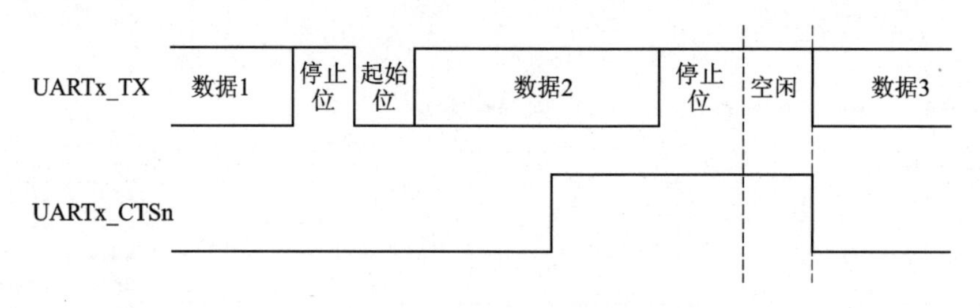

图 15-11 自动 CTSn 控制

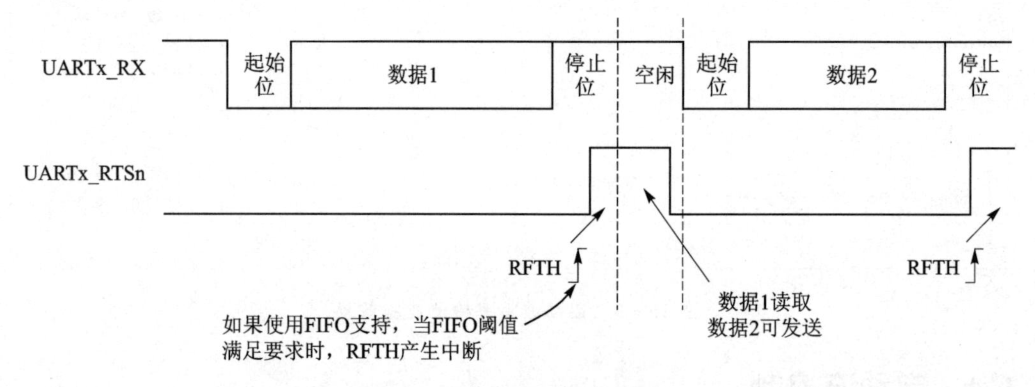

图 15-12 自动 RTSn 控制

端与 UART1 的 CTS 端连接,可利用 UART2 触发接收 FIFO 阈值来控制 UART1 发送数据:当 UART2 接收 FIFO 触发阈值时,RTS 电平拉高,UART1 的 CTS 电平亦拉高,UART1 TX 数据发送停止,以防止 UART2 接收 FIFO 溢出;等到 UART2 接收 FIFO 完全为空时,RTS 被拉回低电平,UART1 继续发送数据。一旦 CTS 引脚电平发生变化,硬件就自动将 DCTS@UART_RIF 置 1,指示接收器准备进行通信(此时如果使能中断(DCTS@UART_IER=1),则会产生 DCTS 中断)。

注意:

① 可选择接收 FIFO 阈值:1、4、8、14 个字符。一个额外的字符有可能会在 RTS 电平拉高后传送到 UART(由于 RTS 电平拉高时当前数据尚未完成发送),阈值设置为 14 时可最大限度地使用 FIFO。

② 在最后一个停止位发出时,若 CTS 仍为低电平,则发送器会在 CTS 拉高后继续传输一个字符。

③ 发送器被禁止后,发送 FIFO 仍然可以写入数据,甚至溢出。

④ 当自动流控制使能时,CTS 状态不会触发系统中断,这是因为设备自动控制其收发器。

2. 程序设计示例

UART 自动流控制例程中,检测 CTS 引脚输入电平:电平为高时 TX 禁止,数据等待发送;

等到 CTS 引脚输入电平为低时，TX 端数据开始发送，上位机接收到数据并打印。

(1) 使用 MD 库设计程序

在 UART 收发程序的基础上使能自动流控制功能，参数 h_uart.fctl 配置为 MD_UART_FLOW_CTL_ENABLE。相应地，GPIO 配置增加 CTS 引脚，根据芯片数据手册选择正确的复用功能。在中断服务程序中发送数据的步骤请参考 UART 其他程序。

使用 MD 库实现 UART 自动流控制的具体代码请参考例程：ES32_SDK\Projects\Book1_Example\UART\MD\03_send_flow_ctrl。

(2) 使用 ALD 库设计程序

使用 ALD 库实现 UART 自动流控制的方法和使用 MD 库类似，具体代码请参考例程：ES32_SDK\Projects\Book1_Example\UART\ALD\03_send_flow_ctrl。

(3) 实验步骤和效果

实验步骤如下：

① 编译工程，编译通过后将程序下载到目标芯片；

② 将程序配置的 TX/RX 对应的引脚分别连接至 ESBridge 的 RX/TX，CTS 引脚接高电平；

③ ESBridge 通过 USB 线缆连接 PC，打开上位机软件，在“设备操作”选项中选择“打开”；

④ 上位机切换到 UART 标签页，按照程序同步配置波特率等参数，打开串口；

⑤ 复位芯片或在线调试，运行程序，UART 无数据发出；

⑥ 将 CTS 引脚切换到低电平，UART 发送数据，并在上位机接收框打印。

自动流控制实验效果如图 15-13 所示。

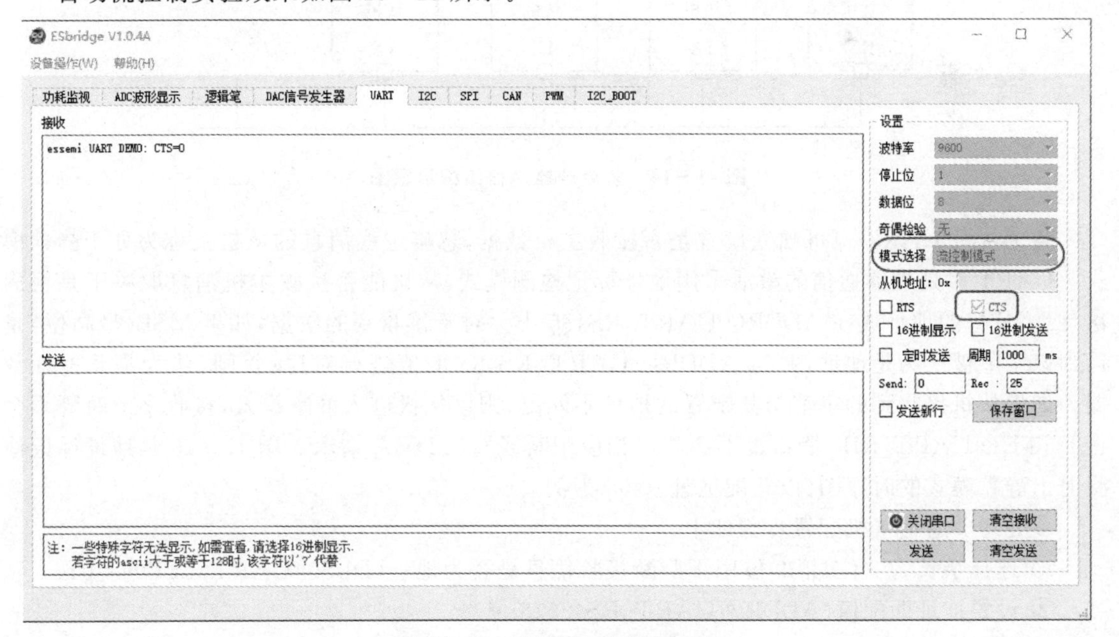

图 15-13 自动流控制实验效果

注意：

① 上位机 UART 模式选择“流控制模式”。

② CTS 为高电平时，TX 虽被禁止，但 TX 端数据等待发送；CTS 切换到低电平时，等待的数据立即发出。

③ 本实验 CTS 默认为高电平。

④ 测试板与 ESBridge 需共 GND。

15.3.5 多处理器通信

1. 工作原理

UART 支持多处理器通信模式。UART 多点通信通过一个主机发送数据至多个从机。主机的 TX 引脚与所有从机的 RX 引脚连接，所有从机的 TX 引脚通过逻辑“与”运算与主机的 RX 连接。

注意：当 MCU 上各个 UART 的 TX 引脚配置为开漏输出、弱上拉时，TX 引脚直接相连，无需外加“与”门电路，便可实现逻辑“与”。图 15－14 是多处理器通信结构示意图。

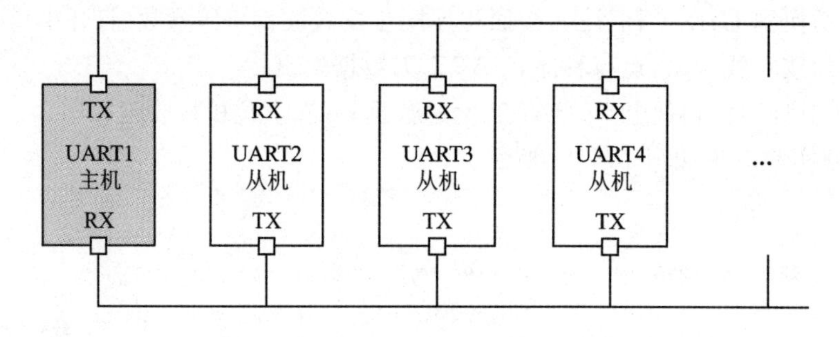

图 15－14　多处理器通信结构示意图

各个从机 UART 也可独立设置是否接收主机数据，忽略主线消息的从机被称为处于静默模式。UART 多处理器通信的激活采用地址标记检测模式，从机能否接收主机消息取决于是否成功寻址，从机的地址放在 ADDR@UART_RS485 中。对于接收到的数据，如果 MSB(最高位)是 1，则该字节被认为是地址，并与 ADDR@UART_RS485 的值进行对比；否则，认为是非地址数据。如果从机接收到的字节与其配置的地址不匹配，则该从机进入静默模式，接收字节时既不会将 RFTH@UART_RIF 置 1，也不会产生相应中断或发出 DMA 请求。图 15－15 是地址标记检测退出静默模式的时序图(以匹配地址 0x55 为例)。

多处理器通信从机配置步骤如下：

① 选择字长为 8 位，第 9 位用于判断接收信息是否为地址(DLS@UART_LCON=0)；

② 设置地址匹配值(ADDR@UART_RS485，8 位)；

③ 使能多处理器通信自动地址标记检测模式(AADEN@UART_RS485=1)。

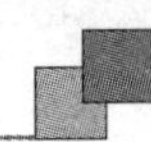

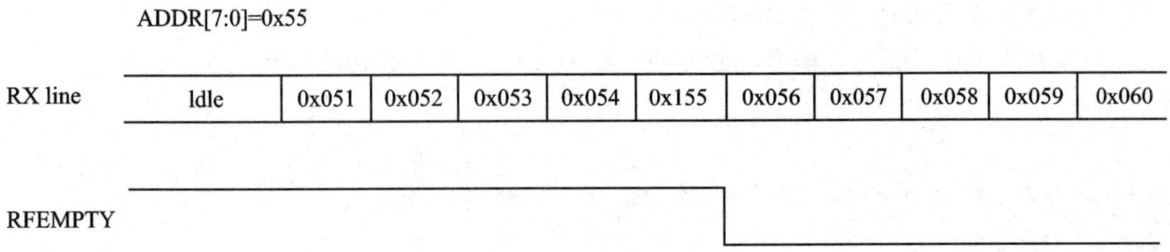

ADDR[7:0]=0x55

RX line	Idle	0x051	0x052	0x053	0x054	0x155	0x056	0x057	0x058	0x059	0x060

RFEMPTY

图 15-15 地址标记检测退出静默模式的时序图

2. 程序设计示例

在 UART 多点通信从机程序中，ESBridge 作为主机，UART0 和 UART1 作为从机，主机发送地址和数据，地址匹配成功的从机返回字符，其他从机处于静默模式。

(1) 使用 MD 库设计程序

程序配置两个并列的 UART，通过函数 md_uart_set_rs485_addr 配置多处理器通信从机地址。与常规收发不同的是，字长 h_uart. word_length 需配置为 8 位 MD_UART_WORD_LENGTH_8B，奇偶校验 h_uart. parity 需配置为无 MD_UART_PARITY_NONE，通信模式 h_uart. mode 选择多处理器通信地址检测 MD_UART_MODE_RS485。另外，GPIO 的参数 x. odos 需配置为开漏 MD_GPIO_OPEN_DRAIN。中断服务程序参考 UART 收发例程，UART0 和 UART1 两个中断并列。

使用 MD 库实现 UART 多点通信（从机）的具体代码请参考例程：ES32_SDK\Projects\Book1_Example\UART\MD\04_send_recv_multimode_slave。

(2) 使用 ALD 库设计程序

使用 ALD 库实现 UART 多点通信（从机）的方法与使用 MD 库类似，具体代码请参考例程：ES32_SDK\Projects\Book1_Example\UART\ALD\04_send_recv_multimode_slave。

(3) 实验步骤和效果

实验步骤如下：

① 编译工程，编译通过后将程序下载到目标芯片；

② 将多从机的 TX 接在一起、RX 接在一起，并分别连接至 ESBridge 的 RX/TX；

③ ESBridge 通过 USB 线缆连接 PC，打开上位机软件，在“设备操作”选项中选择“打开”；

④ 上位机切换到 UART 标签页，按照程序同步配置波特率等参数，打开串口；

⑤ 复位芯片或在线调试，运行程序；

⑥ 在上位机 UART 发送框中输入字符串，单击“发送”按钮，地址匹配的从机将返回字符串，并以从机名为开头。

多处理器通信实验效果如图 15-16 所示。

注意：

① 该示例自定义协议，接收数据有效帧尾为新行(0x0D 0x0A)，上位机需勾选“发送新行”；

② 测试板与 ESBridge 需共 GND；

③ 上位机 UART 模式选择多处理通信(主机)，且需设置有效的从机地址。

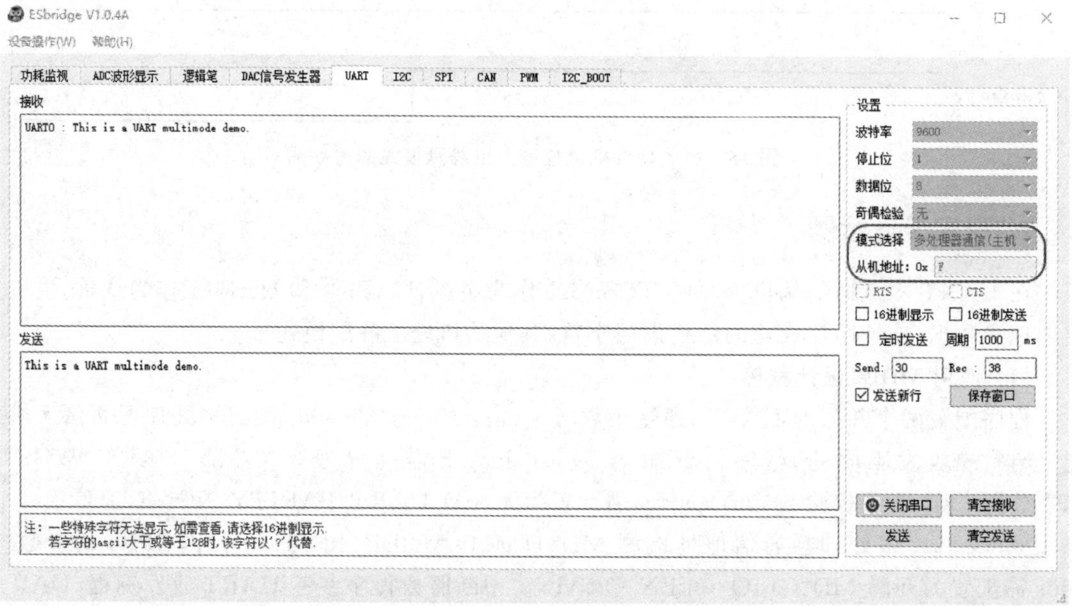

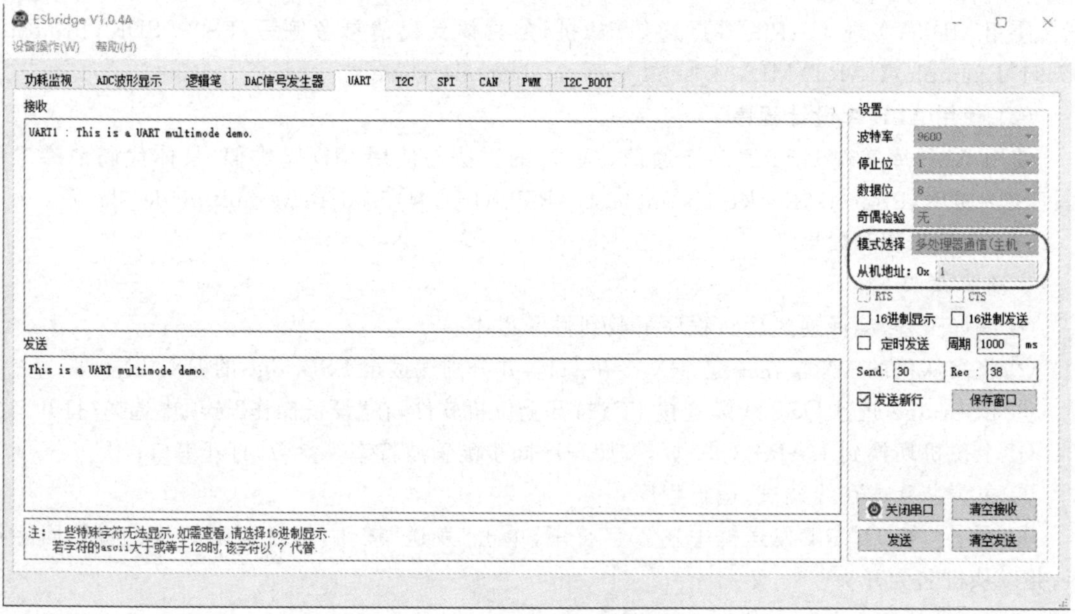

ESbridge V1.0.4A

设备操作(W)　帮助(H)

功耗监视　ADC波形显示　逻辑笔　DAC信号发生器　UART　I2C　SPI　CAN　PWM　I2C_BOOT

接收

UART0 : This is a UART multimode demo.

发送

This is a UART multimode demo.

注：一些特殊字符无法显示，如需查看，请选择16进制显示。
若字符的ascii大于或等于128时，该字符以'?'代替。

设置

波特率　9600

停止位　1

数据位　8

奇偶检验　无

模式选择　多处理器通信(主机

从机地址：0x　F

RTS　CTS

16进制显示　16进制发送

定时发送　周期　1000　ms

Send: 30　Rec : 38

☑ 发送新行　保存窗口

关闭串口　清空接收

发送　清空发送

ESbridge V1.0.4A

设备操作(W)　帮助(H)

功耗监视　ADC波形显示　逻辑笔　DAC信号发生器　UART　I2C　SPI　CAN　PWM　I2C_BOOT

接收

UART1 : This is a UART multimode demo.

发送

This is a UART multimode demo.

注：一些特殊字符无法显示，如需查看，请选择16进制显示。
若字符的ascii大于或等于128时，该字符以'?'代替。

设置

波特率　9600

停止位　1

数据位　8

奇偶检验　无

模式选择　多处理器通信(主机

从机地址：0x　1

RTS　CTS

16进制显示　16进制发送

定时发送　周期　1000　ms

Send: 30　Rec : 38

☑ 发送新行　保存窗口

关闭串口　清空接收

发送　清空发送

图 15-16　多处理器通信实验效果

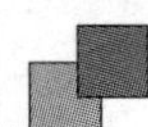

15.3.6　单线半双工模式

1. 工作原理

单线半双工模式，顾名思义，UART 的 TX 线和 RX 线合并为一根线（RX 和 TX 内部相连），并不再使用 RX 引脚，数据仅在 TX 引脚传输。除此之外，单线半双工通信与正常 UART 通信模式相似。通过置位 HDEN@UART_MCON 选择单线半双工模式。图 15－17 是单线半双工模式结构示意图。

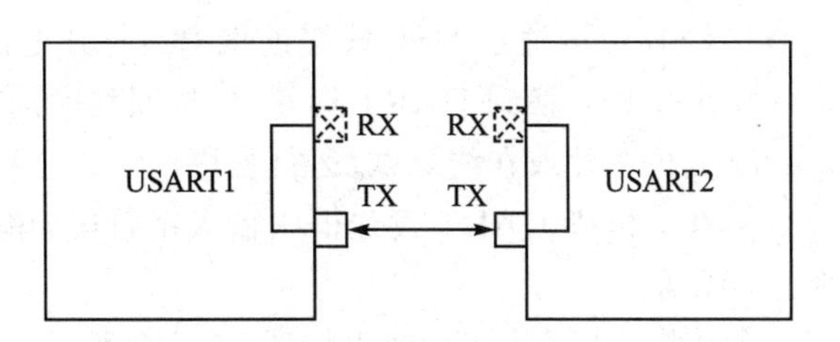

图 15－17　单线半双工模式结构示意图

采用单线半双工模式时，有 3 点需要注意：

① 无数据传输时，TX 始终处于空闲状态。因此，TX 引脚在空闲状态或接收过程中用作标准 I/O 口，必须将 TX 对应的 GPIO 配置成悬空输入或开漏的输出高。

② 线路上的冲突由软件进行管理。

③ 发送过程永远不会被硬件阻塞，若发送器使能（TXEN@UART_LCON＝1），一旦数据写入 UART_TXBUF，发送就会开始。

2. 程序设计示例

UART 单线半双工模式下，以中断方式收发数据，芯片接收到数据后，将数据原封不动地发出。

(1) 使用 MD 库设计程序

UART 单线模式就是将普通模式的 TX 线和 RX 线内部相连，并不再使用 RX 线，所以该程序与上述数据收发程序逻辑相似，只是在一些静态配置上有所变化。TX 线和 RX 线合并后，进行 GPIO 配置时只需配置 TX 引脚。

注意：TX 引脚的开漏配置 x. odos 和上下拉选择 x. pupd 必须配置成开漏和默认上拉，并且，需要通过参数 h_uart. mode 选择单线半双工模式 MD_UART_MODE_HDSEL。另外，UART 处于单线半双工模式时，由于收发皆通过 TX 线，发送数据会复制一份给 UART_RXBUF 寄存器，所以接收时需暂时禁止 TX，待确保 RX 非忙后再使能 TX。

使用 MD 库实现 UART 单线通信的具体代码请参考例程：ES32_SDK\Projects\Book1_Example\UART\MD\05_send_recv_single_line。

(2) 使用 ALD 库设计程序

使用 ALD 库实现 UART 单线通信与使用 MD 库方法类似，具体代码请参考例程：ES32_SDK\Projects\Book1_Example\UART\ALD\05_send_recv_single_line。

(3) 实验步骤和效果

实验步骤如下：

① 编译工程，编译通过后将程序下载到目标芯片；

② 将程序配置的 TX 对应的引脚连接至 ESBridge 的 TX；

③ ESBridge 通过 USB 线缆连接 PC，打开上位机软件，在"设备操作"选项中选择"打开"；

④ 上位机切换到 UART 标签页，按照程序同步配置波特率等参数，打开串口；

⑤ 复位芯片或在线调试，运行程序；

⑥ 在上位机 UART 发送框中输入字符串，单击"发送"按钮，若接收框打印发送的字符串，则实验成功。

单线半双工模式实验效果如图 15－18 所示。

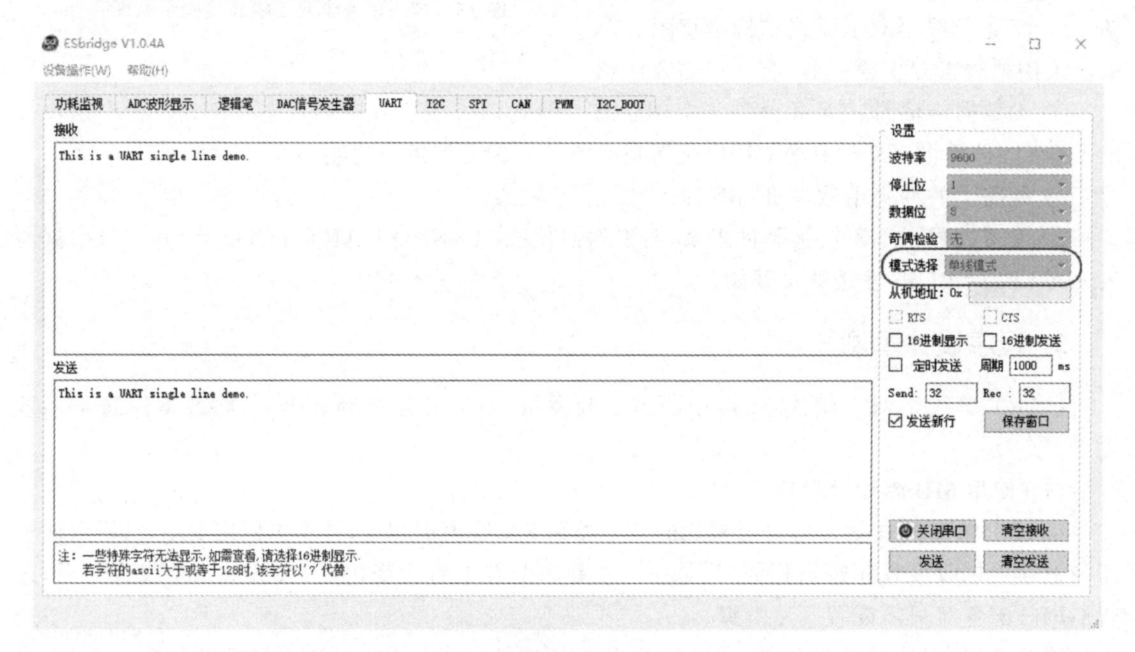

图 15－18　单线半双工模式实验效果

注意：

① 该示例自定义协议，接收数据有效帧尾为新行(0x0D 0x0A)，上位机需勾选"发送新行"；

② 测试板与 ESBridge 需共 GND；

③ 上位机 UART 模式选择单线模式。

15.3.7　智能卡模式

UART 智能卡模式符合 ISO 7816－3 标准异步通信协议，其本身是一种半双工同步通信，RX 引脚不再使用，TX 双向传输，所以必须将 TX 引脚配置为开漏输出。同时，启用时钟线

SCK，UART 端 SCK 引脚输出，智能卡端 SCK 引脚输入。图 15-19 为 UART 智能卡模式结构示意图，TX 为数据收发线，CK 引脚向智能卡提供时钟。CK 与通信没有关系，只是通过一个 5 位预分频器从内部外设时钟源得到时钟信号。其中，分频系数通过 PSC@UART_SCARD 设置；CK 频率可以设置在 $f_{CK}/2$ 到 $f_{CK}/64$ 之间，f_{CK} 指外设时钟频率。

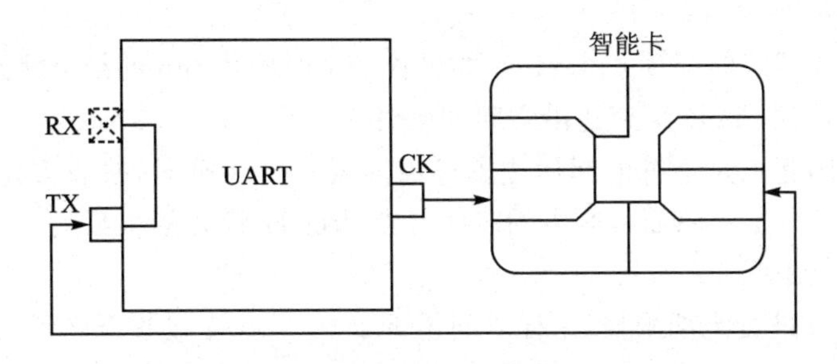

图 15-19 智能卡模式结构示意图

通过以下配置启动 UART 智能卡模式：

① 配置字长为 8 位(DLS@UART_LCON= 0)；

② 使能奇偶校验位(PE@UART_LCON=1)；

③ 选择 0.5 或 1.5 个停止位(STOP@UART_LCON=0 或 1)；

④ 使能智能卡时钟(SCLKEN@UART_SCARD=1)；

⑤ 根据需要，配置保护时间和时钟预分频比(GT@UART_SCARD，PSC@UART_SCARD)；

⑥ 使能智能卡模式(SCEN@UART_SCARD=1)。

当硬件连接完毕，智能卡需要 UART 向其发送时钟信号以复位启动、开始与 UART 通信。智能卡通信对波特率有特殊要求，传输 1 位数据对应时间为 372 个时钟周期，该时间称为基本时间单元(Elementary Time Unit，ETU)。因为 1 个时钟周期为 $1/f$(f 为时钟频率)，所以 1 etu=$372/f$。根据上述规则，智能卡模式下的 UART 波特率应设置为 $f/372$。时钟可通过 PSC@UART_SCARD 预分频后提供给智能卡，将寄存器值乘以 2 即可得出预分频系数。

智能卡模式通信的字符帧如图 15-20 所示。

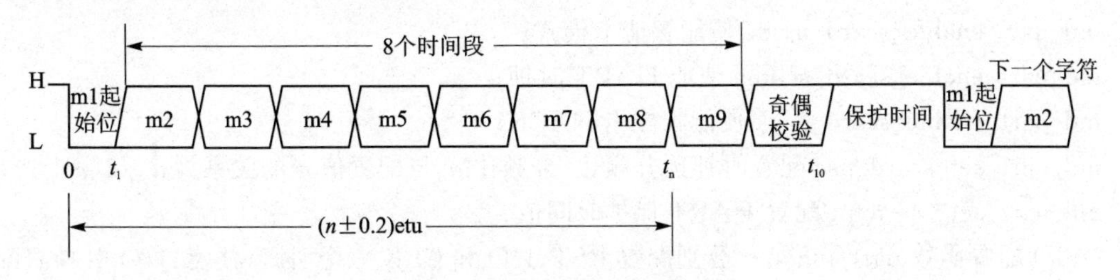

图 15-20 智能卡模式字符帧

在字符传输之前,数据传输端口 I/O 应该处于高电平。一个字符由 10 个连续的时间段组成,每一个时间段的信号状态为高电平(H)或低电平(L)。具体数据帧格式如下:

- 第一个时间段 m1 应处于状态 L,这个时间段为起始位。
- m2～m9 这 8 个时间段传输 1 字节。
- m10 为奇偶校验位。
- 每一个时间段持续时间为一个 etu。如果在一个时间段 mn 的结束状态改变,那么这个字符的起始边沿到 mn 的结束边沿之间的延时为 $t_n=(n\pm0.2)$etu。
- 发送方的时间起点是字符的起始边沿。当搜索一个字符时,接收方定期对 I/O 采样,采样时间应少于 0.2 etu;而接收方的时间起点是在 H 状态的最后一个观察点和 L 状态的第一个观察点中间。
- 接收方对 I/O 进行定期采样,采样时间不少于 0.2 etu。接收方必须在($n-0.5\pm0.2$)个 etu 内确认相应的时间段 mn。例如:应在(1.5±0.2)etu 内收到 m2。
- 字符奇偶校验在字符帧传输结束后进行。
- 两个连续字符的起始边沿之间的延时至少为 12 etu。这包括一个字符的持续时间和保护时间。在保护时间内,智能卡和 UART 都处于接收模式,即 H 状态。
- 在通信期间,由智能卡发出的两个连续字符的起始边沿之间的延时不能超过 9 600 etu,这个最大值称为初始等待时间。

程序设计示例

UART5 与 7816 智能卡芯片 ESAM 进行通信测试(ES32F369x 中仅有 UART4 或 UART5 支持智能卡模式)。ESAM 复位启动成功后,UART 向 ESAM 发送命令"00 A4 00 00 02 3F 00"。若 ESAM 接收到命令且返回的 2 个状态字节为 0x61xx 或 0x9000,则通信成功,变量 g_SMART_CARD_OK 置 1,否则为 0。

(1) 使用 MD 库设计程序

本例程使用 HRC 时钟(24 MHz),预分频比为 4,所以波特率 h_uart.baud 设置为 24 000 000/4/372=16 129,字长 h_uart.word_length 和停止位 h_uart.stop_bits 需要设置为 8 位和 1.5 位。除此之外,智能卡模式还需进行以下配置:

md_uart_enable_scard_mode 使能智能卡模式;

md_uart_enable_scard_sclken 使能 UART 时钟;

md_uart_enable_scard_nack 使能智能卡 NACK;

md_uart_set_scard_psc 配置时钟预分频比,分频比 d 与配置值 n 的关系为 $d=2(n+1)$;

md_uart_set_scard_pt 配置 UART 保护时间值。

GPIO 配置函数 uart_pin_init 分别配置 RST、I/O 和 CLK 三个引脚(注意:I/O 引脚需配置为开漏)。静态配置完毕,程序进入"等待 ESAM 复位成功"状态。RST 保持低电平至少 400 个时钟周期后再拉高,若接收到 13 个复位应答数据,则复位成功,返回 CARD_OK,进入"等待 ES-

AM 通信成功”状态。函数 instruction_test 向 ESAM 发送命令，若 ESAM 返回的2个状态字节为 0x61xx 或 0x9000，则通信成功，跳出“等待 ESAM 通信成功”状态，将变量 g_SMART_CARD_OK 置 1。

使用 MD 库实现 UART 智能卡通信的具体代码请参考例程：ES32_SDK\Projects\Book1_Example\UART\MD\09_send_recv_smart_card。

(2) 使用 ALD 库设计程序

ALD 库未对 UART 智能卡功能进行封装，需自行编写功能函数，逻辑与 MD 库一样，不再赘述。

具体代码请参考例程：ES32_SDK\Projects\Book1_Example\UART\ALD\09_send_recv_smart_card。

(3) 实验步骤和效果

实验步骤如下：

① 编译工程，编译通过后将程序下载到目标芯片；

② 将芯片的 RST、I/O、CLK 引脚分别连接至 HRSDK－GMB－01 测试板的 RST、I/O、CLK；

③ 在线调试，将变量 g_SMART_CARD_OK 加入监视窗后运行程序，g_SMART_CARD_OK 置 1，则通信成功。

智能卡模式实验效果如图 15－21 所示。

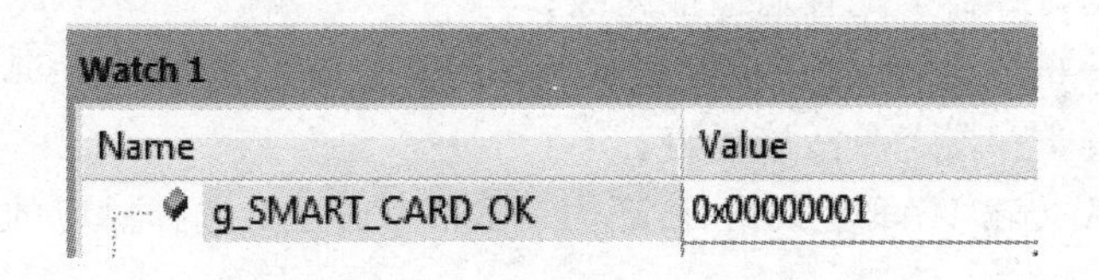

图 15－21　智能卡模式实验效果

注意：

① 本实验用到 MCU 测试母板 HRSDK－GMB－01，且板子上需焊接 7816 智能卡芯片（焊接在板子背面 CARD 处）；

② 需要给 HRSDK－GMB－01 板供电(3.3 V)，并与 ES－PDS－ES32F369x 共 GND；

③ 程序中的波特率是根据当前时钟频率 24 MHz 计算所得。

15.3.8　DMA 传输

当需要连续通信且不占用 CPU 资源时，UART 发送/接收单缓冲机制需要配合 DMA 使用。发送和接收的 DMA 申请是独立的。下面将详细介绍如何使用 DMA 发送/接收数据。

1. 使用 DMA 发送

按照下列配置步骤即可实现 UART 使用 DMA 发送数据：

① 使能发送器 DMA(TXDMAEN@UART_MCON＝1)；

② 在 DMA 控制寄存器上将内存地址(例如一个数组地址)配置成 DMA 传输的源地址；

③ 在 DMA 控制寄存器上将 UART_TXBUF 寄存器地址配置成 DMA 传输的目标地址；

④ 在 DMA 控制寄存器中配置要传输的总字节数；

⑤ 在 DMA 控制寄存器上配置通道优先级；

⑥ 根据应用程序的要求,配置在传输完成一半还是全部完成时产生 DMA 中断；

⑦ 将 TFTH@UART_ICR 置 1,TFTH@UART_RIF 清 0；

⑧ 在 DMA 控制寄存器上激活该通道。

2. 使用 DMA 接收

按照下列配置步骤即可实现 UART 使用 DMA 接收数据：

① 使能接收器 DMA(RXDMAEN@UART_MCON＝1)；

② 在 DMA 控制寄存器上将 UART_RXBUF 寄存器地址配置成 DMA 传输的源地址；

③ 在 DMA 控制寄存器上将内存地址配置成 DMA 传输的目标地址；

④ 在 DMA 控制寄存器中配置要传输的总字节数；

⑤ 在 DMA 控制寄存器上配置通道优先级；

⑥ 根据应用程序的要求,配置在传输完成一半还是全部完成时产生 DMA 中断；

⑦ 在 DMA 控制寄存器上激活该通道。

另外,使用 DMA 传输 UART 数据时,还需在 DMA 通道上选择对应的复用功能,具体配置如下：

(1) 输入源选择

➢ MSEL@DMA_CHx_SELCON＝001000,DMA 输入源选择 UART0；

➢ MSEL@DMA_CHx_SELCON＝001001,DMA 输入源选择 UART1；

➢ MSEL@DMA_CHx_SELCON＝001010,DMA 输入源选择 UART2；

➢ MSEL@DMA_CHx_SELCON＝001011,DMA 输入源选择 UART3；

➢ MSEL@DMA_CHx_SELCON＝001100,DMA 输入源选择 UART4；

➢ MSEL@DMA_CHx_SELCON＝001101,DMA 输入源选择 UART5。

(2) 申请信号

➢ MSEL＝001000、001001、001010 或 001011 时(输入源选择 UART0、UART1、UART2、UART3)：

- MSIGSEL@DMA_CHx_SELCON＝0000,发送保持寄存器空申请；
- MSIGSEL@DMA_CHx_SELCON＝0001,接收可用数据申请。

➢ MSEL＝001100、001101 时(输入源选择 UART4、UART5)：
- MSIGSEL@DMA_CHx_SELCON＝0000，接收可用数据申请；
- MSIGSEL@DMA_CHx_SELCON＝0001，发送保持寄存器空申请。

3. 程序设计示例

UART 收发数据时，通过 DMA 转存，接收固定长度数据后，将数据原封不动地发出。

(1) 使用 MD 库设计程序

使用 DMA 传输 RX 端数据时，在 UART 配置函数 uart_init 中使能接收 DMA 功能 md_uart_enable_rxdma。按照函数 md_dma_config_base 的参数配置 DMA 基本属性，DMA 源地址 config. src 需配置为 UART RX 数据寄存器地址 &UART0->RXBUF，目标地址配置为定义的数组 UART_RxBuffer，DMA 输入源 config. msel 选择 MD_DMA_MSEL_UART0，DMA 申请信号 config. msigsel 选择接收缓冲器空 MD_DMA_MSIGSEL_UART_RNR。

使用 MD 库实现 DMA 转存 UART 数据的具体代码请参考：ES32_SDK\Projects\Book1_Example\UART\MD\06_send_recv_dma。

(2) 使用 ALD 库设计程序

ALD 库将 DMA 接收到的 RX 端数据进行高度封装，函数 ald_uart_recv_by_dma 包含该程序所需 DMA 配置以及 UART 与 DMA 的互联操作。该函数的 4 个参数分别代表外设、DMA 目标地址、DMA 传输数量和 DMA 通道。

使用 ALD 库实现 DMA 转存 UART 数据的具体代码请参考：ES32_SDK\Projects\Book1_Example\UART\ALD\06_send_recv_dma。

(3) 实验步骤和效果

实验步骤如下：

① 编译工程，编译通过后将程序下载到目标芯片；

② 将程序配置的 TX/RX 对应的引脚分别连接至 ESBridge 的 RX/TX；

③ ESBridge 通过 USB 线缆连接 PC，打开上位机软件，在“设备操作”选项中选择“打开”；

④ 上位机切换到 UART 标签页，按照程序同步配置波特率等参数，打开串口；

⑤ 复位芯片或在线调试，运行程序；

⑥ 在上位机 UART 发送框中输入 32 字节数据，单击“发送”按钮，若接收框打印发送的字符串，则实验成功。

DMA 转存 UART 数据实验效果如图 15－22 所示。

注意：

① 该示例通过数据长度判断接收是否完成，上位机发送的有效数据长度必须为 32 字节；

② 测试板与 ESBridge 需共 GND。

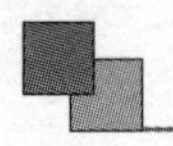

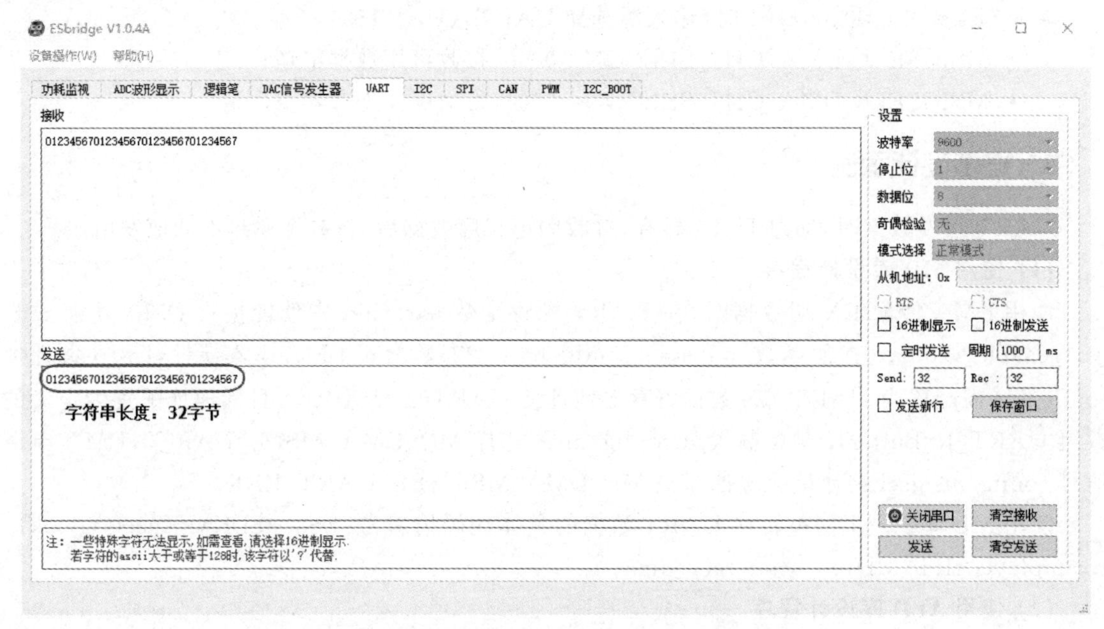

图 15-22 DMA 转存 UART 数据实验效果

15.3.9 外设互联

1. UART 的信号方式和 PIS 通道

UART 可通过 PIS 与片上其他外设互联，表 15-3 和表 15-4 分别为 UART 作为生产端和消费端的信号方式(UART 位为 APB1，所以表中情况皆不支持异步时钟)。

表 15-3 UART 作生产端信号方式

UART 作 PIS 生产端信号	输出形式	适用范围
发送空状态中断	脉冲	UART0/1/2/3/4/5
接收数据中断	脉冲	UART0/1/2/3/4/5
IrDA 解码器输出	电平	UART0/1/2/3
RTS 输出	电平	UART0/1/2/3
TX 输出	电平	UART0/1/2/3/4/5

表 15-4 UART 作消费端信号方式

UART 作 PIS 消费端信号	输入形式	适用范围
RX 输入	电平	UART0/1/2/3/4/5
IrDA 编码器输入	电平	UART0/1/2/3/4/5

作为消费端，UART 有固定的 PIS 通道，如表 15-5 所列。

表 15-5　UART 对应的 PIS 通道

外　设	消费端	源通道	对应寄存器
UART0	RX 输入或 IrDA 编码器输入	PIS 通道 9	UART0_RXD_SEL@PIS_TAR_CON1
UART1	RX 输入或 IrDA 编码器输入	PIS 通道 10	UART1_RXD_SEL@PIS_TAR_CON1
UART2	RX 输入或 IrDA 编码器输入	PIS 通道 11	UART2_RXD_SEL@PIS_TAR_CON1
UART3	RX 输入或 IrDA 编码器输入	PIS 通道 12	UART3_RXD_SEL@PIS_TAR_CON1
UART4	RX 输入	PIS 通道 13	UART4_RXD_SEL@PIS_TAR_CON1
UART5	RX 输入	PIS 通道 14	UART5_RXD_SEL@PIS_TAR_CON1

2. UART 输出调制

UART 支持输出调制功能。通过 PIS，利用定时器 PWM 波或 BUZ 信号对 UART 的 TX 数据调制后发送到端口。调制方式如图 15-23 所示。

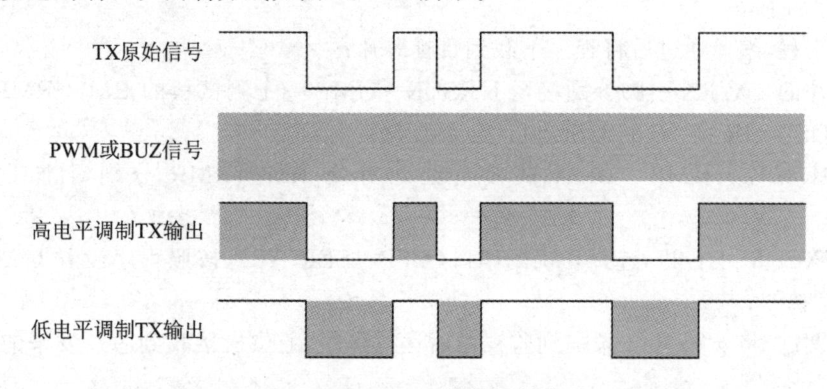

图 15-23　UART 输出调制波形

以 AD16C4T0 调制 UART0 为例，UART 输出调制配置步骤如下：

① 选择 AD16C4T0 作为调制源(TXMSS@PIS_UART0_TXMCR=1)；

② 选择 AD16C4T0 通道 1 输出作为调制信号(TXSIGS@PIS_UART0_TXMCR=0)；

③ 选择调制电平(TXMLVLS@PIS_UART0_TXMCR)；

④ 配置 AD16C4T0 进行计数(参考 10.6 节)；

⑤ 配置 UART0，发送数据(参考本章数据收发示例)。

3. 程序设计示例

UART 输出调制程序中，利用定时器 PWM 波对 UART 的 TX 调制后发送到端口，经红外收发模块传输到 PC 串口，由上位机打印显示。

(1) 使用 MD 库设计程序

在 UART 收发程序的基础上增加 PWM 输出调制功能。该功能在 PIS 外设中设置，具体操作函数如下：

md_pis_set_uart1_mod_src 配置 TX 调制源选择；

md_pis_set_uart1_mod_tim_channel 配置 TX 调制信号选择；

md_pis_set_uart1_tx_mod_high/md_pis_set_uart1_tx_mod_low 配置 TX 调制电平选择。

函数 timer_init 配置用于输出 PWM 的 Timer。为了稳定传输调制信号，Timer 频率配置为 38 kHz，UART 波特率不得高于 2 400 bps。

使用 MD 库实现 UART 输出调制的具体代码请参考例程：ES32_SDK\Projects\Book1_Example\UART\MD\07_pwm_modulation。

(2) 使用 ALD 库设计程序

使用 ALD 库实现 UART 输出调制的方法与使用 MD 库类似，具体代码请参考例程：ES32_SDK\Projects\Book1_Example\UART\ALD\07_pwm_modulation。

(3) 实验步骤和效果

实验步骤如下：

① 编译工程，编译通过后将程序下载到目标芯片；

② 将芯片的 TX/RX 引脚分别接至 HRSDK - GMB - 01 测试板的 RMT/RMR，USB 转红外串口工具 USB - IR 接 PC 的 USB 口；

③ 将 HRSDK - GMB - 01 测试板上红外对管 RMT/RMR 分别对准 USB - IR 的 RMR/RMT；

④ 打开 XCOM 上位机，选择正确的串口(USB - SERIAL)，按照程序设置 UART 参数，单击“打开串口”按钮；

⑤ 在线调试，将 g_rx_buf 添加到监视窗后运行程序，上位机接收到芯片发来的字符串并打印在接收框；

⑥ 在上位机发送框中输入字符串，单击“发送”按钮，g_rx_buf 接收到字符串。

发送数据时，TX 引脚输出的调制波形如图 15 - 24 所示。

TX 引脚接红外发送模块，PC 串口接红外接收模块，运行程序后，上位机接收到 UART 发送的字符串，实验效果如图 15 - 25 所示。

类似地，PC 串口接红外发送模块，RX 引脚接红外接收模块，上位机发送字符后，UART 接收效果如图 15 - 26 所示。

注意：

① 需要给 HRSDK - GMB - 01 板供电(3.3 V)，并与 ES - PDS - ES32F369x 共 GND；

② 波特率设置勿超过 2 400 bps；

③ 同一组红外对管应互相错开，避免自发自收。

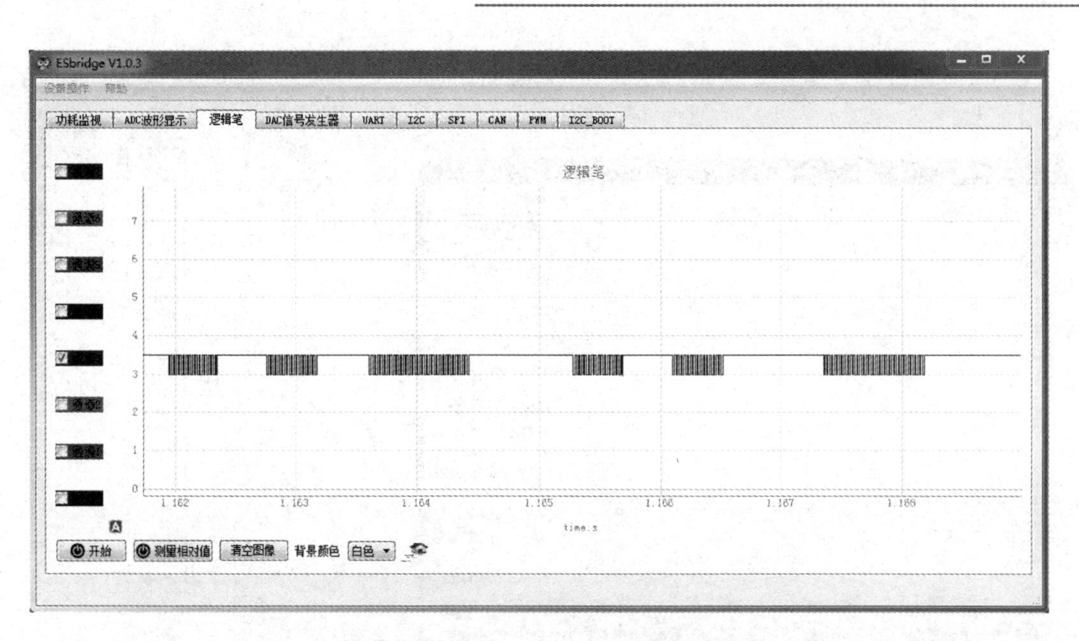

图 15－24　TX 引脚输出的调制波形

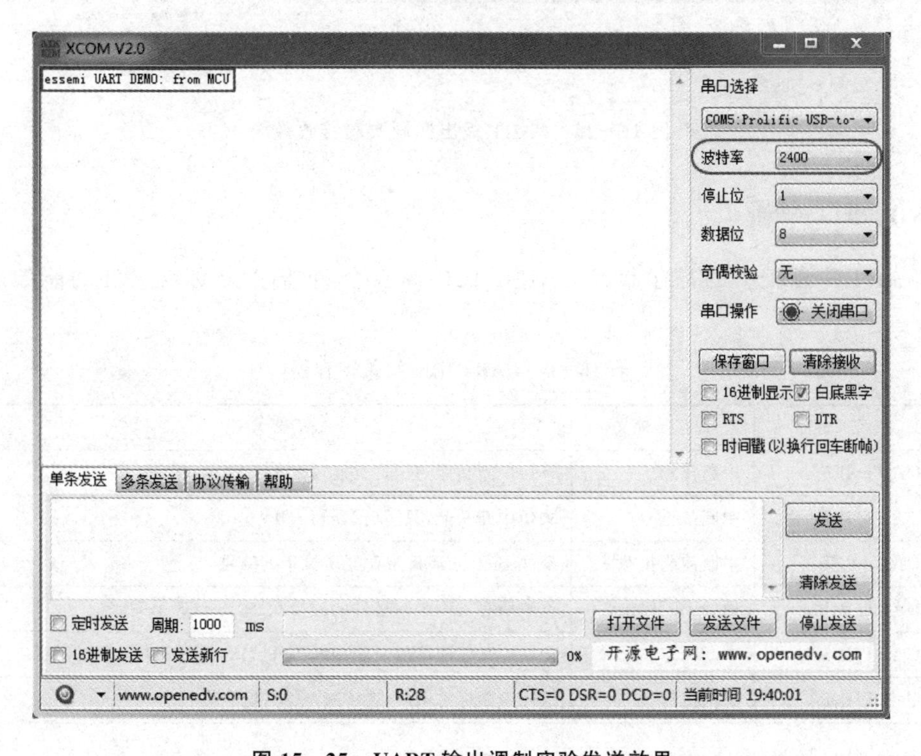

图 15－25　UART 输出调制实验发送效果

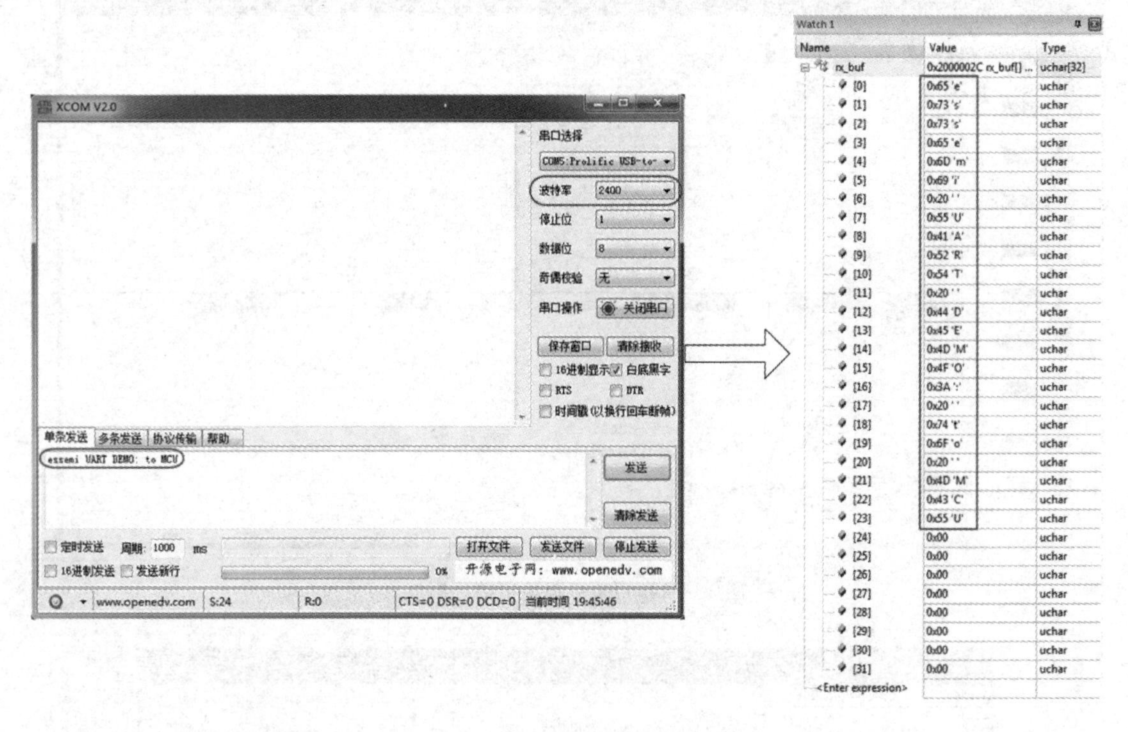

图 15-26　UART 输出调制实验接收效果

15.3.10　中　断

与 UART 中断相关的寄存器有 UART_IER 等 6 个，它们的具体含义和功能如表 15-6 所列。

表 15-6　UART 中断相关寄存器

寄存器名称	寄存器含义	寄存器功能
UART_IER	中断使能	开启中断功能，只写(仅能写入 1)
UART_IDR	中断禁止	关闭中断功能，只写(仅能写入 1)
UART_IVS	中断使能状态	反映 IER 与 IDR 寄存器所设定的结果
UART_RIF	原始中断标志	反映所有发生中断事件的原始状态(与 IVS 无关)
UART_IFM	中断标志	记录中断使能位所发生中断事件、IVS 和 RIF 与运算的结果
UART_ICR	中断清除	清除中断标志 RIF 与 IFM，只写(仅能写入 1)

UART 中断事件及其标志位如表 15-7 所列。

表 15-7　UART 中断事件及其标志位

中断事件	中断标志位	中断事件	中断标志位
接收器字节格式错误	RXBERR	接收器 FIFO 触发阈值	RFTH
自动波特率检测结束	ABEND	接收器 FIFO 满	RFFULL
自动波特率检测超时	ABTO	接收器 FIFO 溢出	RFOERR
CTSn 引脚电平改变	DCTS	接收器 FIFO 下溢	RFUERR
接收超时	RXTO	发送器字节完成	TBC
地址匹配	ADDRM	发送器 FIFO 触发阈值	TFTH
LIN 断开检测	LINBK	发送 FIFO 空	TFEMPTY
块结束	EOB	发送 FIFO 溢出	TFOVER
噪声位检测	NOISE		

15.4　应用系统实例

15.4.1　使用 UART 读取 Flash 数据

自定义通信协议，使用 UART 读取 Flash 数据，采用接收超时机制检测命令码帧间隔。通信协议如图 15-27 所示。

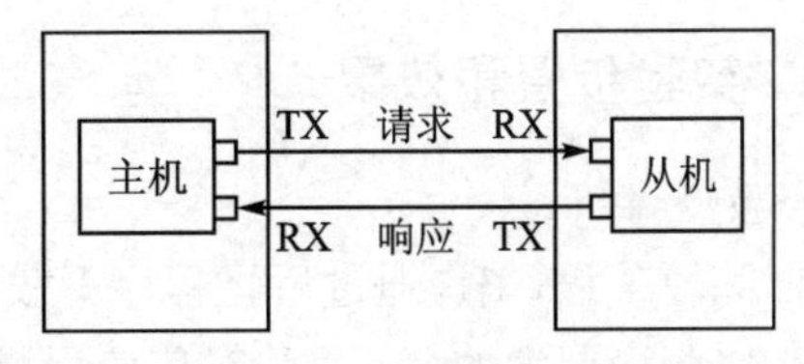

图 15-27　自定义 UART 读取 Flash 通信协议

(1) 协议格式

所有指令都以十六进制 HEX 码形式发送。请求指令以 55 和 AA 开始；AA 后紧接着的 1 字节是指令长度；接下来是需要读取 Flash 地址，共 4 字节；然后为 1 字节数据长度；最后以 66 和 BB 结尾。响应指令建立在请求指令的基础上，在数据长度位和帧结尾之间插入读取的 Flash 数据，数据位数随数据长度变化。

注意：为避免程序错乱，指令长度、数据地址、数据长度均不采用 55、AA、66、BB。

(2) 指令数据流举例

请求指令：55 AA XX(指令长度) YY YY YY YY(数据地址) ZZ(数据长度) 66 BB。

响应指令：55 AA XX(指令长度) YY YY YY YY(数据地址) ZZ(数据长度) DD…DD(数据) 66 BB。

15.4.2 程序设计示例

1. 使用 MD 库设计程序

定义全局变量数组 g_tx_buf 和 g_rx_buf 以存储发送端和接收端数据，g_data_addr 和 g_data_len 定义 Flash 数据起始地址和长度，g_frame_flag 定义接收帧有效标志。UART 支持接收超时检测，所以本程序采用该机制判断帧间隔，触发接收器超时中断便置位 g_frame_flag。UART 通过 RX 端接收到有效的请求指令后，对其进行处理，提取 Flash 起始地址和数据长度；使用函数 memcpy 读取地址和长度对应的 Flash 数据，存入数组 data_buf；按照响应指令格式生成响应指令码，并通过 TX 端将其发回给上位机。

使用 MD 库实现 UART 读取 Flash 数据的具体代码请参考例程：ES32_SDK\Projects\Book1_Example\UART\MD\08_flash_read。

2. 使用 ALD 库设计程序

ALD 库中断函数已做封装，接收帧有效标志 g_frame_flag 在接收完成回调函数中置位，其他逻辑同 MD 程序一样。

使用 ALD 库实现 UART 读取 Flash 数据的具体代码请参考例程：ES32_SDK\Projects\Book1_Example\UART\ALD\08_flash_read。

3. 实验步骤和效果

实验步骤如下：

① 编译工程，编译通过后将程序下载到目标芯片；

② 将程序配置的 TX/RX 对应的引脚分别连接至 ESBridge 的 RX/TX；

③ ESBridge 通过 USB 线缆连接 PC，打开上位机软件，在“设备操作”选项中选择“打开”；

④ 上位机切换到 UART 标签页，按照程序同步配置波特率等参数，打开串口；

⑤ 在线调试，打开 Keil 的 Memory Window，运行程序；

⑥ 上位机发送指令“55 AA __ __ __ __ __ __ 66 BB”，第 3 字节为指令长度，第 4～7 字节为 Flash 地址，第 8 字节为数据长度；

⑦ UART 返回指定地址的数据，并在上位机接收框中打印，数据为第 9 字节到倒数第 3 字节。

UART 读取 Flash 数据实验效果如图 15 - 28 所示。

注意：

① 该示例自定义协议，上位机发送的指令必须按照规定格式填充；

② 为避免程序错乱，指令长度、数据地址、数据长度均不应采用 55、AA、66、BB；

③ 测试板与 ESBridge 需共 GND。

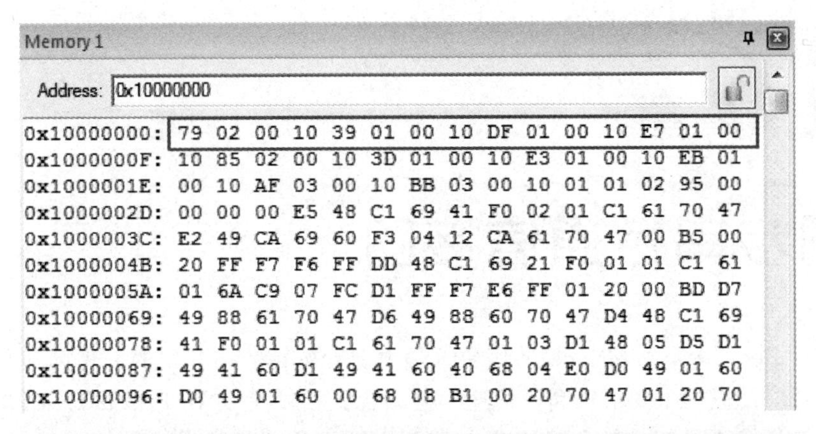

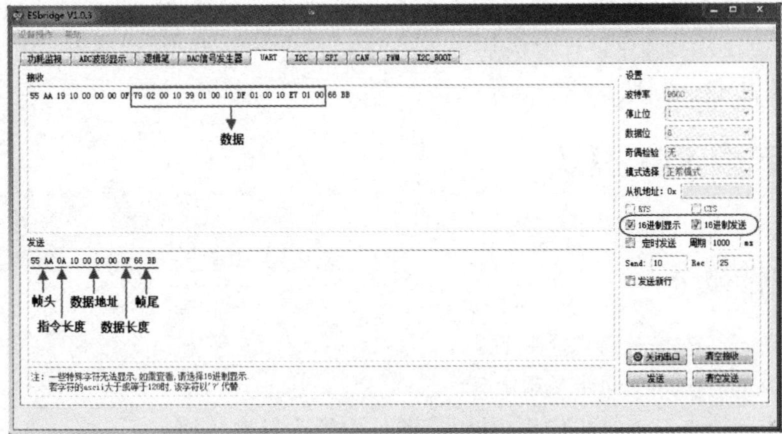

图 15 - 28　UART 读取 Flash 数据实验效果

第16章

SPI 同步串行通信接口

SPI(Serial Peripheral Interface)通信协议是由摩托罗拉公司开发的一种高速全双工通信总线协议,现今被广泛应用于要求较高通信速率的场合。相较于 UART 和 I2C,SPI 的优势是速度更快,缺点是信号线更多。本章介绍的基本型 SPI 模块及其程序设计示例基于 ES32H040x 平台,增强型 SPI 模块及其程序设计示例基于 ES32F369x 平台。其中,增强型 SPI 模块同时适用于音频数据传输的 I2S 总线。

16.1 基本型 SPI 模块

16.1.1 特性概述

ES32H040x SPI 模块具有以下特性:

- 基于四线制的全双工同步传输;
- 基于三线制的半双工同步传输,其中一条可配置为双向传输;
- 可选 8 位或 16 位数据帧格式;
- 可选主机/从机模式;
- 支持多主模式;
- 可编程的时钟极性和相位;
- 可选 8 级主模式波特率预分频(最大值为 $f_{pclk}/2$);
- 可选从模式频率(最大值为 $f_{pclk}/2$);
- 主机/从机模式均支持快速通信;
- 主机/从机模式均支持硬软件 NSS 控制,可动态切换主机/从机模式;
- 可编程数据串行传输顺序,可选 MSB 或 LSB 最先移位;
- 内置硬件 CRC 功能,用于校验数据传输的完整性和可靠性;
- 具有 DMA 功能的一字节发送和接收缓冲器,可产生发送和接收请求;
- 具有专用的状态标志位,中断使能时可触发中断;
- 模式错误、溢出错误和 CRC 校验错误在中断使能时均可触发中断。

16.1.2　功能解析

ES32H040x SPI模块支持微控制器与外部器件通信连接后进行全双工或半双工的同步串行数据传输。同步是指数据收发过程必须受时钟信号同步控制，时钟线上无有效时钟电平时，数据线禁止收发。串行表明接口每次仅收发一位数据，默认状态下高位在前、低位在后。

当该接口配置为主机模式时，可为外部从机提供同步时钟，控制主从间的数据传输；当配置为从机模式时，接收外部主机提供的同步时钟，在其控制下进行数据传输；此外，还可配置为多主模式。

半双工通信可选单线双向和双线单向两种模式。相较于全双工通信的同一时刻可收可发，单双工通信在同一时刻只收或只发。

为提高数据传输的完整性和可靠性，SPI模块内置硬件CRC功能，可在数据传输完毕发送或接收CRC校验码。同时，SPI模块可结合DMA进行数据传输，以减小CPU的外设负荷。

以下将基于ES32H040x对ES32 SPI模块各功能模块作详细说明。

16.1.2.1　逻辑视图

ES32H040x SPI模块逻辑视图如图16－1所示。

16.1.2.2　总线协议和引脚说明

SPI是一种同步串行全双工通信总线，通过4个引脚与外部器件连接，具体引脚功能如表16－1所列。

表16－1　基本型SPI引脚功能

引　脚	输入/输出	说　明
NSS	主机任意，从机接收	片选线
SCK	主机发送，从机接收	时钟线
MISO	主机接收，从机发送	主机接收，从机发送数据线
MOSI	主机发送，从机接收	主机发送，从机接收数据线

SPI通信过程中，主机与从机间4个引脚一一对应、相互连接。通过这种方式，主机与从机间以串行方式传输数据，默认状态下高位在前、低位在后。时钟信号由主机通过SCK引脚提供给从机，即通信始终由主机发起、受主机控制。数据传输过程中，当主机通过MOSI引脚向从机发送数据时，从机同时通过MISO引脚向主机发送数据。

NSS引脚用于从机选择，可让主机和选定的从机单独建立通信，从而避免多个从机对数据线的竞争，提高通信效率。从机硬件片选时，NSS引脚必须配置为输入模式，并且可由主机任一GPIO端口驱动。当从机NSS引脚输入低电平时，表示从机被选中与外部主机进行通信。主机硬件片选时，NSS引脚必须配置为输出模式。在主机NSS引脚配置为输出低电平且外部从机配

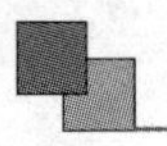

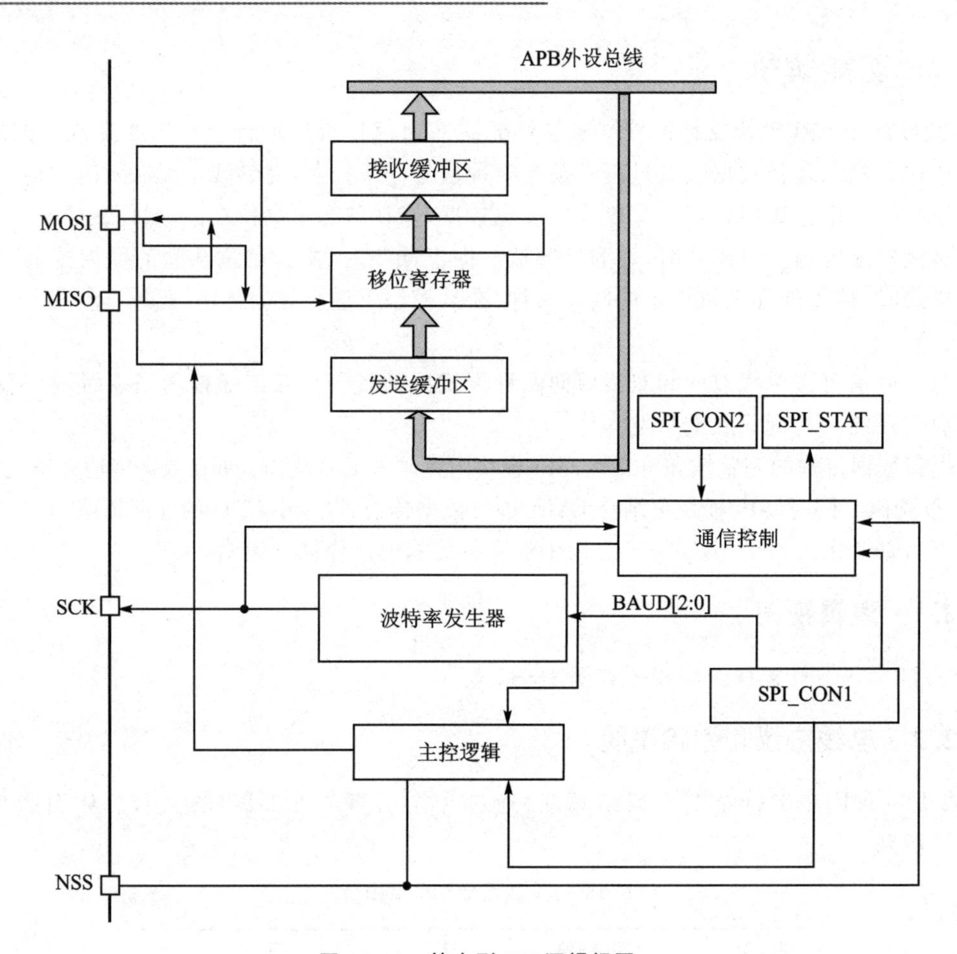

图 16-1 基本型 SPI 逻辑视图

置为 NSS 硬件片选时，所有连接到主机 NSS 引脚的外部从机 NSS 引脚都将被拉至低电平，并因此而被选中与主机建立通信。在主机模式下，如果 NSS 引脚配置为输入模式且被拉至低电平，MODERR@SPI_DATAY 将硬件置 1，SPI 进入模式错误状态，随后 MSTREN@SPI_CON1 自动复位，SPI 重新配置为从机模式。

NSS 引脚管理主要涉及以下寄存器：SSEN@SPI_CON1（软件控制从器件使能）、SSOUT@SPI_CON1（软件控制片选引脚输出）和 NSSOE@SPI_CON2（片选引脚输出使能）。

图 16-2 给出了单主机和单从机互联的基本示例。

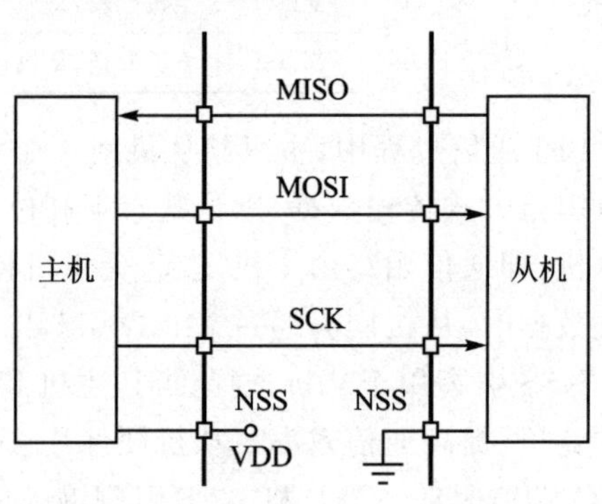

图 16-2 基本型 SPI 主从机硬件连接

16.1.2.3　从机模式片选管理

从机模式片选管理决定从机以哪种方式被选中与外部主机进行同步串行通信(一种是软件控制选中,另一种是硬件控制选中)。SPI 支持从机软件片选管理和硬件片选管理。

(1) 软件片选管理

片选信号由寄存器控制,通过管理此寄存器的状态,可以实现自主控制是否响应主机的连接请求。在此方法下,NSS 引脚可以释放为其他功能引脚。

软件片选主要涉及以下寄存器:

➢ SSEN@SPI_CON1:当 SSEN 位置 1 时,NSS 引脚输入替换为 SSOUT 位的值。

➢ SSOUT@SPI_CON1:仅当 SSEN 位置 1 时,此位才有效。此位的值将作用到 NSS 引脚上,并忽略 NSS 引脚的 I/O 值。

使用 MD 库演示软件片选管理方法:

```
md_spi_enable_control_slave(SPI1);     /* 使能 SPI1 从机软件片选管理 */
md_spi_enable_ss_output_low(SPI1);     /* SPI1 软件使能选中 */
md_spi_enable_ss_output_high(SPI1);    /* SPI1 软件取消选中 */
```

基本型 SPI 软件片选时从机引脚的连接如图 16-3 所示。

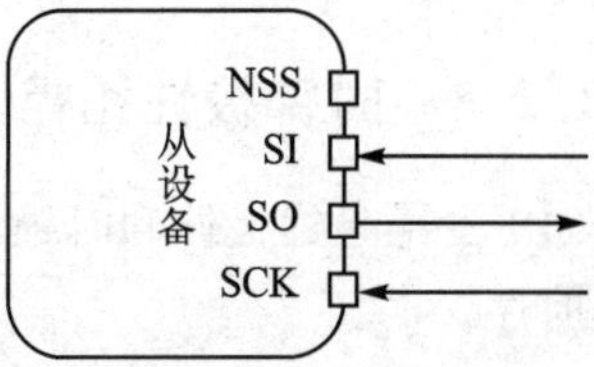

图 16-3　基本型 SPI 软件片选时从机引脚的连接

(2) 硬件片选管理

片选信号由引脚外部电平控制:当外部 NSS 引脚为低电平时,SPI 从机被选中;当外部 NSS 引脚为高电平时,SPI 从机取消选中。

硬件片选配置如下:

➢ SSEN@SPI_CON1=0;

➢ NSS 引脚配置为 SPI 片选复用功能。

基本型 SPI 硬件片选时从机引脚的连接如图 16-4 所示。

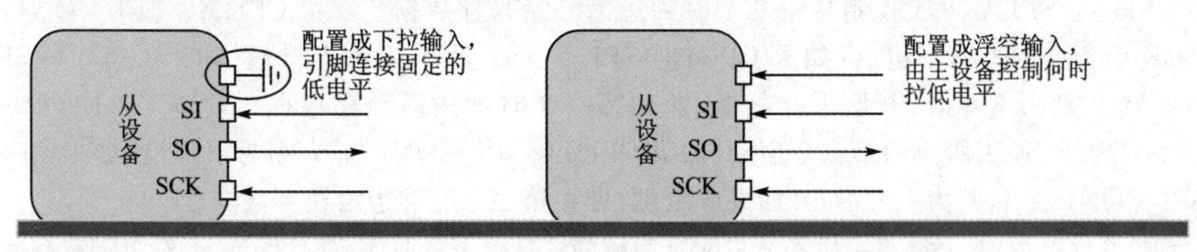

图 16-4　基本型 SPI 硬件片选时从机引脚的连接

16.1.2.4　主机模式片选管理

主机有两种方式发出片选信号:一种是软件控制发出,另一种是硬件自动发出。ES32 SPI

支持主机软件片选管理和硬件片选管理。

(1) 主机软件片选管理

主机软件片选管理是指主机片选信号为普通 I/O(可使用多个)推挽输出模式,在发送或接收数据前,将片选引脚软件拉低,通信结束后再将片选引脚拉高。

软件片选配置如下:

➢ NSSOE@SPI_CON2=0。

➢ 将片选引脚配置为普通 I/O 推挽输出。

(2) 主机硬件片选管理

主机硬件片选管理是指主机在发送或接收数据之前,自动将片选信号拉低,直到 SPI 关闭。此模式无法支持多从机模型,因为只有一根片选线,且一旦进行片选,必须关闭 SPI 才能取消片选。

硬件片选配置如下:

➢ NSSOE@SPI_CON2=1。

➢ NSS 引脚配置为 SPI 片选复用功能。

使用 MD 库演示硬件片选方法:

```
md_spi_enable_nss_output_multi_host(SPI1);    //使能主机硬件片选管理
```

16.1.2.5 时钟极性和相位

SPI 支持时钟极性和时钟相位可编程,不同的时钟极性和相位组合可形成 4 种不同的数据采样时序。

时钟极性和时钟边沿配置主要涉及以下寄存器:CPOL@SPI_CON1(时钟极性控制)和 CPHA@SPI_CON1(时钟相位控制)。

CPOL@SPI_CON1 控制空闲状态时 SCK 引脚的电平状态,此位对主机和从机都会产生影响。复位 CPOL@SPI_CON1,则 SCK 引脚在空闲状态时处于低电平;置位 CPOL@SPI_CON1,则 SCK 引脚在空闲状态时处于高电平。

CPHA@SPI_CON1 控制从第几个时钟边沿开始采样数据。复位 CPHA@SPI_CON1,则从 SCK 引脚上的第一个边沿(如果 CPOL@SPI_CON1 置 0,则为上升沿;如果 CPOL@SPI_CON1 置 1,则为下降沿)开始采样数据,即在第一个时钟边沿锁存数据。置位 CPHA@SPI_CON1,则从 SCK 引脚上的第二个边沿(如果 CPOL@SPI_CON1 置 0,则为下降沿;如果 CPOL@SPI_CON1 置 1,则为上升沿)开始采样数据,即在第二个时钟边沿锁存数据。

SPI 通信过程中,必须将主机和从机配置为相同的数据采样时序,并且保证 SCK 引脚在空闲状态下的电平与 CPOL@SPI_CON1 配置的极性相对应(只有这样,才能保证数据传输正常)。

SPI 数据采样时序表如表 16-2 所列,时序图如图 16-5 所示。

表 16－2　基本型 SPI 采样时序表

SPI 时序控制	CPOL@SPI_CON1＝0	CPOL@SPI_CON1＝1
CPHA@SPI_CON1＝0	空闲状态低电平，第一个时钟沿开始采样	空闲状态高电平，第一个时钟沿开始采样
CPHA@SPI_CON1＝1	空闲状态低电平，第二个时钟沿开始采样	空闲状态高电平，第二个时钟沿开始采样

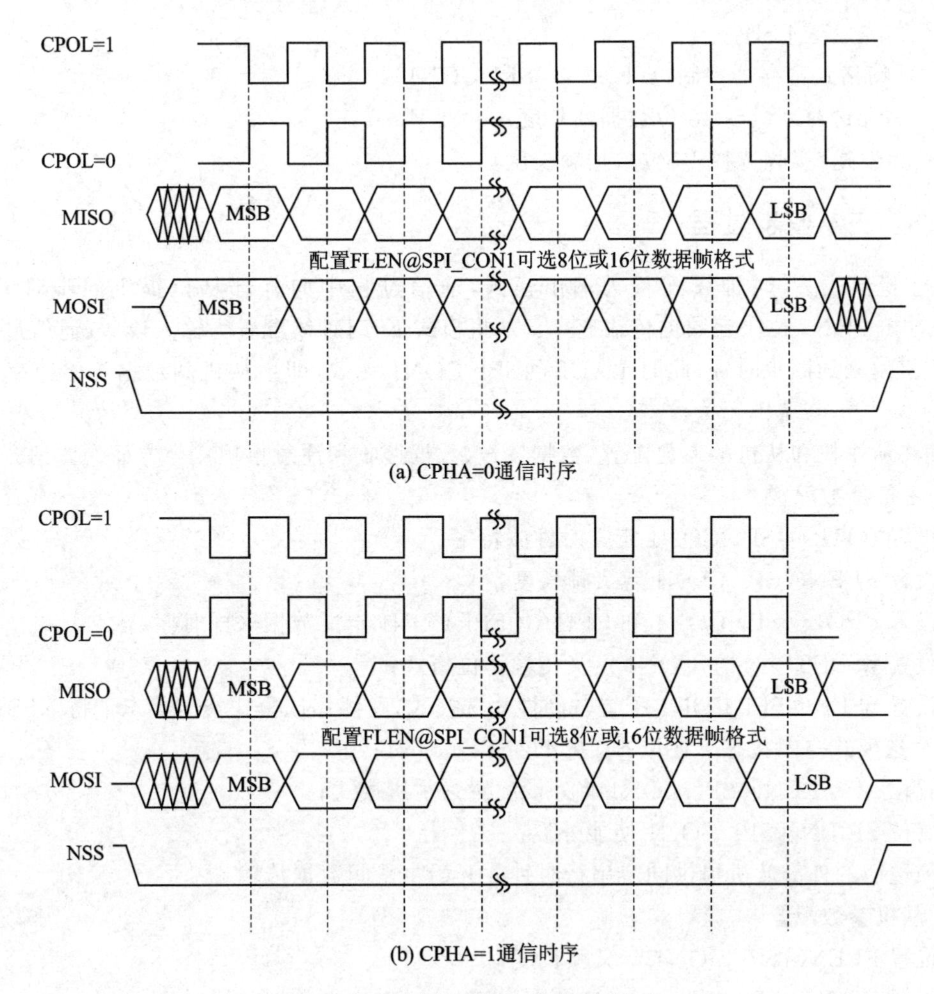

图 16－5　基本型 SPI 采样时序图

16.1.2.6　时钟波特率

SPI 的通信时钟由主机发出，所以主机决定 SPI 时钟波特率。波特率寄存器控制位为 BAUD@SPI_CON1。SPI 外设时钟挂在 APB1 上，波特率由 APB1 时钟频率和 BAUD@SPI_CON1 决定。

注意:SPI 从模式无需配置波特率。

16.1.2.7 数据格式

➢ 移位方向寄存器控制位(LSBFST@SPI_CON1):
- 0:先发送 MSB;
- 1:先发送 LSB。

➢ 数据帧格式寄存器控制位(FLEN@SPI_CON1):
- 0:发送/接收选择 8 位数据帧长度;
- 1:发送/接收选择 16 位数据帧长度。

16.1.2.8 主从收发过程

SPI 主机模式下,时钟线配置为输出模式,通信过程中向外部从机提供同步时钟,此时 BAUD@SPI_CON1 位决定数据传输速率。从机模式下,时钟线配置为输入模式,通信过程中接收外部主机发来的同步时钟,此时 BAUD@SPI_CON1 无效,即主从机间数据传输速率取决于主机波特率配置,与从机无关。

下面将从主机和从机的参数配置、数据发送、数据接收和注意事项 4 个方面作详细介绍。

(1) 主机参数配置

① 设置 BAUD@SPI_CON1 定义时钟波特率;

② 设置 FLEN@SPI_CON1 定义帧长度;

③ 设置 CPOL@SPI_CON1 和 CPHA@SPI_CON1 定义数据采样时序;

④ 设置 LSBFST@SPI_CON1 定义传输移位格式;

⑤ 设置 SSEN@SPI_CON1 配置软硬件片选模式,硬件片选模式空闲状态下将 NSS 引脚拉高,软件片选模式空闲状态下置位 SSOUT@SPI_CON1;

⑥ 置位 MSTREN@SPI_CON1 将外设配置为主机模式;

⑦ 置位 SPIEN@SPI_CON1 使能外设;

⑧ 向选中的外部从机提供同步串行时钟并开始主从间数据传输。

(2) 从机参数配置

① 设置 FLEN@SPI_CON1 定义帧长度;

② 设置 CPOL@SPI_CON1 和 CPHA@SPI_CON1 定义数据采样时序;

③ 设置 LSBFST@SPI_CON1 定义传输移位格式;

④ 设置 SSEN@SPI_CON1 配置软硬件片选模式,硬件片选模式下 NSS 引脚电平状态随 NSS 总线电平变化,软件片选模式下配置 SSOUT@SPI_CON1 实现片选功能;

⑤ 复位 MSTREN@SPI_CON1 将外设配置为从机模式;

⑥ 置位 SPIEN@SPI_CON1 使能外设;

⑦ 片选成功且收到外部主机发来的同步串行时钟后,开始主从间数据传输。

(3) 主机数据发送

① 对 SPI_DATA 寄存器执行写操作，将待发送数据并行装入发送缓冲区，之后会立即生成同步时钟并根据 LSBFST@SPI_CON1 具体配置发送首数据位，其他位则串行送至移位寄存器；

② 一帧数据传输完毕硬件置位 TXBE@SPI_STAT，中断使能时产生发送缓冲区为空中断。

(4) 从机数据发送

① 提前对 SPI_DATA 寄存器执行写操作，将待发送数据并行装入发送缓冲区，待收到外部主机发来的同步时钟后，根据 LSBFST@SPI_CON1 具体配置发送首数据位，其他位则串行送至移位寄存器；

② 一帧数据传输完毕硬件置位 TXBE@SPI_STAT，中断使能时产生发送缓冲空中断。

(5) 主从数据接收

① 接收满一帧后，数据从移位寄存器并行装入接收缓冲区，硬件置位 RXBNE@SPI_STAT，中断使能时产生接收缓冲区不空中断；

对 SPI_DATA 寄存器执行读操作，将返回接收缓冲区的值。

(6) 主从通信注意事项

① 在使能 SPI 进行主从间数据传输之前，必须将同步串行时钟在空闲模式下的电平设置为稳定状态；

② 主机向从机提供同步串行时钟之前，必须使能从机，并且将从机待发送数据装入发送缓冲区，待接收到主机发来的时钟信号时，数据逐位移出发送缓冲区；

③ 为保证主从间数据传输的连续性，可在 TXBE@SPI_STAT 硬件置位时向 SPI_DATA 寄存器写入下一帧待发送数据，此时上一帧数据还在移位寄存器和数据总线上发送。

16.1.2.9　全双工、半双工和单工通信时序

SPI 默认为全双工通信模式，即主从机在时钟信号同步下通过两条数据线同时进行数据发送和数据接收。

但在某些特殊应用场景下也可配置为半双工或单工通信模式。半双工通信通过一根时钟线和一根双向数据线实现主从数据收发。主机模式选择 MOSI，从机模式选择 MISO，即总是选择全双工的发送数据线作为单线双向的唯一数据线。单工模式下，通过一根时钟线和一根单向数据线实现主从数据收发，具体可配置为只发送或只接收两种模式。当配置为只发送模式时，仅在发送引脚上发送数据，不再接收数据；只接收模式与此类似，仅在接收引脚上接收数据，不再发送数据。

全双工、半双工和单工通信模式的通信方式如表 16－3 所列。

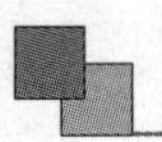

表 16-3　基本型 SPI 通信模式

通信模式	通信方式
全双工(BIDEN@SPI_CON1=0)	两条数据线,收发同时进行
半双工(BIDEN@SPI_CON1=1)	①全双工的发送线作为唯一数据线,主机选用 MOSI,从机选用 MISO;②BIDOEN@SPI_CON1=1 时为只发送模式,BIDOEN@SPI_CON1=0 时为只接收模式
单工(BIDEN@SPI_CON1=0)	①RXO@SPI_CON1=1 时为只接收模式,发送引脚未使能,主机模式下使能 SPI 后,无需发送数据即可向外部从机提供串行同步时钟;②RXO@SPI_CON1=0 时为只发送模式,工作模式和全双工类似,只是接收引脚可作 GPIO

(1) 全双工通信时序

BIDEN@SPICON1=0、RXO@SPI_CON1=0 时,SPI 处于全双工通信模式。就主/从设备而言,具体通信流程如下:

① 置位 SPIEN@SPI_CON1 使能 SPI;

② 将第一帧待发送数据写入 SPI_DATA 寄存器;

③ 待 TXBE@SPI_STAT 硬件置位后,将第二帧待发送数据写入 SPI_DATA 寄存器;

④ 待 RXBNE@SPI_STAT 硬件置位后,从 SPI_DATA 寄存器中读取第一帧已接收数据;

⑤ 重复步骤③和④,不断判别发送空和接收满标志,并在相关标志硬件置位后写入或读取 SPI_DATA 寄存器,直至收到倒数第二个数据;

⑥ 待 RXBNE@SPI_STAT 最后一次硬件置位后,读取最后一帧已接收数据;

⑦ 待 TXBE@SPI_STAT 最后一次硬件置位且 BUSY@SPI_STAT 复位后,关闭 SPI。

基本型 SPI 主/从机全双工时序如图 16-6 所示。

(2) 单工通信时序

① 只发送

单线只发送与全双工配置相同,只是省去接收引脚,数据接收寄存器仍然会接收到数据,但不必关心接收到的数据。就主从设备而言,具体通信流程如下:

(a) 置位 SPIEN@SPI_CON1 使能 SPI;

(b) 将第一帧待发送数据写入 SPI_DATA 寄存器;

(c) 待 TXBE@SPI_STAT 硬件置位后,将下一帧待发送数据写入 SPI_DATA 寄存器(可以使用中断方式);

(d) 重复步骤(c),循环判别发送空标志,并在发送空标志硬件置位后将新一帧待发送数据写入 SPI_DATA 寄存器,直至所有数据全部写入 SPI_DATA 寄存器;

(e) 待 TXBE@SPI_STAT 最后一次硬件置位且 BUSY@SPI_STAT 复位后,关闭 SPI。

基本型 SPI 主机只发送时序如图 16-7 所示。

基本型 SPI 从机只发送时序如图 16-8 所示。

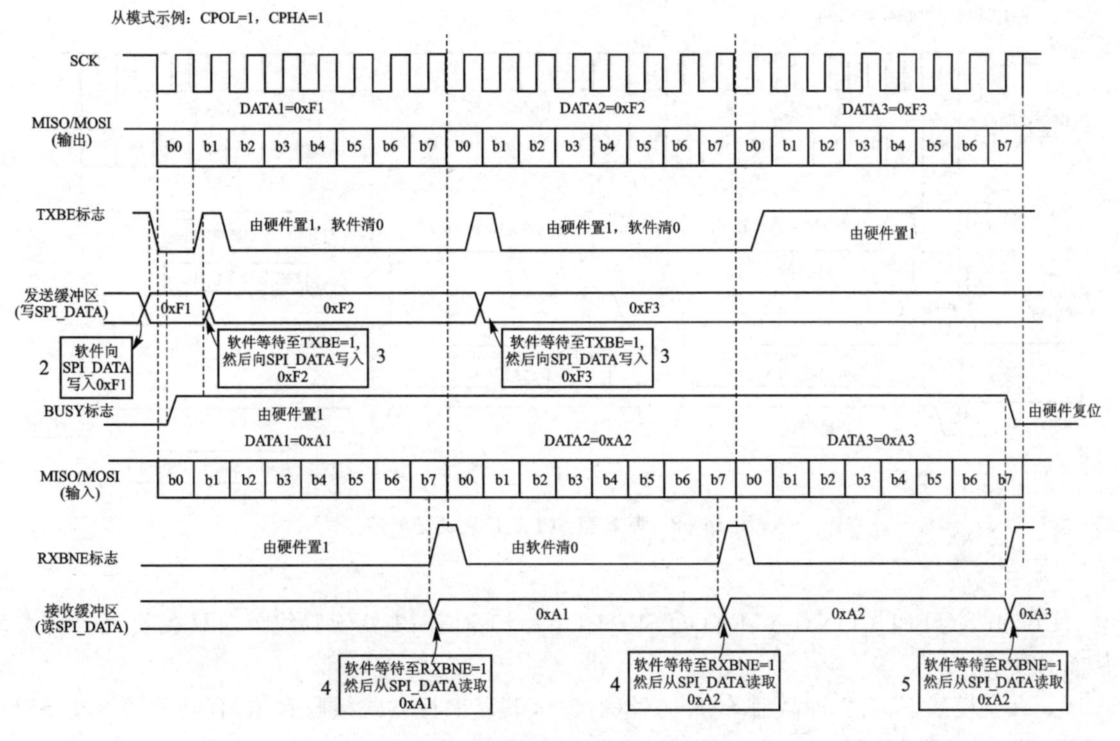

图 16－6　基本型 SPI 主/从机全双工时序

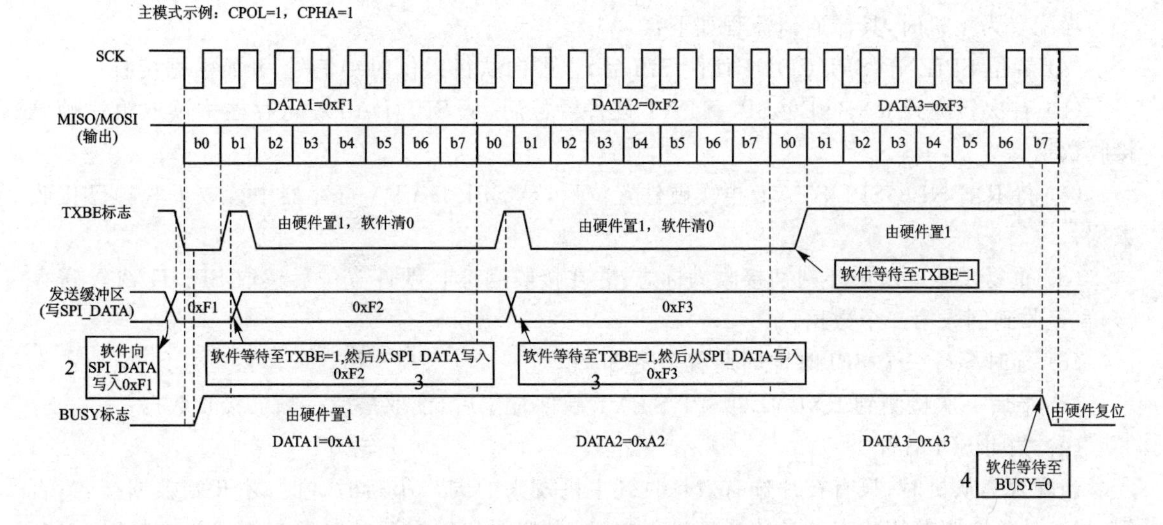

图 16－7　基本型 SPI 主机只发送时序

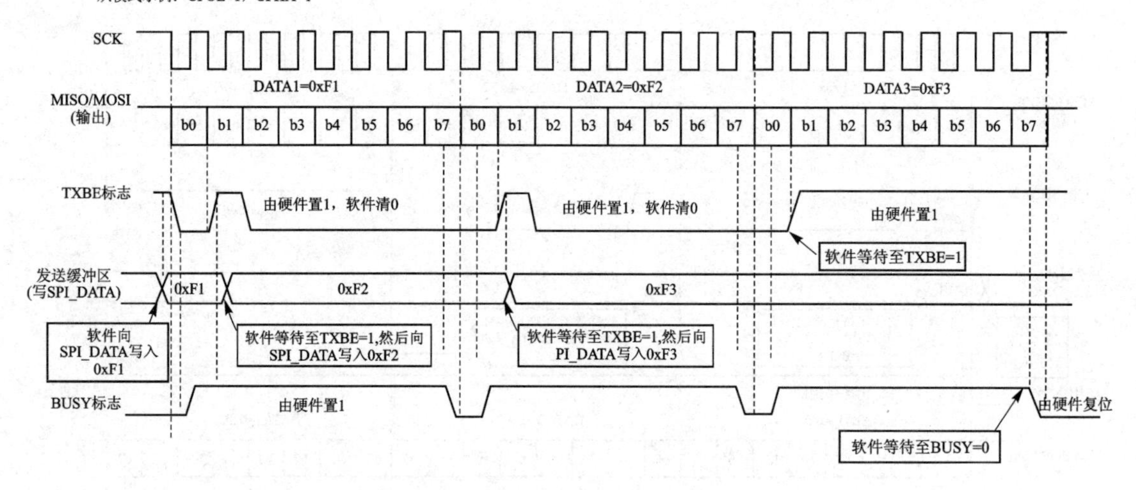

图 16－8　基本型 SPI 从机只发送时序

② 只接收

BIDOEN@SPI_CON1＝0、RXO@SPI_CON1＝1 时，SPI 处于双线单向只接收通信模式。使能 SPI 后：

➢ 在主模式下，会立即激活 SCK 时钟的产生，并以串行方式接收数据，直到关闭 SPI（SPIEN @SPI_CON1＝0）；

➢ 在从模式下，当 SPI 主机将从机的 NSS 驱动为低电平并输出 SCK 时钟时，接收数据。

当配置为主机时，具体通信流程如下：

(a) 置位 SPIEN@SPI_CON1 使能 SPI 后，立即向从机提供时钟信号，开始数据接收；

(b) 首次检测到 RXBNE@SPI_STAT 硬件置位后，从 SPI_DATA 寄存器中读取第一帧已接收数据；

(c) 待 RXBNE@SPI_STAT 再次硬件置位后，从 SPI_DATA 寄存器中读取下一帧已接收数据；

(d) 重复步骤(c)，循环判别接收满标志，并在接收满标志硬件置位后读取 SPI_DATA 寄存器，直至收到倒数第二个数据；

(e) 延时等待一个 SPI 时钟周期后关闭 SPI；

(f) 最后一次检测到 RXBNE@SPI_STAT 硬件置位后，读取最后一帧已接收数据；

(g) 关闭 SPI 时钟。

当配置为从机时，只有在片选有效且收到主机发来的同步串行时钟时，才开始数据接收；否则，一直处于空闲等待状态。具体通信过程中，标志判别和数据读取时序与配置为主机时一致。需要特别注意的是，从机在只接收模式下，任何时刻关闭 SPI 后，当前数据传输仍能正常完成。

基本型 SPI 只接收时序如图 16－9 所示。

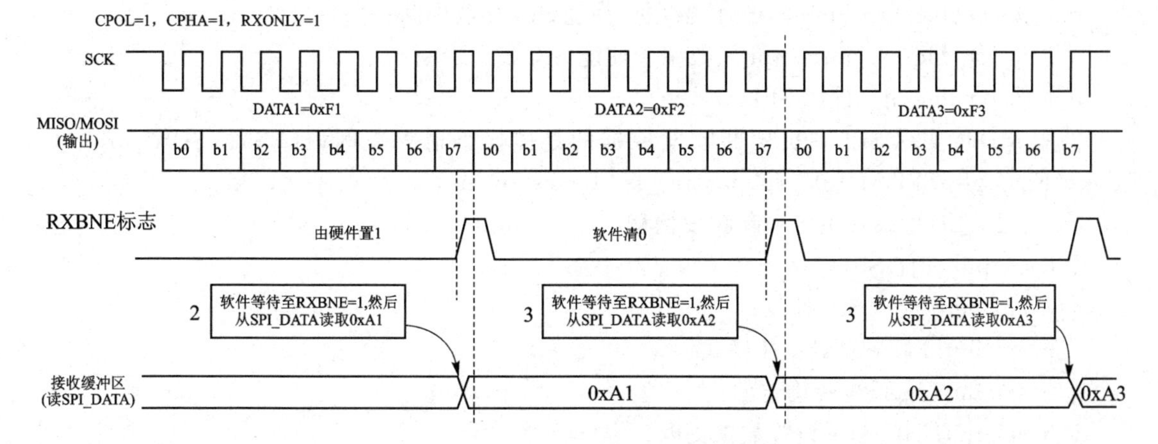

图 16－9　基本型 SPI 只接收时序

(3) 半双工通信时序

半双工是指在一条线上既可发送，又可接收。当 SPI 为主机时，使用 MOSI 线；当 SPI 为从机时，使用 MISO 线。发送模式与单工通信模式中只发送类似；接收模式与单工通信模式只接收类似。

寄存器配置如下：

➢ BIDEN@SPI_CON1＝1，RXO@SPI_CON1＝0；

➢ BIDOEN@SPI_CON1＝0 时只接收，BIDOEN@SPI_CON1＝1 时只发送。

通过设置 BIDOEN@SPI_CON1 的值，可以决定 SPI 处于发送或者接收状态。

(4) 程序设计示例

以下基于 ES32H040x 开发板设计主从中断收发例程。

① 使用 MD 库设计主机中断收发例程

使用 md_spi_init 初始化 SPI：

init ->mode 用于设置主从模式；

init ->dir 用于设置传输方向；

init ->data_size 用于设置数据宽度；

init ->baud 用于设置波特率分频系数；

init ->phase 用于设置第几边沿采样；

init ->polarity 用于设置时钟线空闲极性；

init ->first_bit 用于设置高位在前还是低位在前；

init ->ss_en 用于设置片选管理；

init ->crc_calc 决定是否使能 CRC；

init ->crc_poly 用于设置 CRC 多项式；

md_spi_enable_rxne_interrupt 函数用于使能 SPI 接收中断；

md_spi_enable_txe_interrupt 函数用于使能 SPI 发送中断。

md_spi_enable 用于使能 SPI。

使用 MD 库实现 SPI 主机中断收发数据的具体代码请参考例程：ES32_SDK\Projects\Book1_Example\SPI\MD\01_spi_master_send_recv_by_it。

② 使用 ALD 库设计主机中断收发例程

ald_spi_init 使能 SPI；

g_h_spi.perh 选择 SPI 外设；

g_h_spi.init.mode 设置主从模式；

g_h_spi.init.dir 设置传输方向；

g_h_spi.init.data_size 设置数据宽度；

g_h_spi.init.baud 设置波特率分频系数；

g_h_spi.init.phase 设置第几边沿采样；

g_h_spi.init.polarity 设置时钟线空闲极性；

g_h_spi.init.first_bit 设置高位在前还是低位在前；

g_h_spi.init.ss_en 设置片选管理；

g_h_spi.init.crc_calc 是否使能 CRC；

g_h_spi.init.crc_poly 设置 CRC 多项式。

g_h_spi.tx_cplt_cbk 设置发送完成回调函数；

g_h_spi.rx_cplt_cbk 设置接收完成回调函数；

g_h_spi.tx_rx_cplt_cbk 设置发送接收完成回调函数；

g_h_spi.err_cbk 设置 SPI 错误回调函数。

使用 ALD 库实现 SPI 主机中断收发数据的具体代码请参考例程：ES32_SDK\Projects\Book1_Example\SPI\ALD\01_spi_master_send_recv_by_it。

③ 实验步骤和效果

实验步骤如下：

(a) 编译工程，编译通过后将程序下载到目标芯片；

(b) 将程序配置的 NSS/SCK/MISO/MOSI 对应的引脚分别连接至 ESBridge 的 NSS/SCK/MISO/MOSI；

(c) ESBridge 通过 USB 线缆连接 PC，打开上位机软件，在"设备操作"选项中选择"打开"；

(d)上位机切换到 SPI 标签页，按照程序配置参数，单击"打开"按钮；

(e) 如图 16-10 所示，在"写数据"对话框中输入 8 字节 HEX 数据，"读字节数"设置为 8，单击"写数据"按钮；

(f) 在线调试，将 g_recv_buf 加入监视窗；

(g) 运行程序，上位机接收到芯片发来的数据并打印，芯片接收到上位机发来的数据并存入

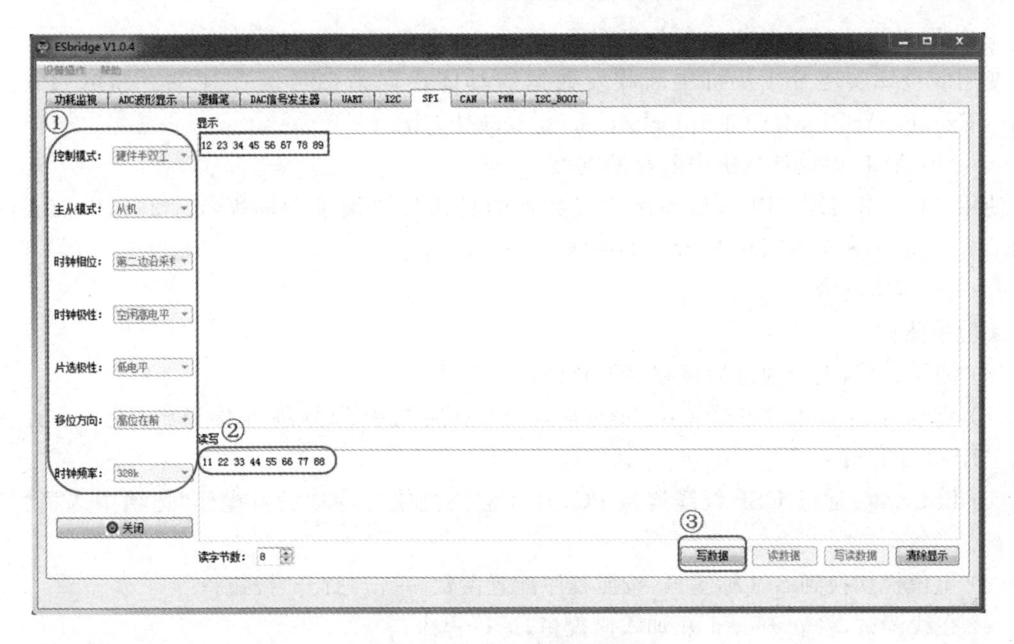

图 16－10　SPI 标签页配置

g_recv_buf。

基本型 SPI 主机中断收发实验效果如图 16－11 所示。

Watch 1

Name	Value	Type
send_buf	0x20000008 send_buf[]...	uchar[8]
[0]	0x12	uchar
[1]	0x23 '#'	uchar
[2]	0x34 '4'	uchar
[3]	0x45 'E'	uchar
[4]	0x56 'V'	uchar
[5]	0x67 'g'	uchar
[6]	0x78 'x'	uchar
[7]	0x89 '?'	uchar
recv_buf	0x20000010 recv_buf[] ...	uchar[8]
[0]	0x11	uchar
[1]	0x22 '"'	uchar
[2]	0x33 '3'	uchar
[3]	0x44 'D'	uchar
[4]	0x55 'U'	uchar
[5]	0x66 'f'	uchar
[6]	0x77 'w'	uchar
[7]	0x88 '?'	uchar
<Enter expression>		

图 16－11　基本型 SPI 主机中断收发实验效果

④ 使用 MD 库设计从机中断收发例程。

使用 MD 库实现 SPI 从机中断收发数据的具体代码请参考例程：ES32_SDK\Projects\Book1_Example\SPI\MD\03_spi_slave_send_recv_by_it。

⑤ 使用 ALD 库设计从机中断收发例程。

使用 ALD 库实现 SPI 从机中断收发数据的具体代码请参考例程：ES32_SDK\Projects\Book1_Example\SPI\ALD\03_spi_slave_send_recv_by_it。

⑥ 实验步骤和效果

实验步骤如下：

(a) 编译工程，编译通过后将程序下载到目标芯片；

(b) 将程序配置的 NSS/SCK/MISO/MOSI 对应的引脚分别连接至 ESBridge 的 NSS/SCK/MISO/MOSI；

(c) ESBridge 通过 USB 线缆连接 PC，打开上位机软件，在“设备操作”选项中选择“打开”按钮；

(d) 上位机切换到 SPI 标签页，按照程序配置参数，单击“打开”按钮；

(e) 在线调试，将 g_recv_buf 加入监视窗，运行程序；

(f) 如图 16-12 所示，在“写数据”对话框中输入 8 字节 HEX 数据，“读字节数”设置为 8；

(g) 单击“写数据”按钮，上位机接收到芯片发来的数据并打印；

(h) 单击“读数据”按钮，芯片接收到上位机发来的数据并存入 g_recv_buf。

基本型 SPI 从机中断收发实验效果如图 16-13 所示。

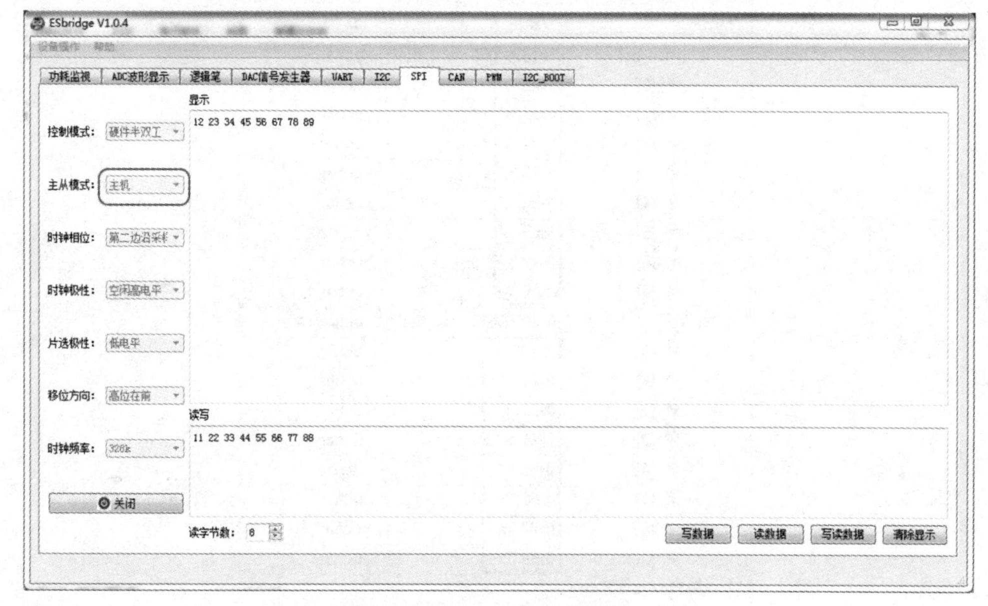

图 16-12 SPI 标签页配置

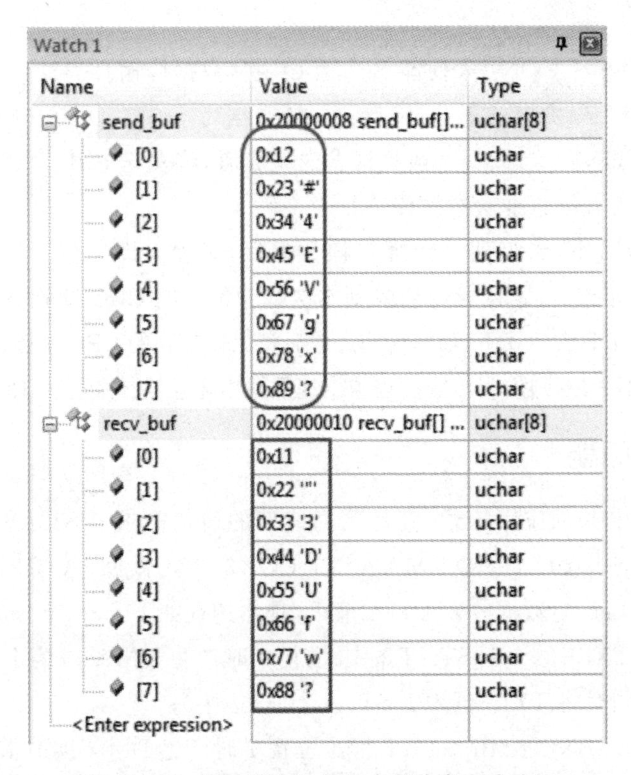

Watch 1

Name	Value	Type
send_buf	0x20000008 send_buf[]...	uchar[8]
[0]	0x12	uchar
[1]	0x23 '#'	uchar
[2]	0x34 '4'	uchar
[3]	0x45 'E'	uchar
[4]	0x56 'V'	uchar
[5]	0x67 'g'	uchar
[6]	0x78 'x'	uchar
[7]	0x89 '?	uchar
recv_buf	0x20000010 recv_buf[] ...	uchar[8]
[0]	0x11	uchar
[1]	0x22 '"'	uchar
[2]	0x33 '3'	uchar
[3]	0x44 'D'	uchar
[4]	0x55 'U'	uchar
[5]	0x66 'f'	uchar
[6]	0x77 'w'	uchar
[7]	0x88 '?	uchar
<Enter expression>		

图 16－13　基本型 SPI 从机中断收发实验效果

16.1.3　CRC 功能

SPI 支持硬件 CRC 功能，用于校验数据传输的完整性和可靠性。根据传输数据帧宽度的差别，硬件 CRC 单元提供了两种不同的计算标准，分别是对应于 8 位数据的 CRC8 和对应于 16 位数据的 CRC16。

硬件 CRC 功能主要涉及以下寄存器：

CRCEN@SPI_CON1(CRC 硬件计算使能)；

NXTCRC@SPI_CON1(下次传输 CRC)；

CRCERR@SPI_STAT(硬件 CRC 错误标志)；

SPI_CRCPOLY(CRC 多项式寄存器)；

SPI_TXCRC(发送 CRC 寄存器)；

SPI_RXCRC(接收 CRC 寄存器)。

SPI 通信过程中，首先配置 SPI 主从机收发模式，然后通过以下步骤配置硬件 CRC 功能：

① 向 SPI_CRCPOLYCRC 寄存器中写入 CRC 硬件计算多项式。

② 置位 CRCEN@SPI_STAT 来使能硬件 CRC 计算，此操作将同时复位 SPI_TXCRC 和

SPI_RXCRC 寄存器。

③ 置位 SPIEN@SPI_CON1 来使能 SPI，开始主从数据传输。

④ 在全双工或单工只发模式下，在将最后一帧数据写入 SPI_DATA 寄存器后，必须立即置位 NXTCRC@SPI_CON1。当最后一帧数据发送完成后，将发送 SPI_TXCRC 寄存器内存储的 CRC 校验值，用于接收方校验本次数据传输是否正确。

⑤ 在单工只收模式下，当收到倒数第二帧数据后，必须立即置位 NXTCRC@SPI_CON1。当最后一帧数据接收完成后，紧接着便会收到本次数据传输的 CRC 校验值。

⑥ 在全双工或单工只收模式下，数据传输完成后将比较收到的 CRC 校验值和 SPI_RXCRC 寄存器值。如果比较结果不一致，则说明传输过程中出现数据损坏，需硬件置位 CRCERR@SPI_STAT 。

16.1.4 DMA 功能

为了有效地扩展芯片的应用场景、满足更高速率的通信需求，ES32 SPI 支持 DMA 数据传输。使能 TXDMA@SPI_CON2，RXDMA@SPI_CON2 可请求 DMA 访问，发送及接收缓冲区在相应标志位置 1 时将产生数据收发 DMA 请求，具体过程如下：

① 发送数据时，TXBE@SPI_STAT 标志位置 1 时产生 DMA 写请求，随后 DMA 对 SPI_DATA 执行写操作，同时将 TXBE@SPI_STAT 标志位清 0；

② 接收数据时，RXBNE@SPI_STAT 标志位置 1 时产生 DMA 读请求，随后 DMA 对 SPI_DATA 执行读操作，同时将 RXBE@SPI_STAT 标志位清 0。

1. DMA 发送

基本型 SPI DMA 发送时序如图 16－14 所示。

2. DMA 接收

基本型 SPI DMA 接收时序如图 16－15 所示。

3. 程序设计示例

以下将基于 ES32H040x 开发板设计主从 DMA 收发例程。

(1) 使用 MD 库设计主机 DMA 收发例程

使用 MD 库实现 SPI 主机 DMA 收发数据的具体代码请参考例程：ES32_SDK\Projects\Book1_Example\SPI\MD\02_spi_master_send_recv_by_dma。

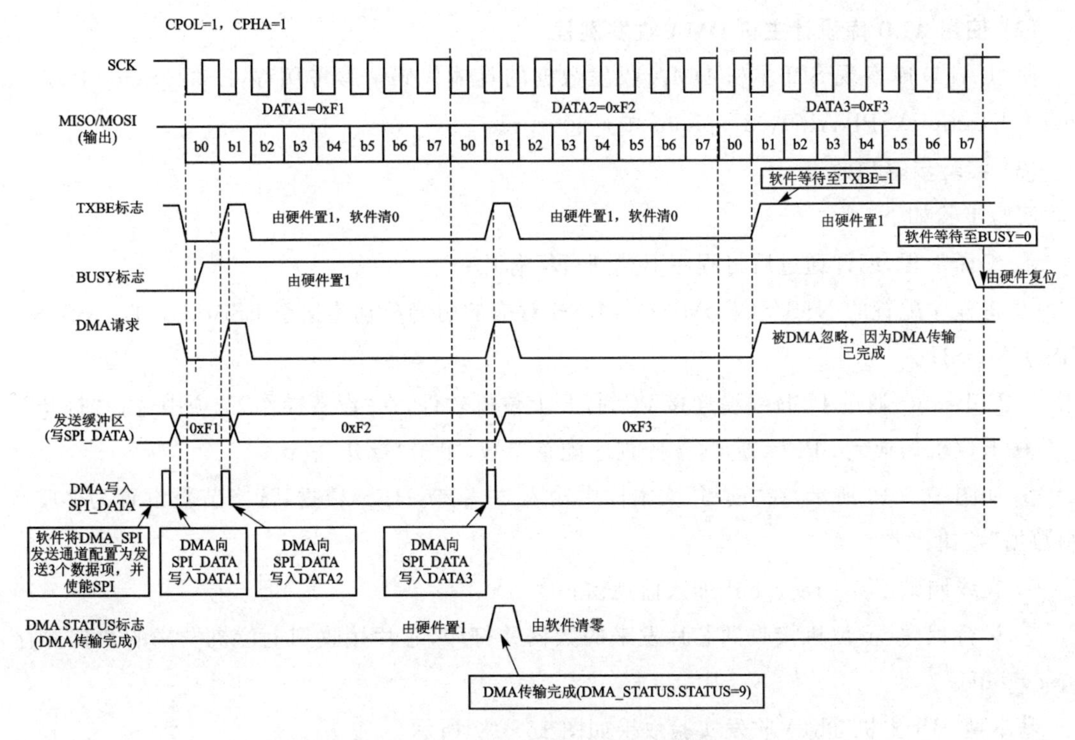

图 16-14　基本型 SPI DMA 发送时序

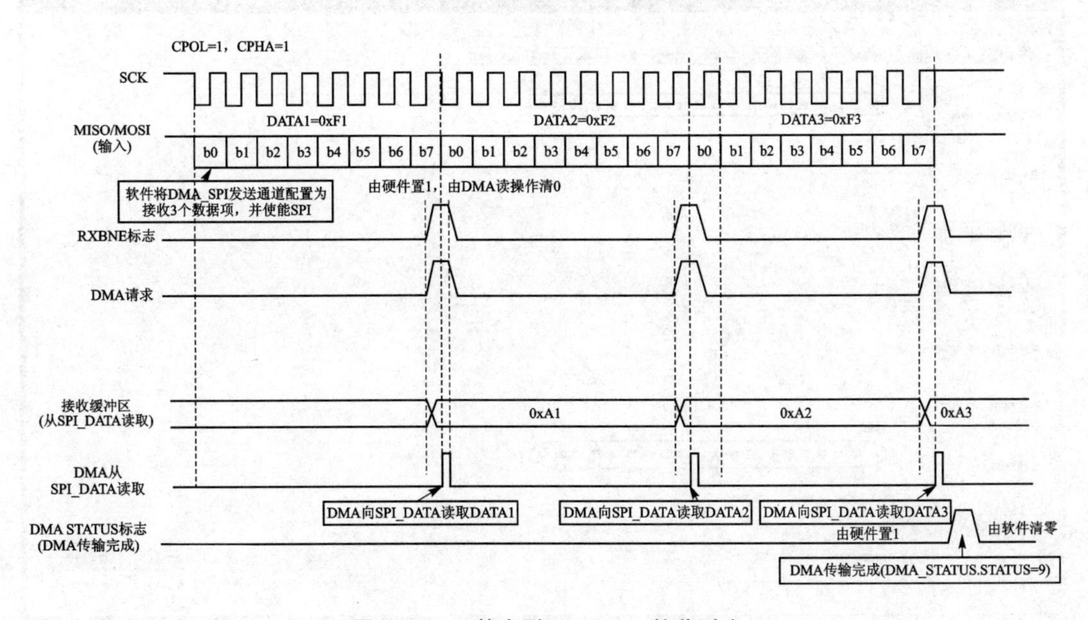

图 16-15　基本型 SPI DMA 接收时序

(2) 使用 ALD 库设计主机 DMA 收发例程

使用 ALD 库实现 SPI 主机 DMA 收发数据的具体代码请参考例程：ES32_SDK\Projects\Book1_Example\SPI\ALD\02_spi_master_send_recv_by_dma。

(3) 实验步骤和效果

实验步骤如下：

① 编译工程，编译通过后将程序下载到目标芯片；

② 将程序配置的 NSS/SCK/MISO/MOSI 对应的引脚分别连接至 ESBridge 的 NSS/SCK/MISO/MOSI；

③ ESBridge 通过 USB 线缆连接 PC，打开上位机软件，在"设备操作"选项中选择"打开"；

④ 上位机切换到 SPI 标签页，按照程序配置参数，单击"打开"按钮；

⑤ 如图 16-16 所示，在"读写"文本框中输入 20 字节 HEX 数据，读字节数设置为 20，单击"写数据"按钮；

⑥ 在线调试，将 g_recv_buf 加入监视窗；

⑦ 运行程序，上位机接收到芯片发来的数据并打印，芯片接收到上位机发来的数据并存入 g_recv_buf。

基本型 SPI 主机 DMA 收发实验效果如图 16-17 所示。

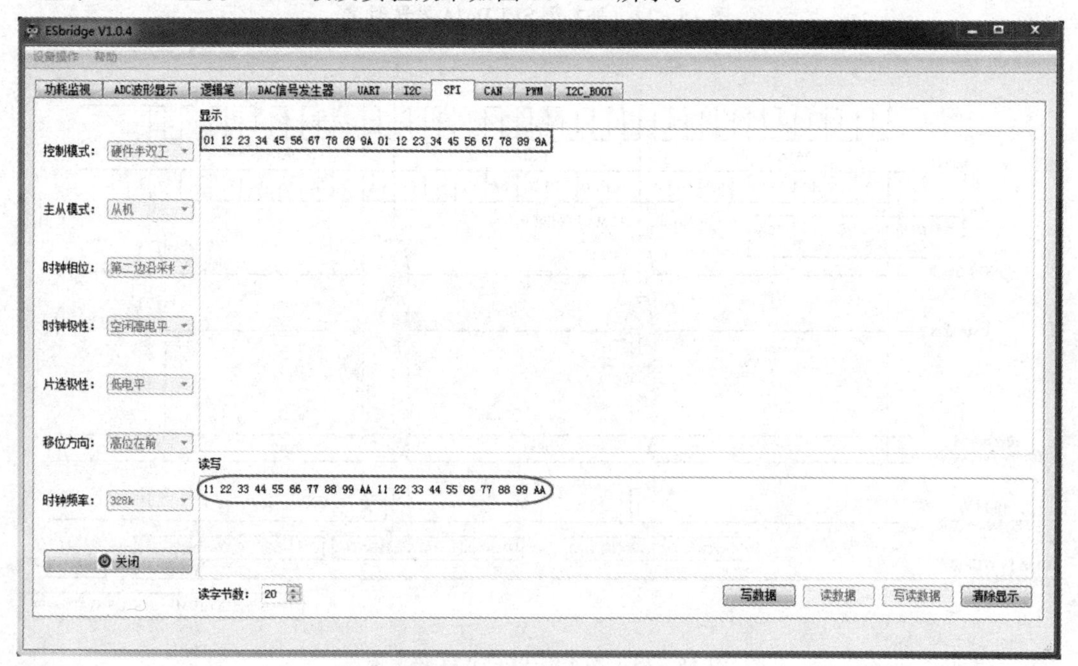

图 16-16 SPI 标签页配置

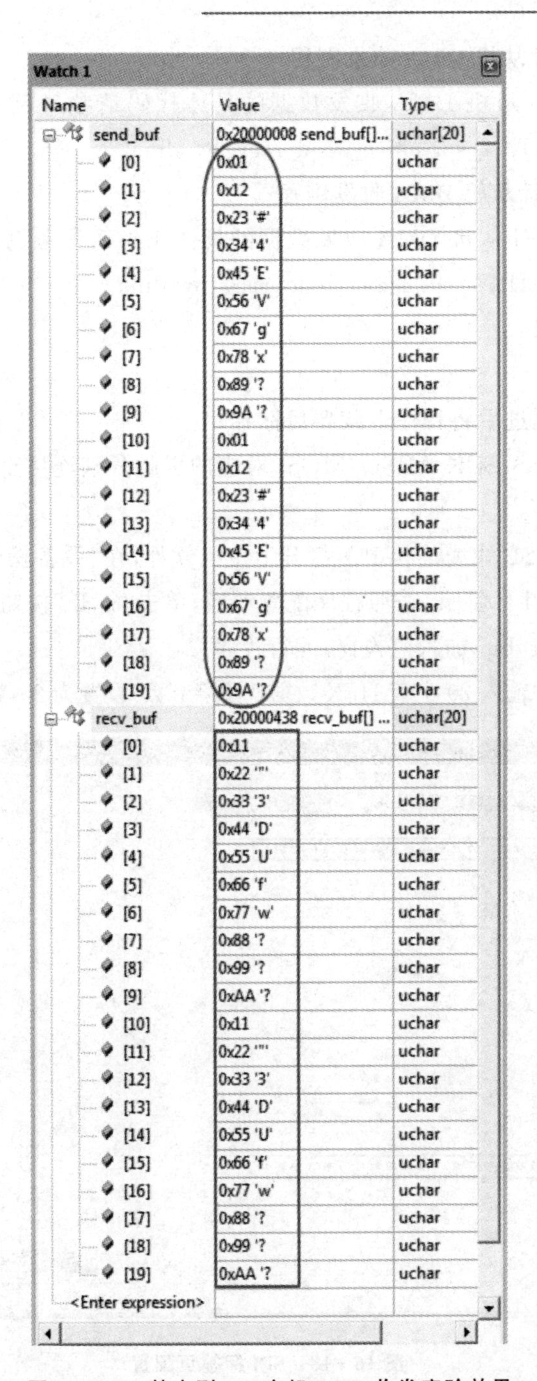

Watch 1

Name	Value	Type
send_buf	0x20000008 send_buf[]...	uchar[20]
[0]	0x01	uchar
[1]	0x12	uchar
[2]	0x23 '#'	uchar
[3]	0x34 '4'	uchar
[4]	0x45 'E'	uchar
[5]	0x56 'V'	uchar
[6]	0x67 'g'	uchar
[7]	0x78 'x'	uchar
[8]	0x89 '?	uchar
[9]	0x9A '?	uchar
[10]	0x01	uchar
[11]	0x12	uchar
[12]	0x23 '#'	uchar
[13]	0x34 '4'	uchar
[14]	0x45 'E'	uchar
[15]	0x56 'V'	uchar
[16]	0x67 'g'	uchar
[17]	0x78 'x'	uchar
[18]	0x89 '?	uchar
[19]	0x9A '?	uchar
recv_buf	0x20000438 recv_buf[] ...	uchar[20]
[0]	0x11	uchar
[1]	0x22 '"'	uchar
[2]	0x33 '3'	uchar
[3]	0x44 'D'	uchar
[4]	0x55 'U'	uchar
[5]	0x66 'f'	uchar
[6]	0x77 'w'	uchar
[7]	0x88 '?	uchar
[8]	0x99 '?	uchar
[9]	0xAA '?	uchar
[10]	0x11	uchar
[11]	0x22 '"'	uchar
[12]	0x33 '3'	uchar
[13]	0x44 'D'	uchar
[14]	0x55 'U'	uchar
[15]	0x66 'f'	uchar
[16]	0x77 'w'	uchar
[17]	0x88 '?	uchar
[18]	0x99 '?	uchar
[19]	0xAA '?	uchar
<Enter expression>		

图 16－17　基本型 SPI 主机 DMA 收发实验效果

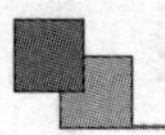

(4) 使用 MD 库设计从机 DMA 收发例程

使用 MD 库实现 SPI 从机 DMA 收发数据的具体代码请参考例程：ES32_SDK\Projects\Book1_Example\SPI\MD\04_spi_slave_send_recv_by_dma。

(5) 使用 ALD 库设计从机 DMA 收发例程

使用 ALD 库实现 SPI 从机 DMA 收发数据的具体代码请参考例程：ES32_SDK\Projects\Book1_Example\SPI\ALD\04_spi_slave_send_recv_by_dma。

(6) 实验步骤和效果

实验步骤如下：

① 编译工程，编译通过后将程序下载到目标芯片；

② 将程序配置的 NSS/SCK/MISO/MOSI 对应的引脚分别连接至 ESBridge 的 NSS/SCK/MISO/MOSI；

③ ESBridge 通过 USB 线缆连接 PC，打开上位机软件，在"设备操作"选项中选择"打开"；

④ 上位机切换到 SPI 标签页，按照程序配置参数，单击"打开"按钮；

⑤ 在线调试，将 grecvbuf 加入监视窗，运行程序；

⑥ 在"读写"文本框中输入 20 字节 HEX 数据，"读字节数"设置为 20，如图 16-18 所示；

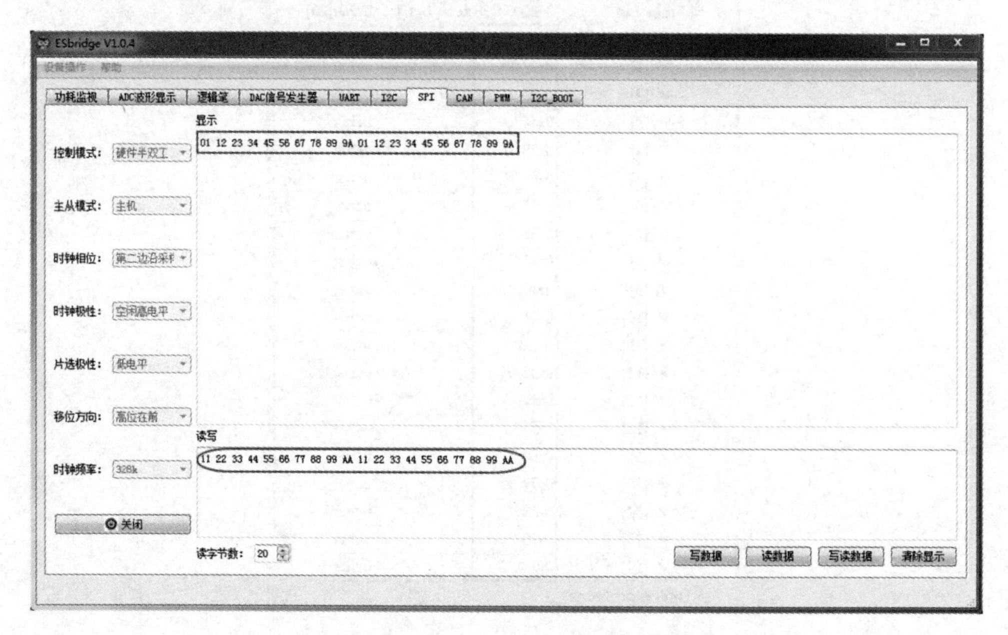

图 16-18　SPI 标签页配置

⑦ 单击"写数据"按钮，上位机接收到芯片发来的数据并打印；

⑧ 单击"读数据"按钮，芯片接收到上位机发来的数据并存入 g_recv_buf。

基本型 SPI 从机 DMA 收发实验效果如图 16－19 所示。

Watch 1

Name	Value	Type
send_buf	0x20000008 send_buf[]...	uchar[20]
[0]	0x01	uchar
[1]	0x12	uchar
[2]	0x23 '#'	uchar
[3]	0x34 '4'	uchar
[4]	0x45 'E'	uchar
[5]	0x56 'V'	uchar
[6]	0x67 'g'	uchar
[7]	0x78 'x'	uchar
[8]	0x89 '?	uchar
[9]	0x9A '?	uchar
[10]	0x01	uchar
[11]	0x12	uchar
[12]	0x23 '#'	uchar
[13]	0x34 '4'	uchar
[14]	0x45 'E'	uchar
[15]	0x56 'V'	uchar
[16]	0x67 'g'	uchar
[17]	0x78 'x'	uchar
[18]	0x89 '?	uchar
[19]	0x9A '?	uchar
recv_buf	0x20000210 recv_buf[] ...	uchar[20]
[0]	0x11	uchar
[1]	0x22 '"'	uchar
[2]	0x33 '3'	uchar
[3]	0x44 'D'	uchar
[4]	0x55 'U'	uchar
[5]	0x66 'f'	uchar
[6]	0x77 'w'	uchar
[7]	0x88 '?	uchar
[8]	0x99 '?	uchar
[9]	0xAA '?	uchar
[10]	0x11	uchar
[11]	0x22 '"'	uchar
[12]	0x33 '3'	uchar
[13]	0x44 'D'	uchar
[14]	0x55 'U'	uchar
[15]	0x66 'f'	uchar
[16]	0x77 'w'	uchar
[17]	0x88 '?	uchar
[18]	0x99 '?	uchar
[19]	0xAA '?	uchar
<Enter expression>		

图 16－19　基本型 SPI 从机 DMA 收发实验效果

16.2 增强型 SPI 模块

16.2.1 特性概述

增强型 SPI 模块在基础型上增加了发送/接收 FIFO，改变了中断机制，并在 SPI 模块上集合了 I2S 音频功能。以下将说明 FIFO 以及中断特性，其他与基础型一致。增强型 SPI 模块及其程序设计示例基于 ES32F369x 平台，增强型 SPI 模块同时适用于音频数据传输 I2S 总线。

16.2.2 功能解析

增加 FIFO 机制可有效降低 SPI 发送/接收进中断的频率，从而提高 CPU 的使用率。

1. 发送 FIFO

SPI 发送 FIFO 深度为 16，配置 TXFTH@SPI_CON2 可设置发送 FIFO 触发阈值(0，2，4 或 8)。当发送 FIFO 内的数据个数小于设定阈值时，TXTH@SP_ISTAT 寄存器位置 1，告知用户需要再填入数据，以免数据传送中断。若开启发送 FIFO 触发阈值中断使能(TXTHIE @SPI_IER＝1)，则当发送 FIFO 内的数据个数小于设定阈值时，会产生相应中断(TXTHFM@SPI_IFM＝1)。在产生中断期间清除中断标志位(TXTHIC@SPI_ICR)，此时，若使用者未向发送 FIFO 写入新的数据，即使发送 FIFO 内的数据量小于设定的触发阈值，也不会产生中断，需要重新开启发送 FIFO 触发阈值中断使能。

2. 接收 FIFO

SPI 接收 FIFO 深度为 16。配置 RXFTH@SPI_CON2，可设定接收 FIFO 的阈值(1、4、8 或 14)。当接收 FIFO 内的数据量大于设定阈值时，RXTH@SPI_STAT 置 1，此时需要及时读取数据，以免数据丢失。若开启接收 FIFO 触发阈值中断使能(RXTHIE@SPI_IER ＝ 1)，则当接收 FIFO 内的数据量大于阈值时，产生相应中断(RXTHFM@SPI_IFM)。在产生中断期间清除中断标志位(RXTHIC@SPI_ICR)，此时若未读取数据，即使接收 FIFO 内的数据量大于设定的阈值，也不会产生中断，需要重新开启接收 FIFO 触发阈值中断使能。

3. 中　断

与 SPI 中断相关的寄存器有 SPI_IER 等 6 个，它们的具体含义和功能如表 16－4 所列。

表 16-4　增强型 SPI 中断相关寄存器

寄存器名称	寄存器含义	寄存器功能
SPI_IER	中断使能	开启中断功能,只写(仅能写入 1)
SPI_IDR	中断禁止	关闭中断功能,只写(仅能写入 1)
SPI_IVS	中断使能状态	反映 IER 与 IDR 寄存器所设定的结果
SPI_RIF	原始中断标志	反映所有发生中断事件的原始状态,与 IVS 无关
SPI_IFM	中断标志	记录中断使能位所发生中断事件、IVS 和 RIF 与运算的结果
SPI_ICR	中断清除	清除中断标志 RIF 与 IFM,只写(仅能写入 1)

增强型 SPI 中断事件及其标志位如表 16-5 所列。

表 16-5　增强型 SPI 中断事件及其标志位

中断事件	中断标志位	中断事件	中断标志位
帧格式错误	FRERI	接收 FIFO 满	RXFRI
模式故障	MODFRI	发送 FIFO 低于阈值	TXTHRI
CRC 错误	CRCERRRI	发送 FIFO 欠载	TXUDRI
接收 FIFO 超过阈值	RXTHRI	发送 FIFO 溢出	TXOVRI
接收 FIFO 欠载	RXUDRI	发送 FIFO 空	TXERI
接收 FIFO 溢出	RXOVRI		

16.2.3　程序设计示例

以下示例皆在 ES32F369x 平台上实现。相较于 ES32H040x 平台的 SPI,增强型 SPI 的主要升级点为支持 FIFO 作为数据缓存,程序实现的功能与设计逻辑几乎一致,所以重复的部分将不再赘述。

16.2.3.1　主机中断收发

(1) 使用 MD 库设计程序

g_h_spi.SPIx 用于选择外设;

g_h_spi.mode 用于选择主从模式;

g_h_spi.dir 用于选择全双工/半双工模式;

g_h_spi.data_size 用于选择数据帧长度;

g_h_spi.baud 用于设置通信速率;

g_h_spi.phase 用于选择时钟相位;

g_h_spi. polarity 用于选择时钟极性；

g_h_spi. first_bit 用于选择数据移位方向；

g_h_spi. ss_en 用于选择是否使能软件从机管理；

g_h_spi. crc_calc 用于选择是否使能硬件 CRC 计算；

g_h_spi. crc_poly 用于配置 CRC 多项式寄存器。

使用 MD 库实现增强型 SPI 主机中断收发数据的具体代码请参考例程：ES32_SDK\Projects\Book1_Example\SPI_Enhance\MD\03_spi_master_send_recv_by_it。

(2) 使用 ALD 库设计程序

h_spi. perh 用于选择外设；

h_spi. init. mode 用于选择主从模式；

h_spi. init. dir 用于选择全双工/半双工模式；

h_spi. init. data_size 用于配置数据帧长度；

h_spi. init. baud 用于配置通信速率；

h_spi. init. phase 用于配置时钟相位；

h_spi. init. polarity 用于配置时钟极性；

h_spi. init. first_bit 用于配置数据移位方向；

h_spi. init. ss_en 用于选择是否使能软件从机管理；

h_spi. init. crc_calc 用于选择是否使能硬件 CRC 计算。

使用 ALD 库实现增强型 SPI 中断收发数据的具体代码请参考例程：ES32_SDK\Projects\Book1_Example\SPI_Enhance\ALD\03_spi_master_send_recv_by_it。

(3) 实验步骤和效果

实验步骤如下：

① 编译工程，编译通过后将程序下载到目标芯片；

② 将程序配置的 NSS/SCK/MISO/MOSI 对应的引脚分别连接至 ESBridge 的 NSS/SCK/MISO/MOSI；

③ ESBridge 通过 USB 线缆连接 PC，打开上位机软件，在“设备操作”选项中选择“打开”；

④ 上位机切换到 SPI 标签页，按照程序配置参数，单击“打开”按钮；

⑤ 如图 16-20 所示，在“读写”文本框中输入 8 字节 HEX 数据，“读字节数”设置为 8，单击“写数据”按钮；

⑥ 在线调试，将 g_recv_buf 加入监视窗；

⑦ 运行程序，上位机接收到芯片发来的数据并打印，芯片接收到上位机发来的数据并存入 g_recv_buf。

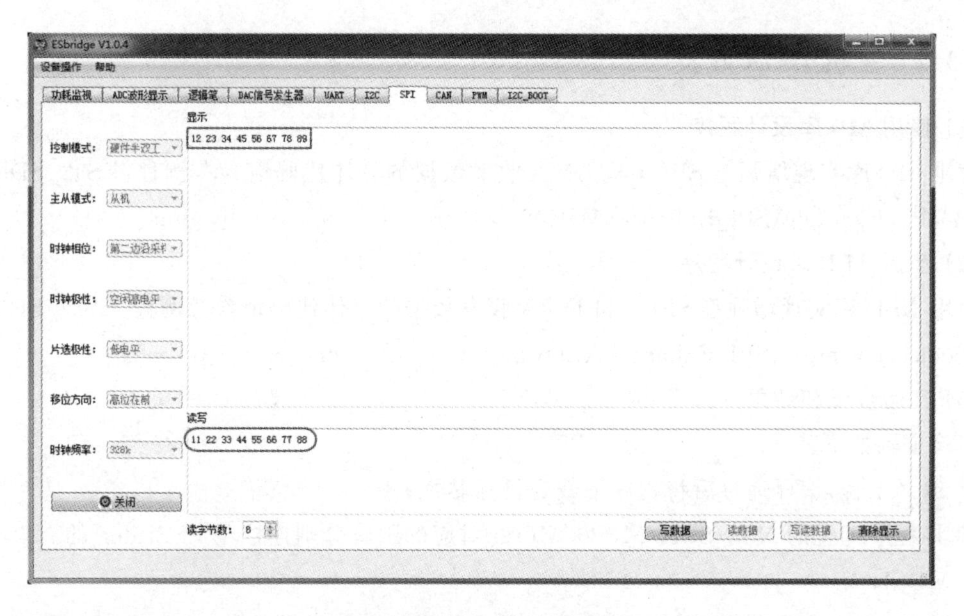

图 16 - 20　SPI 标签页配置

增强型 SPI 主机中断收发实验效果如图 16 - 21 所示。

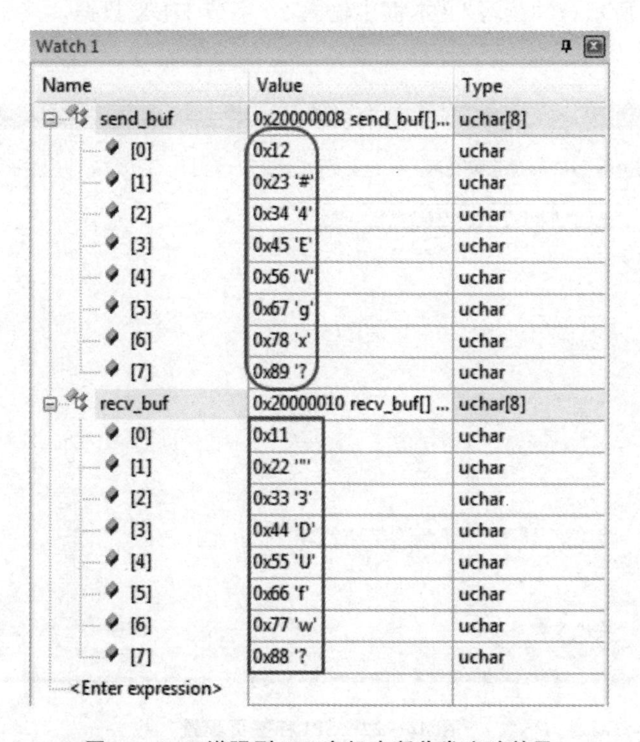

图 16 - 21　增强型 SPI 主机中断收发实验效果

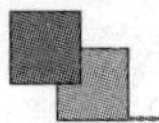

16.2.3.2 主机 DMA 收发

(1) 使用 MD 库设计程序

使用 MD 库实现增强型 SPI 主机 DMA 收发数据的具体代码请参考例程：ES32_SDK\Projects\Book1_Example\SPI_Enhance\MD\02_spi_master_send_recv_by_dma。

(2) 使用 ALD 库设计程序

使用 ALD 库实现增强型 SPI 主机 DMA 收发数据的具体代码请参考例程：ES32_SDK\Projects\Book1_Example\SPI_Enhance\ALD\02_spi_master_send_recv_by_dma。

(3) 实验步骤和效果

实验步骤如下：

① 编译工程，编译通过后将程序下载到目标芯片；

② 将程序配置的 NSS/SCK/MISO/MOSI 对应的引脚分别连接至 ESBridge 的 NSS/SCK/MISO/MOSI；

③ ESBridge 通过 USB 线缆连接 PC，打开上位机软件，在"设备操作"选项中选择"打开"；

④ 上位机切换到 SPI 标签页，按照程序配置参数，单击"打开"按钮；

⑤ 如图 16－22 所示，在"读写"文本框中输入 20 字节 HEX 数据，"读字节数"设置为 20，点击"写数据"按钮；

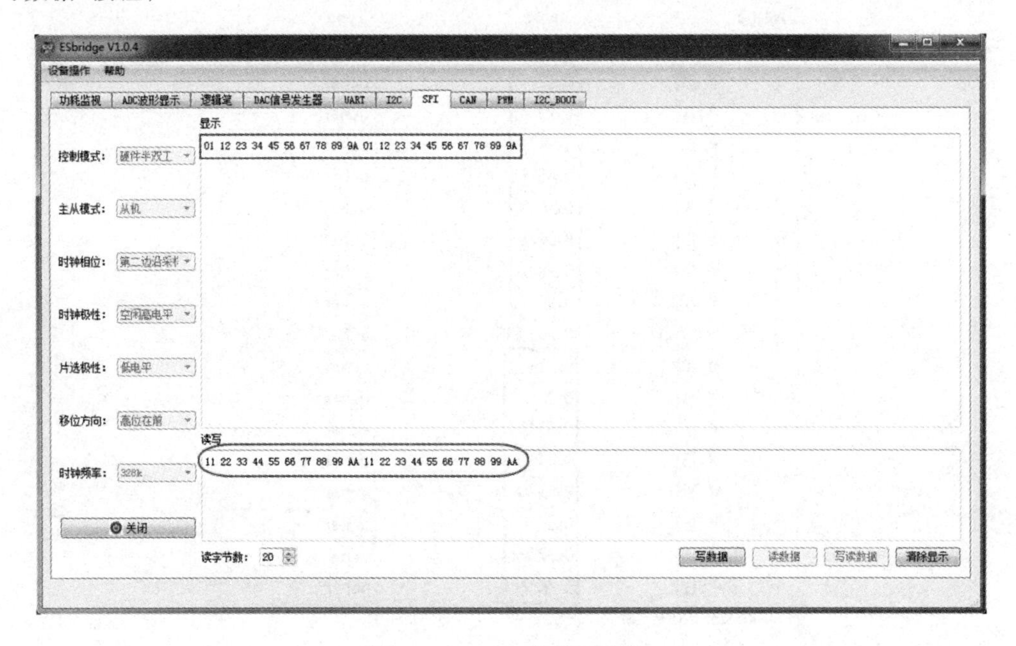

图 16－22 SPI 标签页配置

⑥ 在线调试,将 g_recv_buf 加入监视窗;

⑦ 运行程序,上位机接收到芯片发来的数据并打印,芯片接收到上位机发来的数据并存入 g_recv_buf。

增强型 SPI 主机 DMA 收发实验效果如图 16-23 所示。

Watch 1

Name	Value	Type
send_buf	0x20000008 send_buf[]...	uchar[20]
[0]	0x01	uchar
[1]	0x12	uchar
[2]	0x23 '#'	uchar
[3]	0x34 '4'	uchar
[4]	0x45 'E'	uchar
[5]	0x56 'V'	uchar
[6]	0x67 'g'	uchar
[7]	0x78 'x'	uchar
[8]	0x89 '?	uchar
[9]	0x9A '?	uchar
[10]	0x01	uchar
[11]	0x12	uchar
[12]	0x23 '#'	uchar
[13]	0x34 '4'	uchar
[14]	0x45 'E'	uchar
[15]	0x56 'V'	uchar
[16]	0x67 'g'	uchar
[17]	0x78 'x'	uchar
[18]	0x89 '?	uchar
[19]	0x9A '?	uchar
recv_buf	0x20000210 recv_buf[] ...	uchar[20]
[0]	0x11	uchar
[1]	0x22 '"'	uchar
[2]	0x33 '3'	uchar
[3]	0x44 'D'	uchar
[4]	0x55 'U'	uchar
[5]	0x66 'f'	uchar
[6]	0x77 'w'	uchar
[7]	0x88 '?	uchar
[8]	0x99 '?	uchar
[9]	0xAA '?	uchar
[10]	0x11	uchar
[11]	0x22 '"'	uchar
[12]	0x33 '3'	uchar
[13]	0x44 'D'	uchar
[14]	0x55 'U'	uchar
[15]	0x66 'f'	uchar
[16]	0x77 'w'	uchar
[17]	0x88 '?	uchar
[18]	0x99 '?	uchar
[19]	0xAA '?	uchar
<Enter expression>		

图 16-23　增强型 SPI 主机 DMA 收发实验效果

16.2.3.3 从机中断收发

(1) 使用 MD 库设计程序

使用 MD 库实现增强型 SPI 从机中断收发数据的具体代码请参考例程:ES32_SDK\Projects\Book1_Example\SPI_Enhance\MD\05_spi_slave_send_recv_by_it。

(2) 使用 ALD 库设计程序

使用 ALD 库实现增强型 SPI 从机中断收发数据的具体代码请参考例程:ES32_SDK\Projects\Book1_Example\SPI_Enhance\ALD\05_spi_slave_send_recv_by_it。

(3) 实验步骤和效果

实验步骤如下:

① 编译工程,编译通过后将程序下载到目标芯片;

② 将程序配置的 NSS/SCK/MISO/MOSI 对应的引脚分别连接至 ESBridge 的 NSS/SCK/MISO/MOSI;

③ ESBridge 通过 USB 线缆连接 PC,打开上位机软件,在“设备操作”选项中选择“打开”;

④ 上位机切换到 SPI 标签页,按照程序配置参数,单击“打开”按钮;

⑤ 在线调试,将 g_recv_buf 加入监视窗,运行程序;

⑥ 在“读写”文本框中输入 8 字节 HEX 数据,“读字节数”设置为 8,如图 16-24 所示;

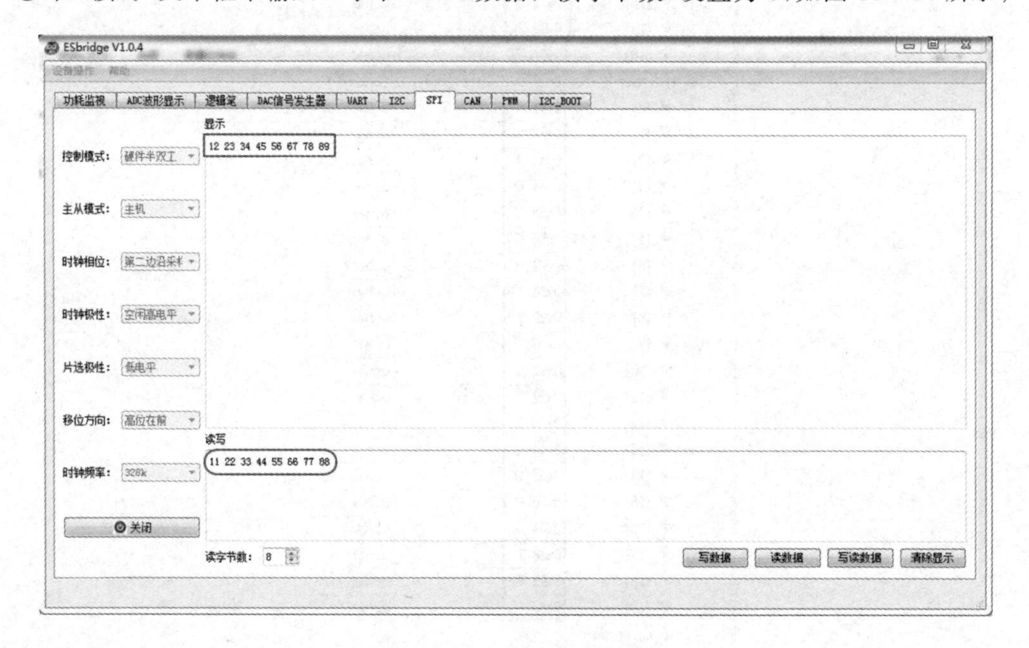

图 16-24 SPI 标签页配置

⑦ 单击“写数据”按钮，上位机接收到芯片发来的数据并打印；

⑧ 单击“读数据”按钮，芯片接收到上位机发来的数据并存入 g_recv_buf。

增强型 SPI 从机中断收发实验效果如图 16－25 所示。

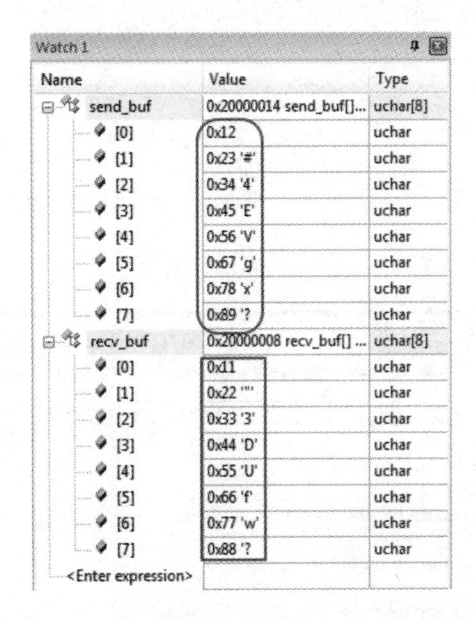

图 16－25　增强型 SPI 从机中断收发实验效果

16.2.3.4　从机 DMA 收发

(1) 使用 MD 库设计程序

使用 MD 库实现增强型 SPI 从机 DMA 收发数据的具体代码请参考例程：ES32_SDK\Projects\Book1_Example\SPI_Enhance\MD\04_spi_slave_send_recv_by_dma。

(2) 使用 ALD 库设计程序

使用 ALD 库实现增强型 SPI 从机 DMA 收发数据的具体代码请参考例程：ES32_SDK\Projects\Book1_Example\SPI_Enhance\ALD\04_spi_slave_send_recv_by_dma。

(3) 实验步骤和效果

实验步骤如下：

① 编译工程，编译通过后将程序下载到目标芯片；

② 将程序配置的 NSS/SCK/MISO/MOSI 对应的引脚分别连接至 ESBridge 的 NSS/SCK/MISO/MOSI；

③ ESBridge 通过 USB 线缆连接 PC，打开上位机软件，在“设备操作”选项中选择“打开”；

④ 上位机切换到 SPI 标签页，按照程序配置参数，单击“打开”按钮；

⑤ 在线调试，将 g_recv_buf 加入监视窗，运行程序；

⑥ 在“读写”文本框中输入 20 字节 HEX 数据，“读字节数”设置为 20，如图 16－26 所示；

⑦ 单击“写数据”按钮，上位机接收到芯片发来的数据并打印；

⑧ 单击“读数据”按钮，芯片接收到上位机发来的数据并存入 g_recv_buf。

增强型 SPI 从机 DMA 收发实验效果如图 16－27 所示。

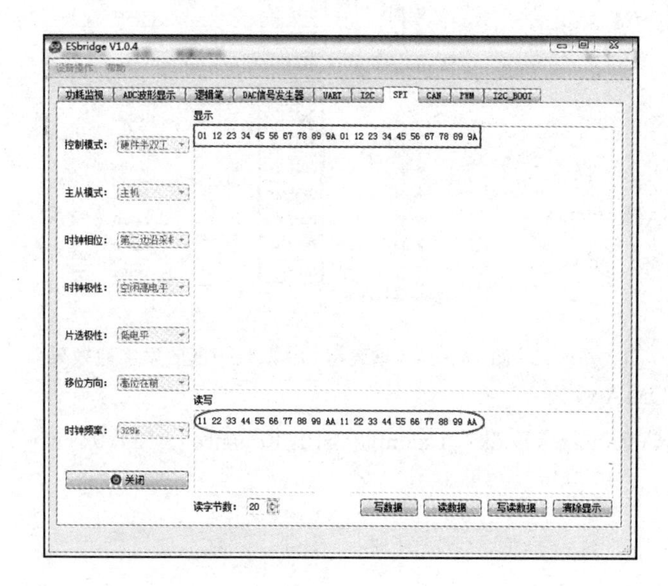

图 16-26　SPI 标签页配置

Watch 1

Name	Value	Type
send_buf	0x20000008 send_buf[]...	uchar[20]
[0]	0x01	uchar
[1]	0x12	uchar
[2]	0x23 '#'	uchar
[3]	0x34 '4'	uchar
[4]	0x45 'E'	uchar
[5]	0x56 'V'	uchar
[6]	0x67 'g'	uchar
[7]	0x78 'x'	uchar
[8]	0x89 '?'	uchar
[9]	0x9A '?'	uchar
[10]	0x01	uchar
[11]	0x12	uchar
[12]	0x23 '#'	uchar
[13]	0x34 '4'	uchar
[14]	0x45 'E'	uchar
[15]	0x56 'V'	uchar
[16]	0x67 'g'	uchar
[17]	0x78 'x'	uchar
[18]	0x89 '?'	uchar
[19]	0x9A '?'	uchar
recv_buf	0x20000210 recv_buf[] ...	uchar[20]
[0]	0x11	uchar
[1]	0x22 '"'	uchar
[2]	0x33 '3'	uchar
[3]	0x44 'D'	uchar
[4]	0x55 'U'	uchar
[5]	0x66 'f'	uchar
[6]	0x77 'w'	uchar
[7]	0x88 '?'	uchar
[8]	0x99 '?'	uchar
[9]	0xAA '?'	uchar
[10]	0x11	uchar
[11]	0x22 '"'	uchar
[12]	0x33 '3'	uchar
[13]	0x44 'D'	uchar
[14]	0x55 'U'	uchar
[15]	0x66 'f'	uchar
[16]	0x77 'w'	uchar
[17]	0x88 '?'	uchar
[18]	0x99 '?'	uchar
[19]	0xAA '?'	uchar
<Enter expression>		

图 16-27　增强型 SPI 从机 DMA 收发实验效果

16.3　I2S 模块

16.3.1　特性概述

I2S(Inter-IC Sound)总线，又称集成电路内置音频总线，是飞利浦公司为数字音频设备之间的音频数据传输而定制的一种总线标准。I2S 只传输音频数据，而不能播放声音。MCU 通过

I2S 总线将音频数据传输给音频芯片，音频芯片将数据转换成模拟信号输出。

ES32F369x SPI 模块兼容 I2S 总线，具有以下特性：

- 支持 4 种音频格式：
  - I2S 飞利浦标准；
  - MSB 对齐标准(左对齐)；
  - LSB 对齐标准(右对齐)；
  - PCM 标准。
- 支持 16、24、32 位数据长度选择。
- 支持主时钟输出。
- 半双工模式，可选择发送或接收。

16.3.2　功能解析

16.3.2.1　I2S 简介

三线总线通常在处理两个通道(右声道和左声道)上进行时间复用的音频数据。由于只有一个 16 位寄存器用于发送或接收，因此，由软件向数据寄存器写入与每个通道侧相对应的适当值，或者从数据寄存器中读取数据。始终先发送左声道、后发送右声道(CHSIDE 对 PCM 协议没有意义)。

有 4 个数据和通道帧可供使用。数据可以采用以下格式发送：

- 16 位数据帧装在一个 16 位通道帧上；
- 16 位数据帧装在一个 32 位通道帧上；
- 24 位数据帧装在一个 32 位通道帧上；
- 32 位数据帧装在一个 32 位通道帧上。

当使用 16 位数据帧装在一个 32 位通道帧上时，前 16 位(MSB)是有效位，后 16 位(LSB)被强制为 0，无需任何软件操作或 DMA 请求(只有一个读/写操作)。

如果 DMA 是应用程序的首选，则 24 位和 32 位数据帧需要对 SPI_DATA 寄存器进行两次 CPU 读/写操作或者两次 DMA 操作。具体而言，对于 24 位数据帧，8 个非有效位通过 0 位扩展为 32 位(通过硬件)。

对于所有数据格式和通信标准，始终首先发送最高有效位(MSB 优先)。

I2S 接口支持 4 种音频标准，可使用 I2SSTD@SPI_I2SCFG 进行配置。

16.3.2.2　I2S 结构图

I2S 结构框图如图 16－28 所示。

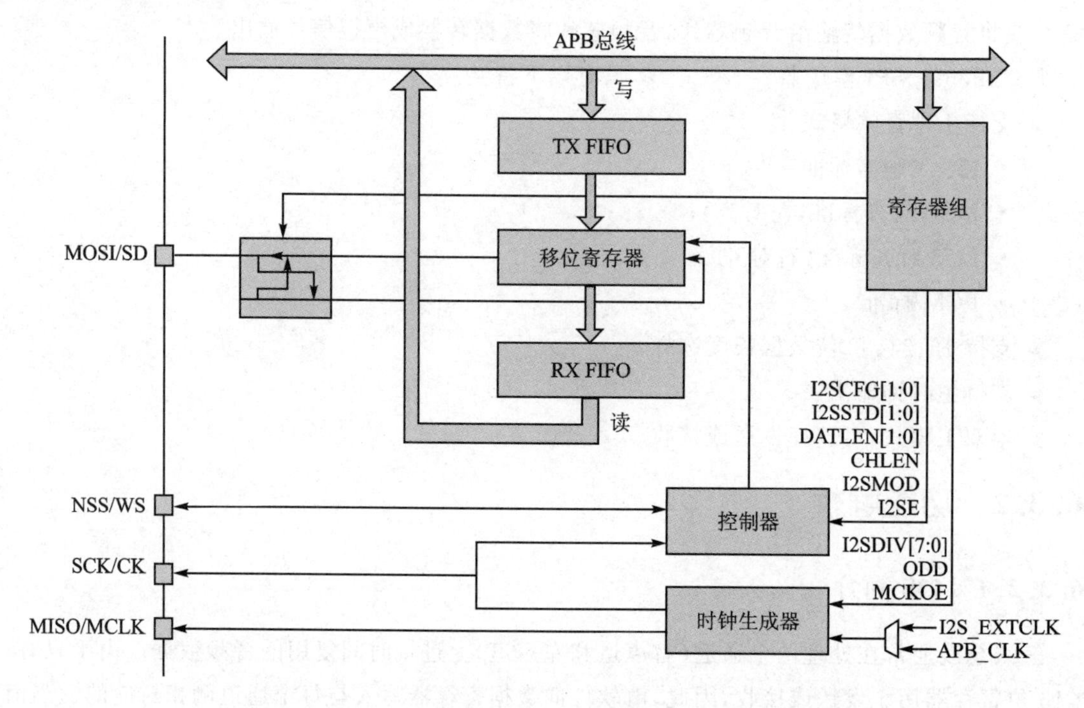

图 16-28　I2S 结构框图

16.3.2.3　总线协议和引脚说明

当 I2S 功能使能(通过设置 I2SMOD@SPI_I2SCFG 位)时,SPI 可用作音频 I2S 接口。I2S 接口主要使用与 SPI 相同的引脚、标志和中断。I2S 与 SPI 共享 4 个公共引脚,具体功能如表 16-6 所列。

表 16-6　I2S 引脚功能

引　脚	说　明
SD	串行数据(映射在 MOSI 引脚上),用于发送或接收两个时间复用数据通道
WS	声道选择(映射在 NSS 引脚上)是主机输出的数据控制信号
CK	串行时钟(映射在 SCK 引脚上)是主机的串行时钟输出
MCLK	当 SPI_I2SPR. MCKOE 置 1 时,使用主时钟(映射在 MISO 引脚上),输出以预先配置的频率等于 $256\times F_S$ 生成的附加时钟(其中 F_S 是音频采样频率)

16.3.2.4　支持音频协议

(1) I2S 飞利浦标准

对于 I2S 飞利浦标准,WS 信号用于指示正在传输哪个信道。它在第一位(MSB)可用之前

的一个 CK 时钟周期被激活，波形如图 16－29 所示。

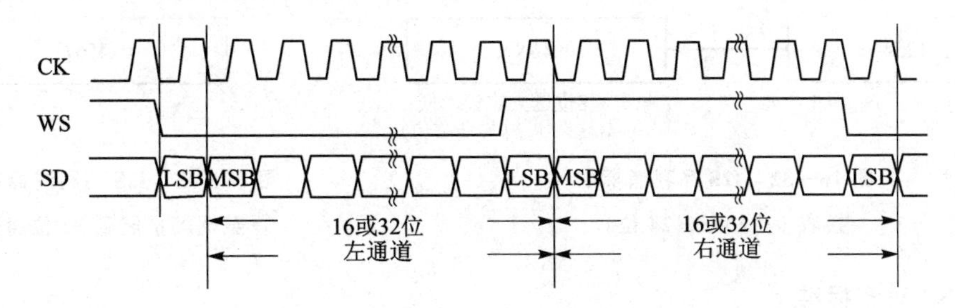

图 16－29　I2S 飞利浦标准波形(16_32 位数据帧)

数据在 CK 的下降沿(对于发送器)锁存，并在上升沿(对于接收器)读取。WS 信号也在 CK 的下降沿锁存。图 16－30 是 I2S 飞利浦标准波形(16 位数据帧扩展到 32 位通道帧，CPOL＝0)。

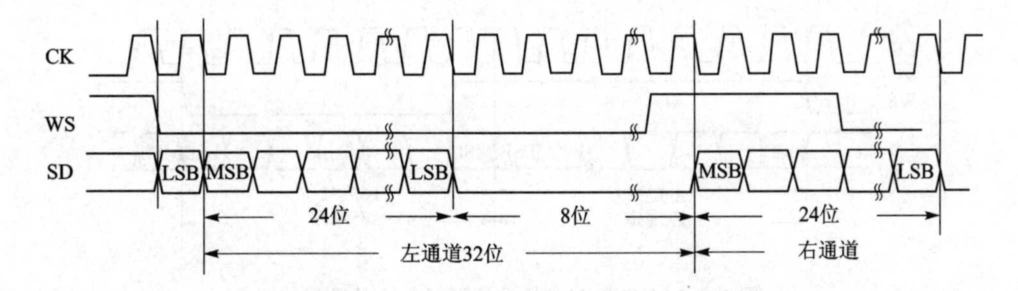

图 16－30　I2S 飞利浦标准波形(24 位数据帧)

I2S 飞利浦模式下，需要对 SPI_DATA 寄存器进行两次写或读操作。

① 在传输模式下：如果必须发送 0x123456(24 位)，则两次写操作如图 16－31 所示。

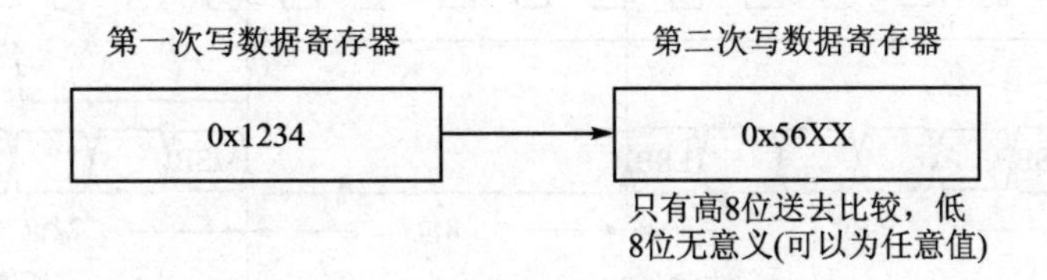

图 16－31　I2S 飞利浦标准发送 0x123456(24 位)

② 在接收模式下：如果收到数据 0x123456，则两次读操作如图 16－32 所示。

当在 I2S 配置阶段选择将 16 位数据帧扩展到 32 位通道帧时，只需要访问一次 SPI_DATA 寄存器。其余 16 位由硬件强制为 0x0000，以将数据扩展为 32 位格式。

如果要传输的数据或接收的数据是 0x4567(0x4567 0000 扩展到 32 位)，则需要执行图 16－33 所示的操作。

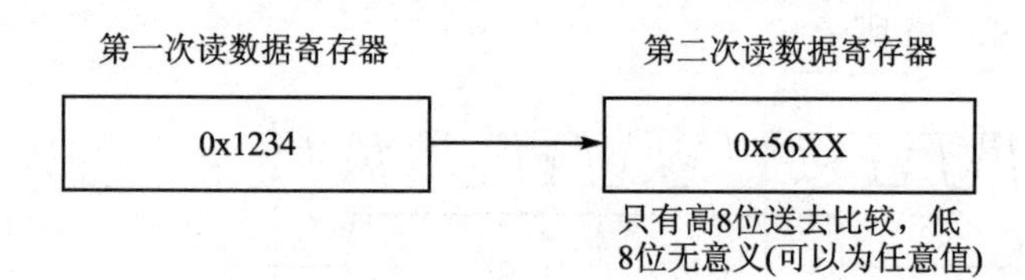

图 16-32　I2S 飞利浦标准接收 0x123456(24 位)

只进行一次对SPI_DATA的访问

0x4567

图 16-33　I2S 飞利浦标准 16 位数据帧扩展到 32 位通道帧

(2) MSB 对齐标准

对于 MSB 对齐标准,WS 信号与第一个数据位(MSB)同时生成。数据在 CK 的下降沿(对于发送器)锁存,并在上升沿(对于接收器)读取。

MSB 对齐标准波形(16/32 位数据帧,CPOL = 0)如图 16-34 所示。

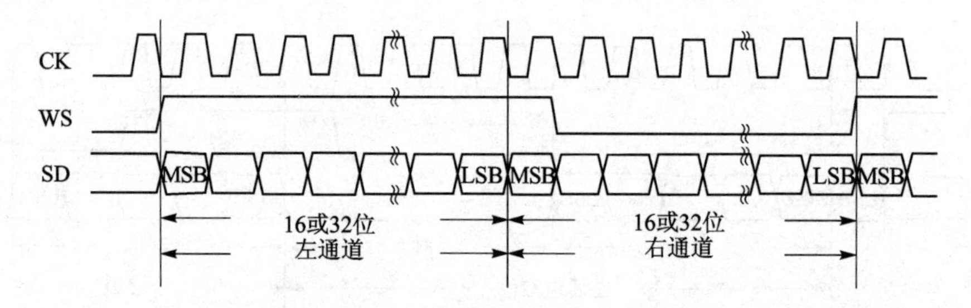

图 16-34　MSB 对齐标准波形(16_32 位数据帧)

MSB 对齐标准波形(24 位数据帧,CPOL = 0)如图 16-35 所示。

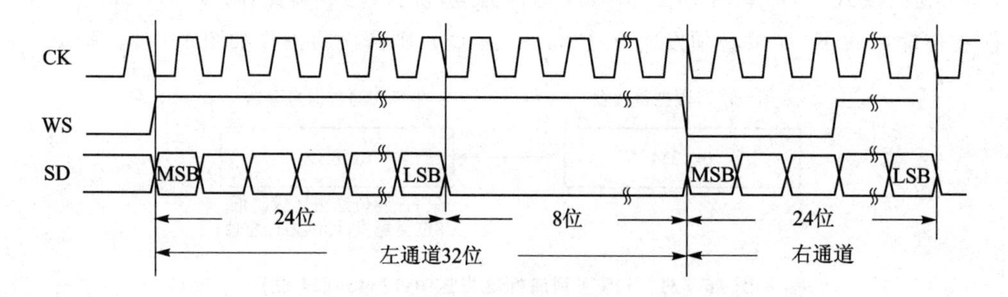

图 16-35　MSB 对齐标准波形(24 位数据帧)

MSB 对齐标准波形(16 位数据帧扩展到 32 位通道帧,CPOL = 0)如图 16-36 所示。

(3) LSB 对齐标准

LSB 对齐标准类似于 MSB 对齐标准(16 位和 32 位通道帧格式没有区别)。

LSB 对齐标准波形(16/32 位数据帧,CPOL=0)如图 16-37 所示。

LSB 对齐标准波形(24 位数据帧,CPOL=0)如图 16-38 所示。

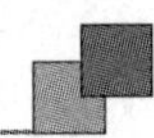

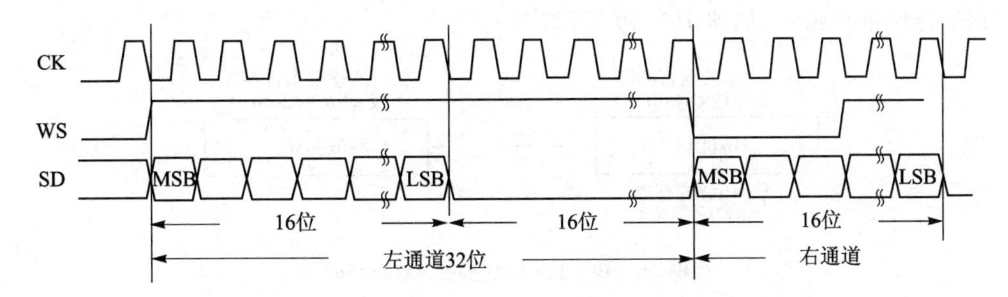

图 16-36　MSB 对齐标准波形(16 位数据帧扩展到 32 位通道帧)

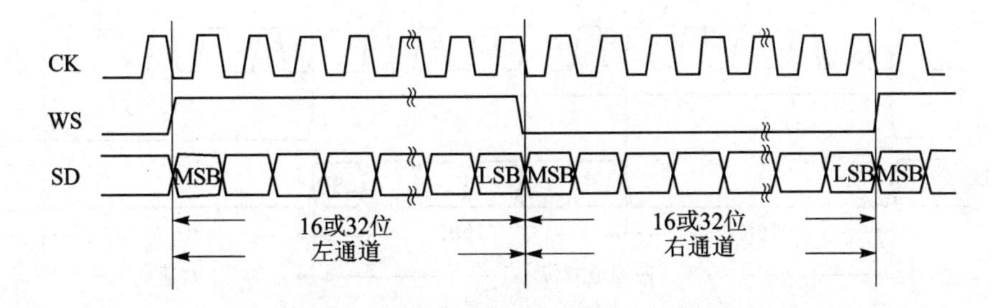

图 16-37　LSB 对齐标准波形(16_32 位数据帧)

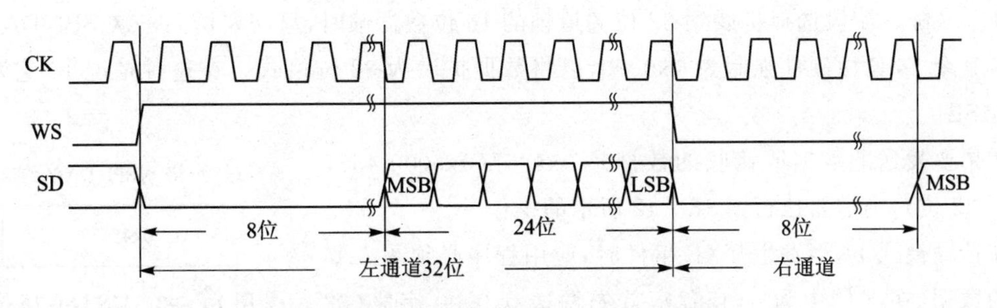

图 16-38　LSB 对齐标准波形(24 位数据帧)

① 在传输模式下,如果必须发送数据 0x123456,则软件或 DMA 需要对 SPI_DATA 寄存器进行两次写操作,如图 16-39 所示。

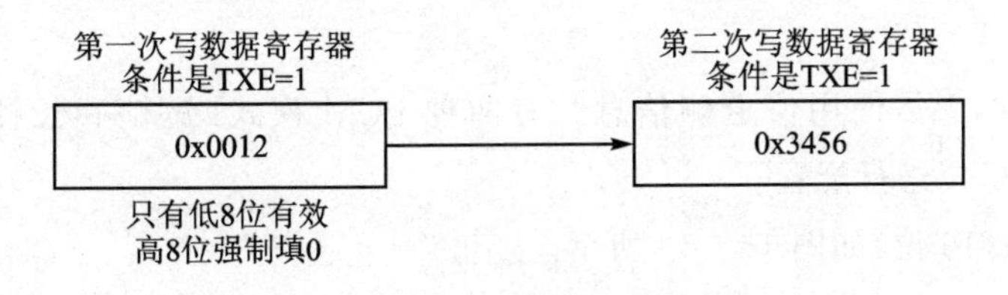

图 16-39　I2S LSB 发送 0x123456

② 在接收模式下,如果接收到数据 0x123456,则每个 RXE 事件都需要对 SPI_DATA 寄存

器执行两次连续的读操作，如图 16－40 所示。

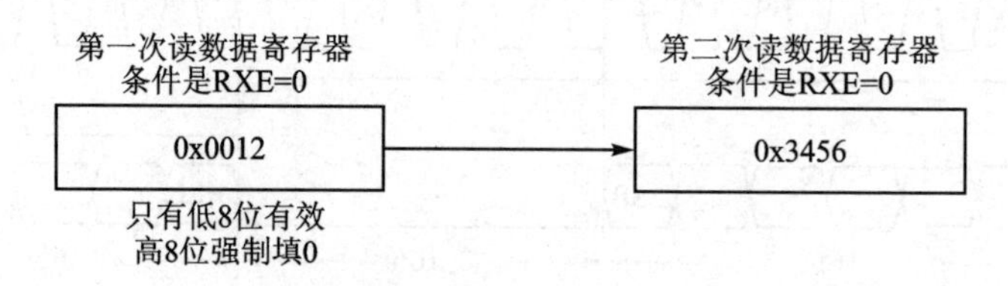

图 16－40　I2S LSB 接收 0x123456

LSB 对齐标准波形（16 位数据帧扩展到 32 位通道帧，CPOL＝0）如图 16－41 所示。

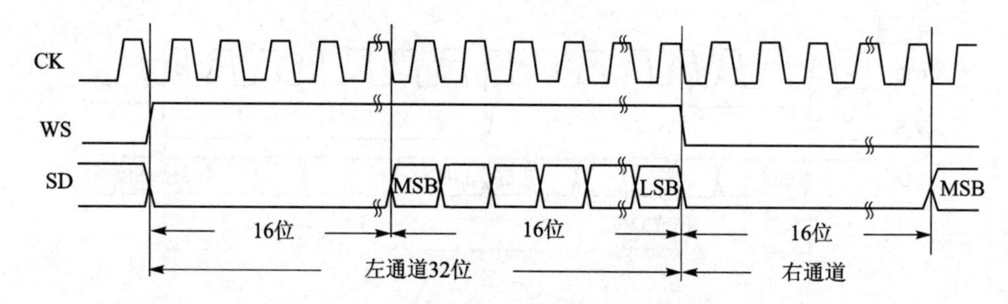

图 16－41　I2S LSB 对齐标准波形（16 位数据帧扩展到 32 位通道帧）

在 I2S 配置阶段选择扩展到 32 位通道帧的 16 位数据帧时，只需要访问一次 SPI_DATA 寄存器。其余 16 位由硬件强制为 0x0000，以将数据扩展为 32 位格式。在这种情况下，它对应于半字 MSB。

如果要发送的数据或接收的数据是 0x4567（0x0000 4567 扩展到 32 位），则需要执行图 16－42 所示的操作。

只进行一次对SPI_DATA的访问

0x4567

图 16－42　I2S LSB 16 位数据帧扩展到 32 位通道帧

在传输模式下，当发生 TXE 事件时，应用程序必须写入要传输的数据（在本例中为 0x4567），首先发送 0x0000 字段（32 位扩展）。

在接收模式下，一旦接收到有效的半字（不是 0x0000 字段），RXE 就会清 0。

以这种方式，在两次写入或读取操作之间提供更多时间，以防止下溢或溢出条件。

（4）PCM 标准

对于 PCM 标准，无需使用信道侧信息。有两种 PCM 模式（短帧和长帧）可用，通过 SPI_I2SCFG.PCMSYNC 位进行配置。

PCM 标准波形（16 位）如图 16－43 所示。

对于长帧同步，WS 信号置入时间固定为 13 位；

对于短帧同步，WS 同步信号只有一个周期。

PCM 标准波形（16 位数据帧扩展到 32 位通道帧）如图 16－44 所示。

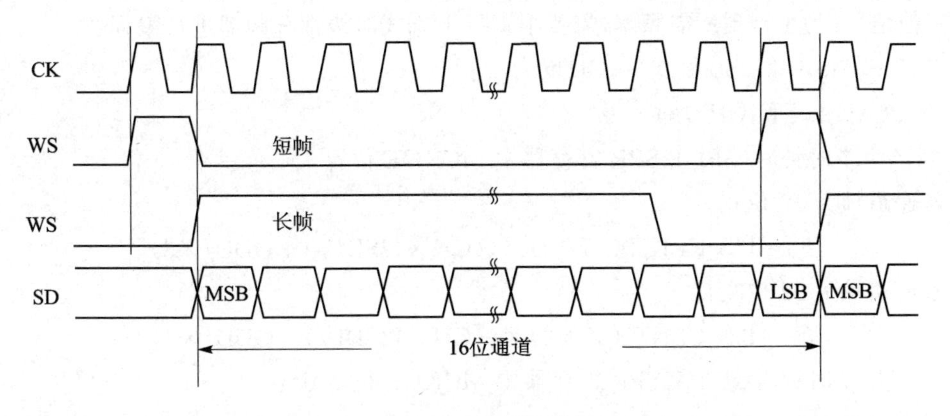

图 16-43　I2S PCM 标准波形(16 位)

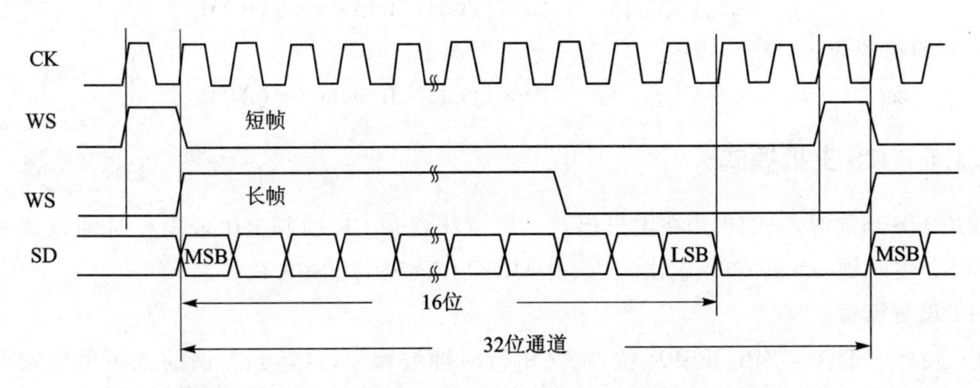

图 16-44　I2S PCM 标准波形(16 位数据帧扩展到 32 位通道帧)

16.3.2.5　时钟产生器

I2S 比特率决定 I2S 数据线上的数据流和 I2S 时钟信号频率。

I2S 比特率＝每通道的比特数×通道数×采样音频

对于 16 位音频,左右声道,I2S 比特率计算如下:

I2S 比特率＝$16\times2\times F_S$

如果数据包长度为 32 位宽,则

I2S 比特率＝$32\times2\times F_S$

音频采样频率定义如图 16-45 所示。

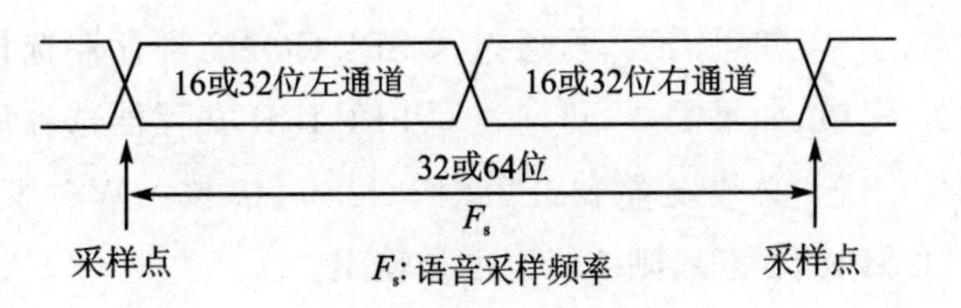

图 16-45　音频采样频率定义

音频采样频率可以是:192 kHz,96 kHz,48 kHz,44.1 kHz,32 kHz,22.05 kHz,16 kHz,11.025 kHz 或 8 kHz(或上述范围内

的任何其他值)。为了得到所需频率,需要根据以下方式对线性分频器进行编程:

① 在 I2S、MSB 和 LSB 模式下,CH 为 2。

② 在 PCM 模式下,CH 为 1。

③ 当产生主时钟时(SPI_I2SPR 寄存器中 MCKOE 位置 1):

➢ 若通道帧为 16 位宽:

$$F_S = \text{I2S\_CLK}/[(16\times2)\times((\text{CH}\times\text{I2SDIV})+\text{ODD})\times8)]$$

➢ 若通道帧为 32 位宽:

$$F_S = \text{I2S\_CLK}/[(32\times2)\times((\text{CH}\times\text{I2SDIV})+\text{ODD})\times4)]$$

④ 当禁用主时钟时(SPI_I2SPR 寄存器中 MCKOE 位清 0):

➢ 若通道帧为 16 位宽:

$$F_S = \text{I2S\_CLK}/[(16\times2)\times((\text{CH}\times\text{I2SDIV})+\text{ODD}))]$$

➢ 若通道帧为 32 位宽:

$$F_S = \text{I2S\_CLK}/[(32\times2)\times((\text{CH}\times\text{I2SDIV})+\text{ODD}))]$$

16.3.2.6 I2S 主机模式

使用 I2S 功能时,只能工作在主机模式。这意味着在 CK 引脚上生成串行时钟以及字选择信号 WS。主时钟(MCK)可以输出与否,由 MCKOE@SPI_I2SPR 位控制。

(1) 设置流程

① 选择 I2SDIV@SPI_I2SPR 位,定义串行时钟波特率,以达到正确的音频采样频率。同时,必须定义 ODD@SPI_I2SPR 位。

② 选择 CKPOL 位以定义通信时钟的稳定电平。如果需要将主时钟 MCK 提供给外部 DAC/ADC 音频组件,则将 MCKOE@SPI_I2SPR 位置 1(I2SDIV 和 ODD 值应根据 MCK 输出的状态进行计算)。

③ 将 I2SMOD@SPI_I2SCFG 位置 1 以激活 I2S 功能,并通过 I2SSTD@SPI_I2SCFG 和 PCMSYNC@SPI_I2SCFG 位选择 I2S 标准,通过 DATLEN@SPI_I2SCFG 位选择数据长度,通过配置 CHLEN@SPI_I2SCFG 位来选择通道长度。通过 I2SCFG@SPI_I2SCFG 位选择方向(发送器或接收器)。

④ 如果需要,可通过写 SPI_CON2 寄存器选择 DMA 功能。

⑤ 如果需要,可通过写 SPI_IER 寄存器选择所有可能的中断源。

⑥ 必须设置 I2SE@SPI_I2SCFG 位。WS 和 CK 配置为输出模式。如果 MCKOE@SPI_I2SPR 位置 1,则 MCK 也是输出。

(2) 传输序列

① 当半字写入 TX FIFO 时,传输序列开始。

② 写入 TX FIFO 的第一个数据应对应于左声道数据。当左声道的数据写入 TX FIFO 后必须紧跟着写入对应于右声道的数据。CHSIDE 标志指示当前发送的声道。

③ 必须将全帧视为左右声道数据传输,不会有仅发送左声道的部分帧。

④ 有关写入操作的更多详细信息,具体取决于所选的 I2S 标准模式(请参见音频协议)。

⑤ 为了确保连续的音频数据传输,必须在当前传输结束之前将对 SPI_DATA 寄存器写入下一个要传输的数据。若要禁用 I2S,必须等到 TXE = 1 且 BUSY = 0 时,通过清除 I2SE@SPI_I2SCFG 来关闭 I2S。

(3) 接收序列

① 操作模式与传输模式相同,除了第③点(参见 I2S 主机模式中描述的过程)之外,其中应通过 I2SCFG@SPI_I2SCFG 位设置为接收模式。

② RX FIFO 为满时,RXF 标志置 1。如果 RXFIE@SPI_IER 位置 1,则产生中断。根据数据和通道长度配置,右声道或左声道接收的音频值可能是由于进入 RX FIFO 的一次或两次接收所致。

③ 通过读取 SPI_DATA 寄存器来将 RXF 位清 0。

④ 有关根据所选 I2S 标准模式进行读取操作的更多详细信息,请参见音频协议。

⑤ 如果在尚未读取先前接收的数据时接收到新的数据,则生成溢出并设置 RXOV 标志。如果 SPI_IER 寄存器中的 RXOVIE 位置 1,则会产生中断以指示错误。

I2S 状态标志如表 16-7 所列。

I2S 错误标志如表 16-8 所列。

表 16-7　I2S 状态标志

标　志	说　明
TXE	发送 FIFO 空标志
TXF	发送 FIFO 满标志
RXE	接收 FIFO 空标志
RXF	接收 FIFO 满标志
BUSY	BUSY 标志
CHSIDE	声道标志

表 16-8　I2S 错误标志

标　志	说　明
TXOV	发送 FIFO 溢出标志
TXUD	发送 FIFO 下溢标志
RXOV	接收 FIFO 溢出标志
RXUD	接收 FIFO 下溢标志

16.3.3　程序设计示例

使用 ALD 库设计程序

使用 ALD 库实现 I2S 主机通信的具体代码请参考例程:ES32_SDK\Projects\Book1_Example\SPI_Enhance\ALD\06_i2s。

16.4 应用系统实例

16.4.1 实验描述

本实验使用 ES32 SDK 代码演示如何用 ES32F369x 芯片的 SPI 接口读/写外部的 SPI Flash,使用的目标 Flash 型号是 MX25L6433F。软件控制 MCU 向外部的 SPI Flash 的固定地址写入指定长度的数据,然后读取同一地址相同长度的数据并放入数组中。

16.4.2 硬件介绍

MX25L6433F 存储器具有以下特点:

- 64 Mb/8 MB 的存储空间;
- 最高 50 MHz 的时钟频率;
- 页大小为 256 字节,扇区大小为 4 KB;
- 可一次擦除 4 KB、64 KB 或整片擦除;
- 低功耗设计;
- 高达 10 万次的擦除/编程次数;
- 至少 20 年的数据保存时间。

SPI Flash 由于其本身特点,每位只能从 1 清 0,而不能从 0 置 1,所以在写入数据前需要先执行擦除操作,也就是把 Flash 的某个区域的所有位全部置 1。一般来讲,SPI Flash 都具有分页机制,由多个页(page)组成一个扇区(sector),多个扇区又组成一个块(block)。SPI Flash 可以在任意地址中写入 1 字节数据,但擦除只能一次性将某个区域全部擦除。

图 16-46 为 ES32F369x 开发板与 MX25L6433F 的硬件连接图。

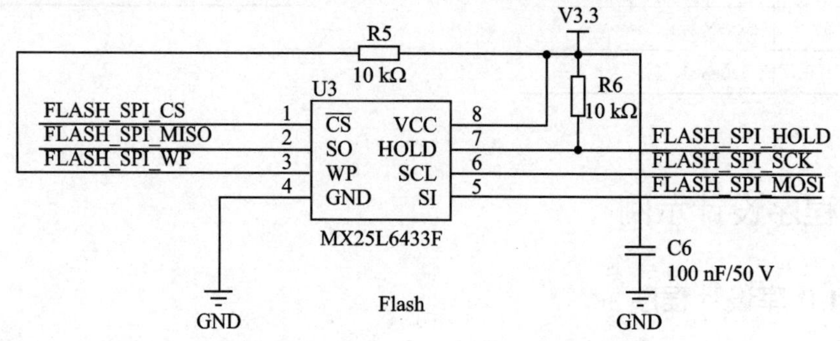

图 16-46 ES32F369x 与 MX25L6433F 的硬件连接

MX25L6433F 指令都是以 $\overline{CS}$ 下降沿开始、以 $\overline{CS}$ 上升沿结束。在此期间传输的第一个字节是指令码，之后可能还有地址、数据、无关的字节等。MX25L6433F 支持 JEDEC 标准，存储器内置一个 64 位的独立串行数字，它包含制造商和芯片 ID。MX25L6433F 支持的指令如表 16－9 所列。

表 16－9　MX25L6433F 支持的指令

指　令	字节 1	字节 2	字节 3	字节 4	字节 5	字节 6	下一个字节
写使能	06h						
写禁止	04h						
读状态寄存器	05h	(S7～S0)					
写状态寄存器	01h	S7～S0					
读数据	03h	A23～A16	A15～A8	A7～A0	(D7～D0)	下一个字节	继续
页编程	02h	A23～A16	A15～A8	A7～A0	(D7～D0)	下一个字节	直到 256 个字节
块擦除(64 KB)	D8h	A23～A16	A15～A8	A7～A0			
扇区擦除(4 KB)	20h	A23～A16	A15～A8	A7～A0			
芯片擦除	C7h						
掉电	06h						
释放掉电/器件 ID	ABh	伪字节	伪字节	伪字节	(ID7～ID0)		
制造/器件 ID	90h	伪字节	伪字节	00h	(M7～M0)	(ID7～ID0)	
JEDEC ID	9Fh	(M7～M0)	(ID15～ID8)	(ID7～ID0)			

说明：数据传输高位在前，带括号的数据表示数据从 DO 引脚读取。

本实验主要用到写使能指令、扇区擦除指令、页编程指令、读指令：

(1) 写使能指令

在页编程、扇区擦除、块擦除、整片擦除等指令之前必须发送写使能指令，之后才可发送其他指令。写使能指令的时序如图 16－47 所示。

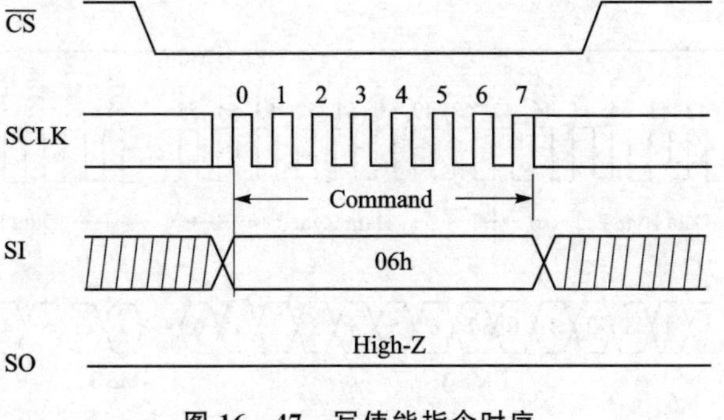

图 16－47　写使能指令时序

(2) 扇区擦除指令

SPI Flash 在写入数据前必须保证所有位均为 1,所以需先执行擦除指令。MX25L6433F 支持 3 种类型擦除指令:块擦除指令、扇区擦除指令和整片擦除指令。扇区擦除指令的时序如图 16-48 所示。

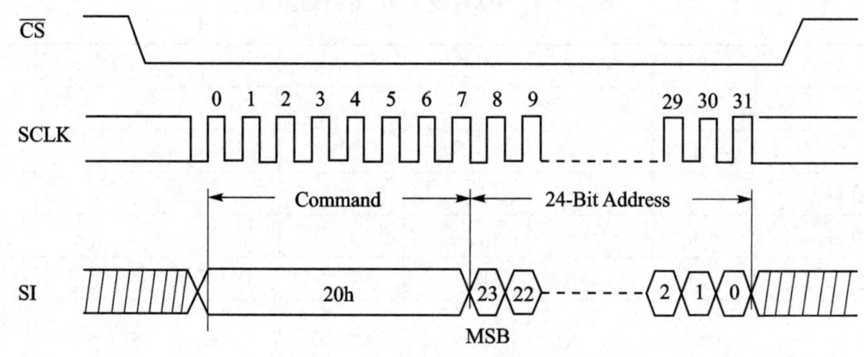

图 16-48 扇区擦除指令时序

(3) 页编程指令

用户在向 Flash 写入数据前需要发送页编程指令。需注意的是,如果待写入的数据量超过页剩下的长度,那么 Flash 会回到当前页的开始地址处,先前写入的数据可能会被覆盖。页编程指令的时序如图 16-49 所示。

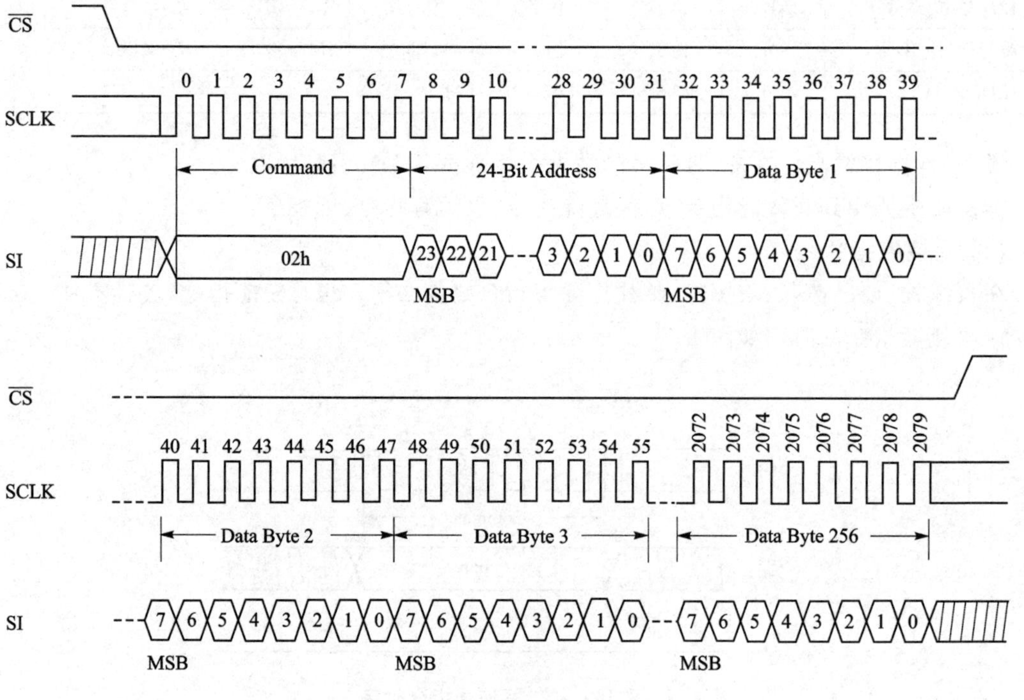

图 16-49 页编程指令时序

(4) 读指令

在从 Flash 的指定地址处读取数据前需要发送读指令。读指令的时序如图 16－50 所示。

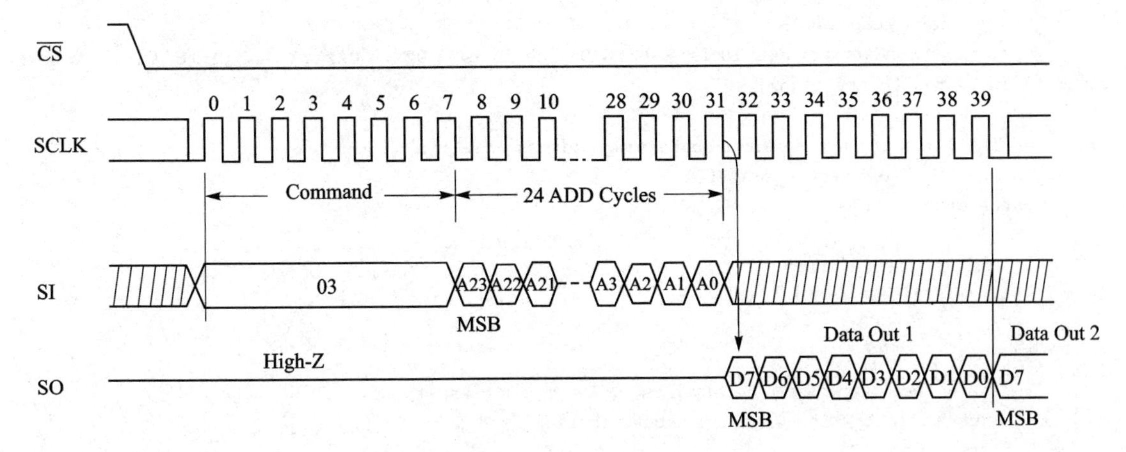

图 16－50　读指令时序

16.4.3　代码分析

用户向 SPI Flash 中写入固定的值后，再从相同的地址读取数据，使用 UART 工具来查看写入与读取的数据。如下例程为使用 ALD 库实现上述功能（使用 MD 库实现的例程请参考 ES32 SDK）。

本例程主要用到 main.c、uart.c、spi_flash.c 这 3 个源文件及其对应的头文件，其余均是 ALD 库文件，不需要用户改动。下面从 main 函数开始分别讲解 SPI 驱动 Flash 的代码调用顺序。完整的主程序如下：

```
static char flash_txbuf[256] = "essemi mcu spi flash example!"; /* 长度必须小于一页(256 字节) */
static char flash_rxbuf[256];

/**
  * @brief  Test main function
  * @retval Status
  */
int main()
{
    uint32_t id;
    ald_status_t status;

    ald_cmu_pll1_config(CMU_PLL1_INPUT_HOSC_3, CMU_PLL1_OUTPUT_48M);  /* 使能倍频，由晶振 3 分
                                                                        频倍频至 48 MHz */
    ald_cmu_clock_config(CMU_CLOCK_PLL1, 48000000);      /* 选择倍频时钟为系统时钟 */
    ald_cmu_perh_clock_config(CMU_PERH_ALL, ENABLE);     /* 使能所有外设时钟 */
```

```
    mcu_uart_init();                                    /* 初始化 UART 模块 */
    mcu_spi_init();                                     /* 初始化 SPI 模块 */

    id = flash_read_id();
    printf("\r\nManufacturer ID is %02x & Device ID is %02x %02x\r\n", (uint8_t)(id >> 16),
(uint8_t)(id >> 8), (uint8_t)id);

    printf("Now erase the sector containing address 0...\r\n");
    status = flash_sector_erase(0);
    if(status == OK)
    {
        flash_wait_unbusy();                            /* 等待擦除完成 */
        printf("Erase OK! \r\n");
    }

    printf("The date written to flash is -> %s\r\n", flash_txbuf);
    status = flash_write(0, flash_txbuf, strlen(flash_txbuf) + 1);
    if(status == OK)
    {
        flash_wait_unbusy();                            /* 等待写入完成 */
        printf("Write OK! \r\n");
    }

    status = flash_read(0, flash_rxbuf, strlen(flash_txbuf) + 1);      /* 读取写入数据 */
    printf("The data read from flash is   -> %s\r\n", flash_rxbuf);

    if(!memcmp(flash_txbuf, flash_rxbuf, strlen(flash_txbuf) + 1)) /* 比较写入和读取的数据 */
        printf("Read OK! \r\n");
    else
        printf("Read ERROR! \r\n");

    while(1)
        ;
}
```

mcu_uart_init()函数用于初始化 UART 功能，方便用户从串口工具上查看写入与读取的数据。波特率为 115 200，8 位数据，1 位停止位，无校验位。由于用户用到了 printf 函数，因此还需要一个 int fputc(int c, FILE *f)函数用来重定向 printf 函数输出，且要包含 stdio.h 头文件。mcu_spi_init()函数用于初始化 SPI 模块。

```
int fputc(int c, FILE  *f)    /* 重定向 printf 输出至串口 */
{
    while((ald_uart_get_status(&gs_uart, UART_STATUS_TFTH)) != SET) ; /* 等待上一字节发送完成 */

    gs_uart.perh->TXBUF = (uint8_t)c;                        /* UART 发送 */

    return c;
```

```
}
```

通过 flash_read_id()函数读取 Flash 的设备 ID,该函数主要由两个子函数和两个宏定义实现,分别是 ald_spi_send_byte_fast 函数和 ald_spi_recv_byte_fast 函数,以及 MX25L64CSSET 和 MX25L64CSCLR 宏定义(下同)。实现代码如下。

```
#define FLASH_CS_SET() ald_gpio_write_pin(GPIOA, GPIO_PIN_15, 1)
#define FLASH_CS_CLR() ald_gpio_write_pin(GPIOA, GPIO_PIN_15, 0)

uint32_t flash_read_id(void)
{
    uint8_t i;
    int r_flag = 0;
    uint8_t flash_id[4] = {0};

    flash_id[0] = FLASH_ID;

    FLASH_CS_CLR();                    /* 片选拉低,选中 Flash */
    for(i = 0; i < sizeof(flash_id); i++)
    {
        if(ald_spi_send_byte_fast(&gs_spi, flash_id[i]) != OK)
        {
            FLASH_CS_SET();            /* 片选拉高,释放 Flash */
            return ERROR;
        }
    }

    for(i = 0; i < 3; i++)
    {
        flash_id[i] = ald_spi_recv_byte_fast(&gs_spi, &r_flag);

        if(r_flag != OK)
        {
            FLASH_CS_SET();
            return ERROR;
        }
    }

    FLASH_CS_SET();

    return((flash_id[0] << 16) | (flash_id[1] << 8) | (flash_id[2]));
                                    /* 制造商 ID flash_id[0]和设备 ID flash_id[1:2] */
}
```

接着使用 mx25l64_sector_erase 函数来擦除指定的扇区,该函数有一个 uint8_t 类型的表示地址的参数。此函数会擦除该地址所在的整个扇区。实现代码如下。

```
ald_status_t flash_sector_erase(uint32_t addr)
```

```
{
    uint8_t cmd_buf[4];
    uint8_t i = 0;

    cmd_buf[0] = FLASH_ERASE;                    /* Flash 扇区擦除指令 */
    cmd_buf[1] = (addr >> 16) & 0xff;            /* 24 位 Flash 地址 */
    cmd_buf[2] = (addr >> 8) & 0xff;
    cmd_buf[3] = addr & 0xff;

    FLASH_CS_CLR();                              /* 片选拉低,选中 Flash */
    if(ald_spi_send_byte_fast(&gs_spi, FLASH_WRITE_ENABLE) != OK)/* 先发送写使能指令 */
    {
        FLASH_CS_SET();
        return ERROR;
    }
    FLASH_CS_SET();/* 片选拉高,释放 Flash */

    delay(100);
    FLASH_CS_CLR();
    for(i = 0; i < sizeof(cmd_buf); i++)        /* 发送扇区擦除指令和 3 字节的 Flash 地址 */
    {
        if(ald_spi_send_byte_fast(&gs_spi, cmd_buf[i]) != OK)
        {
            FLASH_CS_SET();
            return ERROR;
        }
    }
    FLASH_CS_SET();

    return OK;
}
```

擦除完成之后就可以向 Flash 中写入数据了,通过调用 mx25l64_write 函数来实现写入功能。该函数有 3 个参数,依次是 Flash 待写地址、待写数据基地址、待写的数据长度。实现代码如下:

```
ald_status_t flash_write(uint32_t addr, char  *buf, uint8_t size)
{
    uint8_t cmd_buf[4];
    uint8_t i = 0;

    if(buf == NULL)
        return ERROR;

    cmd_buf[0] = FLASH_PROGRAM;
    cmd_buf[1] = (addr >> 16) & 0xff;
    cmd_buf[2] = (addr >> 8) & 0xff;
    cmd_buf[3] = addr & 0xff;
```

```
    FLASH_CS_CLR();                              /* 片选拉低,选中 Flash */
    if(ald_spi_send_byte_fast(&gs_spi, FLASH_WRITE_ENABLE) != OK)
    {
        FLASH_CS_SET();
        return ERROR;
    }

    FLASH_CS_SET();                              /* 片选拉高,释放 Flash */

    delay(100);
    FLASH_CS_CLR();
    for(i = 0; i < sizeof(cmd_buf); i++)        /* 发送编程指令和 3 字节的 Flash 地址 */
    {
        if(ald_spi_send_byte_fast(&gs_spi, cmd_buf[i]) != OK)
        {
            FLASH_CS_SET();
            return ERROR;
        }
    }

    for(i = 0; i < size; i++)                   /* 待写数据发送到 Flash */
    {
        if(ald_spi_send_byte_fast(&gs_spi, buf[i]) != OK)
        {
            FLASH_CS_SET();
            return ERROR;
        }
    }

    FLASH_CS_SET();

    return OK;
}
```

在数据发送到 Flash 后,就可以通过函数 mx25l64_read 来读取数据。该函数有 3 个参数,依次是 Flash 待读地址、数据保存基地址、待读的数据长度。实现代码如下:

```
ald_status_t flash_read(uint32_t addr, char  *buf, uint16_t size)
{
    uint8_t cmd_buf[4];
    uint8_t i = 0;
    int r_flag = 0;

    if(buf == NULL)
        return ERROR;

    cmd_buf[0] = FLASH_READ;
```

```
    cmd_buf[1] = (addr >> 16) & 0xff;
    cmd_buf[2] = (addr >> 8) & 0xff;
    cmd_buf[3] = addr & 0xff;

    FLASH_CS_CLR();                         /* 片选拉低,选中 Flash */
    for(i = 0; i < sizeof(cmd_buf); i++)    /* 发送编读指令和 3 字节的 Flash 地址 */
    {
        if(ald_spi_send_byte_fast(&gs_spi, cmd_buf[i]) != OK)
        {
            FLASH_CS_SET();                 /* 片选拉高,释放 Flash */
            return ERROR;
        }
    }

    for(i = 0; i < size; i++)               /* 发送编程指令和 3 字节的 Flash 地址 */
    {
        buf[i] = ald_spi_recv_byte_fast(&gs_spi, &r_flag);

        if(r_flag != OK)
        {
            FLASH_CS_SET();
            return ERROR;
        }
    }

    FLASH_CS_SET();

    return OK;
}
```

该实验除系统板 ES-PDS-ES32F369x-V2.1 外,还需用到 ES-PDS-E2+FLASH-V1.1 子板。

实验步骤如下:

① 编译工程,编译通过后将程序下载到目标芯片;

② 将芯片的 NSS/SCK/MISO/MOSI 分别连接 Flash 的 CS/SCK/MISO/MOSI,芯片的 TX/RX 分别接至 ESBridge 的 RX/TX;

③ ESBridge 通过 USB 线缆连接 PC,打开上位机软件,在“设备操作”选项中选择“打开”;

④ 上位机切换到 UART 标签页,按照程序配置参数,打开串口;

⑤ 复位芯片或在线调试,运行程序,上位机接收框打印读/写结果。

SPI 接口读/写外部 SPI Flash 的实验效果如图 16-51 所示。

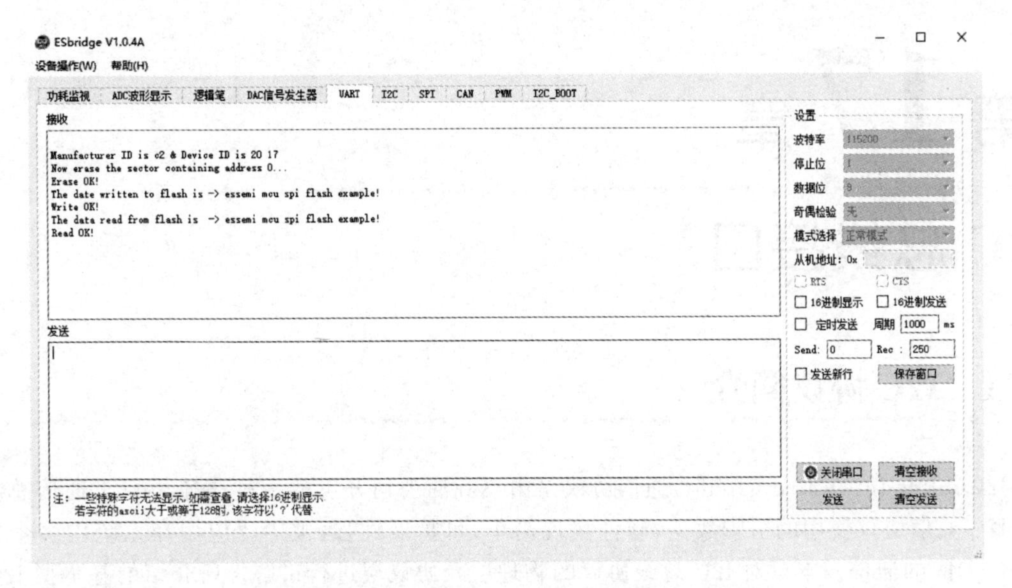

图 16－51　SPI 接口读/写外部 SPI Flash 实验效果

第17章

I2C 总线接口

17.1 I2C 协议简介

I2C(Inter-Integrated Circuit)通信协议是由飞利浦公司开发的一种高速半双工通信总线协议。I2C 通信协议使用的引脚数少,硬件实现简单,可扩展性强,被广泛应用在系统内多个集成电路(IC)间的通信。本章对 I2C 总线协议的物理层及协议层进行讲解。所介绍的基本型 I2C 模块及其程序设计示例是基于 ES32H040x 平台,增强型 I2C 模块及其程序设计示例是基于 ES32F369x 平台。

17.1.1 物理层

I2C 通信设备之间的连接方式和信号传输基本情况见图 17-1。

I2C 的物理层有如下特点:

- I2C 是一个支持设备通信的总线。"总线"指多个设备共用的信号线。在一个 I2C 通信总线中,可连接多个 I2C 通信设备,支持多个通信主机及多个通信从机。
- I2C 总线只使用两条总线线路,分别是双向串行数据线(SDA)和串行时钟线(SCL)。SDA 用于传输数据,SCL 用于同步数据位。
- 每个连接到 I2C 总线的设备都有一个独立的地址,主机可以利用该地址进行不同设备之间的访问。
- I2C 总线通过上拉电阻连接到电源。当 I2C 设备空闲时,会输出高阻态;而当所有设备都空闲且都输出高阻态时,由上拉电阻把总线拉成高电平。
- 多个主机同时使用 I2C 总线时,为了防止数据冲突,会利用仲裁方式决定由哪个设备占用总线。
- I2C 总线具有 3 种传输模式,按照传输速率区分:标准模式下为 100 kbps,快速模式下提高到 400 kbps,高速模式下可达 3.4 Mbps。
- 同一 I2C 总线的设备数量,负载受总线最大电容 400 pF 限制。

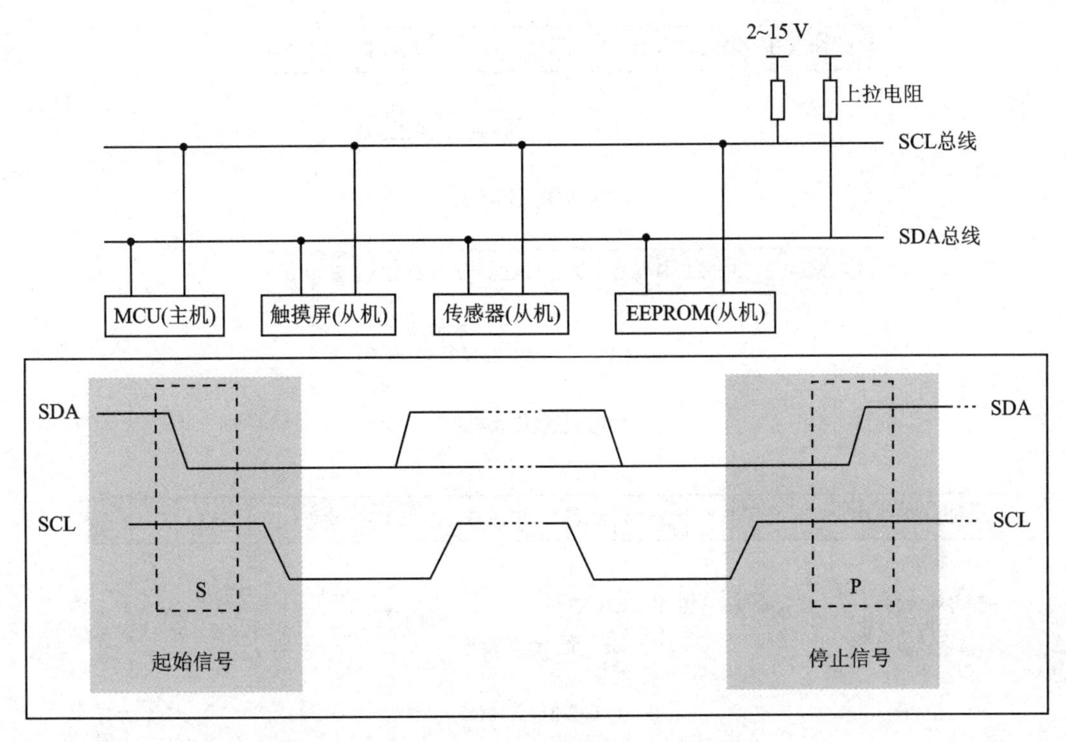

图 17-1　I2C 常用连接方式和信号传输基本情况

17.1.2　协议层

I2C 协议定义了通信的起始信号和停止信号、数据有效性、响应、仲裁、时钟同步和地址广播等内容。

图 17-2 展示了 I2C 通信过程的基本帧结构,包括主机和从机通信时的 SDA 线的数据帧结构。

图 17-2 中,S 表示由主机发起的通信起始信号,连接到 I2C 总线上的所有从机都会接收到起始信号。收到起始信号后,所有从机等待主机广播的从机地址信号(SLAVE_ADDRESS)。在 I2C 总线上,每个设备的地址都是唯一的,当主机广播的地址与某个设备地址相同时,该设备就被选中。未被选中的设备会忽略之后的数据信号。根据 I2C 总线协议,该从机地址可以是 7 位或 10 位。

在地址位之后,是传输方向的选择位。该位为 0 时,后面的数据传输方向是由主机传输至从机,即主机向从机写数据;该位为 1 时,后面的数据传输方向是由从机传输至主机,即主机从从机读取数据。

从机接收到匹配的地址后,会返回一个应答(ACK)或非应答(NACK)信号,只有接收到应答信号,主机才能继续发送或接收数据。

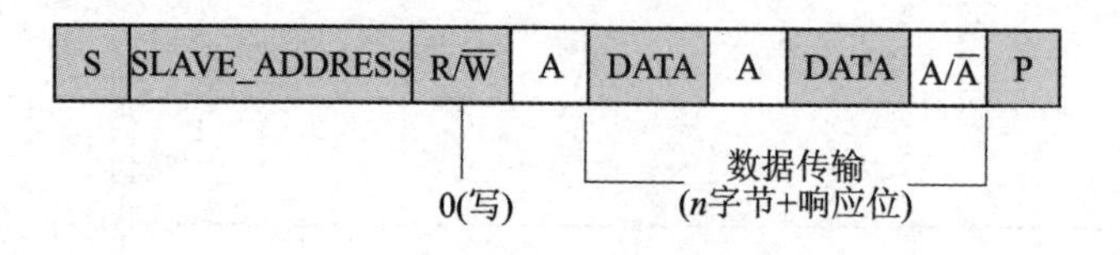

(a) 主机写数据到从机

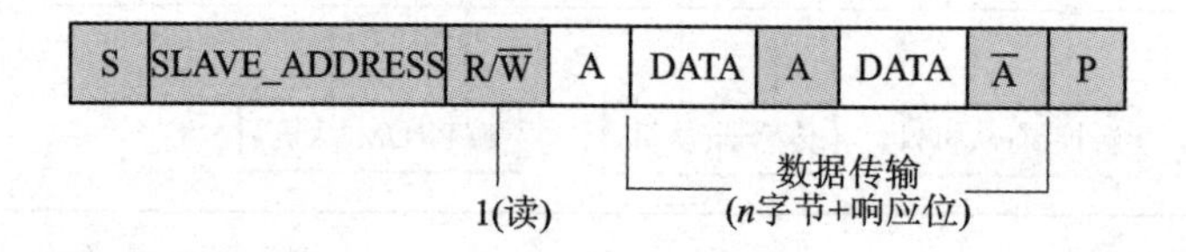

(b) 主机从从机读取数据

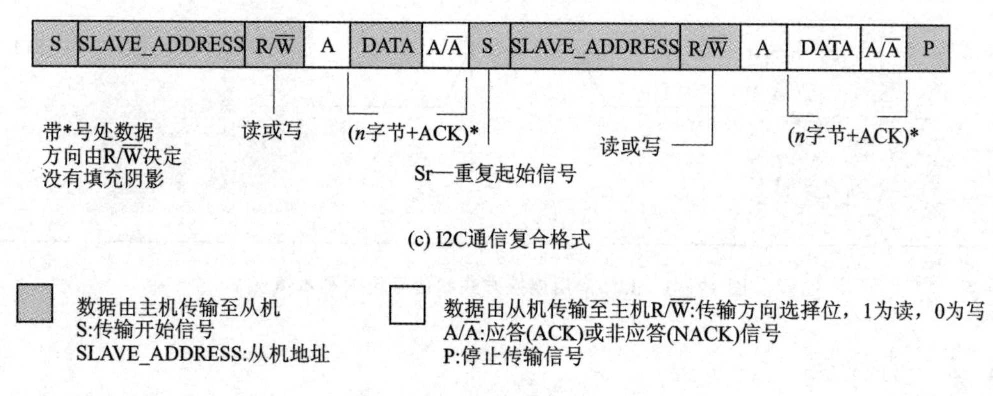

(c) I2C通信复合格式

图 17-2 I2C 基本读/写过程

若配置的方向传输位为“写数据”方向(即图 17-2(a)的情况)，则广播完地址、接收到应答信号后，主机开始向从机传输数据(DATA)，数据包的大小为 8 位，主机每发送完一个字节数据，都要等待从机的应答信号(ACK)，重复这个过程，可以向从机传输 N 个数据(N 没有大小限制)。当数据传输结束时，主机向从机发送一个停止信号(P)，表示停止传输数据。

若配置的方向传输位为“读数据”方向(即图 17-2(b)的情况)，则广播完地址、接收到应答信号后，从机开始向主机返回数据(DATA)，数据包大小也为 8 位，从机每发送完一个数据，都会等待主机的应答信号(ACK)，重复这个过程，可以返回 N 个数据(N 没有大小限制)。当主机要停止接收数据时，向从机返回一个非应答信号(NACK)，主机向从机发送一个停止信号(P)，从机自动停止数据传输。

除了基本的读/写外，I2C 通信更常用的是复合格式(即图 17-2(c)的情况)，该传输过程有两次起始信号(S)。一般地，在第一次传输中，主机通过 SLAVE_ADDRESS 寻找到从机后，发送一段数据，这段数据通常用于表示从机内部的寄存器或存储器地址(该地址与 SLAVE_ADDRESS 无关)；在第二次传输中，对该地址的内容进行读或写。也就是说，第一次通信是写从机内部的寄存器或存储器的地址，第二次通信则是读或写从机内部的寄存器或存储器的数据。

针对以上I2C协议通信帧结构，详细说明如下：

1. 通信的起始信号和停止信号

起始信号(S)和停止信号(P)是两种特殊的状态，见图17-3。当SCL线是高电平时，SDA线从高电平向低电平切换，表示通信的起始；当SCL是高电平时，SDA线由低电平向高电平切换，表示通信的停止。起始信号和停止信号均由主机向从机传输。

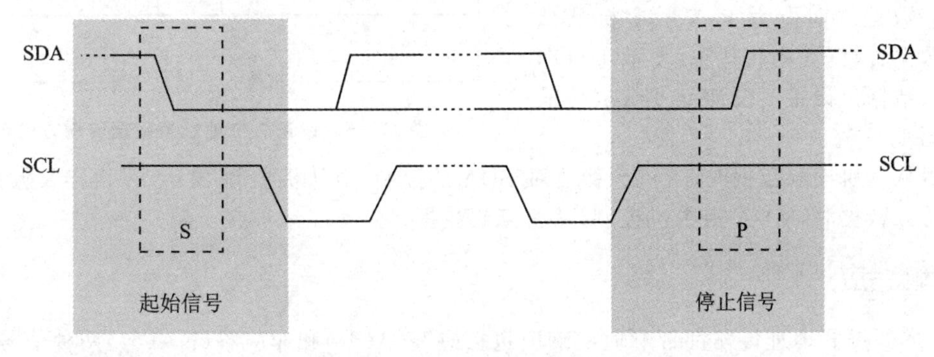

图17-3 起始信号和停止信号

2. 数据有效性

如图17-4所示，I2C使用SDA信号线进行数据传输，使用SCL信号线进行数据同步。SDA在SCL的每个时钟周期传输一位数据。传输时，SCL的上升沿采样SDA有效数据(即数据建立时间)，SDA为高电平表示数据1，为低电平表示数据0。SCL为高电平期间，SDA电平不能变化，SDA电平变化会导致起始信号或结束信号的产生，即数据保持时间为整个SCL高电平时间。当SCL为低电平时，SDA电平可以变化，用于数据0或1的电平切换，为下一次数据传输做建立时间的准备。

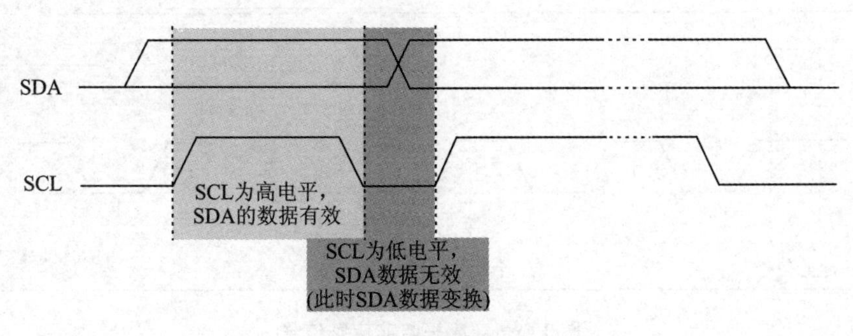

图17-4 数据有效性

每次数据传输都以字节为单位，每次传输的字节数不受限制。

3. 地址及数据方向

I2C 总线上的每个设备都有各自的独立地址，主机发起通信时，通过 SDA 发送从机地址(SLAVE_ADDRESS)来查找从机。I2C 协议规定从机地址可以是 7 位或 10 位，其中 7 位地址应用比较广泛。从机地址之后的一个数据位是数据方向位(R/W)，用来表示数据传输方向。数据方向位为 1，表示主机从从机读取数据；数据方向位为 0，表示主机向从机写入数据。设备 7 位地址及数据传输方向见图 17-5。

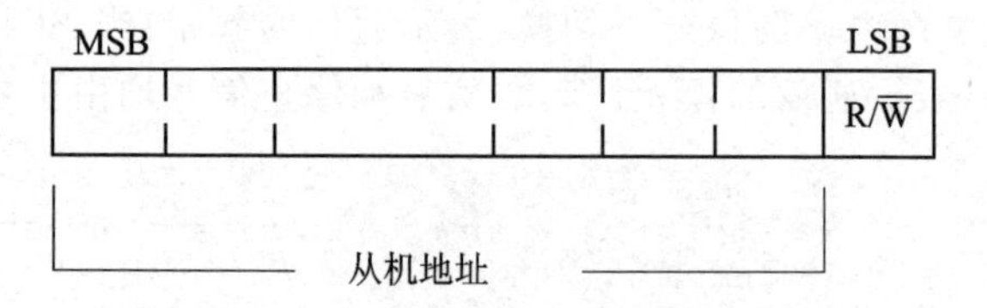

图 17-5　设备 7 位地址及数据传输方向

主机从从机读取数据时，主机会释放对 SDA 的控制，由从机控制 SDA，主机接收数据；主机向从机写入数据时，SDA 由主机控制，从机接收数据。

4. 响　应

I2C 的数据和地址传输都带响应。响应包括应答(ACK)和非应答(NACK)两种信号。作为数据接收方时，当设备(无论主机还是从机)接收到 I2C 总线传输的 1 字节数据或地址后，若希望对方继续发送数据，则需要向对方发送应答(ACK)信号，发送方会继续发送下一个数据；若接收方希望结束数据传输，则向对方发送非应答(NACK)信号，发送方接收到 NACK 信号后会产生一个停止信号，结束信号传输，见图 17-6。

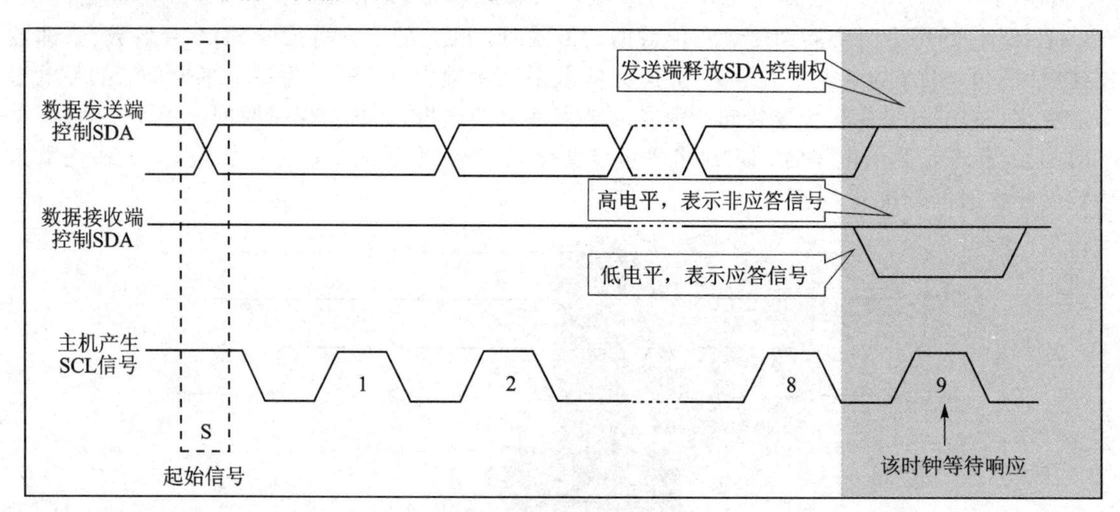

图 17-6　应答与非应答信号

传输时主机产生时钟，在第 9 个时钟时，数据发送方会释放 SDA 的控制权，由数据接收方控制 SDA。若 SDA 为高电平，表示 NACK；若 SDA 为低电平，表示 ACK。

17.2 基本型I2C模块

17.2.1 特性概述

ES32H040x I2C模块具有以下特性：

- 主机/从机模式可灵活配置。
- 主机模式硬件产生同步串行时钟。
- 主机模式硬件产生起始位和停止位，控制主从间数据传输。
- 从机模式可编程7位或10位自有地址及广播呼叫地址。
- 从机模式支持同时设置两个地址，且任一地址可匹配时均回复应答。
- 可编程通信速率，100 kHz以内选择标准模式，超过400 kHz选择快速模式。
- 可检测状态标志，判别外设当前执行的动作，如：
    - 可查询发送/接收模式标志位，判断端口输入/输出模式；
    - 可查询字节传输完成标志位，判断字节是否传输完成；
    - 可查询总线忙碌标志位，判断总线是否正在传输数据。
- 可检测错误标志，判别当前发生的错误类型，如：
    - 可查询仲裁丢失标志位，判断主机模式仲裁是否丢失；
    - 可查询应答失败标志位，判断地址或数据传输完毕应答是否失败；
    - 可查询总线错误标志位，判断是否发生错误的起始位或停止位；
    - 可查询上溢或下溢错误标志位，判断从机模式禁止时钟延长功能后是否发生上溢或下溢错误。
- 支持2类中断源，即：
    - 由成功的地址或数据字节传输事件触发的事件中断请求；
    - 由错误状态或错误动作触发的错误中断请求。
- 根据实际应用场景可选使能或禁止从机时钟延长功能。若使能时钟延长功能，则在某些特殊情况下，端口在通信过程中可强制将时钟线下拉等待，以保证主从间数据传输的正确性和完整性。
- 根据实际应用场景可选使能或禁止主从PEC(Packet Error Checking)校验功能。如果使能PEC校验功能，在发送模式下，内部计算PEC校验值，并在数据传输完毕发送PEC校验值；在接收模式下，将收到的最后一个数据与内部计算的PEC校验值作比较，若一致则回复ACK，不一致则回复NACK。
- 带DMA功能的1字节缓冲。
- 可匹配SMBus 2.0的使用，特性如下：
    - 串行同步时钟低电平保持时间最多可达25 ms；

- 主机累计时钟低电平延长时间最多可达 10 ms；
- 从机累计时钟低电平延长时间最多可达 25 ms；
- 使能 PEC 功能，支持硬件 PEC 生成和校验；
- 支持地址解析协议；
- 同时支持 SMBus。

17.2.2 功能解析

17.2.2.1 逻辑视图

ES32H040x I2C 模块逻辑视图如图 17-7 所示。

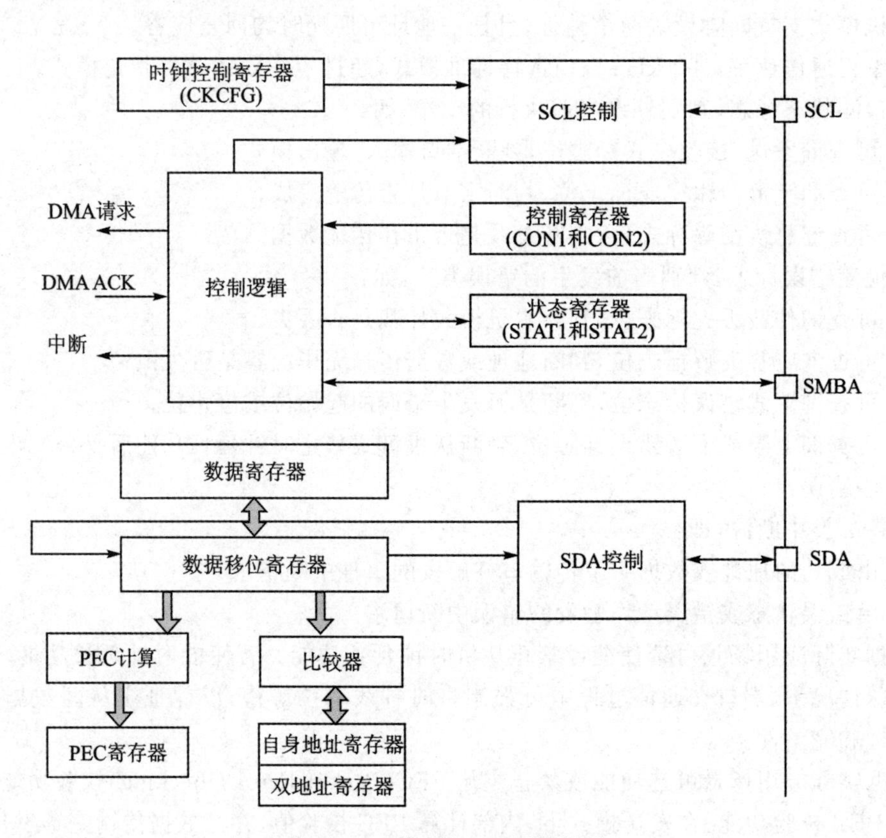

图 17-7 基本型 I2C 逻辑视图

17.2.2.2 总线协议

I2C 是一种同步串行单双工通信总线，通过 2 个引脚与外部器件连接，具体引脚功能如表 17-1 所列。

表17-1　基本型I2C引脚功能

引　脚	输入/输出	说　明
SCK	主机发送,从机接收	同步时钟线
SDA	主机发送,从机接收,或从机发送,主机接收	串行数据线

根据I2C总线协议对设备的定义,设备可配置为主机或从机,也可配置为发送或接收,由此组合产生主机发送、主机接收、从机发送和从机接收4种工作模式。设备默认状态下为从机模式,当对总线发起并产生起始位时,自动切换为主机模式;当发生仲裁丢失或总线发起并产生结束位时,自动切换为从机模式。

无论主机发送还是从机发送,同步时钟信号总是由主机产生并提供给从机,而数据信号总是在总线发起并产生起始位后开始本次传输,出现停止位后结束本次传输。

在主机模式下,可通过控制总线发起并产生起始位和停止位来控制主从间数据传输。在从机模式下,可编程7位或10位自有地址及广播呼叫地址,当检测到与主机发来的目标从机地址匹配时,产生地址应答,建立主从通信。

标准通信格式要求以字节为单位进行数据传输,高位在前,低位在后。在字节传输8个时钟周期后是第9个时钟脉冲,在此期间接收器必须向发送器回复应答。若成功接收1字节数据,则回复ACK;否则,回复NACK。

图17-8给出了I2C总线协议的简要流程。

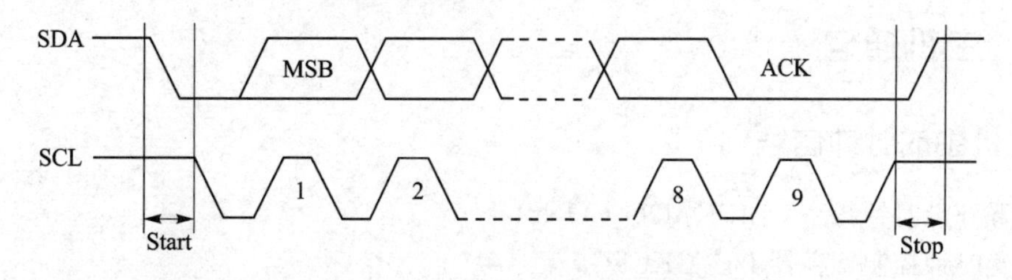

图17-8　基本型I2C总线协议的简要流程

17.2.2.3　时钟频率

主从通信过程中,主机产生并提供时钟信号,具体速率由主机I2C_CKCFG时钟控制寄存器决定。配置CLKMOD@I2C_CKCFGK可选择标准模式或快速模式,相应速率分别为100 kbps和400 kbps。快速模式下,通过配置DUTY@I2C_CKCFGK可选择$T_{low}/T_{high}=2$或$T_{low}/T_{high}=16/9$两种占空比。根据I2C总线协议,SCK为高电平时对SDA信号采样,SCK为低电平时SDA准备后续数据。修改占空比会影响采样时间,但实际上这两种占空比差别并不大,在对时序要求不太严格的环境下可以任意配置。

CLKSET@I2C_CKCFG与I2C外设输入时钟源共同作用产生SCK时钟,ES32系列I2C外设连接到APB1总线,CLKF@I2C_CON2外设时钟频率必须配置为APB1时钟频率T_{pclk1},最低频率可选 2 MHz，最高频率可选 48 MHz。主机模式下，SCK 时钟频率计算公式如下：

① 标准模式 $T_{low}/T_{high}=1$：

$$T_{high}=\text{CLKSET}\times T_{pclk1},\quad T_{low}=\text{CLKSET}\times T_{pclk1}$$

② 快速模式 $T_{low}/T_{high}=2$：

$$T_{high}=\text{CLKSET}\times T_{pclk1},\quad T_{low}=2\times\text{CLKSET}\times T_{pclk1}$$

③ 快速模式 $T_{low}/T_{high}=16/9$：

$$T_{high}=9\times\text{CLKSET}\times T_{pclk1},\quad T_{low}=6\times\text{CLKSET}\times T_{pclk1}$$

例如：PCLK1＝10 MHz，配置标准模式下 100 kbps 的速率，CLKSET 计算过程如下：

PCLK 时钟周期 $T_{pclk1}=1/10\ 000\ 000$；

SCK 时钟周期 $T_{sck}=1/100\ 000$；

SCK 时钟周期内高电平时间 $T_{high}=T_{sck}/2=1/200\ 000$；

SCK 时钟周期内低电平时间 $T_{low}=T_{sck}/2=1/200\ 000$；

$\text{CLKSET}=T_{high}/T_{pclk1}=0\text{x}32$。

对于 I2C 从机，时钟由外部主机的 SCK 时钟线输入，发送和接收移位寄存器和相关逻辑电路由 SCK 时钟提供，与 I2C_CKCFG 时钟控制寄存器配置无关。

以上关于时钟频率的计算都是基于单帧数据，由于慢速的 I2C 从机的存在、I2C 从机软件处理的耗时以及帧间隔都有可能拉低延长 SCK 时钟信号，因此 SCK 时钟线通常无法一直保持特定的频率。

17.2.3 主机通信

1. 主机生成时钟信号

① 配置外设时钟频率 CLKF@I2C_CON2；

② 配置时钟控制寄存器 I2C_CKCFG；

③ 配置上升时间寄存器 I2C_RT。

2. 主机发送起始位

① 用户置位 START@I2C_CON1 可在 SDA 数据线上发起并生成起始位，设备自动切换为主机模式。

② 起始位发送完毕，硬件置位 MASTER@I2C_STAT2，表示当前状态为主机模式；硬件置位 SENDSTR@I2C_STAT1，表示主机已发送起始位，软件使能 EVTIE@I2C_CON2 可触发事件中断请求。

3. 主机发送目标从机地址及通信方向位

ES32 系列 I2C 可选 7 位或 10 位目标从机地址，如图 17－9 所示。7 位地址模式只发送 1 字

节数据，高 7 位数据为地址字节；10 位地址模式下将发送 2 字节数据，前一字节为地址头段序列，后一字节为 8 位地址字节。

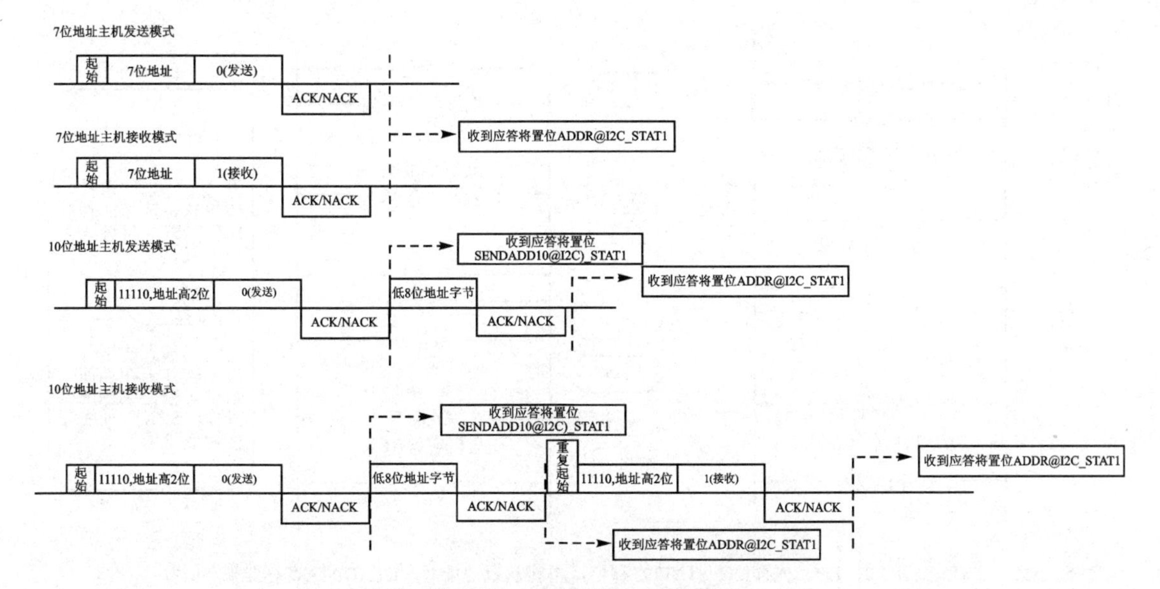

图 17-9　基本型 I2C 地址模式

在 7 位地址模式下，通过写 I2C_DATA 发送地址字节(0bxxxx xxxy)，前 7 位为 7 位地址有效位，最低位为通信方向位，0 表示发送，1 表示接收，发送完毕将硬件置位 ADDR@I2C_STAT1，软件使能 EVTIE@I2C_CON2，可触发中断请求。例如 I2CDATA = 0x5A 表示目标从机地址为 0x2D，通信方向为主机发送模式。

在 10 位地址模式下，首先写 I2C_DATA 发送地址头段序列(0b1111 0xxy)，其中 xx 为高 2 位地址，y 为通信方向位，发送完毕将硬件置位 SENDADDR10@I2C_STAT1，软件使能 EVTIE@I2C_CON2，可触发中断请求。然后，写 I2C_DATA 发送 8 位地址字节(0bxxxx xxxx)，发送完毕将硬件置位 ADDR@I2C_STAT1，软件使能 EVTIE@I2C_CON2，可触发中断请求。

4. 主机发送数据

① 开始发送：清除 ADDR@I2C_STAT1 后，向 I2C_DATA 写入待发送的第一个字节数据。

② 发送过程：TXBE@I2C_STAT1 标志置 1 时，在当前数据发送完成之前写入待发送的下一个字节数据。

③ 停止发送：待 BTC@I2C_STAT1 标志置 1 后，软件置位 STOP@I2C_CON1 生成停止位。

图 17-10 详细描绘了主机发送数据时的时序动作。

主机发送数据流程及事件说明如下：

① 主机生成起始位，发送起始位后产生 EV5 事件，将 SENDSTR@I2C_STAT1 置 1，表示

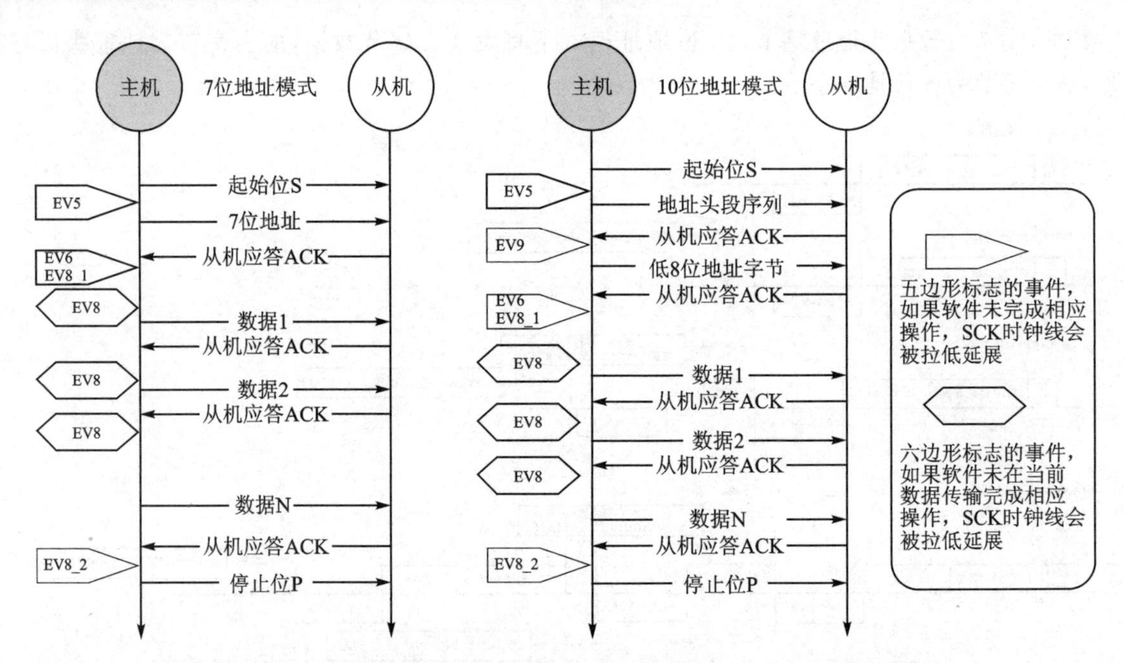

EV5:当I2C_STAT1.SENDSR=1时，先读I2C_STAT1寄存器，再将从机地址写入I2C_DATA寄存器来清0。
EV6:当I2C_STAT1.ADDR=1时，先读I2C_STAT1寄存器，再读I2C_STAT2寄存器来清0。
EV8_1:当I2C_STAT1.TXBE=1时，移位寄存器为空，数据寄存器为空，在I2C_DATA中写入数据1。
EV8:当I2C_STAT1.TXBE=1时，移位寄存器非空，数据寄存器为空，在I2C_DATA中写入后续数据。
EV8_2:当I2C_STAT1.TXBE=1且I2C_STAT1.BTC=1时，程序请求停止。I2C_STAT1.TXBE和I2C_STAT1.BTC在主机发出起始位或停止位后由硬件清0。
EV9:当I2C_STAT1.SENDADD10=1时，先读I2C_STAT1寄存器，再写I2C_DATA寄存器来清0。

图 17-10　基本型 I2C 主机发送传输序列

起始位已发送。

② 发送从机地址和通信方向位并等待从机应答，通信方向位为 0 时进入主机发送模式。若有从机应答，则产生 EV6 及 EV81 事件，将 ADDR@I2C_STAT1 和 TXBE@I2C_STAT1 置 1，ADDR 为 1 表示从机地址已发送，TXBE 为 1 表示发送数据寄存器为空。10 位地址模式下还需发送地址头段序列，若有从机应答则产生 EV9 事件，将 SENDADD10@I2C_STAT1 置 1，表示地址头段序列已发送。

③ 以上步骤正确执行并对 ADDR@I2C_STAT1 清 0 后，开始往 I2C_DATA 中写入要发送的数据，此时 TXBE@I2C_STAT1 清 0，表示发送数据寄存器非空，I2C 端口通过 SDA 串行数据线逐位把数据发送出去，并产生 EV8 事件，将 TXBE@I2C_STAT1 置 1，重复该过程即可发送多个字节。

④ 最后 1 字节数据发送完毕且收到从机应答后产生 EV82 事件，将 TXBE@I2C_STAT1 和 BTC@I2C_STAT1 均置 1，TXBE@I2C_STAT1 为 1 表示发送数据寄存器为空，BTC@I2C_STAT1 为 1 表示字节传输完成。

⑤ 当数据发送完毕，主机生成并发送停止位，本次通信结束。

5. 主机接收数据

① 开始接收:清除 ADDR@I2C_STAT1 后,从机数据立即出现在 SDA 数据线上。

② 接收过程:RXBNE@I2C_STAT1 标志置 1 时,在下一个数据接收完成之前读取 I2C_DATA。

③ 停止接收:读取倒数第二个字节数据后,复位 ACKEN@I2C_CON1、置位 STOP@I2C_CON1,最后一个数据接收完毕回复 NACK。

图 17-11 详细描绘了主机接收数据时的时序动作。

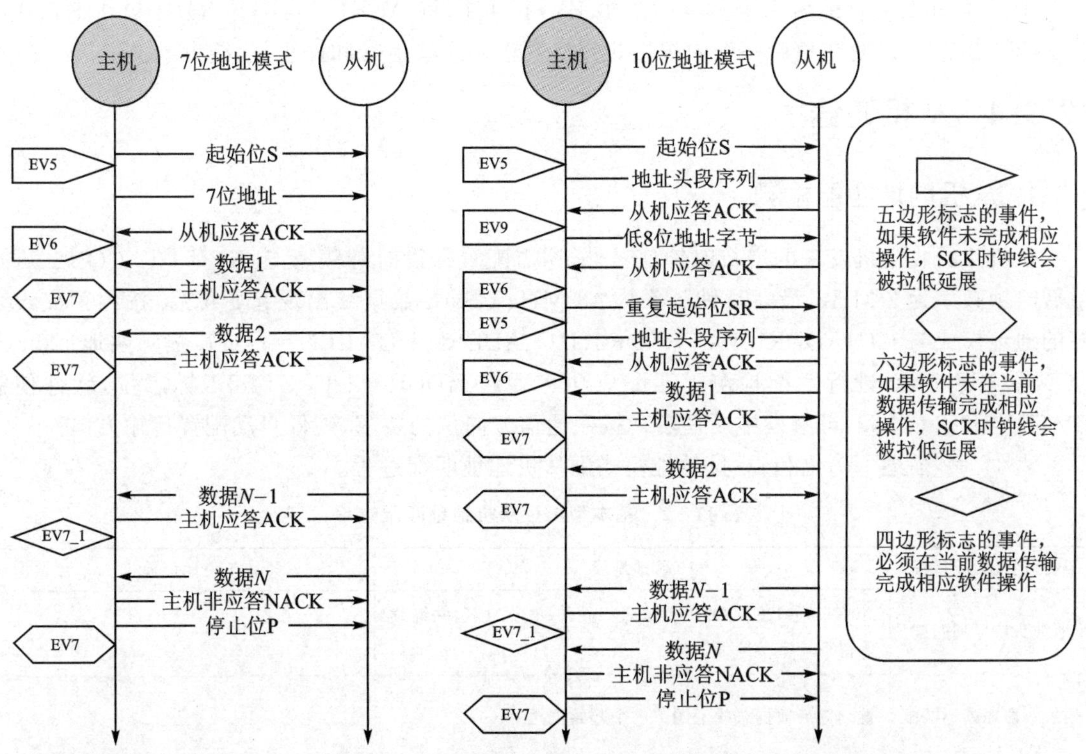

EV5:当I2C_STAT1.SENDSR=1时,先读I2C_STAT1寄存器,再将从机地址写入I2C_DATA寄存器来清0。
EV6:当I2C_STAT1.ADDR=1时,先读I2C_STAT1寄存器,再读I2C_STAT2寄存器来清0。在10位主接收器模式下,执行此序列后,应该在I2C_CON1.START=1的情况下写I2C_CON2。如果接收1字节,则必须在EV6事件期间(将I2C_STAT1.ADDR标志清0之前)禁止应答。
EV7:当I2C_STAT1.RXBNE=1时,读I2C_DATA寄存器来清0。
EV7_1:当当I2C_STAT1.RXBNE=1时,读I2C_DATA寄存器,设定I2C_CON1.ACKEN=0和I2C_CON1.STOP请求来清0。
EV9:当I2C_STAT1.SENDADD10=1时,先读I2C_STAT1寄存器,再写I2C_DATA寄存器来清0。

图 17-11 基本型 I2C 主机接收传输序列

主机接收数据流程及事件说明如下:

① 主机生成起始位,发送起始位后产生 EV5 事件,将 SENDSTR@I2C_STAT1 置 1,表示起始位已发送。

② 发送从机地址和通信方向位并等待从机应答，通信方向位为 1 时进入主机接收模式，若有从机应答则产生 EV6 事件，将 ADDR@I2C_STAT1 置 1，表示从机地址已发送。10 位地址模式下，还需发送地址头段序列，若有从机应答则产生 EV9 事件，将 SENDADD10@I2C_STAT1 置 1，表示地址头段序列已发送。

③ 主机收到从机发来的数据后产生 EV7 事件，将 RXBNE@I2C_STAT1 置 1，表示接收数据寄存器非空，读取该寄存器可获取接收到的数据，并将 RXBNE 清 0，以便接收下一个数据。此时，可以控制主机发送应答或非应答信号，若为应答则重复以上步骤、继续接收数据，若为非应答则停止数据接收。

④ 主机开始接收最后一个数据时产生 EV71 事件，将 ACKEN@I2C_CON1 置 1，STOP@I2C_CON1 清 0，以便在最后一个数据接收完毕发送非应答信号和停止位，结束本次通信。

17.2.4 从机通信

1. 从机地址匹配检测

从机除接收主机发来的串行时钟信号外，还需配置外设时钟频率 CLKF@I2C_CON2，可选最低时钟频率为 2 MHz，最高时钟频率为 48 MHz。SDA 数据线出现起始位后，按照预先设置好的地址模式与 I2C_ADDR1、I2C_ADDR2（I2C_ADDR2. DUALEN＝1）或广播呼叫地址（I2C_CON1. GCEN＝1）进行匹配检测。匹配成功将置起 ADDR@I2C_STAT1 标志位，软件使能 EVTIE@I2C_CON2，可触发中断请求。按照通信方向位的要求，硬件自动配置传输方向。

表 17－2 描述了 7 位和 10 位地址模式下从机地址匹配过程。

表 17－2　基本型 I2C 从机地址匹配过程

从机地址匹配过程	10 位地址模式	7 位地址模式
地址头段序列匹配	ACKEN@I2C_CON1 置位时将硬件回复 ACK，并继续等待下一字节地址数据	
地址头段序列不匹配	继续等待数据总线上的下一个起始位	
地址字节匹配	ACKEN@I2C_CON1 置位时将硬件回复 ACK；硬件置位 ADDR@I2C_STAT1，并可在@EVTIE@I2C_CON2 使能时触发事件中断请求	ACKEN@I2C_CON1 置位时将硬件回复 ACK；硬件置位 ADDR@I2C_STAT1，并可在@EVTIE@I2C_CON2 使能时触发事件中断请求；双寻址模式下可软件读取 DMF@I2C_STAT2 标志位，判断接收的地址是否存在自有地址匹配
地址字节不匹配	继续等待数据总线上的下一个起始位	继续等待数据总线上的下一个起始位

2. 从机发送数据

① 开始发送：清除 ADDR@I2C_STAT1 标志后，等待主机提供同步串行时钟。

② 发送过程：TXBE@I2C_STAT1 标志置 1 时，在当前字节数据发送完成之前写入待发送的下一个字节数据。

③ 停止发送：未收到主机应答且收到停止位时，不再发送数据。

图 17 - 12 详细描述了从机发送数据时的时序动作。

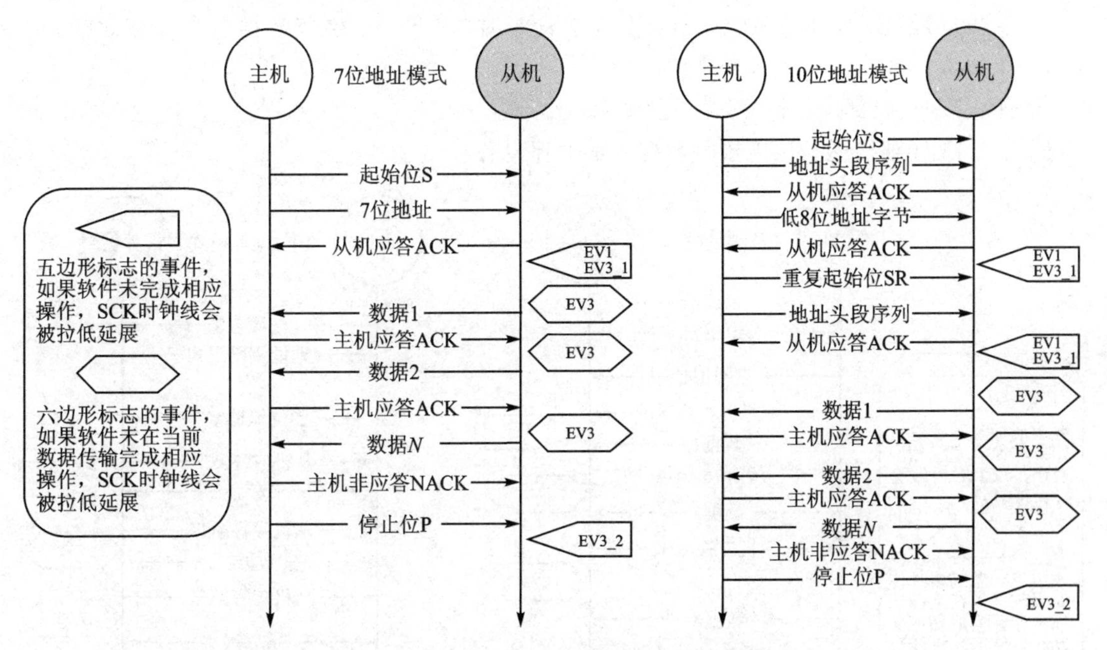

图 17 - 12　基本型 I2C 从机发送传输序列

从机发送数据流程及事件说明如下：

① 7 位地址模式下，收到主机发来的起始位和从机地址后进行地址匹配检测，通信方向位为 1 时进入主机接收模式，匹配成功后产生 EV1 和 EV31 事件，将 ADDR@I2C_STAT1 和 TXBE@I2C_STAT1 置 1，ADDR 为 1 表示从机地址可匹配，TXBE 为 1 表示发送数据寄存器为空。10 位地址模式下，收到主机发来的起始位、地址头段序列和低 8 位地址字节后进行地址匹配检测，通信方向位为 0 时进入主机发送模式，匹配成功后产生 EV1 事件；收到主机发来的重复起始位和地址头段序列后，若通信方向位为 1，则进入主机接收模式，产生 EV1 和 EV31 事件。

② ADDR@I2C_STAT1 软件清 0 后，开始向 I2C_DATA 中写入要发送的数据，此时 TXBE

@I2C_STAT1 清 0，表示发送数据寄存器非空，I2C 端口通过 SDA 串行数据线逐位把数据发送出去，又会产生 EV3 事件，将 TXBE@I2C_STAT 1 置 1，重复该过程即可发送多个字节。

③ 收到主机发来的停止位后产生 EV3_2 事件，ACKERR@I2C_STAT1 由硬件置 1，需软件写入 0 来清 0，本次通信结束。

3. 从机接收数据

① 开始接收：清除 ADDR@I2C_STAT1 标志后，等待主机提供同步串行时钟。

② 接收过程：RXBNE@I2C_STAT1 标志置 1 时，在下一个字节数据接收完成之前，读取 I2C_DATA。

③ 停止接收：收到停止位后，不再接收数据。

图 17-13 详细描述了从机接收数据时的时序动作。

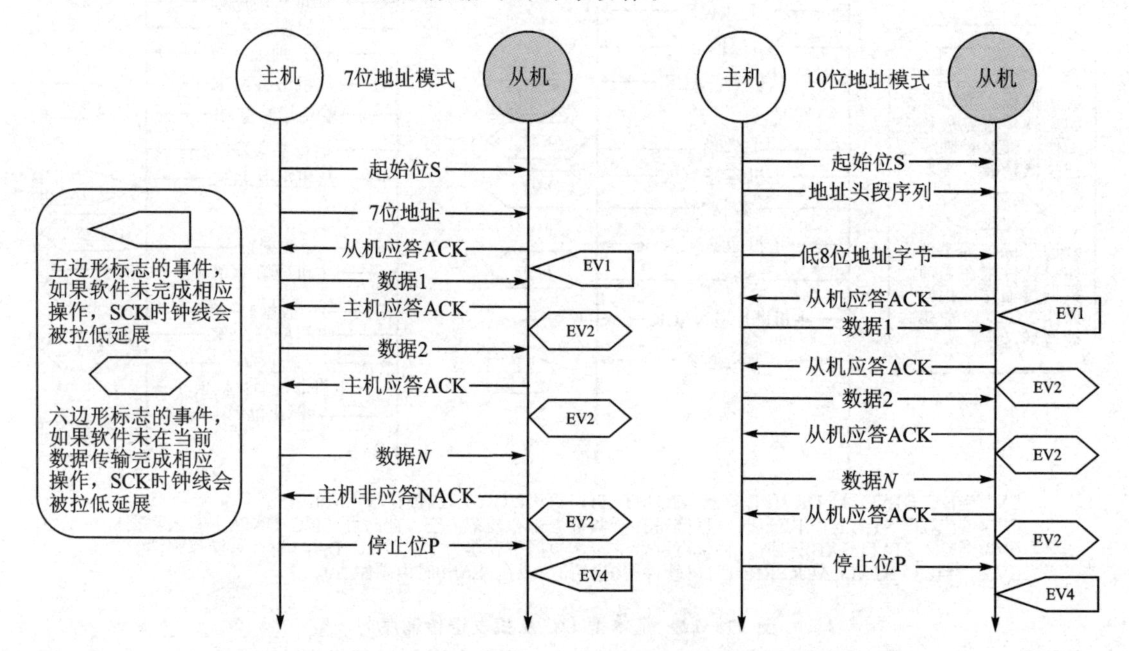

图 17-13 基本型 I2C 从机接收传输序列

从机接收数据流程及事件说明如下：

① 7 位地址模式下，收到主机发来的起始位和从机地址后进行地址匹配检测，通信方向位为 0 时进入主机发送模式，匹配成功后产生 EV1 事件，将 ADDR@I2C_STAT1 置 1，表示从机地址可匹配。10 位地址模式下，收到主机发来的起始位、地址头段序列和低 8 位地址字节后进行地址匹配检测，通信方向位为 0 时进入主机发送模式，匹配成功后产生 EV1 事件。

② ADDR@I2C_STAT1 清 0 后立即收到主机发来的数据，产生 EV2 事件，将 RXBNE@I2C_STAT1 置 1，表示接收数据寄存器非空，读取该寄存器可获取接收到的数据，并将 RXBNE 清 0，以便接收下一个数据。

③ 收到主机发来的停止位后产生 EV4 事件，将 DETSTP@I2C_STAT1 置 1，结束本次通信。

4. 程序设计示例

基于 ES32H040x 开发板设计主机/从机模式的中断收发例程。

(1) 使用 MD 库设计主机模式的中断收发例程

g_i2c_h.addr_mode 用于选择 7 位或 10 位寻址模式；

g_i2c_h.clk_speed 用于配置通信速率；

g_i2c_h.dual_addr 用于选择是否使用多地址模式；

g_i2c_h.duty 用于配置快速模式占空比；

g_i2c_h.general_call 用于选择是否使能广播呼叫功能；

g_i2c_h.no_stretch 用于选择是否使能从机时间延长功能；

g_i2c_h.own_addr1 用于设置本机地址。

使用 MD 库实现 I2C 主机中断方式收发数据的具体代码请参考例程：ES32_SDK\Projects\Book1_Example\I2C\MD\01_i2c_master_send_recv_by_it。

(2) 使用 ALD 库设计主机中断收发例程

g_h_i2c.perh 用于选择外设；

g_h_i2c.init.clk_speed 用于配置通信速率；

g_h_i2c.init.duty 用于配置快速模式占空比；

g_h_i2c.init.own_addr1 用于设置本机地址；

g_h_i2c.init.addr_mode 用于选择 7 位或 10 位寻址模式；

g_h_i2c.init.general_call 用于选择是否使能广播呼叫功能；

g_h_i2c.init.no_stretch 用于选择是否使能时钟延长功能。

使用 ALD 库实现 I2C 主机中断方式收发数据的具体代码请参考例程：ES32_SDK\Projects\Book1_Example\I2C\ALD\01_i2c_master_send_recv_by_it。

(3) 实验步骤和效果

实验步骤如下：

① 编译工程，编译通过后将程序下载到目标芯片；

② 将程序配置的 SCL/SDA 对应的引脚分别连接至 ESBridge 的 SCL/SDA；

③ ESBridge 通过 USB 线缆连接 PC，打开上位机软件，在“设备操作”选项中选择“打开”；

④ 上位机切换到 I2C 标签页，按照程序配置参数，单击“打开”按钮；

⑤ 如图 17－14 所示，在“写数据”文本框中输入 8 字节 HEX 数据，“读字节数”设置为 8，单

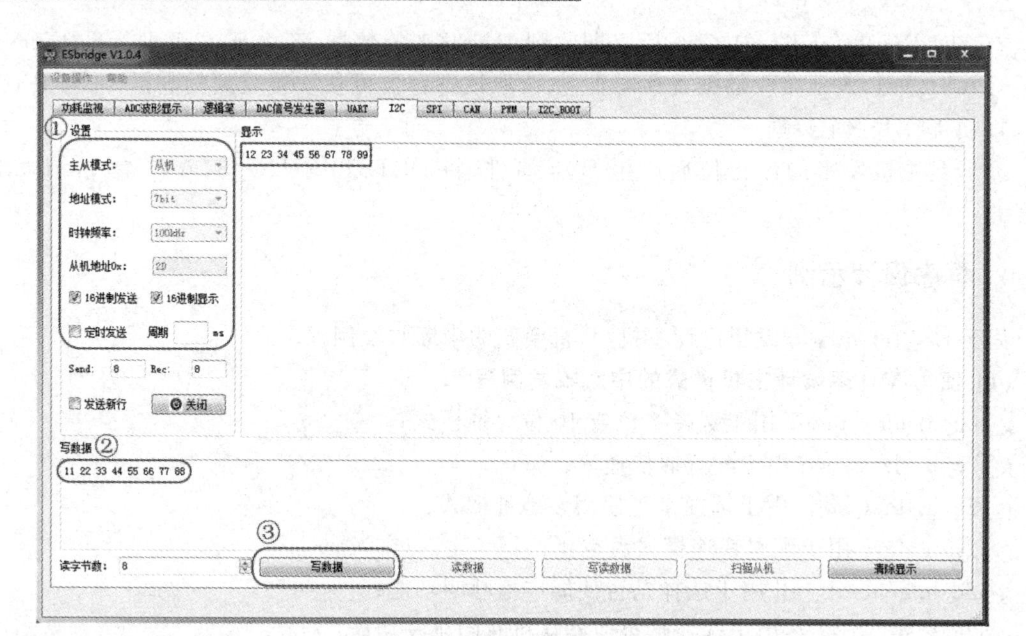

图 17 - 14　I2C 标签页设置

击“写数据”按钮；

⑥ 在线调试，将 g_recv_buf 加入监视窗；

⑦ 运行程序，上位机接收到芯片发来的数据并打印，芯片接收到上位机发来的数据并存入 g_recv_buf。

基本型 I2C 主机中断收发实验效果如图 17 - 15 所示。

(4) 使用 MD 库设计从机中断收发例程

使用 MD 库实现 I2C 从机中断方式收发数据的具体代码请参考例程：ES32_SDK\Projects\Book1_Example\I2C\MD\03_i2c_slaver_send_recv_by_it。

(5) 使用 ALD 库设计从机中断收发例程

使用 ALD 库实现 I2C 从机中断方式收发数据的具体代码请参考例程：ES32_SDK\Projects\Book1_Example\I2C\ALD\03_i2c_slaver_send_recv_by_it。

(6) 实验步骤和效果

实验步骤如下：

① 编译工程，编译通过后将程序下载到目标芯片；

② 将程序配置的 SCL/SDA 对应的引脚分别连接至 ESBridge 的 SCL/SDA；

③ ESBridge 通过 USB 线缆连接 PC，打开上位机软件，在“设备操作”选项中选择“打开”；

④ 上位机切换到 I2C 标签页，按照程序配置参数，单击“打开”按钮；

⑤ 在线调试，将 g_recv_buf 加入监视窗，运行程序；

⑥ 如图 17 - 16 所示，在“写数据”文本框中输入 8 字节 HEX 数据，“读字节数”设置为 8；

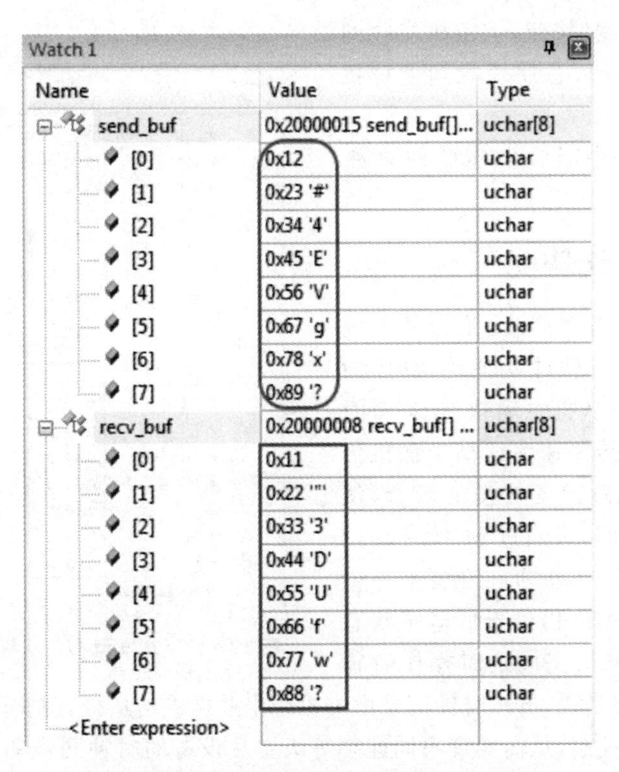

图 17－15　基本型 I2C 主机中断收发实验效果

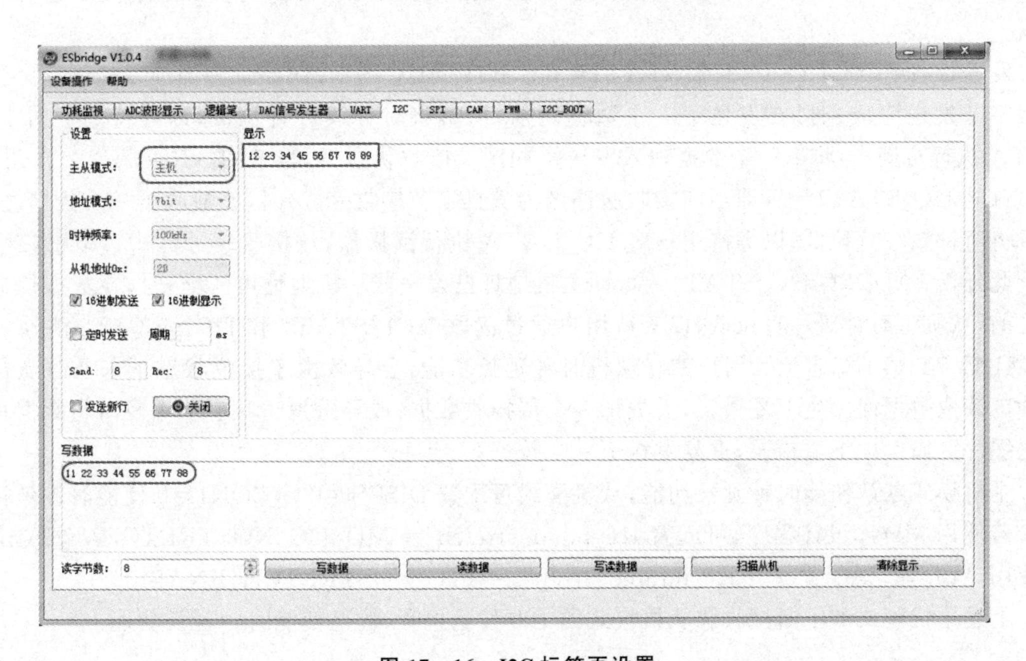

图 17－16　I2C 标签页设置

⑦ 单击“写读数据”按钮，上位机接收到芯片发来的数据并打印，芯片接收到上位机发来的数据并存入 g_recv_buf。

基本型 I2C 从机中断收发实验效果如图 17-17 所示。

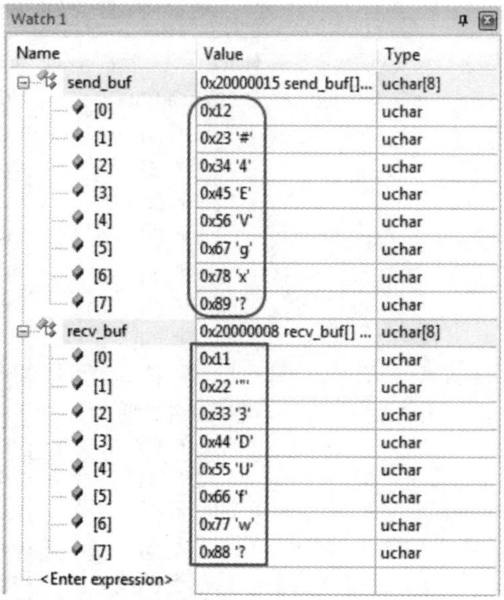

Watch 1

Name	Value	Type
send_buf	0x20000015 send_buf[]...	uchar[8]
[0]	0x12	uchar
[1]	0x23 '#'	uchar
[2]	0x34 '4'	uchar
[3]	0x45 'E'	uchar
[4]	0x56 'V'	uchar
[5]	0x67 'g'	uchar
[6]	0x78 'x'	uchar
[7]	0x89 '?'	uchar
recv_buf	0x20000008 recv_buf[] ...	uchar[8]
[0]	0x11	uchar
[1]	0x22 '"'	uchar
[2]	0x33 '3'	uchar
[3]	0x44 'D'	uchar
[4]	0x55 'U'	uchar
[5]	0x66 'f'	uchar
[6]	0x77 'w'	uchar
[7]	0x88 '?'	uchar
<Enter expression>		

图 17-17 基本型 I2C 从机中断收发实验效果

17.2.5 时钟延长功能

时钟延长又称为时钟同步，是指由于慢速从机的存在以及从机软件处理的耗时，为了避免从机传输溢出，从机主动拉低 SCK 时钟线的现象。在主机传输速率远高于从机传输速率或从机软件处理速度较慢的场合，从机在通信的帧间隔期间，可通过 SCK 主动拉低，强行降低通信速率；当主机在准备下一个数据传输时，若发现 SCK 仍处于低电平状态就会延时等待，直至从机完成延时操作后释放 SCK 控制权。也就是说，虽然时钟信号由主机产生并提供给从机，但实际传输过程中，时钟信号受到从机拉低延长控制，从而实现不同速率等级主从设备的时钟同步和可靠数据交互。高速模式支持向下兼容快速模式和标准模式，允许不同速率等级的设备在混合总线系统中进行双向通信。

发送状态下，当 TXBE@I2C_STAT1=1 且 BTC@I2C_STAT1=1(即当前发送缓冲区为空且该字节发送完成)时，在发送下一个数据之前，从机将时钟线一直拉低，以等待用户对 I2C_DATA 执行写操作，将下一个数据写入发送缓冲区。接收状态下，当 RXBNE@I2C_STAT1=1 且 BTC@I2C_STAT1=1(即当前接收缓冲区为满且字节接收完成)时，在接收下一个数据之前，从机将时钟线一直拉低，以等待用户对 I2C_DATA 执行读操作，从接收缓冲区中读取已接收数据。此外，当 ADDR@I2C_STAT1=1(即主机地址已发送或从机地址可匹配)时，在数据传输开始之前，从机将时钟线一直拉低，以等待用户通过读取 I2C1_STAT1 和 I2C1_STAT2 清除 ADDR@I2C_STAT1 标志位。用户禁止从机时钟延长功能，会导致由于接收状态下未及时从接收缓冲区读取数据而发生上溢错误，丢失下一个待接收数据；或导致发送状态下未及时将数据写入发送缓冲区而发生下溢错误，重复发送上一个数据。

主机模式默认使能时钟延长功能，从机模式可配置 DISCS@I2C_CON1=0 使能时钟延长功能。若使用 MD 库设计程序，可配置 i2c_h.no_stretch = MD_I2C_NOSTRETCH_ENABLE；若使用 ALD 库，则配置 g_h_i2c.init.no_stretch = I2C_NOSTRETCH_ENABLE。

上述主机模式的中断接收和从机模式的中断发送例程，均已使能时钟延长功能。

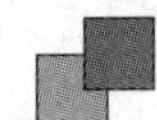

17.2.6 PEC功能

为了提高数据传输的可靠性,ES32系列I2C内置PEC(Packet Error Checking)硬件模块,其计算原理是对包括地址位和读写位在内的所有消息字节使用CRC(8)多项式进行串行计算。收发模式的具体使用方法如下:

① 发送模式下,当最后一个数据对应的发送缓冲区空事件发生后,立即置位TRPEC@I2C_CON1以使能PEC校验,则发送器会在最后一个数据发送完毕发送PEC校验码。

② 接收模式下,当最后一个数据对应的接收缓冲区满事件发生后,立即置位TRPEC@I2C_CON1以使能PEC校验,则接收器会将收到的下一个数据与内部计算的PEC校验值进行比较。主机模式下,无论比较结果是否一致,都会回复NACK应答位。从机模式下,当比较结果一致时回复ACK应答位,不一致时回复NACK应答位。

PEC功能主要通过以下3个寄存器的配置来实现:

① PECEN@I2C_CON1:软件控制是否使能PEC计算。

② TRPEC@I2C_CON1:软件控制是否传输PEC校验值。发送模式下,置位该位即表示下一个将发送PEC校验值;接收模式下,置位该位即表示将收到的下一个数据与内部计算的PEC校验值进行比较,并且在PEC校验值传输完毕由硬件自动复位。此外,在外设禁止或检测到起始位和停止位后,将由硬件自动复位。

③ PECERR@I2C_STAT:接收状态下PEC校验错误标志位。接收状态下使能PEC校验时,如果收到的最后一个数据与内部计算的PEC校验值不一致,则置位该标志位。

用户在设计程序时,若要开启PEC校验,需调用md_i2c_enable_smbus_pec来使能PEC计算,调用md_i2c_enable_transfer_pec控制下一个数据传输PEC校验值。在接收模式下,还需调用md_i2c_is_active_smbus_flag_pecerr来判别PEC校验是否正确。

17.2.7 错误类型和中断管理

为方便用户更加灵活、高效地管理主从通信过程,ES32系列I2C内置了由成功的地址或数据字节传输事件触发的事件中断请求和由错误状态或错误动作触发的错误中断请求两类中断源。

当主从间通信失败时,用户可查询错误中断标志位来判断到底发生了哪种错误类型。

表17-3详细介绍了ES32系列基本型I2C各中断事件的中断标志位、中断使能位及中断映射。

表 17-3 基本型 I2C 中断事件

中断事件	中断标志位	中断使能位	中断映射
已发送起始位(主机)	SENDSTR	EVTIE	IT_EVENT
地址已发送(主机)或地址可匹配(从机)	ADDR	EVTIE	IT_EVENT
已发送 10 位地址头段序列(主机)	SENDADD10	EVTIE	IT_EVENT
已收到停止位(从机)	DETSTP	EVTIE	IT_EVENT
字节传输完成	BTC	EVTIE	IT_EVENT
接收缓冲区非空	RXBNE	EVTIE 和 BUFIE	IT_EVENT
发送缓冲区为空	TXBE	EVTIE 和 BUFIE	IT_EVENT
总线错误	BUSERR	ERRIE	IT_ERROR
仲裁丢失	LARB	ERRIE	IT_ERROR
应答失败	ACKERR	ERRIE	IT_ERROR
上溢或下溢错误	ROUERR	ERRIE	IT_ERROR
PEC 校验错误	PECERR	ERRIE	IT_ERROR
超时错误	SMBTO	ERRIE	IT_ERROR
SMBus 报警	SMBALARM	ERRIE	IT_ERROR

基本型 I2C 中断映射如图 17-18 所示。

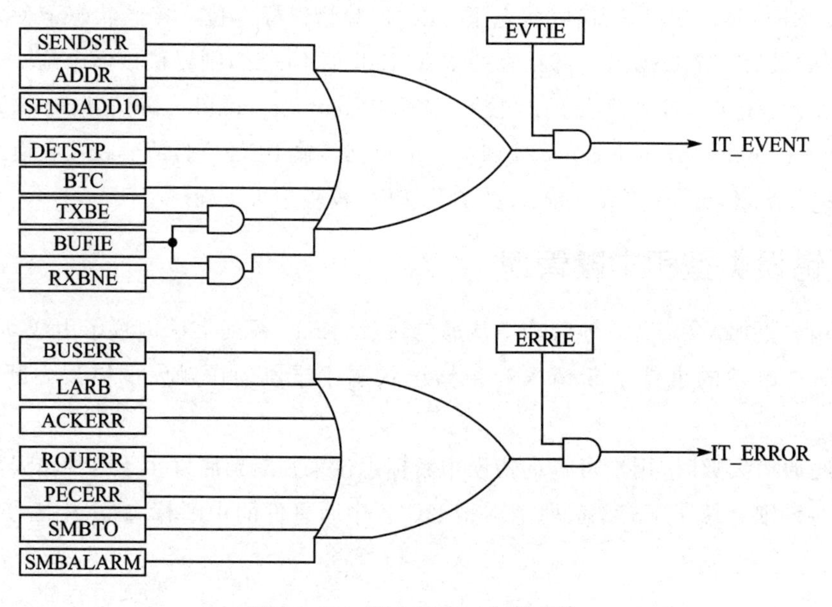

图 17-18 基本型 I2C 中断映射

17.2.8 兼容SMBus和PMBus

SMBus(系统管理总线)和PMBus(电源管理总线)是以I2C总线协议为基础的双线制通信接口,可为系统及电源管理相关任务提供控制总线,便于各器件之间或与系统的其余器件进行通信。

在具体通信应用中,系统管理总线共涉及3类器件:主器件用于提供时钟,发出命令和中止传输;从器件用于接收时钟,响应命令;主机作为专用的主器件,用于提供连接系统CPU的主接口。主机必须具有主从设备功能,支持SMBus主机通知协议,且一个系统只允许存在一个主机。

通过访问系统管理总线,外部器件可向用户提供制造商信息或器件型号、保存暂停事件状态、报告不同错误类型、接收控制参数并返回相应状态。

ES32系列管理总线主要具有如下特性:

➢ 双线制通信模式(时钟线和数据线)和可选SMBus报警线;
➢ 主从通信,主机提供时钟;
➢ 支持多主器件;
➢ 数据格式与I2C总线7位地址格式相似;
➢ 通信速率范围可选10～100 kHz;
➢ 支持超时功能;
➢ 通信端口电平固定。

17.2.9 DMA功能

1. 基本原理

当用户希望I2C总线通信速率更快且MCU负担更小时,可以有效地选择DMA进行数据传输。

置位DMAEN@I2C_CON2可激活DMA数据收发。当发送缓冲为空(即TXBE@I2C_STAT1标志置1)时,DMA从用户配置地址处取值填入I2C_DATA;当接收缓冲非空(即RXBNE@I2C_STAT1标志置1)时,DMA将I2C_DATA数据转存至用户配置地址处。

2. 程序设计示例

以下将基于ES32H040x开发板设计主从DMA收发例程。

(1) 使用MD库设计主机DMA收发例程

使用MD库实现I2C主机DMA收发数据的具体代码请参考例程:ES32_SDK\Projects\Book1_Example\I2C\MD\02_i2c_master_send_recv_by_dma。

(2) 使用ALD库设计主机DMA收发例程

使用ALD库实现I2C主机DMA收发数据的具体代码请参考例程:ES32_SDK\Projects\

Book1_Example\I2C\ALD\02_i2c_master_send_recv_by_dma。

(3) 实验步骤和效果

实验步骤如下：

① 编译工程，编译通过后将程序下载到目标芯片；

② 将程序配置的 SCL/SDA 对应的引脚分别连接至 ESBridge 的 SCL/SDA；

③ ESBridge 通过 USB 线缆连接 PC，打开上位机软件，在“设备操作”选项中选择“打开”；

④ 上位机切换到 I2C 标签页，按照程序配置参数，单击“打开”按钮；

⑤ 如图 17-19 所示，在“写数据”文本框中输入 20 字节 HEX 数据，“读字节数”设置为 20，单击“写数据”按钮；

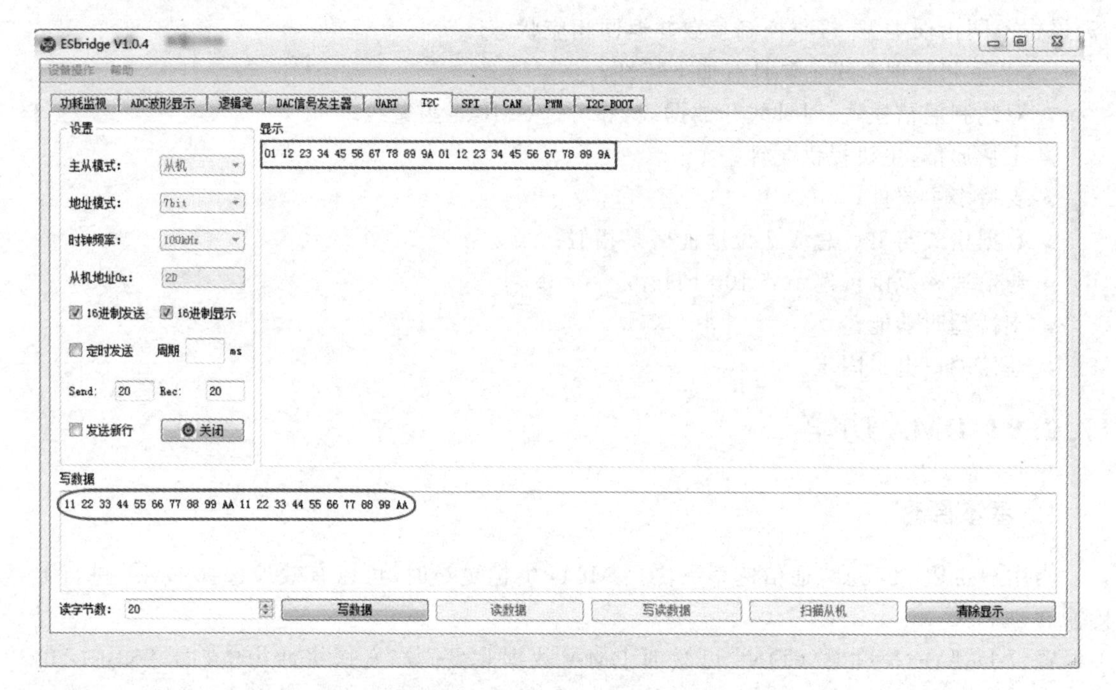

图 17-19　I2C 标签页设置

⑥ 在线调试，将 g_recv_buf 加入监视窗；

⑦ 运行程序，上位机接收到芯片发来的数据并打印，芯片接收到上位机发来的数据并存入 g_recv_buf。

基本型 I2C 主机 DMA 收发实验效果如图 17-20 所示。

(4) 使用 MD 库设计从机 DMA 收发例程

使用 MD 库实现 I2C 从机 DMA 收发数据的具体代码请参考例程：ES32_SDK\Projects\Book1_Example\I2C\MD\04_i2c_slaver_send_recv_by_dma。

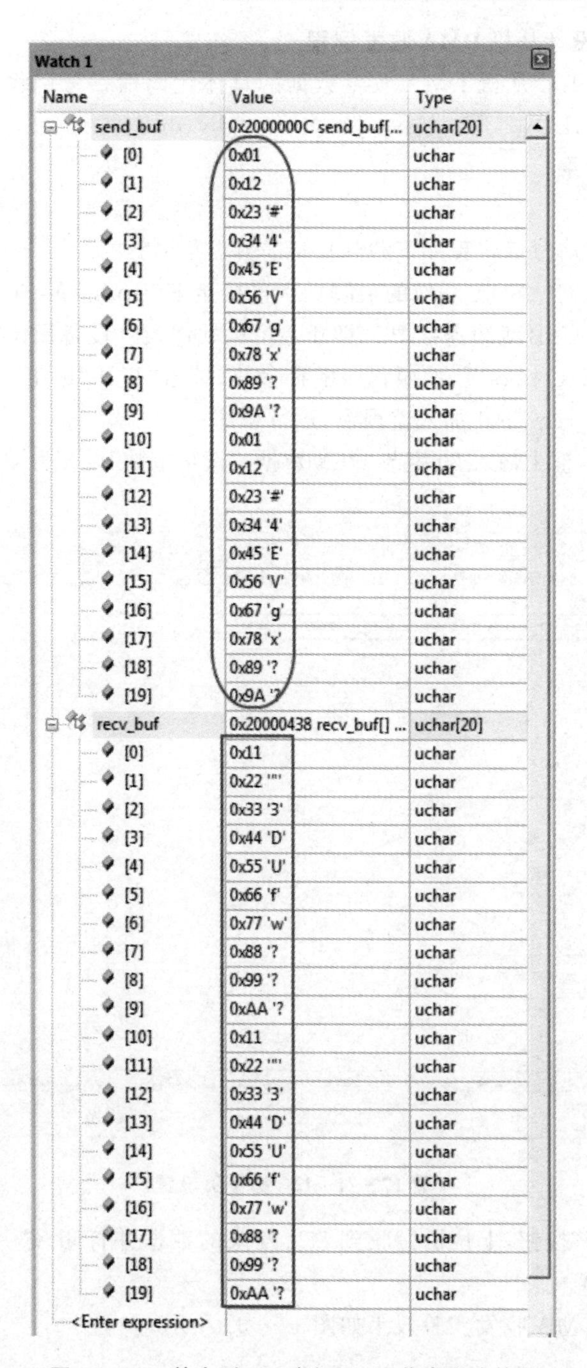

Watch 1

Name	Value	Type
send_buf	0x2000000C send_buf[...	uchar[20]
[0]	0x01	uchar
[1]	0x12	uchar
[2]	0x23 '#'	uchar
[3]	0x34 '4'	uchar
[4]	0x45 'E'	uchar
[5]	0x56 'V'	uchar
[6]	0x67 'g'	uchar
[7]	0x78 'x'	uchar
[8]	0x89 '?	uchar
[9]	0x9A '?	uchar
[10]	0x01	uchar
[11]	0x12	uchar
[12]	0x23 '#'	uchar
[13]	0x34 '4'	uchar
[14]	0x45 'E'	uchar
[15]	0x56 'V'	uchar
[16]	0x67 'g'	uchar
[17]	0x78 'x'	uchar
[18]	0x89 '?	uchar
[19]	0x9A '?	uchar
recv_buf	0x20000438 recv_buf[] ...	uchar[20]
[0]	0x11	uchar
[1]	0x22 '"'	uchar
[2]	0x33 '3'	uchar
[3]	0x44 'D'	uchar
[4]	0x55 'U'	uchar
[5]	0x66 'f'	uchar
[6]	0x77 'w'	uchar
[7]	0x88 '?	uchar
[8]	0x99 '?	uchar
[9]	0xAA '?	uchar
[10]	0x11	uchar
[11]	0x22 '"'	uchar
[12]	0x33 '3'	uchar
[13]	0x44 'D'	uchar
[14]	0x55 'U'	uchar
[15]	0x66 'f'	uchar
[16]	0x77 'w'	uchar
[17]	0x88 '?	uchar
[18]	0x99 '?	uchar
[19]	0xAA '?	uchar
<Enter expression>		

图 17－20　基本型 I2C 主机 DMA 收发实验效果

(5) 使用 ALD 库设计从机 DMA 收发例程

使用 ALD 库实现 I2C 从机 DMA 收发数据的具体代码请参考例程：ES32_SDK\Projects\Book1_Example\I2C\ALD\04_i2c_slaver_send_recv_by_dma。

(6) 实验步骤和效果

实验步骤如下：

① 编译工程，编译通过后将程序下载到目标芯片；

② 将程序配置的 SCL/SDA 对应的引脚分别连接至 ESBridge 的 SCL/SDA；

③ ESBridge 通过 USB 线缆连接 PC，打开上位机软件，在“设备操作”选项中选择“打开”；

④ 上位机切换到 I2C 标签页，按照程序配置参数，单击“打开”按钮；

⑤ 在线调试，将 g_recv_buf 加入监视窗，运行程序；

⑥ 在“写数据”文本框中输入 20 字节 HEX 数据，“读字节数”设置为 20，如图 17－21 所示；

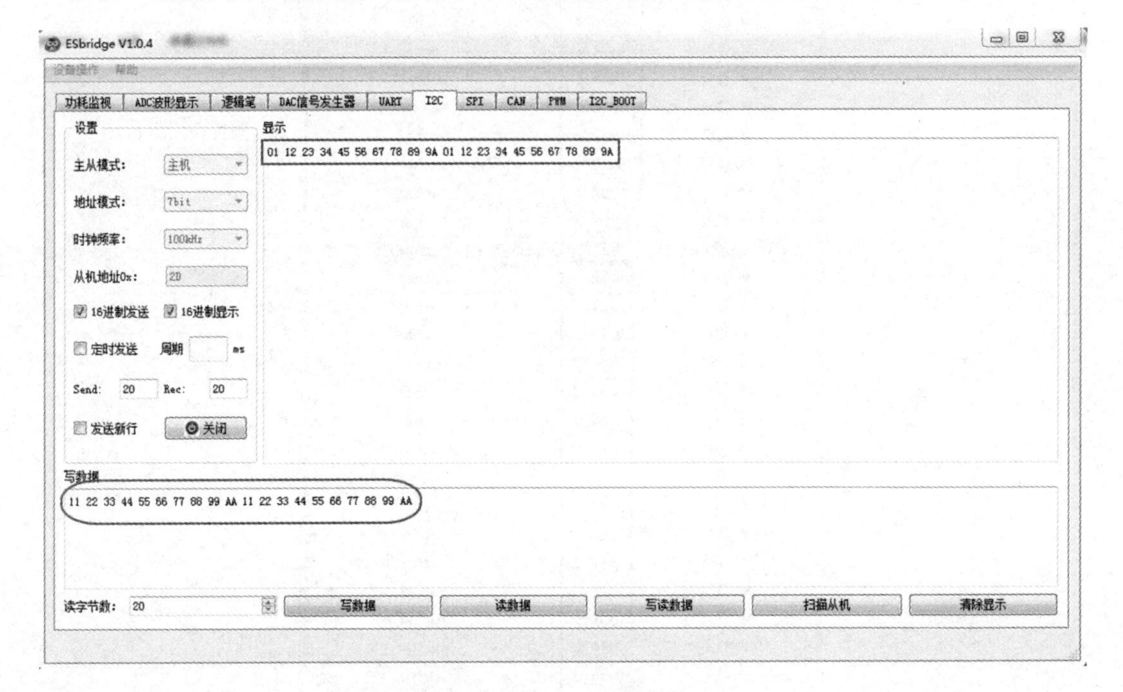

图 17－21　I2C 标签页设置

⑦ 单击“写读数据”按钮，上位机接收到芯片发来的数据并打印，芯片接收到上位机发来的数据并存入 g_recv_buf。

基本型 I2C 从机 DMA 收发实验效果如图 17－22 所示。

Watch 1

Name	Value	Type
send_buf	0x2000000C send_buf[...	uchar[20]
[0]	0x01	uchar
[1]	0x12	uchar
[2]	0x23 '#'	uchar
[3]	0x34 '4'	uchar
[4]	0x45 'E'	uchar
[5]	0x56 'V'	uchar
[6]	0x67 'g'	uchar
[7]	0x78 'x'	uchar
[8]	0x89 '?	uchar
[9]	0x9A '?	uchar
[10]	0x01	uchar
[11]	0x12	uchar
[12]	0x23 '#'	uchar
[13]	0x34 '4'	uchar
[14]	0x45 'E'	uchar
[15]	0x56 'V'	uchar
[16]	0x67 'g'	uchar
[17]	0x78 'x'	uchar
[18]	0x89 '?	uchar
[19]	0x9A '?	uchar
recv_buf	0x20000438 recv_buf[] ...	uchar[20]
[0]	0x11	uchar
[1]	0x22 '"'	uchar
[2]	0x33 '3'	uchar
[3]	0x44 'D'	uchar
[4]	0x55 'U'	uchar
[5]	0x66 'f'	uchar
[6]	0x77 'w'	uchar
[7]	0x88 '?	uchar
[8]	0x99 '?	uchar
[9]	0xAA '?	uchar
[10]	0x11	uchar
[11]	0x22 '"'	uchar
[12]	0x33 '3'	uchar
[13]	0x44 'D'	uchar
[14]	0x55 'U'	uchar
[15]	0x66 'f'	uchar
[16]	0x77 'w'	uchar
[17]	0x88 '?	uchar
[18]	0x99 '?	uchar
[19]	0xAA '?	uchar
<Enter expression>		

图 17－22　基本型 I2C 从机 DMA 收发实验效果

17.3 增强型 I2C 模块

17.3.1 特性概述

ES32F369x I2C 模块具有以下特性：

- 主机/从机模式可灵活配置；
- 多主机模式；
- 标准模式(近 100 kHz)；
- 快速模式(近 400 kHz)；
- 极快速模式(近 1 MHz)；
- 从机模式可编程 7 位或 10 位自有地址及广播呼叫地址；
- 提供 2 组 7 位从机地址(2 个地址,其中一个包括屏蔽)；
- 可编程的设置时间和保持时间；
- 可选择时钟延长；
- 可配置数字滤波器；
- 提供深度为 16 字节的 TX / RX FIFO；
- 提供 DMA 传输；
- 提供 SMBus 标准；
- 硬件 PEC(Packet Error Checking)产生与 ACK 控制；
- 命令与数据应答控制；
- 提供地址解析协议；
- 可选择为主控者或设备；
- 提供 SMBus 警报；
- 提供侦测超时与闲置功能；
- 提供 PMBus rev 1.1 标准。

17.3.2 功能解析

17.3.2.1 逻辑视图

ES32F369x 增强型 I2C 逻辑视图如图 17－23 所示。

17.3.2.2 总线协议

I2C 总线是一种同步串行双向单双工通信总线,通过 2 个引脚与外部器件连接,具体引脚功能如表 17－4 所列。

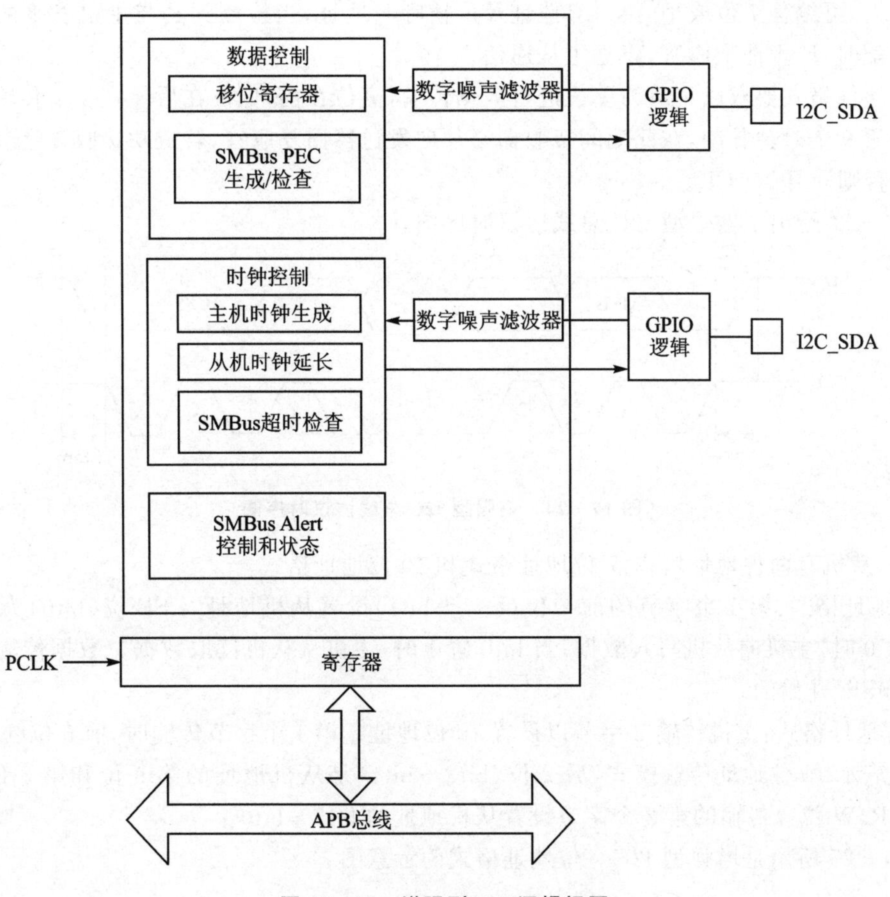

图 17-23　增强型 I2C 逻辑视图

表 17-4　增强型 I2C 引脚功能

引　脚	输入/输出	说　明
SCK	主机输出，从机输入	同步时钟线
SDA	主机输出，从机输入，或从机输出，主机输入	串行数据线

根据 I2C 总线协议对设备的定义，设备可配置为主机或从机，也可配置为发送或接收，因此组合产生主机发送、主机接收、从机发送和从机接收 4 种工作模式。设备默认状态下为从机模式，当总线发起并产生起始位时，自动切换为主机模式；当发生仲裁丢失或总线发起并产生结束位时，又自动切换为从机模式。

无论主机发送还是从机发送，同步时钟信号总是由主机产生并提供给从机。而数据信号总是在总线发起并产生起始位后，开始本次传输；出现停止位后结束本次传输。

在主机模式下，可通过控制总线发起并产生起始位和停止位来控制主从间的数据传输。在从机模式下，可编程 7 位或 10 位自有地址及广播呼叫地址，当检测到其与主机发来的目标从机地址相匹配时，产生地址应答，建立主从通信。

标准通信格式要求以字节为单位进行数据传输，高位在前，低位在后。在字节传输 8 个时钟周期后是第 9 个时钟脉冲，在此期间接收器必须向发送器回复应答，若成功接收 1 字节数据则回复 ACK，否则回复 NACK。

图 17－24 给出了增强型 I2C 总线协议时序图。

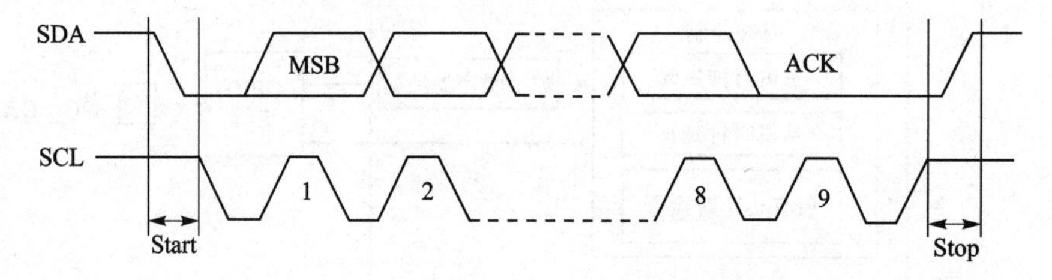

图 17－24 增强型 I2C 总线协议时序图

另外，从机有两种地址格式：7 位地址格式和 10 位地址格式。

7 位地址格式：第 1 个字节的前 7 位（bit7～bit1）设置从机地址，LSB 位（bit0）为 R/W 位。当 bit0 置 0 时，主机向从机写入数据；当 bit0 置 1 时，主机从从机读取数据。数据传输是从最高有效位（MSB）开始的。

10 位地址格式：主机传输 2 字节以设置 10 位地址。第 1 个字节传输时，前 5 位（bit7～bit3）以 11110 表示 10 位地址传输模式，后 2 位（bit2～bit1）是从机地址的第 9 位和第 8 位，LSB 位（bit0）为 R/W 位。传输的第 2 个字节设置从机地址的 bit7～bit0。

图 17－25 所示是增强型 I2C 7 位地址格式的示意图。

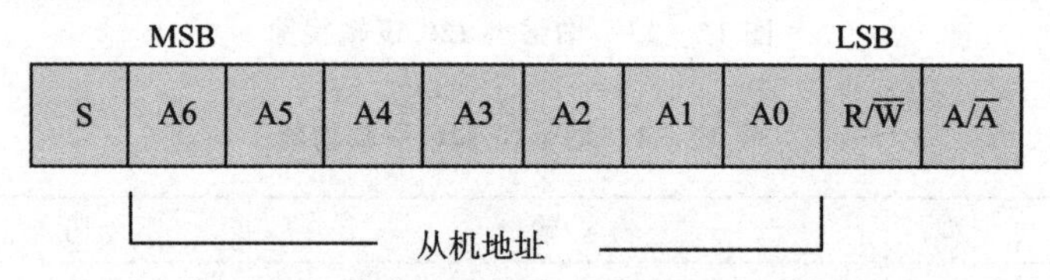

注：S=开始条件；R/W̄=读/写脉冲；A/Ā=应答/无应答(从机发出)

图 17－25 增强型 I2C 7 位地址格式

图 17－26 所示是增强型 I2C 10 位地址格式的示意图。

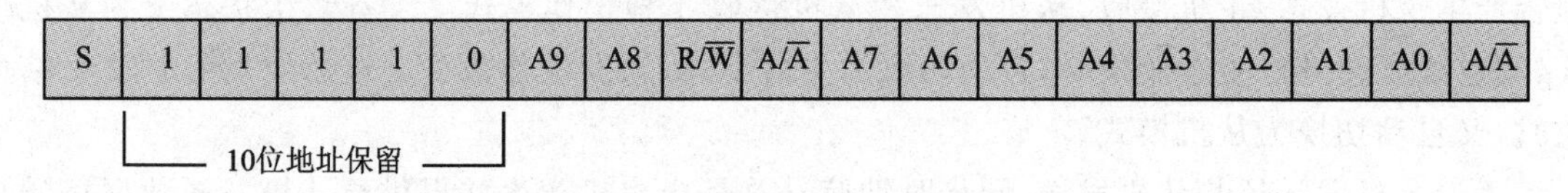

注：S=开始条件；R/W̄=读/写脉冲；A/Ā=应答/无应答(从机发出)

图 17－26 增强型 I2C 10 位地址格式

表17-5所列为10位地址格式第1个字节中位的定义。

表17-5　10位地址格式第1个字节中位的定义

从机地址	R/$\overline{W}$位	描　述
0000 000	0	广播地址
0000 000	1	START字节
0000 001	X	CBUS地址
1111 0XX	X	10位从机寻址

17.3.2.3　数据传输

在从机模式下，如果不能接收或发送下一个完整的数据字节，则从机可以将时钟线SCL保持为低电平以强制主机进入等待状态，直到从机执行完数据处理，例如服务于内部中断。当从机准备好接收另一个数据字节时，则释放时钟线SCL，继续传输数据。

I2C模块有两个FIFO，分别用于发送和接收。

(1) 发　送

若发送TXE@I2Cx_STAT为0(发送FIFO不为空)，则在第9个SCL脉冲(应答脉冲)后将发送FIFO的内容复制到移位寄存器中，随后将移位寄存器的数据逐位发送到SDA数据线上。若TXE@I2Cx_STAT为1(发送FIFO为空)，则表明发送FIFO尚未写入数据，SCL时钟线将被拉低，直到将I2C_TXDATA中的数据读到发送FIFO，SCL会在第9个SCL脉冲之后延长。

(2) 接　收

SDA输入并填充移位寄存器。在第8个SCL脉冲之后(当接收到完整的数据字节时)，若RXF@I2Cx_STAT为0(接收FIFO未满)，则将接收到的数据复制到接收FIFO中。若RXF@I2Cx_STAT为1(接收FIFO满)，则表明尚未读取I2C_RXDATA先前接收的数据字节，此时SCL时钟线会在第9个SCL脉冲之后延长，直到读取I2C_RXDATA，使得RXF@I2Cx_STAT为0(接收FIFO未满)。

另外，I2C模块内嵌字节计数器NBYTES@I2C_CON2，用于管理字节传输并以各种模式控制。例如：在主机模式下生成NACK、STOP和RESTART；在从机模式下允许ACK控制，支持SMBus功能下PEC生成/检查。

字节计数器可无条件地用于主机模式，默认情况下，I2C总线在从机模式下禁用，但可以通过设置SBC@I2C_CON1位，由软件启用从机模式下的字节控制。如果要传输的字节数(NBYTES@I2C_CON2)大于255，或者接收时想要控制接收数据字节的应答值，则必须通过将RELOAD@I2C_CON2置1来选择重载模式。在此模式下，当传送到NBYTES@I2C_CON2中所编程的字节数时，TCR@I2Cx_STAT置1，如果此时TCRIE@I2Cx_IER为1，则产生中断。只要产生TCR@I2Cx_STAT标志，SCL就会被延长。当软件对NBYTES@I2C_CON2写入非零值时，会清除 TCR@I2Cx_STAT。

当 NBYTES@I2C_CON2 字节计数器重新加载最后一个字节数时，软件必须清除 RELOAD@I2C_CON2 位。

在主机模式下，RELOAD@I2C_CON2 为 0 时，字节计数器可用于 2 种模式：

① 自动结束模式(AUTOEND@I2C_CON2 为 1)。在此模式下，一旦传输了 NBYTES@I2C_CON2 位字段中编程的字节数，主机就会自动发送 STOP 条件。

② 软件结束模式(AUTOEND@I2C_CON2 为 0)。在此模式下，一旦传输了 NBYTES@I2C_CON2 位字段中编程的字节数，TX@I2Cx_STAT 标志就会置 1。如果 TCIE@I2Cx_IER 位置 1，可产生中断，处理机制由软件完成。只要 TC@I2Cx_STAT 标志置 1，SCL 就会被延长。当 I2C_CON2 寄存器中的 START 或 STOP 位置 1 时，TC@I2Cx_STAT 标志由软件清零。当主机要发送 RESTART 条件时，必须使用此模式。

17.3.2.4 时钟频率

在主从通信过程中，由主机产生并提供时钟信号。在启用主机模式之前，必须通过将 I2C_TIMINGR 寄存器中的 SCLH 和 SCLL 位置 1 来配置 I2C 模块主时钟，实现时钟同步机制以支持多主机环境和从机时钟延长。

图 17-27 所示为增强型 I2C SCL 主机时钟同步时序图。

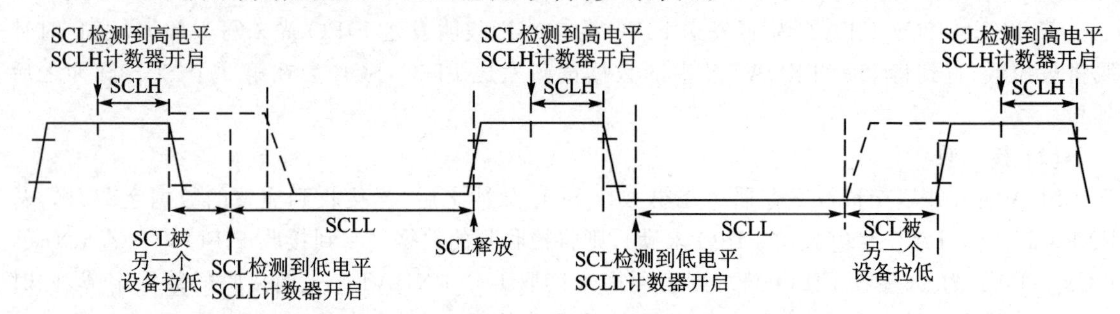

图 17-27　增强型 I2C SCL 主机时钟同步时序图

SCLL 和 SCLH 计数器：

➢ 若从 SCL 低电平开始内部检测，则使用 SCLL 计数器计数低电平时钟；

➢ 若从 SCL 高电平开始内部检测，则使用 SCLH 计数器计数高电平时钟。

图 17-28 所示为增强型 I2C 主机时钟产生时序图。

根据 SCL 下降沿，I2C 模块在 T_{SYNC} 延迟后检测到主机 SCL 低电平。一旦 SCLL@I2C_TIMINGR 达到设置值，I2C 模块就将 SCL 释放为高电平，SCL 输入数字滤波器和 SCL 与 I2CxCLK 时钟同步。在 T_{SYNC} 延迟后，I2C 模块会检测主机的 SCL 高电平，SCL 输入数字噪声滤波器和 SCL 与 I2CCLK 时钟同步。一旦 SCLH@I2C_TIMINGR 达到设置值，I2C 就会将 SCL 置为低电平。因此，主时钟周期为：

$$T_{SCL}=T_{SYNC1}+T_{SYNC2}+\{[(SCLH+1)+(SCLL+1)]\times(PRESC+1)\times T_{I2CCLK}\}$$

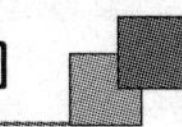

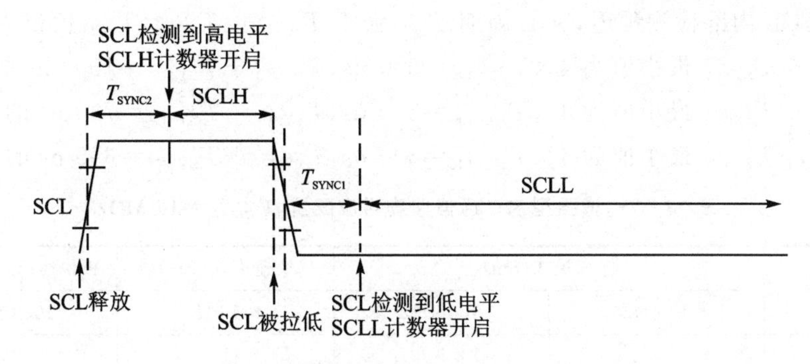

图 17-28 增强型 I2C 主机时钟产生时序图

T_{SYNC1} 的持续时间取决于以下参数：

➢ SCL 下降斜率；

➢ 数字滤波器启用时，引起的输入延迟：DNF@I2Cx_CON1×T_{I2CCLK}；

➢ 由于 SCL 与 I2CCLK 时钟同步（2～3 个 I2CCLK 周期）导致的延迟。

T_{SYNC2} 的持续时间取决于以下参数：

➢ SCL 上升斜率；

➢ 数字滤波器启用时，引起的输入延迟：DNF@I2Cx_CON1×T_{I2CCLK}；

➢ 由于 SCL 与 I2CCLK 时钟同步（2～3 个 I2CCLK 周期）导致的延迟。

表 17-6、表 17-7 和表 17-8 提供了如何配置 I2C_TIMINGR 寄存器以获得需求时钟的示例。

表 17-6 增强型 I2C 通信速度对应配置，F_{I2CCLK}=8 MHz

参　数	标准模式(Sm)		快速模式(Fm)	极快速模式(Fm+)
	10 kHz	100 kHz	400 kHz	500 kHz
PRESC	1	1	0	0
SCLL	0xC7	0x13	0x9	0x6
T_{SCLL}	200×250 ns=50 μs	20×250 ns=5.0 μs	10×125 ns=1250 ns	7×125 ns=875 ns
SCLH	0xC3	0xF	0x3	0x3
T_{SCLH}	196×250 ns=49 μs	16×250 ns=4.0 μs	4×125 ns=500 ns	4×125 ns=500 ns
T_{SCL}(1)	～100 μs(2)	～10 μs(2)	～2500 ns(3)	～2000 ns(4)
SDADEL	0x2	0x2	0x1	0x0
T_{SDADEL}	2×250 ns=500 ns	2×250 ns=500 ns	1×125 ns=125 ns	0 ns
SCLDEL	0x4	0x4	0x3	0x1
T_{SCLDEL}	5×250 ns=1250 ns	5×250 ns=1250 ns	4×125 ns=500 ns	2×125 ns=250 ns

对表 17-6 中的表注说明如下：

(1) 由于 SCL 内部检测延迟,SCL 周期 T_{SCL} 大于 $T_{SCLL}+T_{SCLH}$,T_{SCL} 值仅为示例。

(2) $T_{SYNC1}+T_{SYNC2}$ 最小值为 $4\times T_{I2CCLK}=500$ ns,$T_{SYNC1}+T_{SYNC2}=1000$ ns 的示例。

(3) $T_{SYNC1}+T_{SYNC2}$ 最小值为 $4\times T_{I2CCLK}=500$ ns,$T_{SYNC1}+T_{SYNC2}=750$ ns 的示例。

(4) $T_{SYNC1}+T_{SYNC2}$ 最小值为 $4\times T_{I2CCLK}=500$ ns,$T_{SYNC1}+T_{SYNC2}=655$ ns 的示例。

表 17-7 增强型 I2C 通信速度对应配置,$F_{I2CCLK}=16$ MHz

参　数	标准模式(Sm)		快速模式(Fm)	极快速模式(Fm+)
	10 kHz	100 kHz	400 kHz	1000 kHz
PRESC	3	3	1	0
SCLL	0xC7	0x13	0x9	0x4
T_{SCLL}	200×250 ns=50 μs	20×250 ns=5.0 μs	10×125 ns=1250 ns	6×62.5 ns=312.5 ns
SCLH	0xC3	0xF	0x3	0x2
T_{SCLH}	196×250 ns=49 μs	16×250 ns=4.0 μs	4×125 ns=500 ns	3×62.5 ns=187.5 ns
T_{SCL}(1)	~100 μs(2)	~10 μs(2)	~2500 ns(3)	~1000 ns(4)
SDADEL	0x2	0x2	0x2	0x0
T_{SDADEL}	2×250 ns=500 ns	2×250 ns=500 ns	2×125 ns=250 ns	0 ns
SCLDEL	0x4	0x4	0x3	0x2
T_{SCLDEL}	5×250 ns=1250 ns	5×250 ns=1250 ns	4×125 ns=500 ns	3×62.5 ns=187.5 ns

对表 17-7 中的表注说明如下:

(1) 由于 SCL 内部检测延迟,SCL 周期 T_{SCL} 大于 $T_{SCLL}+T_{SCLH}$,为 T_{SCL} 值仅为示例。

(2) $T_{SYNC1}+T_{SYNC2}$ 最小值为 $4\times T_{I2CCLK}=250$ ns,$T_{SYNC1}+T_{SYNC2}=1000$ ns 的示例。

(3) $T_{SYNC1}+T_{SYNC2}$ 最小值为 $4\times T_{I2CCLK}=250$ ns,$T_{SYNC1}+T_{SYNC2}=750$ ns 的示例。

(4) $T_{SYNC1}+T_{SYNC2}$ 最小值为 $4\times T_{I2CCLK}=250$ ns,$T_{SYNC1}+T_{SYNC2}=500$ ns 的示例。

表 17-8 增强型 I2C 通信速度对应配置,$F_{I2CCLK}=48$ MHz

参　数	标准模式(Sm)		快速模式(Fm)	极快速模式(Fm+)
	10 kHz	100 kHz	400 kHz	1000 kHz
PRESC	0xB	0xB	5	5
SCLL	0xC7	0x13	0x9	0x3
T_{SCLL}	200×250 ns=50 μs	20×250 ns=5.0 μs	10×125 ns=1250 ns	4×125 ns=500 ns
SCLH	0xC3	0xF	0x3	0x1
T_{SCLH}	196×250 ns=49 μs	16×250 ns=4.0 μs	4×125 ns=500 ns	2×125 ns=250 ns
T_{SCL}(1)	~100 μs(2)	~10 μs(2)	~2500 ns(3)	~875 ns(4)
SDADEL	0x2	0x2	0x3	0x0
T_{SDADEL}	2×250 ns=500 ns	2×250 ns=500 ns	3×125 ns=375 ns	0 ns
SCLDEL	0x4	0x4	0x3	0x1
T_{SCLDEL}	5×250 ns=1250 ns	5×250 ns=1250 ns	4×125 ns=500 ns	2×125 ns=250 ns

对表17-8中的表注说明如下：

(1) 由于SCL内部检测延迟，SCL周期 T_{SCL} 大于 $T_{SCLL}+T_{SCLH}$，T_{SCL} 值仅为示例。

(2) $T_{SYNC1}+T_{SYNC2}$ 最小值为 $4\times T_{I2CCLK}=83.3$ ns，$T_{SYNC1}+T_{SYNC2}=1000$ ns的示例。

(3) $T_{SYNC1}+T_{SYNC2}$ 最小值为 $4\times T_{I2CCLK}=83.3$ ns，$T_{SYNC1}+T_{SYNC2}=750$ ns的示例。

(4) $T_{SYNC1}+T_{SYNC2}$ 最小值为 $4\times T_{I2CCLK}=83.3$ ns，$T_{SYNC1}+T_{SYNC2}=250$ ns的示例。

17.3.3　主机通信

17.3.3.1　主机初始化

启动主机通信前，用户须配置I2C_CON2寄存器的从机寻址方式，主要包括以下参数：

- 寻址模式(7位或10位)：ADD10@I2Cx_CON2。
- 待发送的从机地址：SADD@I2Cx_CON2。
- 传输方向：RD_WRN@I2Cx_CON2。
- 如果是10位地址读取：HEAD10R@I2Cx_CON2必须配置HEAD10R@I2Cx_CON2以指示是否必须发送完整的地址序列，或者仅在传输方向改变时发送地址标头。
- 要传输的字节数：NBYTES@I2C_CON2。如果字节数等于或大于255，则NBYTES@I2C_CON2最初必须赋值0xFF。

对于起始位处理，START@I2C_CON2置1。当START位置1时，不允许更改所有上述位。一旦检测到总线空闲，主机就会先自动发送START位，再发送从机地址。在仲裁丢失的情况下，主机自动切换回从机模式，若I2C工作模式为寻址从机，则可以应答从机的地址。

注：无论接收到的应答值是什么，当总线上发送从机地址时，START位均由硬件复位。如果发生仲裁丢失，则START位也由硬件复位。在10位寻址模式下，当从机地址前7位被从机回复NACK时，主机将自动重新启动从机地址传输，直到收到ACK。如果在START位置1时，I2C被寻址为从机(ADDRRI@I2Cx_RIF为1)，则I2C切换到从机模式，当ADDRRI@I2Cx_RIF位置1时，START位清0。

对重复启动条件应用相同的过程。在这种情况下，总线处于忙状态。

从机地址配置为10位地址模式时，主机寻址从机的具体步骤如下：

① 从机地址采用10位格式，用户可以通过将HEAD10R@I2C_CON2清0来选择发送完整的读序列。在这种情况下，主机在START位置1后，自动发送以下完整序列：起始位＋从机地址10位标头写＋从机地址第2字节＋重新启动＋从机地址10位标头读取。

② 主机寻址10位地址从机模式，将数据发送到该从机；从同一从机读取数据，则必须先完成主机传输流程，使用HEAD10R@I2C_CON2为1配置的10位从机地址设置重复启动。在这种情况下，主机发送此序列：重新启动＋从机地址10位标头读取。

17.3.3.2　主机发送数据

在主机开始发送数据之前，需先配置NBYTES@I2C_CON2，当传输字节数大于255时，需要额外配置 RELOAD@I2C_CON2。在此配置下，当传输字节数等于 NBYTES 配置值时，TCRRI@I2C_RIF 会置 1，此时 SCL 时钟线会保持低电平，直到 NBYTES 重新被写入新的数值，以及对 I2C_TXDATA 寄存器写入发送数据后，才会继续进行传输。

当从机回复 NACK，NACKRI@I2C_RIF 会置位，并且接下来主机会自动发送停止信号 STOP。

当从机回复 ACK，且 RELOAD 为 0，传输字节数等于 NBYTES 配置值时，存在以下 2 种情况：

➢ 若 AUTOEND@I2C_CON2 为 1，则主机会自动发送停止信号 STOP。

➢ 若 AUTOEND@I2C_CON2 为 0，则主机会将 SCL 时钟线保持低电平，等待软件控制的后续操作：

- RESTART：对 START@I2C_CON2 置 1，主机会发送重启信号。
- STOP：对 STOP@I2C_CON2 置 1，主机会发送停止信号。

增强型 I2C 主机发送传输序列如图 17－29 所示。

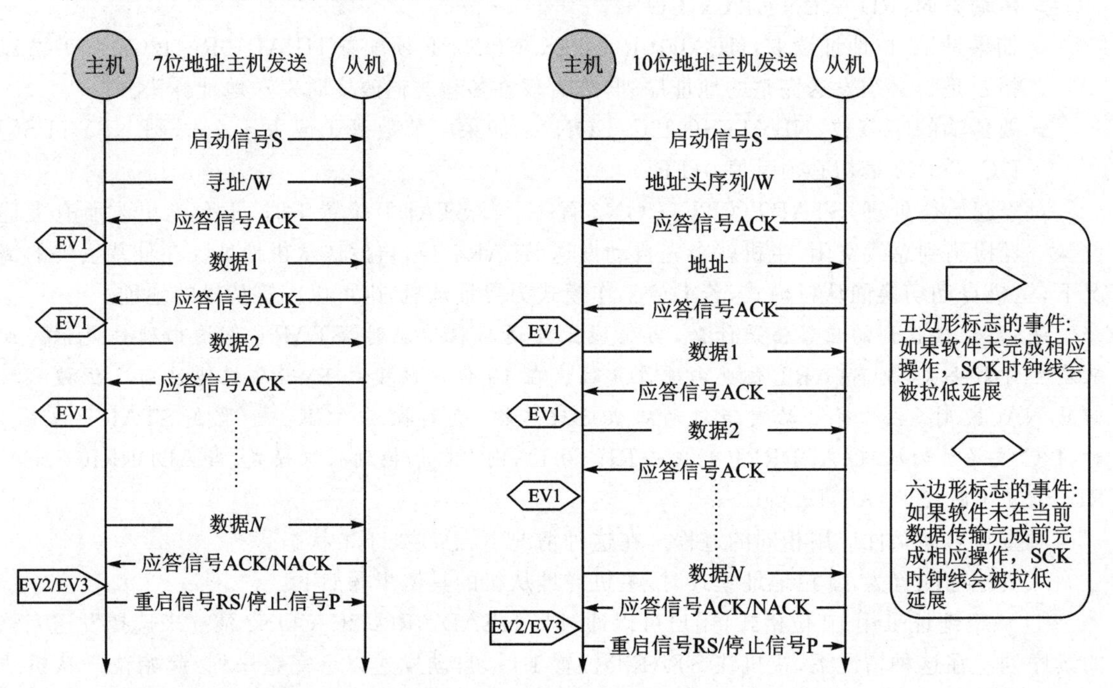

图 17－29　增强型 I2C 主机发送传输序列

17.3.3.3　主机接收数据

在主机开始接收数据之前，需先配置 NBYTES@I2C_CON2，当传输字节大于 255 时，需要额外配置 RELOAD@I2C_CON2。在此配置下，当传输字节数等于 NBYTES 配置值时，TCRRI@I2C_RIF 寄存器会置 1，此时 SCL 时钟线会保持低电平，直到 NBYTES 被重新写入新的数值，才会继续进行传输。

当 RELOAD 为 0 并且传输字节数等于 NBYTES 配置值时，存在以下 2 种情况：

➢ 若 AUTOEND@I2C_CON2 为 1，则主机会自动发送 NACK 与停止信号 STOP。

➢ 若 AUTOEND@I2C_CON2 为 0，则主机会自动发送 NACK，并将 SCL 时钟线保持低电平，等待软件控制的后续操作：

- RESTART：对 START@I2C_CON2 置 1，主机会发送重启信号。
- STOP：对 STOP@I2C_CON2 置 1，主机会发送停止信号。

增强型 I2C 主机接收传输序列如图 17 - 30 所示。

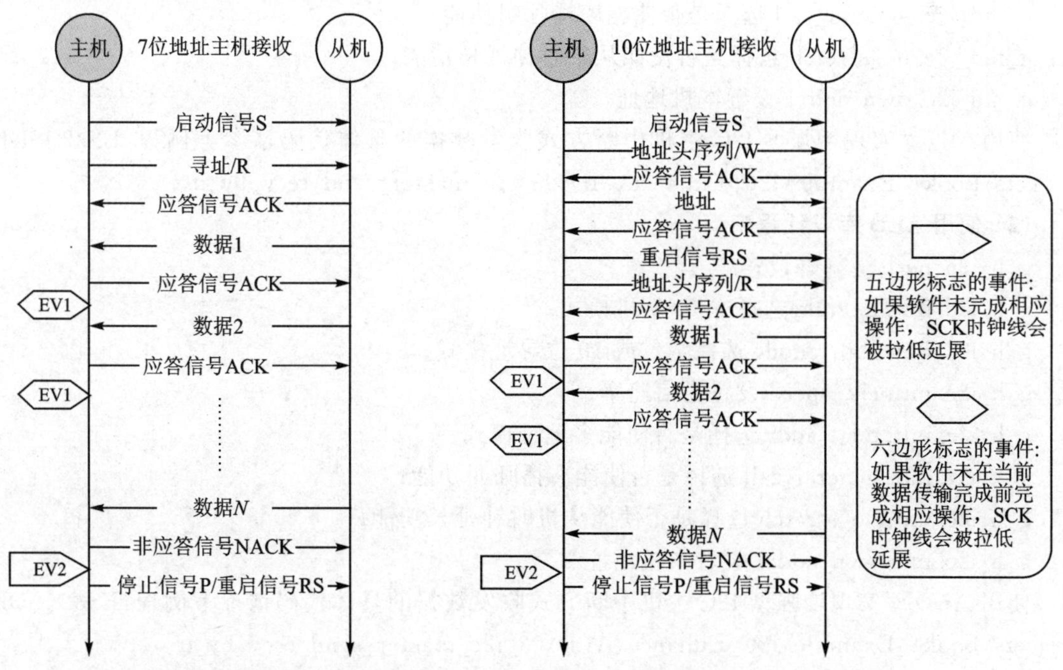

图 17 - 30　增强型 I2C 主机接收传输序列

17.3.3.4 程序设计示例

设计主机收发中断处理 I2C 程序，基于 ES32F369x 平台实现。

(1) 使用 MD 库设计程序

增强型 I2C 增加了数据 FIFO 机制配置，并单独设置从机地址寄存器和传输方向（主机）寄存器。该程序中：

函数 md_i2c_set_addr_0_9_bit 设置从机地址；

函数 md_i2c_enable_master_write 选择主机发送数据模式；

函数 md_i2c_enable_master_read 选择主机接收数据模式；

g_md_i2c. module 选择主机/从机模式；

g_md_i2c. addr_mode 选择 7 位或 10 位寻址模式；

g_md_i2c. clk_speed 选择通信速率；

g_md_i2c. dual_addr 选择是否使能多地址模式；

g_md_i2c. general_call 选择是否使能广播呼叫功能；

g_md_i2c. no_stretch 选择是否使能从机时钟延长功能；

g_md_i2c. own_addr1 设置本机地址。

使用 MD 库实现增强型 I2C 主机中断方式收发数据的具体代码请参考例程：ES32_SDK\Projects\Book1_Example\I2C_Enhance\MD\03_i2c_master_send_recv_by_it。

(2) 使用 ALD 库设计程序

g_h_i2c. perh 选择外设；

g_h_i2c. init. module 选择主机/从机模式；

g_h_i2c. init. addr_mode 选择 7 位或 10 位寻址模式；

g_h_i2c. init. clk_speed 设置通信速率；

g_h_i2c. init. dual_addr 选择是否使能多地址模式；

g_h_i2c. init. general_call 选择是否使能广播呼叫功能；

g_h_i2c. init. no_stretch 选择是否使能从机时钟延长功能；

g_h_i2c. init. own_addr1 设置本机地址。

使用 ALD 库实现增强型 I2C 主机中断方式收发数据的具体代码请参考例程：ES32_SDK\Projects\Book1_Example\I2C_Enhance\ALD\03_i2c_master_send_recv_by_it。

(3) 实验步骤和效果

实验步骤如下：

① 编译工程，编译通过后将程序下载到目标芯片；

② 将程序配置的 SCL/SDA 对应的引脚分别连接至 ESBridge 的 SCL/SDA；

③ ESBridge 通过 USB 线缆连接 PC，打开上位机软件，在“设备操作”选项中选择“打开”；

④ 上位机切换到 I2C 标签页，按照程序配置参数，单击“打开”按钮；

⑤ 如图 17－31 在“写数据”对话框中输入 8 字节 HEX 数据，“读字节数”设置为 8，单击“写数据”按钮；

图 17－31　I2C 标签页

⑥ 在线调试，将 g_recv_buf 加入监视窗；

⑦ 运行程序，上位机接收到芯片发来的数据并打印，芯片接收到上位机发来的数据并存入 g_recv_buf。

增强型 I2C 主机收发实验效果如图 17－32 所示。

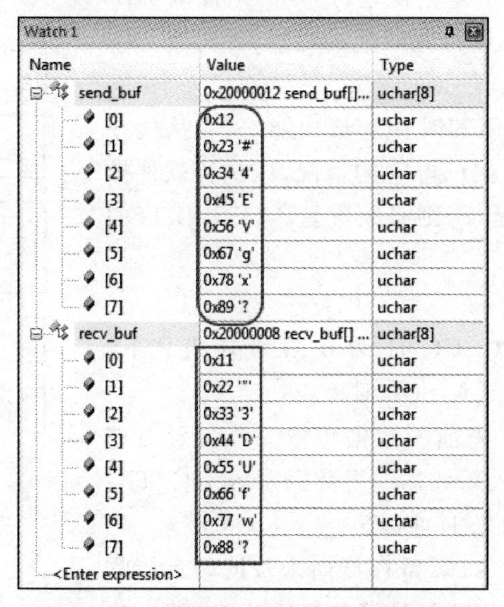

图 17－32　增强型 I2C 主机收发实验效果

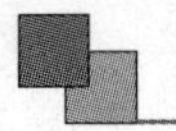

17.3.4 从机通信

17.3.4.1 从机初始化

在从机模式下，用户必须至少启用一个从机地址。设置 OA1@I2C_ADDR1 和 OA2@I2C_ADDR2 可用于编程从机地址。

➢ 通过将 OA1MODE@I2C_ADDR1 置 1，可以在 7 位模式（默认情况下）或 10 位寻址模式下配置 OA1。通过将 OA1EN@I2C_ADDR1 置 1 启用 OA1。

➢ 如果需要额外的从机地址，可以配置第二个从机地址 OA2。通过配置 OA2MSK@I2C_ADDR2 可以屏蔽最多 7 个 OA2 的 LSB。因此，对于配置分别为 1～6 的 OA2MSK，仅将 OA2 [7:2]、OA2 [7:3]、OA2 [7:4]、OA2 [7:5]、OA2 [7:6]或 OA2 [7]与收到的地址相比较。若 OA2MSK 不等于 0，OA2 的地址比较器就会排除未被应答的 I2C 保留地址（0000 XXX 和 1111 XXX）。如果 OA2MSK＝7，则应答所有接收的 7 位地址（保留地址除外）。OA2 始终是 7 位地址。若 OA2MSK＝0，且在 I2C_ADDR1 或 I2C_ADDR2 寄存器中，编程特定启用位置，则可应答这些保留地址。通过将 OA2EN@I2C_ADDR2 置 1，启用 OA2。

➢ 通过将 GCEN@I2C_CON1 置 1，启用广播地址。

图 17－33 所示为增强型 I2C 从机初始化流程图。

当其中一个启用地址选择 I2C 时，地址匹配中断标志状态置 1。如果 ADDRIE@I2Cx_IER 置 1，则产生中断。收到地址匹配中断后，如果启用了多个地址，用户必须读取 ADDCODE@I2C_STAT 的值，以检查匹配的地址，并检查 DIR 标志以确定传输方向。

在默认情况下，从机使用其时钟延长功能，表明从机在通信时，存在将 SCL 信号拉到低电平的情况，以执行软件操作。如果主机不支持时钟延长，则必须配置 NOSTRETCH@I2C_CON1 为 1。

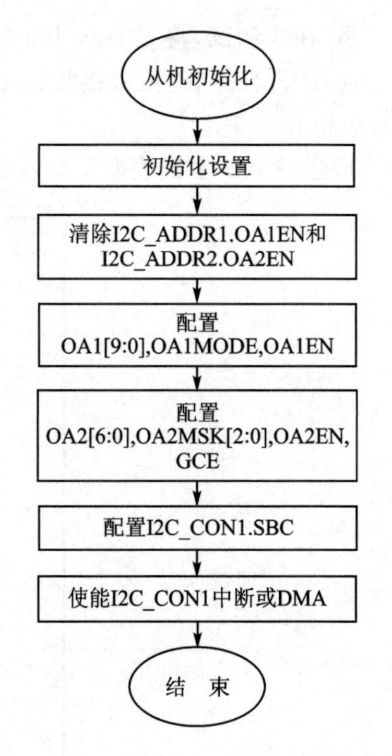

图 17－33 增强型 I2C 从机初始化流程

(1) 从机时钟延长使能

若 NOSTRETCH@I2C_CON1 为 0，在默认模式下，I2C 从机在以下 5 种情况会延长 SCL 时钟：

① 在传输过程中，如果先前的数据传输完成且没有在 I2C_TXDATA 寄存器中写入新数据。当数据写入 I2C_TXDATA 寄存器时，将释放 SCL 时钟延长。

② 在接收时，I2C_RXDATA 寄存器尚未被读取且接收 FIFO 已满。读取 I2C_RXDATA 且接收 FIFO 未满时，将

释放 SCL 时钟延长。

③ 在从机字节控制模式下，当 TCR@I2Cx_STAT 为 1，且 SBC@I2Cx_CON1 为 1、RELOAD@I2Cx_CON1 为 1 时，表示数据字节已被传输。通过写入非零值至 NBYTES@I2Cx_CON2，以清除 TCR@I2Cx_STAT，释放 SCL 时钟延长。

④ 在从机应答控制模式下，当收到地址或数据时，每个字节的第 8 个和第 9 个 SCL 脉冲之间会将 SCL 延长。当设置应答更新时，释放 SCL 时钟延长并回应应答脉冲。

⑤ 在 SCL 下降沿检测后，I2C 拉低 SCL 延长单位为[(SDADEL＋SCLDEL＋1)×(PRESC＋1)＋1]×TI2CCLK。

(2) 从机时钟延长禁止

若 NOSTRETCH@I2C_CON1 为 1，I2C 从机不会延长 SCL 信号。

① 在发送时，必须在与传输相对应的第一个 SCL 脉冲之前将数据写入 I2C_TXDATA 寄存器。如果不是，则发生欠载运算，在 TXUD@I2C_STAT 中置起标志，若 TXUDIE@I2C_IER 置 1，则会产生中断。

② 在接收时，如果接收 FIFO 已满，必须在下一个数据字节的第 9 个 SCL 脉冲(应答脉冲)之前，软件从 I2C_RXDATA 寄存器中读取数据。如果发生溢出，则在 RXOV@I2C_STAT 中设置标志，如果 RXOVIE@I2C_IER 置 1，则会产生中断。

为了在从机接收模式下允许字节 ACK 控制，必须将 SBC@I2C_CON1 置 1 来启用从机字节控制模式。这需要符合 SMBus 标准。

必须选择重载模式，以便在从机接收模式(RELOAD@I2C_CON2 为 1)下，允许字节控制。要控制每个字节，必须在 ADDR 中断子程序中将 NBYTES 初始化为 0x1，并在每个接收到的字节后重新加载 0x1。当接收到该字节时，TCR@I2Cx_STAT 置 1，在第 9 个 SCL 脉冲之后将 SCL 信号拉低。软件从 I2C_RXDATA 寄存器读取数据，通过配置 NACK@I2C_CON2 来决定下一个数据是否应答。通过将 NBYTES@I2C_CON2 编程为非零值来释放 SCL 延伸：发送应答或不应答。

NBYTES@I2C_CON2 可以加载大于 0x1 的值，在这种情况下，接收流程在 NBYTES@I2C_CON2 数据接收期间是连续的。

注：当禁用 I2C 时，才可配置 SBC@I2C_CON1。当 TCR@I2Cx_STAT 为 1 时，可以更改 RELOAD@I2C_CON2。从机字节控制模式与 NOSTRETCH 模式不兼容。不允许在 NOSTRETCH 为 1 时设置 SBC@I2C_CON1。

17.3.4.2 从机发送数据

当接收到匹配的地址时，ADDRRI@I2C_RIF 会置 1。若 TX FIFO 中已写入待发送的数据，从机会通过内部移位寄存器将 TX FIFO 中的字节发送到 SDA 数据线。若 TX FIFO 此时为空，从机会延长 SCL 低电平时间，直到 TX FIFO 透过 I2C_TXDATA 寄存器写入待发送数据为止。

当从机发送成功时，主机会回应答信号。当主机回应 NACK 时，NACKRI@I2C_RIF 会置 1，从机会自动释放 SCL 与 SDA 总线，让主机能够发送后续的 STOP 或 RESTART 命令。

当主机回应 STOP 时，STOPRI@I2C_RIF 会置 1，并结束通信，从机等待下一次收到匹配的地址。然而，若 TX FIFO 内还有尚未传送的字节，可以在选择下一次地址匹配时继续传送 TX FIFO 中的数据，或是对 TXFRST@I2C_FCON 置 1，来清除 FIFO 中的数据，下次传送新的数据。

当从机字节控制启动时，需配置 NBYTES@I2C_CON2。

注：当 NOSTRETCH 模式启动时，由于 SCL 时钟无法延长，因此待传送的数据需要提前写入 TX FIFO 内。

增强型 I2C 从机发送传输序列如图 17－34 所示。

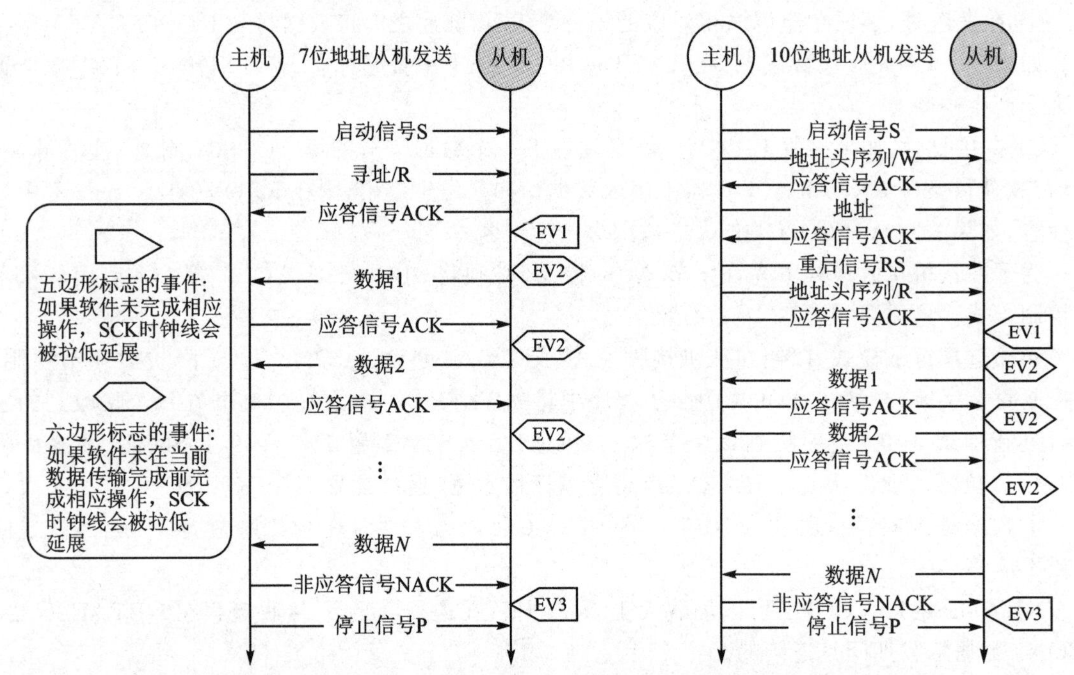

图 17－34　增强型 I2C 从机发送传输序列

17.3.4.3　从机接收数据

当接收到匹配的地址时，ADDRRI@I2C_RIF 会置 1，从机会通过内部移位寄存器将 SDA 在总线的数据保存到 RX FIFO 中。无论 RX FIFO 是否已满，从机都会自动发送应答信号，差

异仅在于应答信号发送后，若FIFO满则会延长SCL时钟低电平时间，等待软件将RX FIFO中的字节取出后，才会释放SCL时钟。

当主机发送STOP时，STOPRI@I2C_RIF会置1，并结束通信，等待下次收到匹配的地址。

增强型I2C从机接收传输序列如图17-35所示。

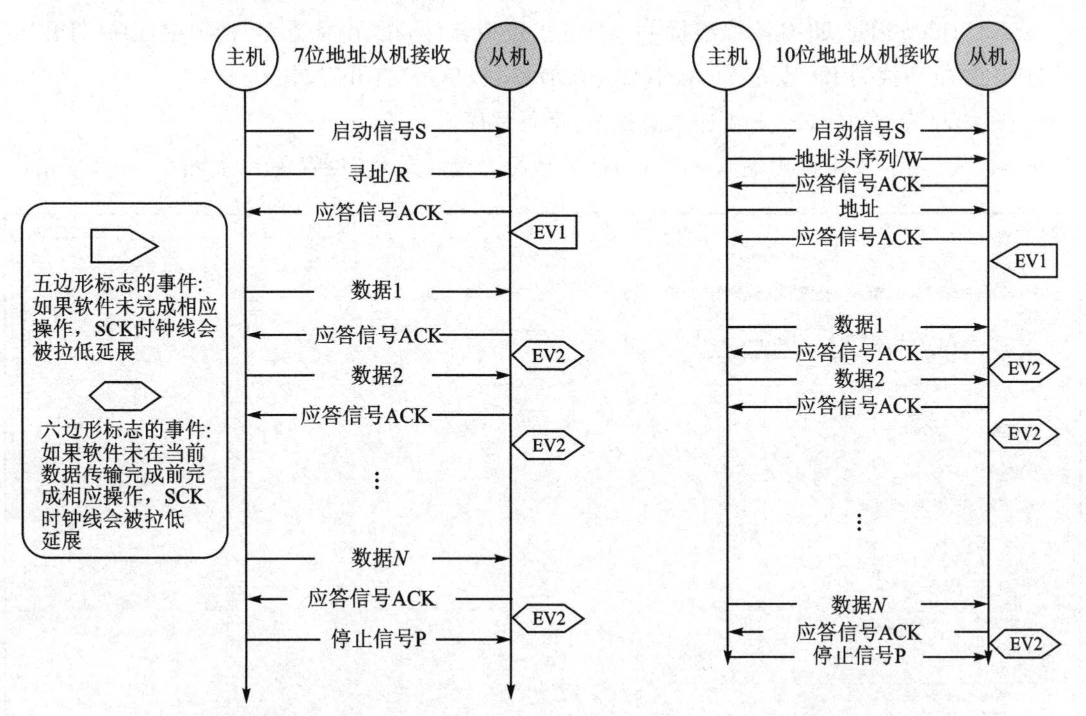

图17-35　增强型I2C从机接收传输序列

17.3.4.4　程序设计示例

设计从机收发程序(中断)。

(1) 使用MD库设计程序

使用MD库实现增强型I2C从机中断方式收发数据的具体代码请参考例程:ES32_SDK\Projects\Book1_Example\I2C_Enhance\MD\05_i2c_slaver_send_recv_by_it。

(2) 使用ALD库设计程序

使用ALD库实现增强型I2C从机中断方式收发数据的具体代码请参考例程:ES32_SDK\Projects\Book1_Example\I2C_Enhance\ALD\05_i2c_slaver_send_recv_by_it。

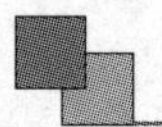

(3) 实验步骤和效果

实验步骤如下：

① 编译工程，编译通过后将程序下载到目标芯片；

② 将程序配置的 SCL/SDA 对应的引脚分别连接至 ESBridge 的 SCL/SDA；

③ ESBridge 通过 USB 线缆连接 PC，打开上位机软件，在“设备操作”选项中选择“打开”；

④ 上位机切换到 I2C 标签页，按照程序配置参数，单击“打开”按钮；

⑤ 在线调试，将 g_recv_buf 加入监视窗，运行程序；

⑥ 在“写数据”文本框中输入 8 字节 HEX 数据，“读字节数”设置为 8，如图 17-36 所示；

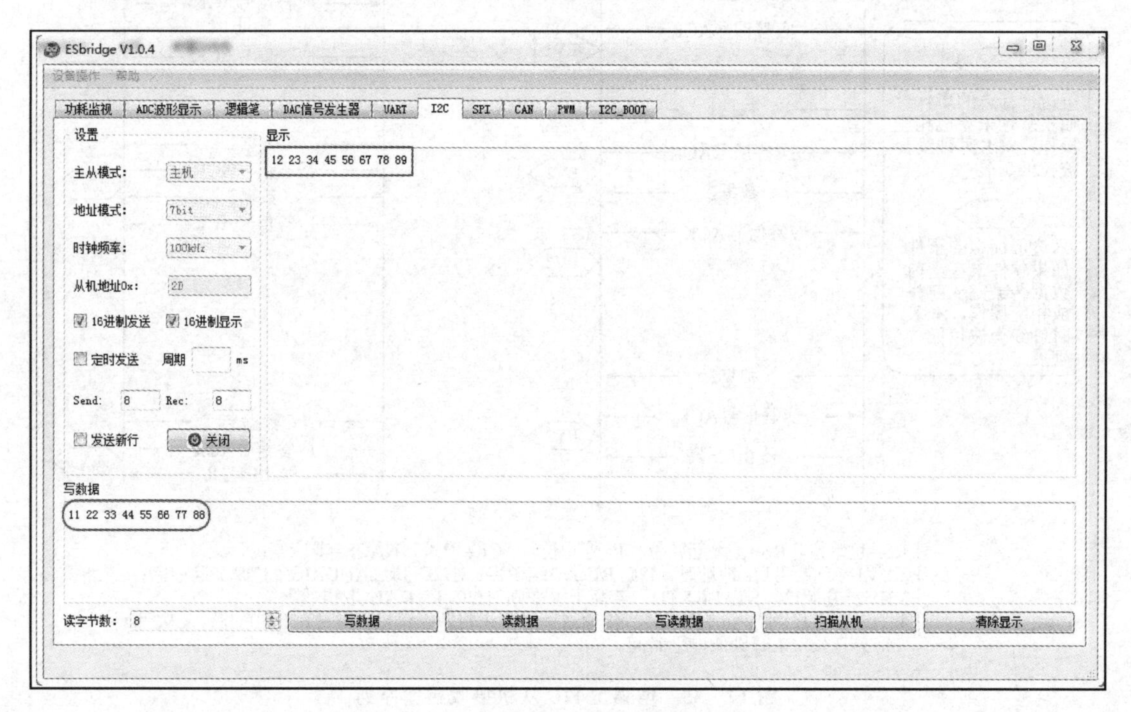

图 17-36 I2C 标签页

⑦ 单击“写读数据”，上位机接收到芯片发来的数据并打印，芯片接收到上位机发来的数据并存入 g_recv_buf。

实验效果如图 17-37 所示。

17.3.5 错误类型和中断管理

17.3.5.1 导致通信失败的错误类型

以下是几种可能导致通信失败的错误类型。

(1) 总线错误(BERR)

总线错误是在存在非 9 个 SCL 时钟脉冲整数倍的情况下,检测到 START 或 STOP。仅当 I2C 作为主机或寻址从机进行传输时(不在从机模式下的地址阶段),才会设置总线错误标志。如果在从机模式下检测到错误的 START 或 RESTART,则 I2C 会重新进入地址识别状态,等同接收到正确的 START。

当检测到总线错误时,BERR@I2C_RIF 寄存器置 1,如果 BERRIE@I2C_IER 寄存器置 1,则产生中断。

Watch 1

Name	Value	Type
send_buf	0x20000012 send_buf[]...	uchar[8]
[0]	0x12	uchar
[1]	0x23 '#'	uchar
[2]	0x34 '4'	uchar
[3]	0x45 'E'	uchar
[4]	0x56 'V'	uchar
[5]	0x67 'g'	uchar
[6]	0x78 'x'	uchar
[7]	0x89 '?'	uchar
recv_buf	0x20000008 recv_buf[] ...	uchar[8]
[0]	0x11	uchar
[1]	0x22 '"'	uchar
[2]	0x33 '3'	uchar
[3]	0x44 'D'	uchar
[4]	0x55 'U'	uchar
[5]	0x66 'f'	uchar
[6]	0x77 'w'	uchar
[7]	0x88 '?'	uchar
<Enter expression>		

图 17－37　增强型 I2C 从机收发实验效果

(2) 仲裁丢失

仲裁丢失是当在 SDA 数据线上发送高电平时,在 SCL 时钟线上升沿采样到 SDA 数据线低电平。

- 在主机模式下,存在地址阶段、数据阶段和数据应答阶段的检测仲裁丢失。在这种情况下,SCL 时钟线和 SDA 数据线被释放,START 控制位由硬件清 0,主机自动切换到从机模式。
- 在从机模式下,存在数据阶段和数据应答阶段的检测仲裁丢失。在这种情况下,传输停止,SCL 时钟线和 SDA 数据线被释放。当检测到仲裁丢失时,ARLOR@I2C_RIF 寄存器置 1。如果 ARLOIE@I2C_IER 寄存器置 1,则会产生中断。

(3) 接收溢出/发送欠载错误(RXOV/TXUD)

- 当 NOSTRETCH@I2C_CON1 为 1 时,在从机模式下,检测到溢出或欠载错误。
- 当接收到新数据且接收 FIFO 已满时,新接收的数据将会丢失,并且自动发送 NACK。

在传输中,当应发送新字节且尚未写入发送 FIFO 时,将发送 0xFF。

注:当检测到接收溢出或发送欠载错误时,TXUD@I2C_STAT 寄存器置 1,如果 TXUDIE@I2C_IER 寄存器置 1,则会产生中断;RXOV@I2C_STAT 置 1,如果 RXOVIE@I2C_IER 置 1,则会产生中断。

17.3.5.2　中断管理

I2C 模块的中断相关寄存器由一组 6 个寄存器控制。增强型 I2C 中断映射如图 17－38 所示。

(1) 中断控制(IER、IDR、IVS)

I2C 模块中断使能寄存器(I2CIER)写 1 可以使能中断请求。同样,I2C 中断禁用寄存器

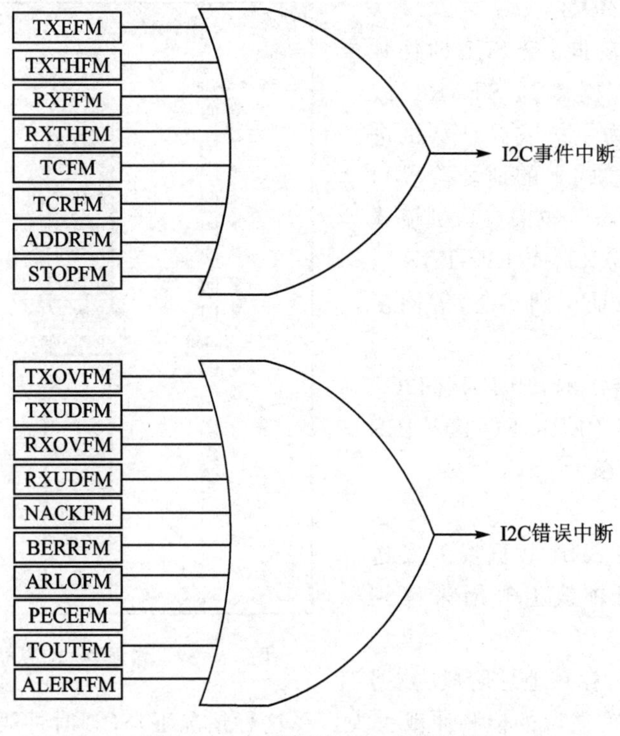

图 17-38　增强型 I2C 中断映射

(I2CIDR)写 1 可以禁用中断。IER 和 IDR 是只写寄存器,这 2 组寄存器的使能或禁止结果可由中断有效状态寄存器(I2C_IVS)显示。IVS 是一个只读寄存器,通过 1 或 0 来指示中断使能或禁止是否有效。

(2) 中断状态(RIF)

I2C 模块中断状态寄存器(I2C_RIF)是一个只读寄存器,用于读取 I2C 模块的中断状态。在以下情况下,I2C 模块会产生中断:

- SMBus 警报;
- 发生超时;
- PEC 错误;
- 仲裁丢失;
- 总线错误;
- 传送完成并重新加载;
- 传送完成;
- 检测检测 STOP;
- 收到非应答;
- 地址匹配;

- 接收 FIFO 不为空；
- 发送 FIFO 为空；
- 发生接收溢出或发送欠载。

(3) 中断标志(IFM)

I2C 模块中断标志寄存器(I2C_IFM)用于读取模块的中断标志。IFM 每位寄存器是 IVS 和 RIF 各相对应位的逻辑与。

(4) 中断清除(ICR)

I2C 模块中断清除寄存器(I2C_ICR)写 1 可以清除相应的中断。

17.3.6　兼容 SMBus

17.3.6.1　SMBus 功能

SMBus(系统管理总线)是以 I2C 总线协议为基础的双线制通信接口,可为系统管理相关任务提供控制总线,便于各器件之间或各器件与系统的其余器件进行通信。

在具体通信应用中,系统管理总线共涉及 3 类器件,主器件用于提供时钟,发出命令和中止传输;从器件用于接收时钟,响应命令;主机作为专用的主器件,用于提供连接系统 CPU 的主接口。主机必须具有主/从设备功能,支持 SMBus 主机通知协议,且一个系统只允许存在一个主机。

通过访问系统管理总线,外部器件可向用户提供制造商信息或器件型号,保存暂停事件状态,报告不同错误类型,接收控制参数并返回相应状态。

I2C 模块通过 SMBHEN@I2C_CON1 置 1 来支持主控者通知协议。在这种情况下,主控者将应答 SMBus 主控者地址(0b0001 000)。使用此协议时,设备充当主机,主控者充当从机。

SMBus 接收器必须能够 NACK 每个接收到的命令或数据。为了在从机模式下允许 ACK 控制,必须通过将 SBC@I2C_CON1 置 1 来启用从机字节控制模式。

SMBus 支持地址解析协议(ARP),可以通过为每个从设备动态分配新的唯一地址来解决地址冲突。为了实现隔离每个设备以便进行地址分配,每个设备必须具有唯一的设备标识符(UDID),这个 128 位数字由软件实现。通过将 SMBDEN@I2C_CON1 置 1 启用 SMBus 从设备默认地址(0b1100 001)。ARP 命令应由用户软件实现,仲裁也在从属模式下执行以支持 ARP。有关 SMBus 地址解析协议的更多详细信息,请参阅 SMBus 规范 2.0 版(http://smbus.org)。

具备 SMBus ALERT 可选信号,仅从设备选择 $\overline{\text{SMBALERT}}$ 引脚向主控者发送信号。主控者处理中断并同时通过警报响应地址(0b0001 100)访问所有 $\overline{\text{SMBALERT}}$ 设备。只有拉低 $\overline{\text{SMBALERT}}$ 的设备才会应答警报响应地址。当配置为从设备(SMBHEN＝0)时,通过将 ALERTEN@I2CCON1 置 1,可将 SMBA 引脚拉低。警报响应地址同时启用。当配置为主控者(SMBHEN＝1)时,如果在 SMBA 引脚上检测到下降沿且 ALERTEN＝1,则在 I2C_RIF 寄存器中设置 ALERT 标志。如果 ALERTIE@I2C_IER 置 1,则会产生中断。当 ALERTEN＝0 时,即使外部 SMBA 引脚为低电平，ALERT 线也会被视为高电平。如果不需要 SMBus ALERT 引脚，且 ALERTEN＝0，则 SMBA 引脚可用作标准 GPIO。

SMBus 规范中引入了一种数据包错误检查机制，以提高可靠性和通信稳健性。通过在每次消息传输结束时附加分组错误代码(PEC)来实现分组错误检查。通过在所有消息字节(包括地址和读/写位)上使用 C(x)＝X8＋X2＋X＋1 CRC－8 多项式来计算 PEC。外设嵌入了硬件 PEC 计算器，当接收到的字节与硬件计算的 PEC 不匹配时，允许自动发送非应答。

该外设嵌入了硬件定时器，以符合 SMBus 规范 2.0 版中定义的 3 个超时。SMBus 超时规格如表 17－9 所列。

表 17－9　SMBus 超时规格

标　记	参　数	范　围		单　位
		最小	最大	
T_{TIMEOUT}	检测时钟低超时	25	35	ms
$T_{\mathrm{LOW:SEXT}}$ (1)	累积时钟低延长时间(从设备)	—	25	ms
$T_{\mathrm{LOW:MEXT}}$ (2)	累积时钟低延长时间(主设备)	—	10	ms

对表 17－9 中的表注说明如下：

(1) $T_{\mathrm{LOW:SEXT}}$ 是允许给定从设备在从初始 START 到 STOP 的一条消息中延长时钟周期的累积时间。另一个从设备或主设备也可能延长时钟，导致组合时钟低延长时间大于 $T_{\mathrm{LOW:SEXT}}$。因此，该参数是在从设备作为全速主设备唯一目标的情况下测量的。

(2) $T_{\mathrm{LOW:MEXT}}$ 是允许主设备在从 START 到 ACK、ACK 到 ACK 或 ACK 到 STOP 定义的消息的每个字节内延长时钟周期的累积时间。从设备或另一个主设备也可能延长时钟，导致组合时钟低电平时间大于给定字节上的 $T_{\mathrm{LOW:MEXT}}$。因此，使用全速从设备作为主设备的唯一目标来测量该参数。

如果总线检测到时钟和数据信号已经持续高电平并且 T_{IDLE} 大于 $T_{\mathrm{HIGH.MAX}}$，则主设备可以假设总线是空闲的。该时序参数涵盖了主机已动态添加到总线并且可能未检测到 SMBCLK 或 SMBDAT 线路上的状态转换情况。在这种情况下，主设备必须等待足够长的时间以确保当前没有进行传输，外设支持硬件总线空闲检测。

17.3.6.2　SMBus 初始化

除了 I2C 初始化之外，还必须进行一些其他特定的初始化以执行 SMBus 通信，SMBus 接收器必须能够 NACK 每个接收到的命令或数据。为了在从机模式下允许 ACK 控制，必须将 SBC @I2C_CON1 置 1 来启用从机字节控制模式。

如果需要，应启用特定的 SMBus 地址：

➢ 通过将 I2C_CON1 寄存器中的 SMBDEN 位置 1 启用 SMBus 设备从机地址(0b110 0001)。

➢ 通过将 I2C_CON1 寄存器中的 SMBHEN 位置 1 启用 SMBus 主控者从机地址(0b000 1000)。

➢ 通过将 I2C_CON1 寄存器中的 ALERTEN 位置 1 启用报警响应地址(0b000 1100)。

通过将 PECEN@I2C_CON1 置 1 启用 PEC 计算,然后在硬件字节计数器 NBYTES @I2C_CON2 的帮助下管理 PEC 传输。必须先配置 PECEN 位,然后再启用 I2C。

PEC 传输由硬件字节计数器管理,因此在从机模式下连接 SMBus 时必须设置 SBC@I2Cx_CON1 位。在 PECBYTE@I2Cx_CON2 置 1 且 RELOAD@I2Cx_CON2 清 0 后,又在传输 NBYTES－1 数据后传输 PEC。若设置了 RELOAD,则 PECBYTE 无效。

注意:启用 I2C 时,不允许更改 PECEN@I2Cx_CON1 配置。

通过将 I2C_TIMEOUTR 寄存器中的 TIMOUTEN 和 TEXTEN 位置 1 来启用超时检测功能,必须在 SMBus 规范版本 2.0 中给出的最大时间之前检测到超时。

(1) $T_{TIMEOUT}$ 检查

为了启用 $T_{TIMEOUT}$ 检查,必须对 12 位 TIMEOUTA@I2Cx_TIMEOUTR 定时器进行编程,以检查 $T_{TIMEOUT}$ 参数。必须将 TIDLE 位配置为 0 才能检测 SCL 低电平超时。然后通过设置 I2CTIMEOUTR 寄存器中的 TIMEOUTEN 来启用定时器。如果 SCL 在大于(TIMEOUTA ＋ 1)×2048×TI2CCLK 的时间内被拉低,则在 I2C_RIF 寄存器中设置 TOUTRI 标志。

注:当 TIMEOUTEN 位置 1 时,不允许更改 TIMEOUTA [11:0]位和 TIDLE 位配置。

(2) $T_{LOW:SEXT}$ 和 $T_{LOW:MEXT}$ 检查

根据外设是配置为主机还是从机,配置 12 位的 TIMEOUTB 定时器,以便检查从机的 $T_{LOW:SEXT}$ 和主机的 $T_{LOW:MEXT}$。由于标准仅指定最大值,因此用户可以为两者选择相同的值。然后,通过将 TEXTEN@I2C_TIMEOUTR 置 1 来启用定时器。

注意:设置 TEXTEN 位时,不允许更改 TIMEOUTB 配置。

为了启用 T_{IDLE}(空闲时钟超时检查)检查,必须对 12 位 TIMEOUTA 定时器进行编程,以获得 T_{IDLE} 参数。必须将 TIDLE@I2Cx_TIMEOUTR 位配置为 1 才能检测 SCL 和 SDA 高电平超时。然后,通过将 TIMOUTEN@I2C_TIMEOUTR 置 1 来启用定时器。如果 SCL 和 SDA 都保持高电平的时间大于(TIMEOUTA ＋ 1)×4×TI2CCLK,则设置 TOUTRI@I2C_RIF 标志。

注:设置 TIMEOUTEN 时,不允许更改 TIMEOUTA 和 TIDLE 配置。

表 17－10、表 17－11 和表 17－12 所列为 I2C_TIMEOUTR 寄存器配置示例。

将 $T_{TIMEOUT}$ 的最大持续时间配置为 25 ms(设置 TIMEOUTA 寄存器),如表 17－10 所列。

表 17－10 I2C_TIMEOUTR 寄存器配置(最大持续时间配置为 25 ms)

FI2CCLK	TIMEOUT[11:0] bits	TIDLE bit	TIMEOUTEN bit	$T_{TIMEOUT}$
8 MHz	0x61	0	1	98×2048×125 ns=25 ms
16 MHz	0xC3	0	1	196×2048×62.5 ns=25 ms
32 MHz	0x186	0	1	391×2048×31.25 ns=25 ms

将 $T_{LOW:SEXT}$ 和 $T_{LOW:MEXT}$ 的最大持续时间配置为8 ms(设置 TIMEOUTB 寄存器)，如表 17-11 所列。

表 17-11 I2C_TIMEOUTR 寄存器配置(最大持续时间配置为 8 ms)

FI2CCLK	TIMEOUT[11:0] bits	TXMEOUTEN bit	$T_{LOW:SEXT}$
8 MHz	0x1F	1	32×2048×125 ns=8 ms
16 MHz	0x3F	1	64×2048×62.5 ns=8 ms
32 MHz	0x7C	1	125×2048×31.25 ns=8 ms

将 T_{IDLE} 的最大持续时间配置为 50μs(设置 TIMEOUTA 寄存器)，如表 17-12 所列。

表 17-12 I2C_TIMEOUTR 寄存器配置(最大持续时间配置为 50 μs)

FI2CCLK	TIMEOUT[11:0] bits	TIDLE bit	TIMEOUTEN bit	T_{IDLE}
8 MHz	0x63	1	1	100×4×125 ns=50 μs
16 MHz	0xC7	1	1	200×4×62.5 ns=50 μs
32 MHz	0x18F	1	1	400×4×31.25 ns=50 μs

17.3.7 DMA 功能

(1) 使用 DMA 发送

通过将 TXDMAEN@I2C_CON1 置 1，可以启用 DMA 进行发送。只要 TXTH@I2C_STAT 置 1，就会从使用 DMA 外设配置的 SRAM 区域加载数据到 I2C_TXDATA 寄存器，仅数据通过 DMA 发送。

(2) 使用 DMA 接收

通过将 RXDMAEN@I2C_CON1 置 1，可以启用 DMA 进行接收。只要 RXTH@I2C_STAT 置 1，就会将数据从 I2C_RXDATA 寄存器加载到使用 DMA 外设配置的 SRAM 区域，仅使用 DMA 传输数据(包括 PEC)。

1. 主机收发程序(DMA)设计示例

(1) 使用 MD 库设计程序

使用 MD 库实现增强型 I2C 主机 DMA 收发数据的具体代码请参考例程：ES32_SDK\Projects\Book1_Example\I2C_Enhance\MD\02_i2c_master_send_recv_by_dma。

(2) 使用 ALD 库设计程序

使用 ALD 库实现增强型 I2C 主机 DMA 收发数据的具体代码请参考例程：ES32_SDK\Projects\Book1_Example\I2C_Enhance\ALD\02_i2c_master_send_recv_by_dma。

(3) 实验步骤和效果

实验步骤如下：

① 编译工程,编译通过后将程序下载到目标芯片;

② 将程序配置的 SCL/SDA 对应的引脚分别连接至 ESBridge 的 SCL/SDA;

③ ESBridge 通过 USB 线缆连接 PC,打开上位机软件,在“设备操作”选项中选择“打开”;

④ 上位机切换到 I2C 标签页,按照程序配置参数,单击“打开”按钮;

⑤ 如图 17-39 所示,在“写数据”文本框中输入 20 字节 HEX 数据,“读字节数”设置为 20,单击“写数据”;

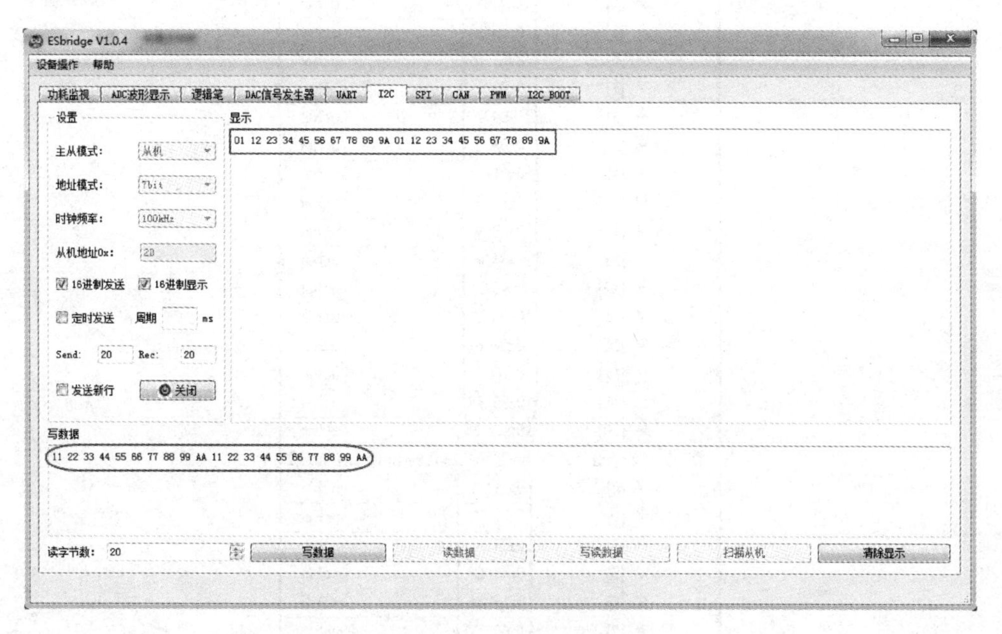

图 17-39　I2C 标签页

⑥ 在线调试,将 g_recv_buf 加入监视窗;

⑦ 运行程序,上位机接收到芯片发来的数据并打印,芯片接收到上位机发来的数据,并存入 g_recv_buf。

实验效果如图 17-40 所示。

2. 从机收发程序(DMA)设计示例

(1) 使用 MD 库设计程序

使用 MD 库实现增强型 I2C 从机 DMA 收发数据的具体代码请参考例程:ES32_SDK\Projects\Book1_Example\I2C_Enhance\MD\04_i2c_slaver_send_recv_by_dma。

(2) 使用 ALD 库设计程序

使用 ALD 库实现增强型 I2C 从机 DMA 收发数据的具体代码请参考例程:ES32_SDK\Projects\Book1_Example\I2C_Enhance\ALD\04_i2c_slaver_send_recv_by_dma。

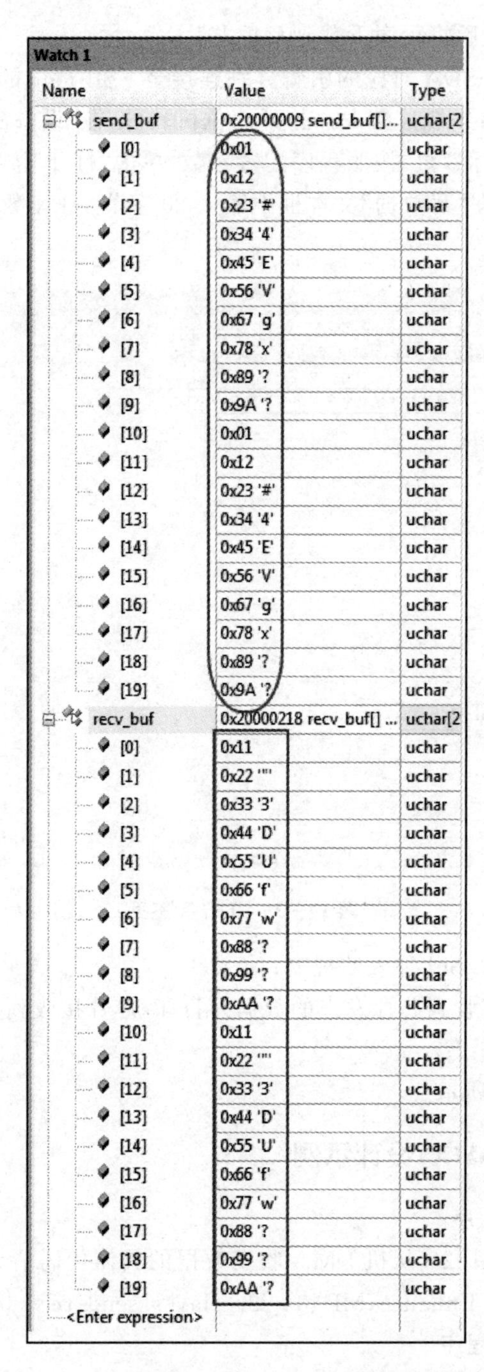

Watch 1

Name	Value	Type
send_buf	0x20000009 send_buf[]...	uchar[2
[0]	0x01	uchar
[1]	0x12	uchar
[2]	0x23 '#'	uchar
[3]	0x34 '4'	uchar
[4]	0x45 'E'	uchar
[5]	0x56 'V'	uchar
[6]	0x67 'g'	uchar
[7]	0x78 'x'	uchar
[8]	0x89 '?	uchar
[9]	0x9A '?	uchar
[10]	0x01	uchar
[11]	0x12	uchar
[12]	0x23 '#'	uchar
[13]	0x34 '4'	uchar
[14]	0x45 'E'	uchar
[15]	0x56 'V'	uchar
[16]	0x67 'g'	uchar
[17]	0x78 'x'	uchar
[18]	0x89 '?	uchar
[19]	0x9A '?	uchar
recv_buf	0x20000218 recv_buf[] ...	uchar[2
[0]	0x11	uchar
[1]	0x22 '"'	uchar
[2]	0x33 '3'	uchar
[3]	0x44 'D'	uchar
[4]	0x55 'U'	uchar
[5]	0x66 'f'	uchar
[6]	0x77 'w'	uchar
[7]	0x88 '?	uchar
[8]	0x99 '?	uchar
[9]	0xAA '?	uchar
[10]	0x11	uchar
[11]	0x22 '"'	uchar
[12]	0x33 '3'	uchar
[13]	0x44 'D'	uchar
[14]	0x55 'U'	uchar
[15]	0x66 'f'	uchar
[16]	0x77 'w'	uchar
[17]	0x88 '?	uchar
[18]	0x99 '?	uchar
[19]	0xAA '?	uchar
<Enter expression>		

图 17－40　增强型 I2C 主机 DMA 收发实验效果

(3) 实验步骤和效果

实验步骤如下：

① 编译工程，编译通过后将程序下载到目标芯片；

② 将程序配置的 SCL/SDA 对应的引脚分别连接至 ESBridge 的 SCL/SDA；

③ ESBridge 通过 USB 线缆连接 PC，打开上位机软件，在“设备操作”选项中选择“打开”；

④ 上位机切换到 I2C 标签页，按照程序配置参数，单击“打开”按钮；

⑤ 在线调试，将 g_recv_buf 加入监视窗，运行程序；

⑥ 在“写数据”文本框中输入 20 字节 HEX 数据，“读字节数”设置为 20，如图 17－41 所示；

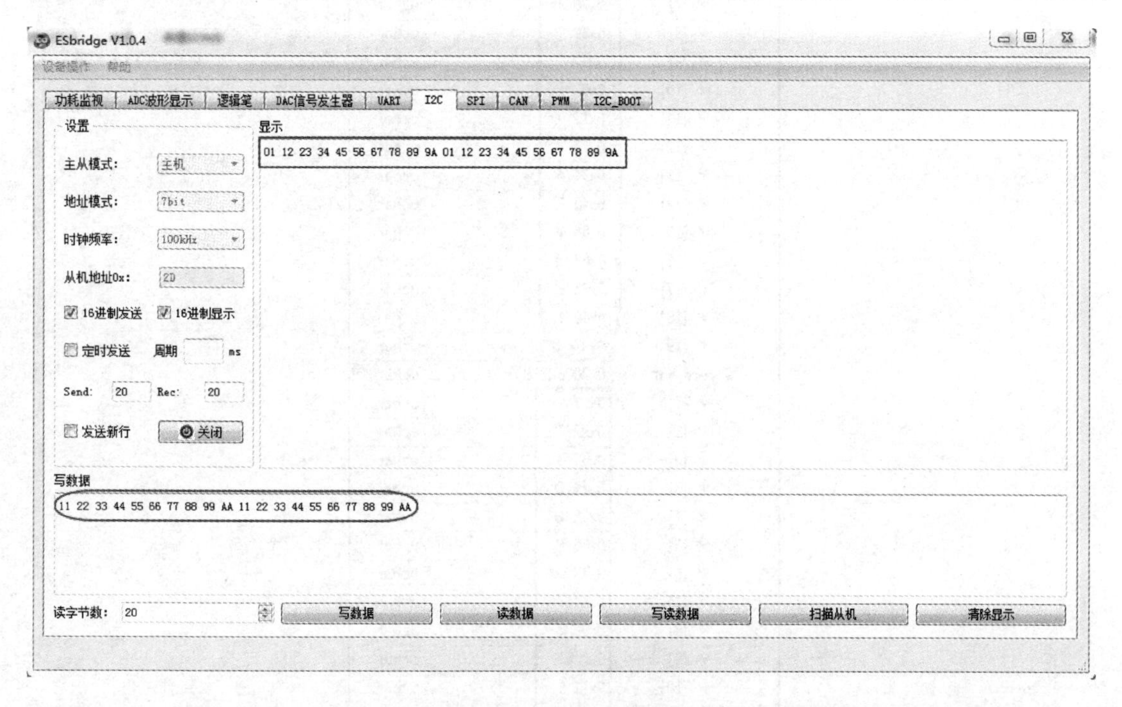

图 17－41　I2C 标签页

⑦ 单击“写读数据”，上位机接收到芯片发来的数据并打印，芯片接收到上位机发来的数据，并存入 g_recv_buf。

增强型 I2C 从机 DMA 收发实验效果如图 17－42 所示。

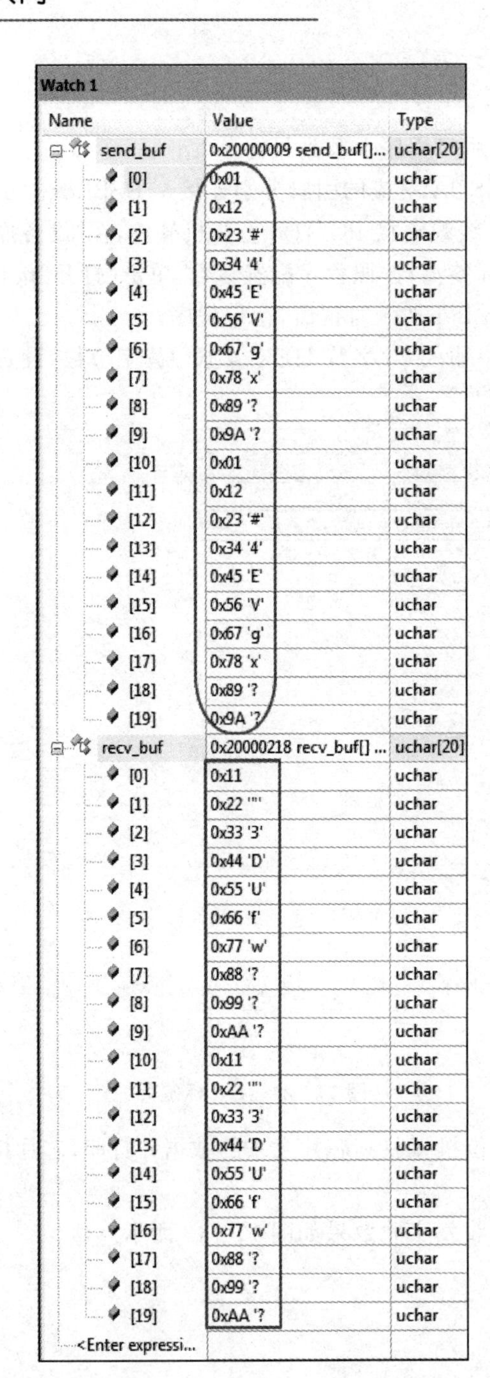

图 17-42　增强型 I2C 从机 DMA 收发实验效果

17.3.8　应用系统实例

1. 实验描述

本实验使用 ES32 系列 SDK 代码演示，使用 ES32F369x 芯片的 I2C 总线读/写外部的 EEPROM。其中，EEPROM 型号是 ST24C04WP。软件控制 MCU 向外部 EEPROM 的固定地址段写入指定长度的数据，再读取该固定地址段的数据，通过 UART 观察写入/读取数据。

2. 硬件介绍

EEPROM 是电可擦除可编程只读存储器，特点是可以向每位写入 0 或 1，即不用擦除就可以修改任何一个字节。EEPROM 也有页的概念，支持连续写模式，地址自增只局限在一页内，超过一页后地址自增计数器会归零，该页之前写入的数据会被覆盖，即页内地址循环。读取数据没有地址长度的限制。

EEPROM 存储器具有以下特点：

- 存储空间为 2×256 字节；
- 页大小为 16 字节；
- 全兼容 I2C 总线协议；
- 擦除/编程次数高达 100 万次；
- 数据保存时间至少 40 年。

ST24C04WP 内部有两个 256 字节的 Block，即 Block0 和 Block1，Block0 和 Block1 的 7 位地址分别是 101 0000 和 101 0001。本例程对 Block0 进行读/写操作。

ES32F3696 开发板与 ST24C04WP 的硬件连接如图 17－43 所示。

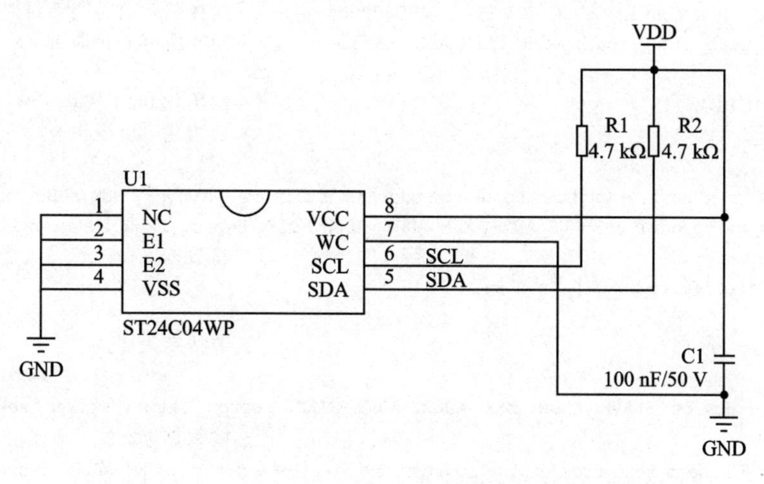

图 17－43　ES32F3696 开发板与 ST24C04WP 的硬件连接

向 EEPROM 中写入数据时，具体步骤依次是发送 I2C 起始位＋7 位地址和 1 位读/写位＋8 位从机地址＋8 位待写地址＋最多 16 字节的数据＋I2C 停止位。

从 EEPROM 中读取数据时，具体步骤依次是发送 I2C 起始位＋7 位地址和 1 位读/写位＋8 位从机地址＋8 位待读地址＋I2C 重启动＋I2C 读数据＋I2C 停止位。

3. 代码分析

向 EEPROM 的固定地址段写数据，再从固定地址段读数据，使用 UART 工具来查看写入与读取的数据是否一致。使用 ALD 库实现该功能，用 MD 库实现的例程请参考 ES32 系列 SDK：ES32_SDK\Projects\Book1_Example\I2C\MD\05_eeprom_read_write。

该例程主要用到 main.c、uart.c、eeprom.c 这 3 个源文件及其对应的头文件，其余均是 ALD 库文件，不需要改动。

完整的主程序如下：

```
#define SLAVE_ADDR   0xA0     /*定义从机地址*/
#define MEM_ADDR     0x00     /*定义从机的起始存储地址*/
#define ADDR_SIZE    I2C_MEMADD_SIZE_8BIT     /*定义从机存储地址的位数,默认 8 位*/
#define TIMEOUT      1000     /*定义超时时间*/

static char eeprom_txbuf[16] = "eeprom example!";       /*长度必须不大于一页(16 字节)*/
static char eeprom_rxbuf[16];

int main()
{
    ald_cmu_init();
    ald_cmu_pll1_config(CMU_PLL1_INPUT_HOSC_3, CMU_PLL1_OUTPUT_48M);
                                                /*使能倍频,由晶振三分频倍频至 48 MHz*/
    ald_cmu_clock_config(CMU_CLOCK_PLL1, 48000000);     /*选择倍频时钟为系统时钟*/
    ald_cmu_perh_clock_config(CMU_PERH_ALL, ENABLE);    /*使能所有外设时钟*/

    mcu_uart_init();                                    /*初始化 UART 模块*/
    mcu_i2c_init();                                     /*初始化 SPI 模块*/

    printf("\r\nThe date written to eeprom address %d is -> %s\r\n", MEM_ADDR, eeprom_txbuf);
    if((i2c_write_device(SLAVE_ADDR, MEM_ADDR, ADDR_SIZE, eeprom_txbuf, strlen(eeprom_txbuf) + 1,
TIMEOUT)) != OK)                                        /*写数据*/
        printf("Write ERROR! \r\n");

    ald_delay_ms(10);                                   /*等待写入完成*/

    i2c_read_device(SLAVE_ADDR, MEM_ADDR, ADDR_SIZE, eeprom_rxbuf, strlen(eeprom_txbuf) + 1,
TIMEOUT);                                               /*读数据*/
    printf("The data read from eeprom address %d is   -> %s\r\n", MEM_ADDR, eeprom_rxbuf);

    if(!memcmp(eeprom_txbuf, eeprom_rxbuf, strlen(eeprom_txbuf) + 1)) /*比较写入和读取的数据*/
```

```
        printf("Read OK! \r\n");
    else
        printf("Read ERROR! \r\n");

    while(1)
        ;
}
```

mcu_uart_init()函数用于初始化UART功能，方便从串口工具上查看写入与读取的数据，波特率为115 200 kbps，8位数据，1位停止位，无校验位，由于用到了printf函数，因此还要有一个int fputc(int c, FILE *f)函数用来重定向printf函数输出，还需要包含stdio.h头文件。mcu_i2c_init()函数用于初始化I2C功能，波特率为100 kbps。

```
int fputc(int c, FILE *f)    /*重定向printf输出至串口*/
{
    while((ald_uart_get_status(&gs_uart, UART_STATUS_TFTH)) != SET); /*等待上一字节发送完成*/

    gs_uart.perh->TXBUF = (uint8_t)c;    /*UART发送*/

    return c;
}
```

初始化完成后，用i2c_write_device函数向EEPROM的指定地址写入数据。需要注意的是，ALD库函数已经实现读/写外部I2C存储器，所以该函数只是调用库函数。具体实现如下：

```
static i2c_handle_t gs_i2c;

ald_status_t i2c_write_device(uint16_t dev_addr, uint16_t mem_addr,i2c_addr_size_t add_size,
char *buf, uint32_t size, uint32_t timeout)
{
    return ald_i2c_mem_write(&gs_i2c, dev_addr, mem_addr, add_size, (uint8_t *)buf, size, time-
out);
}
```

等待存储器内部数据写入完成就可以从中读取数据，使用i2c_read_device函数从外部存储器的指定地址读取指定长度的数据。需要注意的是，ALD库函数已经实现读/写外部I2C存储器，所以该函数只是调用库函数。具体实现如下：

```
ald_status_t i2c_read_device(uint16_t dev_addr, uint16_t mem_addr, i2c_addr_size_t add_size,
char *buf, uint32_t size, uint32_t timeout)
{
    return ald_i2c_mem_read(&gs_i2c, dev_addr, mem_addr, add_size, (uint8_t *)buf, size, time-
out);
}
```

读取数据后，使用memcmp函数比较写入/读取的数据内容，该函数需要包含string.h头文件，具体实现如下：

```
if(!memcmp(eeprom_txbuf, eeprom_rxbuf, strlen(eeprom_txbuf) + 1)) /* 比较写入和读取的数据 */
    printf("Read OK! \r\n");
else
    printf("Read ERROR! \r\n");
```

该实验除系统板 ES－PDS－ES32F369x－V2.1 外，还需用到 ES－PDS－E2＋FLASH－V1.1 子板。

实验步骤如下：

① 编译工程，编译通过后将程序下载到目标芯片；

② 将芯片的 SCL/SDA 分别连接 EEPROM 的 SCL/SDA，芯片的 TX/RX 分别接 ESBridge 的 RX/TX；

③ ESBridge 通过 USB 线缆连接 PC，打开上位机软件，在“设备操作”选项中选择“打开”；

④ 上位机切换到 UART 标签页，按照程序配置参数，打开串口；

⑤ 复位芯片或在线调试，运行程序，上位机接收框打印读/写结果。

I2C 总线读/写外部的 EEPROM 实验效果如图 17－44 所示。

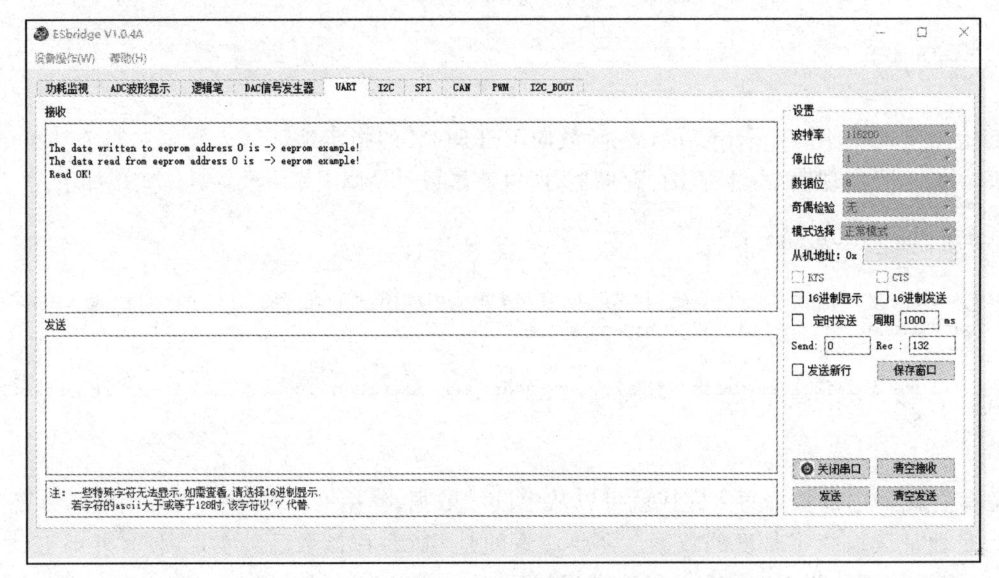

图 17－44　I2C 总线读/写外部的 EEPROM 实验效果

第18章

CAN基本扩展控制器局域网

ES32系列产品支持基本扩展CAN控制器，又称bxCAN，可与CAN网络进行交互。本章介绍的CAN控制器及其程序设计示例基于ES32F369x平台设计。bxCAN支持CAN协议规范的2.0A和2.0B Active版本，2.0A版本的协议规范支持11位标准标识符，2.0B Active版本的协议规范支持11位标准标识符和29位扩展标识符。

bxCAN控制器支持3个优先级可配置的发送邮箱、2个存储3级邮箱深度的接收FIFO，可根据消息标识符过滤消息，以及硬件支持时间触发通信方案。

18.1 功能特点

ES32F369x的CAN控制器特点如下：

- ➢ 支持CAN协议规范的2.0A及2.0B Active版本：
  - 比特率高达1 Mbps；
  - 硬件支持时间触发通信方案；
  - 在唯一地址空间通过软件实现高效的邮箱映射。
- ➢ 3个发送邮箱：
  - 可配置的发送优先级；
  - 支持发送中断。
- ➢ 两个接收FIFO：
  - 每个FIFO有3级邮箱深度；
  - 14个可调整的筛选器组；
  - 可配置的FIFO上溢；
  - 支持接收中断。
- ➢ 时间触发通信方案：
  - 禁止自动重发模式；
  - 专用的16位定时器；
  - 支持发送时间戳和接收时间戳。

18.2 CAN 协议简介

CAN 是 Controller Area Network(控制器局域网)的缩写,最初是由德国电气厂商博世公司开发的面向汽车的通信协议。此后,ISO 组织推出 ISO11898(125 kbps～1 Mbps 的高速通信标准)及 ISO11519(125 kbps 以下低速通信标准)标准,成为汽车网络的标准协议。不仅如此,凭借着高性能和高可靠性,CAN 已经并被广泛地应用于工业自动化、船舶、医疗设备、工业设备等方面。

CAN 协议具有以下特点:

- 多主机仲裁。总线空闲时,先抢占者先发送,同时抢占按消息优先级仲裁。
- 系统的高度可伸缩。设备没有地址信息,可任意增加或减少设备。
- 可调整的通信速率。处于同一网络的设备,通信速率必须统一;处于不同网络的设备,通信速度可以不统一。
- 请求其他设备发送数据。可通过发送"远程帧"请求其他单元发送数据。
- 具备错误检测功能、错误通知功能、错误恢复功能。
- 故障封闭。总线上发生持续数据错误时,可将引起此故障的单元从总线上隔离出去。

CAN 协议涵盖了 ISO 规定的 OSI 基本参照模型中的传输层、数据链路层及物理层。CAN 总线的连接示意图如图 18-1 所示。

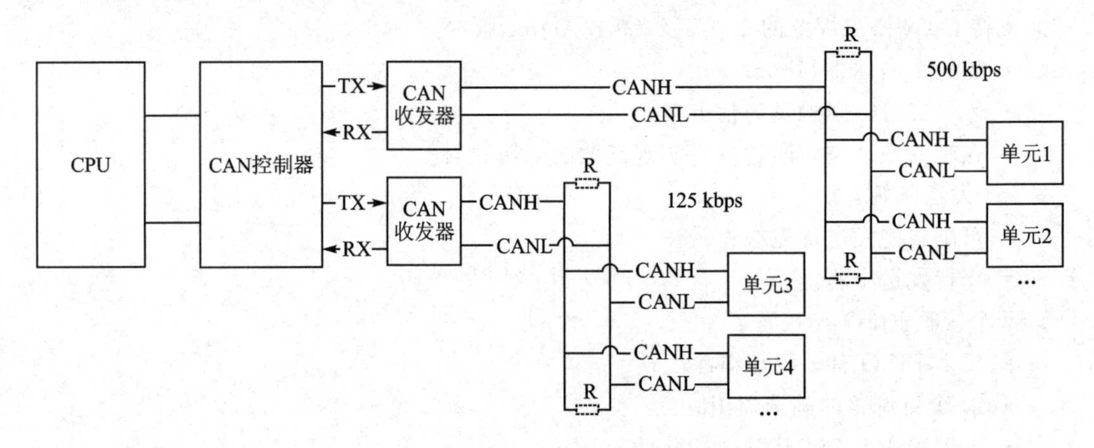

图 18-1 CAN 总线连接示意图

为了提高 CAN 总线的抗共模干扰能力,CAN 收发器根据两根总线(CANH 和 CANL)的电位差来判断总线电平。总线电平分为显性电平和隐性电平两种,总线必须处于两种电平之一。总线电平为线"与"逻辑,只要有一个设备输出显性电平,总线电平就是显性;只有当所有设备都输出隐性电平时,总线电平才是隐性。即显性电平为 0,隐性电平为 1。CAN 总线物理层特征如图 18-2 所示。

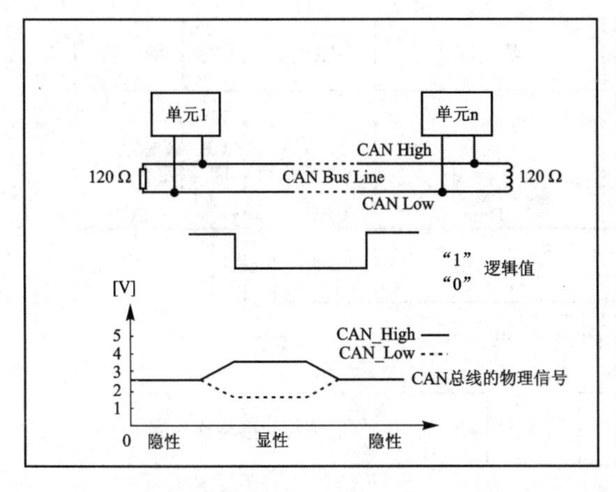

[ISO11898(125 kbps~1 Mbps)]

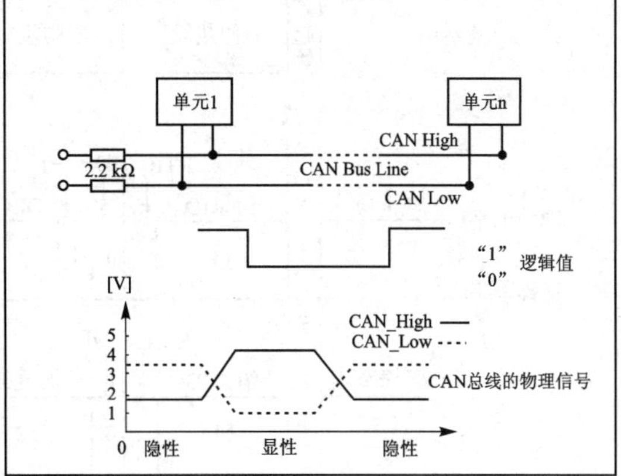

[ISO11519-2(10 kbps~125 kbps)]

图 18－2　CAN 总线物理层特征

在 CAN 物理总线上的通信具有 5 种类型的帧，如表 18－1 所列。

表 18－1　CAN 物理总线上的帧类型

帧	帧用途
数据帧	用于发送单元向接收单元传送数据
远程帧	用于接收单元向具有相同 ID 的发送单元请求数据
错误帧	用于当检测出错误时向其他单元通知错误
过载帧	用于接收单元通知其尚未做好接收准备
帧间隔	用于数据帧、远程帧的分离

数据帧和远程帧有标准格式(CAN2.0A)和扩展格式(CAN2.0B)两种格式。标准格式有 11 位的标识符(Identifier，简称 ID)，扩展格式有 29 位的 ID。

使用 bxCAN 模块，仅设置数据帧或远程帧即可，错误帧、过载帧、帧间隔由硬件自动控制。

18.2.1　数据帧

数据帧的构成如图 18－3 所示。

多个单元同时向总线发送数据时，按消息 ID 仲裁，仲裁过程如图 18－4 所示。

注：

① RTR 位(Remote Transmission Request Bit)：远程发送请求位，用于区分数据帧和远程帧。显性电平表示数据帧，隐性电平表示远程帧。

② IDE 位(Identifier Extension Bit)：标识符扩展位，用于区分标准格式和扩展格式。显性电平表示标准格式，隐性电平表示扩展格式。

③ SRR 位(Substitute Remote Request Bit)：代替远程请求位，只存在于扩展格式，用于替

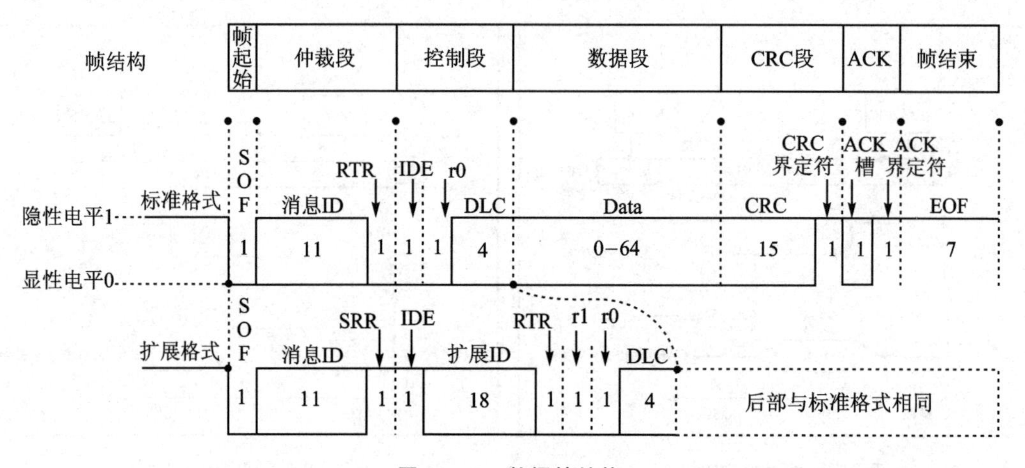

图 18-3 数据帧结构

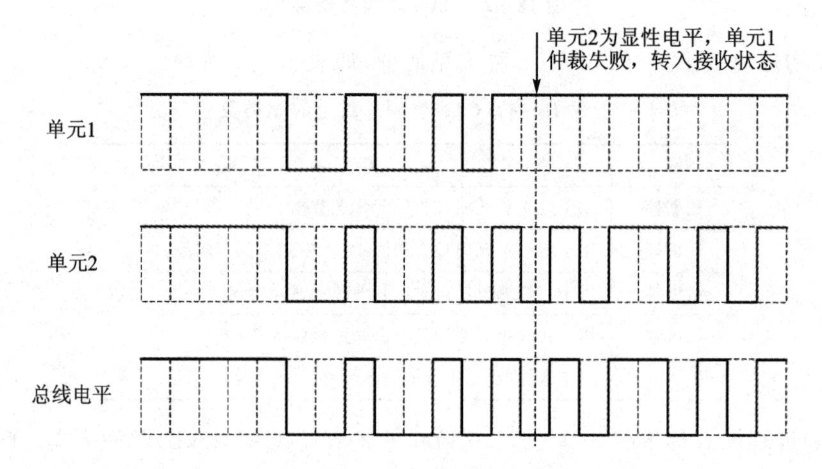

图 18-4 CAN 总线仲裁过程

代标准格式的 RTR 位。SRR 是一个隐性位，在两个 ID 相同的标准格式报文与扩展格式报文中，标准格式报文的优先级较高。

④ r0 和 r1 均为保留位，默认为显性电平。

⑤ DLC(Data Length Code)：数据长度码，其值等于数据段的字节个数，最大值为 8。

18.2.2 远程帧

接收单元向发送单元请求发送数据所用的帧。远程帧没有数据帧的数据段，远程帧的 DLC 码表示所请求数据帧的数据长度。

远程帧的构成如图 18-5 所示。

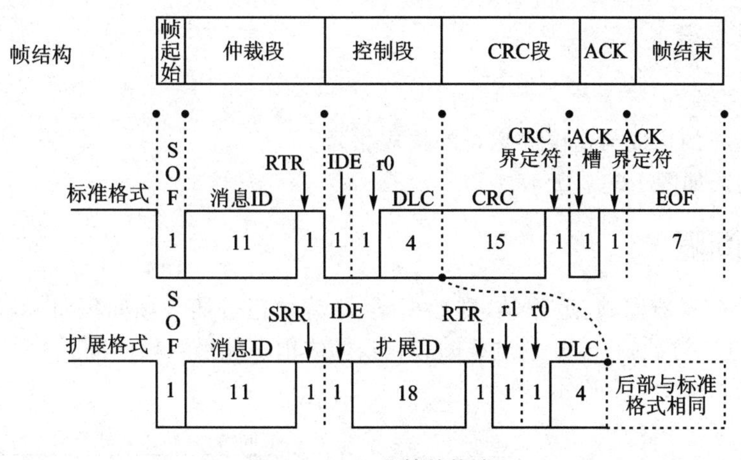

图 18－5　远程帧的构成

18.2.3　错误帧

错误帧用于在接收和发送消息过程中，当检测出错误时通知错误的帧，错误帧由错误标志和错误界定符构成。

错误标志包括：主动错误标志和被动错误标志两种。

- 处于主动错误状态的单元检测到错误时，会立即发送 6 个显性位的主动错误标志；
- 处于被动错误状态的单元检测到错误时，会立即发送 6 个隐性位的被动错误标志。

错误界定符由 8 个位的隐性位构成。

主动错误标志违反了位填充原则，其他处于主动错误状态的单元在检测到连续 6 个显性位后也会发送 6 个显性位的主动错误标志。因此，会有一段错误标志重叠部分。错误帧的构成如图 18－6 所示。

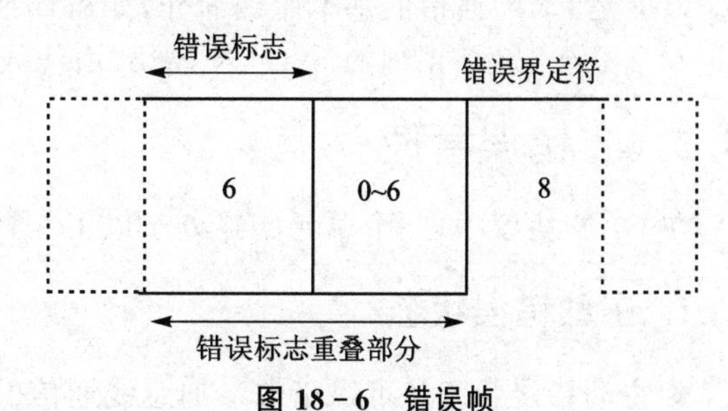

图 18－6　错误帧

18.2.4　过载帧

过载帧是用于接收单元通知其尚未完成接收准备的帧。过载帧由过载标志和过载界定符构成。

1. 过载标志

- 6 个位的显性位；
- 过载标志的构成与主动错误标志的构成相同。

2. 过载界定符

➤ 8 个位的隐性位；

➤ 过载界定符的构成与错误界定符的构成相同。

过载帧的构成如图 18－7 所示。

18.2.5 帧间隔

帧间隔用于分隔数据帧、远程帧，即数据帧、远程帧通过插入帧间隔将本帧与上一帧（数据帧、远程帧、错误帧、过载帧）分开。过载帧和错误帧之前不能插入帧间隔。

帧间隔构成如图 18－8 所示。

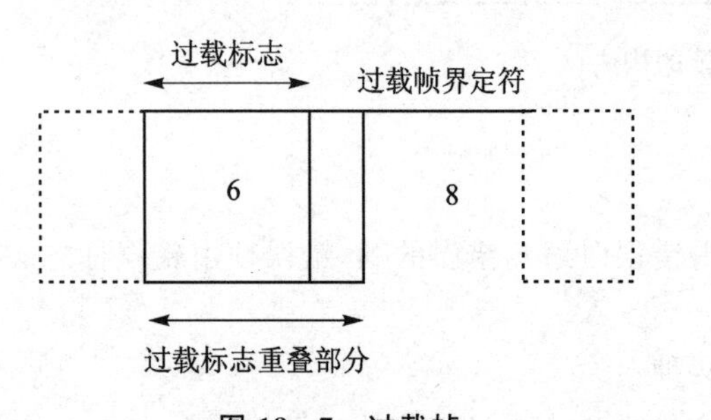

图 18－7 过载帧

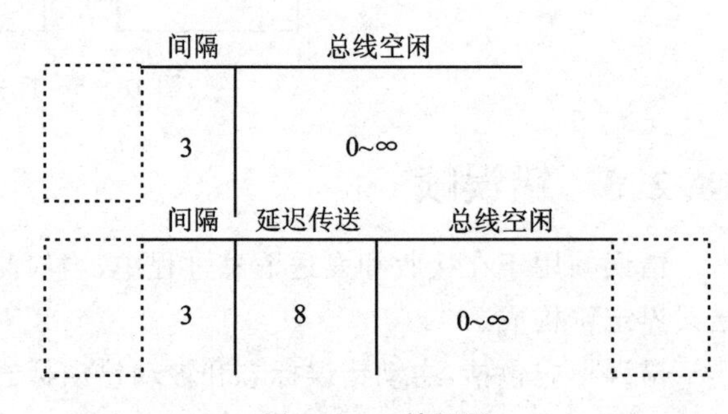

图 18－8 帧间隔

以上是 CAN 通信的基本原理简介，如需详细了解更多 CAN 通信规范，请参考 CAN 标准协议。本章围绕 ES32 系列的 bxCAN 模块，由浅入深地展开分析。

18.2.6 错误管理

在 CAN 协议中，一个单元始终处于以下 3 种状态之一。

1. 主动错误状态

➤ 主动错误状态是可以正常参加总线通信的状态；

➤ 处于主动错误状态的单元检测出错误时，输出主动错误标志。

2. 被动错误状态

➤ 处于被动错误状态的单元虽能加入总线通信，但为了不妨碍其他单元通信，接收时不能积极地发送错误通知。

➤ 处于被动错误状态的单元即使检测出错误，而其他处于主动错误状态的单元如果没有发现，整个总线也被认为是没有错误的。

➤ 处于被动错误状态的单元检测出错误时，输出被动错误标志。另外，处于被动错误状态的单元在发送结束后不能立即再次开始发送。在开始下次发送前，在间隔帧期间内必须

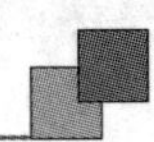

插入“延迟传送”(8 个位的隐性位)。

3. 总线关闭状态

- 总线关闭状态是不能加入总线通信的状态；
- 信息的接收和发送均被禁止。

ES32 系列 bxCAN 模块的错误管理完全由硬件通过发送错误计数器(TXERRC@CANERRSTAT)和接收错误计数器(RXERRC@CANERRSTAT)来处理，发送错误计数器和接收错误计数器分别根据错误状况进行递增或递减。两者均可由软件读取，以确定网络的稳定性。ES32 系列 bxCAN 模块的 CANERRSTAT 寄存器，提供当前错误状态的详细信息。通过软件配置 ERRIE@CANIE 寄存器，在检测到错误时，生成中断。

bxCAN 的错误状态如图 18－9 所示。

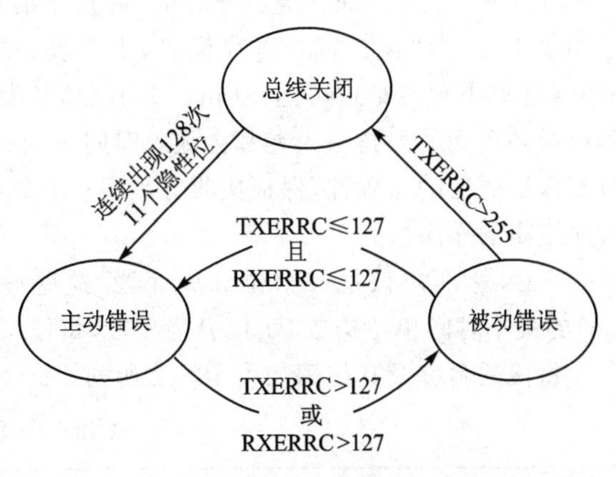

图 18－9　bxCAN 错误状态图

18.3　功能逻辑视图

ES32 系列 bxCAN 模块的结构如图 18－10 所示。

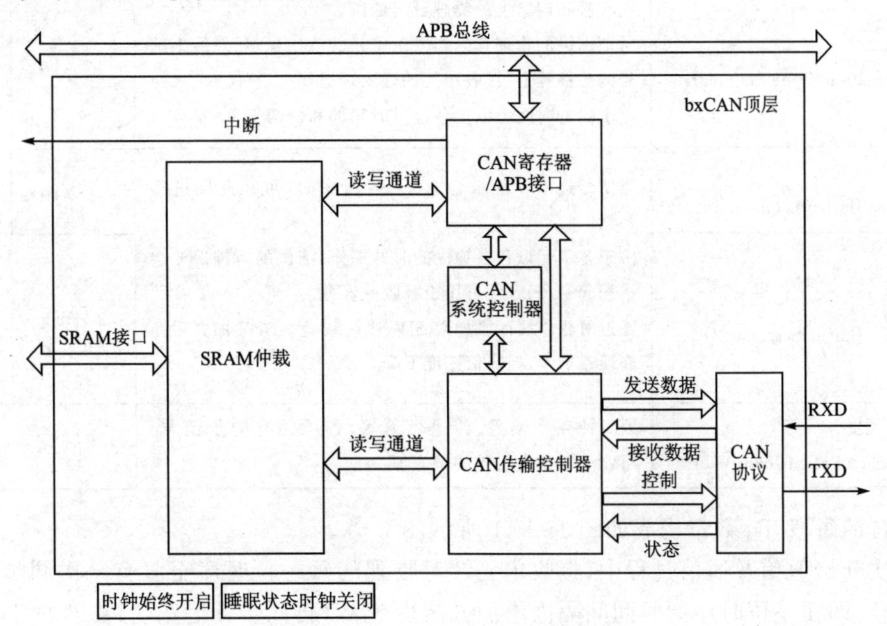

图 18－10　bxCAN 模块结构框图

18.4 波特率

在配置 CAN 的通信波特率之前，首先介绍 CAN 协议的位时序逻辑。如今 CAN 被广泛地应用于工业自动化、船舶、医疗设备、工业设备等方面，其高性能和可靠性已被广泛认同，在 1 Mbps 速率下距离最远可达 40 m。由于 CAN 没有同步时钟，那么由总线长度、总线阻抗带来的延迟及各单元的波特率误差都会随着时间不断积累，最终严重影响通信质量。所以就需要某种机制保证通信的正确性，保证接收方采样点始终固定在每一位的相同位置，这就是 CAN 协议位时序逻辑的作用。

CAN 标准协议把一个位分成 4 段，这些段的长度又由可称为 Time Quantum（以下称为 Tq）的最小时间单位构成。1 位分为 4 段，每段又由若干个 Tq 构成，这就是位时序。

每段的名称及其作用如表 18－2 所列。

表 18－2　段及其作用

<table>
<tr><th>段名称</th><th>段的作用</th><th colspan="2">Tq 数</th></tr>
<tr><td>同步段
(SS:Synchronization Segment)</td><td>多个连接在总线上的单元通过此段实现时序调整，同步进行接收和发送工作。由隐性电平到显性电平的边沿或显性电平到隐性电平的边沿最好出现在此段中</td><td>1Tq</td><td rowspan="4">8～25Tq</td></tr>
<tr><td>传播时间段
(PTS:Propagation Time Segment)</td><td>用于吸收网络上的物理延迟的段。
所谓网络的物理延迟指发送单元的输出延迟、总线上信号的传播延迟、接收单元的输入延迟。
这个段的时间为以上各延迟时间的和的两倍</td><td>1～8Tq</td></tr>
<tr><td>相位缓冲段 1
(PBS1:Phase Buffer Segment 1)</td><td rowspan="2">当信号边沿不能被包含于 SS 段中时，可在此段进行补偿。
由于各单元以各自独立的时钟工作，细微的时钟误差会累积起来，PBS 段可用于吸收此误差。
通过对相位缓冲段加减 SJW 吸收误差。SJW 加大后允许误差加大，但通信速度下降</td><td>1～8Tq</td></tr>
<tr><td>相位缓冲段 2
(PBS2:Phase Buffer Segment 2)</td><td>2～8Tq</td></tr>
<tr><td>再同步补偿宽度
(SJW:reSynchronization Jump Width)</td><td>因时钟频率偏差、传送延迟等，各单元有同步误差。SJW 为补偿此误差的最大值</td><td colspan="2">1～4Tq</td></tr>
</table>

一个位的每段 Tq 数量构成如图 18－11 所示。

在每次开始通信及通信过程中，接收单元针对收到的每一位时序至多有一次同步调整。所谓同步调整，即在一位时序的时间间隔内增加或减少 SJW（再同步补偿宽度）长度的 Tq 数量，以保证接收采样点的位置相对固定。接收单元通过硬件同步或者再同步的方法调整时序。

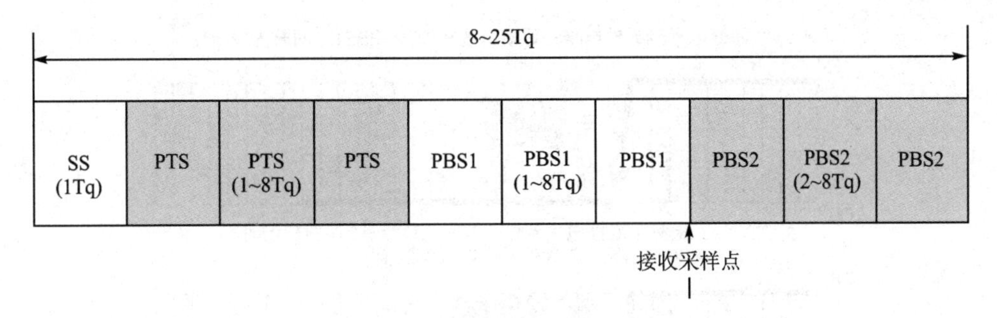

图 18-11　位的每段 Tq 数量构成

1. 硬件同步

硬件同步即接收单元在总线空闲状态检测出帧起始时进行的同步调整。把检测出隐性到显性的边沿处，称为 SS 段。硬件同步的过程如图 18-12 所示。

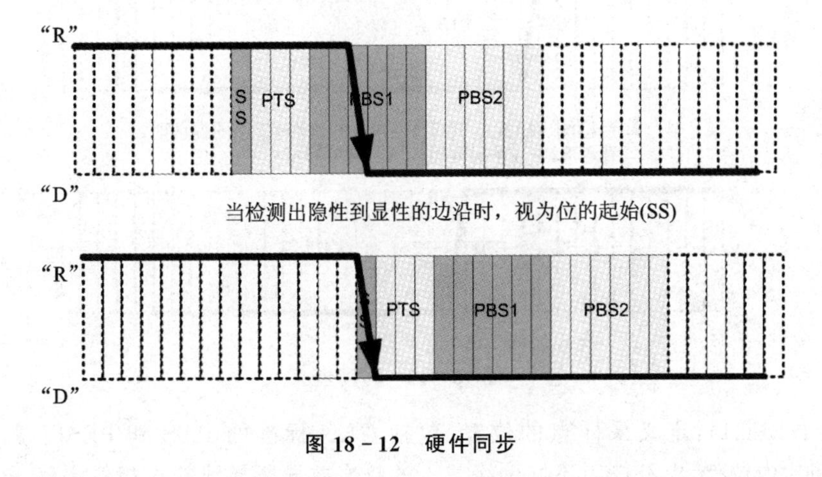

图 18-12　硬件同步

2. 再同步

再同步是在接收过程中，检测出总线上的电平变化时进行的同步调整。当检测出边沿时，根据 SJW 值通过加长 PBS1 段或缩短 PBS2 段来调整同步。当发生超出 SJW 值的误差时，最大调整量不能超过 SJW 值。再同步的过程如图 18-13 所示。

CAN 标准协议的位时序逻辑规定，同步是发生在隐性电平到显性电平的边沿上。如果数据中连续出现多个 0 或多个 1，那么即使出现误差也不能及时发现，直至最后误差超过自动调整范围。因此，CAN 协议使用不归零(Non-Return to Zero，NRZ)方式编码，且每出现 5 位的相同电平则添加 1 位的反相电平，详情请参考 CAN 的 ISO 国际标准化的串行通信协议。

如图 18-14 所示，bxCAN 模块将标称位时序时间划分为以下 3 段：

① 同步段(SYNC_SEG)：位时序变化在该时间段内发生，其时间片长度为 t_{CAN}。

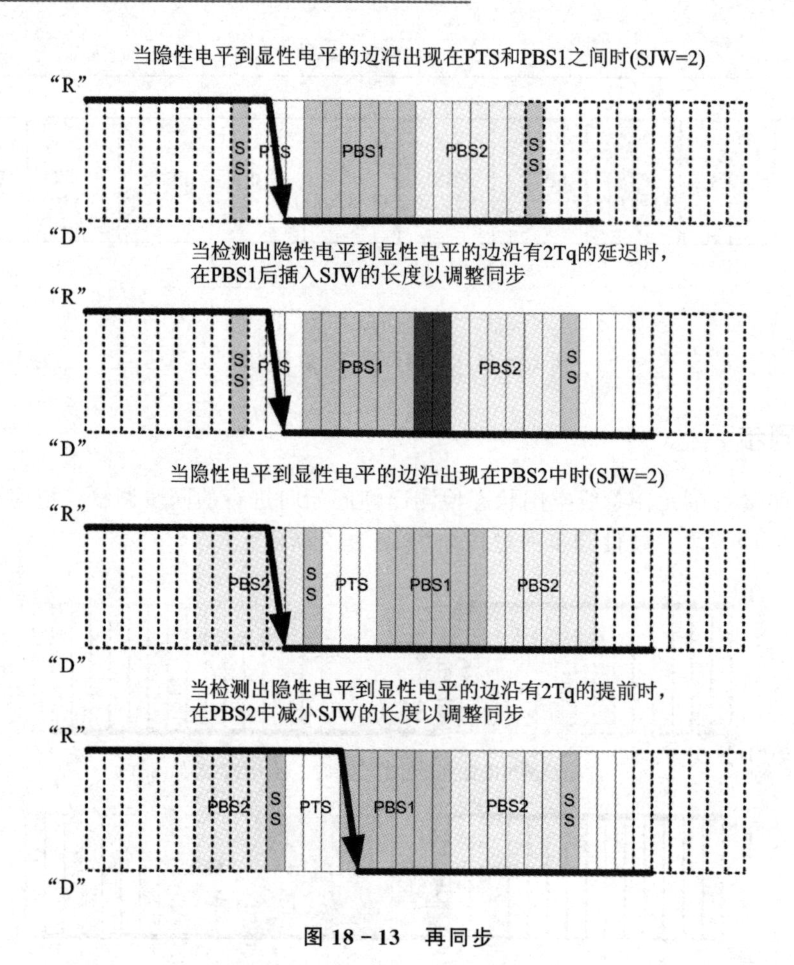

图 18-13　再同步

② 位段 1(SEG1)：定义采样点的位置，包括 CAN 标准的 PTS 和 PBS1。其持续长度在 1～16 个时间片内调整，以补偿由不同网络节点的频率差异所导致的正相位漂移。

③ 位段 2(SEG2)：定义发送点的位置，代表 CAN 标准的 PBS2。其持续长度在 1～8 个时间片内调整，以补偿由不同网络节点的频率差异所导致的负相位漂移。

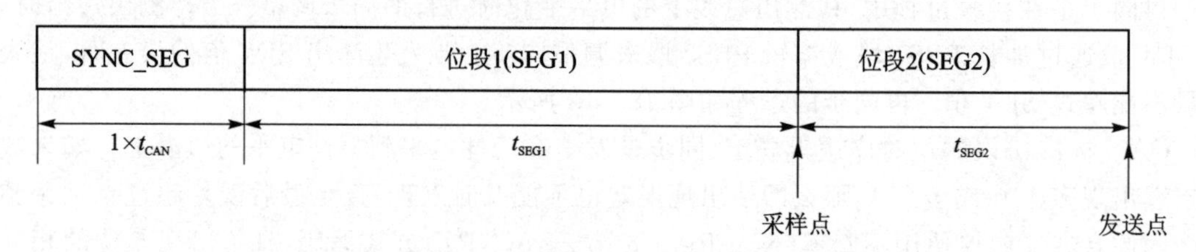

图 18-14　标称位时序时间示意图

为了避免程序编写错误，位时序寄存器(CAN_BTIME)只能在模块初始化时进行配置。

$$波特率 = \frac{1}{标称位时间}$$

$$标称位时间 = t_{CAN} + t_{SEG1} + t_{SEG2}$$

其中：

$$t_{CAN} = (BPSC[9:0] + 1) \times t_{PCLK}$$

$$t_{SEG1} = t_{CAN} \times (SEG1 + 1)$$

$$t_{SEG2} = t_{CAN} \times (SEG2 + 1)$$

t_{PCLK} 为 CAN 模块的时钟频率，BPSC[9:0]、SEG1 和 SEG2 在 CAN_BTIME 寄存器中定义。

注： ES32 系列支持的最低波特率是 10 bps。

18.5　工作模式

bxCAN 有 3 种主要的工作模式：初始化模式、正常模式和睡眠模式。在硬件复位后，bxCAN 工作在睡眠模式以节省电能，同时使能 CANTX 引脚的内部上拉电阻，保证不会对总线造成干扰。将 CAN_CON 寄存器的 INIREQ 位或 SLPREQ 置 1 以进入初始化模式或睡眠模式。初始化完成后，软件必须将 INIREQ@CAN_CON 清 0 以进入正常模式，配置完毕才能在 CAN 总线上进行同步，并开始接收和发送数据。

18.5.1　初始化模式

在初始化模式下，所有从 CAN 总线传入和传出的消息都将停止，并且 CAN 总线输出 CANTX 的状态为隐性(高)。因此，为了不干扰 CAN 网络的其他单元或被其他单元干扰，首先使 bxCAN 模块处于初始化模式下，再初始化 bxCAN 模块。当 bxCAN 模块各参数设置完成后，请求进入正常模式，以正常接入 CAN 网络。

为了进入初始化模式，应将 INIREQ@CAN_CON 置 1，然后等待硬件对 INISTAT@CAN_STAT 置 1 以确认处于初始化模式。进入初始化模式不会更改任何其他寄存器的配置。

18.5.2　正常模式

bxCAN 模块初始化完成后，应将 INIREQ@CAN_CON 清 0，以使 bxCAN 进入正常模式，在与 CAN 总线上的数据传输实现同步后(RX 上检测到 11 个连续隐性位)，硬件将对 INISTAT@CAN_STAT 清 0，即可接入总线通信。

18.5.3　睡眠模式

为了降低功耗，bxCAN 具有睡眠模式。在正常模式下软件通过将 SLPREQ@CAN_CON 置 1，请求进入睡眠模式。在睡眠模式下，bxCAN 时钟停止，但软件仍可访问 bxCAN 邮箱。

进入初始化模式或退出睡眠模式，可参考如下操作：

- 软件可将 INIREQ@CAN_CON 置 1 来请求进入初始化模式，但必须同时将 SLPREQ@CAN_CON 清 0。
- 根据 AWKEN@CAN_CON 的值决定如何退出睡眠模式：
  - 当 AWKEN@CAN_CON 为 1 时，在检测到 CAN 总线活动后，硬件通过对 SLPREQ@CAN_CON 清 0 来自动执行唤醒序列。
  - 当 AWKEN@CAN_CON 为 0 时，软件必须在唤醒中断中对 SLPREQ@CAN_CON 清 0，才能退出睡眠模式。

另外，对 SLPREQ 位清 0 且与 CAN 总线完成同步后，即 CANRX 引脚上检测到连续的 11 个隐性位，硬件自动对 SLPSTAT 位清 0，确保睡眠模式退出。

注：如果使能唤醒中断(WKIE@CAN_IE 为 1)，那么只要检测到 CAN 总线活动就会产生唤醒中断，而不管 bxCAN 是否被唤醒。

bxCAN 工作模式的转换如图 18-15 所示。

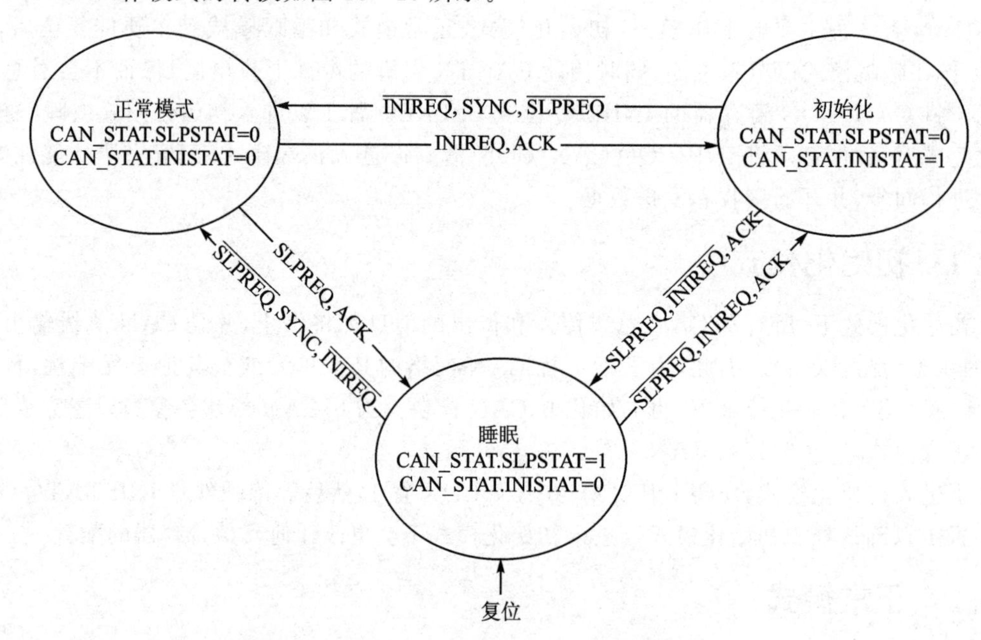

图 18-15　bxCAN 工作模式转换图

由睡眠模式进入初始化模式：

```
CAN_CON.SLPREQ = 0;                /* 退出睡眠模式 */
CAN_CON.INIREQ = 1;                /* 请求进入初始化模式 */
while(CAN_STAT.INISTAT != 1);      /* 等待与总线同步 */
```

由初始化模式进入正常模式：

```
CAN_CON.INIREQ = 0;                /* 请求退出初始化模式 */
```

```
while(CAN_STAT.INISTAT != 0);          /* 等待与总线同步 */
```

由正常模式进入睡眠模式：

```
CAN_CON.SLPREQ = 1;                    /* 请求进入睡眠模式 */
while(CAN_STAT.SLPSTAT != 1);          /* 等待总线空闲 */
```

18.6　发送处理

为了简化消息发送，bxCAN 提供一组与消息相关（标识符、数据、控制、状态和时间戳信息）的寄存器。这类寄存器称为邮箱，总共有 3 个发送邮箱。发送消息前，首先选择一个空邮箱设置消息的标识符类型、数据长度（DLC）和要发送的数据等必要的内容，再将 TXMREQ@CAN_TXIDx 置 1 以请求发送，此时邮箱变为非空并立即进入挂起态，软件不再具有对发送邮箱寄存器的写访问权限。当该邮箱拥有最高优先级并且 CAN 总线变为空闲后，硬件自动进入发送状态，开始发送邮箱中的消息。邮箱一旦发送成功，即恢复为空状态，硬件自动将 MxREQC@CAN_TXSTAT 和 MxTXC@CAN_TXSTAT 均置 1。

如果发送失败，其失败原因将由 MxARBLST@CAN_TXSTAT（仲裁丢失）或 MxTXERR@CAN_TXSTAT（检测到发送错误）指示。

软件仅设置数据帧或远程帧即可，其他 CAN 协议帧由芯片硬件自动管理。

18.6.1　发送邮箱

发送邮箱的组成如表 18－3 所列。

表 18－3　发送邮箱的组成

与发送邮箱基地址偏移（字节）	寄存器名称
0	CAN_TXIDx（发送邮箱标识符寄存器）
4	CAN_TXFCONx（发送邮箱帧控制寄存器）
8	CAN_TXDLx（发送邮箱数据低位寄存器）
12	CAN_TXDHx（发送邮箱数据高位寄存器）

软件在空发送邮箱中设置将要发送的消息，硬件根据优先级决定哪个邮箱的报文先被发送。当多个发送邮箱挂起时，发送优先级可以按标识符决定或按发送请求顺序决定，具体取决于 TXMP@CAN_CON 的值。

① 按标识符：即 TXMP@CAN_CON 为 0 时，发送顺序由邮箱中所存储消息的标识符来确定。根据 CAN 协议的仲裁，标识符值最小的消息具有最高的优先级。如果标识符值相等，则首先安排发送编号较小的邮箱。

② 按发送请求顺序：即 TXMP@CAN_CON 为 1 时，发送优先级顺序按照发送请求顺序来

确定，先请求的邮箱优先发送。

通过软件终止邮箱发送消息，此时发送邮箱可能处于挂起态、已安排状态或发送态 3 种状态之一。

➢ 对于处于挂起态或已安排状态下的邮箱，由于此时消息还没有被发送到总线上，只需要将 MxSTPREQ@CAN_TXSTAT 置 1，发送请求即被终止。

➢ 对于处于发送态的邮箱，此时消息正在被发送到总线，不能被即时停止。如果将 MxSTPREQ@CAN_TXSTAT 置 1，可能导致以下两种结果：

- 如果发送成功，邮箱将变为空状态，硬件自动将 MxTXC@CAN_TXSTAT 置 1；
- 如果发送失败，邮箱将变为已安排状态，发送中止且邮箱变为空状态，硬件自动将 MxTXC@CAN_TXSTAT 清 0。

在某些情况下可能只想要 bxCAN 模块发送一次消息，而不管该消息是否发送成功，这就是 bxCAN 的禁止自动重发送模式。要将硬件配置为此模式，必须将 ARTXDIS@CAN_CON 置 1。在此模式下，每个发送仅启动一次。如果由于仲裁丢失或错误导致第一次尝试失败，硬件将不会自动重新启动消息发送。第一次发送尝试结束时，硬件会认为请求已完成，并将 MxREQC@CAN_TXSTAT 置 1。发送结果由 CAN_TXSTAT 寄存器的 MxTXC、MxARBLST 和 MxTXERR 位来指示。

图 18-16 为发送邮箱的消息状态图。

18.6.2 时间触发通信模式

时间触发通信模式要满足 CAN 标准的时间触发通信方案要求。在该模式下，CAN 硬件的内部计数器激活，用于生成发送邮箱和接收邮箱的时间戳值，发送邮箱和接收邮箱的时间戳值分别存储在 STAMP@CAN_TXFCONx 和 STAMP@CAN_RXFxINF 中。内部计数器在每个 CAN 位时间自动加 1。在发送和接收时，都会在帧起始位的采样点捕获内部计数器。

18.6.3 设计步骤

以下是消息的发送流程：

① 相应 GPIO 引脚复用为 bxCAN 功能的输入/输出，配置 CAN_TX 引脚为输出状态、CAN_RX 引脚为输入状态；

② 读 TXMxEF@CAN_TXSTAT 为 1 的邮箱，目的是找到一个空邮箱；

③ 配置选中空邮箱的 4 个发送邮箱寄存器 CAN_TXIDx、CAN_TXFCONx、CAN_TXDLx、CAN_TXDHx；

④ 将 TXMREQ@CAN_TXIDx 置 1，目的是请求发送；

⑤ 检查发送状态寄存器 TXSTAT 的 MxTXC、TXMxEF 是否为 1，判断是否发送完成。

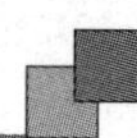

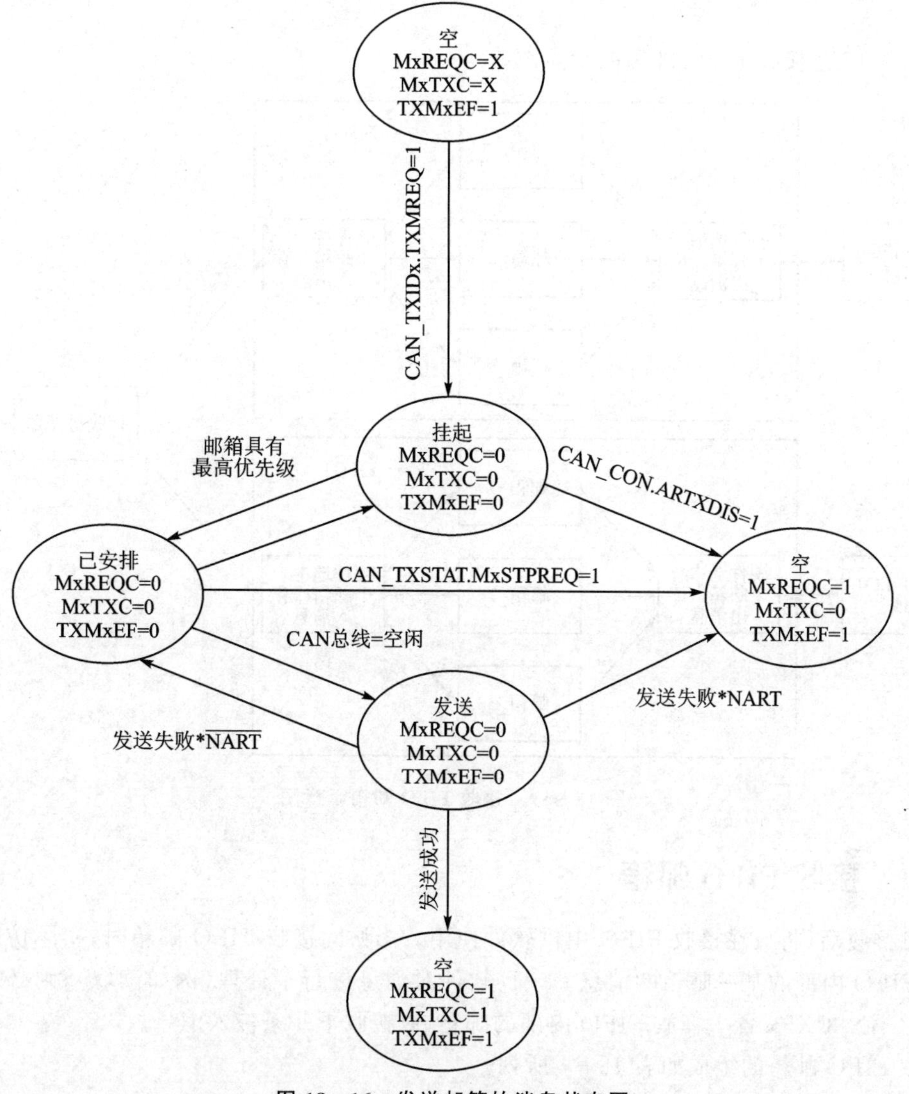

图 18－16　发送邮箱的消息状态图

18.7　接收处理

为了简化消息接收，bxCAN 提供了 2 个 3 级邮箱深度的接收 FIFO，即每个接收 FIFO 内部包含 3 个由硬件控制的隐藏邮箱，这样每个接收 FIFO 中就可以缓存 3 条完整消息。为了降低 CPU 负载，简化软件并保证数据一致性，FIFO 完全由硬件进行管理。在 FIFO 之外，还提供了一组寄存器用于访问 FIFO 内部邮箱，这组寄存器称为接收 FIFO 邮箱，如无特别说明，后续所说的接收邮箱皆为接收 FIFO 邮箱。应用程序通过读取接收 FIFO 邮箱来获得最先存入 FIFO

的消息。

图 18－17 是接收 FIFO 邮箱的示意图。

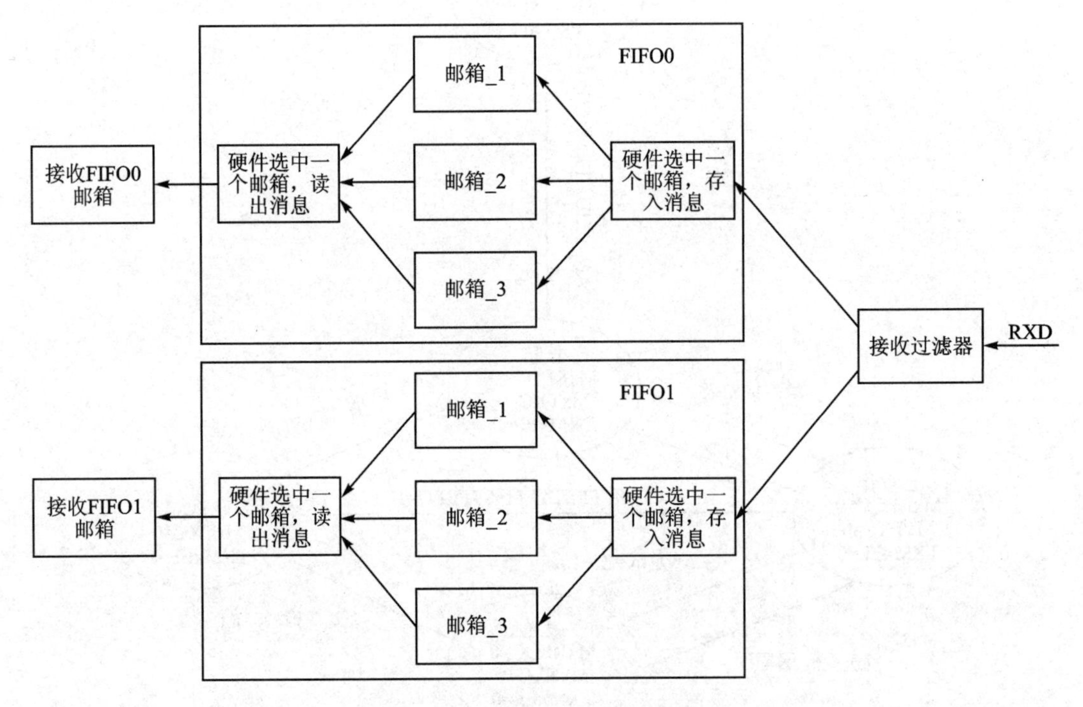

图 18－17　接收 FIFO 邮箱示意图

18.7.1　接收 FIFO 邮箱

消息接收后，将放在接收 FIFO 中供软件使用。当访问接收 FIFO 邮箱时，实际访问的是最早存入 FIFO 内部的某一邮箱的消息。一旦软件对消息进行了处理(例如读取)，则必须通过将 FREE@CAN_RXFx 置 1 释放 FIFO 内部的邮箱，以接收下一条传入消息。

接收 FIFO 邮箱的组成如表 18－4 所列。

表 18－4　接收 FIFO 邮箱的组成

与接收邮箱基地址偏移（字节）	寄存器名称
0	CAN_RXFxID(接收 FIFO 邮箱标识符寄存器)
4	CAN_RXFxINF(接收 FIFO 邮箱数据信息寄存器)
8	CAN_RXFxDL(接收 FIFO 邮箱数据低位寄存器)
12	CAN_RXFxDH(接收 FIFO 邮箱数据高位寄存器)

开始接收之前，FIFO 处于空状态，在完成第一条有效消息接收之后，变为 Pending1 状态；硬件通过将 PEND@CANRXFx 置 1 来指示该事件。软件读取邮箱内容后，将 PEND@CAN-

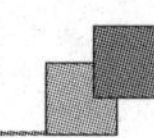

RXFx 置 1 邮箱释放，该接收 FIFO 便会恢复为空状态。如果此时接收到新的有效消息，FIFO 将保持 Pending1 状态，新消息将存放在接收邮箱中，供软件读取。

如果应用程序未释放邮箱，下一条有效消息将继续存放在 FIFO 中，使其进入 Pending2 状态(PEND@CANRXFx 为 2)，可认为其占用了 FIFO 内部的两个邮箱。下一条有效消息会重复该存储过程，同时将 FIFO 变为 Pending3 状态(PEND@CANRXFx 为 3)。此时，软件必须通过将 FREE@CAN_RXFx 置 1 来释放输出邮箱，从而留出一个空邮箱来存储下一条有效消息；否则，下一次接收到有效消息时，消息会丢失。

当将 FxPIE@CANIE 置 1 时，使能消息挂号中断，PEND@CANRXFx 非 0，即产生挂号中断。

当将 FxFULIE@CANIE 置 1 时，使能 FIFO 满中断，FIFO 存满消息(即存储了第 3 条消息)后，FULL@CANRXFx 为 1，即产生满中断。

图 18 - 18 是接收 FIFO 状态图。

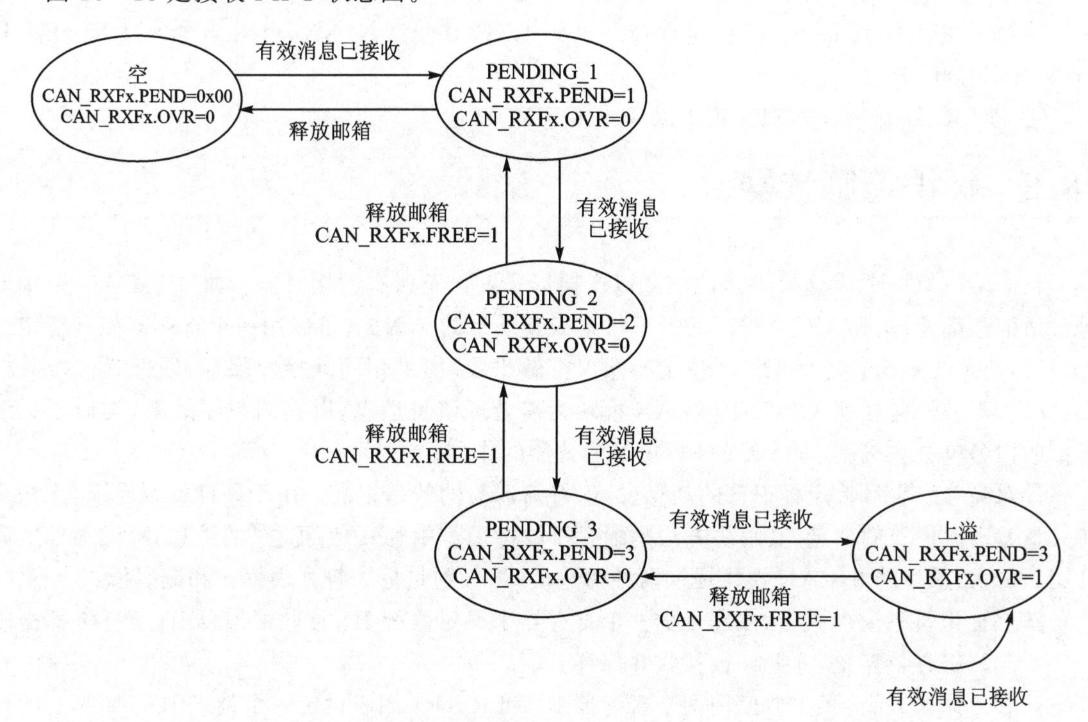

图 18 - 18　接收 FIFO 状态图

18.7.2　上　溢

一旦 FIFO 处于 Pending_3 状态(即 3 个邮箱均已满)，则下一次接收到有效消息时，将产生上溢并丢失一条消息。硬件通过将 OVR@CAN_RXFx 置 1 来指示上溢状态。如果使能了溢出

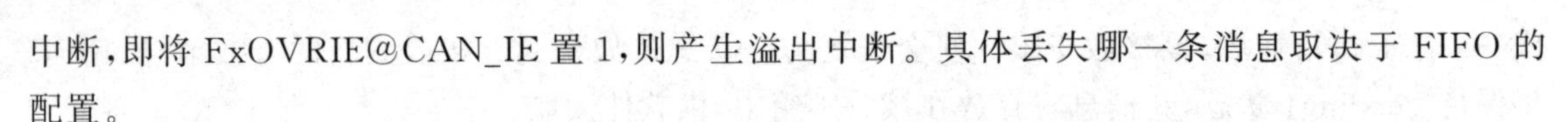

中断，即将 FxOVRIE@CAN_IE 置 1，则产生溢出中断。具体丢失哪一条消息取决于 FIFO 的配置。

- 若禁止 FIFO 锁定功能（RXFOPM@CAN_CON 为 0），则新传入的消息将覆盖 FIFO 中存储的最后一条消息。在这种情况下，应用程序将始终能访问到最新的消息。
- 若使能 FIFO 锁定功能（RXFOPM@CAN_CON 为 1），则将丢弃最新的消息，软件将提供 FIFO 中最早的 3 条消息。

18.7.3 程序设计步骤

以下是消息的接收流程：

① 相应 GPIO 引脚复用为 CAN 功能的输入/输出，配置 CAN_TX 引脚为输出状态、CAN_RX 引脚为输入状态；

② 以轮询或中断的方式等待接收 FIFO 寄存器的 PEND@CAN_RXFx 非 0；

③ 读取相关接收 FIFO 邮箱寄存器：CAN_RXFxID、CAN_RXFxINF、CAN_RXFxDL 和 CAN_RXFxDH；

④ 将 FREE@CAN_RXFx 置 1 以释放接 FIFO。

18.8 标识符筛选器

在 CAN 总线上，发送器发送的消息以广播形式发送至所有的接收器。如果 bxCAN 模块对每一条消息都处理，那么整个程序的效率将是极其低下的。因此，可以用一组寄存器保存特定的标识符，把总线上消息的标识符与特定的标识符做比较，如果相同就接收保存，硬件置位接收标志；反之，不做任何处理，CPU 或 bxCAN 模块无需处理该类消息，以提高程序效率，类似于无线通信的白名单过滤机制，即 bxCAN 标识符筛选器的作用。

针对筛选出少量特定标识符的消息，标识符筛选器的效率很高。由于硬件资源受限，无法支持大量特定标识符的消息，其解决方法是配置接收标识符中"必须匹配位"的消息，降低硬件资源开销。ES32 系列的 bxCAN 模块提供两种筛选模式，分别是标识符列表模式和掩码模式。

- 在标识符列表模式下，使用至少一个寄存器来设定匹配 ID，接收的消息 ID 所有位都必须与该寄存器匹配，才允许被接收并保存。
- 在掩码模式下，至少要使用两个寄存器 R1 和 R2，R1 用于设定一个消息 ID，R2 为 0 的位表示 R1 寄存器的对应位无需匹配，R2 为 1 的位表示 R1 寄存器的对应位必须匹配。

为了实现这一功能，bxCAN 控制器为应用程序提供了 14 个可配置且可调整的硬件筛选器组（0～13），以便接收器仅接收软件需要的消息。此硬件筛选功能可以节省软件筛选所需的 CPU 资源。每个筛选器组 x 均包含两个 32 位寄存器，分别是 CANFLTxR1 和 CANFLTxR2。在标识符列表模式下，这两个寄存器都用于设定匹配 ID，匹配其中任何一个寄存器的消息都将被接收；在掩码模式下，CANFLTxR1 用于设定消息 ID，CANFLTxR2 用于设定 CAN_FLTxR1

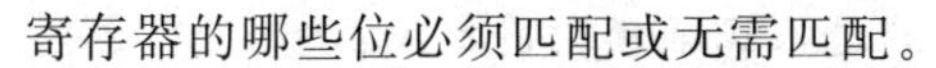

寄存器的哪些位必须匹配或无需匹配。

另外，对于只有 11 位的标准格式消息 ID，完全可以将筛选器组的一个 32 位寄存器扩展成两个 16 位的寄存器，这样实际可过滤的标识符数量将翻倍。因此 ES32 系列每个筛选器组可分别进行伸缩调整。根据筛选器宽度不同，一个筛选器组可以：

➢ 为 STDID[10:0]、EXTID[17:0]、IDE 和 RTR 位提供一个 32 位筛选器。

➢ 为 STDID[10:0]、RTR、IDE 和 EXTID[17:15]位提供两个 16 位筛选器。

注：在对 bxCAN 过滤器组相关的寄存器（模式、宽度、FIFO 分配、激活和筛选器值）进行初始化前，软件必须将 FLTINI@CAN_FLTCON 置 1，目的是禁止 CAN 报文接收。

18.8.1　筛选器组宽度和模式配置

筛选器组通过相应的 CAN_FLTCON 寄存器进行配置。必须在筛选器停用状态下配置筛选器组，即将 GO@CAN_FLTGO 清 0。筛选器宽度通过筛选器宽度选择寄存器 CAN_FLTWS 的对应位进行配置。通过筛选器模式寄存器 CAN_FLTM 的对应位配置相应掩码/标识符寄存器为标识符列表模式或标识符掩码模式。

如果某个筛选器组未使用，建议将其保持为未激活状态（GO@CAN_FLTGO 清 0）。

筛选器组宽度配置寄存器构成如图 18－19 所示，STD 为标准格式的标识符，EXID 为扩展格式的标识符。

图 18－19　筛选器组宽度配置寄存器构成图

注：过滤器的位宽和模式的设置，必须在初始化模式到进入正常模式前完成。

18.8.2 筛选器匹配索引

bxCAN 模块有 2 个接收 FIFO 和 14 个筛选器组，通过 CAN_FLTAS 寄存器可以设置某组筛选器与哪一个 FIFO 相关联，这样消息通过该筛选器筛选后就会放入相关联的 FIFO 中。此外，每个 FIFO 各自对其关联的筛选器进行编号。

例如，在筛选器为 32 位宽度下，从低筛选器组编号开始，每个标识符列表筛选器组被认为有两个筛选器索引，每个掩码模式筛选器组被认为有一个筛选器索引。

bxCAN 控制器提供一个筛选器匹配索引，该索引将与消息一同存储在邮箱中。因此，每条收到的消息都有相关联的筛选器匹配索引。筛选器匹配索引的使用方法有两种：将筛选器匹配索引与预期值列表进行比较；将筛选器匹配索引用作阵列索引，以访问数据目标位置。

对于标识符列表筛选器，软件不再需要比较标识符。对于掩码模式筛选器，软件则只需比较屏蔽位。

筛选器编号的索引值与筛选器组的激活状态无关。此外，两个 FIFO 使用两个独立的编号方案，每个 FIFO 各使用一个。

图 18－20 为筛选器编号示例。

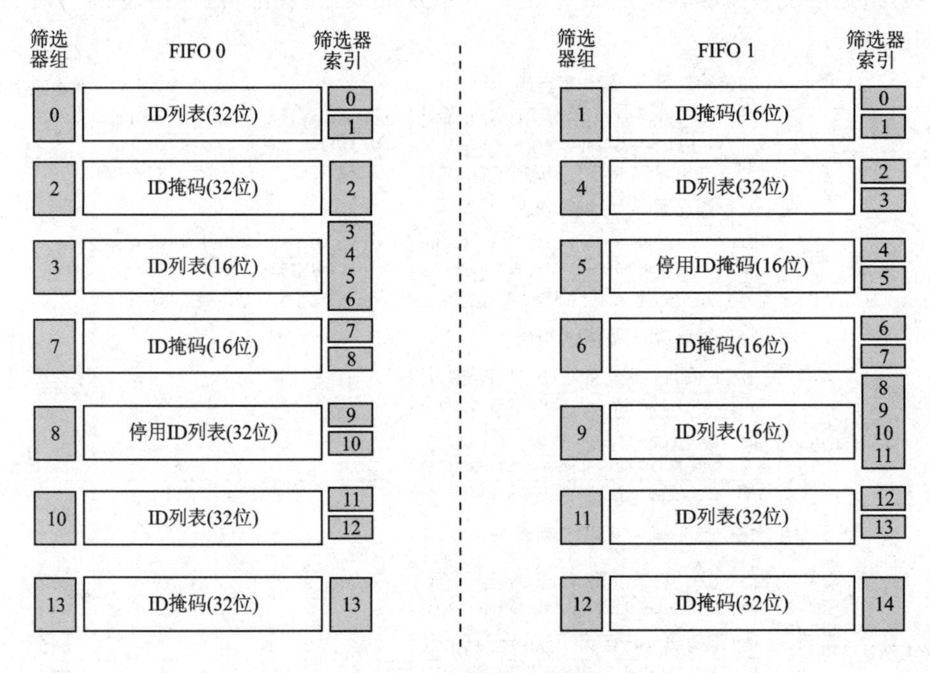

图 18－20　筛选器编号示例图

如上所述，符合筛选器规则的消息才会被接收保存。然而一条消息可能同时符合多个筛选器规则，那么在使能多个筛选器的情况下，该如何决定消息先被哪个筛选器筛选呢？我们将根据

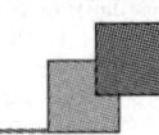

以下优先级规则来对筛选器进行“排队”，首次符合某筛选器规则的消息将被该筛选器选中并保存到关联 FIFO，从而决定筛选器筛选消息的先后顺序：

- 32 位筛选器优先于 16 位筛选器；
- 对于宽度相等的筛选器，标识符列表模式优先于标识符掩码模式；
- 对于宽度和模式均相等的筛选器，按筛选器编号确定优先级（编号越小，优先级越高）。

图 18－21 为筛选器机制的示例。

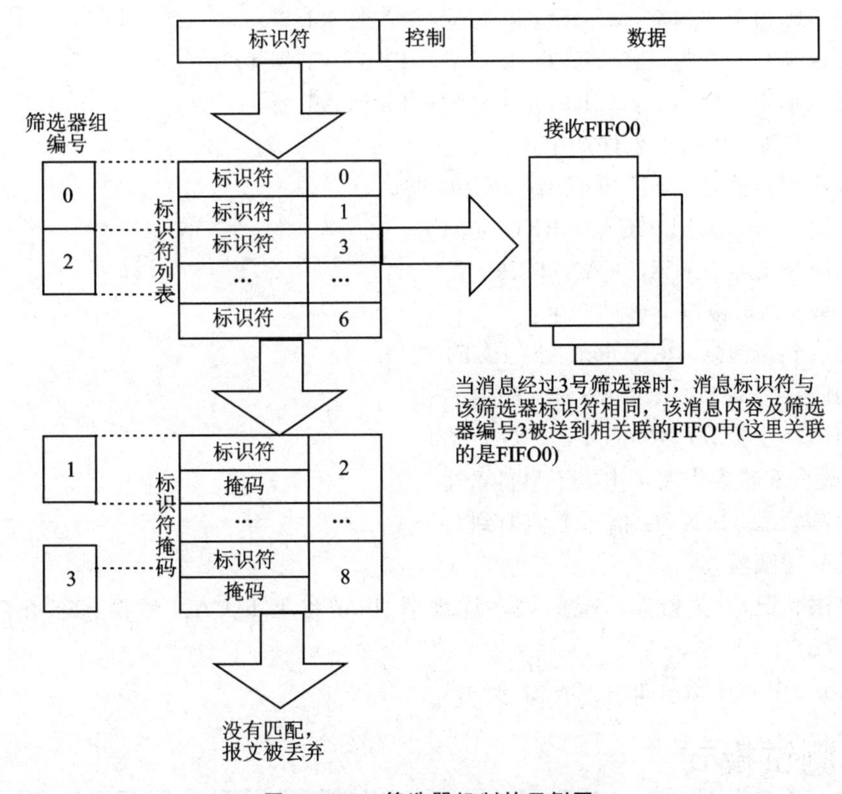

图 18－21　筛选器机制的示例图

18.8.3　程序设计步骤

使用配置筛选器的流程如下：

① 配置筛选器为标识符模式或掩码模式，设置待筛选消息的标识符或掩码；

② 配置筛选器宽度，将筛选器与 FIFO0/FIFO1 相关联；

③ 使能筛选器。

18.9 中　断

bxCAN 共有 4 个专用的中断向量：发送中断、FIFO0 中断、FIFO1 中断和状态改变错误中断。每个中断源均可通过 bxCAN 中断使能寄存器(CAN_IE)来单独使能或禁止。

➢ 发送中断可由以下事件产生：
- 发送邮箱 0 变为空，M0REQC@CAN_TXSTAT 置 1；
- 发送邮箱 1 变为空，M1REQC@CAN_TXSTAT 置 1；
- 发送邮箱 2 变为空，M2REQC@CAN_TXSTAT 置 1。

➢ FIFO0 中断可由以下事件产生：
- 接收到新消息，PEND@CAN_RXF0 非 0；
- FIFO0 满，FULL@CAN_RXF0 置 1；
- FIFO0 上溢，OVR@CAN_RXF0 置 1。

➢ FIFO1 中断可由以下事件产生：
- 接收到新消息，PEND@CAN_RXF1 非 0；
- FIFO1 满，FULL@CAN_RXF1 置 1；
- FIFO1 上溢，OVR@CAN_RXF1 置 1。

➢ 状态改变和错误中断可由以下事件产生：
- 唤醒状况，CAN Rx 信号上监测到 SOF；
- 进入睡眠模式；
- 错误状况，有关错误状况的更多详细信息，请参见 bxCAN 错误状态寄存器(CAN_ERRSTAT)[3]。

事件标志与中断示意图如图 18－22 所示。

18.10 测试模式

测试模式用于 bxCAN 设备的调试与自检，同时尽量避免对总线造成干扰或被总线干扰。bxCAN 在初始化模式时设置 CAN_BTTIME 寄存器中的 SILENT 和 LOOP 位来进入测试模式。选择测试模式后，必须清除 INIREQ@CAN_CON 才能进入正常模式。

18.10.1 静默模式

在初始化模式时将 SILENT@CAN_BTIME 置 1，bxCAN 进入静默模式。在静默模式下，bxCAN 可以有效接收总线上的数据帧和远程帧。CAN 发送通道与 CAN 总线断开，无法向 CAN 总线发出显性位，但 bxCAN 发送的显性位仍可以被自身监视。在静默模式下，bxCAN 发送对总线保持隐性状态，通常用于分析 CAN 总线上的流量。

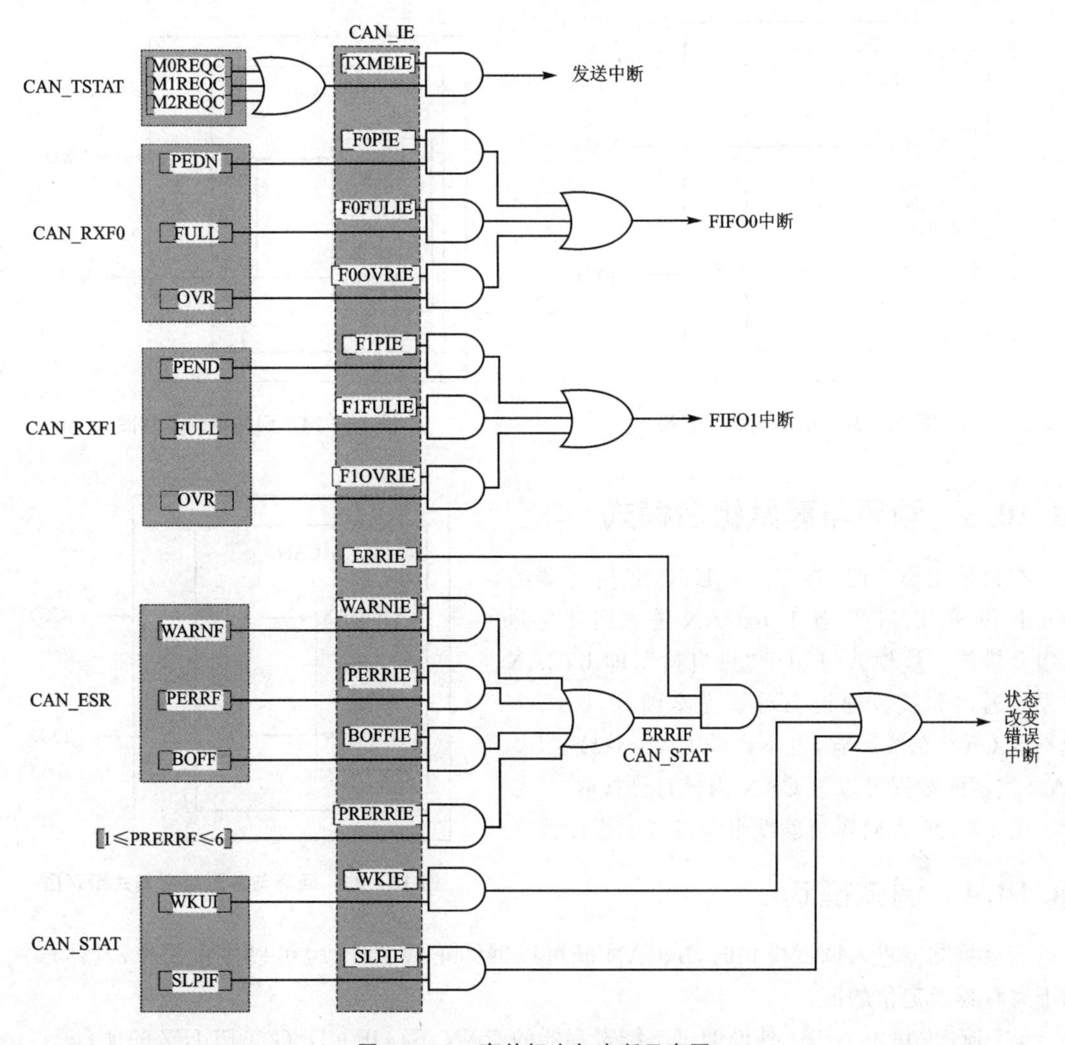

图 18－22　事件标志与中断示意图

静默模式示意图如图 8－23 所示。

18.10.2　回环模式

在初始化模式时，将 LOOP@CAN_BTIME 置 1，bxCAN 进入回环模式。在回环模式下，bxCAN 将其自身发送的消息作为接收的消息来处理并存储(如果这些消息通过了验收筛选)在接收 FIFO 中，同时发送的消息会进入 CAN 总线网络。

图 18－24 为回环模式示意图。

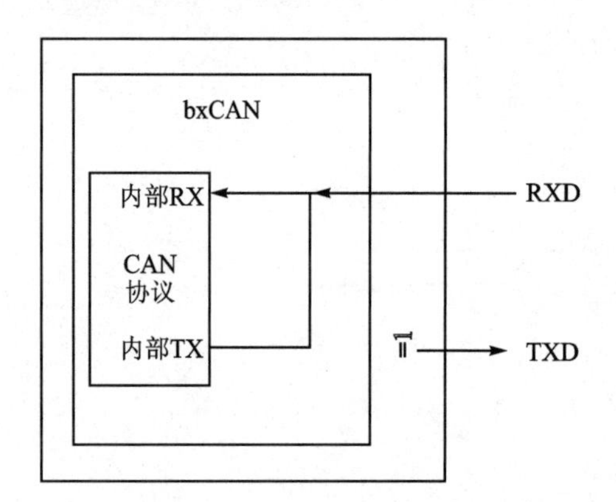

图 18－23　静默模式示意图

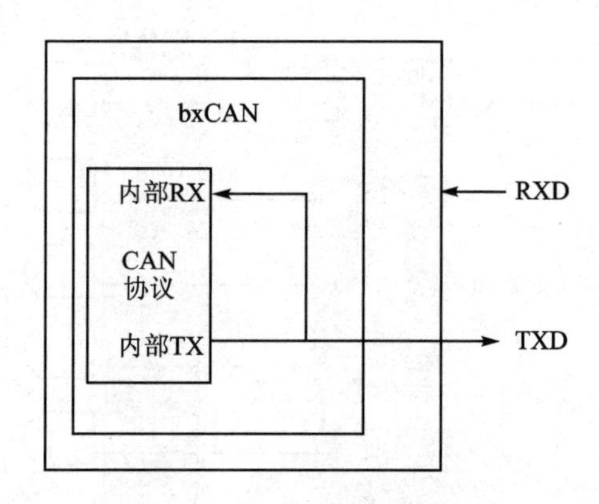

图 18－24　回环模式示意图

18.10.3　回环与静默组合模式

在初始化模式时，将 CAN_BTIME 寄存器的 LOOP 和 SILENT 位置 1，bxCAN 进入回环与静默组合模式。该模式可用于"热自检"，即 bxCAN 的发送通道和接收通道与总线完全断开，bxCAN 既不受 CAN 总线影响，也不影响 CAN 总线。bxCAN 发送的数据可以被 CAN 内核自己接收。

图 18－25 为回环与静默组合模式示意图。

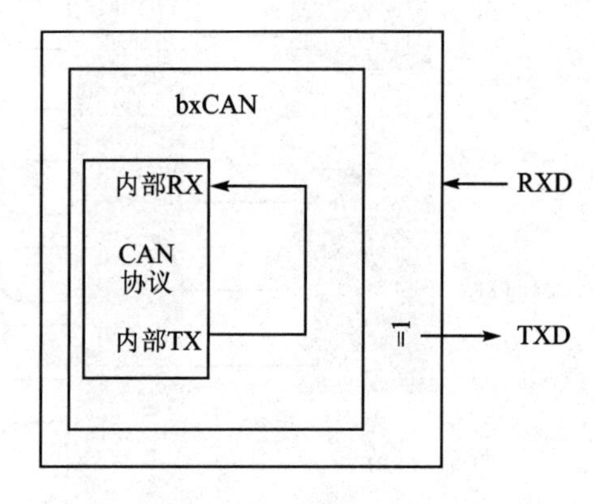

图 18－25　回环与静默组合模式示意图

18.10.4　调试模式

当微控制器进入调试模式时，bxCAN 既可以继续正常工作，也可以停止工作，具体取决于如下寄存器指定位的值：

- DBG 模块中 APB1 外设调试冻结寄存器的 CAN_STOP@DBG_APB1FZ 的值；
- DBGSTP@CAN_CON 的值。

18.11　应用系统实例

本实验使用 ES32 SDK 代码演示如何用 ES32F369x 芯片的 bxCAN 接口与其他 CAN 总线设备通信，使用的 CAN 收发器型号为 TJA1050。使用 CAN 调试设备 ESBridge 向 MCU 发送 CAN 消息，软件控制 MCU 把接收到消息 ID 在 0x5A0～0x5A7 范围内的消息返回给 ESBridge。

18.11.1　硬件介绍

ESBridge 是上海东软载波微电子公司开发的多功能接口转换设备，具备使用 PC 端发送/接

收 UART、I2C、SPI、CAN 等消息,还具备 AD 波形显示、逻辑笔、电流测量等实用功能。使用 ESBridge 来与 MCU 进行 CAN 通信。

TJA1050 是 NXP 发布的高速 CAN 收发器驱动芯片,为 CAN 总线提供差分发射接口和差分接收接口。

TJA1050 具有以下特点:

- 全兼容 ISO 11898 协议;
- 最高 1 Mbps 通信速率;
- 至少可连接 110 个节点;
- 对总线低干扰。

ES32F3696 开发板与 TJA1050 的硬件连接如图 18-26 所示。

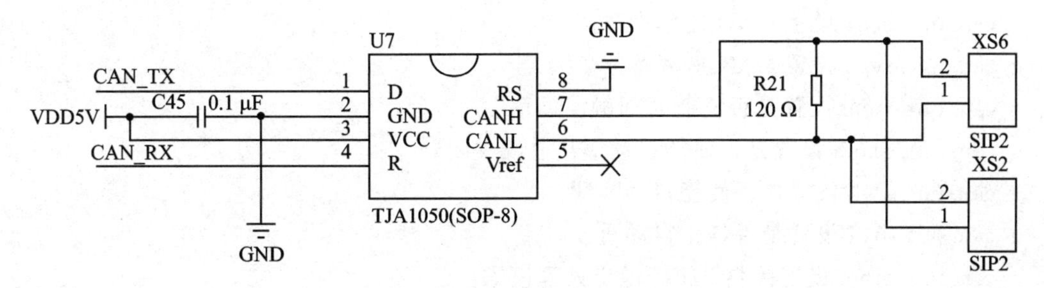

图 18-26 CAN 总线硬件连接图

18.11.2 驱动库初始化结构体

由 ES32 系列的 bxCAN 外设介绍可知,其功能非常多,且涉及的寄存器操作也较多。因此,使用 ES32 ALD 驱动库提供的各种结构体及库函数可以降低程序编写难度,以及使控制过程简单化。ES32 ALD 驱动库提供 CAN 初始化结构体及初始化函数,用于控制 CAN 的工作方式,还提供收发报文使用的结构体及收发函数,以及配置控制筛选器模式及 ID 的结构体。这类配置都定义在库文件 ald_can.h 及 ald_can.c 中,可以结合这两个文件内的注释使用或参考 ALD 驱动库帮助文档,以提升对模块的理解和编程的效率。

1. 初始化 CAN 模块

```
typedef struct{
    uint32_t psc;               /* Specifies the length of a time quantum. */
    can_operate_mode_t mode;    /* Specifies the CAN operating mode. */
    can_sjw_t sjw;              /* Specifies the maximum number of time quanta the CAN hardware is al-
lowed to lengthen or shorten a bit to perform resynchronization. */
    can_seg1_t seg1;            /* Specifies the number of time quanta in Bit Segment 1. */
    can_seg2_t seg2;            /* Specifies the number of time quanta in Bit Segment 2. */
    type_func_t ttcm;           /* Enable or disable the time triggered communication mode. */
```

```
    type_func_t abom;          /* Enable or disable the automatic bus - off management. */
    type_func_t awk;           /* Enable or disable the automatic wake - up mode. */
    type_func_t artx;          /* Enable or disable the non - automatic retransmission mode. */
    type_func_t rfom;          /* Enable or disable the Receive fifo Locked mode. */
    type_func_t txmp;          /* Enable or disable the transmit fifo priority. */
} can_init_t;
```

函数 ald_can_init 对 CAN 进行初始化，在 can_handle_t 结构体中：

g_can. perh 选择 CAN 模块。

g_can. init. mode 设置 CAN 模式。

g_can. init. psc 设置 CAN 速率参数。

g_can. init. sjw 设置 CAN 速率参数。

g_can. init. seg1 设置 CAN 速率参数。

g_can. init. seg2 设置 CAN 速率参数。

g_can. init. ttcm 设置是否使能时间触发通信。

g_can. init. abom 设置是否使能自动退出总线关闭。

g_can. init. awk 设置是否使能自动唤醒。

g_can. init. artx 设置是否禁止自动重发。

g_can. init. rfom 设置接收 FIFO 溢出处理模式。

g_can. init. txmp 设置发送邮箱优先级。

g_can. tx_cplt_cbk 设置发送完成回调函数。

g_can. rx_cplt_cbk 设置接收完成回调函数。

g_can. error_cbk 设置错误回调函数。

2. 配置并使能 CAN 滤波器

```
typedef struct
{
    uint32_t id_high;           /* Specifies the filter identification number */
    uint32_t id_low;            /* Specifies the filter identification number */
    uint32_t mask_id_high;      /* Specifies the filter mask number or identification number */
    uint32_t mask_id_low;       /* Specifies the filter mask number or identification number */
    can_filter_fifo_t fifo;     /* Specifies the fifo (0 or 1) which will be assigned to the filter. */
    uint32_t number;            /* Specifies the filter which will be initialized. */
    can_filter_mode_t mode;     /* Specifies the filter mode to be initialized. */
    can_filter_scale_t scale;     /* Specifies the filter scale. */
    type_func_t active;         /* Enable or disable the filter. */
} can_filter_t;
```

函数 ald_can_filter_config 进行 CAN 滤波器配置，在 can_filter_t 结构体中：

g_filter. fifo 选择筛选器 FIFO。

g_filter.mode 设置筛选模式。

g_filter.scale 设置筛选器宽度。

g_filter.number 选择筛选器个数。

g_filter.id_high 设置筛选器 ID 高 16 位。

g_filter.id_low 设置筛选器 ID 低 16 位。

g_filter.mask_id_high 设置筛选器掩码 ID 高位。

g_filter.mask_id_low 设置筛选器掩码 ID 低位。

g_filter.active 设置是否使能筛选器。

18.11.3　代码分析

该例程主要用到 bxcan.c、irq.c、main.c 这 3 个源文件及其对应的头文件，其余均是 ALD 库文件，不需要用户改动。

bxcan.c 文件里存放 CAN 初始化函数；

irq.c 文件里存放 CAN 接收中断函数；

main.c 文件里调用 CAN 初始化函数并等待接收到消息后原样返回。

完整的主程序如下所示。

与 CAN 模块相关的设置都在 bxcan.c 文件里，比如 CAN 引脚初始化、模块初始化、过滤器初始化。具体的实现如下所示：

```
#define MASKID        0x5A1

can_handle_t g_can;
can_filter_t g_filter;

uint32_t g_flag = ~RX_COMPLEPED;

/**
  * @brief  Send message complete.
  * @param  arg: Pointer to can_handle_t structure.
  * @retval None.
  */
void can_send_complete(can_handle_t *arg)
{
    return;
}

/**
  * @brief  Receive a message complete.
  * @param  arg: Pointer to can_handle_t structure.
  * @param  num: Index of the RxFIFO.
  * @retval None.
  */
```

```
void can_recv_complete(can_handle_t *arg, can_rx_fifo_t num)
{
    g_flag = RX_COMPLEPED;      /* 中断接收完成后调用此函数,置标志位 */
}

/**
  * @brief  Occurs error.
  * @param  arg: Pointer to can_handle_t structure.
  * @retval None.
  */
void can_error(can_handle_t *arg)
{
    return;
}

/**
  * @brief  Initializing can function.
  * @retval None.
  */
void can_init(void)
{
    can_pin_init();      /* 初始化 CAN 引脚 */

    g_can.perh            = CAN0;
    g_can.init.mode       = CAN_MODE_NORMAL;      /* 正常模式 */
    g_can.init.psc        = 8;                    /* |--------| */
    g_can.init.sjw        = CAN_SJW_1;            /* |通信速率| */
    g_can.init.seg1       = CAN_SEG1_7;           /* | 500 kbps| */
    g_can.init.seg2       = CAN_SEG2_4;           /* |--------| */
    g_can.init.ttcm       = DISABLE;              /* 禁止事件触发通信 */
    g_can.init.abom       = DISABLE;              /* 禁止自动退出总线关闭 */
    g_can.init.awk        = DISABLE;              /* 禁止自动唤醒 */
    g_can.init.artx       = ENABLE;               /* 使能自动重发 */
    g_can.init.rfom       = DISABLE;              /* FIFO 满时,下一条消息覆盖上一条消息 */
    g_can.init.txmp       = DISABLE;              /* 优先级由标识符确定 */
    g_can.tx_cplt_cbk     = can_send_complete;    /* 设置发送完成回调函数 */
    g_can.rx_cplt_cbk     = can_recv_complete;    /* 设置接收完成回调函数 */
    g_can.error_cbk       = can_error;            /* 设置错误回调函数 */
    ald_can_init(&g_can);                         /* 初始化 CAN 模块 */

    g_filter.fifo             = CAN_FILTER_FIFO0;
    g_filter.mode             = CAN_FILTER_MODE_MASK;
    g_filter.scale            = CAN_FILTER_SCALE_32;
    g_filter.number           = 0;
    g_filter.id_high          = MASKID << 5;          /* 标识符高位寄存器 */
    g_filter.id_low           = 0;
    g_filter.mask_id_high     = 0xFF00;   /* 屏蔽高位寄存器,仅接收标识符为 0x5A0~0x5A7 的消息 */
    g_filter.mask_id_low      = 0x0000;
    g_filter.active           = ENABLE;               /* 使能筛选器 */
```

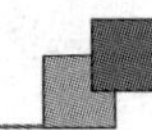

```
    ald_can_filter_config(&g_can, &g_filter);         /* 配置并使能 CAN 过滤器 */

    ald_mcu_irq_config(CAN0_RX0_IRQn, 3, 3,ENABLE); /* 配置优先级,使能内核中断 */
}

/**
  * @brief  Initializate pin of can module.
  * @retval None
  */
static void can_pin_init(void)
{
    gpio_init_t l_gpio;

    l_gpio.odos   = GPIO_PUSH_PULL;
    l_gpio.pupd   = GPIO_PUSH_UP;
    l_gpio.nodrv  = GPIO_OUT_DRIVE_6;
    l_gpio.podrv  = GPIO_OUT_DRIVE_6;
    l_gpio.flt    = GPIO_FILTER_DISABLE;
    l_gpio.type   = GPIO_TYPE_TTL;

    l_gpio.func   = GPIO_FUNC_3;
    l_gpio.mode   = GPIO_MODE_OUTPUT;
    ald_gpio_init(GPIOB, GPIO_PIN_9, &l_gpio);   /* 配置 CAN_TX 引脚 */

    l_gpio.func   = GPIO_FUNC_3;
    l_gpio.mode   = GPIO_MODE_INPUT;
    ald_gpio_init(GPIOB, GPIO_PIN_8, &l_gpio);   /* 配置 CAN_RX 引脚,除引脚输入方向外,其他与 CAN
                                                    _TX 一致 */
}
```

在 irq.c 文件里放置 CAN 接收中断处理函数,实现如下:

```
/**
  * @brief  CAN RX0 handler
  * @retval None
  */
void CAN0_RX0_Handler(void)
{
    /* Handle can interrupt */
    ald_can_irq_handler(&g_can);
    return;
}
```

在 main.c 文件里调用 CAN 初始化函数并等待接收到消息后原样返回,实现如下:

```
static can_tx_msg_t tx_msg;       /* CAN TX 消息对象 */
static can_rx_msg_t rx0_msg;      /* CAN RX 消息对象 */

/**
```

```
  * @brief  Test main function
  * @retval Status.
  */
int main()
{
    ald_cmu_init();      /* 初始化滴答时钟 */

    ald_cmu_pll1_config(CMU_PLL1_INPUT_HOSC_3, CMU_PLL1_OUTPUT_48M);  /* 使能倍频,由晶振 3 分频
                                                                        倍频至 48 MHz */
    ald_cmu_clock_config(CMU_CLOCK_PLL1, 48000000);              /* 选择倍频时钟为系统时钟 */
    ald_cmu_perh_clock_config(CMU_PERH_ALL, ENABLE);             /* 使能所有外设时钟 */

    can_init();                                                  /* 初始化 CAN 模块 */

    while(1)
    {
        ald_can_recv_by_it(&g_can, CAN_RX_FIFO0, &rx0_msg);      /* 使能中断接收 */

        while(g_flag != RX_COMPLEPED)                            /* 等待数据接收 */
            ;
        g_flag = ~RX_COMPLEPED;                                  /* 重置接收标志 */

        tx_msg.rtr    = rx0_msg.rtr;                            /* 发送数据帧 */
        tx_msg.type   = rx0_msg.type;                           /* 标准格式 */
        tx_msg.std    = rx0_msg.std;                            /* 标准消息标识符 */
        tx_msg.ext    = rx0_msg.ext;                            /* 扩展消息标识符 */
        tx_msg.len    = rx0_msg.len;                            /* 发送的数据长度 */
        tx_msg.data[0] = rx0_msg.data[0];                       /* 发送数据赋值 */
        tx_msg.data[1] = rx0_msg.data[1];
        tx_msg.data[2] = rx0_msg.data[2];
        tx_msg.data[3] = rx0_msg.data[3];
        tx_msg.data[4] = rx0_msg.data[4];
        tx_msg.data[5] = rx0_msg.data[5];
        tx_msg.data[6] = rx0_msg.data[6];
        tx_msg.data[7] = rx0_msg.data[7];

        if(ald_can_send(&g_can, &tx_msg, TIMEOUT) != OK)   /* 数据回传 */
        {
            while(1)
                ;
        }
    }
}
```

图 18-27 所示为 ESBridge 与 ES32F36xx 的 CAN 模块通信的实验效果。

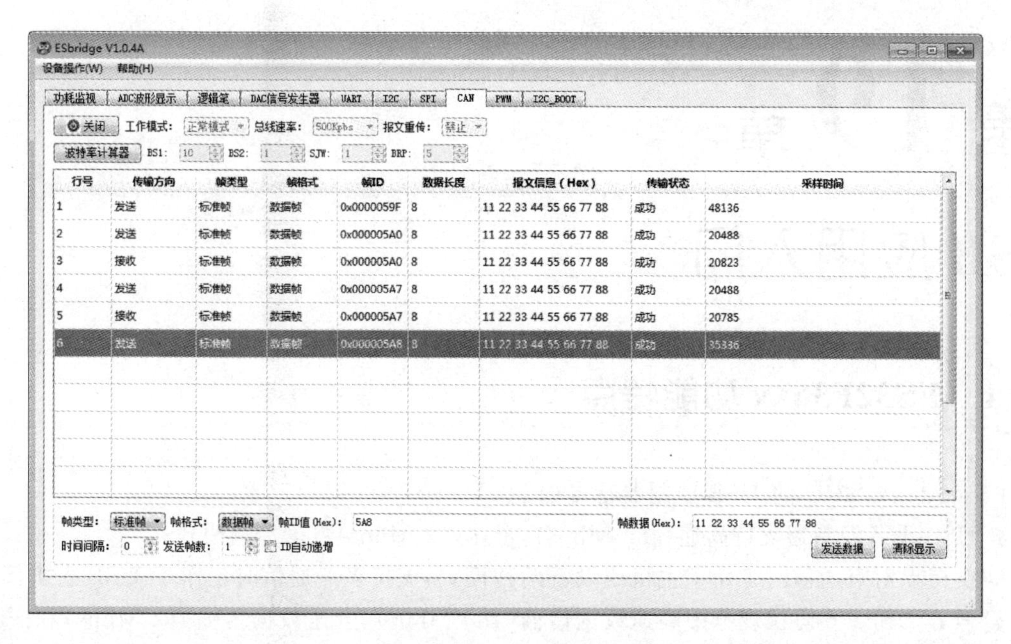

图 18-27　CAN 实验演示

可以看到，在帧 ID 为 0x5A0～0x5A8 范围内的数据帧均被 MCU 接收并返回，除此之外的数据帧被 MCU 忽视。

第19章

USB应用入门

19.1 ES32F36xx功能特点

ES32F36xx MCU 的 USB 控制器特点如下：

➢ USB 设备控制器支持高速(480 Mbps)/全速(12 Mbps)数据传输模式；

➢ 支持点对点通信时工作于主机或设备两种模式，支持多点通信时工作于 USB 主机模式；

➢ 兼容 USB2.0 协议规范中高速数据传输(480 Mbps)、全速数据传输(12 Mbps)和嵌入式设备(On-The-GO)标准；

➢ 支持在 OTG 模式下与一个或多个高速/全速/低速设备通信；

➢ 支持会话请求协议 SRP(Session Request Protocol)和主机协商协议 HNP(Host Negotiation Protocol)；

➢ 支持 4 种数据传输类型：控制传输/同步传输/中断传输/批量传输；

➢ 支持挂起状态和恢复功能；

➢ USB 设备模式下支持软连接和断开功能；

➢ 内置 4 KB SRAM 端点 FIFO；

➢ 支持 11 个端点，端点大小最大支持 1 024 字节数据：
  - EP0IN/OUT：支持控制传输；
  - EP1IN～EP5IN(Rx Endpoints)：支持同步传输、中断传输、批量传输；
  - EP1OUT～EP5OUT(Tx Endpoints)：支持同步传输、中断传输、批量传输；

➢ 支持使用 DMA 对端点 FIFO 进行访问。

19.2 USB协议简介

USB 是英文 Universal Serial Bus(通用串行总线)的缩写，是一个外部总线标准，用于规范计算机与外部设备的连接和通信，是应用在 PC 领域的接口技术。与传统计算机接口相比，它克服了对硬件资源独占、限制对计算机资源扩充的缺点，以较高的数据传输速率和即插即用等优点逐步发展成为计算机与外设的标准连接方案。USB 接口的优点包括如下几点：

① USB 为其所有外设提供了单一的易于使用的标准连接类型。

② 整个 USB 系统只有一个端口和一个中断，节省了系统资源。

③ USB 支持热插拔(hot plug)和 PNP(Plug-and-Play)。

④ USB 在设备供电方面可以通过 USB 电缆供电，也可以通过电池或者其他电力设备供电，或使用两种供电方式的组合，并且支持节约能源的挂机和唤醒模式。

⑤ 为了适应各种不同类型外围设备的要求，USB 提供了 4 种不同的数据传输类型：控制传输、数据传输、中断数据传输和同步数据传输。

⑥ USB 提供全速 12 Mbps 的速率和低速 1.5 Mbps 的速率来适应各种不同类型的外设，USB2.0 还支持 480 Mbps 的高速传输速率，USB3.0 支持超速 5.0 Gbps。

⑦ USB 的端口具有很灵活的扩展性，一个 USB 端口串接上一个 USB Hub 就可以扩展为多个 USB 端口。

USB 的初版是 USB1.0，经过多次升级已更新到 USB3.0。表 19－1 给出 USB1.0、USB2.0、USB3.0 之间的比较情况。

表 19－1　USB 版本的区别

比较项	USB1.0	USB1.1	USB2.0	USB3.0
最大速度	1.5 Mbps	12 Mbps	480 Mbps	5G～10 Gbps
支持设备	低速	低速、全速	低速、全速、高速	低速、全速、高速、超速
输出电流/mA	250	250	500	900
推出时间	1996 年 1 月	1998 年 9 月	2000 年 4 月	2008 年 11 月

本章以 ES32F36xx MCU 支持的高速/全速 USB2.0 控制器为例，介绍 ES32 USB 协议栈的使用方法。

更多关于 USB 协议的详细内容，可以查看 USB 官网 http://www.usb.org。USB2.0 协议有 11 章，其中，嵌入式软件开发人员需要详细学习第 8 章协议层、第 9 章 USB 设备架构的内容。

USB2.0 协议第 8 章协议层，从字节的级别解释了 USB 数据包的细节，包括同步、PID、地址、端点、CRC 域。大多数开发人员还没注意到这部分的底层协议，因为 USB 设备中的硬件 IC 会完成这些功能。然而，多了解一些关于报告状态和握手协议方面的知识很有必要。

USB2.0 协议第 9 章设备架构是整个 USB 协议栈中用到最多的一章，此章详细阐述了 USB 总线枚举的过程，以及一些 USB Request 的详细语法和含义，比如 set address、get descriptor 等，这些相关内容构成了最常用的 USB 的协议层，也是通常 USB 编程人员和开发者看到的一层。此章必须详细阅读和学习。

19.2.1　USB 应用范围

表 19－2 列出了可以通过 USB 提供服务的数据流量工作负载范围的分类。可以看到，480 Mbps 总线可覆盖高速、全速和低速数据范围。通常，高速和全速数据类型可能是等时数据

类型，而低速数据来自交互式设备。USB 主要是 PC 总线，但可以方便地应用于其他以主机为中心的计算设备。软件架构允许通过提供支持来扩展 USB 用于多个 USB 主机控制器。

表 19-2　USB 应用范围

性　能	应　用	特　性
低速(1.5 Mbps)、交互式设备、10～100 kbps	键盘、鼠标、游戏手柄、虚拟设备、外设	极低的成本、易于使用、热插拔、同时使用多个设备
全速(12 Mbps)、电话、音频类、压缩的视频类、500 kbps～10 Mbps	话音、宽带、音频、麦克风	较低的成本、易于使用、热插拔、同时使用多个设备、可保证的带宽、可保证的延迟
高速(480 Mbps)、视频、大容量存储、25 Mbps～400 Mbps	视频、大容量存储、图像、宽带	低成本、易于使用、热插拔、同时使用多个设备、可保证的带宽、可保证的延迟、高带宽

19.2.2　USB 拓扑结构及基本概念

19.2.2.1　USB 拓扑

USB 是一种主从结构系统，通过一根 USB 电缆线将外设与 PC 连接起来，PC 即主机，外设即 USB 设备。主机具有一个或者多个 USB 主控制器和根集线器。主控制器主要负责数据的处理，而根集线器则提供一个连接主控制器与设备之间的接口和通路。图 19-1 给出了 USB 连接拓扑结构。

一个 USB 系统中只能有一个主机。主机内设置的根集线器(Root Hub)提供了外设在主机上的初始附着点，包括根集线器上的一个 USB 端口在内，最多可以级联 127 个 USB 设备，层次最多为 7 层。一个 USB 主控制器最多可以连接 127 个设备，是因为协议规定每个 USB 设备具有一个 7 位的地址，范围为 0～127，而地址 0 是保留给未初始化的设备使用的。

Hub 提供了附加的 USB 节点(又叫端口)。Hub 可以检测出每一个下行端口的状态，并且可以给下端的设备提供电源。在 USB 系统中，将指向 USB 主机的数据传输方向称为上行通信(IN)；将指向 USB 设备的数据传输方向称为下行通信(OUT)。

19.2.2.2　USB 主机

USB 主机指的是包含 USB 主控制器并且能够控制完成主机与 USB 设备之间数据传输的设备。主机控制所有对 USB 的访问。一个 USB 设备想要访问总线，必须由主机给予它使用权。主机还负责监督 USB 的拓朴结构。USB 主机可分为 3 个不同功能的模块，分别为客户软件、USB 系统软件和 USB 总线接口。

- 客户软件：一般包括 USB 设备驱动程序和界面应用程序两部分，它负责与 USB 设备的功能单元通信，从而实现特定的功能。客户软件不能直接访问 USB 设备，必须经过 USB 系统软件和 USB 总线接口模块。

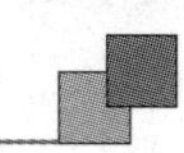

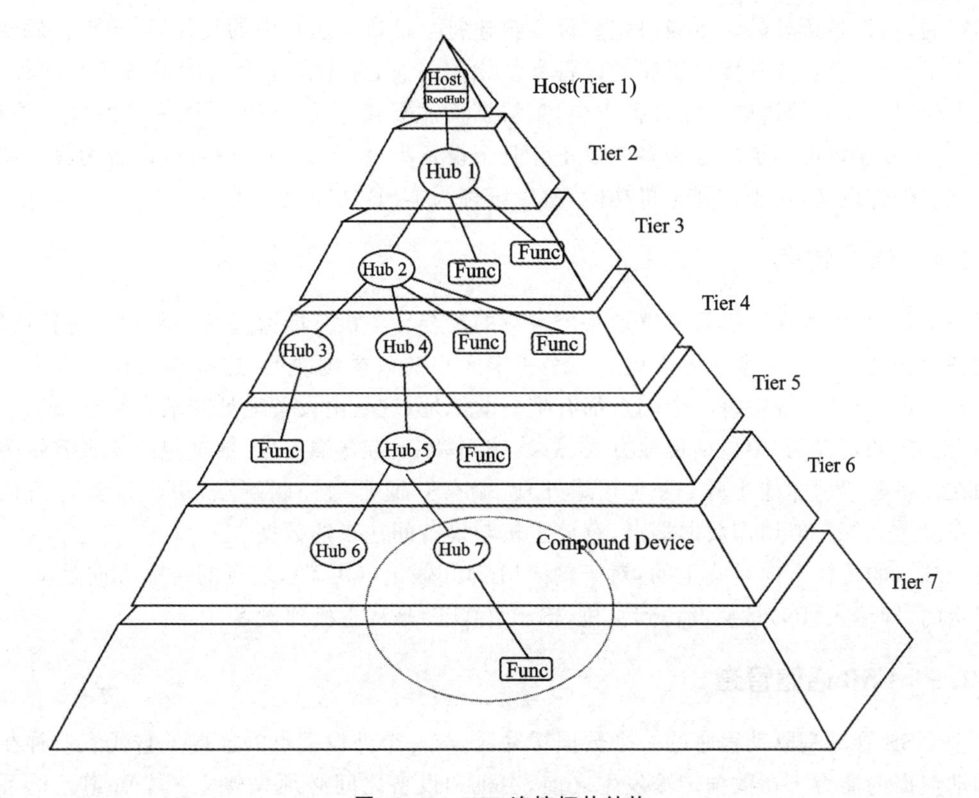

图 19-1　USB 连接拓扑结构

- USB 系统软件：一般包括 USB 总线驱动程序和 USB 主控制器驱动程序两部分，它负责与 USB 逻辑设备进行配置通信，并管理客户软件启动的数据传输。
- USB 总线接口：包括主控制器和根集线器两部分。主控制器负责完成主机和 USB 设备之间数据的实际传输；根集线器为 USB 系统提供连接起点，用于给 USB 系统提供一个或多个连接点即端口。

19.2.2.3　USB 设备

USB 设备用于向主机提供一些额外的功能。虽然 USB 设备提供的功能是多种多样的，但面向主机的接口却是一致的。所以，对于所有这些设备，主机可以用同样的方式来管理它们与 USB 有关的部分。一个 USB 设备可以分为 3 层：最底层是总线接口，用来发送与接收包；中间层处理总线接口与不同端点之间的数据流；最上层就是 USB 设备所提供的功能。

USB 对一些具有相似特点并提供相似功能的设备进行抽象，进而将 USB 设备分成很多种标准类，包括音频、通信、人机接口设备 HID、显示、大容量存储、电源、打印、集线器设备类等。为了帮助主机辨认及确定 USB 设备，这些设备本身需要提供用于确认的信息。在某一些方面的信息，所有设备都是一样的；而另一些方面的信息，由这些设备具体的功能决定。信息的具体格式是不定的，由设备所处的设备级决定。设备描述符合接口描述符中的类代码、子类代码及协议代码指定了 USB 设备或其接口所属的设备类及相关信息，并定位了合适的设备类驱动程序，关于相关类代码将在后续讲解。在设备类中，集线器类主要用于为 USB 系统提供额外的外接点，使得一个 USB 端口可以扩展连接多个设备。其余设备类，由于它们一般可以设置为具有特定功能的独立的外部设备，用于扩展主机功能，所以统称为 USB 功能设备类。

19.2.2.4　USB 端点

每一个 USB 设备在主机看来就是一个端点的集合。主机只能通过端点与设备进行通信，以使用设备的功能。每个端点实际上就是一个一定大小的数据缓冲区，这些端点在设备出厂时就已定义好。在 USB 系统中每一个端点都有唯一的地址，这是由设备地址和端点号给出的。每个端点都有一定的特性，其中包括传输方式、总线访问频率、带宽端点号、数据包的最大容量等。端点必须在设备配置后才能生效(端点 0 除外)。端点 0 通常为控制端点，用于设备初始化参数等。端点 1、2、3 等一般用作数据端点，存放主机与设备间往来的数据。

每个端点的传输方向是确定的：对于输入(IN)和输出(OUT)，端点的传输方向是基于 USB 主机确定的，即输入(IN)是从设备到主机，输出(OUT)是从主机到设备。

19.2.2.5　USB 通信管道

一个 USB 管道是驱动程序的一个数据缓冲区，与一个外设端点的连接。它代表一种在两者之间移动数据的能力。在数据传输发生之前，主机和设备之间必须先建立一个管道。设备被配置后，端点可以使用，管道就存在了，如果设备从总线上移除，主机也就撤销了相应的管道。管道有两种类型：数据流管道(其中的数据没有 USB 定义的结构)和消息管道(其中的数据必须有 USB 定义的结构)。管道只是一个逻辑上的概念。

管道和 USB 设备中的端点一一对应，一个 USB 设备含有多少个端点，其与主机进行通信时就可以使用多少条管道，且端点的类型决定了管道中数据的传输类型。每个设备都有一个使用端点 0 的默认控制管道，通过控制管道可以获取完全描述 USB 设备的信息。端点和各自的管道在每个方向上按照 0～15 编号，因此一个设备最多有 16 个端点、32 个活动管道，即 16 个 IN 管道和 16 个 OUT 管道。图 19-2 所示即为通信管道图(ES32F36xx 支持 6 个 IN 管道和 6 个 OUT 管道)。

19.2.2.6　USB 应用分类

USB 应用系统可分为 3 类：

① 待开发的 USB 设备作为从机，PC 作为主机；

② 待开发的 USB 设备作为主机，其他设备作为从机；

③ 待开发的 USB 设备可以根据需要在主机和从机两种角色之间进行切换，即所谓的 OTG 技术。

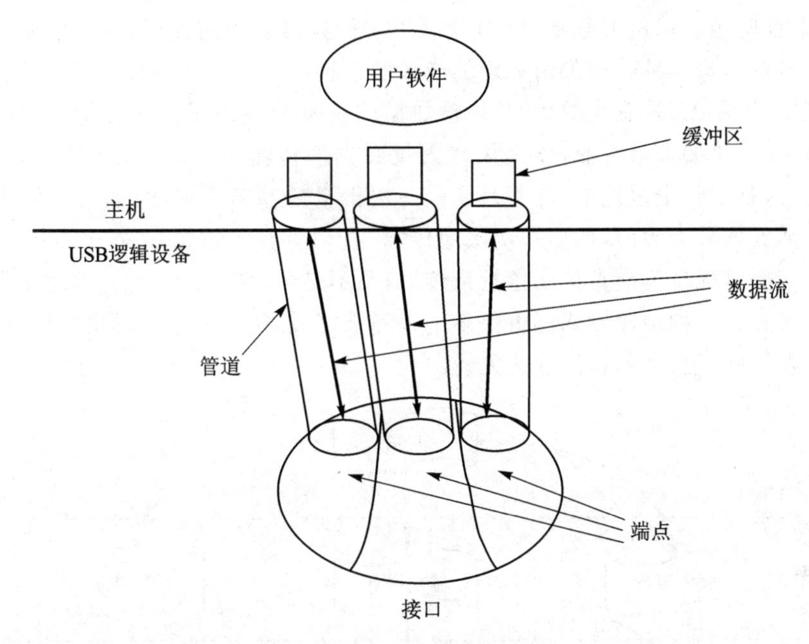

图 19-2　USB管道和端点

19.2.3　USB数据通信结构

USB系统包括3大部分:

① USB整体通信模型:也就是USB的星形拓扑结构,以USB主机为核心,建立USB主机与USB设备之间的数据通信,通过USB Hub作为节点连接主机与设备。在PC平台上建立在PCI总线之上,定义完整的机械层和电气层。这些内容确定了USB的整体方案。

② USB数据通信协议:以差模串行信号为载体传送二进制代码来传输信号;数据包作为最基本的完整信息单元,包含一系列数据信息,数据包也可以包括很多称为"域"的层次;以包为基础,构成USB的4种数据传输类型,进而组合不同的传输类型,传输各种类型的数据实现USB的各种功能。这些内容将在下面简要说明。

③ 软硬件架构:包括主机、Hub与设备架构,主机与设备通信的流程、步骤,软硬件设计的方法等。这是学习和掌握USB技术的目的,也是嵌入式工程师应用USB技术需要重点掌握的。

19.2.3.1　USB数据通信结构概况

"包"是USB最基本的数据单元。每一个包基本上包含一个完整的USB信息。根据在整个USB数据传输中的作用不同,包可以分为3类:令牌包、数据包和握手包。这些不同的包是怎么区分的呢?这就需要把包分解成更小的单元,即"域"。一般来说,一个包就是一串连续的二进制数,而域就是其中的一部分。域又被分为7类:同步序列域、包标识域、地址域、端点域、帧号域、数据域和 CRC 校验域。以包为基础，USB 定义了 4 种数据的传输类型：控制传输、中断传输、批量传输和同步传输。每一种类型都由一定的包按照某种特定的格式组成。不同的传输类型所能达到的传输速度、占用 USB 总线的带宽、传输数据的总量和应用场合等都是不同的。传输是一种比较笼统的叫法，比如批量传输，就是用在大量数据的传输中。如1 MB 的内容，就可以用批量传输来发送，但是在整个过程中，并不是通过一次批量传输来完成的，而是分为多个数据交换过程。也就是把数据分为多份，然后一次次地传输，直到所有的数据都发送完毕。因此，这其中的每一次数据交换过程既不能直接叫作批量传输，又不是包，那是什么呢？这就是另外一个很重要的概念——事务。每种传输方式都由很多个事务来完成，每一个事务都由底层包组成。

图 19－3 表示域、包、事务和传输的关系。

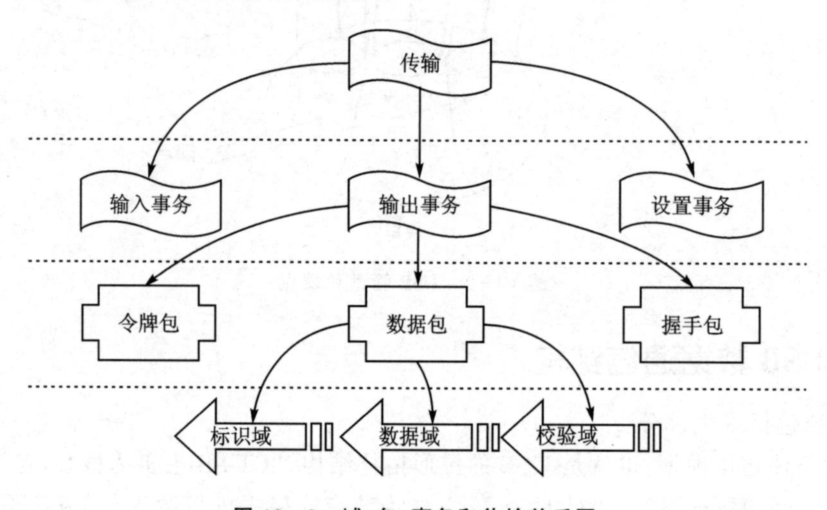

图 19－3　域、包、事务和传输关系图

从图 19－3 就可以清楚地看到域、包、事务和传输这 4 种 USB 概念之间的联系。同数据包一样，令牌包和握手包也是由域组成的，只是在结构上与数据包有所不同，详细内容将在下面介绍。

19.2.3.2　二进制数的位发送顺序

有硬件开发经验的人员都对二进制数的发送顺序具有敏感性。比如 1 字节的二进制数 1000 1000，每一个数代表 1 位。一般将该数左起第一个数称为最高有效位，即 MSB，也就是所举例数中的 1，而将右起第一个数称为最低有效位，即 LSB，这是一种约定俗成的记法。在 CPU 的寄存器中，有关赋值操作也是类似的。但是，在串行数据发送机制中，二进制数的发送存在一个顺序问题。有些 CPU 和总线标准首先发送 MSB，再发送下一位，最后发送 LSB。而另外一些 CPU 或总线标准先发送 LSB，最后发送 MSB。因此，弄清楚数据发送的顺序对于硬件底层的操作非常重要。

按照协议规定：USB 总线上首先发送 LSB，然后发送近邻的下一位，最后发送 MSB。

19.2.3.3 二进制数的序列——域

域(Field)是USB中对一系列有统一意义的二进制数的称呼。由域组成包,域可分为7种类型,以下分别详细介绍。

(1) 同步域

同步序列域(Synchronization Sequence,SYNC)简称为同步域。同步域用于本地时钟与输入信号的同步,代表一个包的起始。同步域长度为8位,最后2位作为一个标识,标明标识域PID的开始。同步域的数值固定为0000 0001,如图19-4所示。同步域位于每一个包的最开始处。

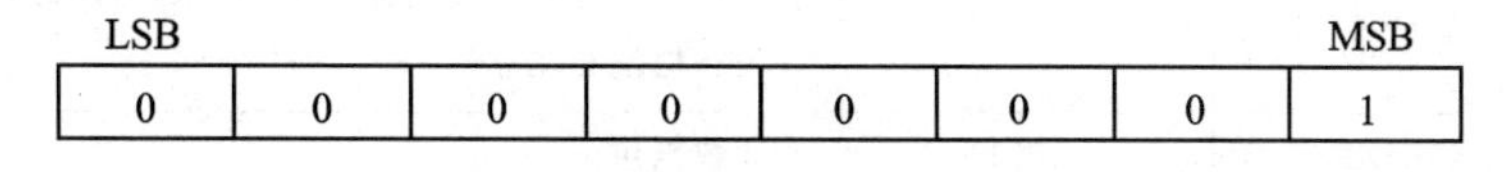

图19-4 同步域SYNC

(2) 标识域

包标识域(Packet Identifier Field,PID),简称为标识域。标识域紧跟在同步域之后,作用是标明包的类型和格式,并作为包的错误检测手段的一种。由于同步域主要由硬件来处理,因此,标识域就是USB软件机制最先收到并处理的包的内容。USB主机和设备都要首先对接收到的标识域进行解码。如果出现错误或者该标识域指明的类型或方向不被支持,那么这个包就会被忽略。比如,USB接口芯片中定义的IN端点,在接收到OUT标识域后,就会把相应的包忽略掉。标识域由4位标识符和紧跟的4位标识符的反码组成,总共8位,如图19-5所示。

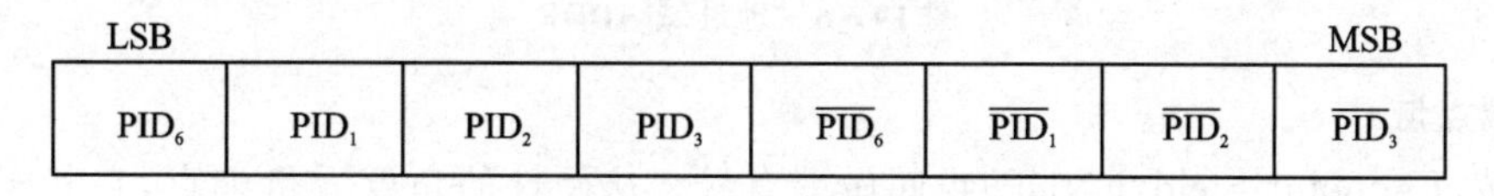

图19-5 标识域PID

标识域中关键的标识符由4位二进制数组成,因而,可以计算出USB能够定义的包的类型总共有$2^4=16$种。在USB协议1.1中,使用了其中的10种,也就是定义了10种不同类型的包,如表19-3所列。在USB协议2.0中则定义了全部16种标识域。

(3) 地址域

地址域(Address Field,ADDR)内存放的是设备在主机上的地址,具有唯一性,设备和地址是一一对应的,并且由主机分配地址。地址域由7位二进制数组成,如图19-6所示。

显然,该地址能够表示的最大地址容量为$2^7=128$个。而地址000 0000被命名为零地址,是任何一个设备第一次连接到主机时,在被主机配置、枚举前缺省的地址,因此零地址被保留。这样,USB主机能够识别的设备总数为$2^7-1=127$个。这也就是USB拓扑结构中最大USB设备个数为127个的原因。

表 19-3　标识域类型

数据包类型	标识域名称	标识符值 PID[3:0]	标识域意义
令牌包	输出(OUT)	0001	启动一个方向为主机到设备的数据传输,并且包含设备地址和端点号
	输入(IN)	1001	启动一个方向为设备到主机的数据传输,并且包含设备地址和端点号
	帧起始(SOF)	0101	表示一个帧的开始,并且包含了相应的帧号
	设置(SETUP)	1101	启动一个方向为通过控制管道进行的设置数据传输,并且包含设备地址和端点号
数据包	数据 0(DATA 0)	0011	偶数据包
	数据 1(DATA 1)	1011	奇数据包
握手包	确认(ACK)	0010	接收到没有错误的数据包
	无效(NAK)	1010	接收端无法接收数据或发送端无法发送数据
	错误(STALL)	1110	端点被禁止或不支持控制管道请求
特殊包	前导(PRE)	1100	用于启动下行端口的低速设备的数据传输

LSB						MSB
$ADDR_0$	$ADDR_1$	$ADDR_2$	$ADDR_3$	$ADDR_4$	$ADDR_5$	$ADDR_6$

图 19-6　地址域 ADDR

(4) 端点域

端点域(Endpoint Field,ENDP)也叫做端点号。从硬件的角度看待端点,它其实就是 USB 中一系列实际的物理数据缓冲区,发送和接收的数据都存储在这里。一个设备可以有很多种传输方式来与主机进行数据通信,每一种传输中都可以有特定的端点。从设备端来说,端点一般都直接由 USB 接口芯片提供,功能较强的芯片都会提供多个具有一定容量的端点,开发人员在设计 USB 程序时,一个任务就是要合理分配这些端点,而每一次 USB 的数据传输都是在某一个特定的端点和主机之间进行的。因此,端点号也是每一次 USB 数据传输非常重要的参数。

有关端点域的结构如图 19-7 所示。

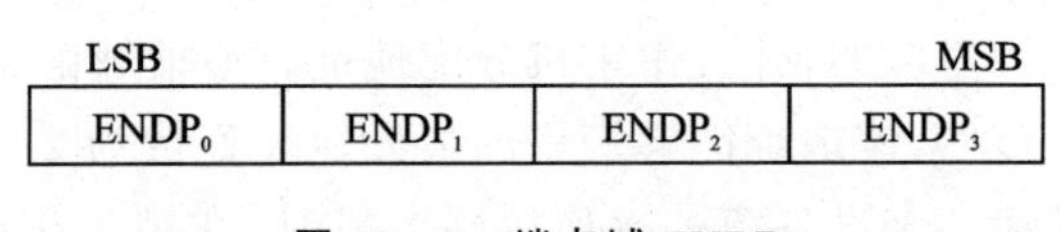

图 19-7　端点域 ENDP

从图中可以看到,端点域由 4 位二进制数组成,因此,一个 USB 设备能够拥有的端点容量即为 $2^4=16$ 个。但是,并不是每一种 USB 设备都能实际拥有 16 个端点。USB 协议规定,低速设备只能定义两个端点,即端点 0 和端点 1(这个 0 和 1 就是端点号)。此外,除端点 0 以外,任何一个端点都可以定义为 IN 端点或是 OUT 端点,因此一个全速设备则能定义 16+16=32 个端点。很多 USB 接口芯片本身已经确定了端点的数量和属性,用户只能

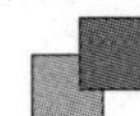

按照既定的端点进行编程。

(5) 帧号域

帧号域(Frame Field,FRAM)中的帧是时间概念。在 USB 协议中,1 帧即 1 ms。在 USB 总线上,1 帧是一个独立的单元,包含一系列总线动作。USB 将这 1 帧分为好几份,每一份就是一个 USB 的传输动作,这种关系如图 19-8 所示。

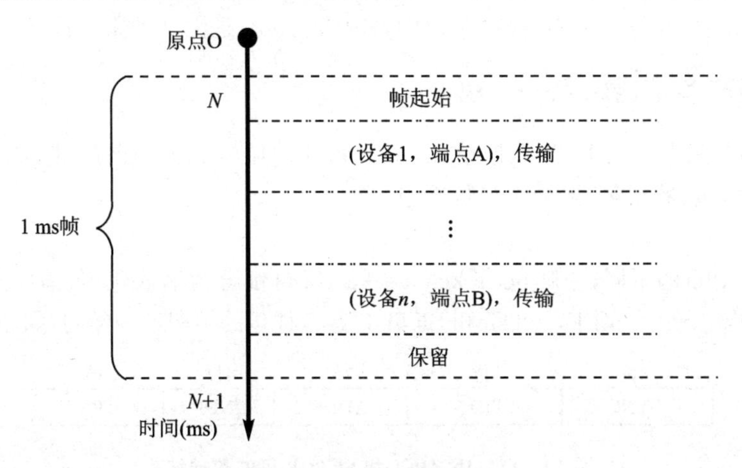

图 19-8　1 ms 帧的结构

每一个帧都有特定的帧号。帧号域由 11 位二进制数组成,如图 19-9 所示。这里,可以计算一下,2^{11}=2 048=0x800,也就是说,帧号域的最大容量为 0x800。USB 规定,每一个帧拥有一个帧号,帧号连续增加,当增加到 0x7FF 后,帧号将自动从 0 开始循环增加。请注意,帧号只能在帧起始包中传递。帧号在同步传输中具有重要的意义。

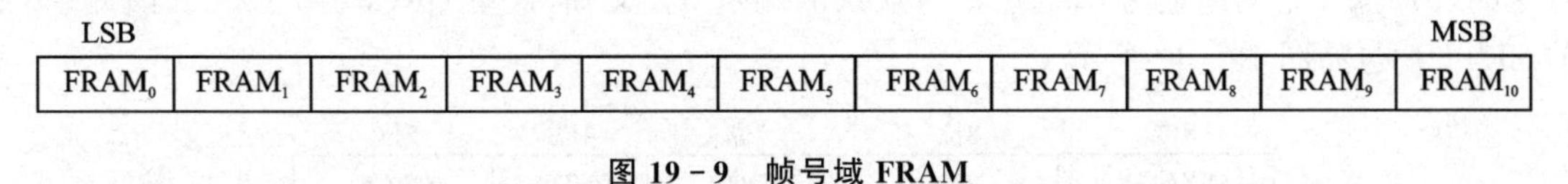

图 19-9　帧号域 FRAM

(6) 数据域

数据域(Data Field,DATA)中的数据长度为 0～1 023 字节,在不同的传输类型中,数据域的长度各不相同,但是必须为整数个字节的数据。数据域的结构如图 19-10 所示。

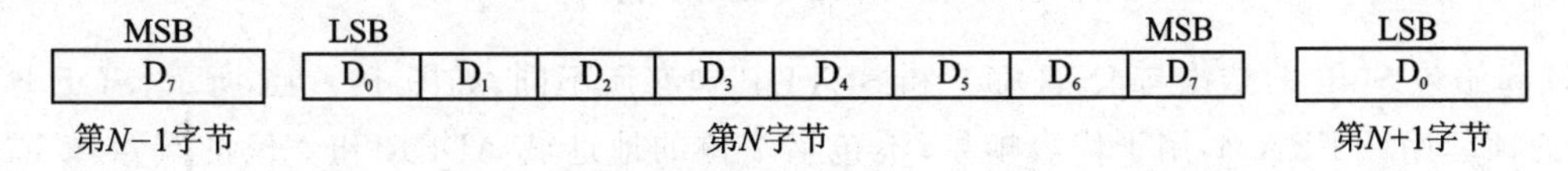

图 19-10　数据域 DATA

(7) 校验域

循环冗余校验域(Cyclic Redundancy Checks,CRC),简称为校验域。前面已经提到,标识域

PID 可以通过其反码叠加来校验。这里的 CRC 则是用来对令牌包和数据包中非 PID 的域进行校验的一种方法。对于令牌包，USB 采用 5 位的 CRC 校验法，简写为 CRC5。而对于数据包，则采用 16 位的 CRC 校验法，简写为 CRC16。CRC 校验的一般做法是发送数据的一方对所要校验的数据进行一些运算，把结果作为 CRC 本身的值，填入到 CRC 域中，然后发送数据。当接收方接收到数据后，也进行类似的运算，把运算的值与 CRC 域的值进行比较，如果一致，表明数据传输中没有出现错误。在很多 USB 接口芯片中，CRC 校验都是由硬件来完成的。

19.2.3.4 最基本数据单元——包

包(Packet)是最基本的 USB 数据单元，由一系列的域组成。如前所述，USB 中定义了 4 种类型的包，即令牌包、数据包、握手包和特殊包。

(1) 令牌包

根据标识域 PID 的不同，令牌包(Token Packet)又可细分为输入包 IN、输出包 OUT、设备包 SETUP 和帧起始包 SOF。而 IN、OUT 和 SETUP 这 3 种包的结构是一样的，如图 19－11 所示。

8位	8位	7位	4位	5位
SYNC	PID	ADDR	ENDP	CRC5

图 19－11　IN、OUT 和 SETUP 包的数据结构

输入包 IN、输出包 OUT 和设置包 SETUP 都包含同步域 SYNC、标识域 PID、地址域 ADDR、端点域 ENDP 和校验域 CRC5。其中循环冗余校验 CRC5 是对地址域 ADDR 和端点域 ENDP 总共 11 位数进行的校验。例如，下面是一个完整的设置包 SETUP。

设置包 SETUP 的标识域值 PID＝1011 0100＝0xB4。又知，SETUP 包是主机配置设备时发送的，因此，设备的地址为 0，端点则为默认的端点 0。又知，这里 CRC5＝0 1000。因此，完整的 SETUP 包如图 19－12 所示。

8位	8位	7位	4位	5位
SYNC	PID	ADDR	ENDP	CRC5
0000 0001	1011 0100	000 0000	0000	0 1000
0x01	0xB4	0x0	0x0	0x08
先发送				后发送

图 19－12　SETUP 包

帧起始包 SOF 的结构与 IN、OUT 和 SETUP 包有所不同，如图 19－13 所示，SOF 增加了 11 位的帧起始域 FRAM，用于代表帧号；不包括 7 位的地址域 ADDR 和 4 位的端点域 ENDP。CRC5 则是对帧起始域 FRAM 的 11 位数据的校验。帧起始包不是特定针对某一个设备和端点的传输，而是整个 USB 总线动作的一个时间划分。所有的全速设备，包括 USB Hub 都能接收到帧起始包。但是，由于帧起始包发送后，主机并不要求设备返回任何应答信息，所以有些设备可能没有正常接收到这个包，也就无法得知新的 1 帧的开始。不过，如果是对帧的事件没有要求

的设备，完全可以不理会这个包，只需要按照主机后来发送来的一系列请求收发数据就可以了。

8位	8位	11位	5位
SYNC	PID	FRAM	CRC5

图 19－13　帧起始包 SOF 数据格式

（2）数据包

根据 PID 的不同，数据包（Data Packet）分为 DATA0 和 DATA1 两种包。两种数据包的数据格式都是一样的，用法也相同。当 USB 发送数据包时，如果一次发送的数据长度大于相应端点容量，就需要把该数据分成好几个包，分批发送。如果第 1 个发送的数据包被确定为 DATA0，那么第 2 个发送的数据包就应该是 DATA1……如此交替下去。而数据的接收方在接收数据时检查其类型是否为 DATA0、DATA1 交替的，这是保证数据交换正确的机制之一。这两种数据包的结构如图 19－14 所示。

8位	8位	0~1 023字节	16位
SYNC	PID	DATA	CRC16

图 19－14　数据包 DATA0、DATA1 数据格式

由图 19－14 可知，数据包都由同步域 SYNC、标识域 PID、数据域 DATA 和校验域 CRC16 组成。其中数据域为 0～1 023 字节的长度，内容就是 USB 上发送的有效数据。这里，循环冗余校验采用 16 位的 CRC16，主要就是针对 DATA 域的数据进行校验。需要注意的是，数据域 DATA 中的数据必须是整数个字节。

（3）握手包

握手包（Handshake Packet）是结构最简单的包，其数据格式如图 19－15 所示。

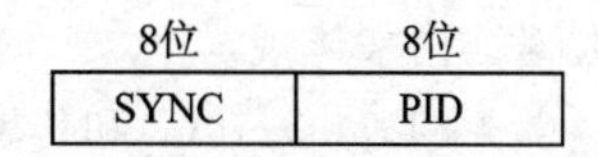

图 19－15　握手包数据格式

由图 19－15 可知，握手包仅由同步域 SYNC 和标识域 PID 两个域组成，用于报告数据的传输状态，比如数据是否成功接收、是否准备好接收或发送数据以及是否出现错误等。根据 PID 的不同，握手包可分为 3 种类型，即确认包 ACK、无效包 NAK 和错误包 STALL。这 3 种包的具体意义如下：

确认包 ACK 用于表示数据包被成功接收，具体为：

- 标识域 PID 被正确接收；
- 没有发生数据位错误；
- 没有发生数据域的 CRC 校验错误等。

根据确认包 ACK 的意义，可知其一般由接收到数据的一方发出。比如发出了 IN 事务的主机，当其接收到数据后就会发送 ACK；再比如，接到 OUT 和 SETUP 事务的设备，都会接收到主机发来的数据。因此，在接收完这些数据后也会发送 ACK，主机和设备都可以发送 ACK。

无效包 NAK 主要用于 2 种场合：

➢ 在接到主机发来的 OUT 命令后，设备无法接收数据；

➢ 接到主机的 IN 命令，但是设备没有数据发送给主机。

在这 2 种情况下，NAK 都是由设备发送的。因此，可以得出这样一个结论：NAK 只能由设备发送，而不能由主机发送。

错误包 STALL 主要用于 3 种场合：

➢ 设备无法发送数据；

➢ 设备无法接收数据；

➢ 不支持某一种控制管道的命令（关于管道的概念，在后续小节中介绍）。

同无效包 NAK 一样，错误包 STALL 也只能由设备发送，而不能由主机发送。

NAK 是 USB 的一种暂时状态，当设备处于“忙”的工作状态时，就会发送 NAK。等到设备完成上一个动作，结束了“忙”后，就处于空闲状态。这时，如果主机再要求设备发送或接收数据，设备便不再返回 NAK，而是进行正常的数据传输。而 STALL 与 NAK 不同，STALL 所表示的传送失败的意义更加严重。当在控制传输中出现 STALL 后，主机就会丢弃所有发给设备的控制命令，而且要重新进行控制传输后才能停止 STALL 状态。

19.2.3.5 数据传输类型

(1) 数据传输概论

USB 的传输是 USB 面向用户的、最高级的数据结构。USB 定义了 4 种数据传输的类型，即控制传输、中断传输、批量传输和同步传输。USB 运用这 4 种包就可以完成各种类型的数据传输。比如不可间断的音频流数据传输就可用同步传输方式；FAT 文件等大容量的数据传输等可以用批量传输方式；像鼠标、键盘等这种没有数据发送速度的要求、数据量又小的设备就采用中断传输方式。每一种传输方式都是面向不同的数据类型的，都有自身的一些特点，这些特点通过其数据结构来体现。

事务（Transaction）和传输（Transfer）的关系是本小节的核心。从概念上来说，事务是小单位，而传输则是意义更为广泛的大单位。传输是由事务来组成的，而事务按照其特点分为 3 种类型：输入（IN）事务、输出（OUT）事务和设置（SETUP）事务。也就是说，任何一种传输都是由这 3 种事务组成的，不同的只是这 3 种事务的组合和搭配情况。这里，举个事务和传输关系的示例。

比如，数码相机中的 1 幅照片需要通过 USB 传送到 PC 上，这时，就要通过批量传输来实现。因为文件较小，只包含 1 笔事务，而且只是用于从设备获取数据，那么这个批量传输就等同于一个 IN 事务。再比如，有一大批 PC 上的文件需要备份在移动硬盘上，这时就要由批量传输来完成，而且必须是多个事务才能完成，因此，这个批量传输就是多个 OUT 事务的组合。

经过上例分析可知：传输是 USB 数据通信的总类型，而传输是靠事务来实现的。有时候，一次传输就等同于一个事务，而在另外一种场合下，一次传输就有可能包含很多个事务。这里，在分析传输的结构时，所采取的角度就是分析最简单的传输结构，也就是只包含 1 个事务的传输。把最简单的情况交代清楚，比如在只包含 1 个 IN 事务的传输、只包含 1 个 OUT 事务的传输或

只包含 1 个 SETUP 事务的传输中，把这些 IN 事务、OUT 事务和 SETUP 事务的结构讲清楚，那么读者就了解了相应的传输结构，更复杂的情况也不过是这些最简单事务的叠加而已。因此在本小节的以下内容中，所提到的传输指的就是这种最简单的、由 1 个事务组成的传输，所以，既可以说它是 1 次传输，也可以说是 1 个事务。在各种图示的传输结构中，虽然实际上表示的是 1 个事务的结构，但是由于这种约定，就直接把它称为 1 次传输。

此外，需要特别强调的是，USB 把事务分为 IN、OUT 和 SETUP 这 3 种类型，但是在每一种传输类型中，这些相同事务的结果并不是完全一样的。比如说，同步传输中的 IN 事务和中断传输中的 IN 事务之间就有差别。

(2) 中断传输

中断传输(Interrupt Transfer)可用于键盘、鼠标等 HID 设备的数据传输中，由 IN 事务或 OUT 事务组成。考虑最简单的一种情况，即 1 次中断传输仅由一个 IN 事务或一个 OUT 事务构成，所以就把这些事务统称为"中断事务"。这样，这种中断传输中的 IN 事务和 OUT 事务，也就是中断事务的结构，如图 19－16 所示。

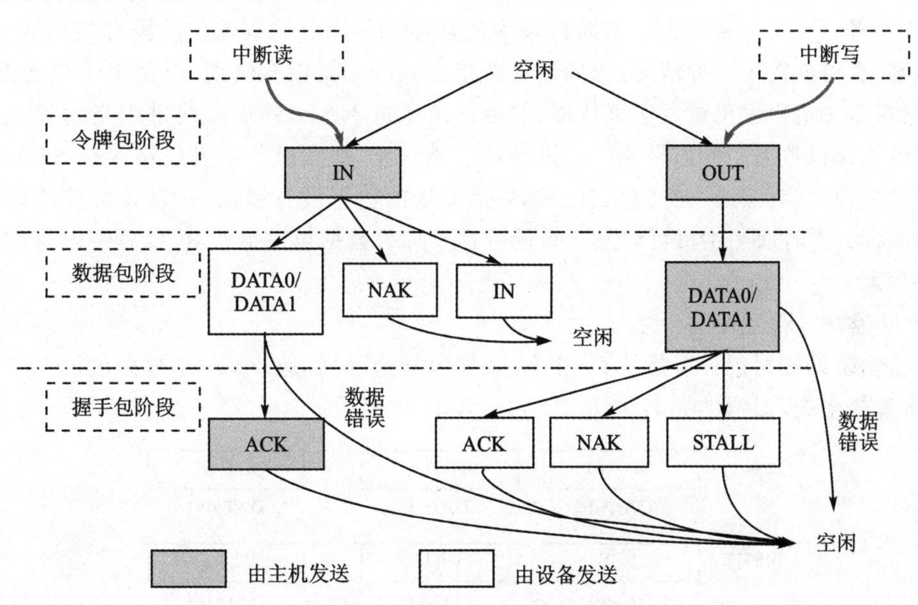

图 19－16　中断传输中 IN 事务、OUT 事务的结构

① 中断传输的结构

分析图 19－16，可以得出有关"中断事务"结构的结论如下：

➢ 中断传输中包含 2 种最基本的事务，即输入 IN 事务和输出 OUT 事务，而不包括设置 SETUP 事务。

➢ 中断传输中，无论是 IN 事务，还是 OUT 事务，都包含令牌包、数据包和握手包。

➢ 令牌包阶段(将 IN 事务和 OUT 事务分别讨论)：

- IN 事务：主机通过发送输入包 IN(标识域 PID 为 IN)来启动 1 个 IN 传输。
- OUT 事务：主机发送输出包 OUT(标识域 PID 为 OUT)来启动 1 个 OUT 传输。

➢ 数据包阶段：

IN 事务：设备首先对接收到的令牌包进行解析，并有可能进行 3 种动作：ⓐ如果设备没有准备接收新的数据，此时设备有可能还没有处理完上一个事务，那么设备就返回无效包 NAK，这个事务提前结束，总线进入空闲状态，主机将不断地重试这个事务。ⓑ如果相应设备端点被禁止，那么设备就发送错误包 STALL，这样事务也就提前结束了，总线直接进入空闲状态。ⓒ如果设备端点正常，并且准备新的中断处理，则设备就会按主机的要求发送所需的数据。

OUT 事务：结构相对简单，主机将紧接着 OUT 令牌包发送数据，并按照 DATA0 和 DATA1 数据包交替触发的顺序来发送数据。

➢ 握手包阶段：

IN 事务：如果主机正确地接收到数据，那么就会给设备发送 ACK；如果数据包在传输过程中被破坏了，那么设备就会不回复任何握手信息，直接将总线转入空闲状态，等待下一次传输。

OUT 事务：OUT 事务的握手包阶段较为复杂，同 IN 事务的数据包阶段有些相似。根据设备不同状态，有可能发生 3 种情况：ⓐ如果设备接收到的数据没有错误，但是由于设备处于“忙”的状态，则要求主机再次重试发送该数据，并返回给主机 NAK，然后总线进入空闲状态，直到主机开始重试发送该数据。ⓑ如果相应的设备端点被禁止，那么设备就发送错误包 STALL，这样事务提前结束，总线直接进入空闲状态。ⓒ如果发送的数据没有错误，并且设备成功地接收，那么就返回 ACK，同时通知主机可以发送新的数据。如果数据包发生 CRC 校验错误，将不会返回任何握手信息。

② 数据包发送顺序

中断传输中的数据包一定是从 DATA0 数据包开始，然后是 DATA1 数据包，接着又是 DATA0，依次重复下去，如图 19－17 所示。

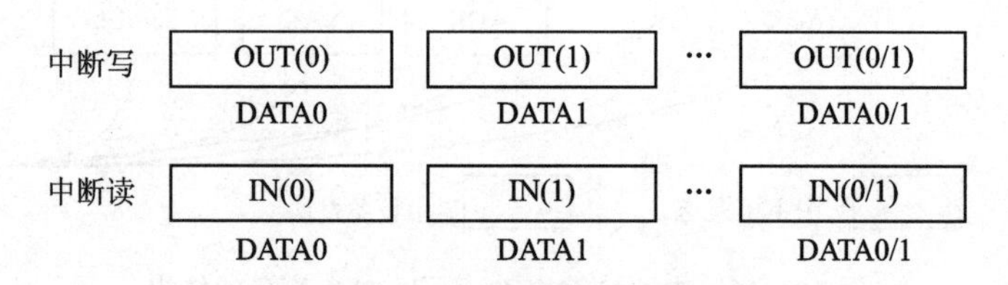

图 19－17　中断传输数据包的发送顺序

③ 总线传输特点

在中断传输中，“中断”的概念并不等同于硬件设备的中断，这里的意义也决不意味着 USB 设备可以发出类似于硬件中的中断信号来使主机转而处理其中断服务程序。在中断传输中，USB 主机是以周期性的方式对设备进行轮询，以确定设备是否有数据发送。比如 USB 接口的鼠标每移动一下或者左右键按下等动作都是转换为数据发送给 PC，PC 以此来确定鼠标滚轮的位置或按键信息。请读者注意，鼠标在静止状态下，USB 主机仍然在不断地对它进行轮询，只不

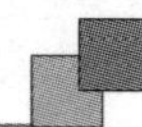

过此时鼠标没有新的数据发送给主机。而如果鼠标状态发生变化，只有主机对它进行轮询后，鼠标才能将数据发送给PC。因此，并非鼠标的一次状态变化就能引起一次中断传输，而是当鼠标的状态发生变化，同时接收到主机轮询后，才会发生一次中断传输。由此可以看到，轮询的周期是影响鼠标等设备定位精度的关键参数。如果轮询周期太短，鼠标的状态发生变化时的很多数据就可能丢失，从而造成PC桌面上鼠标位置"跳跃"而不平滑；相反，如果轮询周期太长，就会过多地占用USB的总线带宽。因而为中断传输选择合适的轮询周期是非常重要的。按照USB的规定，低速设备的轮询周期范围是10～255 ms，全速设备可以选择的轮询周期范围是1～255 ms，高速设备可以选择的范围125 μs ～4.096 s+125 μs。

中断传输与其他3种传输类型一样，仍然必须由USB主机来发起。如果主机没有请求中断传输，那么设备是不能发送数据的。但是，主机能够为中断传输保证一定的传输时间，也就是说，能够保证在一定的时间间隔内实现1次中断传输。因而，读者应该能够很快得出这样的结论：中断传输没有固定的传输速率。

④ 数据包大小

USB对于中断传输中的数据包的大小也有要求。低速设备的数据包大小可以是1～8字节，全速设备的数据包大小是1～64字节，而高速设备的数据包大小则可达到1～1 024字节。

⑤ 支持设备类型

低速、全速和高速设备均支持中断传输。

(3) 批量传输

批量传输(Bulk Transfer)主要用于大容量数据的传输，比如硬盘驱动器的接口、光盘刻录机接口及数码相机等。

① 批量传输的结构

批量传输的结构与中断传输的结构非常相似，也是由IN事务或OUT事务构成，其结构如图19-18所示。

同中断传输一样，分析图19-18，可以得出"批量事务"结构的有关结论如下：

- 批量传输中包含2种最基本的事务，即IN事务和OUT事务，而不包括SETUP事务。
- 批量传输中，无论是IN事务，还是OUT事务，都包含令牌包、数据包和握手包。
- 令牌包阶段(将IN事务和OUT事务分别讨论)：
  - IN事务：主机通过发送输入包IN(标识域PID为IN)来启动1个IN传输。
  - OUT事务：主机通过发送输出包OUT(标识域PID为OUT)来启动1个OUT传输。
- 数据包阶段：

IN事务：设备首先对接收到的令牌包进行解析，并有可能进行3种动作：ⓐ如果设备没有准备接收新的数据，此时设备有可能还没有处理完上一个事务，那么设备就返回NAK，这个事务提前结束，总线进入空闲状态，主机将不断地重试这个事务。ⓑ如果相应的设备端点被禁止，那么就发送错误包STALL，这样事务也就提前结束，总线直接进入空闲状态。ⓒ如果设备端点正常，并且设备准备新的中断处理，则设备就会按主机的要求发送所需的数据。

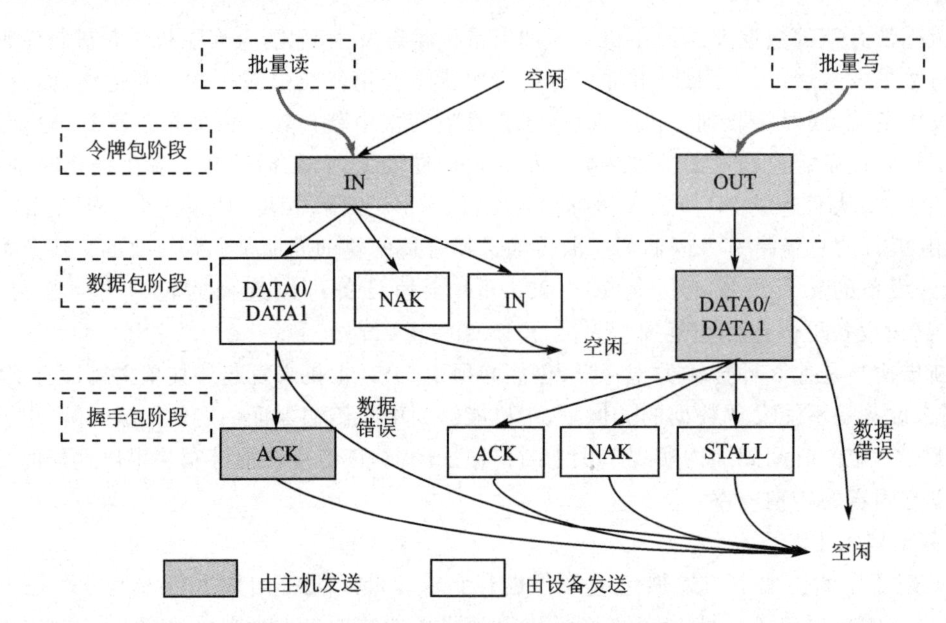

图 19－18　批量传输中 IN 事务、OUT 事务的结构

OUT 事务：结构相对简单，主机紧接着 OUT 令牌包发送数据，并按照 DATA0 和 DATA1 数据包交替触发的顺序来发送数据。

➢ 握手包阶段：

IN 事务：如果主机正确地接收到数据，那么就会发送给设备 ACK；如果数据包在传输过程中被破坏了，那么设备就不回复任何握手信息，直接将总线转入空闲状态，等待下一次传输。

OUT 事务：OUT 事务的握手包阶段较为复杂，同 IN 事务的数据包阶段有些相似。根据设备不同状态，有可能发生 3 种情况：ⓐ如果接收到的数据没有错误，但是设备处于"忙"的状态，因此，要求主机再次重试发送该数据，并返回给主机 NAK，然后总线进入空闲状态，直到主机开始重试发送该数据。ⓑ如果相应的设备端点被禁止，那么设备就发送错误包 STALL，这样事务也就提前结束，总线直接进入空闲状态。ⓒ如果发送的数据没有错误，并且设备成功地接收，那么设备就返回 ACK，同时通知主机可以发送新的数据。如果数据包发生 CRC 校验错误，将不会返回任何握手信息。

② 数据包发送顺序

批量传输的数据包的发送顺序与中断传输非常类似，如图 19－19 所示。

③ 总线传输特点

批量传输既没有固定的传输速率，也不占有固定带宽。只有当总线处于空闲状态时，批量传输才能够获得比较大的带宽。而当总线"忙"时，USB 就会优先进行其他类型的数据传输而暂时停止批量传输的进行，因此批量传输需要很长的时间才能完成。

④ 数据包大小

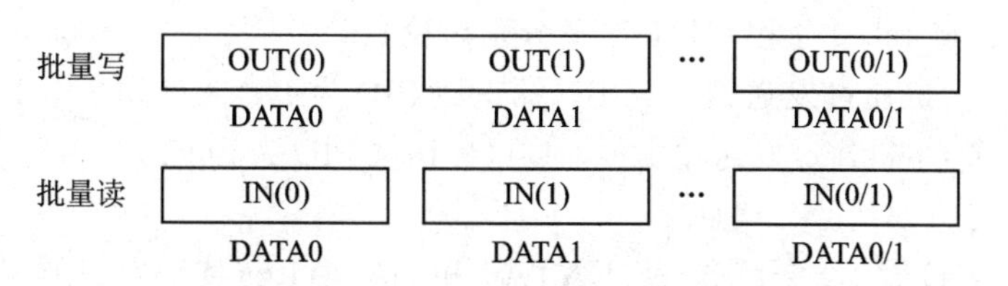

图 19-19　批量传输的数据包发送顺序

全速 USB 设备的数据大小可设定为 8、16、32 或 64 字节。高速 USB 设备则必须设定为固定值 512 字节。除了最后 1 个数据包,数据传输过程中的每一个数据的大小必须满足上述要求。

⑤ 支持设备类型

只有全速和高速 USB 设备支持批量传输,低速 USB 设备不支持。

(4) 同步传输

同步传输(Isochronous Transfer,ISO)多用于音频流等需要恒定传输速率的数据传输中,比如音箱、显示器和摄像头等设备的接口。

① 同步传输的结构

同步传输的数据结构最简单,因为这类数据要求传输速率恒定,而对于数据准确性的要求不如批量传输那么严格。因此,同步传输中没有握手包,总线只优先保证其占用带宽,而不对发送错误的数据进行重试。同步传输仍然由 IN 事务或 OUT 事务组成,其结构如图 19-20 所示。

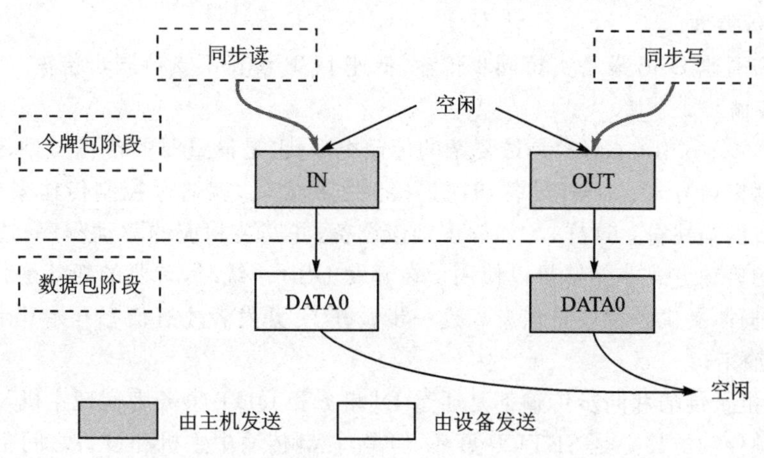

图 19-20　同步传输中 IN 事务、OUT 事务的结构

分析图 19-20 可知,“同步事务”的结构是比较简单的:

- 同步传输包含 2 种最基本的事务类型,即 IN 事务和 OUT 事务,与中断传输和批量传输一样,它也不支持设置 SETUP 事务。
- 在同步传输中,总线优先支持其等时性,即保证带宽,因此,对于数据的准确性的要求次之。基于此,同步传输的事务中不包含握手包,主机和设备都无需对接收到的数据返回握手信息。

➢ 令牌包阶段(将 IN 事务和 OUT 事务分别讨论):

- IN 事务:主机通过发送输入包 IN(标识域 PID 为 IN)来启动 1 个 IN 传输。
- OUT 事务:主机通过发送输出包 OUT(标识域 PID 为 OUT)来启动 1 个 OUT 传输。

➢ 数据包阶段:

IN 事务:设备紧接着 IN 令牌包,以 DATA0 和 DATA1 交替触发机制发送有效数据,然后总线进入空闲状态,准备进行下一次传输。

OUT 事务:同输入 IN 事务一样,主机会紧接着 OUT 令牌包,以 DATA0 和 DATA1 交替触发机制发送有效数据给设备,然后总线进入空闲状态,准备进行下一次传输。

② 数据包发送顺序

与中断传输和批量传输不同,对于全速设备,同步传输中不支持数据包的交替触发机制,而且第一个数据包被初始化为 DATA0,因此数据包将一直以 DATA0 发送下去。而高速设备在一定条件下支持触发机制,由于情况较为复杂,这里不再讨论。

③ 总线传输特点

全速设备的同步传输,在 1 个帧内可以包含 1 个 IN 事务或 OUT 事务,而高速设备可以包含 3 个事务。总线将会优先保证同步传输的带宽,甚至会因此而暂时中止批量传输的进行。

④ 数据包大小

全速设备数据包的大小为 0~1 023 字节,而高速设备为 1 024 字节。

⑤ 支持设备类型

只有全速和高速 USB 设备支持同步传输,低速 USB 设备不支持同步传输。

(5) 控制传输

控制传输(Control Transfer)是最复杂的传输类型,也是最重要的传输类型,是 USB 枚举阶段最主要的数据交换方式。USB 设备初次连接到主机之后,就通过控制传输来交换信息、设备地址和读取设备的描述符。这样,才能够识别该设备,并安装相应的驱动程序,这个设备采用的其余 3 种可能的传输方式才能够得以使用。在开发 USB 系统时,首要的任务是利用控制传输实现设备的枚举过程,提供各种设备信息。这一步做好了,开发者才有信心开始其余部分的设计。

① 控制传输结构

中断传输、批量传输和同步传输都是通过 IN 事务和 OUT 事务来实现主机与设备之间的数据交换。而控制传输的核心是 SETUP 事务,但是,控制传输中主机和设备之间仍然需要交换一些数据信息,如何来实现呢?USB 定义了较为复杂的控制传输结构,将其分为 3 个大的步骤:ⓐ初始设置步骤;ⓑ可选数据步骤;ⓒ状态信息步骤。这 3 个步骤是按照“初始设置步骤”、“可选数据步骤”、“状态信息步骤”的顺序依次进行的。每一个步骤中包含 1 个事务,比如初始设置步骤中包含 1 个 SETUP 事务,可选数据步骤中包含 1 个 IN 事务或 1 个 OUT 事务,状态信息步骤中也包含 1 个 IN 事务或 1 个 OUT 事务。顾名思义,“可选数据步骤”是可选的,如果没有数据需要发送,这个步骤可以直接省去。

下面依次介绍这 3 个步骤的结构。

a. 初始设置步骤

初始设置步骤结构如图 19－21 所示。

分析图 19－21 可以得出如下结论："初始设置步骤"由 1 个 SETUP 事务构成。这 1 个 SETUP 事务由令牌包、数据包和握手包组成。

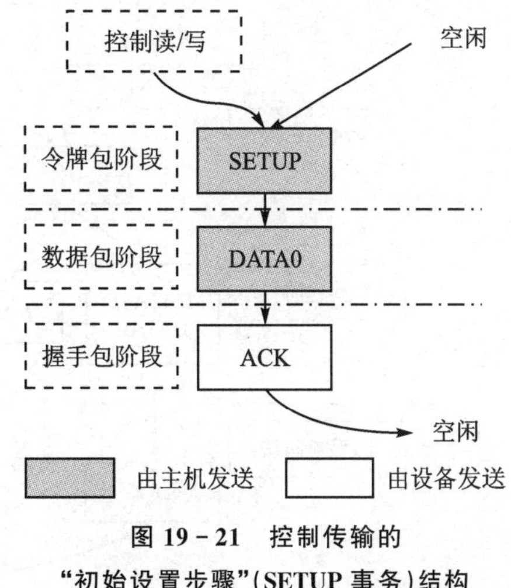

图 19－21　控制传输的"初始设置步骤"(SETUP 事务)结构

- 令牌包阶段：主机发送 SETUP 令牌包。
- 数据包阶段：主机发送固定为 8 字节的 DATA0 包，并且有确定的结构，将这 8 字节分配给 5 种命令信息，即 bmRequestType、bRequest、wValue、wIndex 和 wLength。通过这些命令信息，主机就能通知设备提供哪些数据，并依次来进行配置。这些命令有些是要发送给设备数据的，比如设置地址信息；有些是需要从设备读取数据的，比如读取设备的提取电流属性；有些则不需要读/写数据。而这些读/写数据都是要在接下来的"可选数据步骤"中交换的。
- 握手包阶段：设备在接收到主机的命令信息后，返回 ACK。此后，总线进入空闲状态，并准备开始"可选数据步骤"。

b. 可选数据步骤

这一步骤是可选的，如果在上一步骤中命令要求读/写数据，就由这一步骤来具体交换数据。如果没有数据交换要求的，这个步骤就可以省去。可选数据步骤具体结构如图 19－22 所示。

细心的读者可能会发现，图 19－22 与批量传输和中断传输的结构图非常相似，但是也略有不同，详细分析如下：

- 控制传输的"可选数据步骤"中包含 2 种最基本的事务，即 IN 事务和 OUT 事务。
- 控制传输的"可选数据步骤"中，无论是 IN 事务，还是 OUT 事务，都包含令牌包、数据包和握手包。
- 令牌包阶段（将 IN 事务和 OUT 事务分别讨论）：
  - IN 事务：主机通过发送输入包 IN（标识域 PID 为 IN）来启动 1 个 IN 传输。
  - OUT 事务：主机通过发送输出包 OUT（标识域 PID 为 OUT）来启动 1 个 OUT 传输。
- 数据包阶段：

需要特别注意的是，由于"初始设置步骤"中已经包含 1 个数据包阶段，其中数据是 DATA0 包，因此，"可选数据步骤"中数据包的第 1 个包将是 DATA1 包，接下来仍是 DATA0/DATA1 的交替触发。

IN 事务：设备首先会对接收到的令牌包进行解析，并有可能进行 3 种动作：ⓐ如果设备没有准备接收新的数据，也就是没有中断等待处理，此时设备有可能还没有处理完上一个事务，那么设备就返回 NAK，这个事务就提前结束，总线进入空闲状态，主机将不断重试这个事务。ⓑ如果

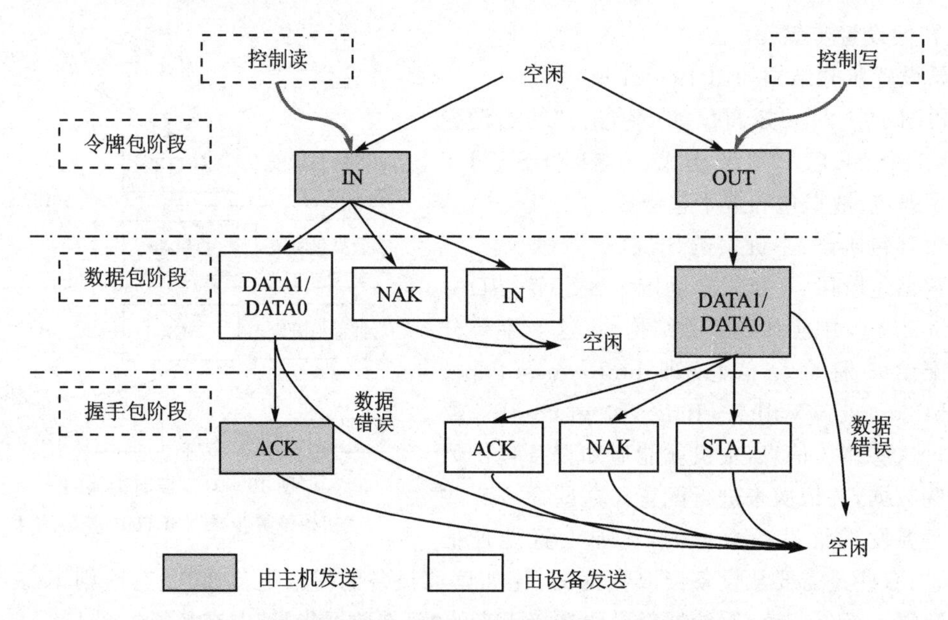

图 19-22　控制传输的“可选数据步骤”(IN、OUT 事务)结构

相应的设备端点被禁止,那么设备就发送错误包 STALL,这样事务也就提前结束了,总线直接进入空闲状态。ⓒ如果设备端点正常,并且准备新的中断处理,则设备就会按主机的要求发送所需的数据。

OUT 事务:结构相对较为简单,主机将紧接着 OUT 令牌包发送数据,并按照 DATA0 和 DATA1 数据包交替触发的顺序进行。

➢ 握手包阶段:

IN 事务:如果主机正确地接收到了数据,那么就会发送给设备 ACK;如果数据包在传输过程中被破坏,那么设备就不回复任何握手信息,直接将总线转入空闲状态,等待下一次传输。

OUT 事务:OUT 事务的握手包阶段较为复杂,同 IN 事务的数据包阶段有些相似。根据设备不同状态,有可能发生 3 种情况:ⓐ如果接收到的数据没有错误,但是由于设备处于“忙”的状态,则要求主机再次重试发送该数据,并返回给主机 NAK,然后总线进入空闲状态,直到主机开始重试发送该数据。ⓑ如果相应的设备端点被禁止,那么设备就发送错误包 STALL,这样事务也就提前结束,总线直接进入空闲状态。ⓒ如果发送的数据没有错误,并且设备成功地接收,那么设备就返回 ACK,同时通知主机可以发送新的数据。如果数据包发生 CRC 校验错误,将不会返回任何握手信息。

c. 状态信息步骤

状态信息步骤具体结构如图 19-23 所示。

分析图 19-23,特别需要注意与中断传输、批量传输和控制传输“可选数据阶段”结构图的区别。首先,主机的“写”与“读”的概念反了,在前面 3 种结构中,IN 事务代表主机的读操作,

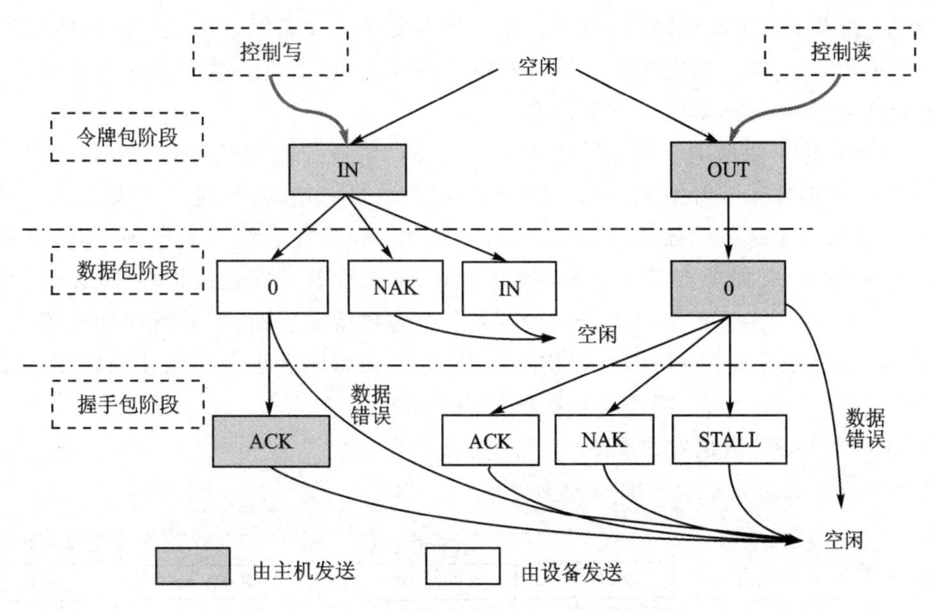

图 19－23 控制传输的“状态信息步骤”结构

OUT 事务则代表主机的写操作。但是，主机的控制读操作中应用的是 OUT 事务；而控制写操作中应用的是 IN 事务。请读者一定注意这个区别。这样做的原因是要与“可选数据步骤”中的控制读/写操作相配合。其次，在数据阶段中发送的数据均为 DATA1 包的 0 长度数据。

详细的结构分析如下：控制传输的“状态信息步骤”中包含 2 种最基本的事务，即输入 IN 事务和输出 OUT 事务。IN 事务代表主机的写操作，OUT 事务代表主机的读操作。控制传输的“状态信息步骤”中，无论是 IN 事务，还是 OUT 事务，都包含令牌包、数据包和握手包。

➢ 令牌包阶段（将 IN 事务和 OUT 事务分别讨论）：

- IN 事务：主机通过发送输入包 IN（标识域 PID 为 IN）来启动 1 个 IN 传输。
- OUT 事务：主机通过发送输出包 OUT（标识域 PID 为 OUT）来启动 1 个 OUT 传输。

➢ 数据包阶段：

IN 事务：设备首先会对接收到令牌包进行解析，并有可能进行 3 种动作：ⓐ如果设备没有准备接收新的数据，也就是没有中断等待处理，此时设备有可能还没有处理完上一个事务，那么就返回 NAK，这个事务就提前结束了，总线进入空闲状态，主机将不断重试这个事务。ⓑ如果相应的设备端点被禁止，那么设备就发送错误包 STALL，这样事务也就提前结束了，总线直接进入空闲状态。ⓒ如果设备端点正常，并且准备新的中断处理，则设备就会按主机的要求发送所需 0 长度的数据。

OUT 事务：结构相对较为简单，主机将紧接着 OUT 令牌包发送 0 长度的数据，并按照 DATA0 和 DATA1 数据包交替触发的顺序来发送数据。

➢ 握手包阶段：

IN 事务:如果主机正确地接收到数据,那么就会发送给设备 ACK,这样在总体上表示整个控制写操作顺利完成;如果数据包在传输过程中被破坏了,那么设备就会不回复任何握手信息,直接将总线转入空闲状态,等待下一次传输。

OUT 事务:OUT 事务的握手包阶段较为复杂,同 IN 事务的数据包阶段有些相似。根据设备不同状态,有可能发生 3 种情况:ⓐ如果接收到的数据没有错误,但是由于设备处于"忙"的状态,则要求主机再次重试发送该数据,并返回给主机 NAK,然后总线进入空闲状态,直到主机开始重试发送该数据。ⓑ如果相应的设备端点被禁止,那么设备就发送错误包 STALL,这样事务也就提前结束,总线直接进入空闲状态。ⓒ如果发送的数据没有错误,并且成功地接收,那么设备就返回 ACK,同时通知主机可以发送新的数据,这样在总体上表示控制读操作顺利完成。如果数据包发生 CRC 校验错误,将不会返回任何握手信息。

② 所有 3 个步骤的数据发送顺序

控制传输数据发送顺序如图 19－24 所示。

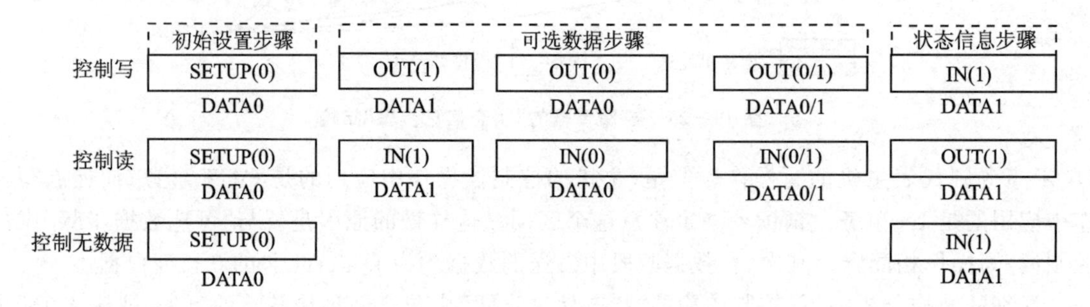

图 19－24　控制传输数据发送顺序

③ 总线传输特点

对于低速和全速设备,总线会为控制传输保证至少 10%的带宽;而高速设备的控制传输会得到至少 20%的带宽。这样,当有设备连接到主机上时,其很快会得到配置,而不必担心因主机正在进行其他 USB 传输而耽误配置。

④ 数据包大小

由于控制传输的 3 个步骤中都包含数据包阶段,因此,数据包的大小也要分开讨论。在初始设置步骤中,已经知道是 1 个固定为 8 字节大小的 DATA0 包。在可选数据步骤中,低速设备的数据包为 8 字节;全速设备的数据包大小可以是 8、16、32 和 64 字节;而高速设备的数据包大小必须为 64 字节。

⑤ 支持设备类型

既然控制传输是最重要的一类传输类型,是所有 USB 设备被配置和使用的前提,因此低速、全速和高速设备都支持控制传输。

19.2.3.6 数据流模型

本小节讲述包到底是怎样在主机和设备之间传递的，这就涉及数据流模型的分析。首先介绍数据的发送和接收实体——端点，然后分析端点之间建立的数据传输连接，最后总体上分析数据的发送和接收过程。

(1) 端 点

端点(Endpoint)实际上就是设备硬件上具有一定大小的数据缓冲区。在USB系统中，每一个端点都有唯一的地址，这是由设备地址和端点号给出的。而设备的大小、属性等在设备出厂时由厂家定义。所以，每一个USB设备在主机看来就是一系列端点的集合，主机通过端点与设备进行通信。

端点的特性主要有数据传输方式(用于IN事务的端点、OUT事务的端点和SETUP事务的端点等)、总线访问频率、带宽、端点号(由USB接口芯片定义)和数据包最大容量等(由芯片硬件决定)。

除了端点0(用作控制传输端点，默认)外，端点必须在设备被主机配置后才能使用。

(2) 管 道

管道(Pipe)并不像端点那样具有实在的意义，它只是一种逻辑上的概念。端点就是数据缓冲区，那么就可以想到：管道就是主机与设备端点之间的连接，是数据传输的管道，代表主机的数据缓冲区与设备端点之间交换数据的能力。设备被配置后，端点就可以使用，因此管道也就存在了。

管道包括数据流管道和消息管道2种。USB没有定义通过数据流管道移动的数据格式。而消息管道中的数据是USB定义好的格式。此外，还有一种特殊的管道——控制管道。其实，它可以归结到消息管道中。只是为了与端点0的特殊性相配合，因而这里单独提出来。所有设备必须支持端点0以构筑设备的控制管道。主机可以通过控制管道获取描述USB设备的完整信息，包括设备类型、电源管理、配置及端点描述等。作为USB即插即用特点的典型体现，只要设备连接到主机上，端点就可以访问，即与之相应的管道也就存在了。

最后说明一点，管道的概念主要用于PC上驱动程序和用户程序的编写，在设计USB设备时，一般都不会涉及到。

(3) USB数据传输过程

完整的数据传输过程是这样的：在PC上，设备驱动程序通过调用USB驱动程序接口USBD(USB Driver Interface)发出输入/输出请求包IRP，这样，在USB驱动程序接到请求之后，调用主控制器驱动程序接口HCD(Host Controller Driver Interface)，将IRP转化为USB的传输。当然，一个IRP可以包含一个或多个USB传输，接着，主控制器驱动程序将USB传输分解为总线事务，主控制器以包的形式发送给设备。这里，各种驱动程序和IRP的概念都是基于PC和其操作系统的，在设计嵌入式USB主机时，完全可以摆脱这种框架，而仅以最简单的能够实现USB各种类传输为目标即可。

19.2.4　USB 协议栈设备框架及软件编程基础

19.2.4.1　USB 设备的描述符

(1) 描述符定义及作用

描述符就是用于描述设备特性的具有特定格式排列的一种数据组织结构。

USB 设备在第一次连接到主机上时，要接收主机的枚举（Enumeration）和配置（Configuration），目的就是让主机知道该设备具有什么功能、是哪一类的 USB 设备、需要占用多少 USB 资源、使用哪些传输方式以及传输的数据量多大等。只有主机完全确认这些信息后，设备才能真正开始工作。这些信息是通过存储在设备中的 USB 描述符来体现的。因此，USB 描述符也可以看作是 USB 设备的身份证明。

描述符的作用在于设备向主机汇报自己的信息、特征，主机根据这些信息加载相应的驱动程序。USB 是一个总线，只提供一个数据通路而已。USB 总线驱动程序并不知道一个设备具体如何操作，有哪些行为。一个设备具体实现什么功能，由设备自己决定。描述符中记录设备的类型、厂商 ID 和产品 ID，通常利用这些信息来加载相应的驱动程序，另外还记录设备的端点情况、版本号等信息。

(2) 描述符分类

描述符分为 3 大类：标准描述符、类描述符、厂商描述符。在标准描述符中，除字符串描述符可选外，任何设备都必须包含剩下的几种标准描述符。规定的 5 种标准描述符分别为：设备描述符、配置描述符、接口描述符、端点描述符以及字符串描述符。

表 19-4 列出了 3 种描述符的类型值。

表 19-4　描述符类型值

类　型	描述符	描述符类型值
标准描述符	设备描述符（Device Descriptor）	0x01
	配置描述符（Configuration Descriptor）	0x02
	字符串描述符（String Descriptor）	0x03
	接口描述符（Interface Descriptor）	0x04
	端点描述符（EndPoint Descriptor）	0x05
类描述符	集线器类描述符（Hub Descriptor）	0x29
	人机接口类描述符（Human Interface Devices，HID）	0x21
	报告描述符（HID 相关）	0x22
	实体描述符（HID 相关）	0x23
厂商描述符	—	0xFF

这些描述符之间具有一定的关系，设备描述符是最高级的描述符，而端点描述符是最低级的

描述符，如图 19－25 所示。每一个设备只有一个设备描述符，但设备描述符可以包含多个配置描述符；而一个配置描述符又可包含多个接口描述符；一个接口使用了几个端点，就有几个端点描述符。字符串描述符是可选的。

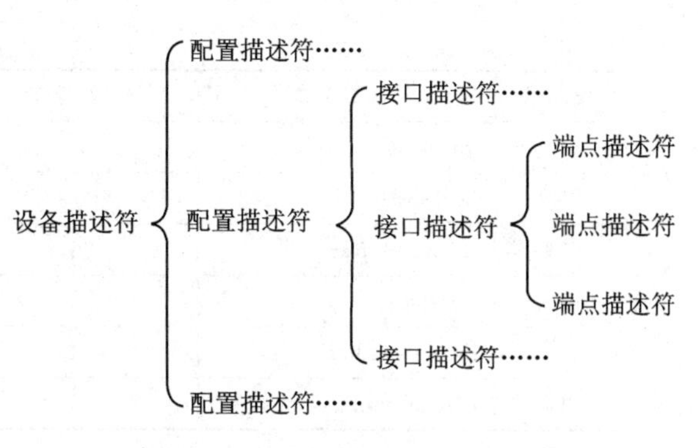

图 19－25 标准 USB 描述符层次图

描述符是一个完整的数据结构，可以通过 C 语言等编程实现，并存储在 USB 设备中，用于描述一个 USB 设备的所有属性。USB 主机通过一系列命令来要求设备发送这些信息。每一个描述符都是一系列的字段（Field，为了与组成包的域相区别，这里叫作字段）所组成的，每个字段都是一连串二进制数。其中设备描述符的 bNumConfigurations 字段可设定配置描述符的个数；配置描述符的 bNumInterfaces 字段用于设定接口描述符的个数；而接口描述符的 bNumEndpoints 则表示该接口所用到的端点数量，也就是端点描述符的数量。需要注意的是，虽然每个字段都是一系列二进制数，但是这些数据的格式却不尽相同。每个字段名称的开头是一些小写字母，它表示该字段使用的数据格式，比如 bLength 字段中的 b 就代表该字段的数据格式。具体来说，b 代表 8 位的 1 字节二进制数（Byte）；w 代表 16 位的 2 字节二进制数（Word）；bm 代表位图（BitMap），即每一位代表一定的意义；bcd 代表 BCD 码；i 代表索引（Index）；id 代表标识（Identifier）。

(3) 设备描述符

设备描述符描述 USB 设备的通用信息。一个 USB 设备只有一个设备描述符。比较特殊的是，默认控制管道的数据包的长度（也就是 USB 设备端点 0 的长度）是在设备描述符中定义的，而不像其他端点一样是在端点描述符中定义的。

设备描述符由 14 个字段共 18 字节组成，如表 19－5 所列。

表 19－5 设备描述符的字段组成

偏移量	字段名称	长度（字节）	字段值	意 义
0	bLength	1	数字	设备描述符的字节数
1	bDescriptorType	1	常数	设备描述符类型编号
2	bcdUSB	2	BCD 码	USB 版本号
4	bDeviceClass	1	类	USB 分配的设备类代码
5	bDeviceSubClass	1	子类	USB 分配的子类代码
6	bDeviceProtocol	1	协议	USB 分配的设备协议代码
7	bMaxPacketSize0	1	数字	端点 0 的最大包的大小
8	idVendor	2	ID 编号	厂商编号

续表 19-5

偏移量	字段名称	长度(字节)	字段值	意　义
10	idProduct	2	ID 编号	产品编号
12	bcdDevice	2	BCD 码	设备出厂编号
14	iManufacturer	1	索引	描述厂商字符串的索引
15	iProduct	1	索引	描述产品字符串的索引
16	iSerialNumber	1	索引	描述设备序列号字符串的索引
17	bNumConfigurations	1	索引	可能的配置数量

下面详细介绍各字段的内容：

- bLength：这是一个以 1 字节二进制数为内容的字段。该字段表示整个设备描述符的字节数，而整个设备描述符占用 17 字节，因此 bLength 的值是固定的，就是 18，用十六进制表示就是 0x12，用二进制表示就是 0000 0010。
- bDescriptorType：这是一个以 1 字节二进制数为内容的字段。该字段表示设备描述符的类型。USB 定义的设备描述符的类型编号为常数 0x01，因此，该字段的值即为固定值 0x01。
- bcdUSB：这是一个以 BCD 码为内容的字段。该字段代表该设备所遵循的 USB 协议的版本号。比如，一个符合 USB1.1 协议的设备，其 bcdUSB 值就是 0x0110；而符合 USB2.0 协议的设备，其 bcdUSB 值就是 0x0200。可以看出，一个 2 字节的数 0xABCD，AB 为一个字节，CD 为另一个字节，其中 AB 为版本号的整数部分，C 为版本号的第一个小数部分，D 为版本号的第二个小数部分。假设版本号为 3.45，则 bcdUSB 可写为 0x0345。
- bDeviceClass：这是一个以 1 字节二进制数为内容的字段。该字段表示该设备的类型代码，值为 0x01～0xFE，为 USB 定义的标准设备类，若值为 0xFF，表示该设备为厂商自定义的类型。此外，若设备类型不是在设备描述符中定义的，则该值为 0，比如人机接口设备(HID)类。
- bDeviceSubClass：这是一个以 1 字节二进制数为内容的字段。该字段表示该设备所在的该设备类中的子类类型。同 bDeviceClass 一样，该字段的值也是由 USB 规定和分配的。bDeviceClass 为 0，此值也为 0，代表该子类类型不在设备描述符中定义。若值为 0xFF，代表子类类型是由厂商所定义的。
- bDeviceProtocol：这是一个以 1 字节二进制数为内容的字段。该字段表示设备所遵循的协议，该值也由 USB 来规定。若值为 0xFF，表示设备采用厂商自己为该类定义的协议。
- bMaxPacketSize0：这是一个以 1 字节二进制数为内容的字段。该字段描述端点 0 的最大包的大小，低速设备的 bMaxPacketSize0 恒为 8，全速设备一般为 8、16、32 或 64，即 0x08、0x10、0x20 或 0x40，而高速设备则为 64。
- idVendor：这是一个以标识 ID 为内容的字段。该字段是 USB 设备生产厂商从 USB 开发

者论坛(USB Implementers Forum)获得的 ID 号。

- idProduct:这是一个以标识 ID 为内容的字段。该字段是由设备生产厂商所定义的该设备的产品 ID 号。
- bcdDevice:这是一个以 BCD 码为内容的字段。该字段由设备生产厂商来定义,代表该设备的产品版本号。
- iManufacturer:这是一个以索引为内容的字段。该字段代表描述该设备生产厂商的字符串的索引值。若值为 0,则代表没有使用该字段。
- iProduct:这是一个以索引为内容的字段。该字段是描述该产品的字符串的索引值。同 iManufacturer 一样,若值为 0,则表示没有使用该字段。
- iSerialNumber:这是一个以索引为内容的字段。该字段表示设备的序列号的索引值。每个设备都有一个特定的序列号,可供主机来识别不同的设备。
- bNumConfigurations:这是一个以 1 字节二进制数为内容的字段。该字段表示该设备总共支持的配置描述符的数量。

(4) 配置描述符

配置描述符用于描述一个 USB 设备的属性和能力等配置信息。一个 USB 设备只需要一个配置描述符就可以了。比如一个 USB 接口的鼠标,其功能仅仅是简单的双向数据中断传输,并且由总线供电,因此按照这些要求来填写一个配置描述符即可。但是,有些设备如果需要具有几种相对独立的配置(但前提是属于同一种 USB 设备类),比如一个 USB 接口的 ISDN,就可以有 2 种配置,一种配置是建立 64 kbps 的双向数据交换通道;而同时可以有另一种 128 kbps 的双向数据通道配置。这样,这个 ISDN 就可以根据不同的网络情况来自动选择任意一种数据交换方式。

配置描述符由 8 个字段共 9 字节组成,如表 19-6 所列。

表 19-6　配置描述符的字段组成

偏移量	字段名称	长度(字节)	字段值	意　义
0	bLength	1	数字	配置描述符的字节数
1	bDescriptorType	1	常数	配置描述符类型编号
2	wTotalLength	2	数字	此配置所返回的所有数据大小
4	bNumInterfaces	1	数字	此配置所支持的接口数量
5	bConfigurationValue	1	数字	Set_Configuration 命令需要的参数值
6	iConfiguration	1	索引	描述该配置的字符串的索引值
7	bmAttributes	1	位图	供电模式的选择
8	MaxPower	1	mA	设备从总线提取的最大电流

各字段的详细意义如下:

- bLength:这是一个以 1 字节二进制数为内容的字段。该字段表示整个配置描述符的长

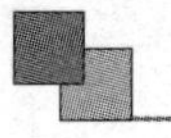

度，因 bLength 是固定的，值为 9，即 0x09。

- bDescriptorType：这是一个以 1 字节二进制数为内容的字段。该字段代表由 USB 给配置描述符分配的类型编号，值为常数 0x02。
- wTotalLength：这是一个以 2 字节二进制数为内容的字段。该字段表示该配置所返回的所有描述符（包括配置、接口和端点描述符）的大小总和。
- bNumInterfaces：这是一个以 1 字节二进制数为内容的字段。该字段表示该配置所支持的接口总数。
- bConfigurationValue：这是一个以 1 字节二进制数为内容的字段。该字段的值作为参数可被 SetConfiguration 和 GetConfiguration 命令来调用，用于该命令选定这个配置。
- iConfiguration：这是一个以索引为内容的字段。该字段指向描述该配置描述符的字符串。如果该设备没有用字符串描述该配置，那么此字段为 0。
- bmAttributes：这是一个以位图为内容的字段。该字段 1 字节二进制数的每一位代表一个固定的含义。第 7 位 D7 作为保留值，固定为 1；第 6 位 D6 表示供电方式的选择，值为 1 表示自供电，值为 0 表示总线供电；第 5 位 D5 表示远程唤醒功能的选择，值为 1 表示支持远程唤醒，值为 0 则不支持；D4～D0 没有意义，值固定为 0。
- MaxPower：这是一个以电流 mA 数为内容的字段。该字段表示设备从总线上获取的电流总量，此字段的值要经过一些换算才能折合成实际的电流数，字段值的 2 倍才是实际的电流数。比如，字段值为 50，则实际的电流总量为 100 mA。需要注意的是，总线能为每个设备提供的最大电流是 500 mA，因此，如果此字段的值超过 500 mA，主机就会禁止该配置的使用。

(5) 接口描述符

接口描述符用于描述一个特定接口的属性。接口一般是由一系列端点所组成的集合体，用于实现某种特定 USB 的数据传输功能。一般一个 USB 设备只需具有一个接口。比如，USB 移动存储设备中就只有一个用于实现 Mass Storage 类的接口，在该接口下使用批量输入 BulkIN 和批量输出 BulkOUT 两个非 0 端点，用于传输文件。接口描述符还可以在配置后加以改变。标准的 USB 设备类型都是在设备描述符中定义的，但是有些类是在接口描述符中定义的，如 HID 设备。

接口描述符由 9 个字段共 9 字节组成，如表 19-7 所列。

表 19-7　接口描述符的字段组成

偏移量	字段名称	长度（字节）	字段值	意　义
0	bLength	1	数字	接口描述符的字节数
1	bDescriptorType	1	常数	接口描述符类型编号
2	bInterfaceNumber	1	数字	该接口的编号
3	bAlternateSetting	1	数字	备用的接口描述符编号

续表 19-7

偏移量	字段名称	长度(字节)	字段值	意 义
4	bNumEndpoints	1	数字	该接口使用的端点数,不包括端点0
5	bInterfaceClass	1	类	接口类型
6	bInterfaceSubClass	1	子类	接口子类类型
7	bInterfaceProtocol	1	协议	接口遵循的协议
8	iInterface	1	索引	描述该接口的字符串索引值

各字段的意义如下：

- bLength:这是一个以1字节二进制数为内容的字段。该字段表示整个配置描述符的长度,因此 bLength 是固定的,值为9,即0x09。
- bDescriptorType:这是一个以1字节二进制数为内容的字段。该字段代表由USB给接口描述符分配的类型编号,值为常数0x04。
- bInterfaceNumber:这是一个以1字节二进制数为内容的字段。该字段是接口的编号。如果一个配置拥有 N 个接口,那么这些接口都是互不相干的,每一个接口都有唯一的编号,USB就是通过此字段来识别不同的接口,默认值为0。
- bAlternateSetting:这是一个以1字节二进制数为内容的字段。USB设备的配置与USB配置描述符是一一对应的,即一个配置只能有一个配置描述符。虽然,由 bInterfaceNumber 字段可知,每一个接口都有一个唯一确定的接口编号,但是一个接口却可以由不止一个接口描述符来描述它。也就是说,USB允许多个接口描述符来描述同一个接口,而且这些描述符都可以通过命令来切换。这里,此字段就是每一个这类描述符唯一的编号。USB可以通过调用这个字段来切换描述同一个接口的不同描述符。控制传输中的 GetInterface 命令可以用来得到目前正在使用的描述一个确定接口的接口描述符的编号,即此字段。而 SetInterface 命令则以此字段值为参数,用来使相应的接口描述符描述某个确定的接口。
- bNumEndpoints:这是一个以1字节二进制数为内容的字段。该字段的值即该接口使用的端点总数(除端点0之外)。若此值为0,则意味着该接口只使用端点0。
- bInterfaceClass:这是一个以1字节二进制数为内容的字段。该字段代表该接口所属的类别。这个类别编号由USB来分配。若值为0xFF,则表示该接口是厂商所定义的接口类型,而值0保留。
- bInterfaceSubClass:这是一个以1字节二进制数为内容的字段。该字段代表该接口所属的类别中的子类类型,这个子类编号也由USB分配。同 bInterfaceClass 字段一样,若其值为0xFF,则代表该接口由厂商自己定义,而值0保留。
- bInterfaceProtocol:这是一个以1字节二进制数为内容的字段。该字段值表示此接口类所遵循的类的协议,因此,该字段的值与 bInterfaceClass 和 bInterfaceSubClass 字段是相关的。其值范围为 1～0xFE,由 USB 分配,代表不同标准的设备类的协议。若值为 0,则表示该接口不遵循任何类协议;若值为 0xFF,则表示该接口应用厂商自定义的类协议。

➢ iInterface:这是一个以索引为内容的字段。该字段值指向字符串描述符中相应的字符串内容,用于描述该接口。如果设备没有启用字符串描述符,则该值为 0。

(6) 端点描述符

端点描述符用于描述接口所使用的非 0 端点的属性,包括输入/输出方向、端点号和端点容量即包的大小等。需要注意的是,端点描述符是作为配置描述符的一部分来返回给主机的,而不能直接通过控制传输中的 GetDescriptor 或 SetDescriptor 命令来访问。

端点描述符由 6 个字段共 7 字节组成,如表 19－8 所列。

表 19－8　端点描述符的字段组成

偏移量	字段名称	长度(字节)	字段值	意　义
0	bLength	1	数字	端点描述符的字节数
1	bDescriptorType	1	常数	端点描述符类型编号
2	bEndpointAddress	1	端点	端点地址及输入/输出属性
3	bmAttributes	1	位图	端点的传输类型属性
4	wMaxPacketSize	2	数字	端点收、发的最大包的大小
6	bInterval	1	数字	主机查询端点的时间间隔

各字段的意义如下:

➢ bLength:这是一个以 1 字节二进制数为内容的字段。该字段值即为这个端点描述符的长度。

➢ bDescriptorType:这是一个以 1 字节二进制数为内容的字段。该字段代表 USB 为端点描述符分配的类型编号,此字段的值固定,为 0x05。

➢ bEndpointAddress:这是一个以 1 字节二进制数为内容的字段。该字段的 D3～D0 位共 4 位表示该端点的端点号;第 7 位 D7 作为该端点的方向控制位,D7 为 1 时,为输出 OUT 端点,D7 为 0 时,为输入 IN 端点。其 D6～D4 位均保留,固定值为 0。

➢ bmAttributes:这是一个以位图为内容的字段。该字段的第 1 位 D1 和第 0 位 D0 用来指示该端点的传输类型。当 D1、D0 的值为 00 时,表示控制传输;为 01 时,表示同步传输;为 10 时,表示批量传输;为 11 时,则表示中断传输。在 USB1.1 协议中,其余各位都保留不用。而在 USB2.0 协议中,又代表新的含义,这里不再详述。

➢ wMaxPacketSize:这是一个以 2 字节二进制数为内容的字段。该字段 2 字节共 16 位数用来表示该端点最大包的大小。其中 D10～D0 位共 11 位为有效内容。D15～D11 位保留,值为 0,且最大包的大小范围为 0～1 023。

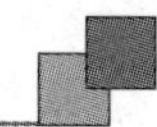

➢ bInterval:这是一个以1字节二进制数为内容的字段。该字段表示主机轮询设备的周期。该字段的值为1~255,时间单位为ms,因此假设值为250,则表示时间间隔为250 ms。对于同步端点,该字段值固定为1;而批量端点和控制端点则忽略该字段,值无效。

(7) 字符串描述符

字符串描述符是一个可选的描述符,含有描述性文字。有些描述符可含有指向描述制作商、产品、序列号、配置和接口的字符串索引(在前面4种类型的描述符中,已经看到索引的字段,而这些索引正是对应的字符串描述符中字符串的编号)。

字符串描述符以两类符值的方式存在:

➢ 显示语言的字符串描述符,该字符串描述符表明设备支持哪几种语言。

➢ 显示信息的字符串描述符,用于描述具体的信息。

字符串描述符由3个字段组成,如表19-9所列。

表19-9 字符串描述符的字段组成

偏移量	字段名称	长度(字节)	字段值	意 义
0	bLength	1	数字	字符串描述符的字节数大小(bString域的数值 $N+2$)
1	bDescriptorType	1	常数	字符串描述符类型编号(此处应为0x03)
2	bString	N	数字	UNICODE编码的字符串

各字段内容如下:

➢ bLength:这是一个以1字节二进制数为内容的字段。该字段值为整个字符串描述符的长度。

➢ bDescriptorType:这是一个以1字节二进制数为内容的字段。该字段值为0x03。

➢ bString:这是一个以UNICODE编码的字符为内容的字符串。显示语言的字符串描述符与显示信息的字符串描述符的区别在于Strings项的不同,对于显示语言的字符串描述符来说,Strings项由多个wLANGID[n]数组元素组成,每个wLANGID[n]是一个双字节的代表语言的ID值。而对于显示信息的字符串描述符而言,Strings则是描述信息后的一组UNICODE编码。

(8) HID相关描述符

HID设备的描述符除了5个USB的标准描述符(设备描述符、配置描述符、接口描述符、端点描述符、字符串描述符)外,还包括3个HID设备类特定描述符:HID描述符、报告描述符、实体描述符。HID的描述符体系结构如图19-26所示。

HID设备类描述符并不是仅用这一个描述符就可描述清楚这类设备,而是指HID设备除包含所有的标准描述符外,还需这个HID设备来补充描述。也就是说,在使用一般的设备时,只需使用标准描述符就可描述清楚,而若使用HID设备,除了要使用全部的标准描述符外,还需HID描述符来补充描述。除了HID的3个特定描述符组成对HID设备的解释外,5个标准描述符中与HID设备有关的部分有:设备描述符中bDeviceClass、bDeviceSubClass和bDevicePro-

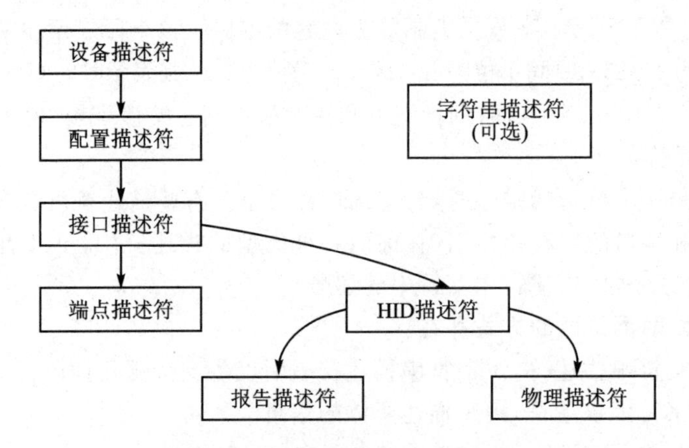

图 19-26 HID 的描述符体系结构

tocol 三个字段的值必须为 0。接口描述符中 bInterfaceClass 的值必须为 0x03，bInterfaceSubClass 的值为 0 或 1，如果为 0，则只有在操作系统启动后才能识别并使用用户的 HID 设备(此时 bInterfaceProtocol 无效，置 0 即可)；为 1 表示 HID 设备符是一个启动设备(Boot Device，一般对 PC 机而言才有意义，意思是 BIOS 启动时能识别并使用用户的 HID 设备，且只有标准鼠标或键盘类设备才能成为 Boot Device)。此时 bInterfaceProtocol 的取值含义如表 19-10 所列。

表 19-10 HID 设备的 bInterfaceSubClass 字段的值

bInterfaceProtocol 的取值(十进制)	含 义
0	NONE
1	键盘
2	鼠标
3～255	保留

下面介绍 3 种新的 HID 特定的类描述符的特点。

① HID 描述符

HID 描述符关联于接口描述符，因而如果一个设备只有一个接口描述符，那么无论它有几个端点描述符，HID 设备只有一个 HID 描述符。HID 设备描述符主要描述 HID 规范的版本号、HID 通信所使用的额外描述符、报表描述符的长度等 HID 描述符长度，在有一个以上描述符的设备时，为 12 字节，如果只有一个描述符设备时，只有 9 字节，每个字节对应的含义如表 19-11 所列。

表19-11　HID描述符的字段组成

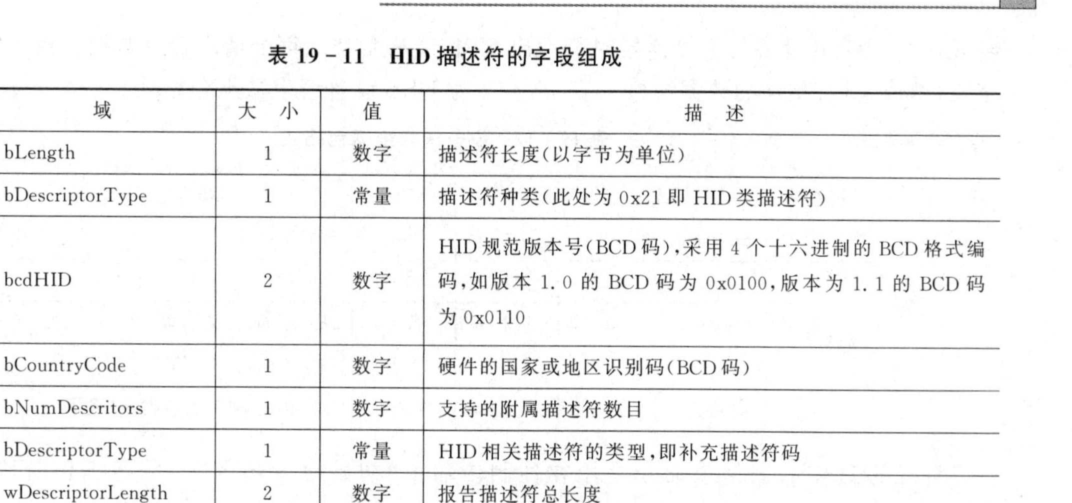

偏移量	域	大　小	值	描　述
0	bLength	1	数字	描述符长度(以字节为单位)
1	bDescriptorType	1	常量	描述符种类(此处为0x21即HID类描述符)
2	bcdHID	2	数字	HID规范版本号(BCD码),采用4个十六进制的BCD格式编码,如版本1.0的BCD码为0x0100,版本为1.1的BCD码为0x0110
4	bCountryCode	1	数字	硬件的国家或地区识别码(BCD码)
5	bNumDescritors	1	数字	支持的附属描述符数目
6	bDescriptorType	1	常量	HID相关描述符的类型,即补充描述符码
7	wDescriptorLength	2	数字	报告描述符总长度
9	【bDescriptorType】	1	常量	用于识别描述符类型的常量,使用在有一个以上描述符的设备
10	【wDescriptorLength】	2	数字	描述符总长度,使用在有一个以上描述符的设备

② 报告描述符

报告描述符(Report Descriptor)用于定义报告数据的格式和用法,由一系列条目(Item)组成。总共有3种类型的条目:主条目(Main Item)、全局条目(Globe Item)、局部条目(Local Item)。

报告描述符的结构非常灵活,内容也很复杂,限于篇幅,本书无法深入展开这方面的讨论。读者可以进一步阅读相关资料,尤其是HID类协议。读者可以参考19.5.1.2小节中对报告描述符配置的实例,以获取对报告描述等初步的认识。

③ 物理描述符

物理描述符(Physics Descriptor)用于指示当前控制某个HID活动的人体的部位。比如正在按某个键的是人的食指等诸如此类。这个描述符是可选的,不再详细讨论。

19.2.4.2　USB设备枚举与设备请求

对于USB设备开发来说,最重要的是枚举,即让主机知道设备的相关信息。若枚举不成功,则设备无法识别,更不能使用。本小节主要介绍枚举过程,有关设备的其他信息,请参阅USB官方协议手册。USB设备的属性通过一组描述符来反映,这些描述符是具有一定格式的数据结构,主机软件可通过GET_DESCRIPTOR请求获取这些描述符。每一个描述符的第一个字节表明该描述符的长度,其后是一个字节的描述符类型信息。如果描述符的长度域值小于描述符的定义长度,则此描述符被认为是非法的,不能被主机接收;如果返回描述符的长度域值大于描述符的定义长度,则过长部分被忽略。

设备描述符是表征对该设备及所有设备配置起全程作用的信息。在设备枚举时,主机使用GET_DESCRIPTOR控制指令直接从设备端点0读取该描述符,一个USB设备只能有一个设备描述符。USB 设备与主机连接时会发出 USB 请求命令。每个请求命令数据包由 8 字节(5 个字段)组成,具有相同的数据结构。表 19-12 为 USB 设备请求数据包格式。

表 19-12　设备请求数据包格式

偏移量	域	大 小	字段值	描 述
0	bmRequestType	1	位	请求特征
1	bRequest	1	数字	请求命令
2	wValue	2	数字	请求不同,含义不同
4	wIndex	2	索引	请求不同,含义不同
6	wLength	2	数字	数据传输阶段,为数据字节数值

标准的 USB 设备请求命令是用在控制传输中“初始设置步骤”中的数据包阶段(即 DATA0,由 8 字节构成)。标准 USB 设备请求命令共有 11 个,大小都是 8 字节,具有相同的结构,由 5 个字段构成(字段是标准请求命令的数据部分),结构如下(括号中的数字表示字节数,首字母 bm、b、w 分别表示位图、字节和双字节):

bmRequestType(1)+bRequest(1)+wvalue(2)+wIndex(2)+wLength(2)

在 USB 2.0 规范中定义的标准 USB 设备请求结构体数据头如下:

```
typedef struct
{
    unsigned charbmRequestType;         /* 定义请求的方向和类型 */
    unsigned charbRequest;              /* 请求类型 */
    unsigned shortwValue;               /* 根据请求而定其实际含义 */
    unsigned shortwIndex;               /* 根据请求而定,通常提供索引或偏移 */
    unsigned shortwLength;              /* 在数据传输阶段时,指示传输数据的字节数 */
}
tUSBRequest;
```

(1) bmRequestType 参数

bit7　说明请求的传输方向:

```
输入:#define USB_RTYPE_DIR_IN 0x80
输出:#define USB_RTYPE_DIR_OUT 0x00
```

bit6～bit5　定义请求的类型:

```
#define USB_RTYPE_TYPE_M 0x60
#define USB_RTYPE_VENDOR 0x40
#define USB_RTYPE_CLASS 0x20
#define USB_RTYPE_STANDARD 0x00
```

USB_RTYPE_TYPE_M 用于提取请求中的 bit6～bit5,并通过 bit6～bit5 判断请求类型,大多数为 0x00,即标准请求(USB_RTYPE_STANDARD)。

bit4～bit0 定义接收者：

```
#define USB_RTYPE_RECIPIENT_M 0x1f
#define USB_RTYPE_OTHER 0x03
#define USB_RTYPE_ENDPOINT 0x02
#define USB_RTYPE_INTERFACE 0x01
#define USB_RTYPE_DEVICE 0x00
```

USB_RTYPE_RECIPIENT_M用于提取请求中的bit4～bit0位，并能通过bit4～bit0判断请求的接收者。0x00为设备；0x01为接口；0x02为端点；0x03为其他请求。

（2）bRequest参数

标准请求的类型：

```
#define USB_REO_GET_STATUs 0x00
#define USB_REO_CLEAR_FEATURE 0x01
#define USB_REO_SET_FEATURE 0x03
#define USB_REO_SET_ADDRESs 0x05
#define USB_REQ_GET_DESCRIPTOR 0x06
#define USB_REO_SET_DESCRIPTOR 0x07
#define USB_REQ_GET_CONFIG 0x08
#define USB_REO_SET_CONFIG 0x09
#define USB_REO_GET_INTERFACE 0x0a
#define USB_REO_SET_INTERFACE 0x0b
#define USB_REO_SYNC_FRAME 0x0c
```

当bmRequestType为标准请求(即设备请求的bit7为0)时，bRequesi(bit6～bit5)参数提示当前请求类型，以上请求类型经常在枚举时使用。

（3）wValue参数

nUSB_REQ_CLEAR_FEATURE和USB_REQ_SET_FEATURE请求命令时：

```
#define USB_FEATURE_EP_HALT 0x0000          /* Endpoint halt feature */
#define USB_FEATURE_REMOTE_WAKE 0x0001      /* Remote wake feature,device only */
#define USB_FEATURE_TEST_MODE 0x0002        /* Test mode */
```

USBREQGETDESCRIPTOR请求命令时：

```
#define USB_DTYPE_DEVICE              1
#define USB_DTYPE_CONFIGURATION       2
#define USB_DTYPE_STRING              3
#define USB_DTYPE_INTERFACE           4
#define USB_DTYPE ENDPOINT            5
#define USB_DTYPE_DEVICE_QUAL         6
#define USB_DTYPE_OSPEED CONF         7
#define USB_DTYPE INTERFACE_PWR       8
#define USB_DTYPE_OTG                 9
#define USB_DTYPE_INTERFACE_ASC       11
#define USB_DTYPE_CS_INTERFACE        36
```

请求命令数据包由主机通过端点 0 发送，当设备端点接收到请求命令数据包时，主机会发出端点 0 中断，控制器可以读取端点 0 中的数据，此数据格式由 tUSBRequest 定义。根据 bmRequestType 判断是不是标准请求，bRequest 获得具体请求类型，wValue 指定更具体的对象，wIndex 指出索引和偏移。在数据传输阶段，wLength 为传输数据的字节数。整个控制传输都依靠这 11 个标准请求命令，非标准请求通过 callback 函数返回给用户处理。

19.2.4.3 USB 设备类

正如前面所讲到的，USB 应用涉及各种计算机外设。小的如鼠标，大的如扫描仪，传统的如光驱，时尚的如手机，高速的如移动硬盘，低速的如键盘等，几乎所有的计算机外设都在争先采用 USB 作为与 PC 进行数据通信的接口。正是 USB 采用了设备类的方式来对各种设备进行分类，才使得 USB 总线能够有效地控制和管理各种设备，也使得各种设备的开发变得规范、简便。

(1) 类的定义

类(Class)是一组在属性和功能上具有相同之处的设备或接口的集合。按照 USB 通用设备类协议(USB Common Class Specification)的定义，USB 的类及其相关的设备驱动程序起到 2 种作用：

- 设备的接口与主机之间的连通性；
- 接口提供的功能。

具体来说，第一种作用是描述设备接口与主机之间通信的方式，包括数据的发送机制和控制方式，这是所有类的协议所必须定义的。而第二种作用只是某些类定义的，也就是规定完整的或部分接口所提供的功能。USB 以设备类协议的形式对每种类进行定义。

(2) 类协议在整个 USB 协议体系中的位置

在传统的计算机体系中，驱动程序可以直接与设备硬件进行通信。而 USB 改变了这种模式，在 USB 主机上，对驱动程序做了详细的分类，分为设备驱动程序、核心驱动程序和主控制器驱动程序 3 个层次。其中，设备驱动程序和设备之间的数据通信(即中断、批量、同步和控制 4 种数据传输方式)是由 USB 主机提供的软件接口(也就是核心驱动程序和主控制器驱动程序，这 2 种程序叫做系统软件)来执行的。这就意味着，USB 设备驱动程序响应的是系统软件层的请求，而不能与设备硬件直接通信。USB 类协议在 USB 体系中的位置如图 19－27 所示。

(3) 标准的 USB 设备类

表 19－13 列出了截至目前 USB 定义的各种标准设备类及其类描述符的值。其中有些是基于设备定义类的，有些是基于接口定义类的，个别的既基于设备又基于接口，请注意区别。

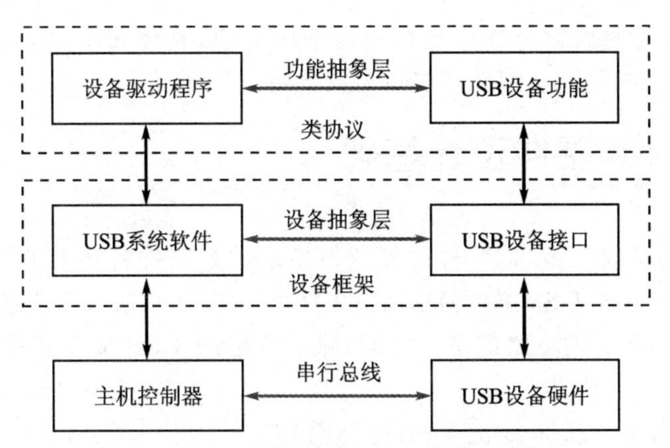

图 19－27　USB 类协议在 USB 体系中的位置

表 19－13　标准的 USB 设备类

编　号	类名称	设备描述符 bDeviceClass 字段的值	设备描述符 bDeviceSubClass 字段的值	接口描述符 bInterfaceClass 字段的值	接口描述符 bInterfaceSubClass 字段的值
1	音频类	0x00 (0)	0x00 (0)	0x01 (1)	—
2	通信类	0x02 (0)	—	—	—
3	通信设备控制类	0x00 (0)	0x00 (0)	0x02 (2)	—
4	人机接口设备类 (HID)	0x00 (0)	0x00 (0)	0x03 (3)	—
5	物理接口类	0x00 (0)	0x00 (0)	0x05 (5)	—
6	图像类	0x00 (0)	0x00 (0)	0x06 (6)	0x01 (1)
7	打印机类	0x00 (0)	0x00 (0)	0x07 (7)	—
8	大容量存储类 (Mass Storage)	0x00 (0)	0x00 (0)	0x08 (8)	—
9	集线器 (Hub)	0x09 (9)	—	0x09 (9)	—
10	通信设备数据类	0x00 (0)	0x00 (0)	0x0A (10)	—
11	芯片/智能卡类	0x00 (0)	0x00 (0)	0x0B (11)	—
12	加密类	0x00 (0)	0x00 (0)	0x0D (13)	—
13	诊断设备类 (可编程子类)	0xDC (220)	0x01 (1)	0xDC (220)	0x01 (1)
14	无线控制器类 (红外 RF 控制器子类)	0xE0 (224)	0x01 (1)	0xE0 (224)	0x01 (1)
15	特殊应用类 (设备固件升级子类)	0x00 (0)	0x00 (0)	0xFE (254)	0x01 (1)
16	特殊应用类 (IrDA 桥子类)	0x00 (0)	0x00 (0)	0xFE (254)	0x02 (2)
17	特殊应用类 (测试和测量子类 USBT MC)	0x00 (0)	0x00 (0)	0xFE (254)	0x03 (3)
18	厂商定义类	0xFF (255)	0x00 (0)	0xFF (255)	0xFF (255)

这里仅给出所有类的名称及其描述符的类字段的值，具体每一种类协议，USB 官方网站 www.usb.org 都有严格的文档说明，读者可自行查阅。

19.3 ES32 USB 硬件设计基础

USB 具有复杂的协议规范，以软件的复杂性换来的是硬件特性上的简单。这不仅体现在 USB 设备具备较小的外形、USB 电缆简洁及设备使用简单，也体现在 USB 硬件电路简单。几乎所有设备的 USB 接口部分的电路都是一样的，除了特定的 USB 接口芯片之外，系统只需少量的元器件就能实现设备的功能。

表 19-14 所列为 ES32F36xx 的 USB 引脚说明。

表 19-14　ES32F36xx 的 USB 引脚说明

引脚名称	说　明
USB_DM	USB 的双向差分数据引脚（USB 规范中的 D－）
USB_DP	USB 的双向差分数据引脚（USB 规范中的 D＋）
USB_ID	输入端口，是一条身份识别线（主机还是从机），其内部有一个上拉电阻（默认为从机）。 如果输入端口是低电平，则是从机接入，此时系统为主机模式；如果是高电平，则是主机接入，此时系统为从机模式。 若系统固定为从机模式：可以悬空，从机的 USB 插座上 ID 线接低电平；若系统固定为主机模式：当从机插入时，连接到 USB 插座上 ID 线被拉低。 采用 Micro 接口时，从机模式可以直接使用，主机模式需连接 OTG 转接头，OTG 转接头会将 USB_ID 引脚拉低，让 USB 控制器工作在主机模式
USB_VBUS	系统作主机时，该引脚接到 5 V 电源，若该引脚电压低于 4.75 V，USB 控制器可能会停止工作； 系统作从机时，该引脚接到 3.3 V 电源，若该引脚电压低于 2.2 V，USB 控制器可能会停止工作
USB_REXT	串一个 1% 精度 12.7 kΩ 电阻到地，高速 USB 专用，低速/全速无此引脚
VDD33_USB	USB 模块电源，需连接到 3.3 V 电源上

图 19-28 所示为 USB 从机推荐电路。

图 19-29 所示为 USB OTG 推荐电路。图中，SR05 为 ESD 防护二极管，型号为 PRTR5V0U2X；NCP380 为负载限流输出开关，R8 的阻值可根据 OTG_5V 所需的电流大小来确定，一般选 10 kΩ 左右。

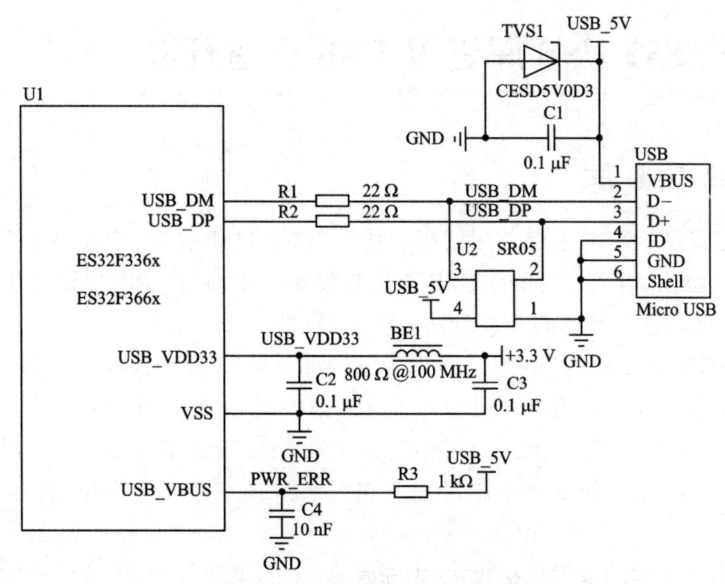

图 19 – 28　USB 从机推荐电路

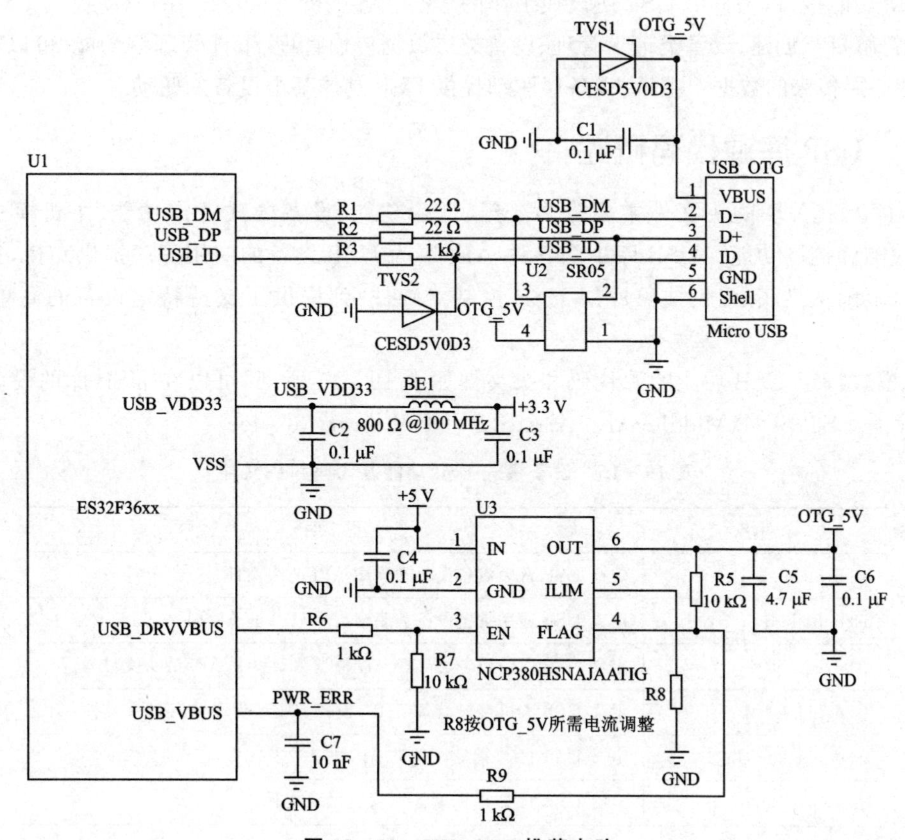

图 19 – 29　USB OTG 推荐电路

19.4 基于 ES32 USB 库进行 USB 设备开发

19.4.1 ES32 USB 库

ES32 USB 库提供一套供上层应用使用的接口，包括 USB 主机、设备或 OTG 功能接口。协议栈涵盖了目前市场上大部分常用的 USB 主机与设备的驱动，并同时提供给用户用于拓展协议栈驱动的方法，以及复合类设备的开发方法。

USB 库属于 ES32 SDK 的一部分，作为中间层驱动代码，相关驱动代码可以在 ES32SDK\Middlewares\EastSoft\USBLibrary 目录下找到，相关应用例程可以在 ES32SDK\firmware\ES32SDK\Projects\［相应芯片型号］\Applications\USB 目录下找到。USB 协议栈与 MD 或 ALD 库对接，在 MD/ALD 的基础上拓展出主机/设备核心驱动层、主机/设备类层驱动、主机/设备层驱动。

USB 协议栈核心层驱动提供包括枚举、中断管理、上层驱动管理、传输管理、描述符管理、标准请求管理等功能接口，是整个 USB 协议栈工作的核心。各主机/设备类层的驱动提供 USB 各设备类的描述符解析与创建、设备类请求管理、设备类层数据传输管理、事件管理等功能，可以有效地处理 USB 核心层传来的数据。主机/设备层驱动提供 USB 具体某个设备的驱动。

19.4.2 USB 库源代码概述

USB 库及其关联的头文件主要分为 4 组：通用功能、设备模式特定功能、主机模式特定功能、模式检测和控制功能。USB 库中的各种 API 层为 USB 设备的应用程序提供支持，提供几种编程接口，范围从最底层（仅抽象底层 USB 控制器硬件）到提供了支持特定设备的简单 API 的高级接口。

设备模式特定 USB 功能的源代码和头文件如表 19－15 所列，可以在 USB 库的设备目录中找到，通常是 ES32SDK\Middlewares\EastSoft\USBLibrary\device。

表 19－15 设备模式 USB 功能源代码和头文件

文件名	说 明
usbd_audio.h	定义 USB 音频设备类驱动程序 API 的头文件
usbd_bulk.h	定义 USB 通用批量设备类驱动程序 API 的头文件
usbd_cdc.h	定义 USB 通信设备类（CDC）设备类驱动程序 API 的头文件
usbd_hid.h	定义 USB 人机接口设备（HID）设备类驱动程序 API 的头文件
usbd_hid_keyb.h	定义 USB HID 键盘设备类 API 的头文件
Usbd_hid_mouse.h	定义 USB HID 鼠标设备类 API 的头文件

续表 19－15

文件名	说　明
usbd_msc.h	定义USB大容量存储设备类驱动程序API的头文件
usbd_printer.h	定义USB打印机设备类驱动程序API的头文件
usbd_audio.c	USB音频设备类驱动程序的源代码
usbd_bulk.c	USB通用批量设备类驱动程序的源代码
usbd_cdc.c	USB通信设备类(CDC)设备类驱动程序的源代码
usbd_hid.c	USB人机接口设备(HID)设备类驱动程序的源代码
usbd_hid_keyb.c	USB HID键盘设备类的源代码
usbd_hid_mouse.c	USB HID鼠标设备类的源代码
usbd_msc.c	USB大容量存储设备类驱动程序的源代码
usbd_printer.c	USB打印机设备类驱动程序的源代码

USB库包含4个与USB设备应用程序开发相关的API层。从上往下，每个API层都为应用程序提供了更大的灵活性，但在使用较底层时则需要更多工作量。如图19－30所示，从最上层开始向下层逐级可用的编程接口为：

- Device Class API(设备类API)；
- Device Class Driver API(设备类驱动API)；
- USB Device API(USB库设备API)；
- USB MD/ALD Driver(USB底层驱动MD/ALD)。

在图19－30中，粗体水平线表示可供应用程序使用的API，展示了4个可能的应用程序，每个应用程序使用不同的编程接口来实现它们的USB功能。下面概述每个层的特性和局限性，并指出可能使用该层的应用程序类型。

19.4.2.1　USB底层驱动MD/ALD

USB底层驱动MD/ALD是USB设备栈中最底层的驱动程序，它可以在外设驱动库中找到，源代码在aldusb.c和头文件aldusb.h中。图19－30中的Application1通过直接写入此API提供设备功能。

由于该API是在USB控制器的硬件寄存器之上的一个层，因此不提供任何更高级别的USB事务支持(例如端点0事务处理、标准描述符和请求处理等)，应用程序通常不会使用此API作为访问USB功能的唯一方法。但是，如果开发第三方USB协议栈，这个驱动程序将是一个合适的接口。

19.4.2.2　USB库设备API

USB库设备API提供了一组专门旨在允许使用尽可能多的与类无关的代码来开发功能齐

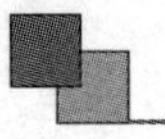

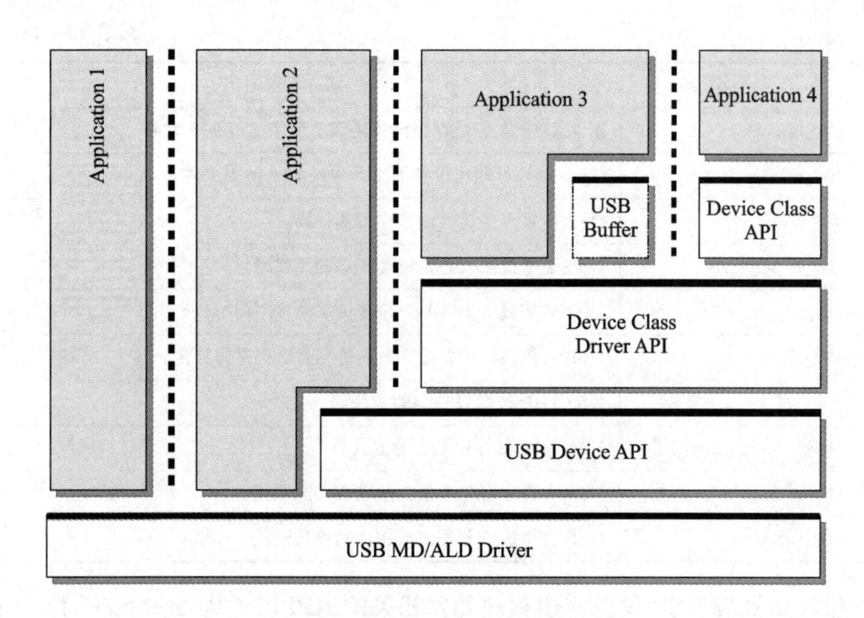

图 19-30　USB 库层次结构

全的 USB 设备应用程序的功能。API 通过来自主机的标准请求支持设备枚举，并代表应用程序处理端点 0 状态机。使用此接口的应用程序提供它在初始化期间向主机发送的描述符，这些描述符提供 USB 库设备 API 配置硬件所需的信息。与 USB 设备有关的异步事件通过在初始化时向 USB 设备 API 提供的回调函数集合通知应用程序。

此 API 既可用于 USB 设备类驱动程序的开发，也可以直接用于希望提供现有类驱动程序不支持的 USB 功能的应用程序。这种设备通常需要复杂的备用接口设置。USB 库设备 API 可以被认为是 USB 驱动程序 MD/ALD 的一组高级设备扩展，而不是它的包装器。在开发 USB 设备 API 时，仍然需要对底层 USB 驱动程序 MD/ALD 进行调用。USB 库设备 API 的头文件为 usbd_core.h。

19.4.2.3　USB 设备类驱动 API

USB 设备类驱动 API 为希望具有特定 USB 功能的应用程序提供了高级 USB 功能，使其不必处理大多数 USB 事务处理和连接管理。这些驱动程序为具有以下功能的 USB 设备类提供高级 API：

- 非常容易使用。设备设置包括创建一组静态数据结构和调用单个初始化 API。
- 可配置的 VID/PID、电源参数和字符串描述符集合表，允许轻松定制设备，而不需要修改任何库代码。
- 一致的接口。所有设备类驱动程序都使用类似的 API，使得它们之间的移植非常简单。
- 最少的应用程序开销。绝大多数 USB 处理都是在类驱动程序和下层中执行的，而应用程

序只处理读/写数据。

- 与可选的 USB 缓冲对象一起使用，以进一步简化数据传输和接收。使用 USB 缓冲区与设备类驱动程序的交互可以变得像读/写 API 一样简单，不需要状态机来确保在正确的时间传输或接收数据。
- 设备类驱动 API 完全包装底层 USB 设备和 USB 驱动程序接口，因此应用程序只使用单个 API 接口。

平衡这些优点，应用程序开发人员应当注意：

- 在使用设备类驱动 API 时，不得对任何其他 USB 层进行调用；
- 提供的设备类驱动 API 不支持交替配置。

目前提供的设备类驱动 API 允许创建通用的批量设备、通信设备类（虚拟串口）设备和人机接口设备类设备（鼠标、键盘、操纵杆等），还包括用于复合设备的特殊类驱动程序，这相当于一个包装器，允许在单个设备中使用多个设备类驱动程序。

19.4.2.4　USB 设备类 API

标准设备类别可以提供使用同一类创建大量不同设备的可能性，可以提供额外的 API 层以进一步专门化设备操作，并简化与应用程序的接口。人机接口设备（HID）类就是这样的一种，它支持各种设备，包括键盘、操纵杆、鼠标和游戏控制器，但接口的指定方式使其可以用于提供数据收集功能的大量特定于供应商的设备。因此，HID 设备类驱动程序非常通用，可以支持尽可能多的设备。为了简化接口的使用，提供了特定 API 以支持与 BIOS 兼容的键盘和鼠标操作。使用鼠标设备类 API 而不是基本的 HID 类驱动程序 API，应用程序可以使用极其简单的界面（包括初始化调用和通知主机鼠标移动或按下按钮的调用）使自己对 USB 主机可见，成为鼠标。类似地，使用键盘设备类 API，应用程序可以使用单个 API 向主机发送按键生成和断开信息，而无需了解底层的 HID 结构和 USB 协议。

19.4.3　USB 设备开发流程

图 19－31 所示为 USB 设备开发流程图。

USB 设备开发流程相当简单：

① 首先确定所开发的 USB 系统的类型，是 USB 主机、USB 设备还是 OTG。

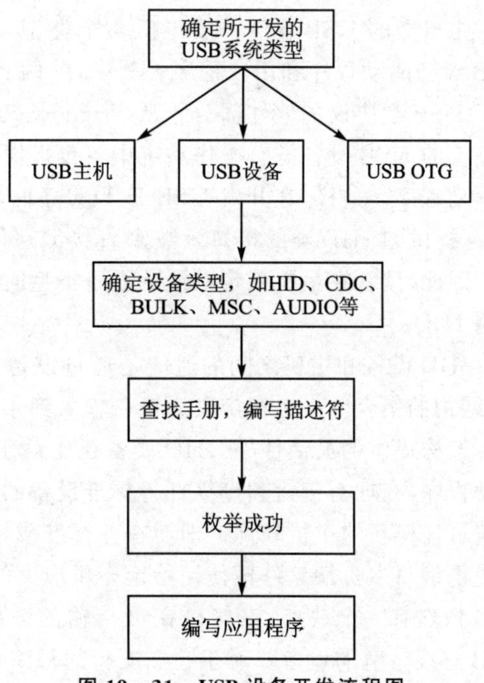

图 19－31　USB 设备开发流程图

② 如果确定系统类型是 USB 设备,必须明确该设备的类型,包括 HID、CDC、BULK、MSC、AUDIO 等。

③ 查找相关设备手册,编写其描述符。

④ 编写 USB 枚举程序,观察枚举是否成功,如果枚举成功,此设备开发已经完成大部分。

⑤ 在枚举成功后,进行数据处理,编写应用程序。

USB 设备开发流程中最主要的是枚举过程,如果枚举不成功,该设备就不能称为 USB 设备,更不能完成 USB 设备所赋予的任务。

19.5 USB 应用系统实例

下面将通过 USB HID 自定义设备介绍“USB 设备类驱动 API”的使用方法,再通过 USB HID 鼠标介绍“USB 设备类 API”的使用方法。读者可以通过这两个示例初步认识 USB 应用开发。

19.5.1 USB HID 设备

USB 人机接口类设备是一个非常通用的架构,用于支持各种各样的输入/输出设备,不管它们是否实际处理“人机接口”。虽然通常在键盘、鼠标和操纵杆的情况下考虑该规范,但其实际上可以涵盖提供用户控制或数据收集功能的任何设备。

主机上的 USB 软件一般包括 4 个类型,即 USB 主控制器驱动程序、USB 核心驱动程序、USB 设备驱动程序和用户程序。其中,前两者属于 USB 的系统软件,而 USB 设备驱动程序是基于 USB 类协议的软件部分。从 Windows 98 开始,HID 一直是 Windows 操作系统支持的较为完善的 USB 设备类。操作系统中不仅提供了完整的 USB 系统软件,而且直接提供 HID 的设备驱动程序。这样,在开发 USB HID 设备时,就无需在 PC 上编写驱动程序,而只需调用 Windows 提供的 HID 类的接口函数来直接编写用户软件,大大降低了开发的难度,节省了开发时间。因此,读者在最初确定系统的设备类型时,如果 HID 能够实现系统的数据传输要求,就尽量采用 HID。

HID 设备和主机之间的通信是通过设备在主机可以查询的 HID 报表描述符中定义的“报表”结构的集合。报告被定义为设备输入到主机的通信以及来自主机的输出和特征选择。除了基本架构提供的灵活性外,HID 设备还受益于对类的优秀操作系统支持,这意味着不需要编写驱动程序,在拥有键盘和操纵杆等标准设备的情况下,该设备可以与主机系统连接和操作,而无需编写任何新的主机软件。即使在非标准或特定于供应商的 HID 设备的情况下,操作系统的支持使得编写主机端软件比使用特定于供应商的类开发设备更加简单。尽管有这些优点,但使用 HID 依然有一个缺点,该接口在可传输的数据量上受到限制,因此不适合预期使用高百分比 USB 总线带宽的设备。对于它们支持的每一份报告,设备每秒的数据上限为64 KB。必要时可以使用多个报告,但带宽较高的设备可以更好地使用支持块而不是中断端点的类(例如 CDC 或

通用块设备类)来实现。

此设备类除了端点0之外,还使用一个或可选的两个端点。一个中断IN端点将HID输入报告从设备传送到主机。从主机到设备的输出和特性报告通常是通过端点0进行的,但是期望主设备到设备数据速率高的设备可以选择提供一个独立的中断输出端点来承载这些数据。端点0携带标准USB请求和特定于HID的描述符请求。

下面描述的HID鼠标是在“HID设备类驱动API”之上实现的“鼠标设备类API”。

19.5.1.1 HID设备类事件

HID设备类驱动API向应用程序回调函数发送以下事件:

(1) 接收通道事件

- USB_EVENT_CONNECTED:该设备已连接到USB主机,准备发送并接收数据。
- USB_EVENT_DISCONNECTED:设备已从USB主机断开连接。
- USB_EVENT_RX_AVAILABLE:数据已被接收,位于缓冲区中,可从中读取。
- USB_EVENT_ERROR:在通道或管道上报告错误。
- USB_EVENT_SUSPEND:总线已进入暂停状态。
- USB_EVENT_RESUME:总线已退出暂停状态。

注意:如果MCU的VBUS引脚连接到固定的+5 V,而不是直接连接到USB连接器上的VBUS引脚,或者USB控制器被配置为强制设备模式,则不会向应用程序报告USB_EVENT_DISCONNECTED事件。

(2) 发送通道事件

- USB_EVENT_TX_COMPLETE:数据已发送并确认。

19.5.1.2 使用HID设备类驱动API

要使用HID设备类驱动API向应用程序添加USB HID接口,请执行以下步骤。

(1) 将以下头文件添加到支持USB的源文件中:

```
#include "usbd_hid.h"
#include "usbd_core.h"
```

(2) 定义字符串描述符集合表,它用于向主机系统描述新设备的各种特性。下面是从devhiduser示例应用程序中获取的字符串描述符集合表。用户需要编辑实际字符串以适应应用程序,并确保更新每个描述符的长度字段(第一个字节),以正确反映字符串和描述符头的长度。此表必须包含至少6个条目,定义可用语言的字符串描述符0和每种支持语言的5个字符串。此外,如果在字符串描述符0中报告了多种语言,则必须确保每种语言都有可用的字符串,所有语言1字符串在所有语言2字符串之前按顺序出现在块中,以此类推。

```
/* @brief 语言描述符 */
const uint8_t lang_desc[] =
```

```
{
    4,                                /* bString 域的长度 N+2 */
    USB_DTYPE_STRING,                 /* 字符串描述符类型编号(此处应为 0x03) */
    USBShort(USB_LANG_EN_US)          /* 美式英语 */
};

/* @brief 制造商字符串描述符 */
const uint8_t manufact_str[] =
{
    (17+ 1) * 2,                      /* bString 域的长度 N+2 */
    USB_DTYPE_STRING,                 /* 字符串描述符类型编号(此处应为 0x03) */
    'E', 0, 'a', 0, 's', 0, 't', 0, 's', 0, 'o', 0, 'f', 0, 't', 0, '', 0,
    'S', 0, 'h', 0, 'a', 0, 'n', 0, 'g', 0, 'h', 0, 'a', 0, 'i', 0,
};

/* @brief 产品字符串描述符 */
const uint8_tproduct_str[] =
{
    (13+ 1) * 2,                      /* bString 域的长度 N+2 */
    USB_DTYPE_STRING,                 /* 字符串描述符类型编号(此处应为 0x03) */
    'E', 0, 'S', 0, '3', 0, '2', 0, '', 0, 'H', 0, 'i', 0, 'd', 0, '', 0,
    'U', 0, 's', 0, 'e', 0, 'r', 0,
};

/* @brief 序列号字符串描述符 */
const uint8_tserial_num_str[] =
{
    (8+ 1) * 2,                       /* bString 域的长度 N+2 */
    USB_DTYPE_STRING,                 /* 字符串描述符类型编号(此处应为 0x03) */
    '1', 0, '2', 0, '3', 0, '4', 0, '5', 0, '6', 0, '7', 0, '8', 0
};

/* @brief 接口描述符字符串描述符 */
const uint8_tdata_interface_str[] =
{
    (29+ 1) * 2,                      /* bString 域的长度 N+2 */
    USB_DTYPE_STRING,                 /* 字符串描述符类型编号(此处应为 0x03) */
    'H', 0, 'i', 0, 'd', 0, '', 0, 'U', 0, 's', 0, 'e', 0, 'r', 0, 'S', 0,
    'p', 0, 'e', 0, 'c', 0, '', 0, 'D', 0, 'e', 0, 'v', 0, 'i', 0, 'c', 0,
    'e', 0, '', 0, 'I', 0, 'n', 0, 't', 0, 'e', 0, 'r', 0, 'f', 0, 'a', 0,
    'c', 0, 'e', 0
};

/* @brief 配置描述符字符串描述符 */
const uint8_tconfig_str[] =
{
    (32+ 1) * 2,                      /* bString 域的长度 N+2 */
    USB_DTYPE_STRING,                 /* 字符串描述符类型编号(此处应为 0x03) */
    'H', 0, 'i', 0, 'd', 0, '', 0, 'U', 0, 's', 0, 'e', 0, 'r', 0, 'S', 0,
```

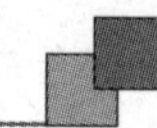

```
    'p', 0, 'e', 0, 'c', 0,'', 0, 'D', 0, 'e', 0, 'v', 0, 'i', 0, 'c', 0,
    'e', 0,'', 0, 'C', 0, 'o', 0, 'n', 0, 'f', 0, 'i', 0, 'g', 0, 'u', 0,
    'r', 0, 'a', 0, 't', 0, 'i', 0, 'o', 0, 'n', 0
};

/* @brief 字符串描述符集合表,一定要按照下面的顺序排列,因为在描述符中已经定义好相应的字符串索引 */
const uint8_t * conststring_desc[] =
{
    lang_desc,
    manufact_str,
    product_str,
    serial_num_str,
    data_interface_str,
    config_str
};

/* @brief 字符串描述符集合表长度 */
#define NUM_STRING_DESCRIPTORS (sizeof(string_desc) / sizeof(uint8_t *))
```

(3) 定义描述符。

① 设备描述符:当使用USB设备类驱动API时,不需要用户自己定义设备描述符。

② 配置描述符:

```
/* @briefConfiguration descriptor header */
static uint8_t  __hid_user_desc[] =
{
    9,                          /* 配置描述符的字节数,固定为9 */
    USB_DTYPE_CONFIGURATION,    /* 配置描述符类型编号 */
    USBShort(41),               /* 此配置所返回的所有数据大小,包括所有的配置描述符、接口描
                                   述符、端点描述符等标准描述符的大小,而且包括HID描述符的
                                   大小,但不包括报告描述符和物理描述符 */
    1,                          /* 此配置支持的接口数量为1 */
    1,                          /* Set_Configuration命令需要的参数值 */
    5,                          /* 描述该配置的字符串的索引值,可参见字符串描述符 */
    USB_CONF_ATTR_SELF_PWR,     /* 供电模式的选择,即为自供电 */
    250,                        /* 设备从总线提取的最大电流,自供电时无效 */
};
```

③ 接口描述符:

```
/* @briefInterface descriptor */
static uint8_t__hid_interface[HID_INTERFACE_SIZE] =
{
    9,                          /* 接口描述符的字节数,固定为9 */
    USB_DTYPE_INTERFACE,        /* 接口描述符类型编号 */
    0,                          /* 该接口编号 */
    0,                          /* 备用的接口描述符编号 */
```

```
    2,                      /* 该接口使用的端点数为 2,不包括端点 0 */
    USB_CLASS_HID,          /* 接口类型,即为 HID 类 */
    0,                      /* 接口子类类型 */
    0,                      /* 接口遵循的协议 */
    4,                      /* 描述该接口的字符串索引值,可参见字符串描述符 */
};
```

④ 端点描述符:

```
/* @briefEndpoint descriptor */
static const uint8_t __hid_in_ep[HID_IN_ENDPOINT_SIZE] =
{
    7,                              /* 端点描述符的字节数,固定为 7 */
    USB_DTYPE_ENDPOINT,             /* 端点描述符类型编号 */
    USB_EP_DESC_IN | USB_EP_1,      /* 端点地址及输入/输出属性,即将端点 1 定义为 IN 端点 */
    USB_EP_ATTR_INT,                /* 端点的传输类型属性,即为中断端点 */
    USBShort(64),                   /* 端点收、发的最大包的大小 */
    10,                             /* 主机查询端点的时间间隔,即为 10 ms */
};

static const uint8_t __hid_out_ep[HID_OUT_ENDPOINT_SIZE] =
{
    7,                              /* 端点描述符的字节数,固定为 7 */
    USB_DTYPE_ENDPOINT,             /* 端点描述符类型编号 */
    USB_EP_DESC_OUT | USB_EP_2,     /* 端点地址及输入/输出属性,即将端点 1 定义为 IN 端点 */
    USB_EP_ATTR_INT,                /* 端点的传输类型属性,即为中断端点 */
    USBShort(64),                   /* 端点收、发的最大包的大小 */
    10,                             /* 主机查询端点的时间间隔,为 10 ms */
}
```

⑤ HID 描述符:

```
/* @briefHID descriptor */
static hid_desc_t __boot_hid_desc =
{
    9,                          /* HID 描述符的字节数(只有一个描述符设备时固定为 9) */
    USB_HID_DTYPE_HID,          /* HID 描述符类型编号 */
    0x111,                      /* HID 类协议的版本号为 1.11 */
    0,                          /* 硬件的国家或地区代码为 0,即标识不支持此功能 */
    1,                          /* 下级描述符的数量为 1 */
    {
        {
            USB_HID_DTYPE_REPORT,               /* 下级描述符的类型编号,即为报告描述符 */
            sizeof(__hid_user_report_desc)      /* 下级描述符的长度为 0x3F,十进制值为 63 */
        }
    }
};
```

⑥ HID 报告描述符:HID 报告描述符中每个项目都由一个报告 ID 字节和一个或多个含有

项目数据的字节构成。HID规范定义了报告描述符可含有的项目类型。如下为自定义HID设备的报告描述符，定义了一个输入报告和一个输出报告。

```
/ * @briefHID report structure * /
static const uint8_t__hid_user_report_desc[] =
{
    0x06,                               / * Usage Page ID(用途页项目 ID) * /
    / * 厂商自定义用途页可从 0xFF00 到 0xFFFF 取值，此处取值为 0xFF00 * /
    ((0xFF00) & 0xFF),                  / * 用途页低字节 * /
    (((0xFF00) >> 8) & 0xFF),           / * 用途页高字节 * /
    USAGE(1),                           / * 用途，由厂商定义 * /
    COLLECTION(USB_HID_APPLICATION),    / * 开启一组应用集合，以 END_COLLECTION 结束 * /

        USAGE(2),                       / * 用途，由厂商定义 * /
        LOGICAL_MIN(0),                 / * 逻辑最小为 0 * /
        LOGICAL_MAX(255),               / * 逻辑最大为 255 * /
        REPORT_SIZE(8),                 / * 报告尺寸为 8 位 * /
        REPORT_COUNT(64),               / * 报告计数为 64 字节 * /
        OUTPUT(0x82),                   / * 输出报告，0x82 代表输出项目为"保留"的"变量" * /

        USAGE(3),                       / * 用途，由厂商定义 * /
        LOGICAL_MIN(0),                 / * 逻辑最小为 0 * /
        LOGICAL_MAX(255),               / * 逻辑最大为 255 * /
        REPORT_SIZE(8),                 / * 报告尺寸为 8 位 * /
        REPORT_COUNT(64),               / * 报告计数为 64 字节 * /
        INPUT(0x82),                    / * 输入报告，0x82 代表输入项目为"保留"的"变量" * /

    END_COLLECTION                      / * 关闭应用集合 Collection * /
};
```

(4) 定义一个 HID 自定义设备 hid_user_device，并根据应用程序的要求初始化所有字段。

```
/ * @brief HID user device information * /
usbd_hid_user_dev_t hid_user_device =
{
    USB_VID_EASTSOFT_30CC,              / * 厂商编号 * /
    USB_PID_GAMEPAD,                    / * 产品编号 * /
    500,                                / * 最大电流 * /
    USB. CONF ATTR SELF PWR,            / * 供电方式 * /
    hid_user_handle,                    / * 事件处理用户函数指针 * /
    (void * ) &hid_user_device,         / * 用户 HID 设备结构体指针 * /
    string_desc,                        / * 字符串描述符表地址 * /
    NUM_STRING_DESCRIPTORS              / * 字符串描述符表的条目数 * /
};
```

(5) 初始化函数调用 HID 用户自定义设备，来配置 USB 控制器并将设备放置在总线上。

```
usbd_hid_user_init(0, &hid_user_device);
```

(6) 开发事件处理程序函数,即上面实例中的 hid_user_handle。

HID 设备与主机之间的通信使用称为"报告"的结构来实现。

输入报告从设备发送到主机,以响应设备状态更改、来自主机的查询或可配置的超时。在状态更改的情况下,设备会通过中断 IN 端点将相关输入报告发送到主机。这是通过调用 usbd_hid_user_report_send()完成的。如果传递的报告长于端点的最大数据包大小,则类驱动程序将其分解为多个 USB 数据包。将完整的报告发送到主机并得到确认后,应用程序的发送事件处理程序将收到 USB_EVENT_TX_COMPLETE,表明该应用程序可以发送另一个报告。

输出报告从主机发送到设备,如果将专用端点用于输出和功能报告,则只要报告包可用,就会使用 USB_EVENT_RX_AVAILABLE 调用应用程序接收回调。在此回调期间,应用程序可以调用 usbd_hid_user_report_recv()来检索数据包。

```
/*
  * @brief  Handle keyboard event.
  * @param  data:Parameter of the event.
  * @param  event:Type of the event.
  * @param  value:Value of the event.
  * @param  p_data:Message of the event.
  * @retval Status.
  */
uint32_thid_user_handle(void  *data, uint32_t event, uint32_t value, void  *p_data)
{
    switch (event)
    {
        case USB_EVENT_CONNECTED:
            printf_e("\rConnect! \n\r");
            _hid_user_flag = STATE_DEVICE_CONN;
            break;

        case USB_EVENT_DISCONNECTED:
            break;

        /*数据已被接收,位于缓冲区中,可从中读取*/
        case USB_EVENT_RX_AVAILABLE:
            /*接收输出报告*/
            usbd_hid_user_report_recv(&hid_user_device, rx_buf, CUSTOMHID_REPORT_SIZE);
            /*将接收到的数据原样发送*/
            usbd_hid_user_report_send(&hid_user_device, rx_buf, CUSTOMHID_REPORT_SIZE);
            break;

        case USB_EVENT_TX_COMPLETE:
            break;

        case USB_EVENT_SUSPEND:
            printf_e("\rSuspend! \n\r");
            _hid_user_flag = STATE_DEVICE_NO;
```

```
                break;

            case USB_EVENT_RESUME:
                break;

            default:
                break;
        }

    return 0;
}
```

(7) 在 ES_USB_Lab 上的实验效果如图 19－32 所示。

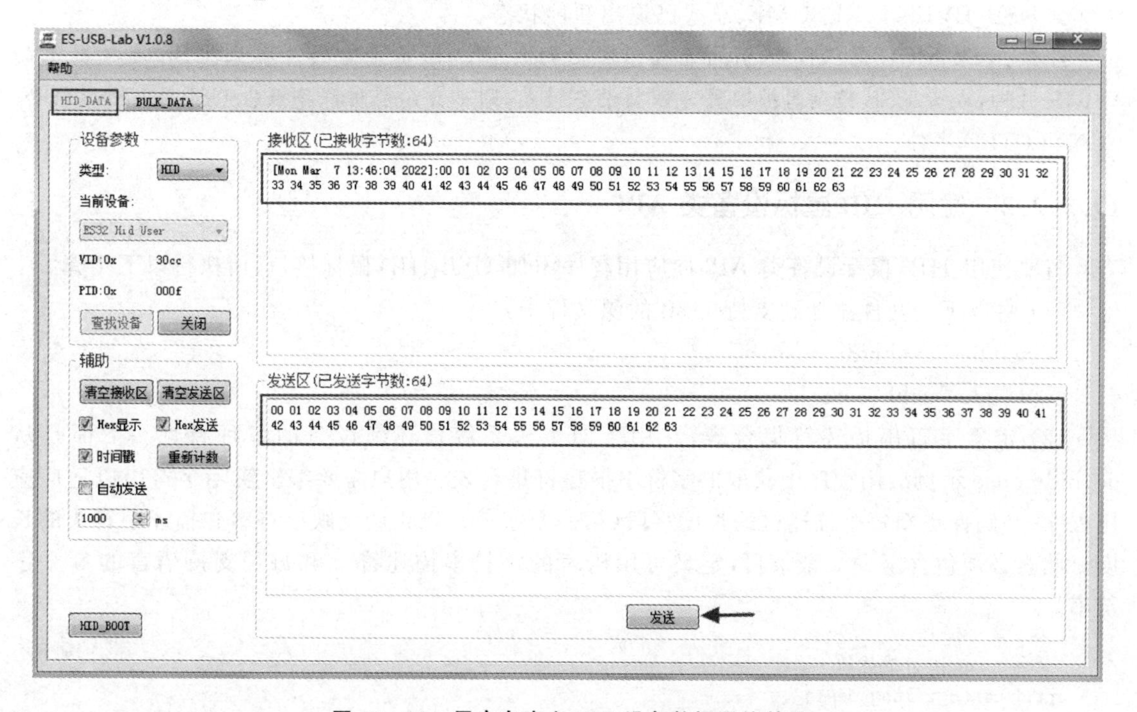

图 19－32　用户自定义 HID 设备数据通信效果

19.5.2　USB 鼠标

USB HID 设备类非常通用，但有点令人望而生畏。然而，对于希望向 USB 主机提供类似鼠标接口的应用程序，可以使用 HID 鼠标设备类 API，而不需要开发任何特定于 HID 的软件。这种高级接口完全封装了 USB 协议栈和 USB HID 设备类驱动程序，并允许应用程序简单地实例化 USB 鼠标设备，并调用单个函数通知 USB 主机鼠标移动和按钮按下。USB 鼠标设备使用 BIOS 鼠标子类和协议，因此被绝大多数主机操作系统和 BIOS 识别，而不需要额外的主机端软件。鼠标提供 2 个轴运动（根据相对位置变化向主机报告）和最多 3 个按钮，这些按钮可以被按下或释放。

19.5.2.1 HID 鼠标设备 API 事件

HID 鼠标设备 API 向应用程序回调函数发送以下事件：

- USB_EVENT_CONNECTED:该设备现在已连接到 USB 主机,准备发送并接收数据。
- USB_EVENT_DISCONNECTED:设备已从 USB 主机断开连接。
- USB_EVENT_RX_AVAILABLE:数据已被接收,位于缓冲区中,可从中读取。
- USB_EVENT_ERROR:在通道或管道上报告了错误。
- USB_EVENT_SUSPEND:总线已进入暂停状态。
- USB_EVENT_RESUME:总线已退出暂停状态。

注意:如果 MCU 的 VBUS 引脚连接到固定的+5 V,而不是直接连接到 USB 连接器上的 VBUS 引脚,或者 USB 控制器被配置为强制设备模式,则不会向应用程序报告 USB_EVENT_DISCONNECTED 事件。

19.5.2.2 使用 HID 鼠标设备类 API

若要使用 HID 鼠标设备类 API 向应用程序添加 USB HID 鼠标接口,请执行以下步骤。

(1) 将以下头文件添加到支持 USB 的源文件中：

#include "usbhhidmouse.h"

#include "usbh_core.h"

(2) 定义字符串描述符集合表,它用于向主机系统描述新设备的各种特性。下面是从 devhidmouse 示例应用程序中获取的字符串描述符集合表。用户需要编辑实际字符串以适应应用程序,并确保更新每个描述符的长度字段(第一个字节),以正确反映字符串和描述字符头的长度。此表必须包含至少 6 个条目,定义可用语言的字符串描述符 0 和每种支持语言的 5 个字符串。

```
/*@brief 语言描述符*/
const uint8_t lang_desc[] =
{
    4,                              /*bString 域的长度 N+2*/
    USB_DTYPE_STRING,               /*字符串描述符类型编号(此处应为 0x03)*/
    USBShort(USB_LANG_EN_US)        /*美式英语*/
};

/*@brief 制造商字符串描述符*/
const uint8_t manufact_str[] =
{
    (17 + 1) * 2,                   /*bString 域的长度 N+2*/
    USB_DTYPE_STRING,               /*字符串描述符类型编号(此处应为 0x03)*/
    'E', 0, 'a', 0, 's', 0, 't', 0, 's', 0, 'o', 0, 'f', 0, 't', 0,'', 0,
```

```
    'S', 0, 'h', 0, 'a', 0, 'n', 0, 'g', 0, 'h', 0, 'a', 0, 'i', 0,
};

/* @brief 产品字符串描述符 */
const uint8_t product_str[] =
{
    (13 + 1) * 2,                   /* bString 域的长度 N+2 */
    USB_DTYPE_STRING,               /* 字符串描述符类型编号(此处应为 0x03) */
    'M', 0, 'o', 0, 'u', 0, 's', 0, 'e', 0, ' ', 0, 'E', 0, 'x', 0,
    'a', 0, 'm', 0, 'p', 0, 'l', 0, 'e', 0
};

/* @brief 序列号字符串描述符 */
const uint8_t serial_num_str[] =
{
    (8 + 1) * 2,                    /* bString 域的长度 N+2 */
    USB_DTYPE_STRING,               /* 字符串描述符类型编号(此处应为 0x03) */
    '1', 0, '2', 0, '3', 0, '4', 0, '5', 0, '6', 0, '7', 0, '8', 0
};

/* @brief 接口描述符字符串描述符 */
const uint8_t data_interface_str[] =
{
    (19 + 1) * 2,                   /* bString 域的长度 N+2 */
    USB_DTYPE_STRING,               /* 字符串描述符类型编号(此处应为 0x03) */
    'H', 0, 'I', 0, 'D', 0, ' ', 0, 'M', 0, 'o', 0, 'u', 0, 's', 0,
    'e', 0, ' ', 0, 'I', 0, 'n', 0, 't', 0, 'e', 0, 'r', 0, 'f', 0,
    'a', 0, 'c', 0, 'e', 0
};

/* @brief 配置描述符字符串描述符 */
const uint8_t config_str[] =
{
    (23 + 1) * 2,                   /* bString 域的长度 N+2 */
    USB_DTYPE_STRING,               /* 字符串描述符类型编号(此处应为 0x03) */
    'H', 0, 'I', 0, 'D', 0, ' ', 0, 'M', 0, 'o', 0, 'u', 0, 's', 0,
    'e', 0, ' ', 0, 'C', 0, 'o', 0, 'n', 0, 'f', 0, 'i', 0, 'g', 0,
    'u', 0, 'r', 0, 'a', 0, 't', 0, 'i', 0, 'o', 0, 'n', 0
};

/* @brief 字符串描述符集合表,一定要按照下面的顺序排列,因为在描述符中已经定义好相应的字符串
索引 */
const uint8_t * const string_desc[] =
{
    lang_desc,
    manufact_str,
    product_str,
    serial_num_str,
    data_interface_str,
```

```
    config_str
};

/ * @brief 字符串描述符集合表长度 * /
#define NUM_STRING_DESCRIPTORS (sizeof(string_desc)/sizeof(uint8_t * ))
```

(3) 定义鼠标设备 mouse_device,并根据应用程序的要求初始化所有字段。

```
/ * @brief Mouse device information * /
usbd_hid_mouse_dev_t mouse_device =
{
    USB_VID_EASTSOFT_30CC,
    USB_PID_MOUSE,
    500,
    USB_CONF_ATTR_SELF_PWR,
    mouse_handle,
    (void  * ) &mouse_device,
    string_desc,
    NUM_STRING_DESCRIPTORS
};
```

(4) 向应用程序添加鼠标事件处理程序函数,即上面实例中的 mouse_handle。一个最小的实现可以忽略所有事件,尽管 USB_EVENT_TX_COMPLETE 可以用来确保上一个报告仍然在传输到主机时不发送鼠标消息。尝试发送一个新的鼠标报告时,上一个报告尚未被主机确认,将从函数 usbd_hid_mouse_state_change 返回代码 MOUSE_ERR_TX_ERROR。

(5) 初始化函数调用 HID 鼠标设备,来配置 USB 控制器并将设备放置在总线上。

```
usbd_hid_mouse_init(0, &mouse_device);
```

(6) 一旦主机连接,即 USB_EVENT_CONNECTED 之后,用户的鼠标事件处理程序将被发送,可以调用 usbd_hid_mouse_state_change 通知主机鼠标位置和按钮状态的更改。关于事件处理的详细过程请用户参考 ES32 SDK 中的例程。

第五篇

存储扩展

第20章

QSPI四线串行外设接口

QSPI是一种专用四线SPI接口，主要用于操作读/写单线、双线或四线的SPI Flash。ES32系列的QSPI Flash控制器支持传统模式SPI接口，支持高达4个外部Flash器件，支持可提升的高速读数据捕捉机制特性，支持高性能单线、双线和四线SPI标准接口。本章介绍的QSPI模块及其程序设计示例基于ES32F369x平台。ES32F369x的QSPI在直接访问模式下，外部的SPI器件可看作为内部存储器，从而达到扩展MCU程序存储空间和数据存储空间的目的。

20.1 功能特点

ES32F369x QSPI模块提供以下特性：

- 4种工作模式：直接映射模式、间接模式、软件触发模式和传统模式；
- 支持XIP(Execute in Place)；
- 高达1 KB的内嵌SRAM，在间接模式下，可用来减小AHB总线开销和Flash数据缓冲；
- 支持多种时钟频率，包括当前市场上的133 MHz SDR和80 MHz DDR；
- 支持高达4个可选的外部器件；
- 可编程AHB解码器，支持每个已连接器件的连续寻址模式和器件之间边界的自动检测；
- 可编程的写保护区域，可阻止系统写入生效；
- 支持可提升高速读数据捕捉机制的特性；
- 具有适用于间接模式的DMA通道；
- 支持中断生成可编程；
- 支持BOOT模式。

20.2 QSPI简介

SPI(Serial Peripheral Interface)是摩托罗拉提出的一种高速、全双工的串行通信总线。标准的SPI通信需要4根线，分别是时钟线(CLK)、片选线(CS)、数据输出(SO)、数据输入(SI)。在标准SPI的基础上，摩托罗拉又提出了Dual SPI和Quad SPI，目前很多厂商的Flash芯片已经支持这3种SPI接口。

标准的 SPI 为单线串行传输，SI/SO 方向固定。Dual SPI 为双线并行传输，SI/SO 变为双向 IO 口 IO0/IO1，通过 IO0～IO1 端口实现数据输入/输出。Quad SPI 是四线并行传输，通常在 Dual SPI 基础上把 Flash 的引脚 $\overline{\text{WP}}$ 复用为 IO2，把引脚 $\overline{\text{HOLD}}$ 复用为 IO3，即在 Dual SPI 基础上，通过 IO0～IO3 实现数据输入/输出。一个完整的多线通信序列主要包括 5 个阶段：指令(Instruction)、地址(Address)、8 位模式(Mode)、等待数据(Dummy)、有效数据(Data)。

下面以读操作为例，展示单线、双线和四线的数据传输原理和过程。

1. SPI 单线传输模式

SPI 单线传输模式的读操作时序图如图 20-1 所示。

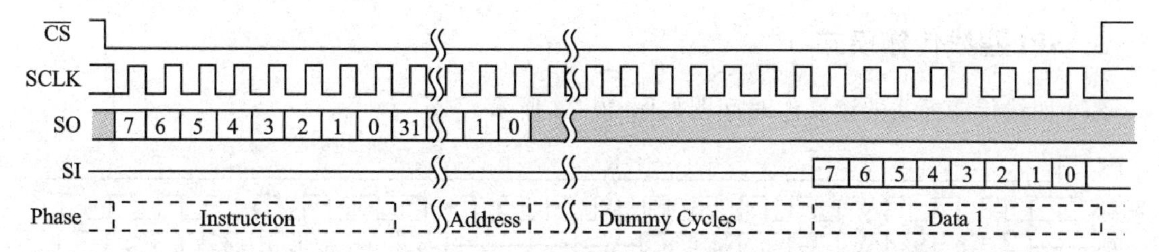

图 20-1　SPI 单线读操作时序图

在 SPI 单线传输模式下，仅允许以 1 位数据进行发送/接收，通过引脚 IO0(SO)发送数据，通过引脚 IO1(SI)接收数据。

在单线传输模式下的端口配置：

- IO0(SO)处于输出状态；
- IO1(SI)处于输入状态；
- IO2 处于输出状态(默认高电平)，可通过 SWPP@QSPI_CR 配置并输出电平的高低，可控制外部设备的写保护引脚 $\overline{\text{WP}}$；
- IO3 处于输出状态，输出固定为高电平，可控制外部设备的保持引脚 $\overline{\text{HOLD}}$。

2. SPI 双线传输模式

SPI 双线传输模式的读操作时序图如图 20-2 所示。

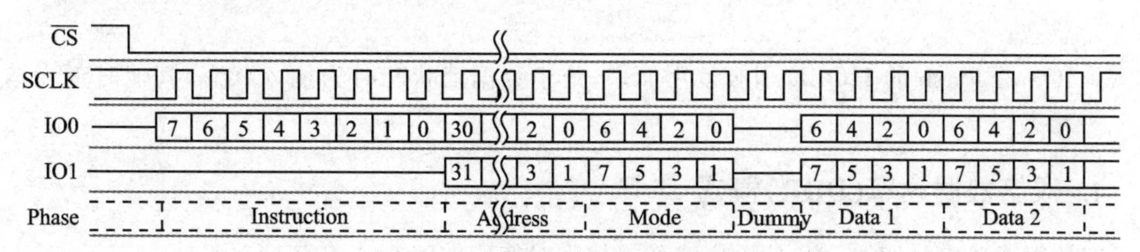

图 20-2　SPI 双线读操作时序图

在 SPI 双线传输模式下，SI/SO 分别转变为双向（输入/输出）数据端口 SIO0/SIO1，两个端口可并行传输数据。具体做法是把一个字节从高位传到低位，每 2 位分为一组，每个时钟周期传输 2 位，4 个时钟周期即可完成一个字节的传输。

在双线传输模式下的端口配置：

- IO0 处于数据读状态时为输入状态，其他时刻为输出状态；
- IO1 处于数据读状态时为输入状态，其他时刻为输出状态；
- IO2 处于输出状态（默认高电平），可通过 SWPP@QSPI_CR 配置并输出电平的高低，可控制外部设备的写保护引脚 $\overline{\text{WP}}$；
- IO3 处于输出状态，输出固定高电平，可控制外部设备的保持引脚 $\overline{\text{HOLD}}$。

3. SPI 四线传输模式

SPI 四线传输模式的读操作时序图如图 20－3 所示。

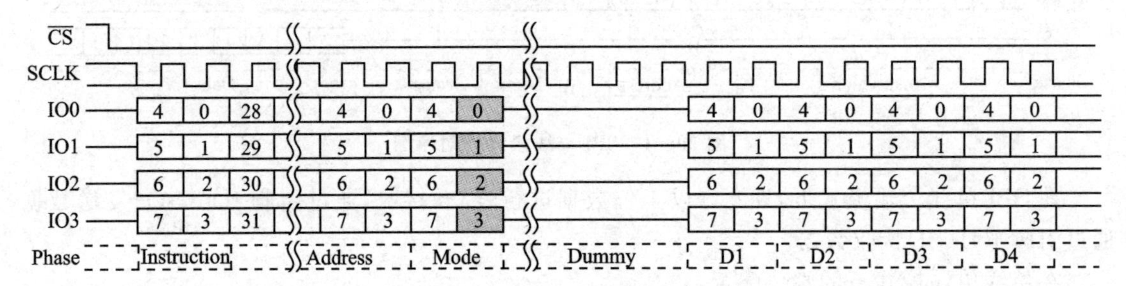

图 20－3　SPI 四线读操作时序图

在 SPI 四线传输模式下，SI/SO/WP/HOLD 分别转变为双向（输入/输出）数据端口 IO0/IO1/IO2/IO3，4 个端口可并行传输数据。具体做法是把一个字节从高位传到低位，每 4 位分为一组，每个时钟周期传输 4 位，两个时钟周期即可完成一个字节的传输。

在四线传输模式下的端口配置：

- IO0 处于数据读状态时为输入状态，其他时刻为输出状态；
- IO1 处于数据读状态时为输入状态，其他时刻为输出状态；
- IO2 由 Flash 的 $\overline{\text{WP}}$ 引脚复用而来，处于数据读状态时为输入状态，其他时刻为输出状态；
- IO3 由 Flash 的 $\overline{\text{HOLD}}$ 引脚复用而来，处于数据读状态时为输入状态，其他时刻为输出状态。

4. 双倍数据速率(DDR)模式

双倍数据速率的四线 SPI 传输模式的读操作时序图如图 20－4 所示。

在双倍数据速率（DDR）模式下，指令（Instruction）阶段与单倍数据速率（SDR）相同，即在时

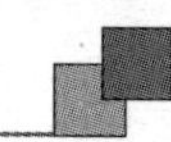

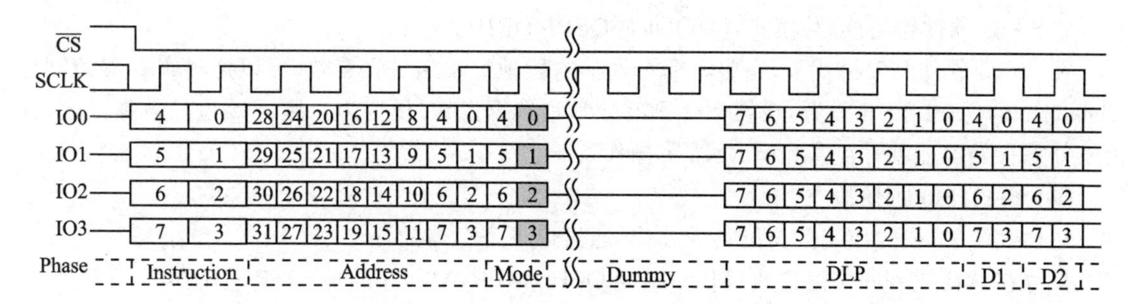

图 20-4　DDR 四线 SPI 读操作时序图

钟的下降沿发送指令数据；但地址(Address)、模式(Mode)、等待数据(Dummy)、有效数据(Data)阶段支持时钟的上升沿和下降沿传送。通过 DDRM@QSPI_DRIR 配置双倍数据速率。

下面分析每个主要阶段的作用及配置方法。

(1) 指令(Instruction)阶段

所有指令都以 8 位为单位，这些指令用于选择信息传输类型和将被执行的操作。根据应用模式的不同，指令的设置由以下寄存器来配置：

- 直接读模式和间接读模式：RINST@QSPI_DRIR；
- 直接写模式和间接写模式：WINST@QSPI_DWIR；
- STIG 软件触发读/写模式：OPCODE@QSPI_FCR。

在指令操作阶段可以将指令在总线上的传输方式配置成单线(Single SPI)、双线(Dual SPI)和四线(Quad SPI)模式，该操作通过配置寄存器 IMODE@QSPI_DRIR 来实现，该阶段与 QSPI 的工作模式无关，无论使用直接读写模式、间接读写模式还是软件触发读写模式，均须按照 QSPI Flash 的指令格式来配置寄存器。

(2) 地址(Address)阶段

在地址阶段，当使用直接读写模式或间接读写模式时，需要根据 QSPI Flash 支持的地址长度配置寄存器 ADSIZE@QSPI_DSCR，当使用软件触发模式时，则需要配置寄存器 ADNUM@QSPI_FCR，软件触发模式支持地址宽度 1～4 字节可配。

发送的地址数据通过如下寄存器配置：

- 直接读模式和直接写模式：由 AHB 总线地址决定；
- 间接读模式：ADDR@QSPI_IRTSAR；
- 间接写模式：ADDR@QSPI_IWTSAR；
- STIG 软件触发读/写模式：CMDADR@QSPI_FCAR。

在地址阶段可以配置成单线(Single SPI)、双线(Dual SPI)和四线(Quad SPI)模式，通过以下寄存器配置：

- 直接读模式和间接读模式：ADMODE@QSPI_DRIR；
- 直接写模式和间接写模式：ADMODE@QSPI_DWIR；

➢ STIG 软件触发读/写模式:IMODE@QSPI_DRIR。

在 STIG 软件触发模式下,在整个命令通信阶段地址发送是否有效,可以通过寄存器控制位 ADDREN@QSPI_FCR 设置,设置为 1 则有效地址数据发送,设置为 0 则无效地址数据发送,常用于外部存储器控制寄存器和模式读/写操作。

(3) 模式(Mode)阶段

在模式阶段,模式控制数据位宽为 8 位,通过以下寄存器配置:

➢ 直接读模式和间接读模式:MODEB@QSPI_MBR、MODBEN@QSPI_DRIR;

➢ STIG 软件触发读/写模式:MODEB@QSPI_MBR、MODBEN@QSPI_FCR。

(4) 等待(Dummy)阶段

在 Dummy 阶段,Dummy 数据长度为 0～31 字节可设置,发送 Dummy 数据是为了高速发送和低速接收的时序平衡,如预留外部存储器足够准备、处理数据的时间。Dummy-cycle 数据长度通过以下寄存器配置:

➢ 直接读模式和间接读模式:DCYC@QSPI_DRIR;

➢ 直接写模式和间接写模式:DCYC@QSPI_DWIR;

➢ STIG 软件触发读/写模式:DUMNUM@QSPI_FCR。

在 Dummy 数据操作阶段可以配置成单线(Single SPI)、双线(Dual SPI)和四线(Quad SPI)模式,通过以下寄存器配置:

➢ 直接读模式和间接读模式:ADMODE@QSPI_DRIR;

➢ 直接写模式和间接写模式:ADMODE@QSPI_DWIR;

➢ STIG 软件触发读/写模式:IMODE@QSPI_DRIR。

(5) 数据(Data)阶段

在直接读/写模式下,从外部存储器读到的数据直接发送到 AHB 数据总线上,写到外部存储器的数据直接通过 AHB 数据总线实现。

在间接读/写模式下,读/写的数据会先存放在内嵌 SRAM 中,然后通过内嵌 SRAM 完成数据的传输。其中,对于间接读模式,数据容量通过寄存器 NUM@QSPI_IRTNR 设置;对于间接写模式,数据容量通过 NUM@QSPI_IWTNR 设置。

在数据读/写操作阶段可以配置成单线(Single SPI)、双线(Dual SPI)和四线(Quad SPI)模式,通过以下寄存器配置:

➢ 直接读模式和间接读模式:DMODE@QSPI_DRIR;

➢ 直接写模式和间接写模式:DMODE@QSPI_DWIR;

➢ STIG 软件触发读/写模式:IMODE@QSPI_DRIR。

为适应不同厂家的 Flash 存储器,需通过软件合理配置 QSPI_DDLR 寄存器和 QSPI_RDCR 寄存器,以尽可能提升 Flash 的读/写效率。由于每个器件可能有不同的时序要求,用户可通过 QSPI_DDLR 寄存器配置,实现基于 ref_clk 时钟周期和片选时序。QSPI_RDCR 寄存器用于设置读数据的延时。另外,还需要通过 QSPI_DSCR 寄存器配置 Flash 的容量大小、页大小等属性。

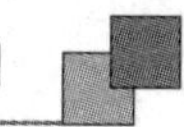

ES32 系列的 QSPI Flash 模块支持直接映射模式、间接模式、软件触发模式和传统模式，模式多样且灵活，开发人员可以根据应用场景选择写入/读取存储的设备。下面分析 ES32 系列的 QSPI Flash 模块的主要功能。

20.3　功能逻辑视图

ES32 系列的 QSPI 模块的结构如图 20－5 所示。QSPI Flash 的存储器映射地址范围为 0x9000 0000～0x9FFF FFFF。

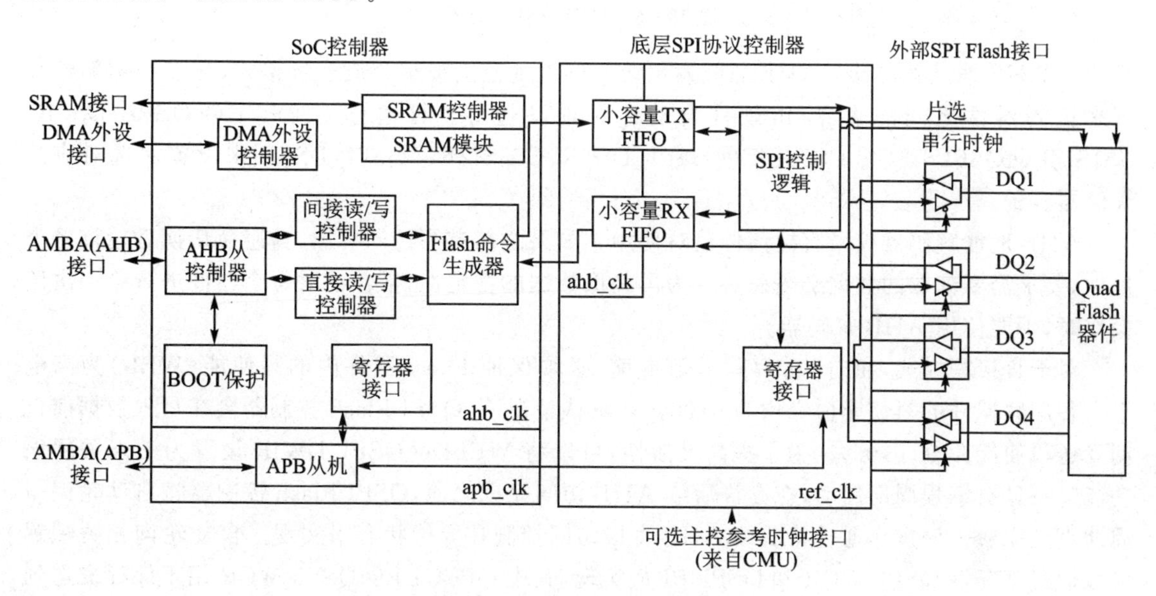

图 20－5　QSPI 模块结构框图

20.4　直接访问模式

直接访问模式又称存储器映射模式，视外部的 SPI 器件抽象为内部存储器。直接访问模式由直接访问控制器(DAC)实现，默认使能直接访问控制器，其起始地址为 0x9000 0000。

内存映射示例图如图 20－6 所示，对于 8 MB 容量的存储器，映射的起始地址为 0x9000 0000，AHB 寻址范围为 0x9000 0000～0x907F FFFF，直接映射 Flash 的 8 MB 寻址空间(如 0x0000 0000～0x007F FFFF)，并且可直接执行外部 Flash 存储器中的程序。

对于直接读模式，直接访问控制器会自动触发一系列的读命令(如状态查询命令 OPCODE @QSPI_WCR)，读出的数据传送至 AHB 指定地址空间。控制器总是会多执行一次预读操作，以提高读取速度。

控制器最多可连接 4 个 Flash 器件，为确保连续高性能地读数据，同时存在多个存储器件时

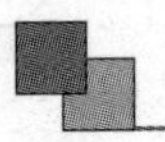

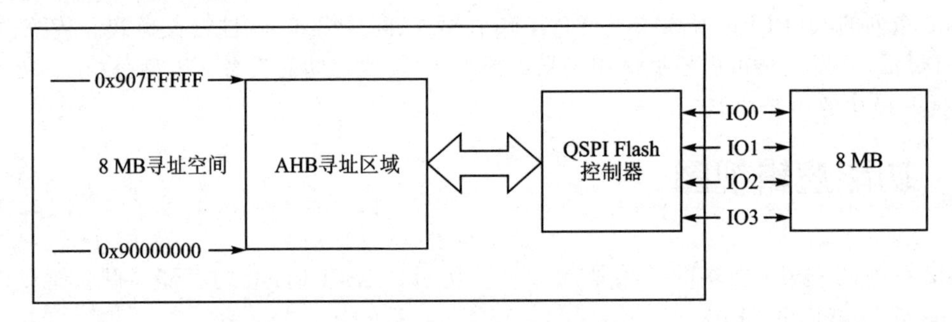

图 20-6 内存映射示例图

可使能 AHB 地址解码器。AHB 总线发出访问的地址范围被整合成连续格式，无需利用额外步骤来检测器件之间的边界，由硬件自动计算地址边界。可通过 CS0SIZE@QSPI_DSCR、CS1SIZE@QSPI_DSCR、CS2SIZE@QSPI_DSCR、CS3SIZE@QSPI_DSCR 来设置片选对应的存储器容量。

AHB 地址解码器仅限直接读传输时使用。如果之前有写访问发出，为避免切换后轮询各个器件，要求需要读取的数据必须稳定。为了确保数据的稳定性，推荐在对每个器件进行第一次读操作时，不要使用 AHB 解码器。

对于直接写模式，在向 Flash 写入数据前，必须保证 Flash 器件内的写使能(WEL)为高电平。各厂家器件的写使能命令均为 0x06。在默认情况下，QSPI Flash 控制器会在写入数据前自动发送写使能命令(0x06)。为了提高灵活性，可以将 WELD@QSPI_DWIR 设置为 1 来关闭该功能。一旦页编程周期启动，在允许后续 AHB 访问完成之前，QSPI Flash 控制器将自动轮询写周期直到完成。该操作通过将后续 AHB 直接访问控制在等待状态来实现。自动轮询相关配置可以通过寄存器 QSPI_WCR 和 QSPI_PER 实现，其中 OPCODE@QSPI_WCR 用于保存发送到 Flash 器件的状态查询指令，默认为 0x05。PCNT@QSPI_WCR 和 PCYCN@QSPI_PER 用于设置轮询次数。

例如 PCNT＝0x01，控制器会连续发送两次外部 Flash 写状态轮询命令，再使外部设备片选信号失效（拉高），失效的时间由 PREPD@QSPI_WCR 决定（1×SPI_CLK＋PREPD×REF_CLK）。失效时间达到后，控制器会再次发送两次外部 Flash 写状态轮询命令。写状态轮询和失效时间反复循环执行，直到轮询到外部 Flash 写操作完成；或者当循环轮询的总次数达到 PCYCN@QSPI_PER 设置的值时，轮询终止，QSPI 控制器会继续编程下一个数据，忽略上一次写编程结果。例如：PCNT ＝ 0x01，PCYCN ＝ 0x06，总的轮询次数为（0x01 ＋ 1）×（0x06＋1）＝14 次。

控制器将确保 Flash 突发写操作不会超出 Flash 页边界。当检测到页边界时，只有到边界为止的字节会被写入，然后使 Flash 器件切换到下一页继续写入。因此，需要设置 PASIZE@QSPI_DSCR 的值使得控制器知道页大小。另外，在数据写入前需要确保 Flash 已被擦除，这需要在软件触发模式下发送擦除命令。

如果使能 AHB 地址重映射,即设置 AREN@QSPI_CR 为 1,所有待访问的 AHB 地址自动加上 READDR@QSPI_RAR 的值,作为实际访问的地址。

如上所述,读/写命令之后是地址命令。由于各个器件容量不同,所以寻址范围也不同,通过设置 ADSIZE@QSPI_DSCR 的值指定寻址空间。在实际访问时,访问地址为 AHB 的低字节地址,其 ADSIZE@QSPI_DSCR 来设置地址字节的个数。如 ADSIZE@QSPI_DSCR 值为 2,表示 Flash 寻址需要 3 字节的地址空间。补充说明,当访问 AHB 地址 0x9000 0000 和 0x9100 0000 时,实际访问的 Flash 地址都是 0x00 0000,即把 AHB 地址的低 3 字节作为 Flash 的地址。

直接访问模式的主要使用步骤如下:

① 配置相应 GPIO 引脚为 QSPI 模式,并指定引脚输入/输出方向;

② 设置 EN@QSPI_CR 为 0,禁止 QSPI 模块,配置 QSPI_CR 寄存器的其他必要参数;

③ 根据使用的 Flash 器件读/写类型和指令码配置寄存器 QSPI_DRIR、QSPI_DWIR;

④ 根据使用的 Flash 器件配置参数寄存器 QSPI_DSCR;

⑤ 根据使用的 Flash 器件状态查询指令配置 QSPI_WCR 寄存器;

⑥ 设置 EN@QSPI_CR 为 1,使能 QSPI 模块;

⑦ 访问 AHB 地址 0x9000 0000～0x9FFF FFFF。

20.5 间接访问模式

虽然直接访问模式易于理解且非常易用,但其缺点是 MCU 执行程序的速度远远大于与外部 Flash 通信的速度,从而导致 MCU 大部分时间都在轮询外部 Flash 的状态。在数据成功写入/读取外部 Flash 期间,CPU 不能继续执行其他程序,占用 CPU 资源。另外,在多数情况下,使用外部 Flash 来保存数据,而不考虑在外部 Flash 中执行程序(只有在直接访问模式下,才可以执行外部 Flash 程序)。解决该类型的效率问题,可采用间接访问模式。

QSPI 控制器的间接访问模式使用 QSPI 模块内置 1 KB 专属 SRAM(又称内嵌 SRAM)作为中间载体,读/写数据都会通过内嵌 SRAM 转存。在间接访问模式下,写外部 Flash 存储器,CPU 加载数据置内嵌 SRAM,QSPI 控制器从内嵌 SRAM 读取数据并写入外部存储器。同理,在间接访问模式下,读取外部 Flash 存储器数据,QSPI 控制器从外部 Flash 存储器中读取数据并加载到内嵌 SRAM 中,CPU 从内嵌 SRAM 中读取数据。

间接访问模式的优点是提高了 CPU 的使用效率。CPU 把数据写入内嵌 SRAM,QSPI 控制器把一定容量的数据写入外部 Flash 后,触发中断通知 CPU;或者 QSPI 控制器把一定容量的数据从外部 Flash 存入内嵌 SRAM 后,触发中断通知 CPU。在 QSPI 控制器写/读外部 Flash 期间,CPU 可以执行其他程序,QSPI 的中断子程序处理即可。

间接访问模式示意图如图 20-7 所示。

内核通过访问存储器地址来写入/读出内嵌 SRAM 的数据,只要访问的地址在间接触发模式地址范围内,都会触发间接访问。间接触发模式的寻址范围由间接访问基址寄存器 INDTAD

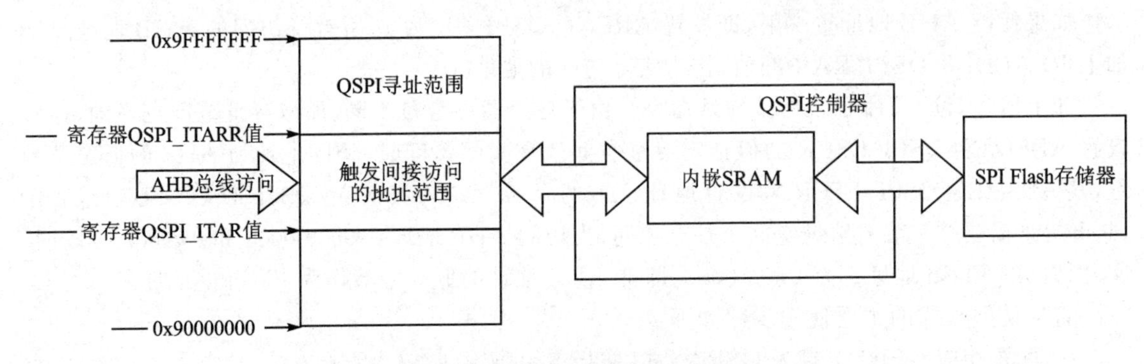

图 20-7　间接访问模式示意图

@QSPI_IATR 和间接访问范围寄存器 RNGW@QSPI_ITARR 组成，即所有访问 INDTAD～INDTAD＋(2^RNGW－1)的地址区间，都视为间接模式访问，该区间之外的访问为直接模式访问。如果接收到的 AHB 寻址范围超出间接触发寻址范围，则间接触发地址范围内的访问将由间接访问控制器处理，其余地址由直接访问控制器处理。

在使能 DMA 数据传输的情况下，当 MCU 写入内嵌 SRAM 的数据量低于设置阈值时，或从外部 Flash 读入内嵌 SRAM 的数据量超过设置阈值时，都会触发 DMA 继续写入/读取数据，使得 MCU 内核的使用效率更高。注意，只有在间接访问模式下才具有 DMA 功能。

在间接访问模式下，当间接写操作正在进行中时，软件可以触发间接读操作。同理，当间接读操作正在进行中时，软件可以触发间接写操作。间接写的优先级高于间接读的优先级。

20.5.1　间接读控制器

在默认情况下，间接读控制器处于禁止状态。在使能间接读模式之前，需要指定外部 Flash 的起始地址 ADDR@QSPI_IRTSAR 和需要读取的数据容量 NUM@QSPI_IRTNR，以及设置内嵌 SRAM 的数据量阈值 VALUE@QSPI_IRTWR，当读取的数据量超过该阈值时，就会产生中断或触发 DMA，最后通过间接读传输控制寄存器 QSPI_IRTR 开始/取消间接读以及获取相关状态信息。

在间接读模式下，最多可以允许连续触发两次间接读操作，即在第一次间接读操作期间，可以直接触发第二次间接读操作；控制器会在第一次间接读操作完成后，直接执行第二次间接读操作。两次间接读操作的操作状态可以通过 INDRNUM@QSPI_IRTR 和 RDCS@QSPI_IRTR 获取相关状态信息。若间接读控制器已经接受两个间接读操作且第一个读操作还未完成，又新产生一次间接读操作请求，则此请求不被接受。

向间接读操作的控制位 RDST@QSPI_IRTR 写 1 可触发一次间接读操作，向控制位 RD-DIS@QSPI_IRTR 写 1 可取消本次间接读操作。

在执行一次间接读操作时，读取数据的字节数不受内嵌 SRAM 的容量限制，内嵌 SRAM 容量限制仅体现在使能 DMA 模式下的请求传输量。当读取数据的字节数超过 SRAM 存储空间

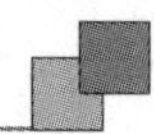

时,控制器会暂停从外部 Flash 存储器读取数据,直到 SRAM 中有可用的存储空间才会继续读取操作。在间接读模式下,内嵌 SRAM 的可用存储空间信息可以通过读取 INDRSFL@QSPI_SFLR 的值进行判断。

如果访问的地址在间接触发模式地址范围内,但数据还没有从外部 Flash 存入内嵌 RAM 中,则内部总线将处于等待状态直到从 Flash 读取数据并存入 SRAM 中。

注意:每个有效的 AHB 间接读操作都会按顺序依次从内嵌 SRAM 中取出数据,间接触发地址范围与内嵌 SRAM 中的数据不一定一一对应,即间接触发地址范围不一定必须与内嵌 SRAM 大小相等。

为了降低内嵌 SRAM 控制逻辑的复杂程度,内部总线仅允许以字(32 位)方式读内嵌 SRAM 数据,直到间接传输结束。当最后剩下的一个数据为非 32 位数据时,内部总线可发送半字(16 位)或者字节(8 位)访问来完成此次传输。而总线始终采用字(32 位)读,末尾非 32 位对齐的数据高字节用 0x00 填充。

在间接读模式下,系统提供相关的中断状态和标志,用于软件读取控制器的执行状态。

在 DMA 禁止的情况下,可用如下中断判断当前的传输状态:

➢ 当内嵌 SRAM 中数据的深度超过间接读传输数据阈值 VAULE@QSPI_IRTWR 时,控制器会产生中断,对应的中断标志位为 INDTWF@QSPI_IFR。
➢ 如果传输数据阈值 VAULE@QSPI_IRTWR 大于 0,当间接读控制器从外部 Flash 完成最后一个数据的读取时,即使此时 SRAM 中数据的深度小于间接读传输数据阈值 VAULE@QSPI_IRTWR,控制器也会产生间接读完成中断,对应的中断标志位为 INDCF@QSPI_IFR。
➢ 若间接读控制器已经执行完 2 个间接读操作,第一个读操作尚未完成且又产生一次间接读操作请求,则此请求不被接受并产生中断,对应的中断标志位为 INDRRF@QSPI_IFR。
➢ 当进行间接读操作时,若内嵌 SRAM 存储空间处于满状态,无法进行后续读操作,控制器会产生内嵌 SRAM 满中断,对应的中断标志位为 INDRSFF@QSPI_IFR。

在 DMA 使能情况下,当内嵌 SRAM 数据填充深度超出间接读传输数据阈值 VAULE@QSPI_IRTWR 时,会触发 DMA 请求操作。

在 DMA 禁止/使能的情况下,可分别参考间接传输的执行步骤。

1. 禁止 DMA 传输

① 设置 QSPI 的配置寄存器 QSPI_CR。

② 设置间接传输访问基地址 INDTAD@QSPI_IATR 和间接传输访问地址范围 RNGW@QSPI_ITARR。

③ 设置间接传输的 Flash 起始地址 ADDR@QSPI_IRTSAR 和需要传输字节的数量 NUM@QSPI_IRTNR。

④ 设置内嵌 SRAM 间接读传输数据深度阈值 VALUE@QSPI_IRTWR,在使能阈值中断

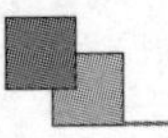

的情况下，若内嵌 SRAM 的数据量超出阈值，会产生数据深度阈值中断。注意，如果数据深度阈值设置为一个非 0 值，当最后一个字节从外部 Flash 转存至内嵌 SRAM 时，即使此时数据深度未达到阈值，也会产生数据深度阈值中断。

⑤ 设置 RDST@QSPI_IRTR 为 1 来触发间接读访问。

⑥ 若使用数据深度阈值中断功能，则等待数据深度阈值中断产生；否则，轮询 INDRSFL@QSPI_SFLR 值，监控内嵌 SRAM 数据存储信息。

⑦ 访问间接地址范围，从内嵌 SRAM 中读取期望的数据量。如果需要读取更多数据才能完成间接读传输，则回到步骤⑥；否则，继续进行步骤⑧。

⑧ 间接读操作的完成状态可以通过轮询 RDCS@QSPI_IRTR 和 INDRNUM@QSPI_IRTR 来判断，也可以通过寄存器 QSPI_IMR 使能相关的中断来判断，间接读操作完成中断对应标志位为 INDCF@QSPI_IFR。

2. 使能 DMA 传输

① 设置 QSPI 的配置寄存器 QSPI_CR。

② 设置间接传输访问基地址 INDTAD@QSPI_IATR 和间接传输访问地址范围 RNGW@QSPI_ITARR。

③ 设置间接传输的 Flash 起始地址 ADDR@QSPI_IRTSAR 和需要传输字节的数量 NUM@QSPI_IRTNR。

④ 设置内嵌 SRAM 间接读传输数据深度阈值 VALUE@QSPI_IRTWR。

⑤ 设置 DMA 外设配置寄存器 QSPI_DMACR，确定单次和突发传输的字节数。

⑥ 设置 RDST@QSPI_IRTR 为 1，来触发间接读访问。

⑦ 通过间接读操作完成中断来判断间接读操作是否完成，或者轮询 RDCS@QSPI_IRTR 的值，来判断间接传输完成状态。注意，该位为写 1 清零。

20.5.2 间接写控制器

间接写操作过程类似于间接读操作，数据传输方向相反。

在默认情况下，间接写模式控制器处于禁止状态。在使能间接写模式之前，需要指定外部 Flash 的起始地址 ADDR@QSPI_IWTSAR 和需要写入的数据量 NUM@QSPI_IWTNR，以及设置内嵌 SRAM 的数据量阈值 VALUE@QSPI_IWTWR。当写入内嵌 SRAM 的数据量低于该阈值时，会产生中断或触发 DMA。通过间接写传输控制寄存器 QSPI_IWTR 启动/取消间接写操作，以及了解相关状态。

在间接写模式下，最多允许连续触发两次间接写操作，即在第一次间接写操作期间可以直接触发第二次间接写操作，控制器会在第一次间接写操作完成后，再执行第二次间接写操作。两次间接写操作的操作状态可以通过 INDWNUM@QSPI_IWTR 和 WRCS@QSPI_IWTR 进行判断。若间接写控制器已经执行两个间接写操作且第一个写操作尚未完成，又产生一个间接写操

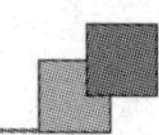

作请求，则此请求不被接受。

向间接写操作的控制位 WRST@QSPI_IWTR 写 1，可触发一次间接写操作，向控制位 WRDIS@QSPI_IWTR 写 1 可取消本次间接写操作。

在执行一次间接写操作时，写入总数据量的大小不受内嵌 SRAM 容量的限制，内嵌 SRAM 的容量限制仅影响内核一次可以写入数据量的字节数。当 DMA 禁止时，通过读取 INDWSFL@QSPI_SFLR 的值判断当前内嵌 SRAM 的数据填充深度，可避免在内嵌 SRAM 处于满状态时继续填写数据。如果内嵌 SRAM 处于满状态，继续写数据会导致间接写控制器暂停此次写操作，直到内嵌 SRAM 中有可用的存储空间。

若写入数据容量超过内嵌 SRAM 存储空间，控制器会暂停从外部 Flash 存储器读取数据，直到内嵌 SRAM 中有可用的存储空间才会继续读取操作。在间接读模式下，内嵌 SRAM 的数据深度通过读取 INDRSFL@QSPI_SFLR 的值进行判断。注意，每个有效的 AHB 总线间接写操作都会按顺序依次将数据存入内嵌 SRAM，间接触发地址范围与内嵌 SRAM 中的数据不一定一一对应，即间接触发地址范围不一定必须与内嵌 SRAM 容量相等。

为了降低内嵌 SRAM 控制逻辑的复杂程度，内部 AHB 总线仅允许以字(32 位)方式写入内嵌 SRAM 数据，直到间接传输结束。但当最后一笔数据是非 32 位数据时，内部总线可发送半字(16 位)或者字节(8 位)访问来完成此次传输。同样，AHB 总线始终发送 32 位读，多余的字节会被丢弃。

当内嵌 SRAM 中存储的数据容量大于外部 Flash 一页容量时(外部 Flash 页大小默认设置值为 256 字节)，间接写控制器在完成一页容量的数据编程后，会自动轮询外部 Flash 编程状态。当页编程完成后，间接写控制器会自动重新触发新的编程命令，将剩余数据编程到外部 Flash 的下一页存储空间。

在间接写模式下，系统提供相关的中断状态和标志位，用于软件判断控制器执行的状态。

在 DMA 禁止的情况下，可用中断判断当前的传输状态：

➢ 当内嵌 SRAM 中数据的填充深度小于间接写传输数据深度 VAULE@QSPI_IWTWR 的值时，控制器会产生中断，对应的中断标志位为 INDTWF@QSPI_IFR；
➢ 当一次间接写操作完成时，控制器会产生间接写完成中断，对应的中断标志位为 INDCF@QSPI_IFR；
➢ 若间接读控制器已经执行 2 个间接写操作、第一个写操作尚未完成，且又产生一次间接写操作请求，则此请求不被接受并产生中断，对应的中断标志位为 INDRRF@QSPI_IFR；
➢ 当进行间接写操作时，若内嵌 SRAM 存储空间处于满状态，无法进行后续写操作，控制器会产生内嵌 SRAM 满中断，对应的中断标志位为 INDRSFF@QSPI_IFR。

在 DMA 使能情况下，当内嵌 SRAM 数据填充深度小于间接写传输数据深度值 VALUE@QSPI_IWTWR 时，会触发 DMA 写请求操作。

在 DMA 禁止/使能的情况下，可分别参考间接传输的执行步骤。

1. 禁止 DMA 传输

① 设置 QSPI 的配置寄存器 QSPI_CR。

② 设置间接传输访问基地址 INDTAD@QSPI_IATR 和间接传输访问地址范围 RNGW@QSPI_ITARR。

③ 设置间接传输的 Flash 起始地址 ADDR@QSPI_IWTSAR 和需要传输字节的数量 NUM@QSPI_IWTNR。

④ 设置内嵌 SRAM 间接写传输数据深度阈值 VALUE@QSPI_IWTWR,在使能阈值中断的情况下,若内嵌 SRAM 的数据量低于阈值,会产生中断。或者软件通过轮询 INDWSFL@QSPI_SFLR 的值,来判断内嵌 SRAM 的数据存储深度,决定后续何时进行数据的写操作。其中,内嵌 SRAM 的深度阈值介于 0 和外部 Flash 存储器页容量之间。

⑤ 设置 WRST@QSPI_IWTR 为 1,来触发间接写访问。

⑥ 如果剩余需要发送的数据字节数大于外部 Flash 存储器页容量,那么将外部 Flash 存储器一页的数据内容写入内嵌 SRAM 中,其余数据写入外部 Flash 存储器下一页,以此类推。直到待发送的数据字节数小于外部 Flash 存储器页容量,将剩余的所有数据写入内嵌 SRAM 中。

⑦ 如果所有数据全部写入内嵌 SRAM 中,那么执行步骤⑧等待间接写传输完成,否则执行步骤⑥。

⑧ 通过使能相关的中断判断全部写入是否完成,间接写操作完成中断对应标志位为 INDCF@QSPI_IFR,也可以软件轮询 WRCS@QSPI_IWTR 和 INDWNUM@QSPI_IWTR 来判断。

2. 使能 DMA 传输

① 设置 QSPI 的配置寄存器 QSPI_CR。

② 设置间接传输访问基地址 INDTAD@QSPI_IATR 和间接传输访问地址范围 RNGW@QSPI_ITARR。

③ 设置间接传输的 Flash 起始地址 ADDR@QSPI_IWTSAR 和需要传输字节的数量 NUM@QSPI_IWTNR。

④ 设置 DMA 外设配置寄存器 QSPI_DMACR,确定单次和突发传输的字节数,设置 DMAEN@QSPI_CR 为 1,使能 DMA 模式。

⑤ 可选配:设置间接写传输数据深度值 VALUE@QSPI_IWTWR,控制 DMA 请求的间隔。

⑥ 设置 WRST@QSPI_IWTR 为 1,来触发间接写访问。

⑦ QSPI 控制器产生 DMA 的数据写请求操作。

⑧ 通过使能相关的中断判断全部写入是否完成,间接写操作完成中断对应标志位为 INDCF@QSPI_IFR,也可以软件轮询 WRCS@QSPI_IWTR 和 INDWNUM@QSPI_IWTR 来判断。

20.5.3　内嵌 SRAM 访问

物理上，内嵌 SRAM 为单口 SRAM，同时刻仅支持同一种访问(读或者写)且深度可配置。内嵌 SRAM 被划分为两块区域，低区域部分用于间接读，高区域部分用于间接写。两部分的容量可通过内嵌 SRAM 分块配置寄存器 QSPI_SPR 进行配置。用户可选择分配内嵌 SRAM 寻址空间，用于间接读操作。默认地，QSPI_SPR 寄存器设置内嵌 SRAM 的一半容量为间接读控制器使用。通过示例，进一步掌握间接读和间接写的内嵌 SRAM 寻址的分配方式。以字为单位，SRAM 寻址为 8 位地址线，等同于 2^8(256)个地址。

➢ 如果 SRAM 分块配置寄存器 QSPI_SPR 设置为 0x01，则 2 个地址分配给间接读，255 个地址分配给间接写；
➢ 如果 SRAM 分块配置寄存器 QSPI_SPR 设置为 0x02，则 3 个地址分配给间接读，254 个地址分配给间接写；
➢ 如果 SRAM 分块配置寄存器 QSPI_SPR 设置为 0xFD，则 254 个地址分配给间接读，3 个地址分配给间接写；
➢ 如果 SRAM 分块配置寄存器 QSPI_SPR 设置为 0xFE，则 255 个地址分配给间接读，2 个地址分配给间接写。

注：应避免将内嵌 SRAM 分块配置寄存器 QSPI_SPR 设置为 0x00 或者 0xFF。因为仅内嵌 SRAM 数据深度状态寄存器 QSPI_SFLR 低 8 位才能通过软件访问。如果间接读或间接写的数据深度达到 256，当读取数据深度时，会显示为 0。

对内嵌 SRAM 有以下 4 种访问方式，都在内嵌 SRAM 端口上进行仲裁和复用，在任意时刻有高达 3 种方式访问该端口。

➢ 在 AHB 总线端间接写内嵌 SRAM(AHB 总线写内嵌 SRAM)。
➢ 在 Flash 端间接写内嵌 SRAM(内嵌 SRAM 读 Flash)。
➢ 在 AHB 总线端间接读内嵌 SRAM(AHB 总线读内嵌 SRAM)。
➢ 在 Flash 端间接读内嵌 SRAM(内嵌 SRAM 写 Flash)。

优先级的仲裁方案如表 20-1 所列。

表 20-1　SRAM 访问优先级

方　式	访问方式	SRAM 访问优先级
间接写	写入 SRAM (从系统 AHB)	第 3 优先级(不包括 AHB 读请求)
	读取 SRAM (从 QSPI 控制器)	第 2 优先级

续表 20-1

方　式	访问方式	SRAM 访问优先级
间接读	写入 SRAM (从 QSPI 控制器)	第 1 优先级
	读取 SRAM (从系统 AHB)	第 3 优先级(不包括 AHB 写请求)

20.5.4 DMA 控制器

仅在间接操作模式下可用 DMA 外设接口，支持 2 个 DMA 请求，一个用于间接读控制器，另一个用于间接写控制器。对于间接读控制器，当数据已从 Flash 获取并写入内嵌 SRAM 后，QSPI 控制器仅发送 DMA 请求。对于间接写控制器，当触发传输后，QSPI 控制器会立即发送 DMA 请求并一直持续发送，直到整个间接写传输完成，可通过间接传输数据深度阈值 VALUE@QSPI_IRTWR 或 VALUE@QSPI_IWTWR 来改变发送请求的速率。

当间接操作被触发时，需要传输总的数据量大小对 DMA 控制器是可见的。控制器会将这些数据分为 DMA 突发请求和单次请求：所有字节数除以突发请求 BNUMB@QSPI_DMACR 中设置的字节数，余下的字节数除以单次请求 SNUMB@QSPI_DMACR 配置的字节数。

例如，在间接传输模式下需要传输 512 字节的数据，内嵌 SRAM 的大小固定为 256 字节，软件将突发请求传输的大小 BNUMB@QSPI_DMACR 设置为 8(256 字节)，QSPI 控制器会触发 DMA 采用突发传输将 256 字节的数据加载到内嵌 SRAM 中，只有当内嵌 SRAM 中存储的 256 字节数据被全部读取之后才能触发第二次的突发请求传输。

间接读操作触发 DMA 突发请求需要同时满足以下条件：

① 内嵌 SRAM 中数据填充深度大于或等于 BNUMB@QSPI_DMACR；

② 内嵌 SRAM 中数据填充深度大于或等于间接读传输数据深度 VAULE@QSPI_IRTWR；

③ 需要从外部存储器中读取的数据量大于或等于 BNUMB@QSPI_DMACR。

间接读操作触发 DMA 单次请求条件：

内嵌 SRAM 中数据填充深度大于或等于 SNUMB@QSPI_DMACR。

间接写操作触发 DMA 突发请求需要同时满足以下条件：

① 剩余内嵌 SRAM 空间大于或等于 BNUMB@QSPI_DMACR；

② 内嵌 SRAM 中数据填充深度小于或等于间接写传输数据深度 VAULE@QSPI_IWTWR；

③ 需要从外部存储器编程的数据量大于或等于 BNUMB@QSPI_DMACR。

间接写操作触发 DMA 单次请求条件：

内嵌 SRAM 中数据填充深度小于或等于 SNUMB@QSPI_DMACR。

20.6　软件触发模式

直接和间接的传输模式主要用于读/写外部 Flash。在配置外部 Flash 存储器的寄存器以及执行外部 Flash 存储器的擦除操作时，需要采用软件触发命令操作模式(STIG)。控制器读/写数据时，仅有两个自动发送的指令，分别是 Flash 写使能指令(0x06)和状态查询指令(OPCODE@QSPI_WCR)，其他任何具体指令都应通过 STIG 方式来发送。

STIG 操作模式执行步骤如下：

① 设置 QSPI Flash 命令控制寄存器 QSPI_FCR 的相关内容；

② 设置 QSPI Flash 命令地址寄存器 QSPI_FCAR(可选)；

③ 设置 QSPI Flash 命令控制位 CMDT@QSPI_FCR 为 1，触发命令操作；

④ 轮询 QSPI Flash 命令控制位 CMDS@QSPI_FCR，为 1 表示命令在执行中，为 0 表示无命令执行或命令执行完成；

⑤ 当 QSPI Flash 命令控制位 CMDS@QSPI_FCR 为 0 之后，轮询 IDLES@QSPI_CR 是否为 1(为 1 表示 QSPI 处于 IDLE 状态)；

⑥ 当 IDLES@QSPI_CR 为 1 之后，可以按照上述步骤①～⑤的方式触发下一个命令操作。

注意：采用软件触发命令操作模式的数据传输类型由 IMODE@QSPI_DRIR 决定，当 IMODE@QSPI_DRIR 值为 0 时采用单线传输，当 IMODE@QSPI_DRIR 值为 1 时采用双线传输，当 IMODE@QSPI_DRIR 值为 2 时采用四线传输。

当多个寄存器同时有效时，可用一个简单的固定优先级仲裁方案来对每个接口访问外部 Flash 进行仲裁。固定优先级从高到低定义为：间接访问写→直接访问写→软件触发模式→直接访问读→间接访问读。

20.7　SPI 传统模式

SPI 传统模式允许软件直接访问内部的 TX-FIFO 和 RX-FIFO，不用通过内部直接、间接和 STIG 控制器，其中 TX-FIFO 和 RX-FIFO 的存储深度均为 32 字节。在 SPI 传统模式下，用户可以发送任何 Flash 指令到外部 Flash 存储器设备，但同时会加重软件的负担，因为软件需要不停地判断管理内部 TX-FIFO 和 RX-FIFO 中数据的填充深度，以避免出现数据溢出情况。

SPI 传统控制器是一个双向通信的内部控制器，即类似于全双工的通信模式。例如，即使只是期望从外部 Flash 存储器读取数据，在读取数据期间控制器也需要不断发送 dummy 数据到外部 Flash 存储器。如当需要完成 4 字节的数据读取时，软件需要写 8 字节的数据到 TX-FIFO 中，其中包含：指令(1 字节)＋地址(3 字节)＋ dummy 数据(4 字节)。同时外部 Flash 存储器也会返回 8 字节的数据到 RX-FIFO 中，在读取数据时，RX-FIFO 中前 4 个字节会被当成无效字节处理(即需要软件丢弃前 4 字节)，后 4 字节为读取的有效字节。对于内部 TX-FIFO 和 RX-

FIFO 存储深度的管理，系统提供了中断，中断产生可以通过设置寄存器 QSPI_TXHR、QSPI_RXHR、QSPI_IMR[11:7]来实现。

当使能传统模式时，软件可访问 TX-FIFO，通过 AHB 接口向 QSPI 控制器的任意地址(0x9000 0000～0x9FFF FFFF)内写入任意值；软件可访问 RX-FIFO，可通过 AHB 接口向 QSPI 控制器读取任意地址。

20.8 应用系统实例

本实例使用 ES32 SDK 代码演示如何用 ES32F369x 芯片的 QSPI 接口直接执行存放在外部 Flash 的代码，使用的 QSPI Flash 型号为 MX25L6433F。将 LED 相关的代码存放到 QSPI Flash 中，通过 LED 的闪烁来观察程序的运行，其余代码仍存放在 MCU 的内部 Flash 中。

20.8.1 硬件介绍

ES32F3696 开发板与 MX25L6433F 的硬件连接如图 20－8 所示。

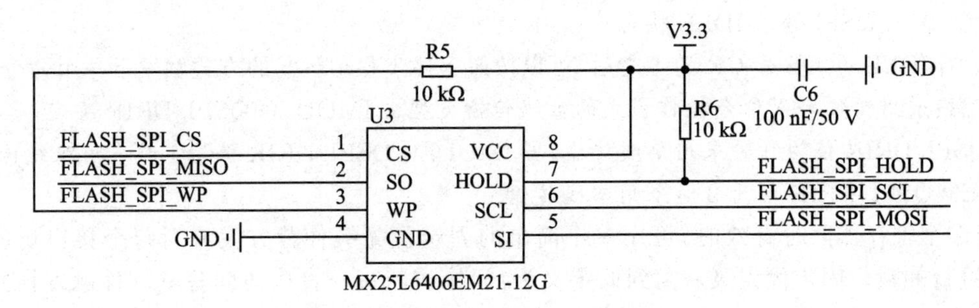

图 20－8 MX25L6433F 硬件连接原理图

20.8.2 代码分析

指定从 0x9000 0000 地址开始存放控制 LED 闪烁的函数。该地址映射到外部 Flash，把 ES32F36xx_QFlash_16M. FLM 算法加入 MDK5 中。下载时会自动把属于 0x9000 0000～0x90FF FFFF 的代码烧录进 MX25L6433F 中，复位后运行程序。若外部 Flash 与芯片正确连接，LED 闪烁；若外部 Flash 与芯片断开连接，LED 停止闪烁。

该例程主要用到 qspi_flash. c、main. c、irq. c、led. c 这 4 个源文件及其对应的头文件，其余均为 ALD 库文件，不需要改动。在 qspi_flash. c 文件中编写 QSPI 初始化函数及 Flash 命令函数，在 main. c 文件中调用初始化函数、Flash 命令函数及执行闪灯程序，在 irq. c 文件中存放 systick 中断处理函数，在 led. c 文件中编写 LED 翻转函数。

另外，将 led. c 文件中的函数定位到 0x9000 0000 地址处。在 MDK5 的工程管理器中右键单击 led. c 文件，选择“Options for File 'led. c'. . . ”，如图 20－9 所示。

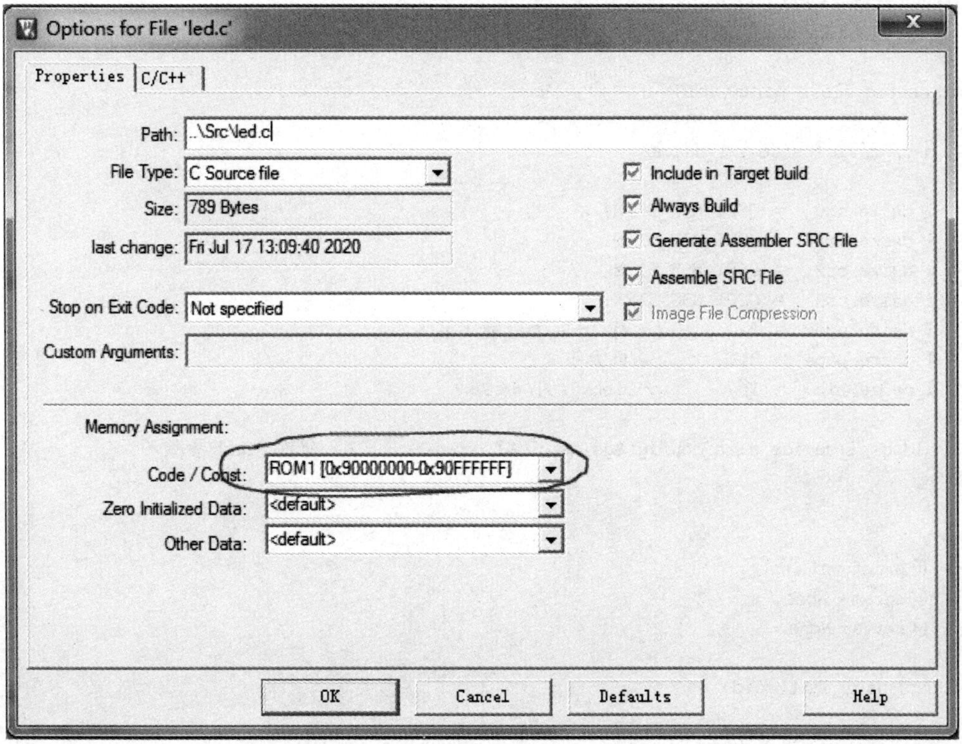

图 20-9　代码编译到 QSPI 空间

完整的主程序如下：

在 qspi_flash.c 文件中编写 QSPI 初始化函数及 Flash 命令函数。

```
#include "qspi_flash.h"

/** @addtogroup Projects_Examples_ALD
  * @{
  */

/** @addtogroup Examples
  * @{
  */

static qspi_handle_t gs_qspi;

static void qspi_pin_init(void);
static void delay(int i);

/**
  * @brief config flash param.
```

```
  * @param  None.
  * @retval None.
  */
void config_flash_param(void)
{
    qspi_device_size_t l_dsize;

    l_dsize.cs0  = QSPI_NSS_512M;
    l_dsize.cs1  = QSPI_NSS_512M;
    l_dsize.cs2  = QSPI_NSS_512M;
    l_dsize.cs3  = QSPI_NSS_512M;
    l_dsize.addr = 2;        /* 有 2+1 个地址字节 */
    l_dsize.page = 256;      /* 页大小 */
    l_dsize.blk  = 16;       /* Block 大小 64 KB */

    ald_qspi_device_size_config(&gs_qspi, &l_dsize);     /* 配置 Flash 参数 */
}

/**
  * @brief spi init.
  * @param  None.
  * @retval None.
  */
void mcu_qspi_init(void)
{
    qspi_dac_cfg_t l_dac;

    gs_qspi.perh              = QSPI;
    gs_qspi.init.clkdiv       = QSPI_DIV_8;
    gs_qspi.init.cpol         = QSPI_CPOL_H;          /* 模式 3 */
    gs_qspi.init.chpa         = QSPI_CPHA_2E;
    gs_qspi.init.nssdcode = QSPI_SINGLE_CHIP;
    gs_qspi.init.chipsel      = QSPI_CS_NSS0;
    gs_qspi.init.wrppin       = DISABLE;

    qspi_pin_init();              /* 初始化 QSPI 引脚 */
    config_flash_param();         /* 配置 Flash 存储器参数 */

    l_dac.dtrprtcol = DISABLE;
    l_dac.ahbdecoder= DISABLE;
    l_dac.xipimmed  = DISABLE;
    l_dac.xipnextrd = DISABLE;
    l_dac.addrremap = DISABLE;
    l_dac.dmaperh   = DISABLE;

    l_dac.wrinit.instxfer = QSPI_XFER_SINGLE; /* Quad 写时序,参考 Flash 的 0x38 指令 */
    l_dac.wrinit.addxfer  = QSPI_XFER_QUAD;
    l_dac.wrinit.datxfer  = QSPI_XFER_QUAD;
    l_dac.wrinit.autowel  = ENABLE;               /* 写数据时控制器自动发送写使能命令 0x06 */
```

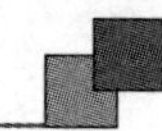

```
    l_dac.wrinit.wrcde    = 0x38;              /* Quad 写命令 */
    l_dac.wrinit.dcyles   = 0;

    l_dac.rdinit.instxfer = QSPI_XFER_SINGLE;  /* Quad 读时序,参考 Flash 的 0xEB 指令 */
    l_dac.rdinit.addxfer  = QSPI_XFER_QUAD;
    l_dac.rdinit.datxfer  = QSPI_XFER_QUAD;
    l_dac.rdinit.ddrbit   = DISABLE;
    l_dac.rdinit.modebit  = ENABLE;            /* 使能模式位 */
    l_dac.rdinit.mbitval  = 0xFF;
    l_dac.rdinit.rdcde    = 0xEB;              /* Quad 读命令 */
    l_dac.rdinit.dcyles   = 4;

    qspi_dac_config(&gs_qspi, &l_dac);         /* 根据以上参数初始化直接访问控制器 */
}

/**
  * @brief  reset spi flash.
  * @param  None.
  * @retval OK or ERROR.
  */
ald_status_t reset_flash(void)
{
    qspi_stig_cmd_t s_command = {0};

    s_command.code = 0x66;                     /* 使能复位 */

    if (ald_qspi_execute_stig_cmd(&gs_qspi, &s_command) != OK) /* 发送控制命令 */
        return ERROR;

    delay(100); /* 延时 */

    s_command.code = 0x99;  /* 复位 */

    if (ald_qspi_execute_stig_cmd(&gs_qspi, &s_command) != OK) /* 发送控制命令 */
        return ERROR;

    return OK;
}

/**
  * @brief  flash sector erase function
  * @param  addr: Specific address which sector to be erase.
  * @retval Status.
  */
ald_status_t flash_sector_erase(uint32_t addr)
{
    uint8_t status;
    qspi_stig_cmd_t s_command = {0};
    uint8_t sector_addr[3];
```

```
    s_command.code = 0x06;  /*写使能指令*/

    if (ald_qspi_execute_stig_cmd(&gs_qspi, &s_command) != OK)
        return ERROR;

    sector_addr[0] = (addr >> 16) & 0xff;   /*24bit Flash 地址*/
    sector_addr[1] = (addr >> 8) & 0xff;
    sector_addr[2] = addr & 0xff;

    s_command.code      = 0x20;  /*Flash 扇区擦除指令*/
    s_command.wr_len    = 0x03;  /*发送的数据长度*/
    s_command.wr_buf    = sector_addr;

    if (ald_qspi_execute_stig_cmd(&gs_qspi, &s_command) != OK)
        return ERROR;

    s_command.code      = 0x05;  /*状态查询指令*/
    s_command.wr_len    = 0x00;
    s_command.rd_len    = 0x01;
    s_command.rd_buf    = &status;
    do
    {
        if (ald_qspi_execute_stig_cmd(&gs_qspi, &s_command) != OK)
            return ERROR;
    }while (status & 0x01);       /*状态寄存器 0x05 的 bit0 为 1 表示正忙*/

    return OK;
}

/**
  * @brief  enter quad mode.
  * @param  None.
  * @retval Status
  */
ald_status_t enter_quad_mode(void)
{
    uint8_t status;
    qspi_stig_cmd_t s_command = {0};

    s_command.code     = 0x05;  /*读状态指令*/
    s_command.rd_len   = 0x01;
    s_command.rd_buf   = &status;
    s_command.wr_len   = 0x00;

    if (ald_qspi_execute_stig_cmd(&gs_qspi, &s_command) != OK)
        return ERROR;

    status |= 0x40; /*bit6 置 1 使能 Quad 模式*/
```

```
    s_command.code     = 0x06;  /* 非易失性写使能指令 */
    s_command.rd_len   = 0x00;
    s_command.wr_len   = 0x00;
    if (ald_qspi_execute_stig_cmd(&gs_qspi, &s_command) != OK)
        return ERROR;

    s_command.code     = 0x01;  /* 写状态指令 */
    s_command.wr_len   = 0x01;
    s_command.wr_buf   = &status;
    s_command.rd_len   = 0x00;

    if (ald_qspi_execute_stig_cmd(&gs_qspi, &s_command) != OK)
        return ERROR;

    s_command.code     = 0x05;  /* 读状态指令 */
    s_command.rd_len   = 0x01;
    s_command.rd_buf   = &status;
    s_command.wr_len   = 0x00;
    do
    {
        if (ald_qspi_execute_stig_cmd(&gs_qspi, &s_command) != OK)
            return ERROR;
    }while (status & 0x01);      /* 状态寄存器的 bit0 为 1 表示正忙 */

    if (status & 0x40)           /* 读出状态判断是否进入 Quad 模式 */
        return OK;
    else
        while (1);
}

/**
  * @brief  Read flash id in blocking mode.
  * @param  None.
  * @retval flash id.
  */
uint32_t flash_read_id(void)
{
    qspi_stig_cmd_t s_command = {0};
    uint8_t flash_id[3];

    s_command.code       = 0x9F;  /* Flash ID 地址 */
    s_command.rd_len     = 0x03;  /* 待接收的数据长度 */
    s_command.rd_buf     = flash_id;

    if (ald_qspi_execute_stig_cmd(&gs_qspi, &s_command) != OK)  /* 先发送写使能指令 */
        return ERROR;

        return ((flash_id[0] << 16) | (flash_id[1] << 8) | (flash_id[2]));
```

```
                                        /* 制造商 ID flash_id[0]和设备 ID flash_id[1:2] */
}

/**
  * @brief  Initializate spi flash pin
  * @retval None.
  */
static void qspi_pin_init(void)
{
    gpio_init_t l_gpio;

    l_gpio.odos    = GPIO_PUSH_PULL;
    l_gpio.pupd    = GPIO_PUSH_UP;
    l_gpio.nodrv   = GPIO_OUT_DRIVE_6;
    l_gpio.podrv   = GPIO_OUT_DRIVE_6;
    l_gpio.flt     = GPIO_FILTER_DISABLE;
    l_gpio.type    = GPIO_TYPE_TTL;

    l_gpio.func    = GPIO_FUNC_6;
    l_gpio.mode    = GPIO_MODE_OUTPUT;
    ald_gpio_init(GPIOB, GPIO_PIN_12, &l_gpio); /* 初始化 PB12 为片选引脚 */
    ald_gpio_init(GPIOB, GPIO_PIN_13, &l_gpio); /* 初始化 PB13 为时钟输出引脚 */

    l_gpio.func    = GPIO_FUNC_6;
    l_gpio.mode    = GPIO_MODE_INPUT;
    ald_gpio_init(GPIOB, GPIO_PIN_14, &l_gpio); /* 初始化 PB14 为 IO0 引脚 */
    ald_gpio_init(GPIOB, GPIO_PIN_15, &l_gpio); /* 初始化 PB15 为 IO1 引脚 */
    ald_gpio_init(GPIOB, GPIO_PIN_10, &l_gpio); /* 初始化 PB10 为 IO2 引脚 */
    ald_gpio_init(GPIOB, GPIO_PIN_11, &l_gpio); /* 初始化 PB11 为 IO3 引脚 */
}

/**
  * @brief  delay some time.
  * @retval None.
  */
static void delay(int i)
{
    while (i--) ;
}
```

在 irq.c 文件中存放 systick 中断处理函数，用于定时。

```
/**
  * @brief  SysTick IRQ handler
  * @retval None
  */
void SysTick_Handler(void)
{
```

```
    ald_inc_tick();
    return;
}
```

在 led.c 文件中编写 LED 翻转函数，该部分代码放在 0x9000 0000 起始的地址中。

```
void led_toggle(void)
{
    ald_gpio_toggle_pin(GPIOC, GPIO_PIN_6);             /* 翻转 IO */
    ald_gpio_toggle_pin(GPIOC, GPIO_PIN_12);
}
```

在 main.c 文件中调用初始化函数、Flash 命令函数及执行闪灯程序。

```
/**
  * @brief Led function
  * @param None
  * @retval None
  */
void led_init(void)
{
    gpio_init_t l_gpio;

    l_gpio.func   = GPIO_FUNC_1;
    l_gpio.mode   = GPIO_MODE_OUTPUT;
    l_gpio.odos   = GPIO_PUSH_PULL;
    l_gpio.pupd   = GPIO_PUSH_UP;
    l_gpio.nodrv  = GPIO_OUT_DRIVE_6;
    l_gpio.podrv  = GPIO_OUT_DRIVE_6;
    l_gpio.flt    = GPIO_FILTER_DISABLE;
    l_gpio.type   = GPIO_TYPE_TTL;

    ald_gpio_init(GPIOC, GPIO_PIN_6, &l_gpio);         /* 初始化 PC6 为片选引脚 */
    ald_gpio_init(GPIOC, GPIO_PIN_12, &l_gpio);        /* 初始化 PC12 为时钟输出引脚 */

    ald_gpio_write_pin(GPIOC, GPIO_PIN_6, 0);          /* IO 初始输出状态 */
    ald_gpio_write_pin(GPIOC, GPIO_PIN_12, 1);
}

/* @brief Test main function
  * @param None
  * @retval None
  */
int main(void)
{
    ald_cmu_init();                                    /* 初始化滴答时钟 */
```

```
    ald_cmu_pll1_config(CMU_PLL1_INPUT_HOSC_3, CMU_PLL1_OUTPUT_48M); /* 使能倍频,由晶振三分频
                                                                     倍频至 48 MHz */
    ald_cmu_clock_config(CMU_CLOCK_PLL1, 48000000);              /* 选择倍频时钟为系统时钟 */
    ald_cmu_qspi_clock_select(CMU_QSPI_CLOCK_SEL_HCLK2);        /* 选择 HCLK2 为 QSPI 时钟 */
    ald_cmu_perh_clock_config(CMU_PERH_ALL, ENABLE);            /* 使能所有外设时钟 */

    led_init();                                                 /* 初始化 LED 引脚为输出 */
    mcu_qspi_init();                                            /* 初始化 QSPI 模块 */

    reset_flash();                                              /* 发送 0x66 和 0x99 复位 Flash */

    enter_quad_mode();                                          /* Flash 进入 Quad 模式 */

    while (1)
    {
        led_toggle();
        ald_delay_ms(500);
    }
}
```

第21章

EBI 外部扩展总线接口

ES32 微控制器内部有一定大小的 SRAM 及 Flash 作为内存和程序存储空间，但当程序较大、内存和程序空间不足时，就需要在 ES32 芯片外部扩展存储器。本章介绍的 EBI 模块及其程序设计示例基于 ES32F369x 平台。

EBI(External Bus Interface，外部总线接口)是 ES32 系列中高存储密度微控制器特有的存储控制机制。EBI 能够根据不同的外部存储器类型发出相应的数据/地址/控制信号，从而使得 ES32 系列微控制器不仅能够应用不同类型、不同速度的外部静态存储器，而且能够同时扩展多种不同类型的静态存储器，满足系统设计对存储容量、产品体积以及成本的综合要求。

EBI 模块通过内部 AHB 总线访问外部扩展器件，如 NOR Flash、NAND Flash、SRAM 等，它把 MCU 对外部存储器件的读/写映射为对 MCU 内部 AHB 地址区域的读/写。读/写指定的 AHB 地址区域就可以读/写外部器件，而不用经过依次向外部器件发送指令、地址、数据等复杂的操作流程。EBI 模块把 AHB 访问转换成合适的外部器件协议，并具有可调整的访问时序，可极大地满足不同器件的工作要求。所有的外部器件都共用相同的地址、数据和控制信号。不同的是，每个外部器件都有各自的片选信号，通过片选选择读/写的目标器件，同一时刻只能访问一个外部器件。

21.1 功能特点

ES32F369x EBI 模块具有以下特性：

- 支持静态存储器接口的器件，包含：
  - 静态随机存储器 SRAM；
  - 只读存储器 ROM；
  - NOR Flash；
  - PSRAM(3 个存储器组)。
- NAND Flash 中的 2 组存储器支持 ECC 校验，可检查高达 8 KB 数据。
- 支持对同步器件的 Burst 模式访问(NOR Flash 和 PSRAM)。
- 支持 8 位或 16 位数据总线。
- 每个存储器组都有独立片选控制，并可单独配置。

➢ 具有可配置时序，能够支持各种器件：
  • 高达 15 个可编程的等待状态；
  • 高达 15 个可编程总线恢复周期；
  • 高达 15 个可编程输出使能和写使能延时；
  • 具有独立的读/写时序及协议。
➢ 对外部器件进行访问时，可将 32 位 AHB 传输转换成连续的 16 位或 8 位传输。
➢ 支持外部异步等待协议。

21.2 功能逻辑视图

EBI 结构框图如图 21－1 所示，EBI 模块包含 4 个主要模块：AHB 接口、NOR Flash/PSRAM 控制器、NAND Flash 控制器和外部器件接口。

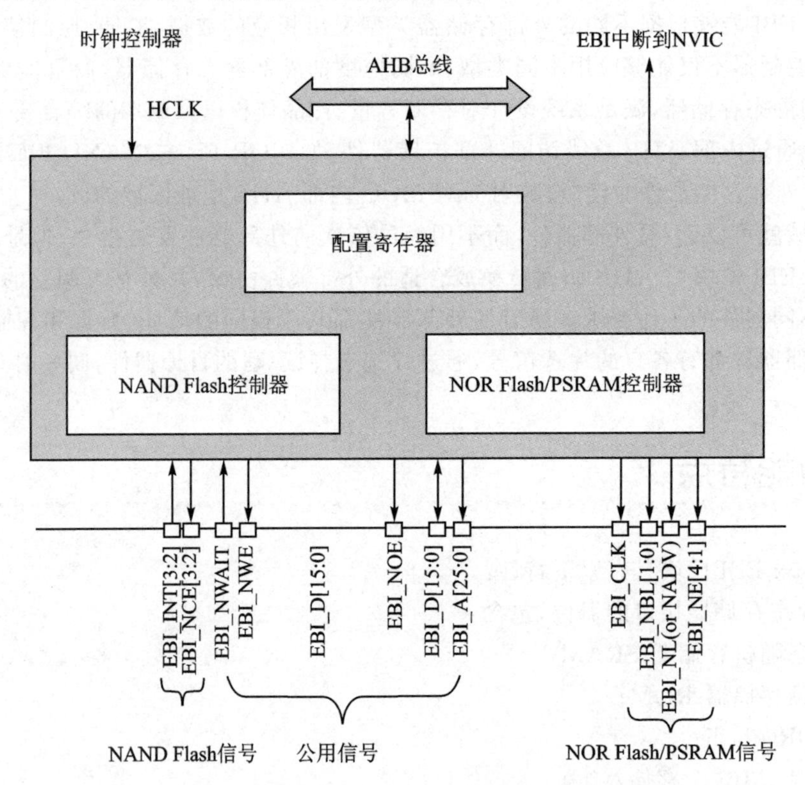

图 21－1　EBI 结构框图

21.3　存储器访问概述

用户配置好相关寄存器后,直接向指定范围内的 AHB 地址读/写数据就可以与外部器件产生数据交互,AHB 传输会自动根据所配协议和时序读/写外部器件。从 EBI 的角度来看,外部存储器分为 3 个固定大小的存储器组,每个存储器组为 256 MB。分配地址如图 21-2 所示。

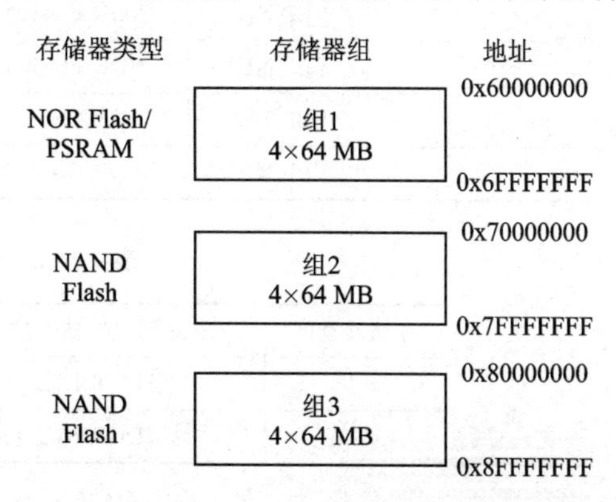

图 21-2　外部器件存储器地址映射

存储器组 1 通过 4 个专门的片选分成 4 个 NOR Flash/PSRAM 子组:NOR Flash/PSRAM1、NOR Flash/PSRAM2、NOR Flash/PSRAM3 和 NOR Flash/PSRAM4。

存储器组 2 和存储器组 3 用来寻址 NAND Flash 器件,一组仅连接一个外部器件。

每个组的存储器类型由用户在相关配置寄存器中自行定义。

在访问外部存储器之前,软件必须按照实际所用器件初始化 EBI,在以下情况下会产生 AHB 错误:

- 对未使能的 EBI 存储器组进行读或写操作;
- 在 FLASHACCEN@EBI_BCTRLRx 清 0 的情况下,对 NOR Flash 组进行读/写操作。

21.4　NOR Flash/PSRAM 存储扩展

21.4.1　地址映射

由于每个 NOR Flash/PSRAM 存储器子组的容量为 64 MB,并且有 4 个子组,所以共需要 26 条地址和 2 条片选线,因此 AHB 地址 HADDR 的低 28 位(HADDR[27:0])被作为实际的外部器件地址。其中,HADDR[27:26]选择 4 个存储器组中的 1 个,对应 EBI 片选信号引脚 EBI_NE[4:1],如表 21-1 所列;HADDR[25:0]决定所选的外部存储器地址,对应 EBI 地址信号引脚 EBI_A[25:0]。

由于 HADDR[25:0]为字节地址,而存储器地址对应字节或半字,所以实际发送到存储器的地址会根据存储器数据宽度而变化。由 MEMWID@EBI_BCTRLRx 的值选择单个外部存储器的位宽。当选择外部存储器宽度为 8 位时,HADDR[25:0]发送到 EBI 地址引脚 EBI_A25[25:0],当选择外部存储器宽度为 16 位时,HADDR[25:1]发送到 EBI 地址引脚 EBI_A25[24:0],如表 21-2 所列。因此无论外部存储器宽度是 8 位还是 16 位,EBI_A[0]都需要连接到外部存储器地址 A[0]。

表 21-1 NOR Flash/PSRAM 存储器组选择

HADDR[27:26]	片选信号引脚	存储器组	地址空间
00	EBI_NE1	NOR Flash/PSRAM1(存储器组 1)	0x6000 0000～0x63FF FFFF
01	EBI_NE2	NOR Flash/PSRAM2(存储器组 1)	0x6400 0000～0x67FF FFFF
10	EBI_NE3	NOR Flash/PSRAM3(存储器组 1)	0x6800 0000～0x6BFF FFFF
11	EBI_NE4	NOR Flash/PSRAM4(存储器组 1)	0x6C00 0000～0x6FFF FFFF

表 21-2 外部存储器地址

存储器宽度	发送到存储器的数据地址	最大存储器容量
8 位	HADDR[25:0]	64 MByte×8＝512 Mbit
16 位	HADDR[25:1]	64 MByte/2×16＝512 Mbit

不支持同步存储器 WRAP BURST 模式，存储器必须配置为线性 BURST 模式。

21.4.2 扩展外部 SRAM

21.4.2.1 SRAM 信号线和读/写流程

图 21-3 和图 21-4 所示是型号为 IS62WV51216 的 SRAM 芯片引脚图和内部框图，以它为模型说明如何使用 EBI 扩展外部 SRAM。

SRAM 控制引脚说明如表 21-3 所列。

表 21-3 SRAM 控制引脚说明

信号线	类 型	说 明
A0～A18	I	地址输入
I/O0～I/O7	I/O	数据输入/输出信号，低字节
I/O8～I/O15	I/O	数据输入/输出信号，高字节
CS2 和 $\overline{CS1}$	I	片选信号，CS2 高电平有效，$\overline{CS1}$ 低电平有效，部分芯片只有其中一个引脚
$\overline{OE}$	I	输出使能信号，低电平有效
$\overline{WE}$	I	写入使能，低电平有效
$\overline{UB}$	I	数据掩码信号高字节，高字节允许访问，低电平有效
$\overline{LB}$	I	数据掩码信号低字节，低字节允许访问，低电平有效

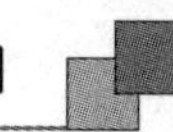

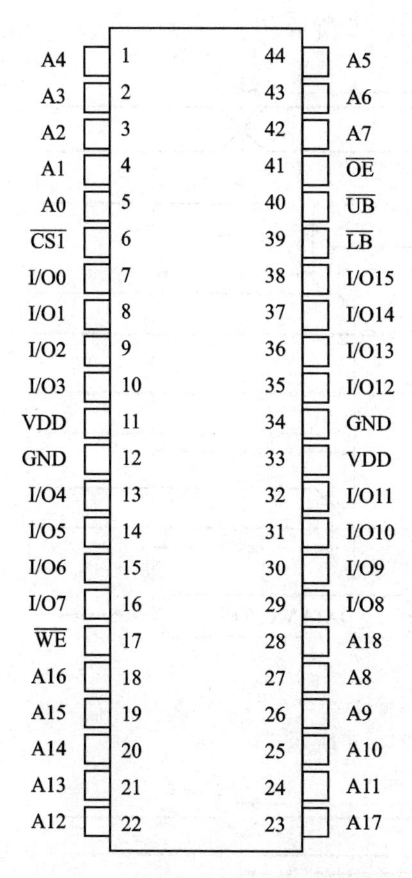

图 21－3　IS62WV51216 芯片引脚图

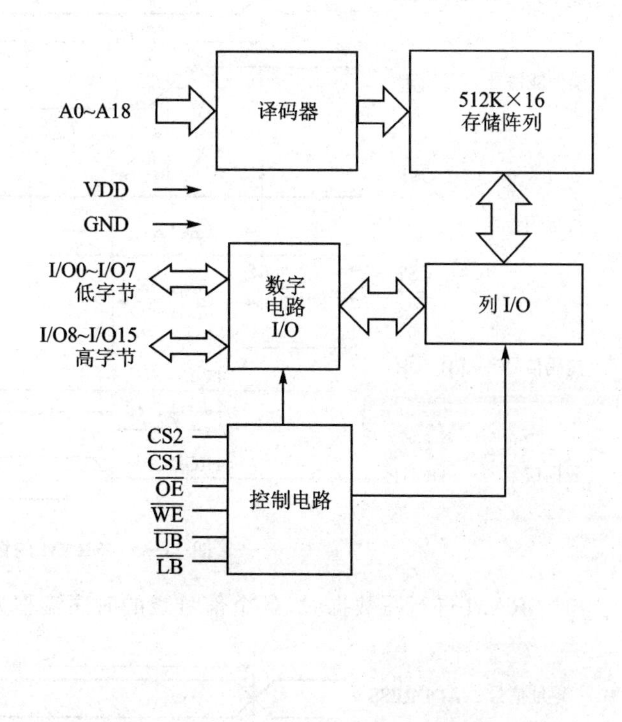

图 21－4　IS62WV51216 芯片内部框图

SRAM 的控制比较简单，只要使能相应的控制信号线，并从地址线输入要访问的地址，即可从 I/O 数据线写入或读取数据。地址译码器把 *N* 根地址线转换成 SRAM 内部的 2^*N* 根信号线，每根信号线对应 1 个存储单元，通过地址线找到具体的存储单元，实现寻址。IS62WV51216 的数据宽度为 16 位，即一个地址对应 2 字节空间，图 21－4 中左侧的 A0～A18 为地址信号，19 根地址线可以表示 $2^{19}=2^{9}\times1024=512K$ 个存储单元，所以它共能访问512K×16 位大小的空间。访问时，使用 $\overline{UB}$ 或 $\overline{LB}$ 线控制数据宽度。例如，当要访问宽度为 16 位的数据时，使用地址线指出地址，并把 $\overline{UB}$ 和 $\overline{LB}$ 线都设置为低电平，那么 I/O0～I/O15 线都有效，它们一起输出该地址的 16 位数据(或者接收 16 位数据到该地址)；当要访问宽度为 8 位的数据时，把 $\overline{UB}$ 或 $\overline{LB}$ 中的其中一个设置为低电平，I/O 会对应输出该地址的高 8 位或低 8 位数据，因此它们被称为数据掩码信号。

SRAM 的控制电路主要包含片选、读/写使能以及上面提到的宽度控制信号 $\overline{UB}$ 和 $\overline{LB}$。利用 CS2 或 $\overline{CS1}$ 片选信号可以把多个 SRAM 芯片组成一个大容量的内存条。$\overline{OE}$ 和 $\overline{WE}$ 可以控制读/写使能，防止误操作。

对 SRAM 进行读数据时，各个信号线的时序流程如图 21-5 所示。

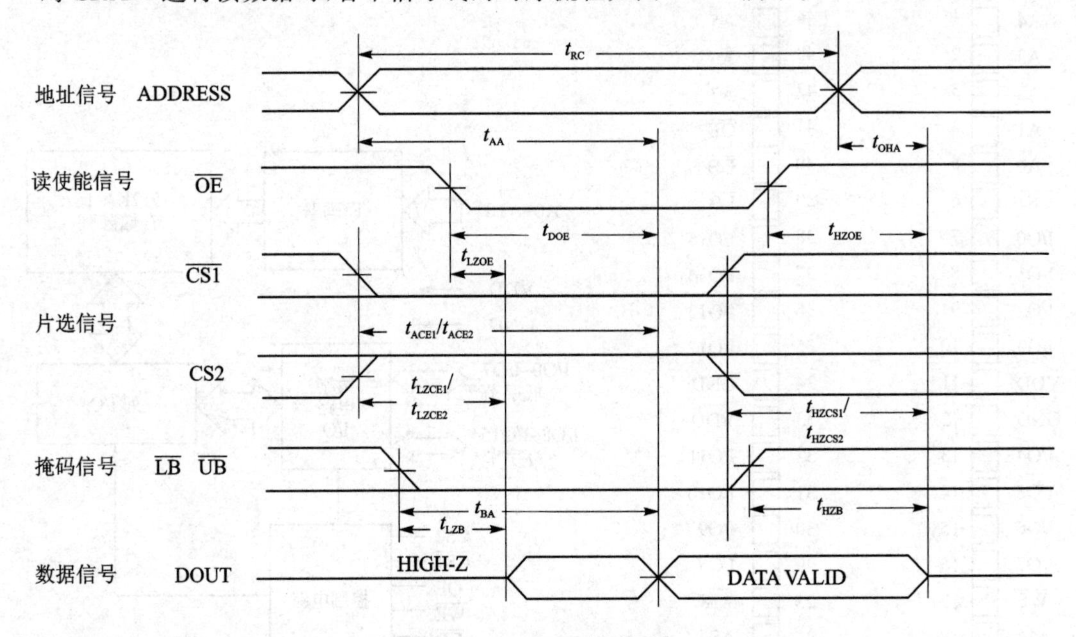

图 21-5　SRAM 的读时序

对 SRAM 进行写数据时，各个信号线的时序流程如图 21-6 所示。

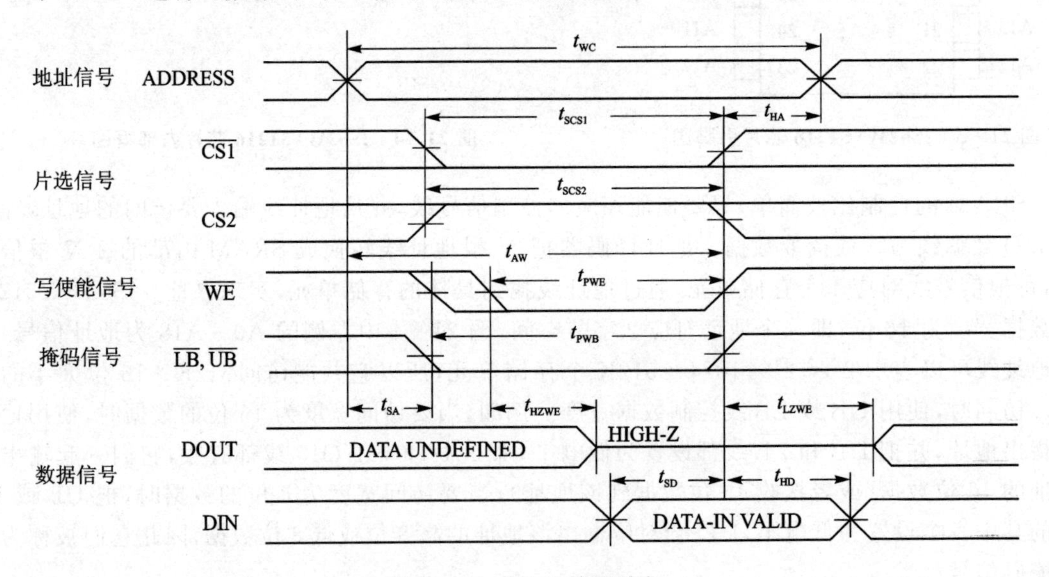

图 21-6　SRAM 的写时序

读/写时序的流程类似，统一说明如下：

① 主机使用地址信号线发出要访问的存储器目标地址；

② 控制片选信号 $\overline{\text{CS1}}$ 及 CS2 使能存储器芯片；

③ 若进行读操作，则控制读使能信号 $\overline{\text{OE}}$ 表示要读数据，若进行写操作，则控制写使能信号 $\overline{\text{WE}}$ 表示要写数据；

④ 使用掩码信号 $\overline{\text{LB}}$ 与 $\overline{\text{UB}}$ 指示要访问目标地址的高、低字节部分；

⑤ 若为读取过程，存储器会通过数据线向主机输出目标数据，若为写入过程，主要使用数据线向存储器传输目标数据。

在读/写时序中，有几个比较重要的时间参数，在配置 EBI 时需要参考，如表 21-4 所列。

表 21-4　IS62WV51216BLL55ns 型号 SRAM 的时间参数

时间参数	IS62WV51216BLL55ns 型号的时间要求	说　明
t_{RC}	不小于 55 ns	读操作的总时间
t_{AA}	最迟不大于 55 ns	从接收到地址信号到给出有效数据的时间
t_{DOE}	最迟不大于 25 ns	从接收到读使能信号到给出有效数据的时间
t_{WC}	不小于 55 ns	写操作的总时间
t_{SA}	大于 0 ns	从发送地址信号到给出写使能信号的时间
t_{PWE}	不小于 40 ns	从接收到写使能信号到数据采样的时间

21.4.2.2　EBI 对 SRAM 的时序控制

从 EBI 结构框图可以看出 EBI 相关的引脚。控制不同类型存储器会有一些不同的引脚，但是地址线 EBI_A 和数据线 EBI_D 是所有控制器都共有的。这些 EBI 引脚具体对应的 GPIO 端口及引脚号可在芯片的数据手册中查到，不在此列出。针对本例中的 SRAM 控制器，整理出 EBI 与 SRAM 引脚对照表，如表 21-5 所列。

表 21-5　EBI 中的 SRAM 控制信号线

EBI 引脚名称	对应 SRAM 引脚名	说　明
EBI_NBL[1:0]	$\overline{\text{LB}}$、$\overline{\text{UB}}$	数据掩码信号
EBI_A[18:0]	A[18:0]	地址线
EBI_D[15:0]	I/O[15:0]	数据线
EBI_NWE	$\overline{\text{WE}}$	写入使能
EBI_NOE	$\overline{\text{OE}}$	输出使能(读使能)
EBI_NE[1:4]	$\overline{\text{CE}}$	片选信号

EBI 外设支持输出多种不同的时序，以便于控制不同的存储器，它具有 A、B、C、D 四种模式。以下仅针对控制 SRAM 使用的模式 A 进行说明。

EBI 模式 A 的读时序如图 21-7 所示。

EBI 模式 A 的写时序如图 21-8 所示。

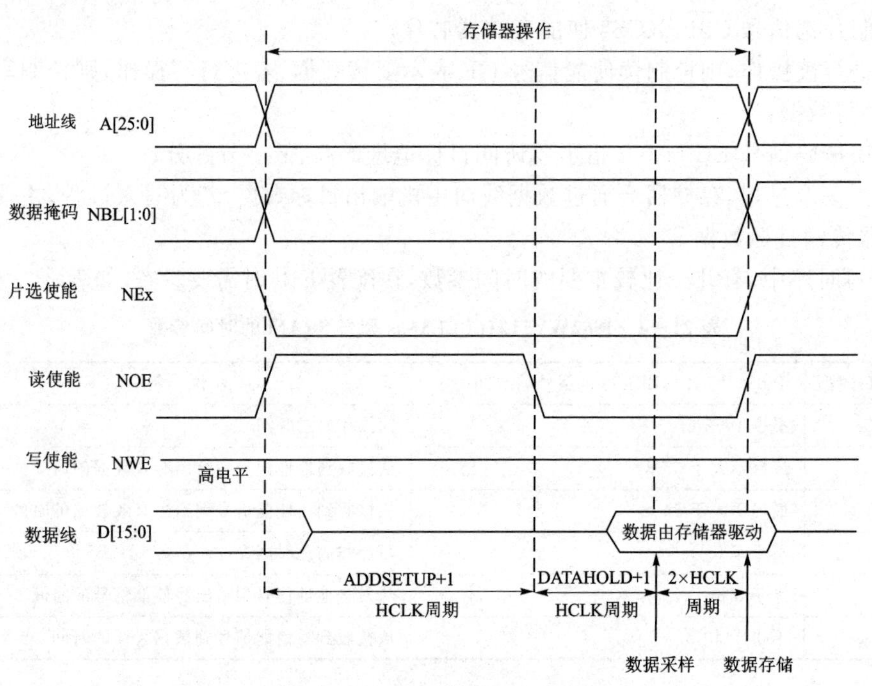

图 21-7 EBI 模式 A 读时序

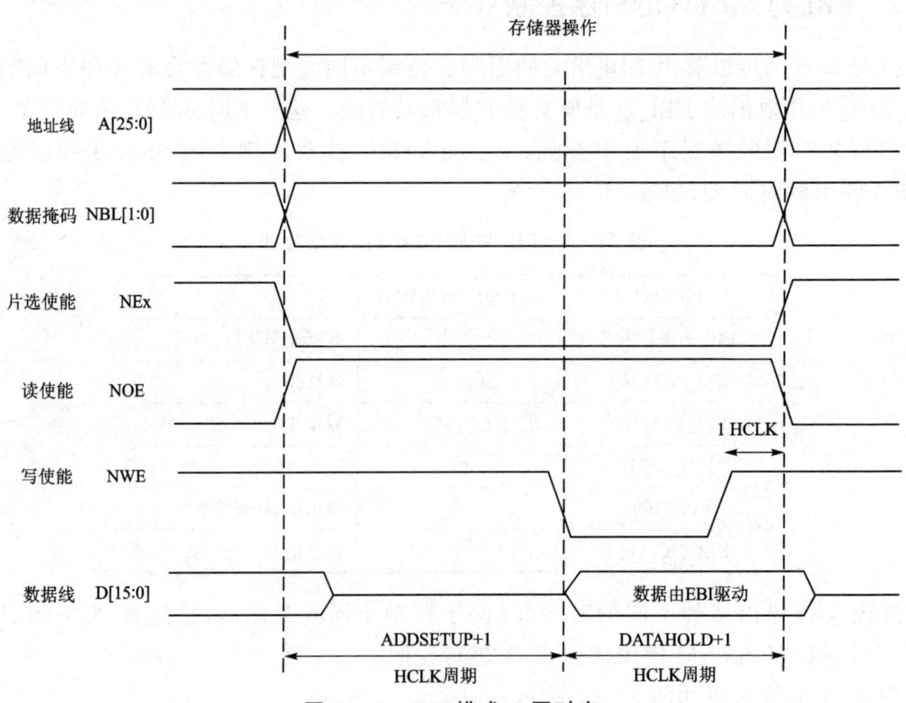

图 21-8 EBI 模式 A 写时序

当内核发出访问某个指向外部存储器地址时，EBI外设会根据配置的控制信号线产生访问存储器的时序，图21-7和图21-8分别是访问外部SRAM时EBI外设的读/写时序。以读时序为例，该图表示一个存储器操作周期由地址建立周期（ADDSETUP）、数据建立周期（DATA-HOLD）以及2个HCLK周期组成。在地址建立周期中，地址线发出要访问的地址，数据掩码信号线指示出要读取地址的高、低字节部分，片选信号使能存储器芯片；地址建立周期结束后，读使能信号线发出使能信号，接着存储器通过数据信号线把目标数据传输给EBI，EBI再把目标数据交给内核。写时序类似，区别是它的一个存储器操作周期仅由地址建立周期（ADDSETUP）和数据建立周期（DATAHOLD）组成，且在数据建立周期期间，写使能信号线发出写信号，接着EBI把数据通过数据线传输到存储器中。

21.4.3 程序设计示例

本示例将介绍如何使用EBI连接外部SRAM IS62WV51216并读/写数据。原理图如图21-9所示。

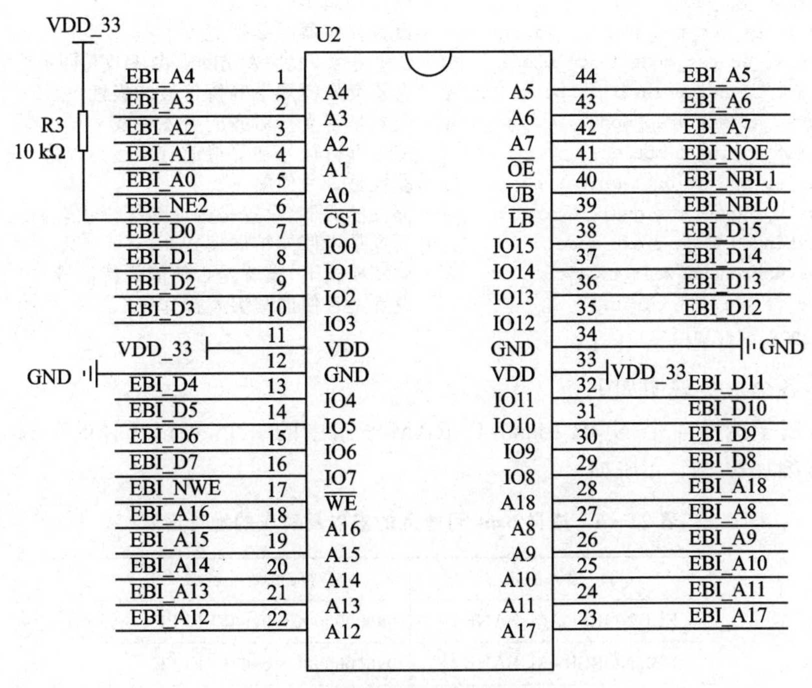

图21-9 外部SRAM硬件连接图

外部SRAM芯片与ES32相连的引脚非常多，主要是地址线和数据线，要了解这些具有特定EBI功能的GPIO引脚可查询ES32F369x的数据手册[4]。关于该SRAM芯片的更多信息，请参考其规格书。如果使用的实验板SRAM的型号或控制引脚不一样，可在此示例的基础上修改,程序的控制原理相同。根据本硬件设计,SRAM 芯片的使能信号与 EBI_NE2 连接,所以它会被映射到 ES32 中的 BANK1 NOR Flash/PSRAM 2 区域,该区域的地址范围为 0x6400 0000～0x67FF FFFF。因此,当内核访问从基地址 0x6400 0000 开始的 1 MB 空间时,EBI 外设会自动控制图中的引脚产生访问时序,访问外部 SRAM 存储器。

使用 EBI 访问 SRAM 存储器前要配置控制寄存器及时序寄存器,使用 ES32 ALD 库的 SRAM 初始化结构体及时序结构体可以很方便地写入参数。初始化函数 ald_sram_init 如下:

```
ald_status_t ald_sram_init(sram_handle_t * hperh, ald_ebi_nor_sram_timing_t * timing, ald_ebi_
nor_sram_timing_t * ext_timing);
```

初始化结构体 ald_ebi_nor_sram_init_t 如下:

```
typedef struct
{
    uint32_tbank;                                /* 设置要控制的 Bank 区域 */
    ebi_data_address_mux_t mux;                  /* 设置地址总线与数据总线是否复用 */
    ebi_memory_type_t type;                      /* 设置存储器的类型 */
    ebi_norsram_mem_bus_width_t width;           /* 设置存储器的数据宽度 */
    ebi_burst_access_mode_t acc_mode;            /* 设置是否支持突发访问模式,只支持同步类型的存储器 */
    ebi_wait_signal_polarity_t polarity;         /* 设置突发模式下等待信号的极性 */
    ebi_wrap_mode_t wrap_mode;                   /* 设置是否支持对齐的突发模式 */
    ebi_wait_timing_t active;                    /* 配置等待信号在等待前有效还是等待期间有效 */
    ebi_write_operation_t write;                 /* 设置是否写使能 */
    ebi_wait_signal_t signal;                    /* 突发模式下,设置是否使能等待状态插入 */
    ebi_extended_mode_t ext_mode;                /* 设置是否使能扩展模式 */
    ebi_asynchronous_wait_t wait;                /* 突发模式下,设置是否使能等待信号 */
    ebi_write_burst_t burst;                     /* 设置是否使能写突发操作 */
} ald_ebi_nor_sram_init_t;
```

对结构体各个成员说明如下:

① bank:用于选择 4 个 NOR Flash/PSRAM 子组中的一个,可以选择的存储器区域及区域对应的地址范围如表 21-6 所列。

表 21-6　成员 bank 可输入的宏以及对应的地址区域

可以输入的宏	对应的地址区域
EBI_NORSRAM_BANK1	0x60000000～0x63FFFFFF
EBI_NORSRAM_BANK2	0x64000000～0x67FFFFFF
EBI_NORSRAM_BANK3	0x68000000～0x6BFFFFFF
EBI_NORSRAM_BANK4	0x6C000000～0x6FFFFFFF

② mux:用于设置地址总线与数据总线是否复用(EBI_DATA_ADDRESS_MUX_DISABLE/ENABLE)。在控制 NOR Flash 时,可以地址总线与数据总线分时复用,以减少使用 EBI 信号线的数量。

③ type:用于设置要控制的存储器的类型,支持控制的存储器类型为 SRAM、PSRAM 以及 NOR Flash(EBI_MEMORY_TYPE_SRAM/PSRAM/NOR)。

④ width:用于设置要控制的存储器的数据宽度,可设置成 8 或 16 位(EBI_NORSRAM_MEM_BUS_WIDTH_8/16)。

⑤ acc_mode:用于设置是否使用突发访问模式(EBI_BURST_ACCESS_MODE_DISABLE/ENABLE)。在突发访问模式下,发送一个地址后连续访问多个数据;在非突发模式下,每访问一个数据都需要输入一个地址。仅在控制同步类型的存储器时才能使用突发模式。

⑥ polarity:用于设置等待信号的有效极性,即要求等待时使用高电平还是低电平(EBI_WAIT_SIGNAL_POLARITY_LOW/HIGH)。

⑦ wrap_mode:用于设置是否支持把非对齐的 AHB 突发操作分割成 2 次线性操作(EBI_WRAP_MODE_DISABLE/ENABLE),该配置仅在突发模式下有效。

⑧ active:用于配置在突发传输模式时,决定存储器是在等待状态之前的一个数据周期有效还是在等待状态期间有效(EBI_WAIT_TIMING_BEFORE_WS/ EBI_WAIT_TIMING_DURING_WS)。

⑨ write:用于设置是否写使能(EBI_WRITE_OPERATION_DISABLE/ENABLE)。如果禁止写使能,EBI 只能从存储器中读取数据,不能向存储器写入数据。

⑩ signal:用于设置当存储器处于突发传输模式时,是否允许通过 NWAIT 信号插入等待状态(EBI_WAIT_SIGNAL_DISABLE/DISABLE)。

⑪ ext_mode:用于设置是否使用扩展模式(EBI_EXTENDED_MODE_DISABLE/ENABLE)。在非扩展模式下,对存储器读/写的时序都使用相同的配置,即 ald_sraminit 函数的第二个参数;在扩展模式下,存储器的读/写时序可以分开配置,即 ald_sram_init 函数的第三个参数。

⑫ wait:用于在突发模式下,设置是否使能等待信号(EBI_ASYNCHRONOUS_WAIT_DISABLE/ENABLE)。

⑬ burst:用于设置是否使能写突发操作(EBI_WRITE_BURST_DISABLE/ENABLE)。

时序结构体 ald_ebi_nor_sram_timing_t 如下:

```
typedef struct
{
    uint32_t addr_setup;            /* 地址建立时间,0~15 个 HCLK 周期 */
    uint32_t addr_hold;             /* 地址保持时间,0~15 个 HCLK 周期 */
    uint32_t data_setup;            /* 地址建立时间,0~255 个 HCLK 周期 */
    uint32_t bus_dur;               /* 总线转换周期, 0~15 个 HCLK 周期 */
    uint32_t div;                   /* 时钟分频因子, 2~16,若控制异步存储器,本参数无效 */
    uint32_t latency;               /* 数据延迟时间,2~17,若控制异步存储器,本参数无效 */
    ebi_access_mode_t mode;         /* 设置访问模式 */
} ald_ebi_nor_sram_timing_t;
```

这结构体定义的都是 SRAM 读/写时序中的各项时间参数,这些参数都与 EBI_BCTRLR1～EBI_BCTRLR3 及 EBI_BWRTR1～EBI_BWRTR3 寄存器配置对应。对结构体中各个成员介绍如下：

① addr_setup：设置地址建立时间，即 EBI 读/写时序图中的 ADDSETUP 值，可以设置为 0～15 个 HCLK 周期数。ES32F36xx 库中如果将 HCLK 的时钟频率设为 96 MHz，那么一个 HCLK 周期为 1/96 μs。

② addr_hold：设置地址保持时间，可以设置为 0～15 个 HCLK 周期数。

③ data_setup：设置数据建立时间，即 EBI 读/写时序图中的 DATAHOLD 值，可以设置为 0～255 个 HCLK 周期数。

④ bus_dur：设置总线转换周期。在 NOR Falsh 存储器中，地址线与数据线可以分时复用，总线转换周期就是指总线在这两种状态间切换所需要的延时，以防止冲突。控制其他存储器时这个参数无效，配置为 0 即可。

⑤ div：用于设置时钟分频，它以 HCLK 时钟作为输入，经过 div 分频后输出到 EBI_CLK 引脚，作为通信使用的同步时钟。控制其他异步通信的存储器时这个参数无效，配置为 0 即可。

⑥ latency：设置数据保持时间，它表示在读取第一个数据之前要等待的周期数，该周期指同步时钟的周期。本参数仅用于同步 NOR Falsh 类型的存储器，控制其他类型的存储器时，本参数无效。

⑦ mode：设置存储器访问模式，不同模式 EBI 访问存储器地址时引脚输出的时序不一样，可选 EBI_ACCESS_MODE_A/B/C/D 模式。控制 SRAM 时使用 A 模式。

时序结构体配置的延时参数 ald_ebi_nor_sram_timing_t，将作为初始化函数 ald_sram_init 的参数。

IS62WV51216 的地址线宽度为 19 位，数据线宽度为 16 位，容量大小为 1 MB。

使用 ES32 ALD 库的 SRAM 初始化函数 ald_sram_init 对 EBI 进行初始化。

```
staticsram_handle_t s_h_sram;
staticald_ebi_nor_sram_timing_t s_timing;
voidmcu_ebisram_init(void)
{
    ebisram_pin_init();

    s_h_sram.instance        = EBI_NOR_SRAM_DEVICE;
    s_h_sram.ext             = EBI_NOR_SRAM_EXTENDED_DEVICE;
    s_timing.addr_setup      = 8;
    s_timing.addr_hold       = 4;
    s_timing.data_setup      = 7;
    s_timing.bus_dur         = 1;
    s_timing.div             = 0;
    s_timing.latency         = 4;
    s_timing.mode            = EBI_ACCESS_MODE_A;             /* 控制 SRAM 时使用 A 模式 */

    s_h_sram.init.bank       = EBI_NORSRAM_BANK2;             /* 使用 NE2 */
    s_h_sram.init.mux        = EBI_DATA_ADDRESS_MUX_DISABLE;  /* 地址/数据线不复用 */
    s_h_sram.init.type       = EBI_MEMORY_TYPE_SRAM;          /* SRAM */
```

```
    s_h_sram.init.width     = EBI_NORSRAM_MEM_BUS_WIDTH_16;  /* 16位数据宽度 */
    s_h_sram.init.acc_mode = EBI_BURST_ACCESS_MODE_DISABLE; /* 等待信号的极性,仅在突发模式访
                                                                问下有用 */
    s_h_sram.init.polarity = EBI_WAIT_SIGNAL_POLARITY_LOW;
                           /* 存储器是在等待周期之前的一个时钟周期还是等周期期间使能 NWAIT */
    s_h_sram.init.active    = EBI_WAIT_TIMING_BEFORE_WS;
                           /* 存储器是在等待周期之前的一个时钟周期还是等周期期间使能 NWAIT */
    s_h_sram.init.write     = EBI_WRITE_OPERATION_ENABLE;     /* 存储器写使能 */
    s_h_sram.init.signal    = EBI_WAIT_SIGNAL_DISABLE;        /* 等待使能位,此处未用到 */
    s_h_sram.init.ext_mode = EBI_EXTENDED_MODE_DISABLE;      /* 读/写使用相同的时序 */
    s_h_sram.init.wait      = EBI_ASYNCHRONOUS_WAIT_DISABLE;  /* 是否使能同步传输模式下的等待信
                                                                号,此处未用到 */
    s_h_sram.init.burst     = EBI_WRITE_BURST_DISABLE;        /* 禁止突发写 */

    ald_sram_init(&s_h_sram, &s_timing, &s_timing);
}
```

表21-7所列为SRAM的读操作参数时间要求(摘自IS62WV51216规格书[4])。

表21-7　IS62WV51216的读操作参数时间要求

SRAM时间参数	SRAM要求	说　明	EBI配置要求表达式
t_{RC}	不小于55 ns	读操作周期	ADDSETUP+1+DATAHOLD+1+2>55 ns
t_{LZCE}	无要求	从发出地址到给出读使能信号的时间	ADDSETUP+1>0 ns
t_{DOE}	大于25 ns	从接收到读使能信号至给出有效数据的时间	DATAHOLD+1>25 ns

根据EBI配置表达式的要求,把时间单位1/96 μs(即1 000/96 ns)代入,求得ADDSETUP=0、DATAHOLD=4时即符合要求。如:t_{RC}=ADDSETUP+1+DATAHOLD+1+2=(0+1+4+1+2)×1 000/96=83.3 ns>55 ns,t_{DOE}=DATAHOLD+1=(4+1)×1 000/96=52>25 ns。

可以看出本实例中的配置有充足的裕量,可确保访问正确,但会导致访问速度变慢。应该根据实际需要进行测试调整,在保证访问正确的前提下可提高访问速度。但是还需要注意本实例的读时序配置与写时序是一致的,修改时要确保写时序正常。

表21-8所列为SRAM的写操作参数时间要求(摘自IS62WV51216规格书[4])。

表21-8　IS62WV51216的写操作参数时间要求

时间参数	SRAM要求	说　明	EBI配置要求表达式
t_{WC}	大于55ns	写操作周期	ADDSETUP+1+DATAHOLD+1>55 ns
t_{SA}	无要求	地址建立时间	ADDSETUP+1>0 ns
t_{PWB}	不小于40 ns	从接收到写使能信号到对数据采样的时间	DATAHOLD+1>40 ns

根据 EBI 配置表达式的要求把时间单位 1/96 μs(即 1 000/96 ns)代入,求得 ADDSETUP=0,DATAHOLD=4 时即符合要求。如:t_{WC} = ADDSETUP+1+DATAHOLD+1=(0+1+4+1)×1 000/96=62.5 ns>55 ns,t_{PWB}=DATAHOLD+1=(4+1)×1 000/96=52>40 ns。把计算得到的参数赋值给时序结构体中的 addr_setup 及 data_setup,作为读/写的时序参数,再调用 ald_sram_init 函数即可把参数写入相应的寄存器中。

通过下面的程序测试读/写外部 SRAM,向其写入一个字符串,再读出并查看是否正确写入。

```
#define SRAM_BANK_ADDR   0x64000000
static chars_sram_txbuf[] = "essemi mcu ebi sram example!";
volatile static chars_sram_rxbuf[sizeof(s_sram_txbuf)];

for(idx = 0; idx < sizeof(s_sram_txbuf); idx++)      /* 向 SRAM 指定地址处写数据 */
{
    *(volatile uint8_t  *)(SRAM_BANK_ADDR + idx) = s_sram_txbuf[idx];
}

for (idx = 0; idx < sizeof(s_sram_txbuf); idx++)    /* 读 SRAM 指定地址处数据 */
{
    s_sram_rxbuf[idx] = *(volatile uint8_t *)(SRAM_BANK_ADDR + idx);
}
```

实验效果如图 21-10 所示。

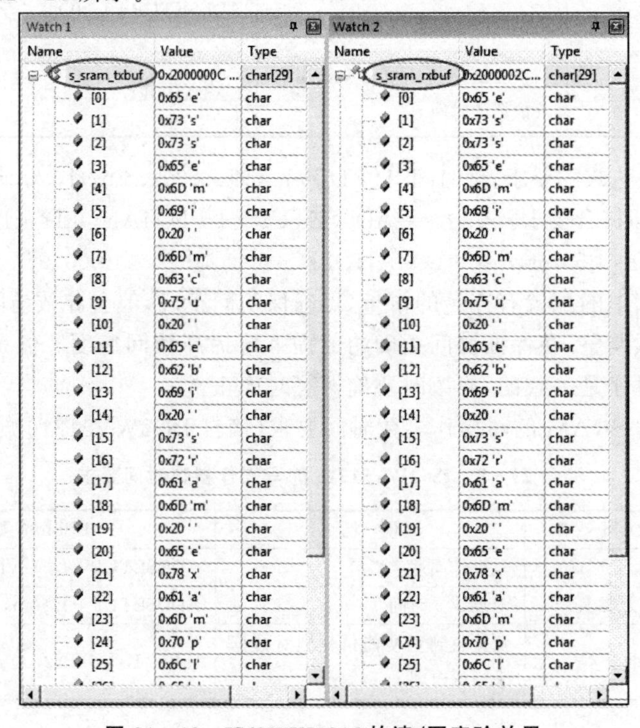

图 21-10 IS62WV51216 的读/写实验效果

21.5 NAND Flash 存储扩展

21.5.1 地址映射

EBI 有两个 NAND Flash 存储器组可用，每组只能使用一个外部存储器件，每组都可划分成通用和属性两个存储器空间。这两个存储器空间对应的时序寄存器不同，因此可以产生不同的时序。NAND Flash 存储器地址映射和时序寄存器如表 21－9 所列。

表 21－9 NAND Flash 存储器地址映射和时序寄存器

NAND Flash 组/存储器空间	起始地址	结束地址	时序寄存器
组 2/通用	0x70000000	0x73FFFFFF	EBI_PMEMR2
组 2/属性	0x78000000	0x7BFFFFFF	EBI_PATTR2
组 3/通用	0x80000000	0x83FFFFFF	EBI_PMEMR3
组 3/属性	0x88000000	0x8BFFFFFF	EBI_PATTR3

另外，NAND Flash 组选择如表 21－10 所列，通用和属性存储器空间又可在低 256 KB 部分再分成 3 个区：

➢ 数据区(通用/属性存储器空间的第 1 个 64 KB)；

➢ 数据区(通用/属性存储器空间的第 2 个 64 KB)；

➢ 地址区(通用/属性存储器空间余下的 128 KB)。

表 21－10 NAND Flash 组选择

分区	HADDR[17:16]	地址范围
数据区	00	0x000000～0x00FFFF
命令区	01	0x010000～0x01FFFF
地址区	1X	0x020000～0x03FFFF

软件向指定分区写入/读取数据即可实现 NAND Flash 的指令发送或读/写数据：

➢ 发送 NAND Flash 存储器命令：软件必须向命令区的任意地址写入命令；

➢ 写入或读取特定 NAND Flash 地址：软件必须向地址区的任意地址写入地址，对于多个字节的地址，需向地址区连续写才能输出完整地址；

➢ 写入或读取数据：软件向数据区的任意地址写数据或读数据。

由于 NAND Flash 存储器本身会自动递增数据区地址，因此连续访问存储器时无需递增数据区的地址。

21.5.2 扩展外部 NAND Flash

21.5.2.1 NAND Flash 信号线与读/写流程

图 21-11 和图 21-12 所示分别为 W29N01HV 的 NAND Flash 芯片引脚图和内部框图，以它为模型说明如何使用 EBI 扩展外部 NAND Flash。

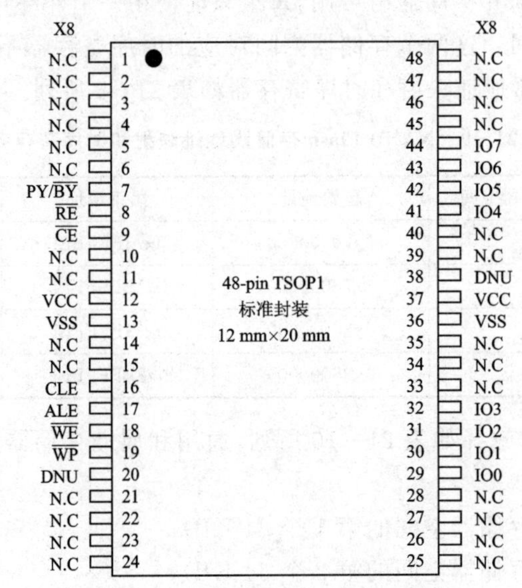

图 21-11 W29N01HV 芯片引脚图

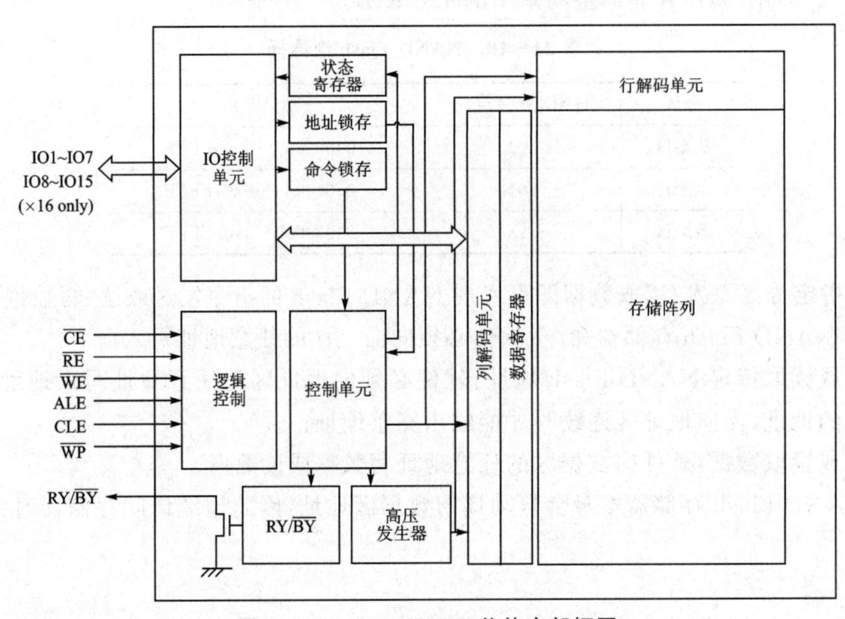

图 21-12 W29N01HV 芯片内部框图

表 21-11 所列为 NAND Flash 信号线的说明。

表 21-11　NAND Flash 信号线

信号线	类　型	说　明
$\overline{\text{CE}}$	I	片选信号,低电平有效
$\overline{\text{WE}}$	I	写使能,低电平有效
$\overline{\text{RE}}$	I	读使能,低电平有效
ALE	I	地址占有使能
CLE	I	命令占有使能
$\overline{\text{WP}}$	I	写保护,低电平有效
RY/$\overline{\text{BY}}$	O	空闲与繁忙状态
I/Ox	I/O	输入与输出引脚,用于命令、地址和数据传输

NAND Flash 一般工作的方式是:$\overline{\text{CE}}$ 控制选择芯片,$\overline{\text{WE}}$ 控制写入数据,RE 控制读出数据。当 ALE 为高时,表示可以写入地址。当 CLE 为高时,表示可以写入命令。当 ALE 和 CLE 都为低时,可以进行数据的读/写。当操作完成后,可以通过 RY/$\overline{\text{BY}}$ 的状态来判断执行操作是否完成。

1. 存储阵列

图 21-13 所示为 W29N01HV 的存储阵列示意图。

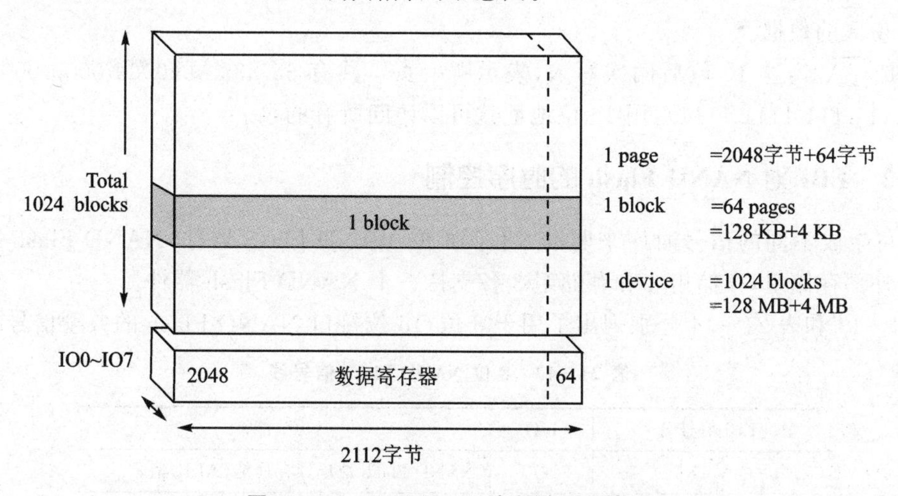

图 21-13　W29N01HV 存储阵列示意图

由图 21-13 可知:

➢ W29N01HV 有 1 024 个 block,每个 block 有 64 个 page,每个 page 有 2048 字节+64 字节,所以这个芯片的总容量为 128 MB。

- page 有两个区,为数据存储区和备份区。数据存储区一般用于存放用户数据;备份区用于存放 ECC 校验值,实现坏块管理和磨损均衡。
- 数据寄存器是 NAND Flash 硬件中的一块区域,实际就是一个数据缓存,用于存放那些从 Flash 读取或者将要写入 Flash 中的数据,也可称为页缓存。

2. 存储阵列寻址

W29N01HV 把一个地址分为 4 次写入,写入顺序如表 21 - 12 所列。

表 21 - 12　W29N01HV 地址写入顺序

	I/O7	I/O6	I/O5	I/O4	I/O3	I/O2	I/O1	I/O0
第一次	A7	A6	A5	A4	A3	A2	A1	A0
第二次	L	L	L	L	A11	A10	A9	A8
第三次	A19	A18	A17	A16	A15	A14	A13	A12
第四次	A27	A26	A25	A24	A23	A22	A21	A20

有效地址为 28 位,地址分为 4 次写入,这样划分是为了分出行地址和列地址,也就是页内的地址和页的地址。

- A0～A11:这 12 位前两次写入,表示页内地址。这是因为一个页的大小是 2048,就是说,要访问一个页内 0～2047 处的数据,最多需要 11 位(000 0000 0000～111 1111 1111)。这里用了 12 位,是为了访问页备份区。当地址 A0～A12 为 1000 0000 0000 时,表示访问该页备份区的数据。
- A12～A27:这 16 位后两次写入,表示哪一页。共有 65 535 页(0000 0000 0000 0000～1111 1111 1111 1111),用 16 位地址就可以访问所有的页。

21.5.2.2　EBI 对 NAND Flash 的时序控制

EBI 可生成不同的信号时序来驱动 8 位/16 位 NAND Flash 器件,NAND Flash 控制器可控制 2 个外部存储组,存储组 2 和存储组 3 各支持一个 NAND Flash 器件。

表 21 - 13 和表 21 - 14 分别列出了用于 8 位/16 位接口 NAND Flash 的典型信号线。

表 21 - 13　8 位 NAND Flash 信号线

EBI 信号名	I/O	功　能
A[17]	O	NAND Flash 地址锁存使能(ALE)信号
A[16]	O	NAND Flash 命令锁存使能(CLE)信号
D[7:0]	I/O	8 位复用,双向地址/数据总线
NCE[x]	O	片选,x=2,3
NOE(= NRE)	O	输出使能(存储器信号名:读使能,NRE)

续表 21－13

EBI 信号名	I/O	功　能
NWE	O	写使能
NWAIT/INT[3:2]	I	NAND Flash 就绪/忙碌输入信号至 EBI

表 21－14　16 位 NAND Flash 信号线

EBI 信号名	I/O	功　能
A[17]	O	NAND Flash 地址锁存使能(ALE)信号
A[16]	O	NAND Flash 命令锁存使能(CLE)信号
D[15:0]	I/O	16 位复用，双向地址/数据总线
NCE[x]	O	片选，x＝2，3
NOE(＝NRE)	O	输出使能(存储器信号名：读使能，NRE)
NWE	O	写使能
NWAIT/INT[3:2]	I	NAND Flash 就绪/忙碌输入信号至 EBI

表 21－15 列出了 NAND Flash 控制器支持的器件、访问模式和操作。NAND Flash 不支持从 AHB 总线写 8 位操作到 16 位宽的存储器。

表 21－15　NAND Flash 支持的存储器和操作

器件	模式	R/W	AHB 数据大小	存储器数据大小	支持与否	备注
NAND 8 位	异步	R	8	8	支持	
	异步	W	8			
	异步	R	16			分为 2 个 EBI 访问
	异步	W	16			分为 2 个 EBI 访问
	异步	R	32			分为 4 个 EBI 访问
	异步	W	32			分为 4 个 EBI 访问
NAND 16 位	异步	R	8	16	支持	
	异步	W	8		不支持	
	异步	R	16		支持	分为 2 个 EBI 访问
	异步	W	16			
	异步	R	32			分为 2 个 EBI 访问
	异步	W	32			

每个 NAND Flash 存储器组都由一组寄存器控制(x＝2，3)：

➢ 控制寄存器：EBI_PCTRLRx；

➢ 中断状态寄存器:EBI_STARx;

➢ ECC 寄存器:EBI_ECCRESULTx;

➢ 通用存储空间的时序寄存器:EBI_PMEMRx;

➢ 属性存储空间的时序寄存器:EBI_PATTRx。

图 21-14 以 NAND Flash 控制器通用存储空间的访问时序为例,显示了时序配置寄存器可配的 4 个参数。

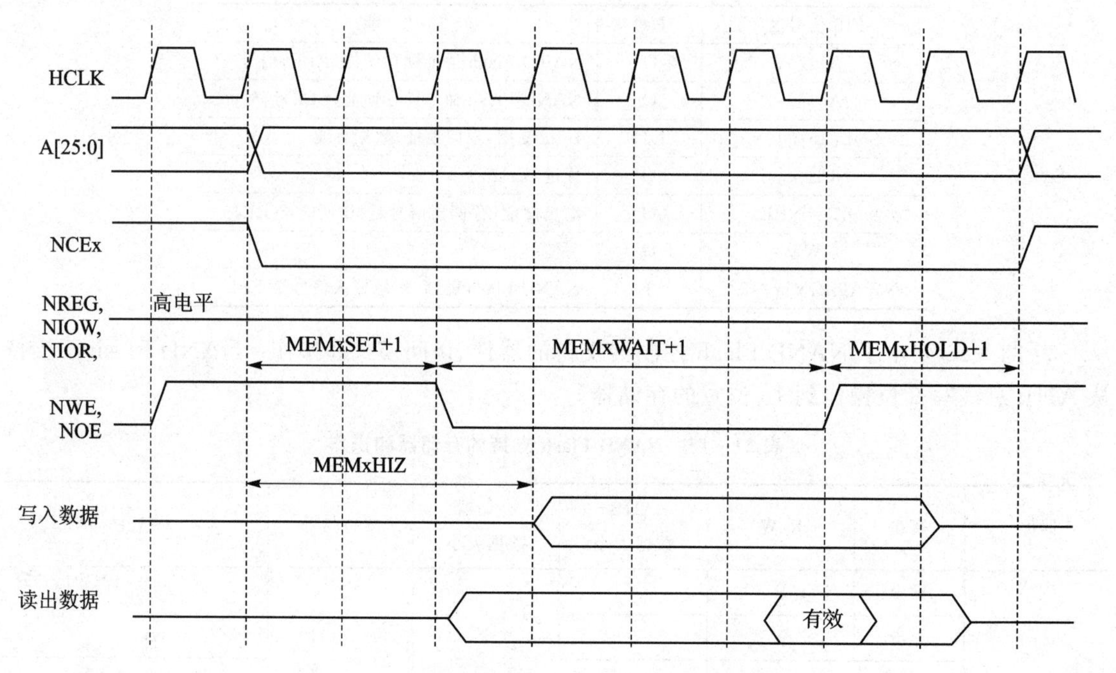

图 21-14 NAND Flash 控制器通用存储器访问时序

在写访问过程中,NOE 保持高电平(无效),NWE 保持高电平(无效)。一旦请求 NAND Flash 访问,NCEx 变为低电平并保持直到访问不同的存储器组。

NAND Flash 存储器访问时序配置参数如表 21-16 所列。

表 21-16 NAND Flash 存储器访问时序参数配置

参　数	功　能	访问模式	最小值	最大值
存储器建立时间(MEMxSET)	发出命令前建立地址的(HCLK)时钟周期数	读/写	1	255
存储器等待时间(MEMxWAIT)	发出命令的最短持续(HCLK)时钟周期数	读/写	2	256
存储器保持时间(MEMxHOLD)	发送命令结束后保持地址(在写访问时,为保持数据)的(HCLK)时钟周期数	读/写	1	254

续表 21－16

参　数	功　能	访问模式	最小值	最大值
存储器数据总线高阻抗时间(MEMxHIZ)	开始写访问后，数据总线保持为高阻抗的(HCLK)时钟周期数	写	0	255

NAND Flash 的命令锁存使能(CLE)和地址锁存使能(ALE)信号由 EBI 控制器的地址信号 Bit16 和 Bit17 驱动，因此需要向命令区或地址区进行写操作。从 NAND Flash 器件进行典型页读操作的步骤如下：

① 设置 EBI_PCTRLRx 寄存器，包括 Flash 位宽、是否使能 ECC、是否使能等待等必要信息，根据 Nand Flash 的访问空间设置 EBI_EBI_PMEMRx 或 EBI_PMEMRx 寄存器的时序。

② 向所选的通用/属性空间的命令区写入 NAND Flash 的命令，一旦该命令被 NAND Flash 器件锁存，后面的页读操作无需再发送相同的命令。

③ 向所选的通用/属性空间的地址区写入所需字节，以 64 MB×8 bit NAND Flash 为例，写入 STARTAD[7:0]、STARTAD[15:8]、STARTAD[23:16]和 STARTAD[25:24]，以此 CPU 可发送读操作的起始地址(STARTAD)。利用属性/通用空间可使 EBI 产生不同的时序配置。该功能可用来实现某些 NAND Flash 存储器的预等待功能。

④ 在启动新的访问之前(同一个或不同的存储器组)，控制器会一直等待直到 NAND Flash 变为有效(R/NB 信号为高电平)。等待期间，NCE 信号保持低电平有效。

⑤ CPU 可在通用/属性空间的数据区执行字节读操作来读取 NAND Flash 页。

⑥ 无需 CPU 命令或地址写操作，可用以下 3 种方式来读取 NAND Flash 下一页：

➢ 通过执行步骤⑤；

➢ 返回步骤②重新输入新的命令；

➢ 返回步骤③重新输入新的地址。

在写入最后一个地址字节后，有些 NAND Flash 器件会要求控制器等待 R/NB 信号变为低电平。访问非"CE 无关"NAND Flash 如图 21－15 所示。

当使用该功能时，可通过配置 MEMxHOLD 值来满足 t_{WB} 的时序，但是在 CPU 对 NAND Flash 的读或写操作中，控制器都会在 NWE 信号的上升沿至下一次操作之间插入一个保持延时，延时长度为(MEMxHOLD＋1)个 HCLK 周期。为克服该时序限制，这里使用属性存储空间配置 ATTHOLD 值使其符合 t_{WB} 的时序，同时保持 MEMxHOLD 为其最小值。此时，CPU 必须在所有 NAND Flash 的读/写操作时使用通用存储空间。只有在写入 NAND Flash 地址的最后一个字节时，CPU 才需要写入属性存储空间。

21.5.2.3　ECC 校验

EBI 控制器包含 2 个纠错码计算硬件模块，每个模块对应一个存储器组。使用硬件处理纠错码时，这可以减少主机 CPU 的工作负荷。EBI 中的纠错码算法可在读或写 NAND Flash 时，

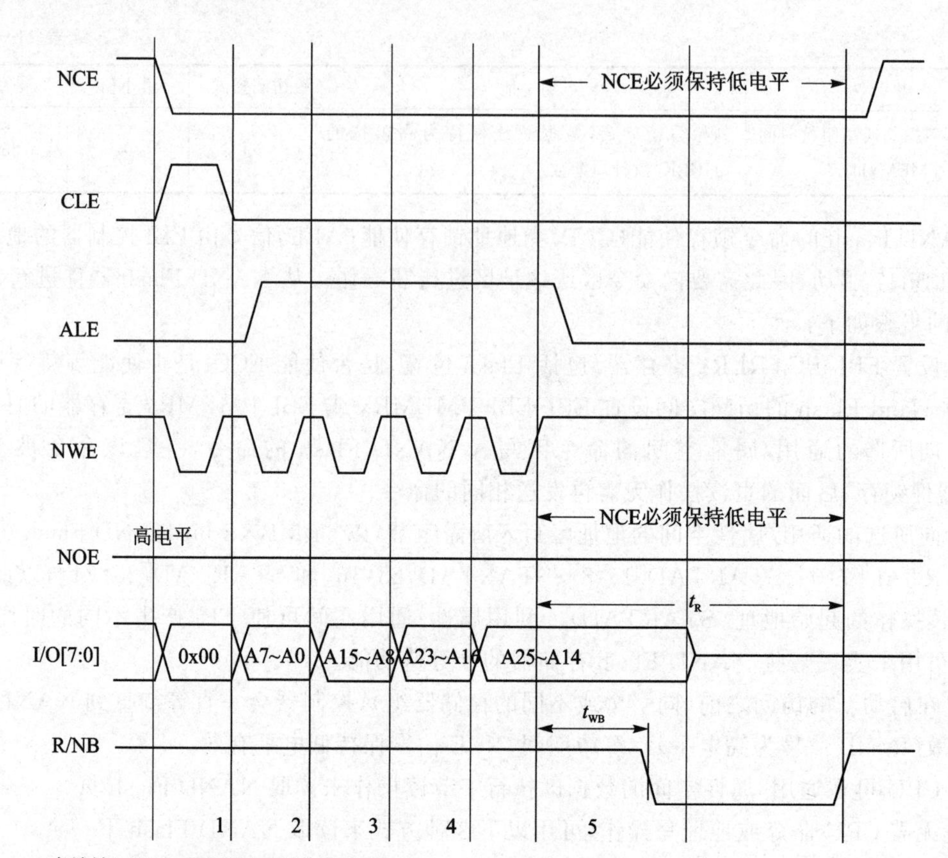

图 21－15　访问非"CE 无关"NAND Flash

在每 256、512、1024、2048、4096 或 8192 字节中纠正 1 个比特位的错误并检测出 2 个比特位的错误。每当 NAND Flash 存储器组处于有效状态时，ECC 模块都可监测 NAND Flash 数据总线和读/写信号(NCE 和 NWE)。该功能的操作如下：

➢ 当访问 NAND Flash 的存储器组 2 或存储器组 3 时，D[15:0]总线上的数据被锁存并用于 ECC 计算。

➢ 当访问 NAND Flash 的任何其他地址时，ECC 逻辑处于空闲状态，不会执行任何操作。因此，定义 NAND Flash 命令和地址的写操作不会参与 ECC 计算。

当所需的字节数由主机 CPU 对 NAND Flash 进行读取或写入操作，必须读取 EBI_ECCRESULT2/3 寄存器以获得计算结果。一旦读取，通过设置 ECCEN@EBI_PCTRLRx 为 0 将

寄存器清 0。计算新的数据块时，ECCEN@EBI_PCTRLRx 必须设置为 1。

以下为 ECC 计算步骤：

① 将 ECCEN@EBI_PCTRLR 置 1 以使能 ECC。

② 在 NAND Flash 存储器页中写入数据。当 NAND Flash 页写入数据后，ECC 模块计算出 ECC 值。

③ 读取 EBI_ECCRESULT2/3 寄存器中的 ECC 值，以变量形式存储。

④ 将 ECCEN@EBI_PCTRLRx 清 0，在从 NAND Flash 页读回写入的数据之前，需重新使能 ECCEN@EBI_PCTRLRx。当 NAND 页读入数据后，ECC 模块计算出 ECC 值。

⑤ 读取 EBI_ECCRESULT2/3 寄存器中新的 ECC 值。

⑥ 如果两次读取的 ECC 值一样，则无须纠正；否则存在 ECC 错误，需软件处理。

21.5.3　程序设计示例

本示例介绍如何使用 EBI 连接外部 NAND Flash W29N01HV，并读/写数据，原理图如图 21－16 所示。

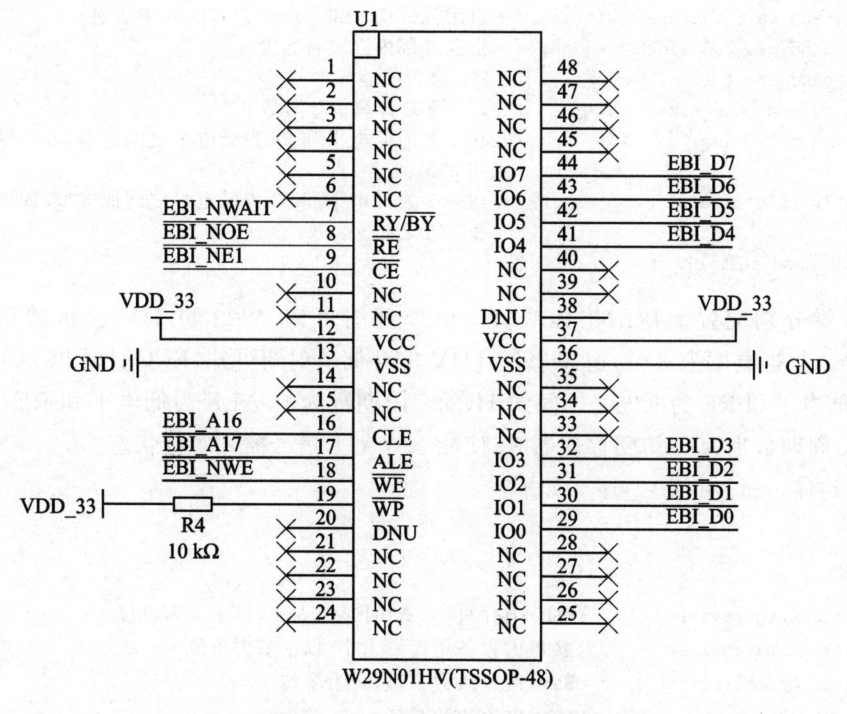

图 21－16　W29N01HV 原理图

要了解图 21－16 中具有特定 EBI 功能的 GPIO 引脚，可查询 ES32F369x 的数据手册[4]。关于该 NAND Flash 芯片的更多信息，请参考其规格书。如果使用的实验板 NAND Flash 型号或控制引脚不一样，可在此示例的基础上修改，程序的控制原理相同。根据本硬件设计，NAND Flash 芯片的使能信号与 EBI_NE1 连接，EBI_NE1 即 EBI_NCE2，所以它会被映射到 EBI 的 BANK2 区域，该区域的地址范围为 0x7000 0000～0x7FFF FFFF。因此，当内核访问从基地址 0x7000 0000 开始的空间时，EBI 外设会自动控制图 21-16 中的引脚产生访问时序，访问这个外部 NAND Flash 存储器。

控制 EBI 使用 NAND Flash 存储器时，主要是配置控制寄存器及时序寄存器。利用 ES32 ALD 库的 NAND Flash 初始化结构体及时序结构体可以很方便地写入参数。初始化函数 ald_nand_init 如下：

```
ald_status_t ald_nand_init(nand_handle_t *hperh, ald_ebi_nand_timing_t *ctiming, ald_ebi_nand_timing_t *atiming)
```

初始化结构体 ald_ebi_nand_init_t 如下：

```
typedef struct
{
    uint32_tbank;                       /*指定要使用的 NAND Flash 设备块*/
    ebi_nand_wait_feature_t wait;       /*启用或禁用 NAND Flash 设备的等待功能*/
    ebi_nand_mem_bus_width_t width;     /*指定外部内存设备宽度*/
    ebi_nand_ecc_t ecc;                 /*ECC 是否使能*/
    ebi_md_ecc_page_size_t size;        /*定义 ECC 计算页字节数*/
    uint32_tcle_time;                   /*在 CLE 为低电平和 RE 为低电平之间的 HCLK 周期数,值介于 0
                                          和 255 之间*/
    uint32_tale_time;                   /*在 ALE 为低电平和 RE 为低电平之间的 HCLK 周期数,值介于 0
                                          和 255 之间*/
} ald_ebi_nand_init_t;
```

用户需要分别配置上述结构体成员。由原理图可知，W29N01HV 会被映射到 EBI 的 BANK2 区域，数据宽度为 8 位；由 W29N01HV 的存储映射图可知，ECC 计算以 2048 字节为单位；CLE 为低电平和 RE 为低电平之间的 HCLK 周期数为 0，ALE 为低电平和 RE 为低电平之间的 HCLK 周期数也为 0；访问存储器时，使能 NWAIT 信号插入等待状态。

配置结构体 nand_device_cfg_t 如下：

```
typedef struct
{
    uint32_tpage_size;          /*NAND 内存页(无备用区域)大小,以字节为单位*/
    uint32_tspare_size;         /*NAND 内存备用区域大小,以字节为单位*/
    uint32_tblock_size;         /*NAND 内存块大小,以页为单位*/
    uint32_tblock_nbr;          /*NAND 内存块数总计*/
    uint32_tplane_nbr;          /*NAND 内存平面数*/
    uint32_tplane_size;         /*NAND 内存平面大小,以块为单位*/
    type_func_t extra_cmd;      /*页面读取模式所需的 NAND 额外命令*/
} nand_device_cfg_t;
```

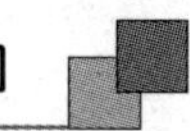

用户需要分别配置上述结构体成员。由 W29N01HV 的存储映射图可知，每页 2048＋64 字节，每块 64 页，每平面 1024 块，每个芯片 1 个平面。W29N01HV 中只有 1 个平面，有些 NAND Flash 中会有多个平面。根据这些信息得出上述结构体成员的值，宏定义如下：

```
#define NAND_PAGE_SIZE            0x0800      /* 2048 bytes per page w/o Spare Area */
#define NAND_BLOCK_SIZE           0x0040      /* 64x2048 bytes pages per block */
#define NAND_PLANE_SIZE           0x0400      /* 1024 Block per plane */
#define NAND_SPARE_AREA_SIZE      0x0040      /* last 64 bytes as spare area */
#define NAND_BLOCK_NBR            0x0400      /* 1 planes of 1024 block */
#define NAND_PLANE_NBR            1           /* 1 device of 1 planes */
#define BUFFER_SIZE               0X800       /* (NAND_PAGE_SIZE * NAND_PLANE_NBR) */
```

时序结构体 ald_ebi_nand_timing_t 如下：

```
typedef struct
{
    uint32_ttime;        /* 发出命令前建立地址的 HCLK 周期数，值介于 0～255 之间 */
    uint32_twait_time;   /* 发出命令的最短持续的 HCLK 周期数，值介于 0～255 之间 */
    uint32_thold_time;   /* 发送命令结束后保持地址的 HCLK 周期数，值介于 0～255 之间 */
    uint32_thiz_time;    /* 开始写访问后，数据总线保持为高阻的 HCLK 周期数，值介于 0～255 之间 */
} ald_ebi_nand_timing_t;
```

根据 W29N01HV 的时间参数对上述结构体成员进行初始化。需要注意的是，用户需要根据 PCB 的实际布线情况留出充足的余量。

使用函数 ald_sram_init 对 EBI 进行初始化的具体过程如下：

```
#define WRITE_READ_ADDRESS        0x8000
#define NAND_PAGE_SIZE            0x0800   /* 2048 bytes per page w/o Spare Area */
#define NAND_BLOCK_SIZE           0x0040   /* 64 × 2048 bytes pages per block */
#define NAND_PLANE_SIZE           0x0400   /* 1024 Block per plane */
#define NAND_SPARE_AREA_SIZE      0x0040   /* last 64 bytes as spare area */
#define NAND_BLOCK_NBR            0x0400   /* 1 planes of 1024 block */
#define NAND_PLANE_NBR            1        /* 1 device of 1 planes */
#define BUFFER_SIZE               0X800    /* (NAND_PAGE_SIZE * NAND_PLANE_NBR) */

nand_pin_init();

h_nand.instance           = EBI_NAND_DEVICE;
h_nand.init.bank          = EBI_NAND_BANK2;
h_nand.init.wait          = EBI_NAND_WAIT_FEATURE_ENABLE;
h_nand.init.width         = EBI_NAND_MEM_BUS_WIDTH_8;
h_nand.init.ecc           = EBI_NAND_ECC_ENABLE;
h_nand.init.size          = EBI_NAND_ECC_PAGE_SIZE_2048BYTE;
h_nand.init.cle_time      = 0x0;
h_nand.init.ale_time      = 0x0;
```

```
h_nand.config.page_size    = NAND_PAGE_SIZE;
h_nand.config.spare_size   = NAND_SPARE_AREA_SIZE;
h_nand.config.block_size   = NAND_BLOCK_SIZE;
h_nand.config.block_nbr    = NAND_BLOCK_NBR;
h_nand.config.plane_nbr    = NAND_PLANE_NBR;
h_nand.config.plane_size   = NAND_PLANE_SIZE;

timing.time                = 0xB0;
timing.wait_time           = 0x40;
timing.hold_time           = 0x40;
timing.hiz_time            = 0xB8;

/* NAND Flash 初始化 */
ald_nand_init(&h_nand, &timing, &timing);
```

通过下面的程序测试读/写外部 NAND Flash,向其写入一串数据,再读出查看是否正确写入。

```
ald_nand_reset(&h_nand);                    /* 向 NAND Flash 发送复位命令 */
ald_nand_read_id(&h_nand, &__id);           /* 向 NAND Flash 发送读取 ID 命令 */
nand_addr_get(WRITE_READ_ADDRESS, &__addr); /* 将待操作地址分解为页地址、块地址、平面地址 */
if(ald_nand_erase_block(&h_nand, &__addr) != OK) /* 擦除待操作地址所在的块 */
{
    ALD_PANIC();
}
if(ald_nand_read_page_8b(&h_nand, &__addr, rx_buf, NAND_PLANE_NBR) != OK)
                                            /* 读取待操作地址所在的页,确认其是否为 FF */
{
    ALD_PANIC();
}

fill_buffer(tx_buf, BUFFER_SIZE, 0x0);      /* 将 tx_buf 填充为 0,1,2,3,4…… */

if(ald_nand_write_page_8b(&h_nand, &__addr, tx_buf, NAND_PLANE_NBR) != OK)
                                            /* 向待操作地址所在的页写入 0,1,2,3,4…… */
{
    ALD_PANIC();
}
if(ald_nand_read_page_8b(&h_nand, &__addr, rx_buf, NAND_PLANE_NBR) != OK)
                                            /* 读取待操作地址所在的页,确认其是否正确写入 */
{
    ALD_PANIC();
}
```

实验效果如图 21-17 所示。

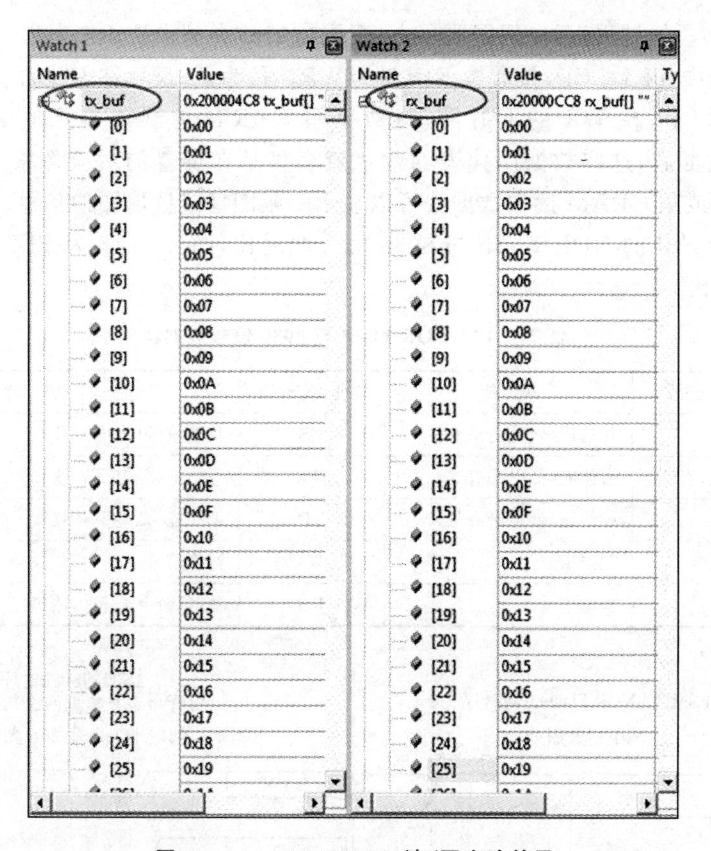

图 21-17 NAND Flash 读/写实验效果

21.6 应用系统实例

本实例使用 ES32F369x 芯片的 EBI 接口驱动 8080 接口的 TFT-LCDx 显示字符串及图像。

21.6.1 硬件介绍

使用 EBI 模块的 NOR Flash/SRAM 功能驱动 4.3 寸 TFT-LCD 来显示字符串及图像。该模块支持 65K 色显示，显示分辨率为 800×480，接口为 16 位 8080 并口，自带触摸功能。该屏幕的显示控制芯片为 NT35510。

为什么可以用驱动 NOR Flash/SRAM 的方式来驱动 LCD 呢？因为 LCD 的信号线与 NOR Flash/SRAM 相比多了数据/命令控制信号(RS)，但缺少地址信号。由此可以使用某一地址线作为 LCD 的 RS 信号，因为向 EBI 的 NOR Flash/SRAM 地址区域写入数据的同时，也会发出地址信号，即使这些地址没有被用到。本实例使用 EBI_A0 作为 LCD 的 RS 选择线(也可以使用其他地址线)。

8080 并口读/写的过程为：先根据要写入/读取数据的类型设置 RS 为高（数据）/低（命令）；然后拉低片选，选中 TFT-LCD；接着置 RD（读）/WR（写）为低；最后在 RD 的上升沿将数据锁存到数据线 D[7：0]上，在 WR 的上升沿，将数据写入 LCD 控制器中。向 TFT-LCD 的显存 GRAM 内写入数据后，这些数据所代表的颜色就会显示在屏幕的对应像素上，因此不停地向 GRAM 输入数据或从 GRAM 读取数据就可以显示一幅图像或读取图像信息。

表 21－17 为 EBI 的 NOR Flash 与 8080 信号线对比，图 21－18 为 EBI 的 NOR Flash 与 8080 访问时序对比。

表 21－17 NOR Flash 与 8080 信号线对比

EBI-NOR Flash 信号线	功 能	8080 信号线	功 能
NEx	片选信号（低电平有效）	CS	片选信号（低电平有效）
NWR	写使能（低电平有效）	WR	写使能（低电平有效）
NOE	读使能（低电平有效）	RD	读使能（低电平有效）
D[15：0]	数据信号	D[15：0]	数据信号
A[25：0]	地址信号	RS	数据/命令选择（0，读/写命令；1，读/写数据）

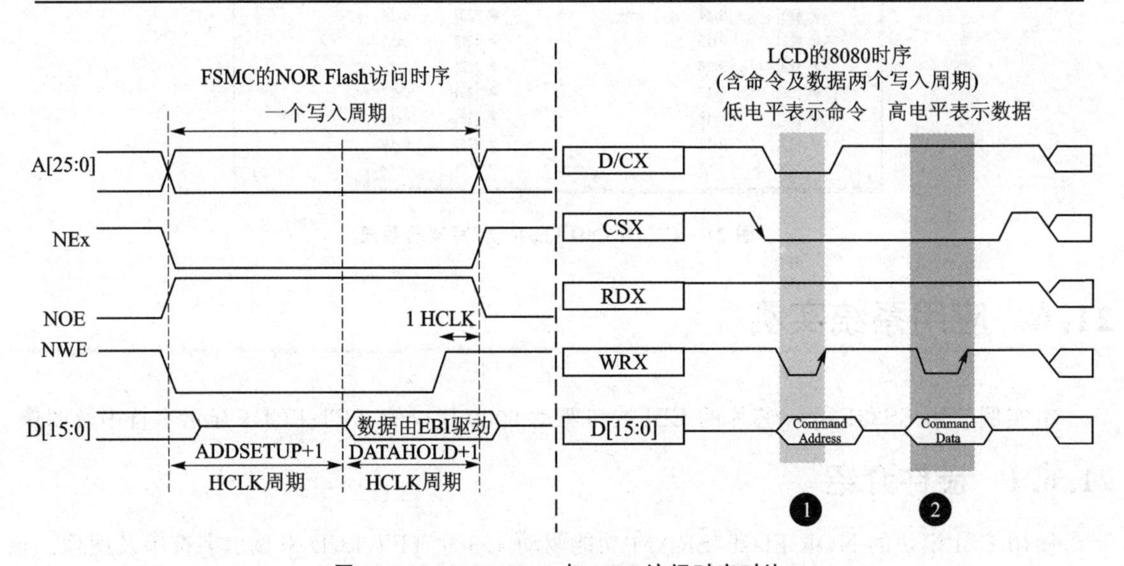

图 21－18 NOR Flash 与 8080 访问时序对比

8080 接口原理图如图 21－19 所示。

21.6.2 代码分析

使用 ALD 库实现向 LCD 输出一串字符串和一幅图像。该例程主要用到 main.c、lcd_driver.c 这两个源文件及其对应的头文件，其余均为 ALD 库文件，不需要用户改动。其主要思想是初始化完成之后，在 lcd_driver.c 文件中编写 EBI 初始化函数和 LCD 驱动函数，在 main.c 文件

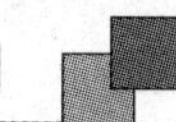

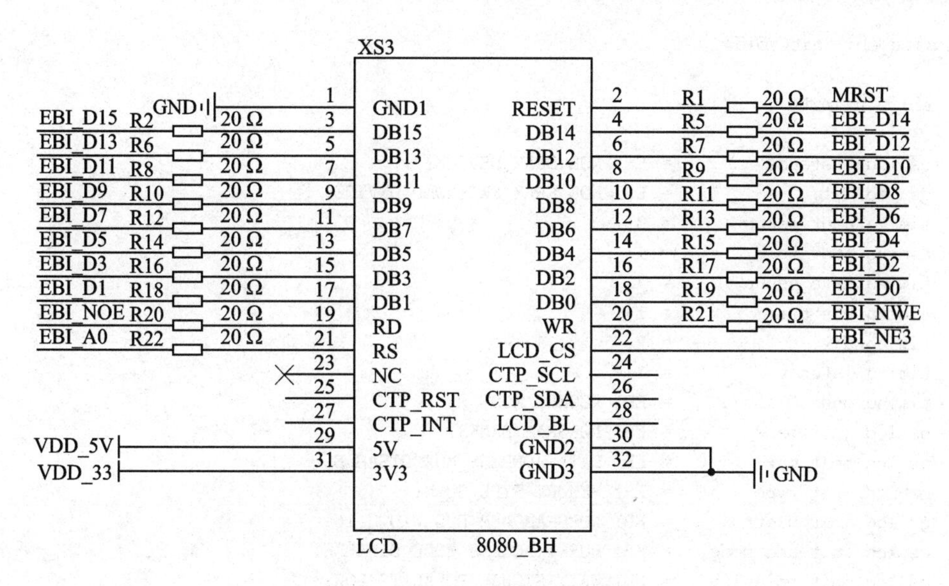

图 21-19　8080 接口原理图

中向 LCD 写入待显示的数据。

主程序如下：

```
int main()
{
    uint16_t x = 0, y = 150;
    uint16_t dirx = 0, diry = 0;

    ald_cmu_pll1_config(CMU_PLL1_INPUT_HOSC_3, CMU_PLL1_OUTPUT_48M); /* 使能倍频,由晶振三分频
                                                                      倍频至 48 MHz */
    ald_cmu_clock_config(CMU_CLOCK_PLL1, 48000000);       /* 选择倍频时钟为系统时钟 */
    ald_cmu_perh_clock_config(CMU_PERH_ALL, ENABLE);      /* 使能所有外设时钟 */

    mcu_ebi_init();                                       /* 初始化 EBI 模块 */
    lcd_init();

    lcd_set_background(0, 0, WIDTH, 150, 0xC0C0C0);
    lcd_show_string(50, 50, 380, 48, "Essemi LCD example... |^_^|", 0xFF0000, C2412, BG_OFF, 0);
    lcd_set_background(0, 150, WIDTH, HEIGHT - 150, 0xFFFFFF);
    lcd_draw_image(x, y, 240, 140, (uint16_t  * )gImage_image);
    while (1)
    {

    }
}
```

EBI 模块的初始化函数如下：

```
void mcu_ebi_init(void)
{
    ebi_pin_init();

    gs_lcd.instance          = EBI_NOR_SRAM_DEVICE;
    gs_lcd.ext               = EBI_NOR_SRAM_EXTENDED_DEVICE;
    timing.addr_setup        = 0;
    timing.addr_hold         = 1;
    timing.data_setup        = 2;
    timing.bus_dur           = 1;
    timing.div               = 2;
    timing.latency           = 1;
    timing.mode              = EBI_ACCESS_MODE_B;
    gs_lcd.init.bank         = EBI_NORSRAM_BANK3;
    gs_lcd.init.mux          = EBI_DATA_ADDRESS_MUX_DISABLE;
    gs_lcd.init.type         = EBI_MEMORY_TYPE_SRAM;
    gs_lcd.init.width        = EBI_NORSRAM_MEM_BUS_WIDTH_16;
    gs_lcd.init.acc_mode     = EBI_BURST_ACCESS_MODE_DISABLE;
    gs_lcd.init.polarity     = EBI_WAIT_SIGNAL_POLARITY_LOW;
    gs_lcd.init.wrap_mode    = EBI_WRAP_MODE_DISABLE;
    gs_lcd.init.active       = EBI_WAIT_TIMING_BEFORE_WS;
    gs_lcd.init.write        = EBI_WRITE_OPERATION_ENABLE;
    gs_lcd.init.signal       = EBI_WAIT_SIGNAL_DISABLE;
    gs_lcd.init.ext_mode     = EBI_EXTENDED_MODE_DISABLE;
    gs_lcd.init.wait         = EBI_ASYNCHRONOUS_WAIT_DISABLE;
    gs_lcd.init.burst        = EBI_WRITE_BURST_DISABLE;

    ald_nor_init(&gs_lcd, &timing, &timing);
}
```

基础驱动函数及画点驱动函数如下：

```
inline void lcd_write_reg(uint16_t reg, uint16_t para)
{
    LCD_SET_REG(reg);
    LCD_SET_RAM(para);
}

uint8_t lcd_read_reg(uint16_t reg)
{
    uint16_t data;

    LCD->REG = reg;
    data = LCD_READ_RAM();      /* dummy data */
    data = LCD_READ_RAM();

    return data;
}
```

```
void lcd_set_cursor(uint16_t x, uint16_t y)
{
    lcd_write_reg(0x2A00, x >> 8);
    lcd_write_reg(0x2A00  + 1, x & 0xFF);

    lcd_write_reg(0x2B00, y >> 8);
    lcd_write_reg(0x2B00  + 1, y & 0xFF);
}

void lcd_draw_point(uint16_t x, uint16_t y, uint32_t rgb888)
{
    lcd_set_cursor(x, y);

    LCD_WRRAM_PREPARE();

    LCD_SET_RAM(GET_RGB565_FROM_RGB888(rgb888));
}
```

字符显示及字符串显示函数如下：

```
/*字符显示函数*/
void lcd_show_char(uint16_t x, uint16_t y, char ch, char_size_t size, uint32_t rgb_ch, char_bg_t bg,
uint32_t rgb_bg)
{
    uint8_t index_char, index_bit, index_byte;
    uint16_t y0 = y;
    /*计算一个字符编码所需的字节数*/
    uint8_t ch_byte = (size/8 + ((size % 8) ? 1 : 0)) * (size/2);
    ch = ch - ";    /*重定位字符编码*/

    for (index_byte = 0; index_byte < ch_byte; index_byte++)
    {
        if (size == C1206)
            index_char = ascii_1206[ch][index_byte];

        else if (size == C1608)
            index_char = ascii_1608[ch][index_byte];

        else if (size == C2412)
            index_char = ascii_2412[ch][index_byte];

        else
            return;

        for (index_bit = 0; index_bit < 8; index_bit++)
        {
            if (index_char & 0x80)
                lcd_draw_point(x, y, rgb_ch);
```

```
            else if  (bg == BG_ON)
                lcd_draw_point(x, y, rgb_bg);

            index_char <<= 1;
            y++;
            if  (y >= HEIGHT)    /* 超出范围 */
                return;

            if  ((y - y0) == size)
            {
                y = y0;
                x++;
                if  (x >= WIDTH) /* 超出范围 */
                    return;

                break;
            }
        }
    }
}

/* 字符串显示函数 */
void lcd_show_string(uint16_t x, uint16_t y, uint16_t width, uint16_t height, char  *p, uint32_t color, char_size_t size, char_bg_t bg, uint32_t rgb_bg)
{
    uint8_t x0 = x;

    width += x;
    height += y;

    while  ((*p <= '~') && (*p >= ' ')) /* 合法字符 */
    {
        if  (x >= width)
        {
            x = x0;
            y += size;
        }

        if  (y >= height)
            break;  /* 超出区域 */

        lcd_show_char(x, y, *p, size, color, bg, rgb_bg);
        x += size / 2;
        p++;
    }
}
```

图像显示函数如下：

```
void lcd_draw_image(uint16_t x, uint16_t y, uint16_t width, uint16_t height, uint16_t  * buf)
{
    uint32_t index;
    uint32_t totalpoint = width * height;

    lcd_write_reg(0x2A00, x >> 8);
    lcd_write_reg(0x2A00  + 1, x & 0xFF);
    lcd_write_reg(0x2A00  + 2, (x + width - 1) >> 8);
    lcd_write_reg(0x2A00  + 3, (x + width - 1) & 0xFF);

    lcd_write_reg(0x2B00, y >> 8);
    lcd_write_reg(0x2B00  + 1, y & 0xFF);
    lcd_write_reg(0x2B00  + 2, (y + height - 1) >> 8);
    lcd_write_reg(0x2B00  + 3, (y + height - 1) & 0xFF);

    LCD_WRRAM_PREPARE();

    for (index = 0; index < totalpoint; index++ )
    {
        LCD_SET_RAM( * buf);
        buf++ ;
    }
}
```

LCD 模块的初始化函数参考 LCD 官方提供的代码。

```
void lcd_init(void)
{
    lcd_write_reg(0xF000, 0x55);
    lcd_write_reg(0xF001, 0xAA);
    lcd_write_reg(0xF002, 0x52);
    lcd_write_reg(0xF003, 0x08);
    lcd_write_reg(0xF004, 0x01);
    / * AVDD Set AVDD 5.2V * /
    lcd_write_reg(0xB000, 0x0D);
    lcd_write_reg(0xB001, 0x0D);
    lcd_write_reg(0xB002, 0x0D);
    / * AVDD ratio * /
    lcd_write_reg(0xB600, 0x34);
    lcd_write_reg(0xB601, 0x34);
    lcd_write_reg(0xB602, 0x34);
    / * AVEE  - 5.2V * /
    lcd_write_reg(0xB100, 0x0D);
    lcd_write_reg(0xB101, 0x0D);
    lcd_write_reg(0xB102, 0x0D);
    / * AVEE ratio * /
    lcd_write_reg(0xB700, 0x34);
    lcd_write_reg(0xB701, 0x34);
    lcd_write_reg(0xB702, 0x34);
    / * VCL  - 2.5V * /
```

```
    lcd_write_reg(0xB200, 0x00);
    lcd_write_reg(0xB201, 0x00);
    lcd_write_reg(0xB202, 0x00);
    /* VCL ratio */
    lcd_write_reg(0xB800, 0x24);
    lcd_write_reg(0xB801, 0x24);
    lcd_write_reg(0xB802, 0x24);
    /* VGH 15V (Free pump) */
    lcd_write_reg(0xBF00, 0x01);
    lcd_write_reg(0xB300, 0x0F);
    lcd_write_reg(0xB301, 0x0F);
    lcd_write_reg(0xB302, 0x0F);
    /* VGH ratio */
    lcd_write_reg(0xB900, 0x34);
    lcd_write_reg(0xB901, 0x34);
    lcd_write_reg(0xB902, 0x34);
    /* VGL_REG -10V */
    lcd_write_reg(0xB500, 0x08);
    lcd_write_reg(0xB501, 0x08);
    lcd_write_reg(0xB502, 0x08);
    lcd_write_reg(0xC200, 0x03);
    /* VGLX ratio */
    lcd_write_reg(0xBA00, 0x24);
    lcd_write_reg(0xBA01, 0x24);
    lcd_write_reg(0xBA02, 0x24);
    /* VGMP/VGSP 4.5V/0V */
    lcd_write_reg(0xBC00, 0x00);
    lcd_write_reg(0xBC01, 0x78);
    lcd_write_reg(0xBC02, 0x00);
    /* VGMN/VGSN -4.5V/0V */
    lcd_write_reg(0xBD00, 0x00);
    lcd_write_reg(0xBD01, 0x78);
    lcd_write_reg(0xBD02, 0x00);
    /* VCOM */
    lcd_write_reg(0xBE00, 0x00);
    lcd_write_reg(0xBE01, 0x64);
    /* Gamma Setting */
    lcd_write_reg(0xD100, 0x00);
    lcd_write_reg(0xD101, 0x33);
    lcd_write_reg(0xD102, 0x00);
    lcd_write_reg(0xD103, 0x34);
    lcd_write_reg(0xD104, 0x00);
    lcd_write_reg(0xD105, 0x3A);

    …… /* 详细初始化见例程 */

    delay(120);
    LCD_SET_REG(0x2900);     /* 开启显示 */
}
```

第六篇

其他外设

第22章

RTC实时时钟

为了提供精确的实时时钟和日历计数功能，ES32支持RTC(Real Time Clock)外设。RTC本质上是一种定时器，支持BCD编码，提供两个可编程闹钟和一个唤醒定时器，可实现周期性的中断功能。

RTC与其他大部分外设不同之处在于，上电并软件使能后，无论芯片工作在何种模式，只要电源电压保持在正常工作范围内，RTC可持续提供高精度计时功能。鉴于该特性，除了被用于输出实时时钟，RTC还常被用作管理MCU低功耗模式的唤醒单元。本章介绍的RTC模块及其程序设计示例基于ES32F369x平台。

22.1 功能特点

ES32F369x RTC模块提供以下特性：

- 仅上电复位有效，支持寄存器写保护，可有效避免软件误操作；
- 时钟源支持LOSC、LRC、HOSC、HRC；
- 提供时钟和日历功能：年、月、日、时、分、秒、星期；
- 自动闰年识别，有效期为100年(00～99)；
- 12小时和24小时模式设置可选；
- 支持可编程的夏令时调整功能；
- 两个可编程闹钟，支持闹钟匹配字段配置；
- 一个可编程的定时器，支持定时唤醒功能；
- 可进行高精度数字校准，最高精度为±0.025 4 ppm；
- 支持时间戳功能，在发生时间戳事件时保存时间戳时间和日期；
- 支持两路侵入检测功能；
- 支持128字节备份寄存器，在侵入事件发生时复位所有备份寄存器；
- 低功耗设计：在电源STANDBY模式下能保证时钟和日历的精度。

22.2 功能逻辑视图

ES32F369x RTC 逻辑视图如图 22-1 所示。

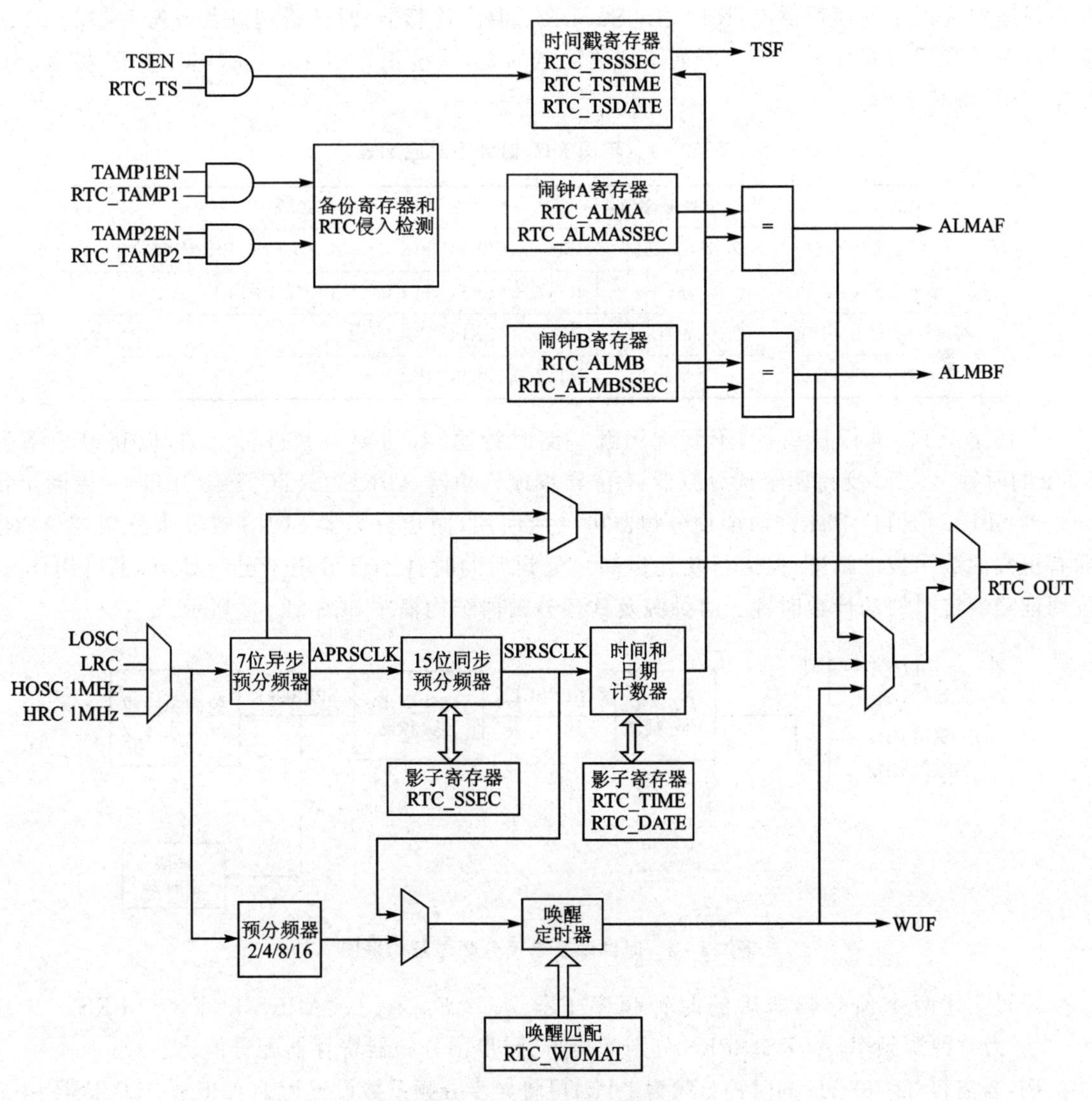

图 22-1 RTC 逻辑视图

22.3 时钟源

为了保证系统供电消失后 RTC 仍工作，RTC 的时钟由可独立供电的备份域 BKPC 提供。备份域电源为以下各模块供电：RTC、LOSC、LRC、温度传感器、时钟管理以及备份 RAM。RTC 时钟的具体配置方式如表 22-1 所列。需要注意的是，系统工作时，一旦 LOSC 停振，将自动切换至 LRC 继续工作。

表 22-1 不同 RTC 时钟源对应配置

时钟类别	时钟频率	配置方式
低速时钟 LOSC	32 768 Hz	RTCCS@BKPC_PCCR=0，LOSCEN@BKPC_CR=1
低速时钟 LRC	32 768 Hz	RTCCS@BKPC_PCCR=1，LRCEN@BKPC_CR=1
高速时钟 HRC 分频	1 MHz	RTCCS@BKPC_PCCR=2
高速时钟 HOSC 分频	1 MHz	RTCCS@BKPC_PCCR=3

若使用 RTC 进行日历计，不管选用哪一路时钟源，都需要对其进行分频，以获得频率为 1 Hz 的时钟。RTC 支持两个预分频器：7 位异步预分频器 APRS@RTC_PSRT 和 15 位同步预分频器 SPRS@RTC_PSR。两个预分频器可灵活使用，同步分频器 SPRS 较异步分频器 APRS 拥有更高的数字校准精度，但运行功耗更高。分频后的时钟不仅可用于更新日历，也可用作 16 位周期唤醒定时器的计数时钟。时钟源及其预分频器结构框图如图 22-2 所示。

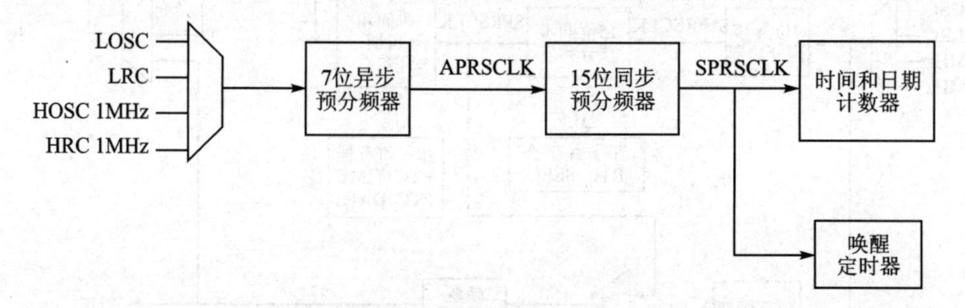

图 22-2 时钟源及其预分频器结构框图

经过上述两个预分频器后的时钟频率 $F_{SPRSCLK}=F_{RTCCLK}/((APRS+1)\times(SPRS+1))$，$F_{RTCCLK}$ 为时钟源频率，APRS、SPRS 分别为异步、同步预分频器寄存器配置值。

例：若需将 32 768 Hz 的时钟分频为 1 Hz，可将异步分频系数设置为 1(APRS@RTCPSR=0)，并将同步分频系数设置为 32 768(SPRS@RTCPSR=32 767)；若需将 1 MHz 的时钟分频为 1 Hz，可将异步分频系数设置为 32(APRS@RTC_PSR=31)，并将同步分频系数设置为 31 250(SPRS@RTC_PSR=31 249)。

22.4　日　历

22.4.1　时间与日期

RTC用作日历计时器时，主要访问3个寄存器：时间寄存器RTC_TIME（可读/写）、日期寄存器RTC_DATE（可读/写）和亚秒寄存器RTC_SSEC（只读）。实际上，由于APB2总线时钟与RTC时钟异步，ES32F369x的上述3个寄存器存在影子寄存器中。每两个RTCCLK时钟周期便将时间和日历寄存器复制至相应的影子寄存器中。在STOP和STANDBY模式下不会执行该操作，直至退出这两种模式后，最迟两个RTCCLK时钟周期后更新。

在默认模式下，RTC通过访问影子寄存器读取时间及日期寄存器。影子寄存器会导致时钟同步延时，为尽量减少这种情况，读取影子寄存器时，APB2时钟频率必须大于RTCCLK时钟频率的4倍以上。当然，用户可以选择旁路影子寄存器，直接访问时间和日期寄存器以避免延时，只需将SHDBP@RTC_CON置1。

通过读/写RTC_TIME和RTC_DATE，便可获取/改写当前时间和日期，支持24小时制/12小时制切换功能。表22-2展示了RTC_TIME和RTC_DATE各个位的功能。

表22-2　RTC_TIME和RTC_DATE各个位对应功能

位名称	位　数	功　能
PM@RTC_TIME	1	AM/PM符号位
HRT@RTC_TIME	2	小时十位，BCD格式表示
HRU@RTC_TIME	4	小时个位，BCD格式表示
MINT@RTC_TIME	3	分钟十位，BCD格式表示
MINU@RTC_TIME	4	分钟个位，BCD格式表示
SECT@RTC_TIME	3	秒十位，BCD格式表示
SECU@RTC_TIME	4	秒个位，BCD格式表示
WD@RTC_DATE	3	星期几，0代表周日，依次类推
YRT@RTC_DATE	4	年十位，BCD格式表示
YRU@RTC_DATE	4	年个位，BCD格式表示
MONT@RTC_DATE	1	月十位，BCD格式表示
MONU@RTC_DATE	4	月个位，BCD格式表示
DAYT@RTC_DATE	2	日十位，BCD格式表示
DAYU@RTC_DATE	4	日个位，BCD格式表示

日历的初始化配置步骤如下：

① 选择 RTC 时钟，通过 RTCCS@BKPC_PCCR 配置，位于备份域寄存器；若选择 LOSC 或 LRC，则需将 LOSCEN@BKPC_CR 或 LRCEN@BKPC_CR 置 1。

② 配置异步预分频系数 APRS@RTC_PSR 和同步预分频系数 SPRS@RTC_PSR。

③ 配置 HFM@RTC_CON 选择时间格式（12 或 24 小时制）。

④ 在时间寄存器 RTC_TIME 和日期寄存器 RTC_DATE 中加载初始时间和日期值。

⑤ 通过判断标志位 BUSY@RTC_CON 等待时间和日期寄存器写入同步完成。

⑥ 若需要使用闹钟功能，在闹钟寄存器 RTC_ALMx 中写入需要匹配的时间、日期值，并通过 ALMxEN@RTC_CON 使能闹钟。

⑦ 将寄存器 GO@RTC_CON 置 1，以使能 RTC 计数器和分频器。

注：

- BCD 格式可理解为用二进制方式表示十进制数，譬如，十进制数 89 用 BCD 码则表示则为 1000 1001。
- 为尽可能保证时间输出的连续性，应先读取时间寄存器 RTCTIME，后读取日期寄存器 RTCDATE。
- 为避免程序的异常运行对 RTC 误操作，对 RTC 寄存器（除 RTCWPR 外）进行写操作之前，必须先向 RTC 写保护寄存器 RTCWPR 写入 0x55AA AA55 以解锁，写入其他值重新进入写保护状态。可以通过读取 RTC_WPR 寄存器确认 RTC 是否处于写保护状态，读出值为 0x0000 0000 表示当前可对 RTC 寄存器进行写操作；读出值为 0x0000 0001 表示寄存器处于写保护状态。

22.4.2 可编程闹钟

1. 基本原理

ES32F369x 的 RTC 支持两个可编程闹钟，寄存器为 RTC_ALMA 和 RTC_ALMB，以及对应的闹钟亚秒寄存器为 RTC_ALMASSEC 和 RTC_ALMBSSEC。若不需要闹钟监测的时间或日期字段，可通过 RTC_ALMA 和 RTC_ALMB 中的 xMSK 位，以及 RTC_ALMASSEC 和 RTC_ALMBSSEC 中的 SSECM 位选择需要屏蔽的字段。闹钟寄存器配置完毕，当时间和日期的值分别与闹钟寄存器对应位的值相匹配时，标志位 ALMAF@RTC_IFR 和 ALMBF@RTC_IFR 置 1。若此时对应的中断使能位值为 1，则发生相应中断事件。以 ALMA 和 ALMASSEC 为例，表 22-3 列出了闹钟寄存器各个位的功能。

表 22-3　闹钟寄存器各个位对应功能

位名称	位　数	功　能
WDS@RTC_ALMA	1	闹钟匹配星期或日期选择位
DAWD@RTC_ALMA	7	闹钟星期(日期)匹配
HRMSK@RTC_ALMA	1	闹钟小时掩码
PM@RTC_ALMA	1	AM/PM 符号位
HRT@RTC_ALMA	2	闹钟小时的十位,BCD 格式表示
HRU@RTC_ALMA	4	闹钟小时的个位,BCD 格式表示
MINMSK@RTC_ALMA	1	闹钟分钟掩码
MINT@RTC_ALMA	3	闹钟分钟的十位,BCD 格式表示
MINU@RTC_ALMA	4	闹钟分钟的个位,BCD 格式表示
SECMSK@RTC_ALMA	1	闹钟秒掩码
SECT@RTC_ALMA	3	闹钟秒的十位,BCD 格式表示
SECU@RTC_ALMA	4	闹钟秒的个位,BCD 格式表示
SSECM@RTC_ALMASSEC	4	闹钟亚秒掩码
SSEC@RTC_ALMASSEC	15	闹钟亚秒值

闹钟 A 和闹钟 B 均可连接到 RTCO 端口输出,用户可通过配置 EOS@RTC_CON 进行使能,通过配置 POL@RTC_CON 选择输出的极性。

2. 程序设计示例

设计 RTC 日历(带闹钟功能)程序。初始化时间、日期以及闹钟,RTC 开始计时,运行到与闹钟匹配的时间点时,触发闹钟中断,闹钟事件发生标志变量 g_alarm_occur 由 0 置 1。

(1) 使用 ALD 设计程序

按照日历初始化配置步骤:首先配置 RTC 时钟;再进行 RTC 初始化配置,配置预分频系数、小时格式等参数;接着在时间、日期以及闹钟相关寄存器分别写入正确的数值;RTC 定时器启动后便可循环读取时间、日期信息,别忘了先读取时间再读取日期;由于需要闹钟功能,所以使能闹钟中断必不可少,进入闹钟中断后,将变量 g_alarm_occur 由 0 置 1,表示闹钟事件已发生。

ald_rtc_source_select 选择 RTC 时钟;

rtc_init. asynch_pre_div 配置异步分频系数;

rtc_init. synch_pre_div 配置同步分频系数;

rtc_init. hour_format 选择小时格式;

rtc_init. output 配置事件输出;

rtc_init. output_polarity 选择输出极性;

ald_rtc_set_time/ald_rtc_set_date/ald_rtc_set_alarm 设置时间、日期和闹钟参数;

ald_rtc_interrupt_config 使能中断；

ald_rtc_get_time/ald_rtc_get_date 读取时间和日期信息；

ald_rtc_get_flag_status 获取中断标志；

ald_rtc_clear_flag_status 清除中断标志。

使用 ALD 库实现 RTC 日历(带闹钟功能)的具体代码请参考例程：ES32_SDK\Projects\Book1_Example\RTC\ALD\01_calendar_alarm。

(2) 实验效果

日历(带闹钟功能)程序运行效果如图 22-3 和图 22-4 所示。RTC 从初始化的时间点开始运行，date/time 随之变化。当实时时钟与闹钟配置值匹配时，g_alarm_occur 置 1；否则 g_alarm_occur 保持为 0。

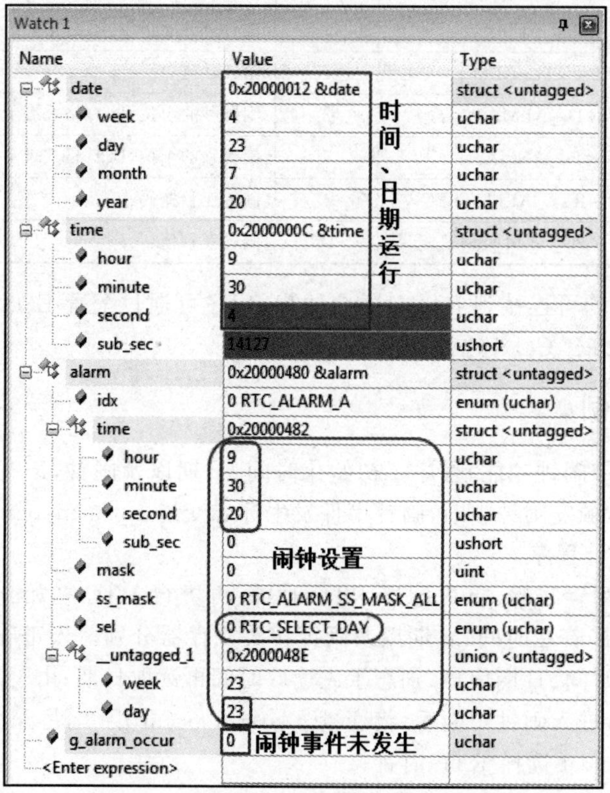

Watch 1

Name	Value	Type
date	0x20000012 &date	struct <untagged>
week	4	uchar
day	23	uchar
month	7	uchar
year	20	uchar
time	0x2000000C &time	struct <untagged>
hour	9	uchar
minute	30	uchar
second	4	uchar
sub_sec	14127	ushort
alarm	0x20000480 &alarm	struct <untagged>
idx	0 RTC_ALARM_A	enum (uchar)
time	0x20000482	struct <untagged>
hour	9	uchar
minute	30	uchar
second	20	uchar
sub_sec	0	ushort
mask	0	uint
ss_mask	0 RTC_ALARM_SS_MASK_ALL	enum (uchar)
sel	0 RTC_SELECT_DAY	enum (uchar)
_untagged_1	0x2000048E	union <untagged>
week	23	uchar
day	23	uchar
g_alarm_occur	0	uchar
<Enter expression>		

时间、日期运行

闹钟设置

闹钟事件未发生

图 22-3 日历(带闹钟功能)实验效果一

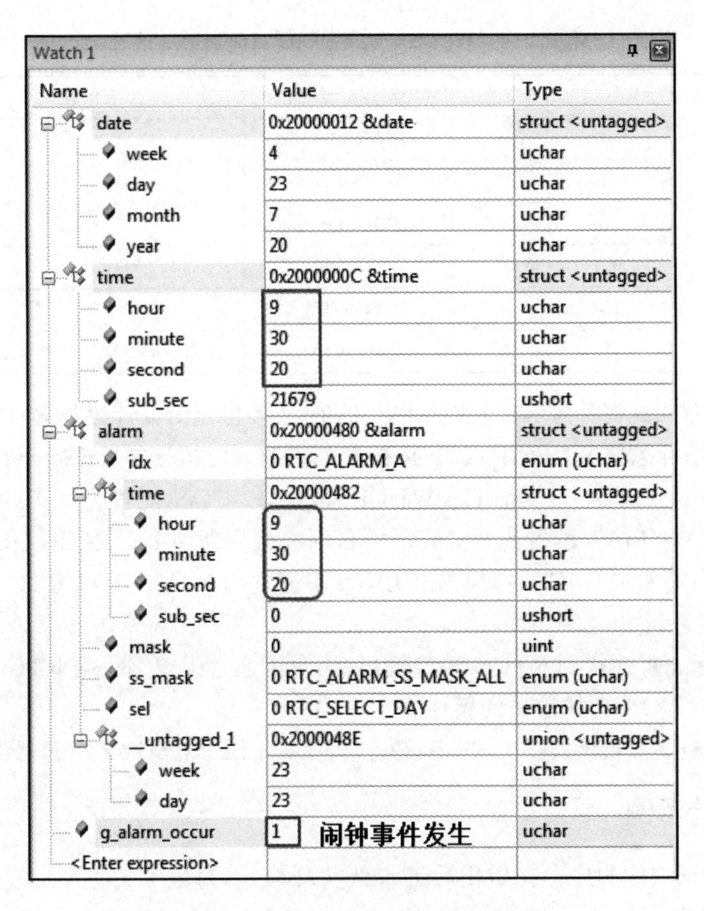

图 22-4　日历(带闹钟功能)实验效果二

22.5 周期唤醒

1. 基本原理

鉴于 RTC 能在低功耗模式下正常运行的特性,可将其用于系统低功耗模式唤醒,RTC 提供一个 16 位周期唤醒定时器(可扩展至 17 位)。通过 WUTE@RTC_CON 使能周期唤醒功能,通过 WUCKS@RTC_CON 配置唤醒定时器的时钟。WUCKS 配置值与周期唤醒定时器时钟关系如表 22-4 所列。

表 22-4　WUCKS 与周期唤醒定时器时钟关系

WUCKS@RTC_CON 配置值	唤醒定时器时钟	备　注
000	RTCCLK/16	
001	RTCCLK/8	
010	RTCCLK/4	
011	RTCCLK/2	
10x	SPRSCLK	
11x	SPRSCLK	RTC_WUMAT 扩展至 17 位

配置 RTC 唤醒匹配寄存器 RTC_WUMAT 的值,当唤醒定时器计数与 RTC_WUMAT 寄存器值匹配时,唤醒中断标志位 WUF@RTC_IFR 被置 1,并且定时器清 0 后重新开始计数。

例如,RTCCLK 频率为 32 768 Hz,WUCKS@RTC_CON 配置为 011,对应唤醒定时器为 RTCCLK/2,RTCWUMAT 配置为 32 768/2－1,则唤醒周期为 1 s。如需较长的唤醒周期,则选择 SPRSCLK 作为唤醒定时器时钟,SPRSCLK 频率通常为 1 Hz。若将 RTC_WUMAT 扩展至 17 位,则唤醒周期最长可达 36 h。

定时器溢出标志可连接到 RTCO 端口输出,用户可通过配置 EOS@RTCCON 进行使能,通过配置 POL@RTCCON 选择输出的极性。

注: 系统复位和低功耗模式(SLEEP、STOP 和 STANDBY)对唤醒定时器均没有任何影响。

2. 程序设计示例

设计 RTC 周期唤醒程序。初始化后进入低功耗模式,每隔 2 s 进入唤醒中断,读取时间信息,并将 second 值存入数组 temp。

(1) 使用 ALD 设计程序

通过函数 ald_rtc_set_wakeup 设置唤醒周期,譬如本例:已知唤醒周期为 2 s,可选择唤醒定时器为 RTCCLK/2,则唤醒匹配寄存器应该赋值 32 767。初始化完毕使能周期唤醒中断,系统进入低功耗模式,每隔 2 s 触发唤醒中断,在中断中读取时间信息。

使用 ALD 库实现 RTC 周期唤醒的具体代码请参考例程:ES32_SDK\Projects\Book1_Example\RTC\ALD\02_wakeup_two_seconds。

(2) 实验效果

运行程序,每隔 2 s 读取一次 time 值,second 显示步进 2,temp 每 2 s 存入一次 second 值。实验效果如图 22-5 所示。

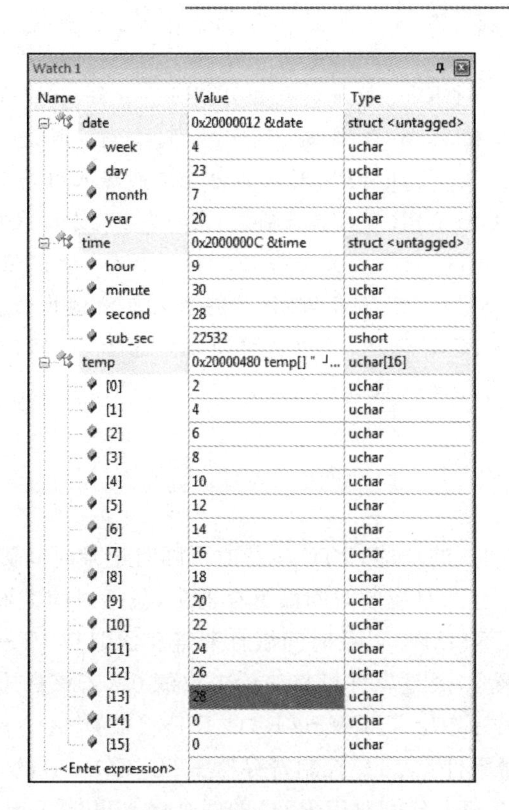

Watch 1

Name	Value	Type
date	0x20000012 &date	struct <untagged>
week	4	uchar
day	23	uchar
month	7	uchar
year	20	uchar
time	0x2000000C &time	struct <untagged>
hour	9	uchar
minute	30	uchar
second	28	uchar
sub_sec	22532	ushort
temp	0x20000480 temp[] "...	uchar[16]
[0]	2	uchar
[1]	4	uchar
[2]	6	uchar
[3]	8	uchar
[4]	10	uchar
[5]	12	uchar
[6]	14	uchar
[7]	16	uchar
[8]	18	uchar
[9]	20	uchar
[10]	22	uchar
[11]	24	uchar
[12]	26	uchar
[13]	28	uchar
[14]	0	uchar
[15]	0	uchar
<Enter expression>		

图 22－5　周期唤醒实验效果

22.6　数字校准

在 RTC 运行过程中，可能出现一定范围的计时偏差。针对于此，RTC 提供一种数字校准方法，通过增加或减少同步分频器的系数，对 RTC 时钟周期的偏差进行补偿。通过将寄存器 CALEN@RTC_CALCON 置 1 使能 RTC 数字校准功能，通过配置 CALP@RTC_CALCON 选择数字校准的间隔周期。数字校准将在所选间隔周期的最后一秒进行补偿。通过配置寄存器 VAL@RTC_CALDR 来选择数字校准时增加或减少同步分频器的系数值，寄存器 VAL@RTC_CALDR 以 16 位补码形式存放，其中 Bit15 为符号位，为 0 时会增加同步分频器的系数，RTC 时间会相应变慢；为 1 时会减少同步分频器的系数，RTC 时间会相应变快。

例如：RTC 时钟源选择频率为 32 768 Hz 的时钟，每秒比标准时间慢 150 μs，选择每隔20 s 校准一次，该如何配置寄存器 VAL@RTC_CALDR？

RTC 时钟实际周期长度 $T_{RTCCLK}=(1\ 000\ 000+150)/32\ 768\approx30.522\ 156\ \mu s$。

每隔 20 s 需校准的周期数 $n=-(150\times20)/T_{RTCCLK}\approx-98.3\approx-98$，对应补码为 0xFF9E，则 VAL@RTC_CALDR 配置为 0xFF9E。

注:

➢ 为避免程序异常运行对 RTC 校准的误操作,RTC 提供校准写保护寄存器 RTC_CALWPR。对 RTC 校准相关寄存器进行写操作之前,须先向 RTC_CALWPR 写入 0x699655AA。对 RTC_CALWPR 写入其他值重新进入校准写保护状态。

➢ 可以通过读取 RTC_CALWPR 寄存器来确认 RTC 是否处于校准写保护状态,读出值为 0x0000 0000,表示当前可对 RTC 校准相关寄存器进行写操作;读出值为 0x0000 0001 表示 RTC 处于校准写保护状态。RTC_CALWPR 寄存器无其他读出值。

➢ 因为 RTC 还支持 RTC 写保护,所以需要同时解除 RTC 写保护和 RTC 校准写保护,方可进行校准相关寄存器写入操作。

22.7 时间戳

时间戳是一种记录时间点的功能,RTC 运行时可随时记录时间戳,即发生时间戳事件时,将亚秒、时间以及日期信息保存到对应的时间戳寄存器中,包括时间戳亚秒寄存器 RTC_TSSSEC、时间戳时间寄存器 RTC_TSTIME,以及时间戳日期寄存器 RTC_TSDATE。同时,时间戳标志位 TSF@RTC_IFR 将被置 1,通过软件可将该标志位清 0。若该标志位为 1 期间又检测到新的时间戳事件,则时间戳溢出标志位 TSOVF@RTC_IFR 将被置 1。

那么,如何触发时间戳事件? RTC 控制寄存器 RTC_CON 中的 TSPIN 位是时间戳信号引脚选择位,位长为 1,值为 0 和 1 分别对应 RTC 的两个侵入事件 Tamper1 和 Tamper2。也就是说,通过 TSEN@RTC_CON 使能时间戳功能后,当被选择的侵入事件发生时,时间戳事件被触发,同时在时间戳寄存器写入当前时间、日期等信息。另外,可通过 TSSEL@RTC_CON 选择时间戳触发边沿。侵入事件将在 22.8 节阐述,并分析侵入事件触发时间戳程序设计示例。

注:侵入事件触发时间戳事件,须将寄存器 TAMPTS@RTC_TAMPCON 置 1。

22.8 侵入检测

1. 基本原理

侵入检测是 RTC 的重要功能之一,相当于提供一种 RTC 外部触发方式。通过检测侵入检测复用 GPIO 口电平边沿或带滤波的电平,产生侵入事件,可进入侵入中断,亦可用于触发时间戳事件。

RTC 支持两路侵入检测,表 22-5 罗列了所有相关寄存器及其功能。

表 22-5　侵入检测相关寄存器对应功能

寄存器	位　数	功　能
TAMP1EN@RTC_TAMPCON	1	侵入1检测使能位
TAMP1LV@RTC_TAMPCON	1	侵入1有效电平选择位
TAMP2EN@RTC_TAMPCON	1	侵入2检测使能位
TAMP2LV@RTC_TAMPCON	1	侵入2有效电平选择位
TAMPTS@RTC_TAMPCON	1	侵入事件触发时间戳选择位
TAMPCKS@RTC_TAMPCON	3	侵入采样时钟选择位
TAMPFLT@RTC_TAMPCON	2	侵入电平滤波选择位

注：侵入事件发生的同时，RTC备份寄存器RTC_BKPxR将被复位，并且只要侵入事件标志位TAMPxF@RTC_IFR＝1，该寄存器就一直保持复位。RTC_BKPxR通常用于存储用户数据，由备份域电源供电，侵入事件可在某些特定场景下清除RTC_BKPxR中的数据，保护其私密性。

2. 程序设计示例

设计侵入事件触发时间戳程序。RTC运行过程中，侵入事件（PA0端口检测到低电平）触发时间戳，并记录当前时间。

(1) 使用ALD设计程序

在日历程序上添加时间戳和侵入检测模块。侵入检测初始化需配置有效电平、采样时钟、电平滤波等，使能侵入事件触发时间戳；时间戳需配置信号引脚以及其信号边沿；因为涉及侵入检测引脚，还需配置引脚GPIO属性。

tamper.idx 选择侵入事件；

tamper.trig 选择侵入检测有效电平；

tamper.freq 选择侵入检测采样时钟；

tamper.dur 选择侵入检测电平滤波；

tamper.ts 选择是否使能侵入事件触发时间戳；

ald_rtc_set_time_stamp 配置时间戳信号引脚和信号边沿；

ald_rtc_cancel_time_stamp 关闭时间戳功能；

ald_rtc_get_time_stamp 读取时间戳信息。

使用ALD库实现侵入事件触发时间戳的具体代码请参考例程：ES32_SDK\Projects\Book1_Example\RTC\ALD\03_stamp_by_tamper。

(2) 实验效果

侵入事件触发时间戳的实验效果如图22-6所示，2020年7月23日9时31分10秒，PA0输入低电平，触发时间戳，变量stamp_date/stamp_time读取时间戳寄存器，时间、日期寄存器不受影响，继续运行。

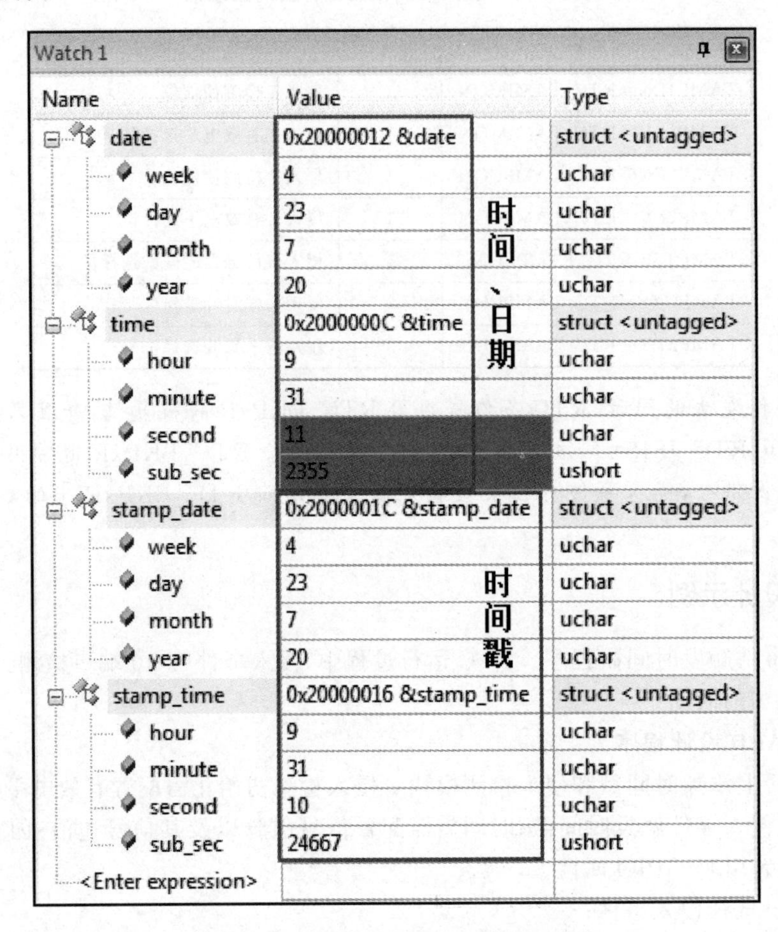

图 22-6　侵入事件触发时间戳实验效果

22.9　时钟输出

1. 工作原理

RTC 可将时钟分频，并从 RTCO 端口输出分频后的时钟信号。RTC 时钟输出的操作步骤比较简单，时钟输出使能位 CKOE@RTC_CON 置 1，并通过时钟输出选择位 CKOS@RTC_CON 选择时钟输出频率。

表 22-6 所列为 CKOS@RTC_CON 不同配置值对应的时钟输出频率，RTCCLK 使用 LOSC(32 768 Hz)，且 APRS=0，SPRS=0x7FFF。

表22-6　CKOS与时钟输出频率关系

CKOS@RTC_CON配置值	时钟输出频率/Hz	备　注
000	32 768	
001	1 024	
010	32	
011	1	
100	1	数字校准后1 Hz
101	1	精确1 Hz

注：

- 使用时钟输出功能，需将EOS@RTC_CON配置为0，因为此位配置值非0时，时钟输出会被硬件强制禁止。
- 当时钟输出频率选择为精确1 Hz时，需先使能PLL2并等待其稳定。

2. 程序设计示例

设计RTC时钟输出程序。RTCO端口(PC1)输出精确的1 Hz时钟方波。

(1) 使用MD库设计程序

输出RTC分频后的时钟信号，RTC初始化后，配置RTC时钟输出即可，函数rtc_set_clock_output选择时钟频率并使能时钟输出。当然，因为有输出，所以另需配置RTCO的GPIO属性。

使用MD库实现RTC时钟输出的具体代码请参考例程：ES32_SDK\Projects\Book1_Example\RTC\MD\04_clock_output。

(2) 使用ALD设计程序

输出RTC分频后的时钟信号，RTC初始化后，配置RTC时钟输出即可。函数ald_rtc_set_clock_output选择时钟频率并使能时钟输出。当然，因为有输出，所以另需配置RTCO的GPIO属性。

使用ALD库实现RTC时钟输出的具体代码请参考例程：ES32_SDK\Projects\Book1_Example\RTC\ALD\04_clock_output。

(3) 实验效果

运行程序，ESBridge监测RTCO引脚(PC1)，波形如图22-7所示，用ESBridge上位机自带的工具粗略测量，方波周期为1.000 260 s。

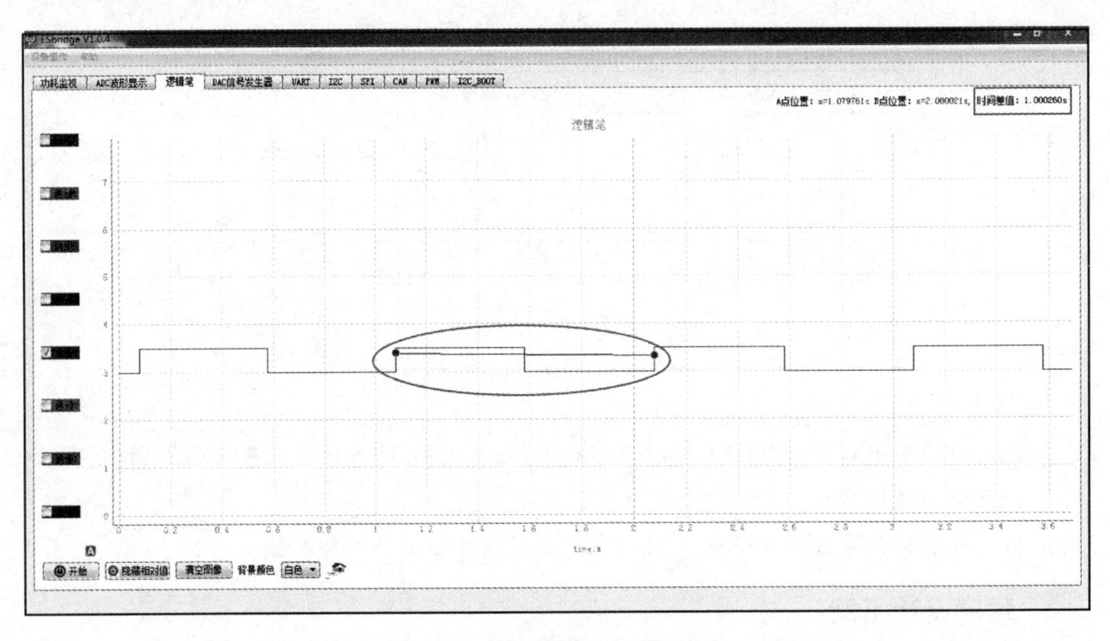

图 22-7 RTC 时钟输出实验效果

22.10 外设互联

RTC 可通过 PIS 与片上其他外设互联，位于 APB2，支持异步时钟。RTC 作为生产端的信号方式及对应的 PIS 通道配置如表 22-7 所列，RTC 不能被用作 PIS 消费端。

表 22-7 RTC 作为生产端的信号方式及对应的 PIS 通道配置

RTC 作 PIS 生产端信号	输出形式	PIS 通道配置
亚秒、秒、分、时、日、月、年	脉冲	SRCS@PIS_CHx_CON = 010110，MSIGS@PIS_CHx_CON = 0
闹钟 A 和闹钟 B	脉冲	SRCS@PIS_CHx_CON = 010110，MSIGS@PIS_CHx_CON = 1

22.11 中　断

1. RTC 所有中断事件及其功能位

RTC 所有中断事件及其功能位罗列在表 22-8 中。

表 22-8 RTC 中断事件、标志位、使能位以及清 0 位

中断事件	标志位	使能位	清 0 位
唤醒中断	WUF@RTC_IFR	WU@RTC_IER	WUFC@RTC_IFCR
亚秒调整完成中断	SSTCF@RTC_IFR	SSTC@RTC_IER	SSTCFC@RTC_IFCR
寄存器同步完成中断	RSCF@RTC_IFR	RSC@RTC_IER	RSCFC@RTC_IFCR
侵入检测 2 中断	TAMP2F@RTC_IFR	TAMP2@RTC_IER	TAMP2FC@RTC_IFCR
侵入检测 1 中断	TAMP1F@RTC_IFR	TAMP1@RTC_IER	TAMP1FC@RTC_IFCR
时间戳溢出中断	TSOVF@RTC_IFR	TSOV@RTC_IER	TSOVFC@RTC_IFCR
时间戳中断	TSF@RTC_IFR	TS@RTC_IER	TSFC@RTC_IFCR
闹钟 B 中断	ALMBF@RTC_IFR	ALMB@RTC_IER	ALMBFC@RTC_IFCR
闹钟 A 中断	ALMAF@RTC_IFR	ALMA@RTC_IER	ALMAFC@RTC_IFCR
年份中断	YRF@RTC_IFR	YR@RTC_IER	YRFC@RTC_IFCR
月份中断	MONF@RTC_IFR	MON@RTC_IER	MONFC@RTC_IFCR
日中断	DAYF@RTC_IFR	DAY@RTC_IER	DAYFC@RTC_IFCR
小时中断	HRF@RTC_IFR	HR@RTC_IER	HRFC@RTC_IFCR
分钟中断	MINF@RTC_IFR	MIN@RTC_IER	MINFC@RTC_IFCR
秒中断	SECF@RTC_IFR	SEC@RTC_IER	SECFC@RTC_IFCR

2. 程序设计示例

设计秒中断程序。RTC 运行时，每秒触发中断，同时变量 g_sec_flag 每隔 1 s 加 1。

(1) 使用 MD 库设计程序

初始化 RTC 后，通过 md_rtc_enable_sec_intrrupt 使能秒中断即可。程序运行时，每秒进入一次中断，在中断中变量 g_sec_flag 每隔 1 s 加 1。

使用 MD 库实现 RTC 秒中断的具体代码请参考例程：ES32_SDK\Projects\Book1_Example\RTC\MD\05_second_interrupt。

(2) 使用 ALD 设计程序

使用 ALD 库实现 RTC 秒中断的方法与使用 MD 库类似，具体代码请参考例程：ES32_SDK\Projects\Book1_Example\RTC\ALD\05_second_interrupt。

(3) 实验效果

运行程序，系统每秒触发中断，变量 g_sec_flag 每隔 1 s 加 1。秒中断实验效果如图 22-8 所示。

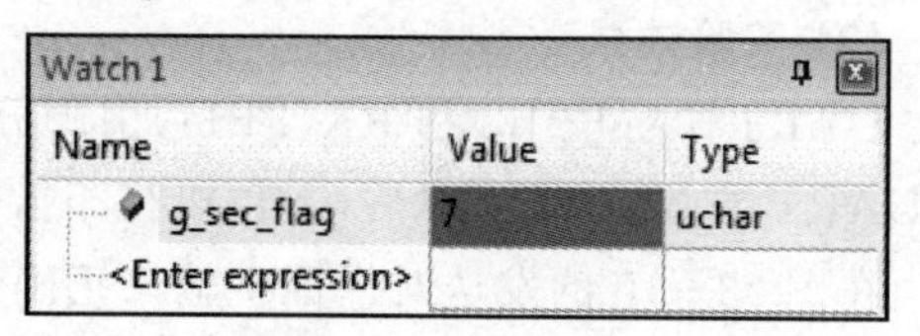

图 22-8 秒中断实验效果

22.12 应用系统实例

1. 电子钟设计实战

在熟悉日历、闹钟和周期唤醒等功能的原理后，可以尝试设计一个基于 RTC 的应用系统实例：RTC 运行时，可通过 Shell 设置、读取日期/时间/闹钟等参数；闹钟中断响应后，系统进入低功耗模式，Shell 失效，8 s 后 RTC 唤醒系统，Shell 恢复。系统工作流程如图 22－9 所示。

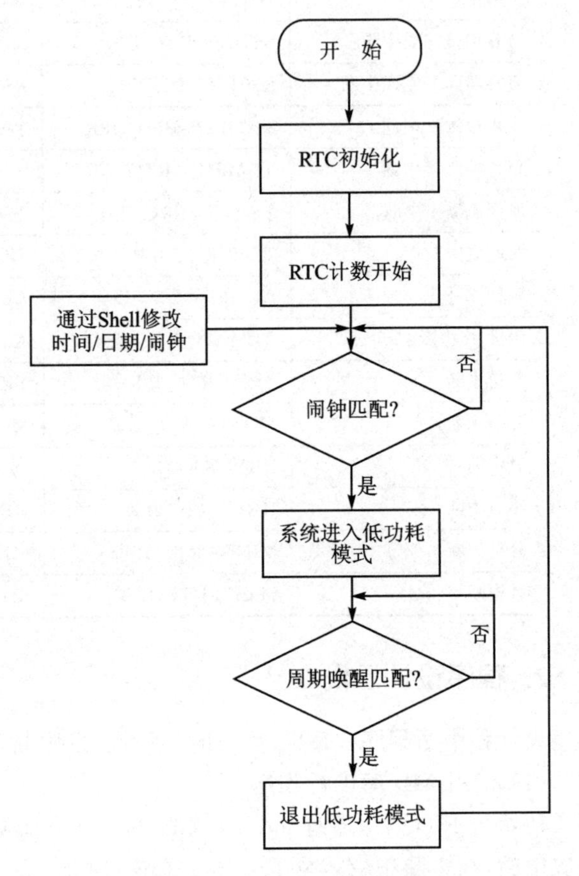

图 22－9 电子钟系统工作流程

2. 程序设计实例

(1) 使用 ALD 设计程序

因为 Shell 需要通过 UART 与 RTC 通信，所以用函数 uart_stdio_init 初始化 UART 相关配置，包括 TX/RX 的 GPIO 属性。函数 time_set、date_set、alarm_set 和 time_now 封装了设置、读取 RTC 数据的功能，Shell 发送函数名和实参便可直接调用相关函数。主程序使能闹钟中断，进入闹钟中断后将闹钟标志变量 g_alarm_flag 置 1。主程序查询到 g_alarm_flag＝1 便使能周期唤醒中断，系统立即进入低功耗模式。等到周期唤醒中断标志位置 1，退出低功耗模式，关闭唤醒中断。

详细的实现代码请参考例程：ES32_SDK\Projects\Book1_Example\RTC\ALD\06_calendar_alarm_wakeup_shell。

(2) 实验效果

UART TX(PB10)和 RX(PB11)引脚分别接 ESBridge 的 RX 和 TX 端，按图 22－10 正确设置 UART 参数，系统上电后，上位机打印指令，内容为设置、读取日历用的指令模板。

在图 22－10 的发送对话框中输入正确指令，设置日期、时间和闹钟值，读取当前时间，接收对话框打印对应信息，效果如图 22－11 所示。

注意：发送指令前需在图 22－10 中勾选“发送新行”选项。

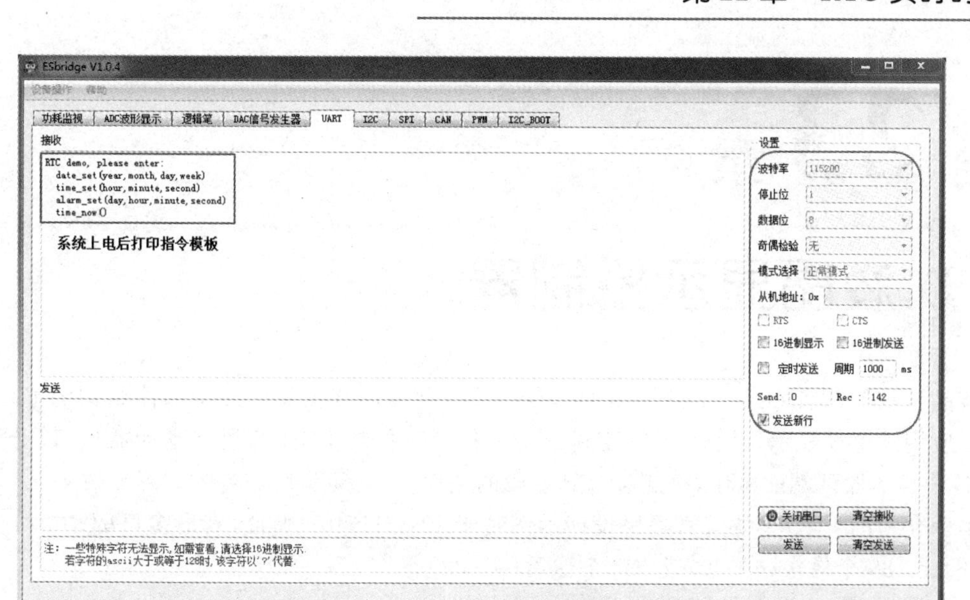

图 22-10　上位机打印指令模板

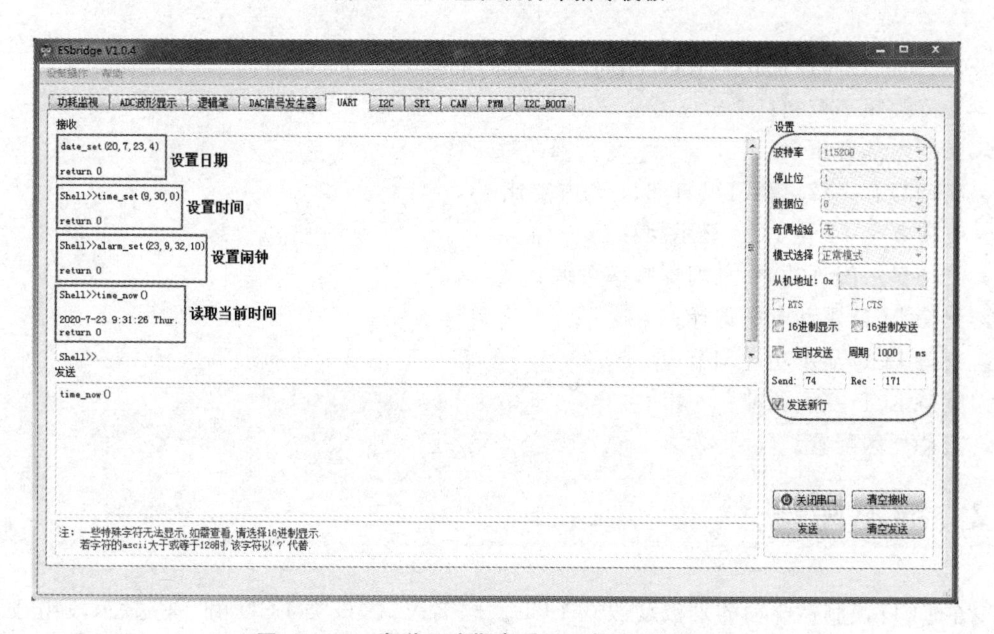

图 22-11　发送正确指令后返回相应 RTC 信息

当 RTC 运行到与闹钟匹配的时间时，系统进入低功耗模式，UART 通信停止，Shell 指令暂时失效，但 RTC 计时仍正常进行；8 s 后 RTC 唤醒系统，Shell 功能恢复。

第 23 章

LCD 液晶显示控制器

液晶显示器 LCD(Liquid Crystal Display)是一种玻璃基板夹持液态晶体结构的显示器件，被广泛应用于电子显示领域。LCD 控制器是一种用来控制 LCD 的数字驱动器，可以分别控制 LCD 各个显示段两端的电压，决定各个显示段的亮灭，从而显示所需要的图形或效果。

本章介绍的 LCD 模块及其程序设计示例基于 ES32H040x 平台，其最多可驱动 224 个像素(8×28)或 180 个像素(6×30)或 128 个像素(4×32)。

23.1 功能特点

ES32H040x LCD 模块具有以下特性：

- 支持帧频率控制；
- 支持内部升压泵；
- 支持静态、1/2、1/3、1/4、1/6、1/8 占空比；
- 支持 8 个 32 位 LCD 显示缓存；
- 支持显示闪烁功能，且闪烁频率可调；
- 支持 LCD 驱动电压选择；
- 支持 LCD 显示功耗调节；
- 支持 LCD 灰度调节；
- 支持死区配置。

23.2 显示原理

本章 LCD 控制器驱动的是被动段式 LCD。顾名思义，该类 LCD 由一些显示段组成，显示段的液晶材料是否允许背光板的光线通过与电压相关。关于具体电压如何控制光线通过或隔断，感兴趣的读者请查看 LCD 相关资料。这里只阐述结论：若某个显示段阻挡背光板的光线，该段为“亮”；反之，该段为“灭”。当然，有些 LCD 的“亮”、“灭”逻辑与此相反。

被动段式 LCD 显示屏没有任何内部驱动电路，所有显示引脚都直接连接到对应段的每一侧。通过在两侧施加一定电压，可以点亮或熄灭相应的段。可以想象，最简单的 LCD 仅由一个

显示段组成，该段两侧各有一个电气连接，施加一定电压便可点亮这个最简单的 LCD。但由于液晶的电解效应，恒定的电流不能使 LCD 长时间正常工作。为了解决该问题，采用平均直流电压为 0 的方波来驱动 LCD，只要电压切换得足够快，由于人眼的视觉滞留效应，LCD 便可“稳定”显示。

基于上述原理，LCD 控制器的工作重点即控制显示段两侧施加的电压。

23.3　功能逻辑视图

LCD 控制器结构如图 23－1 所示。

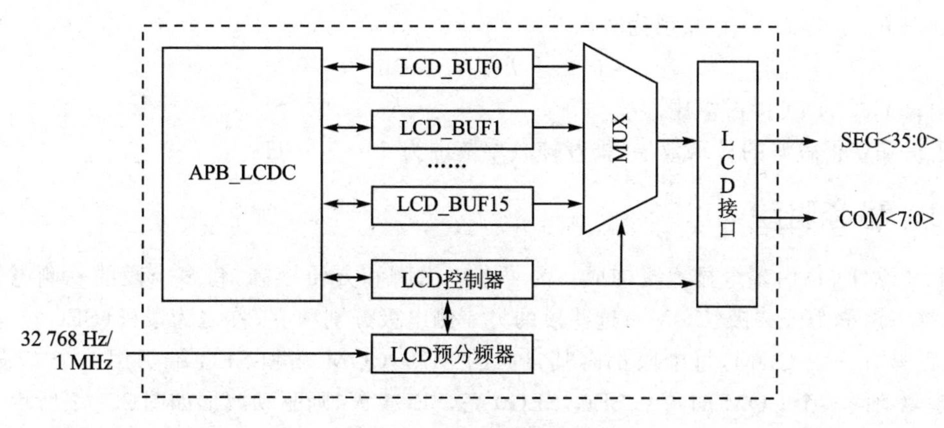

图 23－1　LCD 控制器结构

23.4　功能解析

23.4.1　工作电压

LCD 的工作电压为 VLCD，有 3 种方式产生：

- 选择 VLCD 电压为 VDD；
- 外部 VLCD 端口输入工作电压；
- 内部升压泵产生工作电压，3.2 V/3.8 V/4.8 V/5.4 V 四档可选。

仅可在 VDD 不能满足 VLCD 电压需求时选择内部升压泵进行升压。当 VLCD 需求电压低于 VDD 时，不可选择内部升压泵电压。当 VDD 电压小于内部升压泵输出档位电压 1/2 时，内部升压泵输出电压为 VDD 的 2 倍。另外，可通过灰度控制调节 VLCD 电压。

23.4.2　时钟频率

前面提到，一般采用方波驱动 LCD，所以需要向 LCD 提供时钟。LCD 时钟源通过 CMU 模

块中 PERICR 寄存器选择,可选择为:

- 低速时钟 LRC,32 768 Hz;
- 低速时钟 LOSC,32 768 Hz;
- 高速时钟 HRC 分频至 1 MHz;
- 高速时钟 HOSC 分频至 1 MHz。

LCD 控制器还支持工作时钟分频,公式为

$$F_{\mathrm{DIVCLK}}=F_{\mathrm{LCDCLK}}/(2^{\mathrm{PRS}}\times(16+\mathrm{DIV}))$$

其中,PRS 为 LCD 时钟预分频选择位,DIV 为 LCD 时钟后分频系数选择位,通过 LCD 帧控制寄存器 LCD_FCR 配置。

帧频率 F_{frame} 与 F_{DIVCLK} 关系为

$$F_{\mathrm{frame}}=F_{\mathrm{DIVCLK}}\times \mathrm{Duty}$$

其中，Duty 为 LCD 占空比。

为了保证获得较好的显示效果,推荐帧频率范围为 30～100 Hz。

23.4.3 静态驱动

一般来说,LCD 由多个显示段构成。为了减少引脚和方便控制,将多个段的一侧电极连接在一起,这一点称为公共极(COM);这些段的另一侧电极分别独立,称之为段极(SEG)。静态驱动的 LCD 只有一个 COM,每个段都有其自己的 SEG,COM 端和 SEG 端都用一个方波驱动。例如静态驱动同一个 COM 的两个 SEG,SEG0 亮,SEG1 灭,则驱动波形如图 23 - 2 所示。

23.4.4 多路复用驱动

如果一个 LCD 拥有大量的显示段,而只有一个 COM 端,则相应地需要大量的 SEG 端驱动其显示,这导致控制难度和成本的提升。可将多个 COM 和 SEG 复用,如此便可用较少引脚驱动较多显示段,驱动总段数是 COM 和 SEG 数量的乘积。例如,用 2 个 COM 和 2 个 SEG 驱动 4 个段,波形如图 23 - 3 所示。

不难发现,图 23 - 3 中熄灭的显示段两侧电压并不恒定为 0,这是因为决定一个段亮或灭的是施加在该段两端的视在有效值电压幅值。也就是说,当需要熄灭一个段时,并不需要该段上的有效值电压低至 0;而一个段被点亮的条件需要同时满足对应的公共端和段波形在同一个相位上都具有最大的幅值。对于多路复用驱动,就需要用到这种非线性特性。每个 COM 和 SEG 由包含多于两个电压电平的波形驱动,电压电平的数量被称为“偏置”水平。通过精心选择每个 COM 端和 SEG 端的波形,可以使某些段被施加一个较高的有效值电压,而某些段被施加一个较低的有效值电压,从而实现不同段的亮或灭。

23.4.5 偏置电压

前面提到,多路复用驱动 LCD 的波形应该具有多个偏置电压电平,不同的多路复用所需的

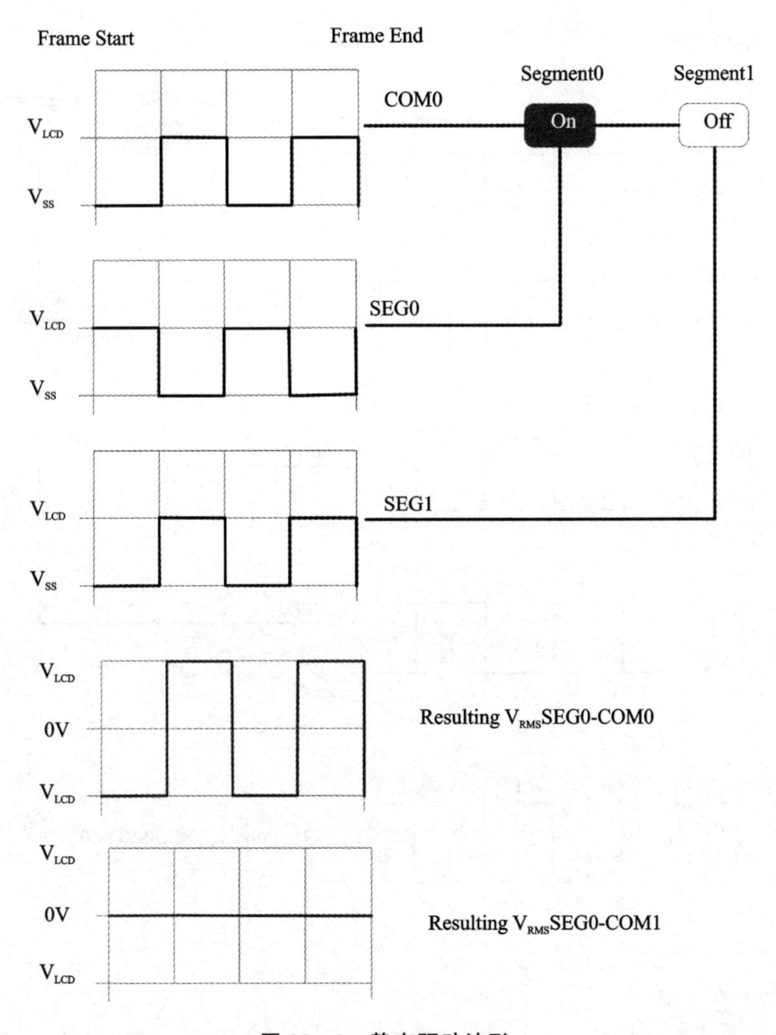

图 23－2　静态驱动波形

偏置是不一样的。一般来说，静态驱动仅需 2 个电压电平；2 路复用驱动需要 3 个电压电平，即 1/2 偏置；3～4 路复用驱动需要 4 个电压电平，即 1/3 偏置；5～8 路复用驱动需要 5 个电压电平，即 1/4 偏置。

对于多路复用显示，由于亮的段和灭的段之间的有效值电压之差小于静态驱动显示的，不可避免地带来显示质量下降的问题。通过调节 LCD 驱动偏置电压，可改善此问题。实际上，对比度是随着偏置电压电平数量的增加而下降的，因此，对于一个给定线数的多路复用驱动电路，应尽可能地选择低的偏置电压。

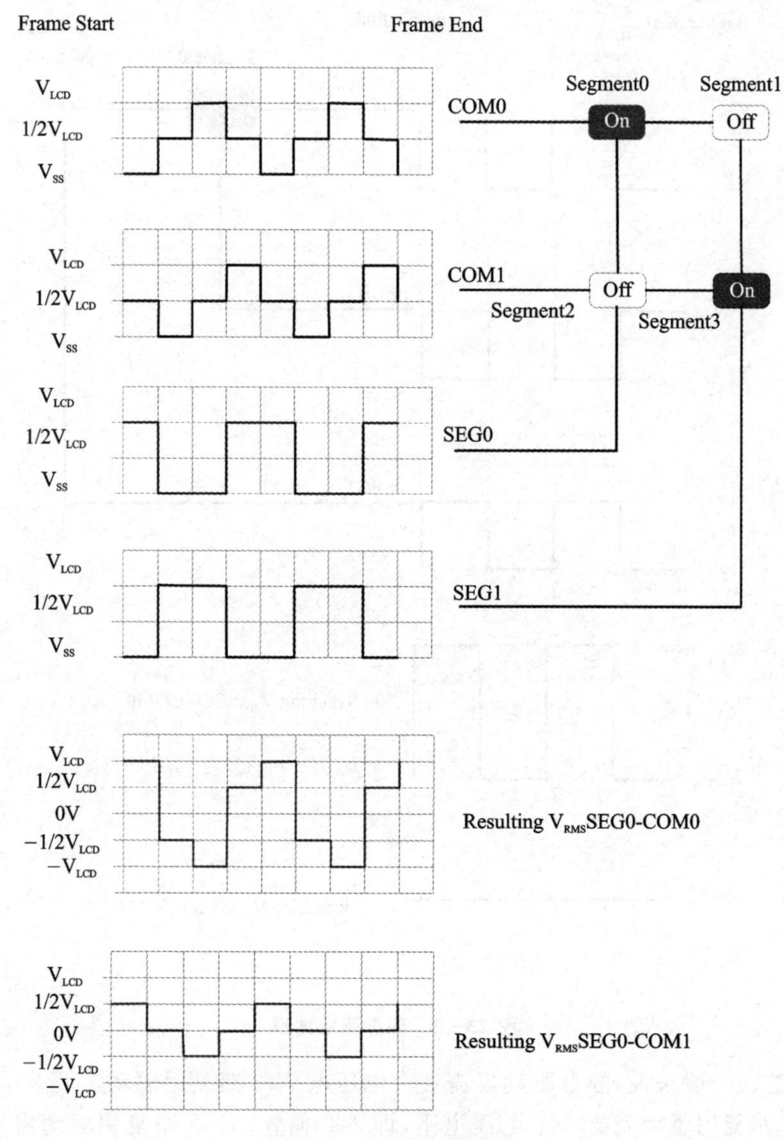

图 23-3　多路复用波形

23.4.6　驱动波形

LCD 拥有 A、B 两种驱动波形，A 波形显示效果更好，B 波形功耗更低。图 23-4 展示了1/3 偏置电压、1/4 占空比时的 A、B 两种驱动波形。

B 波形对于大部分 LCD 显示屏和应用来说没有问题，鉴于其功耗较低的优点，推荐优先考虑。A 波形在一帧内有更多的波形变化，如果显示存在闪烁或对比度低的问题，可以选择 A 波形。

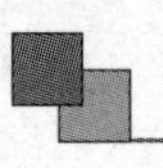

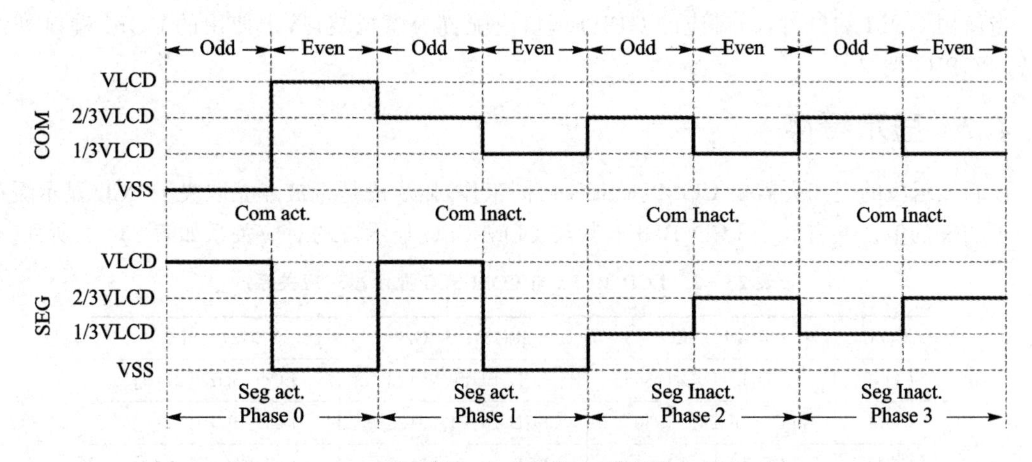

(a) 1/3配置，1/4占空比，A波形图

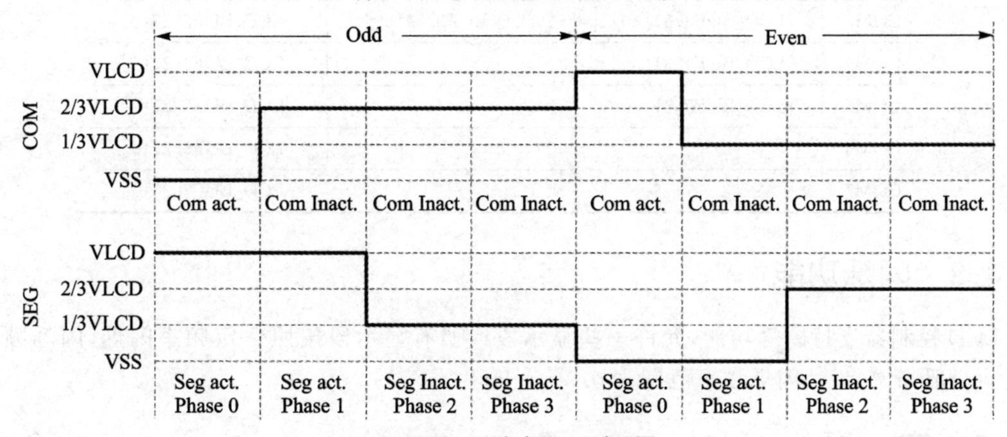

(b) 1/3配置，1/4占空比，B波形图

图 23－4　A、B 两种不同的驱动波形

不同的占空比对应不同 COM 端口的选用。不同占空比对应的 COM 端口如表 23－1 所列。

表 23－1　不同占空比对应的 COM 端口

占空比	COM0	COM1	COM2	COM3	COM4	COM5	COM6	COM7
静态	√	×	×	×	×	×	×	×
1/2	√	√	×	×	×	×	×	×
1/3	√	√	√	×	×	×	×	×
1/4	√	√	√	√	×	×	×	×
1/6	√	√	√	√	√	√	×	×
1/8	√	√	√	√	√	√	√	√

当使用 COM 端口时,相对应的 GPIO 端口应配置为模拟端口,未使用的 COM 端口可作为正常的 GPIO 端口。

23.4.7 显示缓存

控制显示段的亮和灭需要 COM 和 SEG 协同工作,显示段是否被点亮取决于 LCD 显示缓存器 LCD_BUFx 的值。共有 8 个 LCD_BUFx,其与 COM-SEG 显示段的对应关系如表 23-2 所列。

表 23-2 LCD_BUFx 与 COM-SEG 显示段对应关系

COM	SEG31~SEG30	SEG29~SEG28	SEG27~SEG0
COM0	LCD_BUF0[31:30]	LCD_BUF0[29:28]	LCD_BUF0[27:0]
COM1	LCD_BUF1[31:30]	LCD_BUF1[29:28]	LCD_BUF1[27:0]
COM2	LCD_BUF2[31:30]	LCD_BUF2[29:28]	LCD_BUF2[27:0]
COM3	LCD_BUF3[31:30]	LCD_BUF3[29:28]	LCD_BUF3[27:0]
COM4	LCD_BUF4[31:30]	—	LCD_BUF4[27:0]
COM5	LCD_BUF5[31:30]	—	LCD_BUF5[27:0]
COM6	—	—	LCD_BUF6[27:0]
COM7	—	—	LCD_BUF7[27:0]

23.4.8 闪烁功能

LCD 控制器支持闪烁功能,允许一些显示段或所有显示段按照一定频率闪烁,闪烁频率可配置。一般来说,最佳闪烁频率范围为 0.5~4 Hz。

23.5 中　断

LCD 控制器中断事件及其标志位、使能位如表 23-3 所列。

表 23-3 LCD 中断事件及其标志位、使能位

中断事件	标志位	使能位
更新显示完成	UDDIF@LCD_IF	UDDIE@LCD_IE
帧开始	SOFIF@LCD_IF	SOFIE@LCD_IE

23.6 LCD 驱动流程

LCD 驱动流程如下:

① 初始化 COM 和 SEG 对应的 GPIO,注意,这些 GPIO 须配置为模拟端口;

② 选择 LCD 时钟源，对应寄存器 LCD@CMU_PERICR；

③ 使能 LCD，对应寄存器 EN@LCD_CR；

④ 配置工作电源、占空比、偏置等属性，对应寄存器 LCD_CR；

⑤ 配置灰度、预分频、后分频、驱动波形等属性，对应寄存器 LCD_FCR；

⑥ 若有需求，可配置闪烁模式和闪烁频率，对应寄存器 BLMOD@LCD_FCR 和 BLFRQ@LCD_FCR；

⑦ 若有需求，可配置死区时间，对应寄存器 DEAD@LCD_FCR；

⑧ 使能所需的显示段，对应寄存器 LCD_SEGCRx；

⑨ 初始化 LCD 显示缓存，对应寄存器 LCD_BUFx；

⑩ 使能 LCD 输出，对应寄存器 OE@LCD_CR；

⑪ 根据显示内容，更新 LCD 显示缓存；

⑫ 若需在 LCD 不显示时降低功耗，可等待 LCD 使能(ENS@LCD_SR=1)、不需要更新显示(UDR@LCD_SR=0)、帧控制寄存器同步完成(FCRSF@LCD_SR=0)后，关闭 GPIO 和 LCD 时钟源。

23.7 应用实例

1. LCD 显示实战

图 23-5 为一种 LCD 显示屏的结构示意图。该 LCD 拥有 4 个 COM 和 8 个 SEG，共 32 个显示段，各段对应的引脚 PIN 如图所示。不难发现，这些段的平面位置经过特定排布，构成 4 个数码管以及点的形状，可以满足一些简单的数字显示应用需示。

将 LCD 控制器的 COM 端依次接 PIN1～PIN4，SEG 端依次接 PIN5～PIN12，便可驱动该 LCD 显示屏。本节将基于此 LCD 设计一个多路复用驱动的显示程序。

2. 程序设计示例

ES32H040x 驱动上述 LCD 实时显示变化的数字，初始状态显示 0000，每次加 1，显示 9999 后重新回到 0000。每当显示 10 的倍数(包括 0000)时，LCD 闪烁。

(1) 使用 MD 库设计程序

按照前面介绍的 LCD 驱动操作流程，系统时钟配置完毕，首先初始化 GPIO 属性，再初始化 LCD 属性，最后根据显示内容更新 LCD 显示缓存，并在需要时使用闪烁功能。代码中一些重要的函数和变量含义如下：

md_cmu_set_lcd_clock_source 选择 LCD 时钟源；

md_lcd_set_segcrx_value 选择需要输出使能的 SEG 端口；

md_lcd_enable_oe 使能 LCD 输出；

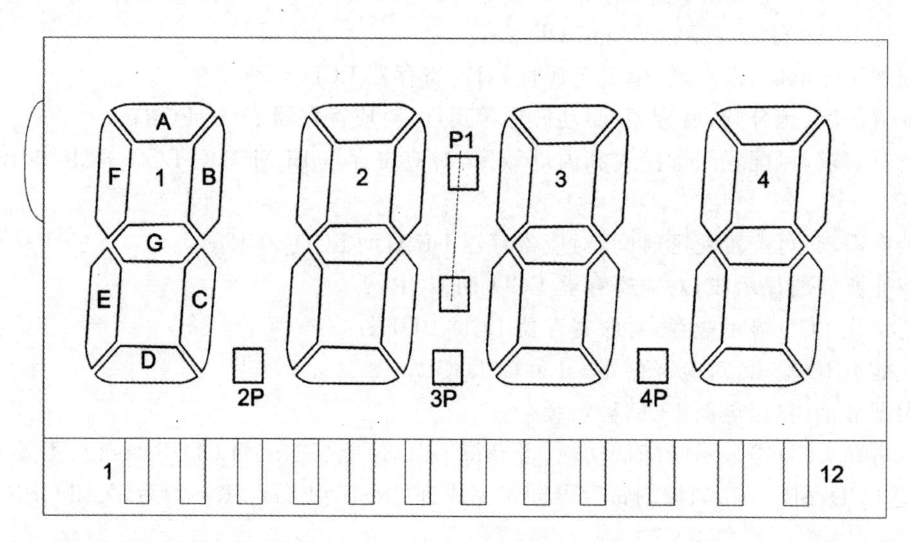

PIN	1	2	3	4	5	6	7	8	9	10	11	12
COM1	COM1				1A	1B	2A	2B	3A	3B	4A	4B
COM2		COM2			1F	1G	2F	2G	3F	3G	4F	4G
COM3			COM3		1E	1C	2E	2C	3E	3C	4E	4C
COM4				COM4	P1	1D	2P	2D	3P	3D	4P	4D

图 23-5　一种 LCD 显示屏结构

md_lcd_enable_en 使能 LCD；

md_lcd_set_blmod 选择闪烁模式；

md_lcd_set_blfrq 配置闪烁频率；

lcd_display 打包 LCD 显示缓存数据；

lcd_reflush 更新 LCD 显示缓存；

init.lcd_bias 配置偏置；

init.lcd_div 配置时钟后分频系数；

init.lcd_duty 配置占空比；

init.lcd_prs 配置时钟预分频系数；

init.lcd_reshd 配置高驱动模式电阻；

init.lcd_resld 配置低驱动模式电阻；

init.lcd_vbufhd 选择是否使能高驱动模式电压驱动；

init.lcd_vbufld 选择是否使能低驱动模式电压驱动；

init.lcd_dshd 配置高驱动模式电流；

init.lcd_dsld 配置低驱动模式电流；

init. lcd_vchps 选择内部升压泵电压；

init. lcd_vsel 选择工作电源；

init. lcd_wfs 选择驱动波形；

init. lcd_vgs 配置显示灰度电压；

init. lcd_pon 配置脉冲持续时间。

详细的代码实现方法请查看：ES32_SDK\Projects\Book1_Example\LCD\MD\01_lcd。

(2) 使用 ALD 库设计程序

使用 ALD 库设计程序的思路与 MD 库相同，操作的函数和变量有些许差别。

ald_lcd_blink_config 选择闪烁模式并配置闪烁频率；

ald_lcd_cmd 使能 LCD 及其输出；

h_lcd->init. clock 选择 LCD 时钟源。

详细的代码实现方法请查看：ES32_SDK\Projects\Book1_Example\LCD\ALD\01_lcd。

参考文献

[1] Joseph Yiu. ARM Cortex-M3 与 ARM Cortex-M4 权威指南[M]. 吴常玉,曹孟娟,王丽红译. 3 版. 北京:清华大学出版社,2015.

[2] Joseph Yiu. ARM Cortex-M3 权威指南[M]. 宋岩,译. 北京:北京航空航天大学出版社,2009.

[3] ShanghaiEastsoft Microelectronics Co. ,Ltd. ES32F36xx Reference Manual_C. www. essemi. com,2021.

[4] ShanghaiEastsoft Microelectronics Co. ,Ltd. ES32F369x Datasheet C. www. essemi. com,2021.

[5] ShanghaiEastsoft Microelectronics Co. ,Ltd. ES32H040x Reference Manual_C. www. essemi. com,2021.

[6] ShanghaiEastsoft Microelectronics Co. ,Ltd. ES32H040x Datasheet C. www. essemi. com,2021.

[7] USB IF. Universal Serial Bus Specification Revision 2. 0. www. usb. org,2000.

[8] 马伟. 计算机 USB 系统原理及其主/从机设计[M]. 北京:北京航空航天大学出版社,2004.

[9] 周立功. 项目驱动——CAN-bus 现场总线基础教程[M]. 北京:北京航空航天大学出版社,2012.

[10] MACRONIXInternational Co. ,Ltd. MX25L6433F. www. macronix. com,2021.

[11] ATMEL Corporation. AT24C01A/02/04/08A/16A. www. atmel. com,.

[12] 华邦电子. W25Q128BV. www. winbond. com,2021.

[13] 华邦电子. W29N01HV. www. winbond. com,2021.

[14] Integrated Silicon Solution, Inc. IS62WV51216ALL. www. issi. com,2021.

[15] 上海东软载波微电子有限公司. 东软载波单片机应用系统[M]. 北京:北京航空航天大学出版社,2017.

[16] 上海东软载波微电子有限公司. 东软载波单片机应用——C 程序设计[M]. 北京:北京航空航天大学出版社,2017.